石油石化设备腐蚀与防护技术

中国化工学会石化设备检维修专业委员会
组织编写

中国石化出版社

内 容 提 要

本书选编 67 篇优质论文，根据内容分为两个部分，分别是"石油勘探开发、储运"和"石油炼制、化工"，内容涵盖范围广，包括腐蚀与防护技术发展现状、防腐蚀技术在石油石化行业中的应用、石油石化行业腐蚀特点分析等。

本书可供各油气田企业、炼化企业、油气储运企业、海洋石油企业从事设备腐蚀与防护的技术人员阅读，也可供高等院校相关专业师生参考。

图书在版编目（CIP）数据

石油石化设备腐蚀与防护技术／中国化工学会石化设备检维修专业委员会组织编写 .—北京：中国石化出版社，2021.5
ISBN 978-7-5114-6260-2

Ⅰ . ①石… Ⅱ . ①中… Ⅲ . ①石油化工设备-防腐
Ⅳ . ①TE98

中国版本图书馆 CIP 数据核字（2021）第 070641 号

中国石化出版社出版发行
地址:北京市东城区安定门外大街 58 号
邮编:100011　电话:(010)57512500
发行部电话:(010)57512575
http://www.sinopec-press.com
E-mail:press@ sinopec.com
北京中石油彩色印刷有限责任公司印刷
全国各地新华书店经销
＊
787×1092 毫米 16 开本 30.75 印张 774 千字
2021 年 5 月第 1 版　2021 年 5 月第 1 次印刷
定价:360.00 元

前　言

　　腐蚀是石油石化领域的重要安全隐患之一，而石油石化行业几乎涵盖了所有腐蚀类型，不仅直接影响企业经济效益，更关乎环境保护和人民生命财产安全。虽然腐蚀不可避免，但是可以被控制。提高腐蚀防护能力对于提升石油石化企业安全生产水平具有重大意义。

　　为了延长设备寿命，减少和消除设备腐蚀泄漏的发生，搭建生产企业与行业专家之间沟通的桥梁，中国石化出版社、中国化工学会石化设备检维修专业委员会、中国腐蚀与防护学会石油化工腐蚀与安全专业委员会、NACE STAG P72炼化防腐蚀技术专家委员会、中国石油石油管工程技术研究院、中国石化石油化工设备防腐蚀研究中心、中海油研究总院于2021年5月共同举办"石油石化设备腐蚀与防护技术交流大会暨防腐蚀新技术、新材料、新设备展示会"。本次会议得到了中国石化、中国石油、中国海油、国家管网、国家能源集团的大力支持。

　　为全面反映我国腐蚀与防护技术发展现状、石油石化行业腐蚀特点、防腐蚀技术在石油石化行业中的应用，以及最新的研究成果、技术、方法和工艺等进展，组委会向全国石油石化行业企事业单位发出征稿启事，得到了广泛响应，相关技术人员踊跃投稿，组委会优选出67篇优秀论文，公开结集出版。从中又评选出一等奖1名，二等奖2名，三等奖5名，予以奖金激励。

　　这些论文，来自石油石化行业的生产一线，均为作者的实践总结和经验提炼，反映了目前腐蚀与防护领域的技术水平，以及近年来出现的新技术、新材料和新设备，具有较高的学术水平和借鉴意义。通过本次会议的交流与总结，必将促进石油石化设备腐蚀与防护技术水平的提升，推动石油石化工业的高质量发展。

　　由于石油石化设备腐蚀与防护技术涉及多个领域，且作者水平不一，编辑时间仓促，书中难免存在疏漏和不恰当之处，敬请广大读者给予批评赐教，以臻完善。

本书编委会

2021年4月

目　录

石油炼制、化工

石油勘探开发、储运

致密特低渗油藏注二氧化碳井筒管材腐蚀规律研究

刘学全

(中国石油化工股份有限公司华北油气分公司石油工程技术研究院)

摘　要　针对红河油田长 8 致密油藏 CO_2 补充能量腐蚀严重的问题，通过开展高温高压腐蚀模拟实验，明确了 CO_2 腐蚀规律。实验结果表明，随着 CO_2 分压的增加，N80、J55 等四种钢的腐蚀速率均增大，同时应用扫描电镜(SEM)研究腐蚀产物的表面形貌和微观结构，发现局部腐蚀主要为点蚀；腐蚀产物膜为规则的晶粒堆积而成，腐蚀产物主要为成分为 $FeCO_3$，以耐蚀性能为指标优选出 3Cr 钢材，解决了 CO_2 腐蚀管材的问题，为致密油藏注气提高采收率提供了技术支撑。

关键词　红河长 8；特低渗油藏；CO_2；腐蚀速率

鄂尔多斯盆地红河油田油气储量丰富，主要层位是延长组长 8 储层，平均孔隙度 10.8%，平均渗透率 $0.4 \times 10^{-3} \mu m^2$。由于储层低孔、低渗、非均质性强的影响，前期采用注水开发效果不理想，注水只能驱替 $10 \mu m$ 以上孔隙，而气体能驱替 $10 \mu m$ 以下孔隙内原油，不同的驱替介质在同等条件下 CO_2 的驱油效率最高，采用 CO_2 对长 8 油藏进行能量补充，具有较高的可行性，同时 CO_2 与长 8 地层原油的最小混相压力在 $17.9 \sim 19.9MPa$ 之间，而地层压力 $18.84 \sim 20.61MPa$，可以满足混相要求。

通过国内各大油田注 CO_2 现场试验均表明，CO_2 对管柱具有严重的腐蚀，CO_2 对钢材腐蚀的一般形式为 CO_2 溶于水中并生成碳酸，碳酸与铁发生反应使油套管腐蚀后将产生点蚀、穿孔甚至断裂，为地层流体提供上窜通道，诱发地层流体窜流，尤其是气体上窜至环空井口，导致井口憋压，影响井筒完整性，降低气驱油效率。结合红河油田长 8 致密低渗油藏储层工程地质特征开展室内实验，注入井不同管材的腐蚀规律，优选出耐腐蚀性能好的井筒材质，为致密油藏注气提高采收率技术体系的形成以及现场试验提供有力支撑，从而指导油田安全经济有效的开发。

1　实验条件

1.1　实验材质

由于碳钢成分的差异，耐蚀性也不相同，因此实验选用 N80、J55、P110、3Cr 四种目前油田常用的碳钢作为实验的材质。

1.2　实验温度

鄂南油田长 8 储层的温度处于 $60 \sim 70℃$ 之间，实验设置 $70℃$ 作为实验温度。

1.3　实验压力

根据鄂南油田现场的压力统计数据，油层的压力较大，因此 CO_2 的分压一般都比较大(超过 $0.021MPa$ 的时候就会产生腐蚀)，注入井压力选用 5MPa、10MPa 和 20MPa。

1.4 实验介质

选取鄂南油田长 8 地层水作为油藏注入井井筒管杆腐蚀实验的介质，该地层水矿化度：Na^+ 812.295mg/L、K^+ 9.252mg/L、Ca^{2+} 281.77mg/L、Mg^{2+} 10.656mg/L、Cl^- 996.775mg/L、SO_4^{2-} 750.39mg/L、HCO^{3-} 415.39mg/L，其 pH 值为 6.74，水型属于 Na_2SO_4 型。实验前，将地层水预先用氮气除氧。

2 实验装置及方法

2.1 实验装置

实验装置采用高温高压腐蚀实验仪(原理示意图见图 1)，该仪器最大密封工作压力 70MPa、最高工作温度 200℃、容积 4.5L。

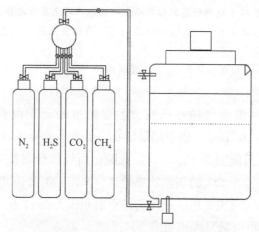

图 1 高温高压釜结构示意图实验步骤

试样 N80(试样尺寸 30mm×10mm×2mm)、P110(30mm×10mm×2mm)、J55(30mm×10mm×2mm)、3Cr(30mm×10mm×2mm)套管钢。每种试片分别取 3 个平行试样。然后分别用 240#、400#、600#、800#、1200#砂纸逐级打磨，将试样清洗、石油醚除油、酒精除水、冷风吹干后测量具体尺寸并称重，放入干燥箱中备用。

2.2 实验方法

试片分别悬挂在支架上，将支架放在高压釜底层，加入实验介质，先通入氮气试压，以确保高压釜的密封性；再通入氮气 2h 除氧，最后通入 CO_2 气体和氮气，升温升压至设计要求。试验结束后取样用于扫描电镜观察，标明腐蚀产物膜成分。放置一定时间后，用电子天平(精度 0.1mg)称重并通过失重计算腐蚀速率。平均腐蚀速率按公式(1)计算：

$$r_{corr} = 87600 \frac{\Delta m}{\rho A \Delta t} \tag{1}$$

式中 r_{corr}——平均腐蚀速率，mm/a；

Δm——金属失重，g；

ρ——金属密度，g/cm³；

A——试件表面积，cm²；

Δt——腐蚀时间，h。

3 实验数据

表 1 分别是 N80、J55、P110、3Cr 四种钢材在 CO_2 分压为 5MPa，温度为 70℃条件下的腐蚀失重实验数据。

表 1 5MPa、70℃条件下腐蚀速率

材　　质	编号	失重/g	均匀腐蚀速率/(mm/a)	平均腐蚀速率/(mm/a)
N80	363	0.0681	1.3977	1.4018
	375	0.0669	1.3731	
	301	0.0699	1.4346	
J55	431	0.0830	1.7035	1.6781
	489	0.0819	1.6809	
	400	0.0804	1.6501	
P110	162	0.0834	1.7117	1.6993
	133	0.0821	1.6850	
	110	0.0829	1.7014	
3Cr	462	0.0637	1.3074	1.2759
	471	0.0627	1.2869	
	410	0.0601	1.2335	

表 2 分别是 N80、J55、P110、3Cr 四种钢材在 CO_2 分压为 10MPa，温度为 70℃条件下的腐蚀失重实验数据。

表 2 10MPa、70℃条件下腐蚀速率

材　　质	编　号	失重/g	均匀腐蚀速率/(mm/a)	平均腐蚀速率/(mm/a)
N80	301	0.1461	2.9986	3.0177
	362	0.1454	2.9842	
	325	0.1496	3.0704	
J55	442	0.1759	3.6102	3.5897
	437	0.1761	3.6143	
	451	0.1727	3.5445	
P110	137	0.1728	3.5466	3.5171
	112	0.1721	3.5322	
	105	0.1692	3.4727	
3Cr	488	0.1238	2.5409	2.5285
	460	0.1257	2.5799	
	461	0.1201	2.4649	

表 3 分别是 N80、J55、P110、3Cr 四种钢材在 CO_2 分压为 20MPa，温度为 70℃条件下的腐蚀失重实验数据。

表3 20MPa、70℃条件腐蚀速率

材　质	编　号	失重/g	均匀腐蚀速率/(mm/a)	平均腐蚀速率/(mm/a)
N80	420	0.3043	6.2455	6.2345
	413	0.3031	6.2208	
	425	0.3039	6.2373	
J55	104	0.3287	6.7463	6.6409
	111	0.3214	6.5964	
	251	0.3206	6.5800	
P110	341	0.3184	6.5349	6.5567
	374	0.3193	6.5533	
	396	0.3207	6.5821	
3Cr	812	0.1884	3.8667	3.8475
	809	0.1869	3.8359	
	883	0.1871	3.8401	

　　由表1~表3可知，四种钢的腐蚀速率均在 CO_2 分压为20MPa条件下最高，70℃、20MPa属于最极端工况。在这种极端工况下，3Cr钢的腐蚀速率较低，P110、N80、J55钢腐蚀速率相近，四种钢的腐蚀速率都高于严重腐蚀指标(0.25mm/a)。

　　图2~图4为试样在20MPa、70℃条件下低倍镜100倍、高倍镜500倍和1000倍下不同钢的腐蚀后微观形貌(a)N80(b)J55(c)P110(d)3Cr。表4为20MPa、70℃条件下3Cr钢腐蚀产物膜能谱分析结果。

(a) N80

(b) J55

(c) P110

(d) 3Cr

图2　试样在20MPa、70℃条件微观形貌(×100)

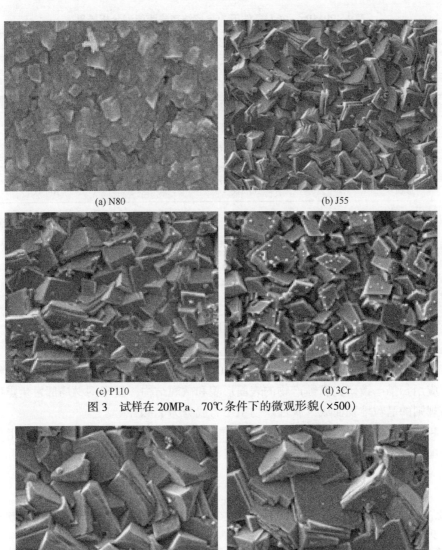

(a) N80

(b) J55

(c) P110

(d) 3Cr

图 3　试样在 20MPa、70℃条件下的微观形貌(×500)

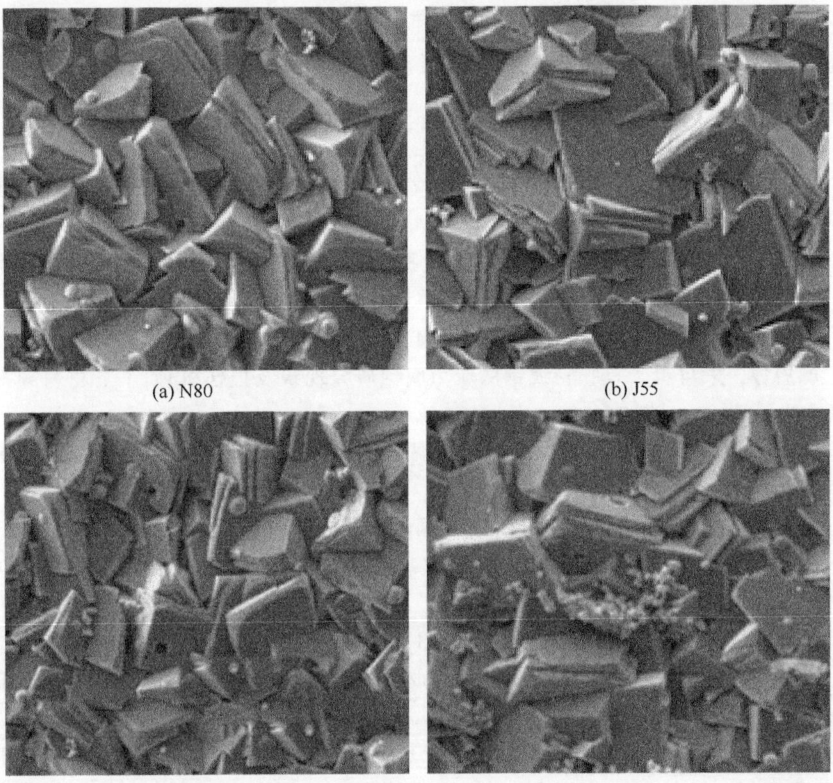

(a) N80

(b) J55

(c) P110

(d) 3Cr

图 4　试样在 20MPa、70℃条件微观形貌(×1000)

表4 20MPa、70℃条件下 3Cr 腐蚀产物膜能谱分析结果

元 素 组 成	质量分数/%	元素百分比/%
C	4.13	13.12
O	10.07	24.02
K	0.77	0.76
Ca	0.95	0.91
Cr	10.76	7.90
Fe	70.07	47.90
总和	100.00	100.00

如图 2~图 4 所示，试样在低倍镜下（100 倍），可观察到表面较为平整，有局部点蚀发生；在高倍镜（500 倍和 1000 倍）条件下，观察到腐蚀产物膜为规则的晶粒堆积而成，由表 4 可知腐蚀产物主要为成分为 $FeCO_3$。

4 结语

（1）随着 CO_2 分压的增加，四种钢的腐蚀速率均增大。当 CO_2 分压超过 10MPa 后，CO_2 进入超临界状态，腐蚀速率明显增加，20MPa 环境下的腐蚀速率最大。

（2）四种钢的耐蚀性大小：3Cr>N80>P110≈J55。极端工况下，3Cr 钢的腐蚀最低。

（3）应用扫描电镜研究腐蚀产物的表面形貌和微观结构，发现钢材局部发生点蚀，腐蚀产物膜为规则的晶粒堆积而成，腐蚀产物主要为成分为 $FeCO_3$。

（4）4 种管材的腐蚀速率都高于腐蚀标准规定指标，在现场应用中除了选用 3Cr 钢材外，还需配合投加缓蚀剂或阴极保护等防腐工艺一同使用。

参 考 文 献

[1] 李士伦，周守信，杜建芬，等.国内外注气提高石油采收率技术回顾与展望[J].油气地质与采收率，2002，9(2)：1-5.

[2] 李士伦，孙雷，郭平，等.再论我国发展注气提高采收率技术[J].天然气工业，2006，26(12)：30-34.

[3] 张学元，邸超，雷良才.二氧化碳腐蚀与控制[M].北京：化学工业出版社，2000.

[4] 方丙炎，韩恩厚，朱自勇，等.管线钢的应力腐蚀研究现状及损伤机理[J].材料导报，2001，15(12)：1.

[5] 赵国仙，严密林，白真权，等.N80 钢的 CO_2 腐蚀行为试究验研[J].石油机械，2000，28(12)：14-16.

[6] 张忠铧，郭金宝.CO_2 对油气管材的腐蚀规律及国内外研究进展[J].宝钢技术，2000，4：54-58.

[7] 陈卓元，张学元，王凤平，等.二氧化碳腐蚀机理及影响因素[J].材料开发与应用，1998，13(5)：34-40.

[8] 张学元，邸超，雷良才.二氧化碳腐蚀与控制[M].北京：化学工业出版社，2000.

[9] 方丙炎，韩恩厚，朱自勇，等.管线钢的应力腐蚀研究现状及损伤机理[J].材料导报，2001，15(12)：1.

[10] 孙永兴，林元华，何龙，等.酸性油气田油管套管选材设计[J].腐蚀科学与防腐技术，2011，23(1)：81-85.

[11] 李春福，罗平亚，油气田开发过程中二氧化碳腐蚀研究进展[J].西南石油学院学报，2004，26(2)：

42-46.

[12] 鲁亮.35CrMo 钢在 CO_2 饱和溶液中的腐蚀行为研究[D]. 四川：西南石油大学，2011：TG172：82.

[13] 李自力，程远鹏，毕海胜，等. 油气田 CO_2/H_2S 共存腐蚀与缓蚀技术研究进展[J]. 化工学报，2014，65(2)：406-414.

作者简介：刘学全(1980—)，中级工程师，毕业于中国石油大学(北京)，现从事提高采收率工艺技术研究工作。通讯地址：河南省郑州市陇海西路 199 号华北油气分公司，邮编：450006。联系电话：0371-86002173，E-mail：lxq811223@163.com。

陈家庄南区掺水系统腐蚀原因分析及对策

宋宝菊　陈景军　韩　封　李　颖

(中国石化胜利油田河口采油厂工艺研究所)

摘　要　本文针对陈家庄南区因掺水系统腐蚀导致管线穿孔频繁发生的问题，对掺水系统系统的垢样成分、掺水水性、水质进行了分析，找出了引起掺水腐蚀的主要影响因素，针对腐蚀因素研发了新型缓蚀剂，在掺水系统加入后，使现场掺水系统的腐蚀速率比加药前降低了 20 倍以上，减少了管线刺漏事故的频繁发生，延长了管线的使用寿命，为今后注水、掺水区块的类似问题提供经验和借鉴。

关键词　掺水；腐蚀速率；缓蚀剂；掺水系统

陈家庄南区为薄层稠油油藏，原油黏度在 10000~30000mPa·s 之间，2007 年以来对陈家庄南区特稠油投入大面积滚动开发，采用蒸汽吞吐开发方式，现开油井 350 余口，稠油热采井大部分采用空心杆掺水生产方式，现有空心杆掺水井 300 余口，日掺水量 4000m³。

1　掺水系统腐蚀现状

通过对陈家庄南区掺水管网的实地调研，发现陈家庄南区站掺水系统管线近年来频繁发生腐蚀穿孔泄漏事故，掺水管线的腐蚀不仅会造成干压升高、管道刺穿，而且腐蚀严重时会造成重大生产事故，造成严重的资源浪费和环境污染等问题。据统计，2019 年 1 月~9 月掺水系统管线穿孔 345 口，干线穿孔 90 次(见表 1)，影响油井生产时间 2000h，影响产量 240t。

表 1　2019 年 1 月~9 月陈家庄南区干线穿孔情况统计

序号	日期	类别	井号	序号	日期	类别	井号
1	2019.1.5	掺水干线	陈 24#	15	2019.2.19	掺水干线	CJC373-p8
2	2019.1.5	掺水干线	陈西-38#	16	2019.2.22	掺水干线	陈 46#
3	2019.1.14	掺水干线	陈南-陈北	17	2019.2.24	掺水干线	CJC25#-26#
4	2019.1.21	掺水干线	陈 18#	18	2019.3.3	掺水干线	陈南站
5	2019.1.25	掺水干线	陈 27#-28#	19	2019.3.6	掺水干线	CJC24#-27#
6	2019.1.29	掺水干线	CJC373-p81	20	2019.3.8	掺水干线	陈南-32#
7	2019.1.30	掺水干线	陈 49#	21	2019.3.11	掺水干线	陈 42#-43#
8	2019.1.30	掺水干线	陈 22#	22	2019.3.11	掺水干线	CJC373-p48
9	2019.2.7	掺水干线	陈 47#	23	2019.3.11	掺水干线	陈 27#-28#
10	2019.2.11	掺水干线	陈 7#-13#	24	2019.3.11	掺水干线	CJC371-p20
11	2019.2.12	掺水干线	掺水干线	25	2019.3.11	掺水干线	28#-27#
12	2019.2.15	掺水干线	CJC23-x71	26	2019.3.13	掺水干线	陈 24#-27#
13	2019.2.15	掺水干线	陈 32#	27	2019.3.14	掺水干线	陈北站
14	2019.2.19	掺水干线	陈南-陈北	28	219.3.16	掺水干线	陈 39#-49#

序号	日期	类别	井号	序号	日期	类别	井号
29	2019. 3. 22	掺水干线	陈庄注	60	2019. 7. 13	掺水干线	陈南-陈 26#
30	2019. 3. 28	掺水干线	陈 7#	61	2019. 7. 14	掺水干线	39#-49#
31	2019. 4. 5	掺水干线	陈 33#	62	2019. 7. 14	掺水干线	27#-28#
32	2019. 4. 9	掺水干线	陈 48#	63	2019. 7. 16	掺水干线	陈 38#掺水干线
33	2019. 4. 11	掺水干线	陈 47#	64	2019. 7. 16	掺水干线	陈 13#掺水干线
34	2019. 4. 11	掺水干线	陈 18#	65	2019. 7. 18	掺水干线	陈 49#掺水干线
35	2019. 4. 14	掺水干线	陈 13#	66	2019. 7. 21	掺水干线	16#-37#站
36	2019. 4. 19	掺水干线	陈 18#	67	2019. 7. 21	掺水干线	38-39#站
37	2019. 4. 24	掺水干线	陈 39#-陈 49#	68	2019. 7. 24	掺水干线	陈 373-P75 掺水支线
38	2019. 4. 24	掺水干线	陈南-陈 42#	69	2019. 7. 26	掺水干线	陈 18#
39	2019. 4. 26	掺水干线	陈 24#-27#	70	2019. 7. 26	掺水干线	陈 16#
40	2019. 4. 27	掺水干线	CJC373-p38	71	2019. 8. 4	掺水干线	41#站掺水卡炉
41	2019. 5. 31	掺水干线	陈 30#	72	2019. 8. 4	掺水干线	陈 48#站掺水干线
42	2019. 6. 4	掺水干线	陈 25#站	73	2019. 8. 17	掺水干线	CJC25-p2 井组
43	2019. 6. 6	掺水干线	陈南-30#	74	2019. 8. 22	掺水干线	33#-51#
44	2019. 6. 6	掺水干线	陈 27#-28#	75	2019. 8. 22	掺水干线	陈南-42#
45	2019. 6. 8	掺水干线	陈 39-49#	76	2019. 8. 23	掺水干线	33#-51#
46	2019. 6. 16	掺水干线	陈西站-16#站	77	20. 198.26	掺水干线	陈 28#掺水
47	2019. 6. 18	掺水干线	陈 13#	78	2019. 8. 27	掺水干线	28#
48	2019. 6. 24	掺水干线	39-49	79	2019. 8. 27	掺水干线	33#站
49	2019. 6. 28	掺水干线	陈 9#-CJC21-x37	80	2019. 9. 4	掺水干线	陈 28#站掺水
50	2019. 6. 28	掺水干线	陈 49#	81	2019. 9. 4	掺水干线	24#-27#
51	2019. 6. 28	掺水干线	陈 50#掺水干线	82	2019. 9. 12	掺水干线	20#
52	2019. 6. 28	掺水干线	陈南-陈 28#	83	2019. 9. 12	掺水干线	28#-29#
53	2019. 7. 1	掺水干线	CJC371-p38/p39	84	2019. 9. 15	掺水干线	35#-41#
54	2019. 7. 4	掺水干线	陈 46#站掺水	85	2019. 9. 20	掺水干线	19#方向
55	2019. 7. 12	掺水干线	陈 26#掺水干线	86	2019. 9. 20	掺水干线	7#-13#
56	2019. 7. 12	掺水干线	陈西-16#	87	2019. 9. 27	掺水干线	陈北站-19#站
57	2019. 7. 12	掺水干线	掺水干线	88	2019. 9. 27	掺水干线	陈 7#-13#
58	2019. 7. 12	掺水干线	掺水干线	89	2019. 9. 27	掺水干线	陈南陈北掺水互串
59	2019. 7. 13	掺水干线	陈 16#到 37#掺水	90	2019. 9. 27	掺水干线	陈 32#掺水

　　因此，研究陈家庄南区掺水系统腐蚀问题，利用现场与实验室结合的研究方法，全面评价管线腐蚀状态，采取行之有效的腐蚀控制方法，降低腐蚀造成的安全隐患与经济损失。

2　掺水系统腐蚀因素分析

2.1　掺水系统腐蚀产物分析

　　为了对陈家庄南区掺水管线表面腐蚀产物的组成和含量进行准确测定，利用 Rigaku D/

Max-2400X 射线双晶衍射仪对陈西掺水、陈西注水管线表面腐蚀产物进行了 XRD 检测，结果见图 1。

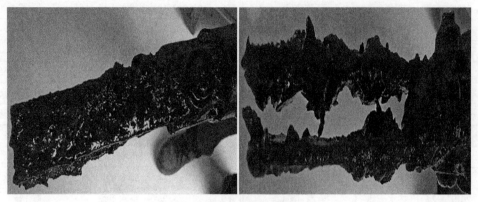

图 1　腐蚀产物的 XRD 图

表 2　陈南庄掺水管线腐蚀产物分析

来　源	FeS/%	FeOOH/%	FeCO₃/%
掺水管线	74.25	18.73	7.02

在陈南不同地点对掺水管线腐蚀结垢产物进行取样分析，分析结果见表 2。样品目测呈黑色，加入盐酸后可以溶解，并且伴随有气泡产生，可以闻到有"臭鸡蛋"气味，可以说明加入盐酸反应后生成了 H_2S 气体。

由表 2 可以看出，从腐蚀产物的化验结果来看，掺水管线堵塞主要有两方面的原因，一是油泥引起的堵塞，二是腐蚀产物引起的堵塞。经分析，现场腐蚀产物主要是由于硫化物对钢铁腐蚀之后产生的 FeS。同时，伴有溶解氧腐蚀（FeOOH）和 CO_2 腐蚀（$FeCO_3$）。另外，掺水水质中超标的原油和固体悬浮物更容易发生沉积，从而引起管线的堵塞。从 XRD 结果与污水水质特点相吻合，污水中溶解氧、游离 CO_2 的存在也对管线产生了腐蚀。为了更进一步的掌握腐蚀产物的组成和形貌，利用 SEM 电镜扫描仪和 EDS（X 射线能谱分析仪）对腐蚀产物进行了分析，结果见图 2。

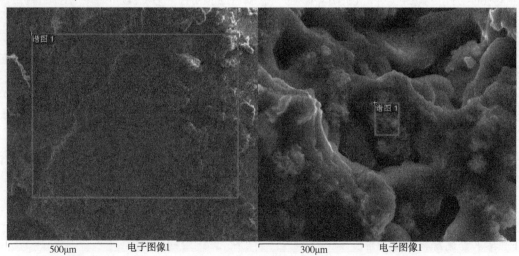

500μm　　　电子图像1　　　　　300μm　　　电子图像1

图 2　腐蚀产物的 SEM 图

表 3 腐蚀产物的 EDS 结果

元　素	质量分数/%	原子分数/%
C	0.726	0.2
S	27.00	31.8
O	9.639	22.7
Fe	62.424	42.0

从图中腐蚀产物的形貌可以看出，基体表面形成大量结构疏松的腐蚀产物，腐蚀产物在基体表面分布均匀，并形成了腐蚀产物膜，腐蚀产物膜中局部有裂纹，表面腐蚀产物堆积较为疏松。从该区域的能谱扫描结果可知，腐蚀产物膜中主要包括 Fe、S、C、O 等四种元素。

结合 XRD 和 EDS 的结果(见表 3)来看，腐蚀产物中以 FeS 含量居多，这说明，H_2S 腐蚀是造成掺水管线金属腐蚀的主要原因。其次 FeOOH 占有较大比例，说明溶解氧的存在也是影响腐蚀的因素；采出水水中的 CO_2 也会造成一定的腐蚀影响。

2.2 掺水系统腐蚀影响因素分析

2.2.1 掺水水性分析

为了确定引起掺水管线腐蚀的主要因素，对陈家庄南区掺水进行了水性分析，检测方法参照 SY/T 5523—2016《油田水分析方法》进行。

表 4　陈家庄南区陈西站分水器出水离子分析

检测依据			SY/T 5523—2006		
分析项目		$c(1/zBZ-)/$ $(mmol \cdot L^{-1})$	$\rho(B)/$ $(mg \cdot L^{-1})$	分析项目	$c(1/zBZ-)/$ $(mmol \cdot L^{-1})$	$\rho(B)/(mg \cdot L^{-1})$
阴离子	F^-	0	0	Li^+	0	0
	Cl^-	178.2	6328	Na^+	141.3	3251
	NO_2^-	0	0	NH_4^+	0	0
	Br^-	0.34	26.9	K^+	3.05	119
	NO_3^-	0.45	28	Mg^{2+}	10.67	128
	SO_4^{2-}	1.42	73.3	Ca^{2+}	18	360
	OH^-	0	0	Sr^{2+}	0.67	29.2
	CO_3^{2-}	0	0	Ba^{2+}	0.227	15.6
	HCO_3^-	5.40	330.2			
合计		185.8	6786.4		173.9	3902.8
pH 值			6.7			
矿化度 $\rho(\sum B)/(mg \cdot L^{-1})$			10689.2	永硬度 $\rho(CaCO_3)/(mg \cdot L^{-1})$		1443.5
总硬度 $\rho(CaCO_3)/(mg \cdot L^{-1})$			1983.5	暂硬度 $\rho(CaCO_3)/(mg \cdot L^{-1})$		540
总碱度 $\rho(CaCO_3)/(mg \cdot L^{-1})$			540	负硬度 $\rho(CaCO_3)/(mg \cdot L^{-1})$		0.0
水型氯化镁						

因为溶解盐的浓度增大，盐水的导电性增强，因此，溶解盐类的腐蚀性随着盐浓度的增大而增大。由表 4 可知，掺水水样的矿化度略高，属于正常的电化学腐蚀，不是引起系统腐蚀的主要因素。

2.2.2 掺水水质分析

为了确定引起掺水管线腐蚀的主要因素，对陈家庄南区掺水进行了水质分析，检测方法参照 SY/T 5329—2012《碎屑岩油藏注水水质指标及分析方法》进行。

表5　采出水水质监测数据

取样点	分水器出水	沉降罐出水	外输掺水	C3标准
悬浮物/(mg/L)	22.1	19.7	16.2	<10
含油量/(mg/L)	35.9	33.7	32.1	<30
SRB/(个/mL)	25	60	60	≤25
TGB/(个/mL)	6	13	13	$<n \cdot 10^4$
FB/(个/mL)	2.5×10^4	600	600	$<n \cdot 10^4$
温度/℃	67.0	60	57	—
H_2S/(mg/L)	4.0	5.0	5.2	<2.0
O_2/(mg/L)	0.32	0.30	0.29	<0.05
pH值	6.5	6.5	6.5	7±0.5
总铁/(mg/L)	2.9	3.5	3.8	

由表5可知，通过对各节点掺水水质的测试分析可知，较高的含油量和悬浮物是产生油泥的主要因素，而引起水样腐蚀的因素(硫化氢、溶解氧)含量超标较多。

2.2.2.1 溶解氧

在油井生产流体中，溶解氧含量非常小。但是，由于温度，压力的变化以及集输系统中与空气的接触，溶解氧含量超过了标准，会对掺水系统造成腐蚀。金属离子化产生的亚铁离子非常不稳定。当溶解的氧气溶解后，它将被氧化成 $Fe(OH)_3$。一些腐蚀产物将进一步水解成三氧化二铁或碱性氧化铁。碱性氧化铁也可与 Fe^{2+} 结合，进一步反应形成覆盖金属基材表面的 Fe_3O_4。溶解氧腐蚀机理如下：

$$阳极反应：Fe \longrightarrow Fe^{2+} + 2e^-$$
$$阴极反应：O_2 + 2H_2O + 4e^- \longrightarrow 4OH^-$$
$$4Fe(OH)_2 + O_2 + 2H_2O \longrightarrow 4Fe(OH)_3$$
$$2Fe(OH)_3 - 2H_2O \longrightarrow Fe_3O_4 \cdot H_2O$$
$$Fe(OH)_3 - H_2O \longrightarrow FeOOH$$
$$8FeO(OH) + Fe^{2+} + 2e^- \longrightarrow Fe_3O_4$$

通常，溶解氧的量在腐蚀速率中起决定性作用。溶解氧含量越高，阳极的溶解速率越高。这主要是因为当溶解的氧 C_0 的浓度增加时，氧的电离度增加，并且氧的极限扩散电流密度也增加，因此氧的去极化腐蚀速率也增加，见式(1)。

$$I_{corr} = I_{d,O_2} = \frac{nFDC_0}{\delta} \tag{1}$$

式中　I_d——极限扩散电流密度；

n——放电过程电子数；

F——法拉第常数；

D——扩散系数；

C_0——溶解氧浓度；

δ——扩散层厚度。

系统中的溶解氧浓度越高，氧分压 $P(O_2)$ 越大，氧电极电位 E 趋于为正，见式（2）。油田储罐不同部位处于不同氧浓度的介质中时，氧浓度低的部位比氧浓度高的部位电极电位低，低浓度的部位将作为阳极首先受到腐蚀，短时间内罐体低氧区就会呈现片状腐蚀坑，这是一种典型的氧浓差腐蚀，危害极大。

$$E = E^{\theta} + \frac{RT}{4F} \ln \frac{P(O_2)}{\alpha_{OH}^4} \tag{2}$$

该掺水系统中溶解氧的含量为 0.3mg/L，与注入水标准 0.05mg/L 比较超标较多，但腐蚀产物中 FeO 占比较低，因此，溶解氧不是引起腐蚀的主要因素。

2.2.2.2 硫化氢

掺水系统中的硫化氢一方面来自原油中有机硫化合物的分解，另一方面来自硫酸盐还原菌的生殖代谢。H_2S 在介质中具有高溶解度。H_2S 溶解在水中的氢离子是强去极化剂，它将在阴极捕获电子，而 S^{2-} 可促进阳极去极化。腐蚀机理如下：

H_2S 电离：$H_2S \longrightarrow HS^- + H^+$，$HS^- \longrightarrow S^{2-} + H^+$

阳极反应：$Fe \longrightarrow Fe^{2+} + 2e$，$Fe^{2+} + S^{2-} \longrightarrow FeS$

$$Fe + HS^- \longrightarrow FeS + H^+ + e^-$$

阴极反应：$2H^+ + 2e \longrightarrow 2H \longrightarrow H_2$

Fe^{2+} 与溶液中的 H_2S 反应：$xFe^{2+} + yH_2S \longrightarrow Fe_xS_y + 2yH^+$

通常影响硫化氢腐蚀速度的主要因素有：

（1）H_2S 的浓度

在油田生产过程中，H_2S 的浓度对设备的腐蚀有很大的影响。液体介质中硫化氢浓度对低碳钢而言，当溶液中 H_2S 浓度从 2mg/L 增加到 150mg/L 时，腐蚀速度增加较快，但只要小于 50mg/L，破坏时间较长。溶液中 H_2S 浓度低于 20mg/L，钢材一般不发生应力腐蚀开裂，但对于高强度钢，即使 H_2S 浓度很低（体积分数 1×10^{-3} mL/L），仍能引起破坏。H_2S 的浓度对腐蚀产物膜有很大的影响。H_2S 浓度为 2.0mg/L 时，腐蚀产物为 FeS_2 和 FeS，H_2S 浓度为 2.0~20mg/L 时，腐蚀产物主要为 FeS_2、FeS、少量硫单质。

（2）H_2S 水溶液的 pH 值

H_2S 水溶液的 pH 值对金属的腐蚀影响很大。当水溶液的 pH 值小于 6 时，金属的应力腐蚀严重。当 6<pH<9 时，H_2S 应力腐蚀敏感性显著降低，但达到断裂的时间仍然很短。当 pH>9 时，基本上不发生 H_2S 腐蚀。当 pH 为酸性时，腐蚀产物为主要由 Fe_9S_8 组成的非保护性产物膜，对金属无保护作用。当 pH 为碱性时，介质中的硫化物主要为 S_2 形式，腐蚀产物主要基于 FeS_2。这样的腐蚀产物具有高硬度，紧凑的结构和一定的保护作用。

（3）介质温度

当介质温度升高时，系统的平均腐蚀速率也增加，并且氢起泡和氢致裂纹的敏感性增加，而应力腐蚀裂纹的敏感性降低。应力腐蚀开裂通常在室温下的最高温度下发生，而在 65℃ 下则较少发生。一些研究发现，干燥的 H_2S 在 250℃ 以下的环境中腐蚀性较小。而在室温潮湿的 H_2S 环境中，未保护的 Fe_9S_8 会在金属表面形成。在 100℃ 的水蒸气 H_2S 环境中，会产生保护性差的 S 和少量的 FeS。

该掺水系统中 H_2S 的含量为 $4 \sim 5.2mg/L$，掺水的 pH 值大于 6，掺水温度在 $60 \sim 65℃$，且腐蚀产物中 FeS 占比较大，说明硫化氢含量高是引起腐蚀的主要因素。

2.2.2.3 掺水温度

根据阿拉尼乌斯理论，化学反应速度与温度的指数成正比，温度升高，反应速度按指数规律急剧加快。碳钢在油田产出水中的腐蚀速率也是一种化学反应速率，因此温度上升，腐蚀速率会迅速增加。

利用现场掺水在室内进行了温度与腐蚀率的关系实验。从温度与平均腐蚀率的关系曲线看出，温度在 $60 \sim 90℃$ 区间内，腐蚀率随着温度的升高明显上升；$90℃$ 达到最高值，$90℃$ 以后腐蚀率又有所降低。陈家庄南区为超稠油油藏，采用蒸汽吞吐+空心杆掺水的方式开采，掺水温度一般在 $60 \sim 65℃$，且油井在注汽生产初期采出液温度较高，井口温度在 $80 \sim 90℃$，有的甚至更高，这样就造成整个掺水系统温度较高（见图 3）。因此，掺水温度是影响系统腐蚀的主要因素。

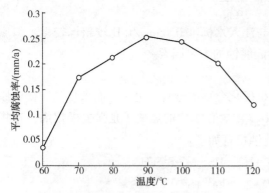

图 3　平均腐蚀率随温度变化示意图

针对以上各项研究，判断出掺水管线腐蚀的主要原因是：掺水温度、硫化氢。

3　掺水系统腐蚀防治对策

掺水系统的防腐方式有很多种，目前大多是物理防腐和化学防腐相结合，尤其是化学防腐使用的缓蚀剂，是最经济有效的处理方式，具有不会改变介质环境、不增加设备成本、使用方便等优点。为此，选用向掺水系统添加缓蚀剂来降低掺水系统的腐蚀。

3.1　缓蚀剂的研发

咪唑啉类缓蚀剂是用于油气田缓蚀剂中研究最多的一种，主要应用于硫化氢的防腐，作用机理主要是缓蚀剂分子与 HS^- 之间存在着竞争吸附，排挤走已经吸附在金属表面的 HS^-，使得 $Fe(HS)^-$ 形成受阻，而在金属表面吸附一层缓蚀剂分子膜，抑制腐蚀过程（见图 4）。

常规的咪唑啉缓蚀剂能够起到较好的缓蚀防腐效果，但是针对高 H_2S 效果不是非常突出，为此，对咪唑啉进行了分子改性，研发适用于高 H_2S 的特殊新型缓蚀剂。

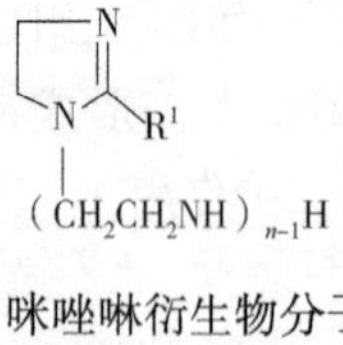

图 4　咪唑啉衍生物分子结构 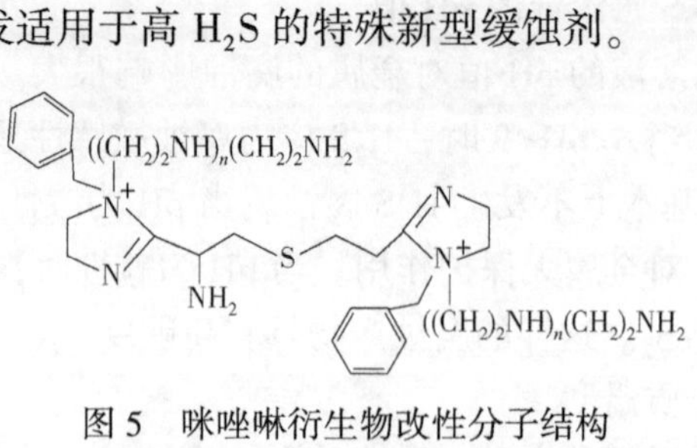　　　　图 5　咪唑啉衍生物改性分子结构

如图 5 所示，这种改性缓蚀剂缓蚀机理是分子中的 N、S 原子与铁表面的空 d 轨道形成稳定的配位键，提高了铁在腐蚀介质中的阳极活化能，形成腐蚀反应的屏障，从而降低了阳极腐蚀反应速率；另外分子中的 $-NH_2$ 基团易与 H^+ 形成 $-NH_3^+$ 而吸附在金属表面，在碳钢表面使含 CO_2 及 H_2S 酸性气体的溶液中的 H^+ 难以接近 Fe 金属表面被还原，因而腐蚀反应的阴

极过程受到阻碍，有效阻止腐蚀阴极过程，进而达到高效防腐的目的。同时咪唑啉衍生物分子中的长链烷基可以倒伏在金属表面，形成较厚的疏水膜，阻止腐蚀介质扩散迁移到金属表面。

针对这种改性缓蚀剂，我们在这种主体结构基础上，通过复配不同少量组分的其他促进缓蚀的物质，研发做出了 SC-01、SC-02、SC-03 三个系列产品。

3.2 缓蚀剂的评价

将研发的新型缓蚀剂在模拟油田生产的条件下，参考标准 SY/T 5273—2012《油田采出水用缓蚀剂性能评价方法》，采用静态失重法进行室内实验评价。

实验介质为陈西站采出水，实验温度为 65℃，实验周期 7d。

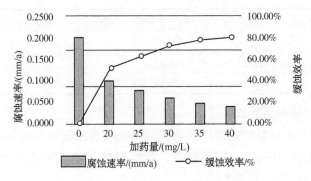

图 6　新型 SC-01 浓度与腐蚀速率的变化关系

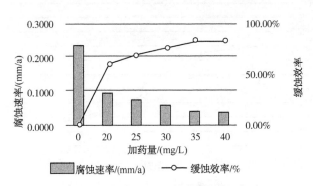

图 7　新型 SC-02 浓度与腐蚀速率的变化关系

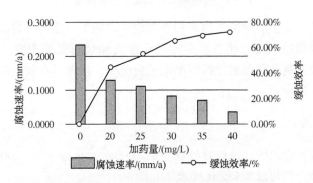

图 8　新型 SC-03 浓度与腐蚀速率的变化关系

从图 6~图 8 实验数据可以看出，三种新型缓蚀剂浓度在 35~40mg/L 时，缓蚀率趋于平缓,其中 SC-01 最高缓蚀率 80.86%、SC-02 最高缓蚀率 83.39%、SC-03 最高缓蚀率 73.23%,由此,选 SC-02 缓蚀剂作为实验药剂。

3.3 缓蚀剂实验验证

3.3.1 缓蚀剂普适性动态试验验证

为了最大限度地模拟注水管道中的流体流动,通过室内动态实验,陈西掺水、陈北掺水作为腐蚀介质,转速为 80r/min,温度为 65℃,压力为 1atm,7d。

在室内动态实验中,均蚀缓蚀率和点蚀缓蚀率均大于 70%(见表 6),缓蚀效果较为理想,完全达到了《油田采出水用缓蚀剂通用技术条件》中的规定要求。

表 6 动态实验结果表

水　源	$\eta_J/\%$均蚀	$\eta_D/\%$点蚀
	检测值	检测值
陈西掺水	91.33	86.47
陈北掺水	93.12	92.84

3.3.2 温度对缓蚀剂效果的影响验证

为了研究不同工作温度对初选缓蚀剂均蚀缓蚀率、点蚀缓蚀率的影响,设定实验条件:室内静态,药剂浓度为 30mg/L,陈西掺水,工作时间 7d,工作温度分别为 50℃、55℃、60℃、65℃、70℃进行测定(见图 9)。

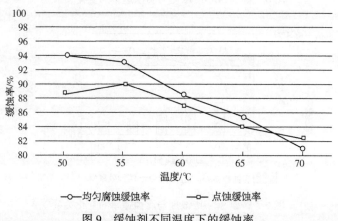

图 9 缓蚀剂不同温度下的缓蚀率

从实验结果所示,缓蚀剂均蚀缓蚀率和点蚀缓蚀率随着温度的升高缓蚀率下降,但是都大于 70%,说明这类缓蚀剂具有相对稳定的理化性质和金属保护功能,即使环境温度在一定程度上波动,腐蚀抑制率和点腐蚀抑制率也不会改变,确保了在复杂的生产条件下对主要腐蚀抑制剂的有效腐蚀抑制。

4 现场应用及效果

选取陈西站作为实验现场。该站日外输量约 2600m³,日掺水量 1200m³。设计在分水器出水管线上连续加药,加药量 30kg/d(见表 7 和图 10)。

表7 加药前各节点腐蚀率数据汇总表

位置	片号	前	后	失重	平均失重	腐蚀率	平均腐蚀率	备注
缓冲罐内动态	66	10.6772	10.5071	0.1701	0.1679	0.5374	0.5305	7d,现场
	92	10.5551	10.4008	0.1543		0.4874		
	60	10.6551	10.4893	0.1658		0.5238		
	74	10.6293	10.4478	0.1815		0.5734		
分水器出水	947	10.5761	10.4492	0.1269	0.1274	0.2004	0.2012	14d,室内静态
	63	10.5566	10.4259	0.1307		0.2064		
	18	10.6064	10.4818	0.1246		0.1968		
外输水	901	10.3996	10.2871	0.1125	0.1171	0.1777	0.1850	
	920	10.4469	10.3328	0.1141		0.1802		
	907	10.465	10.3402	0.1248		0.1971		

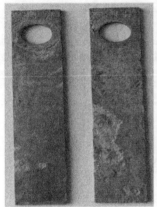

图10 加药前罐内挂片腐蚀情况(7d)

加药开始之后,待后续流程中含有了缓蚀剂,取各节点水样做挂片分析。其中缓冲罐内挂片位置在液面以下2.5~3m,试验14d(见表8和图11)。

表8 加药后各节点腐蚀率数据汇总表

节点	片号	前	后	失重	平均失重	腐蚀率	平均腐蚀率
缓冲罐内动态	87	10.7384	10.7329	0.0055	0.004625	0.0087	0.0073
	91	10.623	10.6187	0.0043		0.0068	
	72	10.6415	10.6373	0.0042		0.0066	
	583	10.5209	10.5164	0.0045		0.0071	
分水器出水	59	10.6176	10.6158	0.0018	0.002	0.0080	0.0088
	82	10.5726	10.5705	0.0021		0.0093	
	0	10.5369	10.5348	0.0021		0.0093	
外输水	138	10.5350	10.5336	0.0014	0.0018	0.0062	0.0080
	77	10.6052	10.6035	0.0017		0.0075	
	14	10.5817	10.5794	0.0023		0.0102	

图 11　加药后静态挂片腐蚀情况

从三个节点加药前后的动态腐蚀率看，加药后动态腐蚀率与注入水动态腐蚀率0.076mm/a 相比降低了 10 倍，与加药前动态腐蚀率相比降低了 23~66 倍，极大地降低了设备的腐蚀速率。

陈西站 2019 年 10 月开始加药，2019 年 11 月至 2020 年 7 月期间，陈西方向掺水干线、掺水管线没有穿孔补漏情况发生，说明该药剂能很好的应用于现场。

5　结语及认识

通过研究和实验验证，认为陈家庄南区掺水系统腐蚀速率高的原因主要为较高的掺水温度导致 H_2S 对系统的加速腐蚀。针对 H_2S 含量高，研发出的咪唑啉衍生物改性分子结构的缓蚀剂能有效降低掺水系统的腐蚀速率，减轻了现场管线穿孔情况的发生，为同类采出水的治理提供了可借鉴的依据。

参 考 文 献

[1] 马宝歧. 油田化学原理与技术[M]. 北京：石油工业出版社，1995.
[2] 胡之力. 油田化学剂的应用[M]. 长春：吉林人民出版社，1998.
[3] 王君. 前大油田注水系统防腐防垢技术研究[J]. 工业水处理，2007(06)：92-94.

作者简介：宋宝菊(1972—)，毕业于华东石油大学，现工作于胜利油田河口采油厂工艺研究所，高级工程师，化验室主任。通讯地址：山东省东营市河口采油厂工艺研究所，邮编：257200。联系电话：13780776571，E-mail：songbaoju020. slyt@ sinopec. com。

红河油田注空气驱井筒管材腐蚀规律研究

刘学全

(中国石油化工股份有限公司华北油气分公司石油工程技术研究院)

摘　要　针对红河油田长 8 致密油藏开展注空气驱补充能量，注空气驱存在严重的腐蚀问题，通过开展高温高压腐蚀模拟实验，明确了 J55，N80 两种材质，在不同工况下的腐蚀规律。实验结果表明，J55、N80 两种钢材腐蚀率随氧含量升高而逐渐增加，随温度和压力的升高而逐渐增加，腐蚀率随空气湿度的升高而逐渐增加。

关键词　红河长 8；特低渗油藏；空气驱；腐蚀速率

鄂尔多斯盆地红河油田油气储量丰富，主要层位为延长组长 8 储层，平均孔隙度 10.8%，平均渗透率 $0.4 \times 10^{-3} \mu m^2$，自 2010 年采用水平井开发以来随着生产时间出现地层能量不足、产量递减快的严峻问题，由于储层低孔、低渗、非均质性强的影响，常规注水技术难以动用有效储量，而空气来源广，成本廉价，所以注空气技术受到越来越多的重视。研究指出，注空气开采轻质油油藏是一项富有创造性的提高采收率新技术，尽管注空气驱油技术已经在国内油田应用，且驱油效果显著，但是注空气过程中油套管及井下工具长期处于高压富氧、高温潮湿或有水的腐蚀环境中，面临着严重的腐蚀破坏，制约着注空气驱油技术的大规模应用，有必要进行管材的氧腐蚀室内实验研究，有效的开展注空气过程中的防腐工作。

1　实验条件

1.1　实验材质

现场调研主要的注入井筒材料为 J55、N80 两种材质，因此将主要分析这两种材料在不同工况下的腐蚀特征和规律。

1.2　实验温度

鄂南油田长 8 储层的温度处于 60~70℃ 之间，井口处、油管鞋处、A 靶点处、地层处的温度，测试四种温度下钢材腐蚀速率与温度关系，明确温度对钢材的腐蚀影响。

1.3　实验压力

以初始注入压力和稳定注入压力作为实验工况，测试四种压力下钢材腐蚀速率，明确注入压力对钢材的腐蚀影响。

1.4　氧气浓度

对于注入井来说，氧气含量是造成注入井筒腐蚀的主要因数，设计三种氧浓度下钢材的腐蚀速率，分析氧含量对材料的腐蚀规律的影响。

1.5　实验介质

根据油田地层水水样分析结果，选用分析纯 NaCl、KCl、$NaHCO_3$、$CaCl_2$、$MgCl_2 \cdot 6H_2O$ 配置模拟地层水。

2　实验装置及方法

2.1　实验装置

图 1　微型磁力搅拌高压釜

实验装置采用 EPF 微型磁力搅拌高压反应釜，如图 1 所示。最高耐温 200℃，最大耐压 6MPa，最大转速 1500r/min。实验用其他主要仪器包括数显干燥箱（0~300℃）、电子分析天平（0~200g，精度 0.1mg）、游标卡尺（精度 0.01mm）、抽真空封口机、超声波清洗机等。

2.2　实验气体及其他药品

实验所用气体为高纯氮气（>99.999%）和高纯氧气（>99.995%），高纯氧气为实验用腐蚀性气体，高纯氮气用来去除实验管路、反应仪器以及腐蚀介质中的氧气。

实验所用药品种类主要包括：氯化钠（>99.5%）、无水乙醇（>99.7%）、有机酸（36%~38%）、六次甲基四胺（>99.0%）等。

2.3　实验方法及步骤

2.3.1　腐蚀速率的步骤

（1）将挂片试件依次缓慢放入在釜内，记录编号，期间避免有气泡附着在挂片表面，影响实验结果。

（2）向反应釜内倒入定量刚除气完毕的溶液，液面最高不得超过反应釜的 3/4 体积，将釜体安装至夹具上，安装好釜盖。

（3）将气瓶用管线接入釜盖上的两个进气接头，并确保阀门均处于关闭状态。对实验管线、反应釜进行除氧。将高纯氮气气瓶入气阀门和放气阀门同时打开，缓慢通入高纯氮气 30min 除去实验管线及反应釜内空气（主要是氧气），然后关闭该阀门，此时可大致认为反应釜内氧分压为 0。然后打开高纯氧气气瓶的入气阀门，缓慢通气 30s 除去反应釜中的氮气，之后关闭所有阀门。

（4）调节控温装置至实验温度，待温度稳定后打开高纯氧气气瓶的入气阀门，待反应釜内氧气压力达到实验氧分压后关闭所有阀门。开启转速调节开关，从最小转速缓慢调至实验转速，实验正式开始，记录实验开始时间。

2.3.2　腐蚀速率的方法

挂片失重法是研究材料平均腐蚀速率应用最广泛的方法，也是研究平均腐蚀速率最有效的方法之一。该方法的基本原理是将所研究的金属制作成规则的试样，测定其几何尺寸、质量，将其置于相应的腐蚀介质中，实验结束处理后，测定实验后试样质量，按式（1）计算平均腐蚀速率。

$$r_{corr} = 87600 \frac{\Delta m}{\rho A \Delta t} \tag{1}$$

式中　r_{corr}——腐蚀速率，mm/a；

　　　m_0——试样原始质量，g；

　　　m_t——试样试验后质量，g；

　　　A——试样总表面积，cm²；

　　　ρ——试样材质密度，g/cm³；

t——测试时间，h。

3 实验数据

表 1 和表 2 是 J55、N80 两种钢材在不同减氧值下，总压 30MPa、温度为 65℃、干燥条件下的腐蚀失重实验数据。

表 1 不同氧含量下 N80 钢腐蚀测试实验（30MPa，干燥，65℃）

氧含量/ %	氧分压/ MPa	样片 编号	实验前/ g	实验后/ g	失重/ g	均匀腐蚀率/ （mm/a）	平均值/ （mm/a）
0.01	0.3	8001	14.2686	14.2685	0.00006	0.00385	0.00381
		8002	14.2696	14.2696	0.00006	0.00377	
0.03	0.9	8003	14.2693	14.2692	0.00017	0.0106	0.010535
		8004	14.2689	14.2687	0.00016	0.01047	
0.05	1.5	8005	14.3061	14.3058	0.00031	0.0196	0.0197
		8006	14.283	14.2827	0.00031	0.0198	
0.08	2.4	8007	14.2997	14.2993	0.00041	0.02583	0.02582
		8008	14.3176	14.3172	0.00041	0.02581	

表 2 不同氧含量下 J55 钢腐蚀测试实验（30MPa，干燥，65℃）

氧含量/ %	氧分压/ MPa	样片 编号	实验前/ g	实验后/ g	失重/ g	均匀腐蚀率/ （mm/a）	平均值/ （mm/a）
0.01	0.3	5501	14.2927	14.2927	0.00005	0.0033	0.0032
		5502	14.2777	14.2776	0.00005	0.0031	
0.03	0.9	5503	14.3036	14.3034	0.00016	0.0099	0.00985
		5504	14.2744	14.2742	0.00015	0.0098	
0.05	1.5	5505	14.2971	14.2968	0.00027	0.0173	0.0171
		5506	14.273	14.2728	0.00027	0.0169	
0.08	2.4	5507	14.2756	14.2752	0.0004	0.0257	0.0247
		5508	14.2724	14.272	0.00037	0.0237	

由表 1 和表 2 数据可以看出两种材料均匀腐蚀率随氧含量升高而逐渐增加，其中 N80 油管平均腐蚀速率最大，但是也仅为 0.0197mm/a，但存在两个拐点值 5% 和 10%，在两者之间腐蚀率变化梯度较小。

3.1 温度压力对腐蚀的影响评价

表 3~表 6 是 J55、N80 两种钢材在不同温度、压力下干燥条件下的腐蚀失重实验数据。

表 3 不同温度下 N80 钢腐蚀测试实验

温度/℃	实验前/g	试验后/g	失重/g	均匀腐蚀率/ （mm/a）	平均值/ （mm/a）
15	14.2686	14.2684	0.00015	0.0098	0.0101
	14.2889	14.2887	0.00016	0.0103	

温度/℃	实验前/g	试验后/g	失重/g	均匀腐蚀率/ (mm/a)	平均值/ (mm/a)
45	14.3030	14.3028	0.00020	0.0128	0.0131
	14.3049	14.3047	0.00021	0.0134	
60	14.2971	14.2968	0.00031	0.0197	0.0201
	14.2942	14.2939	0.00032	0.0204	
70	14.3149	14.3145	0.00040	0.0253	0.0250
	14.2739	14.2736	0.00039	0.0246	

表 4 不同温度下 J55 钢腐蚀测试实验

氧含量/%	实验前/g	试验后/g	失重/g	均匀腐蚀率/ (mm/a)	平均值/ (mm/a)
15	14.3153	14.3151	0.00014	0.0091	0.0096
	14.3122	14.3121	0.00016	0.0101	
45	14.3049	14.3047	0.00022	0.0143	0.0141
	14.3165	14.3163	0.00022	0.0138	
60	14.3120	14.3117	0.00027	0.0172	0.0171
	14.2727	14.2725	0.00027	0.0170	
70	14.3060	14.3056	0.00043	0.0275	0.0271
	14.2895	14.2891	0.00042	0.0267	

表 5 不同压力下 N80 钢腐蚀测试实验(干燥，65℃)

总压/MPa	实验前/g	试验后/g	失重/g	均匀腐蚀率/ (mm/a)	平均值/ (mm/a)
20	14.2686	14.2684	0.00017	0.0108	0.0111
	14.3071	14.3069	0.00018	0.0113	
25	14.3108	14.3106	0.00021	0.0132	0.0130
	14.3014	14.3012	0.00020	0.0128	
30	14.2782	14.2779	0.00032	0.0203	0.0201
	14.2991	14.2988	0.00031	0.0198	
35	14.2965	14.2961	0.00037	0.0233	0.0230
	14.2907	14.2904	0.00035	0.0226	

表 6 不同压力下 J55 钢腐蚀测试实验(干燥，65℃)

总压/MPa	实验前/g	试验后/g	失重/g	均匀腐蚀率/ (mm/a)	平均值/ (mm/a)
20	14.3152	14.3151	0.00019	0.0121	0.0124
	14.3001	14.2999	0.00020	0.0126	
25	14.3113	14.3110	0.00022	0.0143	0.0137
	14.3075	14.3073	0.00021	0.0131	

总压/MPa	实验前/g	试验后/g	失重/g	均匀腐蚀率/(mm/a)	平均值/(mm/a)
30	14.2770	14.2767	0.00029	0.0183	0.0176
	14.2860	14.2857	0.00027	0.0170	
35	14.2833	14.2830	0.00036	0.0232	0.0230
	14.3106	14.3103	0.00036	0.0227	

由表3~表6数据可以看出两种材料均匀腐蚀率随温度和压力的升高而逐渐增加,基本呈线性关系,温度对J55腐蚀速率的影响要大于N80,在减氧值5%时N80管材平均腐蚀速率最大。

3.2 空气湿度对腐蚀的影响评价

表7是J55、N80两种钢材在含氧5%,总压30MPa、温度为65℃下的腐蚀失重实验数据。

表7 平均腐蚀速率($O_2 = 5\%$,65℃,30MPa)

材　料	空气湿度(0%)/(mm/a)	空气湿度(50%)/(mm/a)	空气湿度(100%)/(mm/a)	气水交界/(mm/a)
N80	0.0197	0.0558	0.09705	0.22813
J55	0.01695	0.03925	0.09075	0.19326

由表7数据可以看出两种材料均匀腐蚀率随空气湿度的升高而逐渐增加,在实验条件($O_2 = 5\%$,65℃,30MPa)下,无论是空气湿度50%或100%,平均腐蚀率远小于0.2mm/a。

4 结语

(1) J55、N80两种钢材均匀腐蚀率随氧含量升高而逐渐增加,其中N80油管平均腐蚀速率最大,存在两个拐点值5%和10%,在两者之间腐蚀率变化梯度较小。

(2) 由表3~表6数据可以看出两种材料均匀腐蚀率随温度和压力的升高而逐渐增加,基本呈线性关系,温度对J55腐蚀速率的影响要大于N80,在减氧值5%时,其中N80油管平均腐蚀速率最大。

(3) 由表7数据可以看出两种材料均匀腐蚀率随空气湿度的升高而逐渐增加,在实验条件($O_2 = 5\%$,65℃,30MPa)下,无论是空气湿度50%或100%,平均腐蚀率远小于0.2mm/a。

参 考 文 献

[1] 李士伦,周守信,杜建芬,等.国内外注气提高石油采收率技术回顾与展望[J].油气地质与采收率,2002,9(2):1-5.

[2] 李士伦,孙雷,郭平,等.再论我国发展注气提高采收率技术[J].天然气工业,2006,26(12):30-34.

[3] 廖广志,杨怀军,蒋有伟,等.减氧空气驱适用范围及氧含量界限[J].石油勘探与开发,2018,45(01):105-110.

[4] 张旭,刘建仪,易洋,等.注气提高采收率技术的挑战与发展——注空气低温氧化技术[J].特种油气

藏, 2006, 13(1): 6-9.

[5] 张永刚, 罗懿, 刘岳龙, 等. 红河油田轻质原油低温氧化实验及动力学研究[J]. 油气藏评价与开发, 2013, 3(6): 43-47.

[6] 张卫兵, 翁选洲. 注空气驱套管材质腐蚀规律与机理研究[J]. 石油与天然气化工, 2018, 47(3): 67-72.

[7] 杨卫国, 徐君铭. (溶)氧腐蚀——一种容易被忽视的腐蚀形式[J]. 广州化工, 2005, 33(3): 74-75.

[8] 孙永兴, 林元华, 何龙, 等. 酸性油气田油管套管选材设计[J]. 腐蚀科学与防腐技术, 2011, 23(1): 81-85.

作者简介: 刘学全(1980—), 中级工程师, 毕业于中国石油大学(北京), 现从事提高采收率工艺技术研究工作。通讯地址: 河南省郑州市陇海西路 199 号华北油气分公司, 邮编: 450006。联系电话: 0371-86002173, E-mail: lxq811223@163.com。

高浓度离子含量环境中环氧涂层失效演化机制研究

杨 超[1] 韩 庆[1] 杨 勇[1] 刘 超[2] 谭晓林[1] 陈丽娜[1]

(1. 中国石化胜利油田分公司技术检测中心;

2. 中国石化胜利油田检测评价研究有限公司)

摘 要 为揭示高浓度离子含量条件下环氧涂层的失效机制,本文以 DGEBA 环氧涂层为研究对象,手工涂敷形成带涂层的 X80 钢样品,五点测试法确定涂层厚度为 25μm±5μm,通过电化学测试研究涂层样品在质量分数为 10% 的 NaCl 溶液中随浸泡时间的电化学阻抗变化特征,建立 DGEBA 环氧涂层的失效演变机制。结果表明,DGEBA 环氧涂层失效过程分为三个阶段:离子扩散过程、涂层/金属界面双电层形成阶段、涂层/金属界面上的电化学腐蚀阶段。

关键词 高浓度离子含量;环氧涂层;电化学阻抗;失效演化

1 引言

有机涂层广泛应用于金属的腐蚀防护中,尤其是对于埋地金属管道来说,涂层作为管道腐蚀防护的第一道防线,不仅减少管道与土壤等腐蚀性介质接触进而发生电化学腐蚀,也减少外界应力对管道的影响,同时极大地增强了阴极保护效率。但与此同时,涂层失效问题一直是相关学者争相探讨的问题。

近些年来,腐蚀性介质在有机涂层中扩散而导致涂层失效的问题一直是各国学者争相研究的热点,该问题涉及高分子的弛豫过程和缩聚现象、电化学和应力分析等相关方面的研究。此外,新型涂层技术如自修复涂层和石墨烯复合涂层的研究也迫切需要更好地理解腐蚀性介质在有机涂层中的扩散过程以及扩散介质对有机涂层体系本身性能的影响。相关学者针对不同的有机涂层体系建立了水分子的扩散过程,而对于高离子浓度溶液扩散引起的有机涂层失效过程却鲜有报道。因此本文以质量分数为 10% 的氯化钠溶液为腐蚀性介质,开展 X80 钢涂层试样在不同扩散时间下的电化学阻抗测试实验,以分析由于离子扩散引起的涂层失效过程。

2 实验设置

考虑到金属基体涂层试片需要开展电化学阻抗测试,因此在涂敷涂层前,在试片其中一个阔面焊接导线,并通过 100% 固化环氧树脂封装,只留下 $25mm^2 \times 25mm^2$ 的金属暴露面积;依次采用 600#~1200# 砂纸将暴露面打磨至镜面,清洗后干燥备用。

实验涂层为 DGEBA 涂层样品。环氧树脂与固化剂的质量比为 10:1,密度为 $1.28g/cm^3$;涂层通过手工刷涂敷在基体表面,常温下固化 7d,通过 QNIX8500 测厚仪来确定涂层样品厚度。涂层厚度通过五点取样法测试:分别取涂层样品四角位置和中心位置进行测试,取其平均值作为实验计算厚度,最终确定实验样品厚度为 25μm±5μm。

采用去离子水和分析纯 NaCl 配置质量分数为 10% 的 NaCl 溶液作为实验溶液,在恒温恒湿箱内设置实验温度为 20℃,开展 X80 钢涂层样品的浸泡实验,通过电化学测试得到试样随浸泡时间变化的电化学阻抗曲线，分析离子扩散过程对涂层失效过程的影响规律。

在三电极电化学测试体系中，工作电极为 X80 钢涂层试样，辅助电极为铂电极，参比电极为饱和甘汞电极（SCE，在本文中的电位均相对于饱和甘汞参比电极）；固定参比电极与工作电极的距离，以消除溶液电阻变化对测试结果的影响。电化学工作站为 PARSTAT 2273，电化学阻抗测试频率范围为 $10^5 \sim 10^{-2}$ Hz，交流正弦信号振幅为 ± 10mV，数据处理采用系统自带的 ZSimpWin 软件。

3 结果与讨论

3.1 开路电位分析

图 1 为 X80 钢涂层样品在质量分数为 10% 的 NaCl 溶液中开路电位随浸泡时间的变化曲线。开路电位的变化规律主要分为三个阶段：

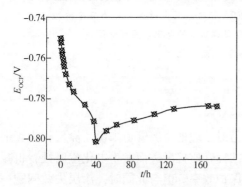

图 1 X80 钢涂层样品在质量分数为 10% 的
NaCl 溶液中开路电位随时间的变化规律

（1）第一阶段为 0~3h，此时随着电解质溶液在环氧涂层中的扩散，涂层的防腐性能逐渐降低，腐蚀倾向增大，表现为开路电位逐渐降低（ -0.750V $\rightarrow -0.777$V）。

（2）第二阶段为 13~0h，在该阶段体系开路电位大幅度下降（ -0.777V $\rightarrow -0.802$V），这主要是由于腐蚀性介质达到涂层/金属界面，界面上双电层逐渐形成，环氧涂层中的微孔扩散通道已经建立，大量溶液进入到涂层内部，表现为环氧涂层在腐蚀性介质中的降解失效行为。

（3）第三阶段为 50~78h，在该阶段体系试样开路电位略有增加。随着大量扩散通道的建立，更多的腐蚀性介质（包括 Cl^- 和 O_2 等）到达涂层/金属界面，腐蚀反应过程加剧，产生的腐蚀产物反向扩散进入到环氧涂层中，阻塞扩散通道，从而影响了腐蚀性介质到达界面的过程，减缓腐蚀反应的发生，表现为开路电位略微增大。关于在该阶段开路电位增大的另外一种解释是水分子与 DGEBA 有机涂层中的极性官能团相互作用，导致涂层本身交联密度的有所增加导致，这与 DGEBA 环氧涂层的形成过程相关：当水分子再次进入中涂层中时，可能会引发涂层内的小分子片段的继续聚合，形成高分子长链，引起涂层内部交联密度增加。

在足够长的浸泡时间条件下（如 644h），环氧涂层与金属完全剥离，金属直接暴露于腐蚀介质中，其表面腐蚀速率加快；同时涂层高分子链之间的相互运动加剧，交联密度增大，涂层完全失效，此时整个体系的开路电位降低直至保持不变（ -0.77V），与无涂层 X80 钢试片在 NaCl 溶液中的开路电位相等。

3.2 电化学阻抗分析

图 2 为不同浸泡时间条件下带涂层 X80 钢电化学阻抗曲线测试结果，图 3 为电化学阻抗拟合电路物理模型，图 4 为不同条件下等效电路拟合结果随时间的变化规律。

在本文中采用的是纯 DGEBA 环氧涂层，因此可将涂层体系近似认为均匀体系。由于实验溶液较高的离子含量，在扩散初期（ 0.5~13h），Nyquist 图出现了明显的离子扩散特征，因此选择等效电路为 $R_s(Q_cR_c)(Q_fR_f)$ ： R_s 为溶液电阻， Q_c 为涂层电容， R_c 为涂层电阻， Q_f 为离子扩散电容， R_f 为离子扩散电阻。当扩散过程进入到第二阶段（ 13~40h），大量水分子、离子和氧气已经到达涂层/金属界面，此时以涂层/金属界面上的双电层形成过程为主，由于界面化学反应对腐蚀性介质的消耗，在 Nyquist 图中依然存在离子扩散过程，因此选择等效电路为 $R_s(Q_cR_c)(Q_f(R_f(C_{dl}R_{ct})))$：$R_s$ 为溶液电阻，Q_f 为离子扩散电容，R_f 为离子扩散电阻，C_{dl} 为双电层电容，R_{ct} 为电荷转移电阻，Q_c 为涂层电容，R_c 为涂层电阻。当涂层/金属界面上的双电层已经形成时(50~178h)，整个涂层/金属体系主要以界面电化学反应过程和涂层失效过程为主，因此选择等效电路为 $R_s(Q_cR_c)(C_{dl}R_{ct})$：$R_s$ 为溶液电阻，Q_c 为涂层电容，R_c 为涂层电阻，C_{dl} 为双电层电容，R_{ct} 为电荷转移电阻。

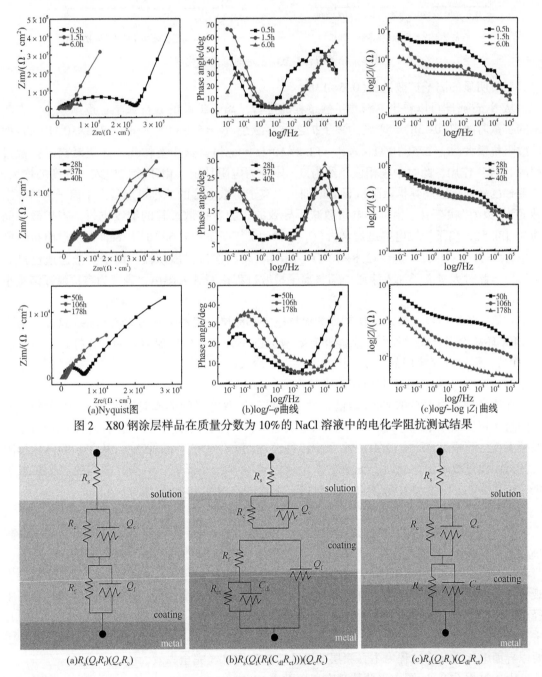

图 2　X80 钢涂层样品在质量分数为 10% 的 NaCl 溶液中的电化学阻抗测试结果

(a)$R_s(Q_fR_f)(Q_cR_c)$　　(b)$R_s(Q_f(R_f(C_{dl}R_{ct})))(Q_cR_c)$　　(c)$R_s(Q_cR_c)(Q_{dl}R_{ct})$

图 3　电化学阻抗拟合电路物理模型

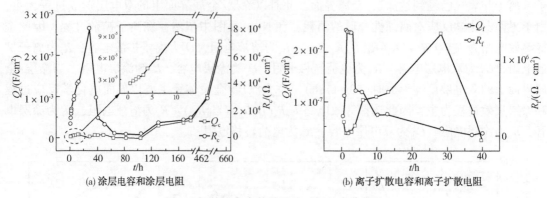

图4 相关拟合参数随浸泡时间的变化规律

(a) 涂层电容和涂层电阻

(b) 离子扩散电容和离子扩散电阻

（1）明显的离子扩散过程（0.5~13h）

从 Nyquist 图可以看出，随着扩散过程的进行，离子扩散的容抗弧半径逐渐减小，在较短的扩散时间内（0~3h），表现为离子扩散电容减小（Q_f=5.6×10^{-8}F/cm→3.8×10^{-8}F/cm）而扩散阻抗增大（R_f=2.5×10^5Ω·cm^2→13.8×10^5Ω·cm），这主要体现了涂层对离子扩散过程的"阻挡"作用，此时中频相位角约为0，体现为电阻特征。由于涂层中离子浓度的增大，浓度梯度降低，因此其扩散阻抗显著增加；而离子扩散电容的减小可能是由于离子由游离态转变为"束缚"状态引起相对介电常数减小导致的。随着扩散过程的继续进行，当扩散时间为 3~13h 时，离子扩散电容迅速增大（Q_f=3.8×10^{-8}F/cm→11.6×10^{-8}F/cm）而扩散阻抗急剧减小（R_f=13.8×10^5Ω·cm^2→2.8×10^5Ω·cm^2），表明在该扩散阶段，离子扩散通道已经完全形成，此时大量离子涌入涂层内部，离子扩散过程逐渐进入尾声，表现为容抗弧逐渐减小直至消失。

在第一扩散阶段，表示涂层特征的涂层电容和涂层电阻均表现增大的趋势，这是因为在 DGEBA 环氧涂层合成过程中，水能够有效地促进小分子片段中醚基（—O—）打开形成羟基（—OH），促进环氧涂层的交联，因此涂层电阻增大。

（2）涂层/金属界面的双电层形成过程（13~40h）

在质量分数为 10% 的 NaCl 溶液条件下，界面上双电层的形成时间为 28h，表示物质扩散的最大相位角频率（0.03Hz）和表示双电层电荷转移过程的最大相位角频率（10826Hz）基本保持不变，而中频（0.5~126Hz）的"电阻"特征逐渐向"电容"特征转变；从 37h 的电化学阻抗测试曲线可以看出，此时界面上的双电层电容基本已经形成，但仍有微弱的离子扩散发生，表现为 $\log f$-φ 曲线中频段在 37h 时仍有不明显的相位角峰值（10.7°）。

（3）涂层/金属界面的电化学反应过程（50~178h）

在 Nyquist 图中，随着扩散过程的进行，表示界面双电层特征的高频容抗弧半径逐渐减小，虽然在 167h 时依然存在一个微弱特征，但不会随扩散过程发展而继续变化，这说明此时涂层/金属界面的封闭条件已经被破坏，涂层与金属发生明显剥离现象，界面上的腐蚀宏观相已经形成，高频微弱的容抗特征与无涂层金属的容抗特征相同；同时中低频容抗特征半径也逐渐减小，表示涂层的失效过程，当浸泡时间达到 167h 时，与 178h 曲线相比，两者几乎完全重合，而在低频位置（10^{-2}Hz）的物质扩散曲线有微小差异性，表明此时整个体系主要以界面电化学反应过程为主，涂层的腐蚀防护作用已经完全失效。

上述过程在 Bode 图中主要体现在以下两点：

① 表示水分子扩散的低频特征频率随扩散过程的发展逐渐向高频移动（$t=50\text{h}\rightarrow178\text{h}$，$f_b=0.85\text{Hz}\rightarrow7.88\text{Hz}$），而表示电荷转移的高频特征频率在 167h 时完全消失，说明在该阶段涂层与金属的剥离过程。

② 表示水分子扩散的低频最大相位角与其最大相位角频率均逐渐增大（$t=50\text{h}\rightarrow178\text{h}$，$\theta_{max}=25.4°\rightarrow36.7°$，$f_{\theta max}=0.05\text{Hz}\rightarrow0.28\text{Hz}$），而表示电荷转移的高频最大相位角逐渐减小（$t=50\text{h}\rightarrow178\text{h}$，$\theta_{max}=45.7°\rightarrow16.4°$，$f_{\theta max}=10^5\text{Hz}$），同时在 167h 和 178h，中频段相位角逐渐增大，表明在该阶段以界面电化学反应过程为主。

图 5 为不同电化学参数随浸泡时间（50~644h）的变化规律。从涂层特征参数变化规律可以看出，在 50~178h 时，涂层电容呈线性减小的变化规律，这是由于在这一阶段以涂层/金属界面上的腐蚀宏观相形成为主，涂层与金属逐渐剥离，表现为涂层厚度增加，因此电容减小；在 178~644h 阶段，腐蚀宏观相已经形成，此时整个涂层体系厚度不变，因此电容保持不变。从前述分析可知，在这一阶段（50~644h）主要以涂层/金属界面上的电化学反应过程为主，腐蚀产物向涂层中扩散，导致涂层电阻呈线性增大。而双电层电容和电阻均随着浸泡时间的增加成线性增大趋势，这是因为在较高的离子含量下（10%），双电层两侧的浓度梯度较大，较高的浓度极化影响了电荷转移过程，同时也会导致扩散介质较高的介电常数，表现为双电层电容和电阻均增大。

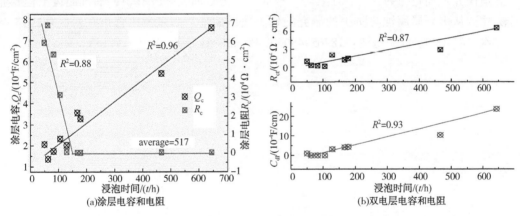

(a)涂层电容和电阻　　　　　(b)双电层电容和电阻

图 5　相关拟合参数随时间的变化规律：50~644h

4　结语

本文通过电化学测试方法分析了高浓度离子含量中环氧涂层的失效演化过程与低浓度盐含量腐蚀环境相比，在较高的渗透压作用下，在扩散初期电化学阻抗特征出现了明显的离子容抗特征，而此时涂层表现为对水分子的物理屏蔽作用，因此环氧涂层失效过程分为三个主要阶段：离子扩散阶段、涂层/金属界面双电层形成阶段、涂层/金属界面上的电化学腐蚀阶段。上述扩散模型的提出可为滩海区域带保温层管段/黄夹克防腐层管段的防腐层失效行为和管体腐蚀研究提供基础。

参　考　文　献

[1] 赵君，闫茂成，吴长访，等. 干湿交替土壤环境中剥离涂层管线钢阴极保护有效性[J]. 腐蚀科学与防护技术，2018，30(5)：508-512.

[2] Wel, G. K. V. D., Adan, et al. Moisture in organic coatings-a review [J]. Progress in Organic Coatings,

1999, 37: 1-14.

［3］Dang, D. N, Peraudeau, et al. Effect of mechanical stresses on epoxy polymer ageing approached by Electro-chemical Impedance Spectroscopy measurements［J］. Electrochimica Acta, 2014, 124: 80-89.

［4］An, S., Lee, et al. A review on corrosion-protective extrinsic self-healing: Comparison of microcapsule-based systems and those based on core-shell vascular networks［J］. Chemical Engineering Journal, 2018, 344: 206-220.

［5］Cui, G., Bi, et al. A comprehensive review on graphene-based anti-corrosive coatings［J］. Chemical Engineering Journal, 2019, 373: 104-121.

［6］Liu, B., Fang, et al. Effect of cross linking degree and adhesion force on the anti-corrosion performance of epoxy coatings under simulated deep sea environment［J］. Progress in Organic Coatings, 2013, 76: 1814-1818.

［7］Liu, L., Cui, et al. Failure behavior of nano-SiO_2 fillers epoxy coating under hydrostatic pressure［J］. Electrochimica Acta, 2012, 62: 42-50.

［8］Dalmoro, V., Azambuja, et al. Hybrid organophosphonic-silane coating for corrosion protection of magnesium alloy AZ91: The influence of acid and alkali pre-treatments［J］. Surface & Coatings Technology, 2019, 357: 728-739.

作者简介：杨超(1991—)，工程师，毕业于中国石油大学(华东)，油气储运工程专业，博士，主要从事金属腐蚀与防护的研究工作。通讯地址：山东省东营市东营区西二路 480 号，邮编：257000。联系电话：18765948050，E-mail：yangchao201001@ 163. com。

正理庄油田酸性采出液腐蚀控制技术

任鹏举

（中国石化胜利油田纯梁采油厂工艺研究所）

摘　要　针对正理庄油田高 890 块酸性采出液腐蚀问题，从腐蚀影响因素分析入手，开展了缓蚀剂与杀菌剂筛选评价，开发出适用于 CO_2、SRB 腐蚀控制的复合治理技术，并针对中低含水井常规缓蚀剂缓蚀效果较差这一问题开展研究，合成并评价了 9 种席夫碱缓蚀剂。现场实施后取得明显效果，采出液腐蚀速率降低，区块躺井率得到有效控制。

关键词　酸性采出液；腐蚀；CO_2；H_2S；硫酸盐还原菌

前言

纯梁采油厂的纯化、正理庄等油田采出液普遍表现出酸性特征，以正理庄油田高 890 区块为例，高 890 块开井 19 口，平均日液 4.5t，含水 67.3%，地层水为氯化钙水型，总矿化度为 60000mg/L 左右，氯离子为 37764mg/L，pH 值为 5.5～6.5，呈弱酸性。低 pH 值，高矿化度，高氯含量，细菌，氧、H_2S、CO_2 等因素是腐蚀结垢的重要原因。2015 年、2016 年、2017 年躺井数分别为 18 口、19 口和 20 口，呈现逐年增加的趋势。油井无论高中低含水均存在腐蚀结垢问题，因腐蚀结垢问题造成的躺井的比例在 90% 以上。

尽管近年来针对部分腐蚀井采取了涂层防护、缓蚀剂和阴极保护等腐蚀防护措施，但油井和地面单井管线腐蚀问题依旧突出，不仅造成了较大经济损失，还造成了一定的环境影响。

目前，国内外对酸性采出液腐蚀控制主要是采用物理涂层技术、化学缓蚀技术和电化学防护技术。对复杂的腐蚀介质，由于腐蚀主控机理不明确，常采用复合的缓蚀方法，尽管如此，缓蚀效果仍难以保障。高 890 块采出液中 Cl^-、矿化度、H_2S、CO_2 等因素以及含水率上存在的差异性，也导致区块单井的腐蚀类型和程度存在较大差异（见图 1、图 2）。先后采用了防腐泵、阴极保护、缓蚀剂等多种腐蚀防护方法，但由于腐蚀因素复杂，对腐蚀机理认识不清，导致防护方法针对性不强，效果较差。

图 1　高 890 块油井抽油杆腐蚀

图 2　高 890 混输泵站地面管线腐蚀穿孔

1 腐蚀因素及机理分析

通过对典型油井采出气、液以及腐蚀产物进行分析，对正理庄油田高 890 块腐蚀因素进行考察。

1.1 油井采出液及伴生气分析

影响采出液腐蚀性的因素，主要包括盐类、SRB、H_2S 和 CO_2 等。高 890 块典型腐蚀油井采出液及伴生气的 H_2S 和 CO_2、矿化度、SRB、pH 值和平均腐蚀速率等检测结果见表 1~表 3。

表 1 典型腐蚀油井采出液分析

井号	pH 值	SRB 菌/（个/mL）	侵蚀性 CO_2/（mg/L）	HCO_3^-/（mg/L）	Cl^-/（mg/L）	矿化度/（mg/L）	静态腐蚀速率/（mm/a）
G890-13	6.0	0	47	928	21925	36501	0.1070
G890-20	5.5	0	62	744	29193	47727	0.0799
G890-8	6.2	6	39	458	35451	62426	0.1126
G890-21	6.0	25	44	427	8330	14093	0.1050
G890-6	6.1	6	52	537	14700	27309	0.0811
G890-4	6.1	6	59	1253	14889	25239	0.0932

表 2 典型腐蚀油井采出液及伴生气分析

井 号	H_2S/（mg/m³）	CO_2/（mg/m³）
G890-13	未检出	65100
G890-20	未检出	34600
G890-8	未检出	78800
G890-21	未检出	44300
G890-6	未检出	72800
G890-4	未检出	27200

表 3 典型腐蚀油井原油分析

井 号	硫含量/%	酸值/（mgKOH/g）
G890-7	0.594	1.3
G890-3	0.848	1.85
G890-21	0.646	1.43
高 890-8	0.736	1.58

高 890 块生产井表现出高矿化度、高含 Cl^-、高含 CO_2 以及高腐蚀速率的特点，原油酸值较高，属高酸值原油，其中虽未在气样中检出 H_2S，但在原油中检出 S 元素的存在，分析认为油样中硫来源异常，正确判断其中硫来源对于采取有针对性的防腐方案至关重要。

1.2 油井腐蚀产物分析

通过 X 射线衍射（XRD）进行高 890 块油井腐蚀、结垢产物样品成分分析，确定腐蚀产物的组成，进而分析腐蚀影响因素（见图 3、图 4）。

图 3　高 890 块腐蚀、结垢产物外观

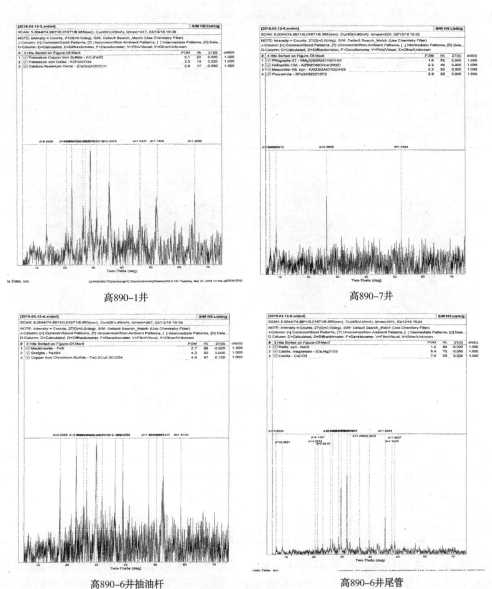

高890-1井　　　　　　　　　　　　高890-7井

高890-6井抽油杆　　　　　　　　　高890-6井尾管

图 4　高 890 块部分油井腐蚀结垢产物 XRD 检测结果

各单井的腐蚀与结垢产物检测结果表现出较大的差异性(见表4)，其中高890-6井的尾管、抽油杆样品分别为结垢与腐蚀产物。各单井表现出了不同的腐蚀与结垢特点。分析认为，受单井受取样位置影响，单点取样进行腐蚀、结垢产物分析并不能表现出全井的腐蚀结垢规律，因此在高890-6井躺井作业时，分别截取不同位置的抽油杆，对其所附着的腐蚀与结垢产物进行分析，结果见图5和表5。

表4　高890块油井腐蚀检测结果统计

编号	井号	位置	状态	颜色	产物	XRD 成分分析
1 号	G890-1	油管内	块状	红褐色	腐蚀产物	主要为腐蚀产物三氧化二铁以及少量的硫化铁
2 号	G890-2	固定凡尔	团状	黑褐色	腐蚀产物	主要为腐蚀产物碳酸亚铁和硫化亚铁
3 号	G890-6	抽油杆	片状	黑褐色	腐蚀产物	主要为硫化铁
4 号	G890-6	尾管	污泥状	藻绿色	垢	主要为氯化钠、碳酸钙和少量碳酸镁
5 号	G890-7	尾管	块状	浅黄色	垢	主要为氧化硅和镁离子、氯离子、铁离子组成的复合物
6 号	G890-13	固定凡尔	片状	黑褐色	腐蚀产物	主要为三氧化二铁和氧化铁
7 号	G890-17	尾管	颗粒状	黑褐色	垢	主要为二氧化硅和磷酸铝
8 号	G890-30	流量计	片状	黑褐色	垢	主要为碳酸钙

图5　高890-6井不同深度抽油杆腐蚀外观

表5　高890-6井腐蚀产物 XRD 分析结果

深度/m \ 成分	菱铁矿/%	磁铁矿/%	褐铁矿/%	赤铁矿/%	四方纤铁矿/%	黄铁矿/%	四方硫铁矿/%	方解石/%	石英/%	黏土/%	斜长石/%
504	54.7	1.4					1.8	29.9	5.7	3.4	
852	37.9	1.9				3.7	22.2	19	7.5		7.8
1155	63.0	3.6	8.7	2.0	16.4			1.4	4.9		
1430	66.2	3.9							1.9	15.2	6.1

高890-6井不同深度位置的抽油杆腐蚀、结垢产物检测结果表明，该井腐蚀、结垢并存，CO_2 与 H_2S 的腐蚀同时存在，但在不同深度，受腐蚀因素差异影响，腐蚀产物类型与所占比例存在差异。具体为：①整体表现出存在 CO_2 腐蚀；②在850m 深度范围出现 H_2S 腐蚀产物，表明存在 H_2S 腐蚀；③1155m 及以上抽油杆出现碳酸盐结垢产物。

从 H_2S 腐蚀产物出现位置以及 CO_2、H_2S 腐蚀竞争关系判断，参与到腐蚀过程中的 H_2S 应为 SRB 代谢过程中产生，属生物成因 H_2S，后期采出液 SRB 分析与药剂筛选评价结果也验证了这一判断。

1.3 MPN 法 SRB 分析

目前，普遍采用传统的依赖于可培养的方法对环境样品中的 SRB 进行定量，比如最大可能数法(most probable number, MPN)。上述试验均采用 MPN 法计数 SRB。

参照标准：SY/T 0532—2012《油田注入水细菌分析方法 绝迹稀释法》。

原理：将待测定的水样用无菌注射器逐级注入测试瓶中进行接种稀释，直到最后一级测试瓶中无细菌生长为止。恒温培养后，根据细菌生长情况和稀释倍数，计算出水样中细菌的数目。

试验方法：对水样中的硫酸盐还原菌做两组平行实验，用无菌注射器吸取 1mL 水样注入一号瓶中，摇匀。另取一只无菌注射器，从一号瓶中吸取 1mL 水样注入二号瓶中，摇匀。按上述操作依次接种稀释到最后一个号瓶为止，放入现场水温条件的恒温培养箱中培养。硫酸盐还原菌培养 7d 后观察，测试瓶中液体由无色透明变为黑色，即表示有硫酸盐还原菌生长。

（1）活性规律分析

取正理庄油田 G890-6 井和 G890 混输泵站的采出液置于厌氧瓶中 40℃ 培养(见图 6)，在 20d 内分别检测 10 次 SRB 含量，考察 SRB 生长的活性规律(见表 6)。

表 6 G890-6、G890 站两样品不同日期 SRB 的计数

培 养 天 数	G890-6/(个/mL)	G890 站/(个/mL)
1	25	6
2	2.5	25
4	0.6	25
5	0.6	25
6	2.5	60
9	60	250
12	60	250
15	250	600
18	600	600
22	600	600

放入厌氧瓶内的两个样品，在 40℃ 条件下，高 890-6 井样品在一周内 SRB 呈下降趋势，一周后开始迅速生长，受瓶内营养物质限制，长到 600 个/mL 以后不再生长(见图 7)。

图 6 厌氧瓶培养

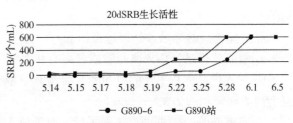

图 7 厌氧瓶培养 20d SRB 变化规律

（2）温度影响分析

为测试温度对 SRB 生长的影响，共进行了三组试验，分别选取的是 G890 混输站、G890-6，G890-21，培养 7d 进行读数，考察不同温度条件下对 SRB 的滋生影响。测试结果见表 7。

表 7　SRB 在不同温度下的计数　　　　　　　　　单位：个/mL

温　度 样　品	20℃	35℃	40℃	50℃	65℃	80℃
高 890 站	0	2.5	25	6	6	2.5
高 890-6	25	60	25	6	2.5	0
高 890-21	0	0	110	250	250	600

温度影响实验结果表明，高 890 区块单井以及混输泵站的 SRB 在不同温度条件下表现出了不同的生长规律特征。其中在高 890-21 井以及混输泵站中发现有高温 SRB 菌属的存在。

1.4　SRB 分子生物分析法

由于环境中大部分 SRB 为不可培养微生物，MPN 法往往过低的估计样品中 SRB 的数量，不能及时反映真实的 SRB 存在状况，因此应用分子生物分析法对 SRB 进行准确的鉴定和量化分析。

（1）目标选取

高 890 混输泵站 G890-21、G890-6。

（2）试验方法

样品预处理和 DNA 提取。

样品预处理过程优化：

a. 菌数的计数：由于各区块单井之间微生物含量差别很大，为了离心得到足够量的菌体，在离心完后对样品进行镜检计数，确定需要处理的样品量，一般为 3~10L 不等。

b. 石油醚的使用：在离心最后的沉淀中，不可避免的混有少量原油，这少量原油会对后续的 DNA 提取产生严重影响。为了消除这种影响，在离心过程中加入石油醚，将原油萃取出来，从而得到干净的沉淀。同时，石油醚还可以洗脱黏附于油水界面的微生物，提高菌体的回收率。

DNA 提取优化：

DNA 质量的高低直接决定了扩增和测序的结果。分别实验了 TaKaRa 公司和 Axygene 公司的 DNA 提取试剂盒，对其提取的 DNA 质量和扩增效果进行了比较，确定选择 Axygene 公司的产品。

经过优化后的样品预处理过程如下：

a. 取新鲜样品，倒入离心管或者离心杯中。

b. 加入样品体积 1/5 的石油醚，震荡充分混合。样品和石油醚总体积不得超过离心管或者离心杯容积的 2/3。

c. 将离心管（杯）两两严格配平后，对置放入离心机中，4℃，10000×g 离心 15min。

d. 将上层石油醚小心转入回收容器中，弃掉下层水相，保留沉淀。

e. 在离心沉淀中加入 3~5mL 灭菌蒸馏水，涡旋震荡 5min，使沉淀菌体重悬于蒸馏水中。

f. 将上述菌悬液转移至一新离心管中。

g. 重复上述过程，至收集到足够的菌体。计数后转入 1.5mL 离心管，4℃，10000×g 离心 15min。

注：石油醚对眼睛、黏膜和呼吸道有刺激性，对皮肤有强烈刺激性，还可引起周围神经炎。使用时应做好个人防护。

h. DNA 的提取参照试剂盒说明书进行。

所得的基因组 DNA 经电泳检测后于−20℃下进行保存备用。

测序分析

后续分析交由专业测序公司完成。其步骤包括 PCR 扩增、产物连接、E. coli 转化、阳性克隆挑选、质粒抽提、3730xl 测序和信息分析等。PCR 引物如下：

*nir*K-F：5'-ATYGGCGGVAYGGCGA-3'；

*nir*K-R：5'-GCCTCGATCAGRTTRTGGTT-3'；

*dsr*AB-F：5'-AC（GC）CACTGGAAGCACG-3'；

*dsr*AB-R：5'-GTGTAGCAGTTACCGCA-3'；

*nir*S-F：5'-AACGYSAAGGARACSGG-3'；

*nir*S-R：5'-GASTTCGGRTGSGTCTTSAYGAA-3'。

测序克隆数

细菌：≥50 个克隆。

（3）评价结果

将测序结果去掉引物序列后用 MEGA 软件进行聚类分析，以"Neighbor-joining"算法构建进化树，分析其中的 OUT 数，优势微生物种类，计算多样性指数（见图 8、图 9）。

分别从油井井口取样，采用分子生物学技术直接分析产出液中的微生物群落，通过克隆测序，发现这些油藏的产出液中存在丰富的微生物群落，共分析出细菌 114 个属，古菌 14 个属，结果在 3 口油井检测到 3 个属的常温硫酸盐还原菌（desulfitobacterium、desulfosporosinus 和 desulfotomaculum）及 2 个属的高温硫酸盐还原菌（thermodesulfobacterium 和 thermodesulfovibrio）。

1.5 小结

（1）高 890 块采出液溶解的 CO_2 以及 H_2S 是其表现出弱酸性的主要原因，也是其腐蚀问题的主要影响因素，高矿化度、高 Cl^- 含量等因素加剧了腐蚀进程；

（2）采出液中 SRB 表现出适应能力强的特点；

（3）MPN 法及基因测序法，均发现了由高温 SRB 属的存在，后续 SRB 抑制技术选择以及评价试验必须考虑到中、高温条件下的抑菌效果。

2 腐蚀控制技术

高 890 块油井采出液腐蚀影响因素复杂，且单井见含水差异较大，因此在进行杀菌剂、缓蚀剂筛选评价的同时，重点针对中低含水井（<60%）的交替润湿所导致的腐蚀问题，开展了两相分散型缓蚀剂合成与评价。

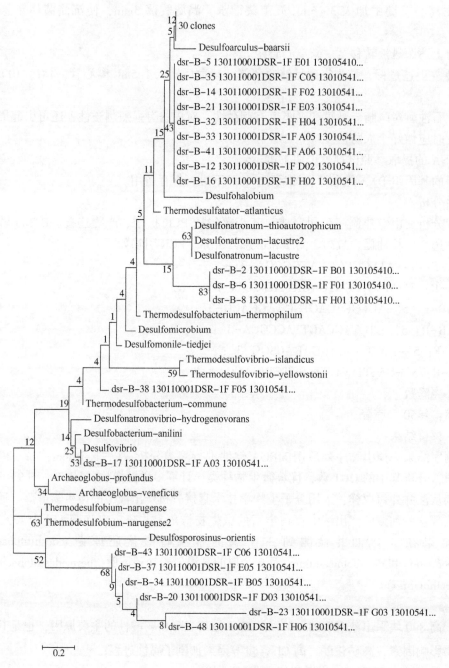

图 8 　样品进化树

2.1 杀菌剂筛选实验

参照标准：SY/T 0532—2012《油田注入水细菌分析方法绝迹稀释法》、Q/SH 1020 0688—2016《油田采出水处理用杀菌剂通用技术条件》。

取高 890 块单井采出水，分别在 50℃、80℃进行杀菌剂抑菌效果评价，结果见表 8。

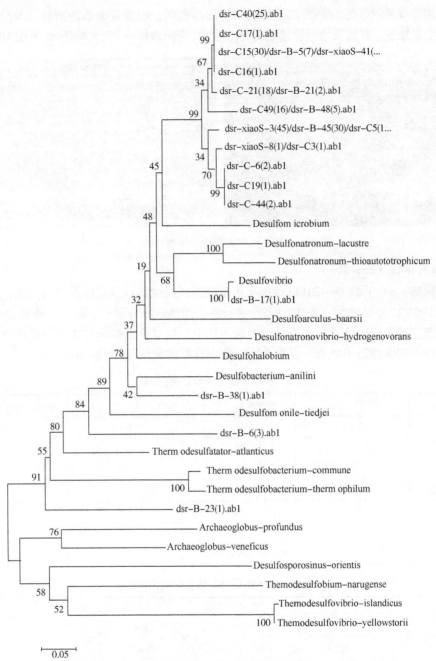

dsr-C40(25).ab1
dsr-C17(1).ab1
99
dsr-C15(30)/dsr-B-5(7)/dsr-xiaoS-41(...
67
dsr-C16(1).ab1
34
dsr-C-21(18)/dsr-B-21(2).ab1
99
dsr-C49(16)/dsr-B-48(5).ab1
dsr-xiaoS-3(45)/dsr-B-45(30)/dsr-C5(1...
dsr-xiaoS-8(1)/dsr-C3(1).ab1
34
dsr-C-6(2).ab1
45
70
dsr-C19(1).ab1
99
dsr-C-44(2).ab1
48
Desulfom icrobium
Desulfonatronum-lacustre
100
Desulfonatronum-thioautototrophicum
19
Desulfovibrio
68
100 dsr-B-17(1).ab1
32
Desulfoarculus-baarsii
37
Desulfonatronovibrio-hydrogenovorans
78
Desulfohalobium
89
Desulfobacterium-anilini
42
dsr-B-38(1).ab1
84
Desulfom onile-tiedjei
80
dsr-B-6(3).ab1
55
Therm odesulfatator-atlanticus
91
Therm odesulfobacterium-commune
100
Therm odesulfobacterium-therm ophilum
dsr-B-23(1).ab1
Archaeoglobus-profundus
76
Archaeoglobus-veneficus
Desulfosporosinus-orientis
Themodesulfobium-narugense
58
Themodesulfovibrio-islandicus
52
100 Themodesulfovibrio-yellowstorii

0.05

图 9 不同样品 SRB 测序进化树

表 8 杀菌剂筛选评价结果(50℃)

样 品	药剂型号	浓度/(mg·L⁻¹)	SRB 含量/(个·mL⁻¹)	抑菌浓度/(mg·L⁻¹)
高 890-21	空白	—	250	—
	1#	40	0	40
		70	0	
		100	0	
	2#	40	25	70
		70	0	
		100	0	

选取抑菌效果较好的 1#杀菌剂作为现场应用杀菌剂，现场投加杀菌剂后，采出液中 SRB 含量得到明显控制，井口及地面管输系统 H₂S 含量(密闭取样法)也大幅降低(见图 10)。

图 10　H_2S 密闭取样检测

2.2　缓蚀剂筛选评价试验

参照标准：SY/T 5273—2014《油田采出水处理用缓蚀剂性能指标及评价方法》。

取高 890-21 井采出水，在 80℃条件进行静态缓蚀效果评价(见表 9)，在筛选出缓蚀剂后，与杀菌剂进行配伍性试验。所筛选的缓蚀剂中，以复合吡啶季铵盐为主要成分的 CO_2 缓蚀剂具有显著的腐蚀防护能力，并与杀菌剂具有良好的配伍性(见表 10)。

表 9　杀菌剂筛选评价结果(80℃)

样　品	药剂型号	浓度/(mg·L⁻¹)	SRB 含量/(个·mL⁻¹)	抑菌浓度/(mg·L⁻¹)
高 890-21	空白	—	600	—
	1#	40	0	40
		70	0	
		100	0	
	2#	40	130	100
		70	2.5	
		100	0	

表 10　高 890 缓蚀筛选及配伍性试验

水　样	药剂型号	药剂浓度/(mg·L⁻¹)	平均腐蚀速率/(mm·a⁻¹)	缓蚀率/%
高 890-21	空白	—	0.035	—
	1#缓蚀剂	100	0.021	40
	2#缓蚀剂	100	0.005	85.7
	3#缓蚀剂	100	0.029	17.1
	4#CO₂缓蚀剂	100	0.004	88.6
	4#CO₂缓蚀剂+杀菌剂	100+40	0.003	91.4

2.3　油水两相分散型缓蚀剂合成与评价

针对低含水油井采出液的特点及腐蚀问题，研究复配油水两相分散型缓蚀剂，分别实现井筒油水两相的药剂混合分散，达到油水两相同时控制腐蚀的目的。油水两相分散型缓蚀剂对于含水较低的油井具有更好的针对性，能够保证区块的整体防腐效果。

（1）单组分缓蚀剂筛选

选择能吸附在金属表面、改变金属表面状态和性质、从而抑制腐蚀反应的发生的吸附型缓蚀剂，此类缓蚀剂是含有 N、O、S、P 和极性基团的有机物。首先进行单组分筛选以初步确定具有较好缓蚀效果的油溶性和水溶性组分。

对数十种具有缓蚀性能的单组分缓蚀剂进行筛选，在采出液中分别添加 100mg/L 各种缓蚀剂，在其中挂入 N80 腐蚀试片，70℃条件下静置 7d 后使用失重法计算其腐蚀速率以及缓蚀率，结果见表 11、表 12。

表 11　油溶性组分的筛选结果

试 剂	腐蚀速率/（mm/a）	缓蚀率/%
空白	0.1373	—
水杨醛	0.0646	52.94
溴代十六烷基吡啶	0.1117	18.60
三聚磷酸钠	0.1324	3.525
磷酸二氢钠	0.1345	2.024
四硼酸钠	0.1319	3.916
香草醛	0.0966	29.63
异喹啉	0.0953	30.61
苯甲醛	0.0781	43.08
吐温-80	0.1301	5.222
焦磷酸钠	0.1209	11.95
肉桂醛	0.0572	58.36
N，N-二甲基乙酰胺	0.1288	6.201
紫脲酸铵	0.1211	11.81
N-苯基邻氨基苯甲酸	0.1367	0.457
十二烷基磺酸钠	0.1307	4.830
二丁酯	0.1038	24.41
硼酸三钠	0.1325	3.460
十二烷基苯磺酸钠	0.1315	4.178
海藻酸钠	0.1128	17.82
盐酸氨基脲	0.1146	16.51
苯扎溴铵	0.0910	33.75
对甲氨基酚硫酸钠	0.1020	25.72

根据以上实验数据分析：在原油水样中，对 N80 试片有明显缓蚀效果的油溶性试剂中，缓蚀率最高的单组分分别为三种醛：水杨醛、肉桂醛和苯甲醛，可作为油溶性组分进行下一步缓蚀剂的合成。

表 12　水溶性组分的筛选结果

试 剂	腐蚀速率/（mm/a）	缓蚀率/%
空白	0.1373	—
1227	0.0997	27.35

试　　剂	腐蚀速率/(mm/a)	缓蚀率/%
水合肼	0.1027	25.20
甲酰胺	0.1117	18.60
三乙胺	0.0966	29.63
油酸	0.1360	0.914
氯乙酸钠	0.1288	6.201
三正丁胺	0.0974	29.05
萘	0.1316	4.112
香豆素	0.1367	0.457
苯并三氮唑	0.0966	29.63
三乙醇胺	0.1051	23.43
酒石酸钠	0.0961	30.03
乙二胺	0.0782	43.02
紫脲酸钠	0.1368	0.326
硫氰酸钠	0.0970	29.31
乙基纤维素	0.1288	6.201
苯胺	0.0683	50.26
硫脲	0.1218	11.29
异丙醇	0.1315	4.178
8-羟基喹啉	0.1315	4.178
喹啉	0.1283	6.527
六次甲基四胺	0.1117	18.60
四乙烯五胺	0.0486	64.62
羧甲基纤维素	0.1316	4.112
1,2-丙二醇	0.1289	6.136
EDTA	0.1316	4.112
乙酰胺	0.1009	26.50

对 N80 试片有明显缓蚀效果的水溶性试剂中，缓蚀率最高的单组分是三种胺：乙二胺、苯胺和四乙烯五胺，可作为水溶性组分进行缓蚀剂的合成。

（2）两相缓蚀剂合成与评价

筛选出的单组分缓蚀剂是三种胺和三种醛，而胺和醛在一定条件反应可生成席夫碱，席夫碱可与金属形成稳定配合物，具有良好的缓蚀性能。分别用三种胺和三种醛反应制取九种席夫碱，考察各种席夫碱对 N80 试片在采出液中的缓蚀效果。

合成的九种缓蚀结构如图 11~图 19 所示。

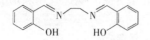

图 11　水杨醛-乙二胺席夫碱
分子结构示意图

图 12　水杨醛-苯胺席夫碱
分子结构示意图

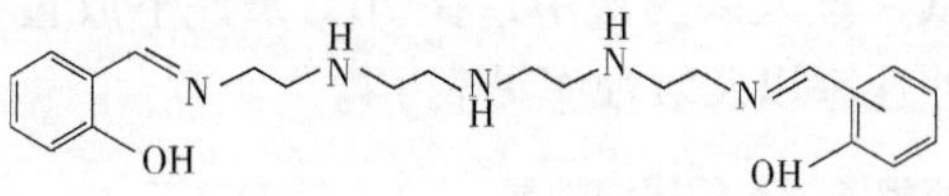

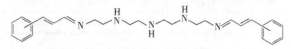

图 13　水杨醛-四乙烯五胺席夫碱示意图 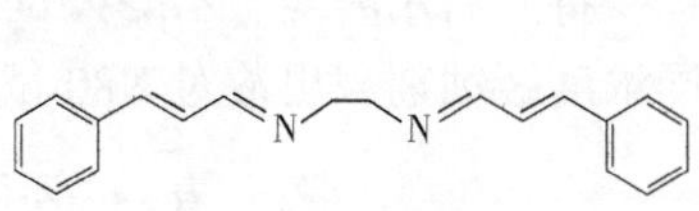　　　　图 14　肉桂醛-乙二胺席夫碱示意图

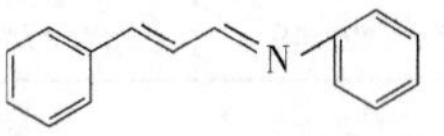

图 15　肉桂醛-苯胺席夫碱分子结构示意图　　　　图 16　肉桂醛-四乙烯五胺席夫碱示意图

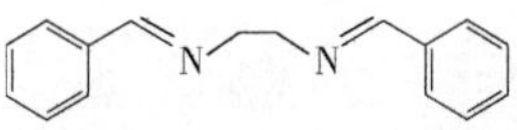

图 17　苯甲醛-乙二胺席夫碱示意图 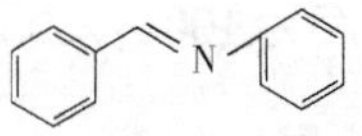　　　　图 18　苯甲醛-苯胺席夫碱示意图

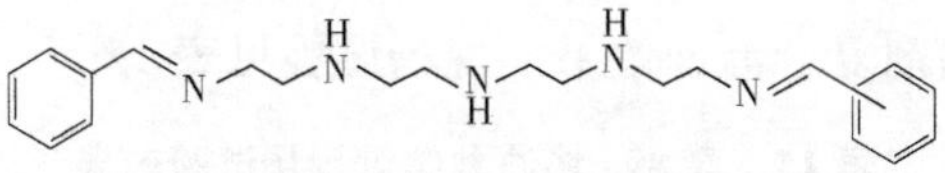

图 19　苯甲醛-四乙烯五胺席夫碱示意图

利用失重法测定合成的九种席夫碱缓蚀剂在采出液中对 N80 试片的缓蚀性能，分别添加 100×10^{-6} 的席夫碱缓蚀剂到采出液中，挂入 N80 试片。在 70℃ 条件下反应 7d，实验结果见表 13。

表 13　各席夫碱缓蚀剂的缓蚀效果

试　　　剂	腐蚀速率/(mm/a)	缓蚀率/%
空白	0.1373	—
水杨醛-乙二胺席夫碱	0.0429	78.73
水杨醛-苯胺席夫碱	0.0641	53.33
水杨醛-四乙烯五胺席夫碱	0.0572	58.36
肉桂醛-乙二胺席夫碱	0.0606	55.87
肉桂醛-苯胺席夫碱	0.0782	56.94
肉桂醛-四乙烯五胺席夫碱	0.0387	81.80
苯甲醛-乙二胺席夫碱	0.0549	59.99
苯甲醛-苯胺席夫碱	0.0456	66.78
苯甲醛-四乙烯五胺席夫碱	0.0561	59.14

根据以上实验数据分析：在采出液中，各席夫碱缓蚀剂对 N80 试片有明显缓蚀效果，而且缓蚀效果明显优于单组分缓蚀剂。在以上席夫碱缓蚀剂中效果最好的三个依次是：肉桂醛-四乙烯五胺席夫碱缓蚀剂，缓蚀率达到 81.80%；水杨醛-乙二胺席夫碱缓蚀剂，缓蚀率达到 78.73%；苯甲醛-苯胺席夫碱缓蚀剂，缓蚀率达到 66.78%。其中肉桂醛-四乙烯五胺席夫碱缓蚀剂缓蚀效果最好，缓蚀率达到了 80% 以上。

缓蚀剂的高效使用与其投加量有着重要的关系，因此需要找出最佳投加浓度。在采出液中分别加入 0mg/L、50mg/L、100mg/L、150mg/L、200mg/L、250mg/L、300mg/L 的新型两相缓蚀剂，将先后用丙酮、乙醇擦拭的 N80 试片挂入采出液中，在 70℃条件下放置 7d。测得含不同浓度缓蚀剂采出液对 N80 试片的腐蚀速率以及缓蚀率见表 14。

表 14　不同浓度下两相缓蚀剂的缓蚀性能

缓蚀剂浓度/(mg/L)	0	50	100	150	200	250	300
腐蚀速率/(mm/a)	0.1373	0.0751	0.0253	0.0225	0.0185	0.0175	0.0172
缓蚀率/%	—	45.30	81.59	83.62	86.49	87.27	87.48

从表 14 可以得出：当缓蚀剂浓度为 100mg/L 时，缓蚀率为 81.59%，对应的腐蚀速率为 0.0253mm/a；当缓蚀剂浓度继续增大，缓蚀率增加幅度不明显。从缓蚀率和成本角度考虑，缓蚀剂最佳浓度为 100mg/L。

3　现场试验及效果

取高 890 块不同含水率油井水样进行现场试验，根据含水率高低分别考察抗 CO_2+杀菌剂以及两相型缓蚀剂+杀菌剂复合治理效果。现场试验见表 15。

表 15　高 890 块油井缓蚀现场试验效果

加药类型	井　号	含水量/%	腐蚀速率/(mm/a)		细菌含量/(个/mL)	缓蚀率/%
			加药前	加药后		
抗 CO_2 型+杀菌剂	ZLG890-6	97.4	0.081	0.016	0	80.2
	ZLG890-21	85.6	0.105	0.019	2.5	81.9
两相型+杀菌剂	ZLG890-7	50	0.117	0.025	6	78.6
	ZLG890-3	63.2	0.075	0.013	0	82.7

在现场试验见到效果的基础上，自 2018 年底，该项技术在高 890 以及相邻樊 147、樊 151 块进行规模应用，取得明显效果。其中高 890 块倒井频次明显降低，年躺井数由 2017 年的 20 井次下降至 2020 年的 10 井次。

4　结语与认识

（1）溶解性 CO_2 和 H_2S 是导致高 890 块采出液呈酸性的主要原因，也是腐蚀主要影响因素；

（2）采出液中 H_2S 为 SRB 代谢过程中产生，属生物成因，通过添加杀菌剂可实现源头控制，减缓腐蚀；

（3）以复合吡啶季铵盐为主要成分的抗 CO_2 缓蚀剂与杀菌剂配合使用，对于高 890 块酸性采出液腐蚀具有良好控制效果；

（4）中低含水井的腐蚀表现为油水交替润湿腐蚀，常规缓蚀剂针对性较差，所合成的肉桂醛-四乙烯五胺席夫碱缓蚀剂具有油水两相分散性能，可实现井筒油水两相的药剂混合分散，达到油水两相同时控制腐蚀的目的。

致密特低渗油藏注二氧化碳驱阻垢剂优选评价

刘学全

(中国石油化工股份有限公司华北油气分公司石油工程技术研究院)

摘 要 红河油田红长 8 油藏为典超低渗油藏，针对水平井开发出现地层能量不足、产量递减快的严峻形势，开展了注 CO_2 驱能量补充试验，但是注 CO_2 储层存在结垢的问题，优选出效果良好的 UT2-3 型阻垢剂在加注浓度为 70mg/L 防垢率达到 100%，具有较强的适应性和抗温能力，为保障注 CO_2 提高采收率现场试验的顺利开展具有重要的意义。

关键词 红河长 8；特低渗油藏；CO_2 驱；结垢；阻垢剂

红河油田长 8 油藏平均埋深 2200m，地层温度 69℃，地层压力 20MPa，平均渗透率 $0.4×10^{-3}\mu m^2$，平均孔隙度 10.8%，孔隙组合以粒间孔-溶蚀孔型、溶蚀孔型为主，平均孔隙半径 $33.09\mu m$，喉道半径 $0.31\mu m$，属于致密特低渗油藏储层。

2010 年以来，红河油田在长 8 油藏开展了水平井先导试验，通过水平井分段压裂投产获得了高产，水平井产量为直井的 10 倍以上，但是，从目前投产的水平井生产情况看，尽管水平井生产时间不长，却出现地层能量严重不足、产量递减快的形势，部分水平井自然递减高达 70% 以上。因此，必须找到有效补充能量的方法，提高采收率。

特低渗油藏采用 CO_2 驱油能量补充，其效果远好于水驱、N_2、空气及 CH_4 等驱替介质，但是 CO_2 溶于水中会生成碳酸，红河长 8 地层水水型为 $CaCl_2$，易与地层水中成垢性离子（Ca^{2+}）反应在地层条件下会生成 $CaCO_3$ 沉淀，污染储层。针对地层结垢的问题，开展防垢工艺技术研究，优选出效果良好的防垢剂，保障注 CO_2 提高采收率现场试验的顺利开展，推动能量补充工作的顺利进行，具有重要的意义。

1 CO_2 驱阻垢剂优选

1.1 CO_2 驱阻垢剂防垢机理

不同类型的阻垢剂作用机理有所不同，主要防垢机理有以下四个方面：

（1）增溶作用。水溶性的防垢剂分子与 Ca^{2+} 形成可溶性的络合物或螯合物，增大无机盐的溶解性，使其不沉积或附着在金属表面形成垢。

（2）分散作用。聚羧酸阴离子型防垢剂在水溶液中，由于溶剂化作用可离解成带负电性的聚离子，它与 $CaCO_3$ 或 $CaSO_4$ 微晶碰撞时，发生物理和化学吸附，无机盐微晶吸附在聚离子的分子链上，呈现分散状态，悬浮在水溶液中不沉积，不黏附在金属表面上生成垢。

（3）静电斥力作用。聚羧酸防垢剂溶于水后，由于离子化产生迁移性反离子（H^+、Na^+），脱离高分子键区向水中扩散，使分子链成为带负电荷的聚离子（^-COO）。分子链上带电功能基相互排斥，使分子链扩张，改变了分子表面电荷密度分布，表面带正电性的无机盐（$CaCO_3$、$CaSO_4$）微晶将被吸附在聚离子上。当一个聚离子分子吸附两个或多个微晶时，可以使微晶带上相同电荷，使微粒间的静电斥力增加，从而阻碍微晶间相互碰撞防止结垢。

（4）晶体畸变作用。有机酸或聚电解质加入水溶液中，由于其对 Ca^{2+} 具有螯合能力，妨碍或干扰无机盐微晶的正常生长，使晶体发生畸变，从而使微晶粒不能生长成大晶体而沉积。

1.2 实验方法及实验条件

目前国内、外油田所用阻垢剂有无机磷酸盐、有机磷酸类化合物和中低相对分子质量聚合物这三大类。最常见是有机磷酸盐和聚合物这两类。对针红河油田采产液特征，初选了十种目前国内外各大油气田使用的阻垢剂，通过防垢率测试，比较防垢效果。

防垢率测试方法：按 SY/T 5673—1993《油田用阻垢剂性能评定方法》测试；阻垢剂浓度：30mg/L；测试温度 65℃。

1.3 实验测试结果

表 1 为注河油田长 8 注 CO_2 驱不同阻垢剂防垢效果测试结果。

表 1　不同阻垢剂防垢效果测试结果

药 剂 名 称	防垢剂 pH 值	防垢率/%
ATMP	2.5	62.3
HEDP	2.0	73.5
EDTMPS	2.0	69.5
PBTCA	1.5	63.3
DTPMPA	2.0	47.3
PAPE	3.0	71.5
PESA	9.0	68.9
PASP	9.0	70.2
UT2-3	8.5	72.6
ML-4231	4.6	63.3

从以上防垢率测试数据可以看出：HEDP、PAPE、PESA、PASP、UT2-3 这四种阻垢剂的防垢能力较强，均能达到 70%。但 HEDP、PAPE 这两种阻垢剂的 pH 值较低，均在 3.0 以下。现场直接加注可能会对加注管线造成腐蚀。因此，选用 UT2-3 这种防垢剂作为红河油田 CO_2 驱阻垢剂。

2　阻垢剂加注浓度优选

2.1 实验方法

防垢率测试方法：按 SY/T 5673—1993《油田用阻垢剂性能评定方法》测试。

2.2 实验条件

阻垢剂浓度：30mg/L、40mg/L、50mg/L、70mg/L、90mg/L；测试温度 65℃。

2.3 实验测试结果

表 2 为红河油田长 8 注 CO_2 驱阻垢剂的最佳浓度测试结果。

表 2　防垢剂的最佳浓度测试

药 剂 名 称	加注浓度/(mg/L)	防垢率/%
UT2-3	30.0	72.6
	40.0	92.3
	50.0	97.8
	70.0	100.0
	90.0	100.0

从以上最佳浓度测试数据可以看出随着药剂浓度增加，防垢率也随之增加。阻垢剂加注浓度达到 50mg/L 时，防垢率达到 90% 以上；当防垢率加注浓度增加到 70mg/L 以时，防垢率达到 100%。说明这种阻垢剂的最佳加注浓度均为 70mg/L。

3　阻垢剂性能测试

3.1　阻垢剂抗硬水能力测试

3.1.1　实验方法

防垢率测试方法：按 SY/T 5673—1993《油田用阻垢剂性能评定方法》测试。

3.1.2　实验条件

阻垢剂浓度：70mg/L；测试温度 65℃；水样矿化度：30g/L、50g/L、70g/L、100g/L、120g/L。

3.1.3　测试结果

表 3 为 UT2-3 型阻垢剂抗硬水能力测试结果。

表 3　UT2-3 阻垢剂抗硬水能力测试

药 剂 名 称	矿化度/(g/L)	防垢率/%
UT2-3	30.0	98.6
	50.0	96.7
	70.0	95.3
	100.0	95.1
	120.0	94.3

从以上测试数据可以看出：随着水样矿化度的增加，UT2-3 型阻垢剂的防垢率变化不大。当水样矿化度增加到 120g/L 时，防垢率也能达到 90% 以上，说明三种防垢剂在高硬度水样中具有较强的适应性。

3.2　防垢剂抗温能力测试

3.2.1　实验方法

防垢率测试方法：按 SY/T 5673—1993《油田用阻垢剂性能评定方法》测试。

3.2.2　实验条件

防垢剂浓度：70mg/L；测试温度 50℃、60℃、70℃、80℃、90℃、100℃；
水样矿化度：100g/L。

3.2.3　测试结果

表 4 为 UT2-3 型阻垢剂抗硬水能力测试结果。

表4　UT2-3型阻垢剂抗温度能力测试

药 剂 名 称	温度/℃	防垢率/%
UT2-3	50.0	95.3
	60.0	95.8
	70.0	95.7
	80.0	95.9
	90.0	96.5
	100.0	96.8

从以上测试数据可以看出：随着水样温度的增加，UT2-3型阻垢剂的防垢率变化不大。当水样温度增加到100g/L时，防垢率也能达到90%以上，说明这种阻垢剂具有较强的抗温能力。

4　结语

（1）通过室内实验测试了国内外多种阻垢剂在地层水中的防垢率，优选出UT2-3型阻垢剂，防垢能力较达到70%适合红河油田二氧化碳驱地层防垢。

（2）通过优化UT2-3型防垢剂的加注浓度可以看出随着药剂浓度增加，阻垢率也随之增加，增加到70mg/L以时，防垢率达到100%，说明这种阻垢剂的最佳加注浓度为70mg/L。

（3）分别测试UT2-3型阻垢剂抗硬水能力和抗温能力测试，从测试数据表明UT2-3型阻垢剂具有较强的适应性和抗温能力能很好满足现场工艺要求。

参 考 文 献

[1] 李士伦，周守信，杜建芬，等．国内外注气提高石油采收率技术回顾与展望[J]．油气地质与采收率，2002，9(2)：1-5.

[2] 张学元，邸超，雷良才．二氧化碳腐蚀与控制[M]．北京：化学工业出版社，2000.

[3] 陈卓元，张学元，王凤平，等．二氧化碳腐蚀机理及影响因素[J]．材料开发与应用，1998，13(5)：34-40.

[4] 李春福，罗平亚．油气田开发过程中二氧化碳腐蚀研究进展[J]．西南石油学院学报，2004，26(2)：42-46.

[5] 李自力，程远鹏，毕海胜，等．油气田CO₂/H₂S共存腐蚀与缓蚀技术研究进展[J]．化工学报，2014，65(2)：406-414.

[6] 颜红侠．吗啉衍生物抑制CO₂腐蚀性能研究[J]．应用化工．2003，32(2)：35-37.

[7] 张玉芳．咪唑啉及其衍生物在CO₂腐蚀介质中的缓蚀行为研究进展[J]．精细石油化工．2001，(5)：49-52.

[8] 杨小平．磨溪气田腐蚀及防腐[J]．天然气工业．1998，18(5)：67-68.

[9] 李静．CO₂腐蚀缓蚀剂研究现状及进展[J]．石油化工腐蚀与防护．1998，15(4)：39-41.

[10] 肖曾利，蒲春生，时宇，等．油田水无机结垢及预测技术研究进展[J]．断块油气田，2004，11(6)：76-79.

[11] 尹先清，伍家忠，王正良．油田注入水碳酸钙结垢机理分析与结垢预测[J]．石油勘探与开发，2002，29(3)：85-87.

作者简介：刘学全(1980—)，中级工程师，毕业于中国石油大学(北京)，现从事提高采收率工艺技术研究工作。通讯地址：河南省郑州市陇海西路199号华北油气分公司，邮编：450006。联系电话：0371-86002173，E-mail：lxq811223@163.com。

天然气脱硫装置腐蚀分析与控制策略

包振宇[1]　张　杰[2]　王团亮[2]　段永锋[1]

(1. 中石化炼化工程集团洛阳技术研发中心；2. 中国石油化工股份有限公司中原油田普光分公司)

摘　要　天然气脱硫过程中不可避免地接触到硫化氢、二氧化碳等腐蚀性气体，使用胺液作吸收剂时，也会形成具有腐蚀性的工艺介质。碳钢或低合金钢设备和管道在此环境中，易发生湿硫化氢损伤和胺腐蚀。本文基于上述两种腐蚀机理，选取了脱硫单元的典型腐蚀案例，利用形貌观察、硬度检测、化验分析等手段，分析腐蚀产生的原因。结果表明，吸收塔的焊缝开裂由焊缝缺陷、湿硫化氢损伤和材质硬度偏高导致，再生塔内壁腐蚀由胺腐蚀导致。建议企业从合理选材和规范焊接工艺的角度出发缓解湿硫化氢损伤问题，从胺液净化、操作控制和结构优化等层面应对胺腐蚀。本文旨在剖析天然气脱硫过程中的生产实际问题，提出应对措施，提高装置的运行能力。

关键词　天然气；湿硫化氢损伤；开裂；胺腐蚀；热稳定性盐

1　前言

高酸性气田采出的天然气中含有高浓度的酸性气体(硫化氢和二氧化碳)和水汽，对碳钢具有强腐蚀性，而净化装置首当其冲。净化装置依据作用的不同分为六个单元，即：脱硫单元、脱水单元、硫黄回收单元、硫黄成型单元、尾气处理单元和酸性水汽提单元。脱硫单元是净化装置所有单元里腐蚀问题最多的一个单元，因此是防腐工作的重点。某天然气净化厂的原料气组成如表1所示，硫化氢和二氧化碳含量分别达到15.74%和8.54%，设备和管道面临的防腐压力较大。

表1　某天然气净化厂原料气组成

成分	甲烷	乙烷	氮气	硫化氢	二氧化碳	羰基硫	甲硫醇	水
含量/%(体积分数)	74.50	0.02	1.18	15.74	8.54	1.58×10^{-2}	1.56×10^{-3}	3.58×10^{-3}

该净化厂采用MDEA法吸收脱硫，脱硫单元的工艺流程示意图如图1所示。原料天然气首先进入原料气过滤器，分离出其中的微量酸性水，随后进入第一级主吸收塔与喷淋下来的半贫液逆流接触，形成的富胺液从塔底采出至富胺液闪蒸罐，未被吸收的羰基硫和甲硫醇等有机硫进入水解反应器转化为硫化氢后，在第二级主吸收塔中被来自再生塔的贫胺液吸收，脱硫后的天然气经分液后出装置。富胺液闪蒸罐闪蒸出富胺液中溶解的烃类，并从罐底采出富胺液，经升温后输送到胺液再生塔，使富胺液解吸出酸性气，塔底贫胺液冷却、过滤后，用作第二级主吸收塔的吸收剂。

2　腐蚀机理及发生部位

脱硫单元中含有 H_2S、CO_2、MDEA 及其降解产物和热稳定性盐等腐蚀性介质，腐蚀机理主要分为 $H_2S-CO_2-H_2O$ 腐蚀和 $RNH_2-H_2S-CO_2-H_2O$ 腐蚀两大类。

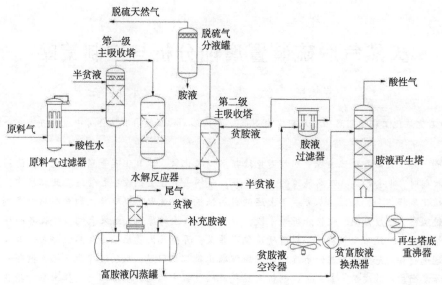

图 1　脱硫单元流程示意图

2.1　H₂S-CO₂-H₂O 腐蚀

原料天然气进入装置后，由于温度和压力的变化，气体中的水分在设备和管线低洼处、盲区死角等滞留区凝结成液态水，H_2S 和 CO_2 溶解在水中，形成湿 H_2S 腐蚀环境。碳钢、低合金钢在此环境中服役会发生腐蚀减薄和破坏，例如氢鼓包（HB）和氢致开裂（HIC），若有拉应力的存在，还会发生应力导向氢致开裂（SOHIC）和硫化物应力开裂（SSC）等。上述腐蚀破坏多发区域包括：弯头、变径、放空线低点承液段、相关容器承液段和焊缝区域等。

腐蚀过程受液相中 H_2S 含量控制，CO_2 能够提高水溶液酸性，促进氢去极化过程。脱硫单元中，主要发生部位包括：原料气管线及原料气过滤器、第一级主吸收塔、水解反应器底部、第二级主吸收塔、胺液再生塔顶部及酸性气管线、富胺液闪蒸罐上部气相空间及尾气线等。

2.2　RNH₂-H₂S-CO₂-H₂O 腐蚀

胺液在使用过程中逐步生成降解产物和热稳定性盐，不仅造成胺液的损耗，还使得 pH 值下降，腐蚀性加剧。单纯的胺液对金属几乎无腐蚀，起腐蚀作用的主要是溶液中的酸性气体、降解产物和热稳定性盐、氧及杂质等，不仅会造成减薄，还会导致冲刷腐蚀和应力腐蚀等。其中，胺降解产物主要是有机羧酸及氨基酸类物质，主要由氧化降解产生；热稳定性盐包括：胺液中无机阴离子、有机阴离子和氨基酸离子等与烷醇胺结合而形成的胺盐。

腐蚀主要发生在再生塔底、再生塔底重沸器及返回线、富胺液闪蒸罐下半部、富胺液管线、贫富胺液换热器、贫胺液自胺液再生塔底采出管线等部位。其中，再生塔底重沸器返回线入塔口处腐蚀最为严重，因为该处压力突然降低，胺液部分汽化，加之溶解的少量酸性气解吸，容易造成该部位发生汽蚀和冲蚀。

3　典型腐蚀案例及分析

3.1　第二级主吸收塔焊缝开裂

3.1.1　腐蚀问题简述

第二级主吸收塔基本信息如表 2 所示，主吸收塔中主要腐蚀性介质为 H_2S，其含量满足湿硫化氢破坏的环境要求。

表 2   第二级主吸收塔基本信息

筒体材质	内衬形式	壁厚/mm	操作温度/℃	操作压力/MPa	介质成分及含量		
					H_2S/(μg/g)	天然气/%	胺液
SA516-GR70+TP316L	复合板	88+4	33	7.7	4~100	99.99	40%MDEA

定期检修发现，筒体内壁紧邻气相进料口上方焊缝有一处长约 30mm 的裂纹，如图 2 所示。此外焊缝内部还有 1 处埋藏裂纹，长度 22mm，深度 63mm，缺陷高度 6.2mm，缺陷最大反射波 SL+29.1dB。焊接材料 AT-H08MnHIC 为低合金钢埋弧焊丝，其化学成分如表 3 所示。焊接后，对焊缝进行了消应力退火处理。

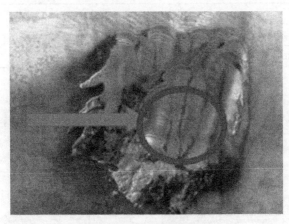

图 2   焊缝处裂纹形貌

表 3   焊接材料化学成分

元素	C	Mn	Si	S	P	Cr	Ni	Cu	Fe
含量/%	0.072	1.22	0.34	0.006	0.008	0.08	0.03	0.06	bal.

3.1.2   硬度检测

对筒体母材、焊缝、焊接热影响区（HAZ）分别进行硬度检测，测量结果如表 4 所示。硬度数据表明，焊缝处的硬度明显高于母材和 HAZ，且超过了湿硫化氢环境中推荐的硬度限值 237HB（或 22HRC），存在应力腐蚀开裂倾向。

表 4   硬度检测结果

母材/HB	焊缝/HB	HAZ/HB
182±3	256±4	210±4

3.1.3   腐蚀原因分析

（1）焊接缺陷：厚壁金属焊接时残余应力较高，焊接不当易产生延迟裂纹，检测发现的埋藏裂纹证明了这一点。

（2）腐蚀因素：塔内 H_2S 分压为 0.1~2.7kPa，而开裂处位于气相进料口附近，该处 H_2S 浓度偏高，能够达到 API 571 中关于湿硫化氢破坏条件的界定值：气相中 H_2S 分压 >0.3kPa。

（3）材料及受力：焊缝处硬度偏高，长期在该工况下服役，发生湿硫化氢破坏的可能性较大。由于焊缝处进行了消应力处理，则开裂过程中的拉应力应来自设备本身的结构应力或外力。

3.2 胺液再生塔内壁腐蚀

3.2.1 腐蚀问题简述

胺液再生塔基本信息如表 5 所示。塔顶封头和上部筒体采用 304L 不锈钢内衬，复合层、焊缝周围、上封头有多处点蚀，如图 3 所示；筒体中下部碳钢段均匀腐蚀严重，表面为较厚的黄褐色腐蚀产物，局部有坑蚀，如图 4 所示。

表 5　胺液再生塔的基本信息

部位	材质	壁厚/mm	操作介质	操作温度/℃	操作压力/MPa
顶封头及筒体上部	20R+304L	16+3	胺液 酸性气	128	0.12
筒体中下部	SA516Gr65(R-HIC)	20			

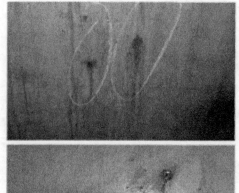
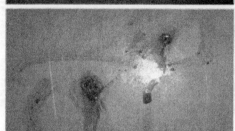

图 3　塔顶封头和上部筒体衬里点蚀形貌　　　　图 4　筒体中下部腐蚀形貌

3.2.2 腐蚀产物分析

用塑料片刮取中下部碳钢段表面的腐蚀产物，并用能谱(EDS)和 X 射线衍射(XRD)进行分析，分析结果分别如表 6 和图 5 所示。分析结果表明，腐蚀产物主要由硫酸铁和铁的氧化物组成。其中，铁的氧化物应为装置停工后接触氧气氧化产生，硫酸铁为硫化亚铁氧化生成。

表 6　腐蚀产物 EDS 分析结果

元　　素	Fe	O	S
含量/%	44.65	41.71	13.65

将腐蚀产物以质量比 1∶50 的比例充分溶解于蒸馏水中，形成水溶液，利用高效离子色谱分析其中的阴离子含量，结果如表 7 所示。因此，腐蚀产物中含有一定量甲酸根和 SO_4^{2-}，还有少量 Cl^-，其中甲酸根和 Cl^- 为胺液引入，甲酸根为胺液的降解产物。

表7 腐蚀产物水溶液阴离子分析结果

阴离子类型	乙酸根	甲酸根	Cl^-	SO_4^{2-}
水溶液中浓度/($mg \cdot L^{-1}$)	1.93	25.3	6.62	31.78
蒸馏水中浓度/($mg \cdot L^{-1}$)	N.D.	N.D.	0.60	1.26

3.2.3 腐蚀原因分析

（1）均匀腐蚀：胺液再生塔中发生了胺液的降解，增强了胺液的腐蚀性，筒体中下部碳钢段的均匀腐蚀由 RNH_2-H_2S-CO_2-H_2O 腐蚀引起。这一点可由硫酸盐的存在得以证实：碳钢与胺液中的 H_2S 反应生成 FeS，取样后氧化生成硫酸盐。

（2）点蚀：胺液塔顶酸性气含量较高，塔顶封头和筒体上部 304L 内衬表面的液膜 pH 值偏低，同时，胺液的循环使用造成了 Cl^- 的累积，最终在奥氏体不锈钢表面产生点蚀坑。

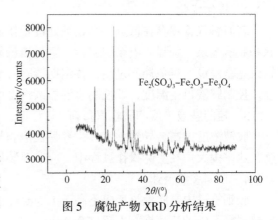

图5 腐蚀产物 XRD 分析结果

4 防腐措施及建议

4.1 H_2S-CO_2-H_2O 腐蚀

4.1.1 设备合理选材

天然气净化脱硫系统的设备应按 ISO 15156 和 NACE MR0175 标准要求进行选材。容易发生腐蚀的部位（如重沸器管束）可选用奥氏体不锈钢，管材的表面温度超过 120℃时，应考虑使用 1Cr18Ni9Ti 钢管。

4.1.2 材料进行热处理

天然气净化脱硫设备制造好后应进行整体热处理以消除应力，若热处理后的设备再次动焊，则必须采取焊后的局部热处理措施。设备或管线在经过热处理消除应力后还必须对焊缝进行硬度检查，控制焊缝及热影响区的硬度小于 237HB。

4.1.3 采用内涂层和合适的缓蚀剂

采用内涂层防腐价格低廉，施工方便，有利于降低天然气净化装置内壁的磨阻，提高其粗糙度，从而可以提高气体的输送效率，也可以隔绝腐蚀介质与装置内壁的接触。推荐使用无机内涂层，如陶瓷涂层、耐腐蚀金属涂层等。

缓蚀剂中使用频率较高的是季铵盐类和其他包含氮、硫、磷等元素的有机化合物，这些缓蚀剂主要是通过化学键的形式与天然气净化装置的金属表面结合。

4.1.4 加强腐蚀监检测

本文第 2.1 节提及的主要腐蚀部位可依据现场情况增设现场挂片、在线测厚和腐蚀探针等监测技术。定期巡检，建立定点测厚台账。加强对酸性气凝液的化验分析。

4.1.5 控制酸性水流速

再生塔顶酸性水系统碳钢管道控制流速不超过 5m/s，奥氏体不锈钢管道控制流速小于 15m/s。

4.2 RNH_2-H_2S-CO_2-H_2O 腐蚀

4.2.1 胺液净化

可采用离子交换法或电渗析法等方法对胺液进行净化，优化胺液过滤器切换标准，采用胺液过滤量和过滤器压差复合判断方式，确保过滤效果。增加再生胺液中 Cl^-、甲酸根、乙酸根等腐蚀性介质的化验分析，替代颜色、发泡量等观察方法，为置换胺液提供准确判断。

4.2.2 操作优化

若原料气管线存在低点，则在该处设置排凝阀，定期排液；稳定处理量，保证原料气过滤和脱硫效果。加强胺液系统密封，避免接触氧气发生降解。再生塔重沸器内的液面要确保管束完全浸没，避免局部过热，并定期清除管壁上的锈皮和沉积物，避免发生点蚀和垢下腐蚀。控制胺液再生温度，即控制重沸器蒸汽温度推荐不超过149℃，防止热降解。

4.2.3 控制胺液浓度和酸性气负荷

胺液浓度过高会导致黏度大，容易发泡和雾沫夹带等问题；酸性气负荷过高，则会导致腐蚀速率偏大。在实际操作过程中，应按照装置设计值操作。

4.2.4 控制胺液流速

碳钢管道内富胺液流速应不高于1.5m/s，进再生塔管道中流速推荐不超过1.2m/s。在换热器管程中的流速推荐不超过0.9m/s。

4.2.5 结构优化

可改进结构设计以改变胺液流态，减缓腐蚀，如：加长弯头，选用非直角三通，溶液改变流向处用无缝管，整修那些与管板不齐平的管头等。为防止泵气蚀，应尽量减小吸入压降（降低流速、管路取直）并保持足够的吸入压头以防止酸性气析出。

5 结语

（1）脱硫系统的主要腐蚀分为 H_2S-CO_2-H_2O 腐蚀和 RNH_2-H_2S-CO_2-H_2O 腐蚀，前者主要发生于原料气系统、吸收塔、胺液再生塔顶部和富胺液闪蒸罐顶部，后者主要发生在胺液再生塔中下部、富胺液闪蒸罐液位以下等富胺液部位，以及高温贫胺液设备和管线；

（2）第二级主吸收塔焊缝开裂是焊接缺陷、H_2S-CO_2-H_2O 腐蚀和材料硬度偏高等因素的协同作用导致；胺液再生塔内壁腐蚀和贫富胺液换热器管程点蚀主要是由于 RNH_2-H_2S-CO_2-H_2O 腐蚀导致。

（3）H_2S-CO_2-H_2O 腐蚀可通过合理选材予以缓解。

（4）随着原料气中携带 Cl^- 含量的增加，RNH_2-H_2S-CO_2-H_2O 腐蚀不能通过升级为奥氏体不锈钢解决，而必须通过胺液净化、操作控制和结构优化等方式缓解。

参 考 文 献

[1] 许述剑，刘小辉，张皓智，等. 高含硫天然气净化过程中的典型腐蚀行为研究[J]. 腐蚀科学与防护技术，2014，26(3)：273-277.

[2] 杨子海，李静，刘刚，等. 川中天然气净化处理装置腐蚀因素及对策分析[J]. 石油与天然气化工，2005，(5)：389-393.

[3] SARGENT A，HOWARD M. Texas gas plant faces ongoing battle with oxygen contamination[J]. Oil & Gas Journal，2001，23(7)：52-58.

[4] 段永锋，张杰，宗瑞磊，等. 天然气净化过程中热稳定盐的成因及腐蚀行为研究进展[J]. 石油化工腐

蚀与防护，2018，35（1）：1-7.

[5] API Recommended Practice 571. Damage Mechanisms Affecting Fixed Equipment in the Refining Industry [S]，2016.

[6] ISO 15156-2. Petroleum and natural gas industries-materials for use in H_2S-containing environments in oil and gas production，Part 2：Cracking-resistant carbon and low-alloy steels，and the use of cast irons[S]，2015.

[7] 范明洋．天然气净化装置腐蚀行为与防护[J]．化工管理，2017(4)：150.

作者简介：包振宇，专业副总工程师，博士，高级工程师，毕业于天津大学，主要从事石化腐蚀与防护工作。联系电话：0379-64868792，E-mail：baozhenyu. segr@ sinopec. com。

含氧气驱条件下生产井中 3Cr 管材的腐蚀行为与防护

谷 林[1] 周定照[1] 陈 欢[1] 何 松[1] 冯桓榰[1] 张 智[2] 邢希金[1]

(1. 中海油研究总院有限责任公司；2. 西南石油大学)

摘 要 针对注含氧气体开发管材腐蚀问题，开展动态腐蚀实验研究，明确注含氧气体开发井筒全寿命周期管材腐蚀速率大小，为防腐选材及防腐措施提供数据支撑和参考。模拟渤海某油田生产井各类工况，进行不同含氧量条件下动态腐蚀实验。生产井中 O_2 和 CO_2 共存，管材腐蚀速率随含氧量升高而升高，单独用 3Cr 或 13Cr 材质防腐不适用于目标油田，建议用 3Cr 材质加咪唑啉类缓蚀剂，并加强氧气浓度检测，或采用 ISO 15156-3 推荐的双相不锈钢22Cr、超级双相不锈钢25Cr 或 28Cr。

关键词 3Cr；油套管；注气开发；含氧气驱；腐蚀；防护

渤海某油田具有高温(135℃)、高压(储层压力35MPa)、高矿化度(总矿化度在12300~14200mg/L 范围内)特征，复杂、恶劣的井下腐蚀环境使井下管柱面临严重的腐蚀问题，严重影响油田的正常生产和经济效益。该油田采用注含氧气体开发，采用含氧气体驱油有助于保持或提高油藏压力，且原油发生低温氧化生成 CO_2，产生烟道气驱效应、原油溶胀效应、降黏度效应。低温氧化反应生热，产生热膨胀、热降黏效应及轻质组分的抽提作用。

由于腐蚀介质中有氧气介入，较仅存二氧化碳 CO_2 和硫化氢 H_2S 的工况相比，腐蚀情况更为复杂，在氧含量非常低的条件下(<1mg/L)就能引起金属严重腐蚀。化学反应的控制因素在于金属表面钝化膜质量以及介质中溶解氧含量。据前期室内实验和数值模拟结果，若含氧气体较早突破，生产井含有较高浓度 CO_2 和未参与氧化的 O_2，存在 CO_2 与 O_2 共存腐蚀问题，O_2 对 CO_2 腐蚀起到显著催化作用。目前大多研究针对注气井 O_2 腐蚀和生产井 CO_2 腐蚀，忽略了生产井中 O_2 的腐蚀影响因素。国内外针对含氧气驱腐蚀及防护的研究尚处于基础阶段，关于氧腐蚀的预测方法和防腐图版尚未见文献报道，对 O_2 腐蚀和 CO_2/O_2 共存的腐蚀机理及腐蚀规律未形成完善的理论体系。

从 20 世纪 80 年代末期开始，国内的钢材生产企业宝钢、天钢以及阿根廷、日本等国家相继开始研究低合金钢，特别是低含 Cr 钢，其成本比碳钢稍高，但防腐蚀性能大大优于普通碳钢。文中针对注含氧气体开发井筒管材腐蚀与防护问题，系统性开展 3Cr 管材在生产井动态腐蚀实验研究，明确注含氧气体开发井筒全寿命周期管材腐蚀速率大小，为全寿命周期防腐材质选择及防腐措施提供数据支撑和参考。

1 试验方案

针对 3Cr 材质腐蚀实验结果，全面分析管材腐蚀特性及其腐蚀影响因素，结合实验室自主研发的高温高压釜(压力为150MPa、温度为250℃、容积为5L)高温高压釜实验评价结果，明确 3Cr 材质腐蚀速率随时间的变化规律，找出管材是否满足服役要求，综合分析井筒温度、压力、氧气含量、液相介质及其矿化度等影响因素下管材的适应性。样品耐腐蚀性能按照 GB/T 19291—2003《金属和合金的腐蚀 腐蚀试验一般原则》进行评价，腐蚀产物处理参考 GB/T 16545—2015《金属和合金的腐蚀 腐蚀试样上腐蚀产物的清除》，实验目的在于测试样品在注含氧气体开发过程中的腐蚀速率大小。

实验用高温高压反应釜采用 C276 合金锻造，通过蓝宝石视窗观察流动状况，具有多种流道及流场变异选择，可以在循环流动的情况下研究钢材的腐蚀情况及缓蚀剂效果评价。上下两个流道可模拟流速、气流持水率、元素硫是否附着于试片等流动因素对管材腐蚀的影响。装置示意图见图 1。

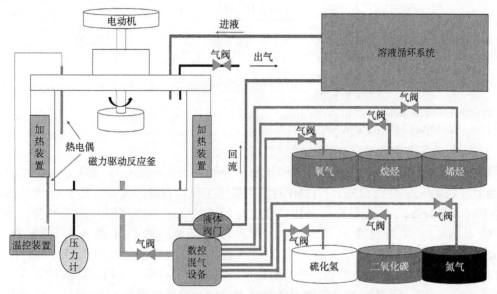

图 1 高温高压釜多相流动态循环流动腐蚀试验装置示意图

控制叶轮转速为 500r/min，需要测试腐蚀速率（平行试样 4 个），同时需要针对腐蚀产物膜进行 SEM 形貌分析以及 XRD 组分分析（SEM、XRD 试样 1 个）。设计实验测试所需试样数量为 100 个。具体腐蚀实验过程包括试验样品前处理、实验前准备、实验周期内监控以及实验结束后处理四个步骤，各个步骤注意事项如下所述。

（1）样品处理。依据 ASTM G1—2003《腐蚀试样的制备、清洁处理和评定用标准实施规范》，使用石油醚清洗加工并进行表面镀 Cr 处理的试样，除去附着的油，然后使用酒精除水，冷风吹干，逐一测量试样尺寸，并使用电子天平进行称量，测试精确至 0.1mg，放入干燥箱中备用。

（2）实验前。使用试样架将腐蚀挂片试样安放于高温高压实验釜中，加入实验溶液，持续通入实验组分的气体 2h。根据工况条件确定温度和压力，当高温高压实验釜达到实验条件时，记录实验开始时间。

（3）实验周期内。使用软件监控并记录高温高压实验釜温度、压力数值，确保温度压力稳定直至实验结束。

（4）实验结束后。取出试样，若腐蚀产物多、腐蚀速率大时，试样清洗前利用扫描电子显微镜（Scanning Electron Microscope，SEM）分析表面腐蚀产物微观形貌，并利用能谱分析仪（Energy Dispersive Spectrometer，EDS）分析腐蚀产物元素种类及含量，然后利用 X 射线衍射（X-Ray Diffraction，XRD）分析腐蚀产物元素化合物种类。剩余试样使用去膜液清洗，去除腐蚀产物。清除腐蚀产物的具体方法：使用六亚甲基四胺 10g、盐酸 100mL，加去离子水至 1L 配制去膜液，将试样放入盛有去膜液的烧杯中，整体置于超声波清洗仪中进行清洗，直至试样表面腐蚀产物清洗干净。清洗后的试样立即使用自来水冲洗，并在过饱和碳酸氢钠溶液中浸泡2~3min进行中和处理，然后再运用自来水冲洗、滤纸吸干，置于无水酒精或丙酮中浸泡3~5min脱水，经冷风吹干放置一定时间后，使用精度为0.1mg的电子天平称量，并记录。

按照GB/T 18175—2000《水处理剂缓蚀性能的测定旋转挂片法》计算试样的腐蚀质量损失速率r_{corr}，见式（1）：

$$r_{corr} = \frac{8.76 \times 10^4 \times (m_0 - m_t)}{S \times t \times \rho} \tag{1}$$

式中　r_{corr}——腐蚀速率，mm/a；

　　　m_0——实验前试样质量，g；

　　　m_t——实验后试样质量，g；

　　　S——试样受试总面积，cm^2；

　　　ρ——试样材料的密度，g/cm^3；

　　　t——实验时间，h。

根据目标油田特点，模拟生产井实际工况，分别针对生产井井口（27℃、2.0MPa）、井中（98℃、13MPa）、井底（135℃、18MPa）进行极限工况动态腐蚀实验。其中O_2含量占总气体的3%（摩尔分数），采用目标油田伴生气组分（CO_2含量占伴生气组分的4.13%、总气体组分的4.01%）。实验材质为3Cr，腐蚀介质为模拟地层水（pH值8.0、总矿化度为13402.7mg/L，水型为$NaHCO_3$，详见表2），实验周期为14d。实验后分别进行腐蚀产物SEM形貌观察以及XRD组分分析，分析对比生产井井口、井中、井底工况条件下3Cr管材的腐蚀性能，为生产井管材选择提供理论和数据支撑。对照组采用13Cr材质，仅在井底工况进行试验分析。详细实验条件及气体分压等参数见表1。

表1　生产井不同含氧量条件下腐蚀实验介质及气体分压汇总表

模拟位置	温度/℃	压力/MPa	O_2分压/MPa	CO_2分压/MPa	溶液	实验周期/d
井口	27	2	0.06	0.08	模拟	
井中	98	13	0.39	0.52	地层水	14
井底	135	18	0.54	0.72	（见表2）	

表2　模拟地层水组分

水样	水型	pH值	$K^+ + Na^+$ 质量浓度/ $(mg \cdot L^{-1})$	Mg^{2+} 质量浓度/ $(mg \cdot L^{-1})$	Ca^{2+} 质量浓度/ $(mg \cdot L^{-1})$	Cl^- 质量浓度/ $(mg \cdot L^{-1})$	SO_4^{2-} 质量浓度/ $(mg \cdot L^{-1})$	HCO_3^- 质量浓度/ $(mg \cdot L^{-1})$	CO_3^{2-} 质量浓度/ $(mg \cdot L^{-1})$	总矿化度/ $(mg \cdot L^{-1})$
1#		8.0	4437	27	16	4653	67	3512	171	
2#		9.0	4352	15	16	5060	67	2712	78	
3#	$NaHCO_3$	7.0	4706	19	152	5052	134	3570	300	
4#		8.0	4508	97	80	4254	384	4882	0	
平均		8.0	4500.8	39.5	66	4754.8	163	3669	137.3	13330.3

2　结果与分析

根据NACE RP0775—2005，认为平均腐蚀速率小于0.025mm/a为轻微腐蚀，速率在

0.025～0.12mm/a 为中度腐蚀，速率在 0.13～0.25mm/a 为严重腐蚀，速率在 0.25mm/a 以上为极严重腐蚀。

2.1　井口工况

样品腐蚀表面宏观形貌如图 2 所示，表面发生均匀腐蚀，附着一定量的腐蚀产物，局部出现腐蚀产物堆积。

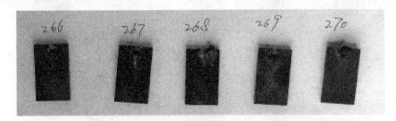

图 2　生产井井口 3Cr 管材试样腐蚀实验后表面宏观形貌

使用去膜液将 3Cr 腐蚀试样表面腐蚀产物清洗后，宏观形貌如图 3 所示。表面试样编号清晰可见，局部发生中度腐蚀。

图 3　生产井井口 3Cr 管材试样腐蚀实验后（清洗后）表面宏观形貌

生产井井口 3Cr 管材试样腐蚀速率计算结果见表 3，腐蚀速率为 0.1148mm/a。SEM 形貌显示，试样表面生成大量腐蚀产物，局部腐蚀产物破裂，该腐蚀产物膜破裂部位腐蚀产物堆积现象明显，该腐蚀产物元素质量分数为 65.36%Fe＋12.09%C＋18.48%O＋0.65%Ca＋0.62%Mn＋0.49%Cr＋1.01%Na，不同部位腐蚀产物含量稍有不同。采用 XRD 分析该腐蚀产物，主要为 Fe_2O_3、羟基氧化铁、氢氧化铁、少量三氧化二铬以及盐结晶等。通过 3D 显微形貌测试点蚀坑尺寸，点蚀开口宽度为 0.6mm，深度为 25μm，折算点蚀速率 0.65mm/a。

表 3　生产井井口 3Cr 管材试样腐蚀速率计算结果

试样编号	质量损失/g	腐蚀速率/（mm·a^{-1}）	平均腐蚀速率/（mm·a^{-1}）
266#	0.0468	0.1330	
267#	0.0384	0.1091	
268#	0.0406	0.1158	0.1148
269#	0.0354	0.1011	

2.2　井中工况

样品腐蚀表面宏观形貌如图 4 所示，表面附着一层腐蚀产物，局部腐蚀产物大量堆积，分析认为与腐蚀产物晶体生长方式有关。使用去膜液将 3Cr 腐蚀试样表面腐蚀产物清洗后，其宏观形貌如图 5 所示。表面发生严重均匀腐蚀，粗糙且局部腐蚀坑较大，试样厚度明显减薄，腐蚀较为严重，且易引发腐蚀失效风险。

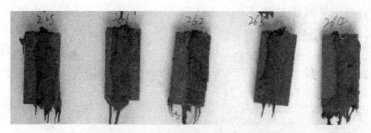

图4 生产井井中3Cr管材试样腐蚀实验后表面宏观形貌

图5 生产井井中3Cr管材试样腐蚀实验后(清洗后)表面宏观形貌

生产井井中3Cr管材试样腐蚀速率计算结果见表4，腐蚀速率为2.0460mm/a。SEM形貌显示，试样表面生成大量腐蚀产物，腐蚀产物大面积破裂。该腐蚀产物膜破裂部位腐蚀产物堆积现象明显，该腐蚀产物元素质量分数为58.56%Fe+7.79%C+20.08%O+2.76%Cr，不同部位腐蚀产物各组分含量稍有不同。该腐蚀产物主要为三氧化二铁、羟基氧化铁、氢氧化铁、少量三氧化二铬以及盐结晶等。通过3D显微形貌测试点蚀坑尺寸，点蚀开口宽度为2.3mm，深度为43μm，折算点蚀速率为1.12mm/a。

表4 生产井井中3Cr管材试样腐蚀速率计算结果

试样编号	质量损失/g	腐蚀速率/(mm·a⁻¹)	平均腐蚀速率/(mm·a⁻¹)
262#	0.5918	1.6799	2.0460
263#	0.8194	2.3177	
264#	0.7458	2.1205	
265#	0.7270	2.0658	

2.3 井底工况

样品腐蚀表面的宏观形貌如图6所示，表面明显堆积腐蚀产物，腐蚀挂片试样被厚厚的腐蚀产物包裹。使用去膜液将3Cr腐蚀试样表面腐蚀产物清洗后，其宏观形貌如图7所示。表面光泽丧失、呈凹凸不平的粗糙状态，表面几乎被腐蚀掉一层，试样厚度整体减薄，试样编号亦被腐蚀几乎看不清楚，存在腐蚀失效的风险。

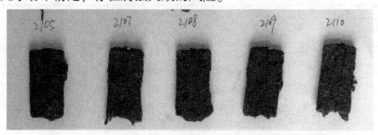

图6 生产井井底3Cr管材试样腐蚀实验后表面宏观形貌

图7 生产井井底3Cr管材试样腐蚀实验后(清洗后)表面宏观形貌

生产井井底3Cr管材试样腐蚀速率计算结果见表5，腐蚀速率达到3.3144mm/a。SEM形貌显示，试样表面生成大量腐蚀产物，腐蚀产物大面积破裂。该腐蚀产物膜破裂部位腐蚀产物堆积现象明显，该腐蚀产物元素质量分数为58.56%Fe+7.79%C+20.08%O+10.7%Cr，存在Cr富集。该腐蚀产物主要为三氧化二铁、羟基氧化铁、氢氧化铁、少量三氧化二铬以及盐结晶等。通过3D显微形貌测试点蚀坑尺寸，点蚀开口宽度为6.2mm，深度为41μm，折算点蚀速率1.07mm/a。

表5 生产井井底3Cr管材试样腐蚀速率计算结果

试样编号	质量损失/g	腐蚀速率/(mm·a⁻¹)	平均腐蚀速率/(mm·a⁻¹)
2105#	1.1572	3.3057	3.3144
2107#	1.1931	3.4079	
2108#	1.3390	3.8256	
2110#	2.7184	2.7184	

对照组样品腐蚀表面宏观形貌如图8所示，表面出现腐蚀产物大量堆积的现象，且生长形式稍有不同。使用去膜液将13Cr腐蚀试样表面腐蚀产物清洗后，其宏观形貌如图9所示。表面均匀腐蚀，表层已被腐蚀溶解，试样编号被腐蚀看不清楚，腐蚀稍为严重，易引发腐蚀失效等风险。

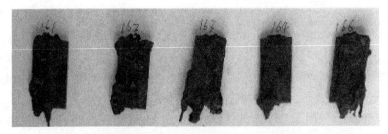

图8 生产井井底13Cr管材试样腐蚀实验后表面宏观形貌

图9 生产井井底13Cr管材试样腐蚀实验后(清洗后)表面宏观形貌

生产井井底 13Cr 管材试样腐蚀速率计算结果见表 6，腐蚀速率达到 2.5354mm/a。SEM 形貌显示，试样表面覆盖一定厚度、主要组分为 Fe、Cr 等基体组分的腐蚀产物，腐蚀产物膜局部破裂，局部腐蚀产物明显堆积。其中腐蚀产物膜元素质量分数为 18.41%Fe+23.77% O+7.29%Cl+0.13%Na+50.19%Cr+0.02%K+0.13%Ca，局部充填带有盐结晶的堆积物，该堆积物物元素质量分数为 7.48%Fe+21.39%C+14.7%O+29.92%Na+1.25%Cr+24.39%Cl，分析认为表面局部盐结晶充填在腐蚀产物之中是引发腐蚀产物破裂及局部腐蚀加速的原因。该腐蚀产物主要为三氧化二铬、三氧化二铁、羟基氧化铁、氢氧化铁以及少量盐结晶等。通过 3D 显微形貌测试点蚀坑尺寸，点蚀开口宽度为 0.8mm，深度为 25μm，折算点蚀速率 0.65mm/a。

表 6 生产井井底 13Cr 管材试样腐蚀速率计算结果

试样编号	质量损失/g	腐蚀速率/(mm·a^{-1})	平均腐蚀速率/(mm·a^{-1})
161#	0.8505	2.4105	
162#	0.8978	2.5759	2.5354
163#	0.9681	2.7557	
166#	0.8460	2.3993	

2.4 数据分析

根据 NACE RP0775 腐蚀等级分类，将注气井、生产井井口、井中、井底腐蚀速率分为轻度腐蚀（均匀腐蚀速率<0.025mm/a）、中度腐蚀（均匀腐蚀速率为 0.025～0.125mm/a）、严重腐蚀（均匀腐蚀速率为 0.125～0.254mm/a）和极严重腐蚀（均匀腐蚀速率≥0.254mm/a）四个等级。根据生产井管材腐蚀分析结果，生产井井口、井中、井底工况中，随着井筒温度压力的升高，O_2 和 CO_2 分压不断增大，3Cr 管材腐蚀速率急剧升高，生产井不同部位 3Cr 管材腐蚀速率变化关系曲线如图 10 所示。

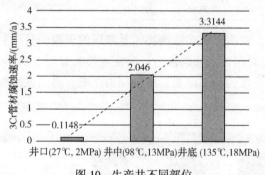

图 10 生产井不同部位 3Cr 管材腐蚀速率变化关系曲线

对于生产井来说，因 O_2 和 CO_2 共存、且含量分别达到 3% 和 4.01%，以氧腐蚀、二氧化碳腐蚀协同腐蚀作用为主，O_2 对 CO_2 腐蚀起到显著催化作用。同时地层水矿化度为 13330.25mg/L，其中 Cl^- 浓度为 4754.8mg/L，电导率远高于注气井中的去离子水，因而随含氧量的升高，管材腐蚀速率急剧升高。生产井井口属湿 CO_2 腐蚀环境，模拟实验结果表明，3Cr 腐蚀速率为中度等级，在生产井井口工况中应采取一定防腐措施。生产井井中和井底属高温、湿 CO_2 腐蚀环境，ISO 15156-3 推荐使用双相不锈钢 22Cr、超级双相不锈钢 25Cr 或 28Cr。模拟实验结果表明，在生产井井中、井底工况中，3Cr 材质的腐蚀速率均远高于极严重腐蚀等级，不适用于生产井工况；而 13Cr 管材在井底的高温、湿 CO_2 且含 O_2 的环境中腐蚀速率高于极严重腐蚀等级，需采用额外防腐措施。

2.5 生产井腐蚀防护方案

根据目标油田套管强度校核，生产井井底 9⅝″套管最小允许腐蚀厚度为 1.499mm，单纯采用3Cr或13Cr材质防腐,分别在0.452a和0.591a后会失效。由实验结果出发,针对目标油田的高温高压含氧腐蚀环境,推荐采用3Cr材质加缓蚀剂进行防腐,同时加强氧气浓度检测,缓蚀剂加注量需要根据氧气浓度检测结果来优化。

根据模拟动态腐蚀实验工况条件及腐蚀速率大小,调研发现大多数油田注气井采用咪唑啉类缓蚀剂。该类缓蚀剂无毒、无刺激性气味,对人体及周围环境没有危害,属于环境友好型缓蚀剂,而且咪唑啉缓蚀剂在各种酸性介质中均具有较好的耐蚀性能,可通过覆盖效应和提高腐蚀反应的活化能来防止氧气和二氧化碳对管柱的腐蚀,防腐作用高效,其缓蚀效率最高可达90%~98%。

缓蚀剂的加注量需要考虑现场工况条件下井管的尺寸、井管深度、注气量及产量同时兼顾缓蚀剂自身的理化性能,对加注周期及加注量的研究应遵循"少量多次"的原则,并对其进行具体量化合理的计算。

3 结语

(1)生产井以氧腐蚀、二氧化碳腐蚀协同腐蚀作用为主,O_2对CO_2腐蚀起到显著催化作用,同时地层水矿化度为13330.25mg/L,其中Cl^-的浓度为4754.8mg/L,电导率远高于注气井中的去离子水,因而随含氧量的升高,管材腐蚀速率急剧升高。

(2)模拟目标油田生产井井口、井中、井底三种工况进行腐蚀质量损失实验,试验结果表明,3Cr材质的腐蚀速率(井口0.1148mm/a、井中2.0460mm/a、井底3.3144mm/a)、13Cr材质的腐蚀速率2.5354mm/a均远高于极严重腐蚀等级,单独使用材质防腐不适用于目标油田生产井工况。

(3)针对氧气、二氧化碳腐蚀协同腐蚀工况特征,应采用3Cr材质加咪唑啉类缓蚀剂进行防腐,同时加强氧气浓度检测,或者考虑采用ISO 15156-3推荐的双相不锈钢22Cr、超级双相不锈钢25Cr或28Cr。

参 考 文 献

[1] 郑继龙,翁大丽,高启超,等.渤海K油田空气驱对原油低温氧化影响研究[J].钻采工艺,2019,42(2):60-63.

[2] 王杰祥,来轩昂,王庆,等.中原油田注空气驱油试验研究[J].石油钻探技术,2007,35(2):5-7.

[3] 付治军.渤南罗36块空气驱油室内实验研究[D].青岛:中国石油大学(华东),2008.

[4] 王正茂,廖广志,蒲万芬,等.注空气开发中地层原油氧化反应特征[J].石油学报,2018,39(3):314-319.

[5] 张卫兵,翁选洲,檀为建,等.注空气驱套管材质腐蚀规律与机理研究[J].石油与天然气化工,2018,47(3):67-72.

[6] 祁丽莎,陈明贵,王小玮,等.塔河油田注气井井筒氧腐蚀机理研究[J].石油工程建设,2016(6):70-72.

[7] 王磊,明锐,王新虎,等.S135钻杆钢在钻井液中的氧腐蚀行为[J].石油机械,2006,34(1):1-4.

[8] 李晓东.注空气过程中井下管柱氧腐蚀规律及防护实验研究[J].科学技术与工程,2018,18(35):18-25.

[9] 冯兆阳,万里平,李皋,等.注空气驱管材的腐蚀与防护研究现状[J].全面腐蚀控制,2015,29(2):62-66.

[10] 李德祥,张亮,崔国栋,等.新疆油田低渗透区块空气驱实验研究[J].科学技术与工程,2015,15

(9)：180-184.

[11] 何素娟, 陈圣乾, 赵大伟, 等 . L80 油管腐蚀失效原因分析 [J] . 石油矿场机械, 2011, 40 (6)：21-25.

[12] 何松, 邢希金, 刘书杰, 等 . 硫化氢环境下常用油井管材质腐蚀规律研究 [J] . 表面技术, 2018, 47 (12)：14-20.

[13] GB/T 19291—2003, 金属和合金的腐蚀　腐蚀试验一般原则 [S], 2003.

[14] GB/T 16545—2015, 金属和合金的腐蚀　腐蚀试样上腐蚀产物的清除 [S], 2015.

[15] ASTM G1—2003, Standard Practice for Preparing, Cleaning, and Evaluating Corrosion Test Specimens [S], 2003.

[16] 刘会, 赵国仙, 韩勇, 等 . Cl⁻ 对油套管用 P110 钢腐蚀速率的影响 [J] . 石油矿场机械, 2008, 37 (11)：44-48.

[17] GB/T 18175—2000, 水处理剂缓蚀性能的测定旋转挂片法 [S], 2000.

[18] 冯桓楫, 邢希金, 谷林, 等 . 高温高压高含硫气井 T95 技术套管腐蚀实验研究 [J] . 表面技术, 2018, 47 (12)：21-29.

[19] NACE RP0775—2005, Standard Recommended Practice-Preparation, Installation, Analysis, and Interpretation of Corrosion Coupons in Oilfield Operations [S], 2005.

[20] ISO 15156-3：2015, Petroleum and Natural Gas Industries—Materials for Use in H_2S-containing Environments in Oil and Gas Production Part 3：Cracking-resistant CRAs (Corrosion-resistant Alloys) and Other Alloys [S], 2015.

作者简介： 谷林 (1988—), 博士研究生 (在读), 毕业于中国石油大学 (北京), 现工作于中海油研究总院有限责任公司, 油田化学工程师, 中级工程师。通讯地址：北京市朝阳区太阳宫南街 6 号中海油大厦, 邮编：100028。联系电话：15810945720, E-mail：gulin2@cnooc.com.cn。

海上网布式防砂筛管冲蚀规律和失效预测研究

邱　浩　范白涛　曹砚锋　文　敏　侯泽宁　闫新江

（中海油研究总院有限责任公司）

摘　要　防砂筛管冲蚀失效问题直接关系到海上油气井的安全高效生产，实时掌控筛管冲蚀程度，预测使用寿命是海上油气井生产安全的重要保障。本文组建管流式冲蚀实验装置，制作筛网过流介质单元，开展筛网过流单元冲蚀实验，并基于冲蚀经典理论模型，拟合建立了筛管冲蚀速率模型；依据编织型过滤金属网布筛管结构特征，构建了完整结构的筛管外护罩、多层过滤筛网和打孔基管物理模型，应用计算流体力学流固耦合模拟器，研究网布式筛管冲蚀规律，预测生产工况下筛管冲蚀寿命，并进行了实例分析。结果表明，筛管冲蚀模拟和失效预测经验模型正确可行，筛管冲蚀速率随含砂流体流速呈幂函数关系、随含砂浓度先线性增大后平缓、随含砂粒径增大先增加后降低并趋于纯流体冲蚀速率。本文揭示的筛管冲蚀规律和建立的预测模型为海上油气田防砂设计和安全生产提供了理论依据和指导。

关键词　油气井；防砂筛管；冲蚀模型；寿命预测；出砂风险

1　引言

目前海上开发的油气储层通常为胶结疏松、易出砂地层，且油气生产要求早见效、快收益，一般情况下油气井生产均急抽强采和大幅提液，筛管冲蚀严重，以致防砂失效，影响油气生产安全。目前中海油全海域3800多口在产井，其中200余口井存在不同程度的筛管失效和出砂，导致限产和停产，直接影响国家海洋能源战略的实施。因此，实时掌控筛管冲蚀程度、预测筛管冲蚀规律和使用寿命对保障海上油气井安全高效生产具有重要的意义。

筛管冲蚀是指长期受到含砂流体的冲击作用，造成筛管过滤介质表面出现破坏的一类磨蚀现象。筛管冲蚀速率的影响因素主要包括含砂流体冲蚀速度、冲蚀时间、冲蚀角度、含砂浓度及砂粒直径等因素，目前国内外学者针对筛管冲蚀现象的研究主要借助室内实验和数值模拟两种方式。实验研究方面，Cameron J 等人开展了大量的绕丝筛管挂片单元的室内冲蚀实验，并利用实验结果拟合建立了绕丝筛管冲蚀质量损失率与冲蚀速率、冲蚀角、含砂浓度等参数间的数学模型。国内学者王宝权、匡韶华研制了一套防砂筛管冲蚀试验的装置，并研究出一种可用于防砂筛管的冲蚀试验研究及耐冲蚀性能评价的方法。刘永红等人同样采用室内冲蚀实验的手段，分析了含砂流体冲蚀速度、砂粒粒径、砂粒浓度等因素对割缝筛管冲蚀质量磨损率的影响规律。由此可见，目前针对筛管冲蚀问题的实验研究主要集中在筛管冲蚀作用机理的研究方面，通过冲蚀实验数据的处理分析给出筛管的冲蚀作用规律，并在此基础上拟合形成定量描述冲蚀速率的经验模型。数值模拟研究方面，王志坚等人利用有限元软件建立螺旋复合筛管外护管缝口处的固液两相冲蚀模型，并开展了筛管外护罩冲蚀的数值模拟分析。邓自强采用类似方法建立割缝筛管固液两相的冲蚀模型，通过数值模拟分析了冲蚀速度、含砂浓度对筛管冲蚀速率的影响规律。筛管冲蚀数值模拟研究的关键是构建贴合实际筛管结构的有限元物理模型，以此为基础开展的数值模拟研究才有针对性，但目前仅能构建类似筛管外保护罩或割缝筛管等结构简单的有限元物理模型，针对海上油气井常用的金属网布式优质筛管由于其结构的复杂性，还未形成系统完善的建模方法。

本文构建完整结构的筛管外护罩、多层过滤筛网和基管物理模型；应用管流式冲蚀实验装置，开展筛网过流单元冲蚀实验，拟合建立 Finnie 经典冲蚀模型；基于计算流体力学（CFD）流固耦合模拟器，研究网布式筛管冲蚀规律，预测生产工况下筛管冲蚀寿命；并进行了渤海某油田多口目标采油井的冲蚀预测与现场监测实例对比分析。

2 防砂筛管冲蚀有限元模拟方法

2.1 筛管冲蚀模型构建

2.1.1 冲蚀模型

Finnie 模型是表征延性材料冲蚀磨损问题最经典的理论模型，可以较好地描述塑性材料受到含固相颗粒流体的冲蚀磨损规律。该模型考虑了冲蚀流速、冲蚀时间、含砂浓度等因素对冲蚀作用程度的影响，材料冲蚀质量磨损量 M_E 的计算表达式如式（1）所示。

$$M_E = K C_P^m V_P^n f(\alpha) t \tag{1}$$

式中 M_E——冲蚀磨损速率，$g/(m^2 \cdot s)$；

     K——修正系数；

     C_P——流体含砂浓度，t/m^3；

     V_P——流体冲蚀速度，m/s；

   $f(\alpha)$——冲蚀角影响函数，如式（2）所示；

     t——冲蚀时间，s；

  m、n——拟合指数。

$$f(\alpha) = \begin{cases} \sin 2\alpha - 3 \sin^2\alpha & (\alpha \leqslant 18.5°) \\ \dfrac{\cos^2\alpha}{3} & (\alpha > 18.5°) \end{cases} \tag{2}$$

式中 α——冲蚀角，°。

2.1.2 冲蚀模型参数确定

应用管流式冲蚀实验装置如图 1 所示，该装置包括混砂系统、隔膜混输泵、冲蚀主体装置、砂液分离系统、数据传输系统组成，其中冲蚀主体装置耐压等级 35MPa，针对不锈钢316L 材质金属网布优质筛管，开展了不同冲蚀条件下网布式金属筛网过流单元（见图 2）的室内冲蚀实验，不同冲蚀实验条件对应筛网冲蚀速率随冲蚀时间变化关系曲线如图 3 所示。

图 1   管流式筛网单元冲蚀实验装置

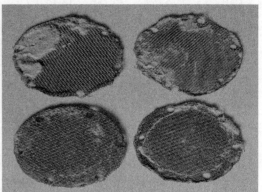

图 2　冲蚀实验前后筛网试样实物图

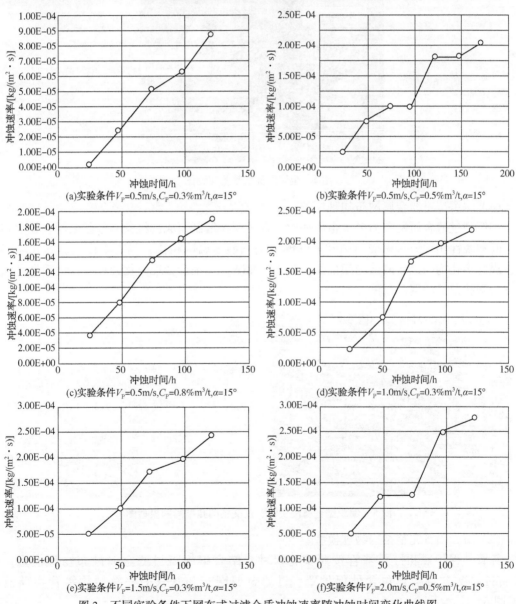

(a)实验条件V_P=0.5m/s,C_P=0.3%m³/t,α=15°

(b)实验条件V_P=0.5m/s,C_P=0.5%m³/t,α=15°

(c)实验条件V_P=0.5m/s,C_P=0.8%m³/t,α=15°

(d)实验条件V_P=1.0m/s,C_P=0.3%m³/t,α=15°

(e)实验条件V_P=1.5m/s,C_P=0.3%m³/t,α=15°

(f)实验条件V_P=2.0m/s,C_P=0.5%m³/t,α=15°

图 3　不同实验条件下网布式过滤介质冲蚀速率随冲蚀时间变化曲线图

应用表 1 实验数据，结合式（1）和式（2），拟合建立网布式防砂筛管冲蚀速率模型见式（3）。

$$M_E = 5.0 \times 10^{-4} \cdot C_P^{0.03} \cdot V_P^{1.46} \cdot f(\alpha) \cdot t \tag{3}$$

2.2 网布式防砂筛管结构物理模型构建

海上油气井防砂筛管常用金属网布优质筛管，从外向内包括外保护罩、过滤金属网和打孔基管三个主要部分（见图4），其中过滤金属网通常为编织型金属网。

图 4　金属网优质筛管实物图

（1）编织型过滤金属网布物理模型

编织型过滤金属网布为多个金属经丝和金属纬丝编制而成，经丝与经丝之间、经丝和纬丝之间均线性相切。考虑交错圆孔型筛网与编织型金属网相比，具有平面过流筛孔均匀分布、纵向多孔均匀过流的结构相似性，利用 SolidWorks 进行合理简化处理，将编织型过滤网简化为圆孔型过滤网（见图5）。

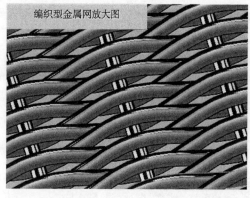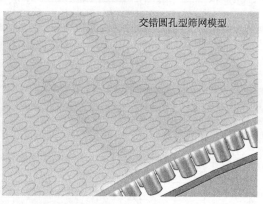

图 5　编织型金属网实物图及交错圆孔型筛网模型图

（2）防砂筛管完整结构物理模型

筛管外保护罩和打孔基管按照实物尺寸，结合编织型过滤金属网布物理模型，应用 SolidWorks 软件构建包含外保护罩、过滤金属网布和基管的完整结构筛管物理模型（见图6）。

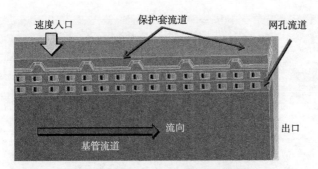

图6 完整结构金属筛管物理模型图

2.3 筛管冲蚀模拟方法策略

（1）根据油气井防砂筛管实际的挡砂精度来设置筛管物理模型中间过滤层的圆孔直径；

（2）考虑含砂流体从外保护罩法向流入、经过滤层进入基管内部、最后从筛管端面出口流出，出口处设置为自由流出边界（outflow）条件；

（3）将室内冲蚀实验数据修正后的 Finnie 冲蚀模型[式(3)]作为理论模型编入求解器，借助有限元 CFD 软件 Fluent 进行物理模型的网格划分和冲蚀理论模型的求解，计算分析不同工况下的筛管冲蚀规律。

（4）依据防砂失效判别标准，结合筛管冲蚀模拟，预测筛管冲蚀失效寿命。

3 网布式防砂筛管冲蚀规律分析

选用常用的网布式防砂筛管，筛网外保护罩材质设置为铝合金、过滤金属网材质为316L 不锈钢，筛管过滤圆孔直径设为 400μm。防砂筛管模型基本物理参数和模拟初始、边界条件见表1。

表1 网布式筛管物理模型参数及初步边界条件设置

模型尺寸	筛网孔径	筛孔间距	外保护罩密度	过滤筛网密度	砂粒密度
20cm×5cm×4cm	400μm	2000μm	2880kg/m³	7980kg/m³	2300kg/m³
入口条件	出口条件	壁面条件	湍流模型	数值算法	砂粒粒径分布
冲蚀速度	Outflow	无滑移壁面	Realizable k-ε	simple	R-R

根据表1中防砂筛管构建筛管物理模型，并设置模拟初始和边界条件，开展了不同工况条件下网布式筛管物理模型冲蚀过程的数值模拟。

3.1 筛管冲蚀速率随含砂流体冲蚀速度的变化规律

设定筛管外保护罩含砂流体入口流速 0.5m/s，含砂量为 0.3‰，入口流体含砂粒径采用R-R 分布模拟地层砂粒度分布、粒度中值 380μm，模拟流体通过筛管全过程的速度场分布，如图7所示。

由图6可以看出，筛管外保护罩、第一层过滤网和第二层过滤网对应冲蚀速度场具有明显的不均匀分布特点，主要由于外保护罩使入口流体的流动方向和过流面积发生改变，从而在筛网过流截面形成不均匀的冲蚀速度场分布。

含砂流体冲蚀速度的大小可以表征筛管的冲蚀程度，统计筛管外保护罩、第一层过滤网和第二层过滤网的冲蚀速度分布数据，得到各层冲蚀速度值分布情况见表2。

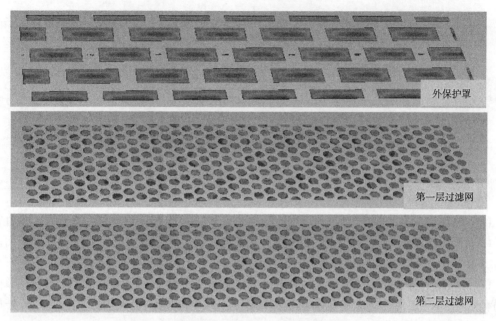

外保护罩

第一层过滤网

第二层过滤网

图7　筛管模型各层截面冲蚀速度场分布云图

表2　筛管各层单元冲蚀速度统计结果

速度截面位置	最大冲蚀速度/(m/s)	最小冲蚀速度/(m/s)	平均冲蚀速度/(m/s)
外保护罩	3.462	0.041	1.249
第一层过滤网	3.029	0.004	1.094
第二层过滤网	2.884	0.004	1.018

由表3统计结果可以看出，外保护罩冲蚀最严重、其次为第一层过滤网，第二层过滤网冲蚀最小；第一层过滤网和第二层过滤网是筛管关键挡砂过滤层，其最高冲蚀流速分别达到了3.029m/s和2.884m/s，分别高出入口处冲蚀速度6.06倍和5.77倍，这些最大冲蚀速度点位置是筛管冲蚀"热点"位置。

筛管第一层过滤网冲蚀速率随入口含砂流体速度变化的模拟结果如图8所示。

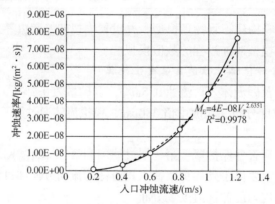

图8　不同入口冲蚀流速条件下筛网冲蚀质量损失率分布曲线

由图8可以得知，随着入口含砂流体速度增加，过滤筛网冲蚀速率呈先缓增后快增，两者之间变化规律符合幂函数关系。

3.2 筛管冲蚀速率随含砂浓度的变化规律

筛管第一层过滤网冲蚀速率随流体含砂浓度变化的模拟结果如图9所示。

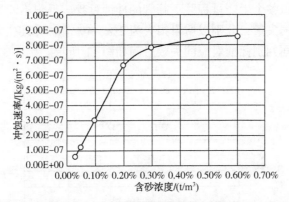

图9 不同含砂浓度条件下筛网冲蚀质量损失率分布曲线

由图9可知，随着含砂浓度增加，筛网冲蚀速率先线性增加并逐渐趋于平缓，当流体含砂浓度超过0.5%后，筛网冲蚀质量损失速率将趋于稳定值。

3.3 筛管冲蚀速率随砂粒径的变化规律

筛管第一层过滤网冲蚀速率随砂粒径变化的模拟结果如图10所示。

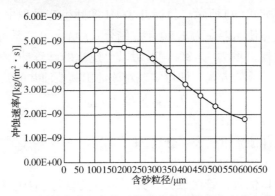

图10 不同砂粒直径条件下筛网冲蚀质量损失率分布曲线

从由图10可知，随着含砂粒径的增加，筛网冲蚀速率首先增加、达到峰值后逐渐减小，当含砂粒径在 $50 \sim 200 \mu m$ 范围内，冲蚀质量损失率最大，其原因是砂粒变大后，流体携砂效率降低，造成冲蚀速率降低。

4 筛管寿命预测方法

随着地层含砂流体冲蚀磨损进行，油气井筒内防砂筛管的质量损失逐渐增加，过滤网筛孔直径也会逐渐变大，从而造成筛管挡砂能力也下降。当筛管的冲蚀质量损失量达到某一临界值时，筛管即会出现挡砂作用的完全失效。

（1）筛管防砂失效判据

George Gillespie 利用室内实验的方式研究绕丝筛管和金属网布筛管的冲蚀机理发现：当绕丝筛管冲蚀质量损失量达到2%时即发生挡砂作用失效，而单层金属网布筛管的冲蚀质量损失量达到8%时才会发生挡砂作用失效。筛管过滤网的结构和层数不同，筛管因含砂流体冲蚀作用而发生挡砂失效的临界质量损失量也不同。

以渤海某海上油田目标采油井 J34H 为例，其防砂筛管类型为网布式优质筛管、挡砂精度为 120μm。根据筛管结构参数构建相应的筛管物理模型，并完全按照实际工况条件设置对应的边界条件，模拟整个生产过程井下筛管的冲蚀过程，得到不同累计冲蚀时间条件下网布式筛管单元的质量损失量，分别以质量损失为 2%、4%、6% 和 8% 为筛管失效标准，模拟计算网布筛管单元不同判别标准对应的失效时间如图 11 所示。

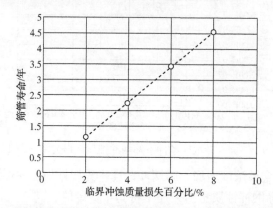

图 11　防砂筛管不同临界质量损失条件下冲蚀失效时间预测结果

由图 11 可知，筛管失效时间与临界质量损失量成正比例线性关系，线性拟合建立防砂筛管失效时间预测模型如式(4)所示。目标井 J34H 实际生产过程中，通过实时动态监测的方式确定该井筛管的实际使用寿命为 1.80 年，结合式(4)定量关系可以确定 J34H 井所用筛管冲蚀失效的临界质量损失量为 3.18%。利用以上建立的筛管冲蚀失效的判定准则，采用筛管冲蚀数值模拟仿真计算的方式，即可实现对该油田其他油井的筛管使用寿命进行预测。

$$T_S = 0.5667 \cdot m_{EC} \tag{4}$$

式中　T_S——筛管冲蚀寿命，a；

m_{EC}——筛管临界冲蚀质量损失百分比，%。

(2) 防砂筛管冲蚀失效预测及模型验证

选择该海上油田 8 口优质筛管防砂井，井下筛管类型与 J34H 井完全相同，8 口井生产基本参数如表 3 所示。用类似方法建议实际筛管相对应的物理模型，并进行基于实际生产工况的筛管冲蚀数值模拟仿真，结合以上建立的网布式筛管挡砂失效的判定准则，进行筛管冲蚀寿命预测，并结合筛管实际监测的使用寿命绘制如图 12 所示对比图。

表 3　渤海某油田 8 口目标采油井生产基本参数

井号	防砂方式	挡砂精度/μm	出砂前生产动态			
			生产压差/MPa	日产液量/(m³/d)	日产油量/(m³/d)	产出液含水率/%
J10H	金属网布优质筛管	120	0.5	505	18	97.0
J08H	金属网布优质筛管	120	2.0	256	80	83.3
J23H	金属网布优质筛管	120	1.2	210	59	81.2
H01H1	金属网布优质筛管	120	1.8	136	16	88.4
H20H	金属网布优质筛管	120	1.5	67	16	75.5
I22H	金属网布优质筛管	120	1.0	112	45	59.9
J34H	金属网布优质筛管	120	0.5	830	27	96.7
I27H	金属网布优质筛管	120	1.5	302	48	84.1

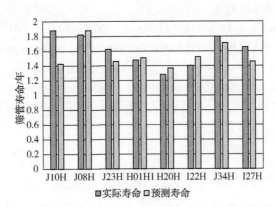

图 12　渤海某海上油田 8 口井筛管预测寿命和实际寿命对比图

　　从表 4 和图 12 可以看出，大部分生产井筛管寿命预测结果与实际监测结果基本一致，最大误差在 10% 以内，符合工程实际要求，验证筛管冲蚀失效经验模型的正确性，同时说明了基于数值模拟仿真计算的筛管冲蚀失效预测是可行的。

5　结语

　　（1）借助管流式冲蚀实验装置，开展了筛网过流单元冲蚀实验，拟合建立了金属网布式防砂筛管冲蚀速率模型。

　　（2）构建了完整结构的筛管外护罩、多层过滤筛网和基管物理模型，引入建立的防砂筛管冲蚀速率模型，划分有限元网格，设置初始和边界条件，应用计算流体力学（CFD）流固耦合模拟器，模拟计算筛管网布冲蚀质量损失率，形成了一种筛管冲蚀数值模拟方法；防砂失效判据和模拟计算相结合，建立了一种防砂失效时间经验模型。

　　（3）网布式防砂筛管冲蚀模拟计算结果表明，自外向内，筛管外保护罩冲蚀最严重，其次为第一层过滤网，第二层过滤网冲蚀最小；筛管冲蚀速率随含砂流体流速增大而增大、呈幂函数关系，随含砂浓度先线性增大后趋于平缓、达到某一临界浓度后趋于稳定值，随含砂粒径增大先增大后减小、超过流体携砂能力粒径后降为纯流体对筛网的冲蚀速率。

　　（4）多层金属网布桥式复合筛管防砂失效预测和现场实际监测结果表明，防砂失效预测与实际监测结果一致，最大误差低于 10%，符合工程需求，验证了防砂冲蚀计算方法和经验模型的正确性。

参 考 文 献

[1] 匡韶华，王宝权．筛管冲蚀磨损研究综述及预防措施[J]．石油工业技术监督，2015，31（4）：44-48.

[2] Cameron J，Jones C. Development，Verification and Application of a Screen Erosion Model [J]．Sae International Journal of Aerospace，2007，6（2）：563-570.

[3] 王宝权，匡韶华．防砂筛管冲蚀试验装置及方法[J]．石油工业技术监督，2015，31（5）：1-4.

[4] 刘永红，张建乔，马建民，等．石油防砂割缝筛管的冲蚀磨损性能研究[J]．摩擦学学报，2005，29（3）：283-287.

[5] 王志坚，贾彦伯，尚晓峰．螺旋复合筛管外护管固液两相流冲蚀磨损分析[J]．石油矿场机械，2016，45（2）：6-10.

[6] 邓自强．基于 Fluent 的割缝筛管冲蚀模拟分析[J]．内江科技，2018（4）.

[7] I Finnie. The mechanism of erosion of ductile metals [C]//NewYork：Proceedings of the Third National

Congress on Applied Mechanics. 1958: 527-532.

[8] I Finnie. Erosion of surfaces by solid particles[J]. Wear, 1960, 3(2): 87-103.

[9] Gillespie G, Beare S, Jones C. Sand control screen erosion-when are you at risk [J]. SPE 122269, 2009: 1-10.

作者简介：邱浩(1988—)，完井工程师，毕业于中国石油大学(华东)，油气井工程专业，硕士，现工作于中海油研究总院有限责任公司，主要从事海上油气井完井设计、出砂管理技术研究。联系电话：010-84524804，E-mail：qiuhao2@cnooc.com.cn。

渤中 19-6 气田高 CO_2、微含硫环境井下防腐设计

幸雪松　冯桓榍　邢希金　何　松　周长所　黄　辉

(中海油研究总院有限责任公司)

摘　要　渤中 19-6 气田是近年来在渤海发现的最具潜力的古潜山气田，其腐蚀环境具有高含 CO_2(最高 14.67%)、微含 H_2S(最高 31.26mg/m³)、高温(最高 210℃)的特点。针对渤中 19-6 气田的井下腐蚀环境，通过抗开裂实验、均匀腐蚀失重实验和生产套管工况环空保护液实验确定了相应腐蚀环境下适应的防腐材质。根据实验结果，推荐渤中 19-6 气田采用油管超级 13Cr+镍基合金组合防腐、生产套管和尾管采用超级 13Cr+抗硫管的井下管柱防腐设计。渤海 19-6 气田是渤海中深层开发的首个气田，其井下防腐设计可为后续海上中深层高温含腐蚀性流体油气田防腐设计提供借鉴和参考。

关键词　高温高压；含硫；气井；井下防腐；防腐选材；腐蚀实验

目前，中海油正在渤海开发建设古潜山储层渤中 19-6 气田，其腐蚀环境具有高含 CO_2(体积分数最高 14.67%)、微含 H_2S(最高 31.26mg/m³)、高温(最高 210℃)的特点。国内外学者对高含 CO_2 腐蚀性气体的腐蚀环境开展过较多的研究，取得了丰硕的成果。但是，渤中 19-6 气田，在确保生产井全寿命周期的安全生产的前提下，通过组合设计和风险管控有效控制油套管成本对气田的有效开发是非常必要的。因此，针对油管和生产套管、尾管面对的腐蚀环境，开展了相关的腐蚀实验，根据腐蚀实验结果，结合现场生产需求设计了渤中 19-6 气田井下防腐方案。井下防腐设计可为后续海上中深层高温含腐蚀性流体油气田防腐设计提供借鉴和参考。

1　防腐方案设计思路

渤中 19-6 气田采用平台干式井口开发，开发井设计主要采用了 177.8mm(7″)尾管回接到井口和尾管不回接 2 种井身结构。总体设计思路主要考虑以下四方面的因素。

1.1　油管防腐设计考虑因素
(1) 天然气组分中的腐蚀性气体组分。
(2) 地层水矿化度和 Cl⁻浓度。
(3) 根据配产预测的井筒温压剖面。

1.2　生产套管防腐设计考虑因素
(1) 根据井筒温度和地层温度预测的 A 环空温度。
(2) 根据环空压力管理和液柱压力预测的 A 环空压力。
(3) 环空可能存在的腐蚀性气体和环空保护液组分。

1.3　尾管防腐设计考虑因素
(1) 天然气组分中的腐蚀性气体组分。
(2) 地层水矿化度和 Cl⁻浓度。
(3) 地层温度、压力。

1.4 主要考虑需要应对的潜在风险

生产封隔器泄漏导致环空带压、生产套管腐蚀环境加剧。

2 腐蚀环境分析

2.1 天然气组分

根据渤中 19-6 气田在生产的 4 口井井口取样数据(见表 1),可知 CO_2 体积分数:最高 14.67%,平均 9.91%,H_2S 含量:最高 31.26mg/m³,平均 17.61mg/m³。

表 1 渤中 19-6 气田腐蚀性气体组分

井号 取样时间	取样位置	1		3		4		7	
		H_2S/ (mg/m³)	CO_2/ %	H_2S/ (mg/m³)	CO_2/ %	H_2S/ (mg/m³)	CO_2/ %	H_2S/ (mg/m³)	CO_2/ %
2020-6-12	生产分离器(气袋)					27.93	10.37		
2020-6-13	三甘醇接触塔(气袋)					31.26	10.15		
2020-6-13	气海管(气袋)					28.88	10.13		
2020-6-15	生产分离器(气袋)					27.93	10.37		
2020-6-16	生产分离器(气袋)					14.51	9.78		
2020-6-16	三甘醇接触塔(气袋)					22.59	9.91		
2020-6-16	气海管(气袋)					18.62	9.72		
2020-6-17	生产分离器(气袋)					18.84	9.94		
2020-6-17	三甘醇接触塔(气袋)					17.07	9.89		
2020-6-17	气海管(气袋)					17.78	9.79		
2020-6-18	生产分离器(气袋)					21.58	10.05		
2020-6-18	三甘醇接触塔(气袋)					14.28	9.81		
2020-6-18	气海管(气袋)					15.46	9.69		
2020-6-19	生产分离器(气袋)					21.10	9.87		
2020-6-19	三甘醇接触塔(气袋)					18.98	9.85		
2020-6-19	气海管(气袋)					15.69	9.56		
2020-6-20	生产分离器(钢瓶)					16.48	10.1		
2020-6-20	三甘醇接触塔(钢瓶)					15.5	10		
2020-6-20	气海管(钢瓶)					16.43	9.85		
2020-6-20	采气树套管(钢瓶)					15.42	5.99		
2020-6-22	生产分离器(气袋)					16.02	9.78		
2020-6-22	三甘醇接触塔(气袋)					17.23	9.90		
2020-6-22	气海管(气袋)					16.40	9.59		
2020-7-27	计量出口(气袋)	9.77	9.31						
2020-8-26	计量分离器气相出口	9.13	9.31			11.09	10.02		
2020-9-20	计量分离器气相出口			25.71	9.97	7.72	10.08	9.97	14.67
2020-10-6	计量分离器气相出口							8.95	10.01

2.2 地层水数据

由于钻井液污染，渤中 19-6 气田没有收集到合格的地层水样，根据渤中 25-1 气田相同层位的数据平均值，为地层水矿化度为 4970mg/L，Cl⁻ 浓度约为 960.3mg/L(见表 2)。

表 2 渤中 25-1 油田地层水组分

井号	取样位置	阳离子含量/(mg/L)					阴离子含量/(mg/L)					矿化度	pH值	水型
		Na⁺	K⁺	Ca²⁺	Mg²⁺	总值	Cl⁻	SO₄²⁻	CO₃²⁻	HCO₃⁻	总值			
4	井下 DST	2542	0	112		2542	1117	672	0	4576	6365	8907	7.1	NaHCO₃
5	井口	1005	16	39		1060	895	192	276	564	1927	2988	8.0	NaHCO₃
	井口	1018	16	39		1073	869	192	312	571	1944	3016	8.0	NaHCO₃

2.3 油管内的温压剖面

根据配产预测了油管内的温压剖面如图 1 所示。

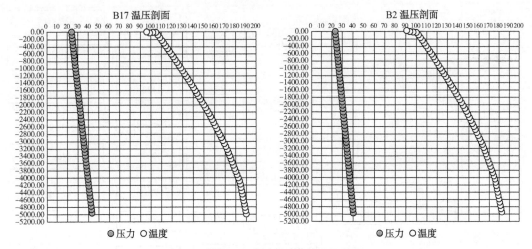

图 1 典型生产井油管内温压剖面预测

2.4 油管-套管环空(A 环空)温度预测

根据配产预测典型井 A 环空温度剖面如图 2 所示。

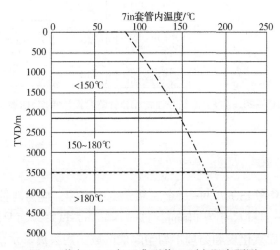

图 2 渤中 19-6 气田典型井 A 环空温度预测

3 防腐选材分析

腐蚀环境总结如表3所示。由表中数据，根据中海油企标 Q/HS 14015—2018《海上油气井油管和套管防腐设计指南》(见图3)，150℃以下需要选择13Cr管材，150~180℃需要选用S13Cr管材，180℃以上需要选用S17Cr以上管材。

表3 腐蚀环境分析表

井区	层位	数据来源	测试井段(垂深)/m	天然气组分/% CO$_2$	H$_2$S/(mg/m^3)
BZ19-6-7/9	Ar	BZ19-6-4	4411.0~4499.8	10.49	46.31(30.44×10^{-6})
试验区生产井数据	Ar	BZ19-6-A7/A4H	计量分离器气相出口三甘醇接触塔(气袋)	14.67	31.26(20.55×10^{-6})

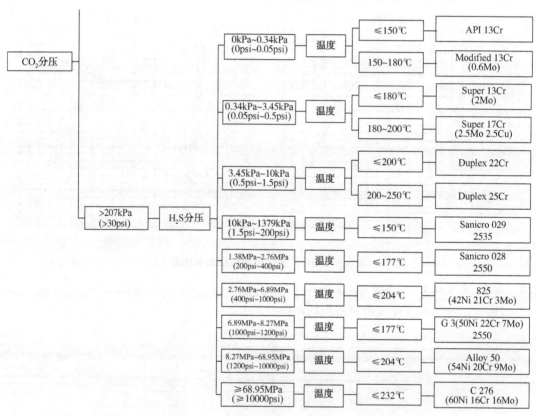

图3 QHS 14015—2018《海上油气井油管和套管防腐设计指南》防腐选材表(节选)

4 腐蚀实验

4.1 实验方法

SSC实验试样制备参考ISO 7539-2《金属和合金的腐蚀、应力腐蚀试验 第2部分：弯曲试样的制备和使用》，试样尺寸为115mm×15mm×5mm。试样表面及侧表面用400#和1000#砂纸2级打磨，去除表面氧化皮和物理不均匀起伏区域，用去离子水清洗，丙酮除油，无水乙醇脱水干燥。实验采用四点弯曲法加载，加载应力为90%屈服强度。实验条件根据1.1中的腐蚀实验环境设置。

腐蚀质量损失试样制备参照 JB/T 7901—1999《金属材料均匀腐蚀全浸试验方法》，试样尺寸为 50mm×10mm×4mm。试样表面及侧表面用 400# 和 1000# 砂纸 2 级打磨，去除表面氧化皮和物理不均匀起伏区域，用去离子水清洗，丙酮除油，无水乙醇脱水干燥，测量每个试样的长、宽、厚、孔径，实验前后称取试样质量。对出现局部腐蚀的试样，使用点蚀测深仪测量点蚀深度，依据 GB/T 18590—2001《金属和合金的腐蚀 点蚀评定方法》检测及计算点蚀速率。

高温高压模拟腐蚀实验采用 FCZ 磁力驱动高温高压反应釜。将溶液、试样装入高压釜内后密封，用高纯氮气除氧 2h，然后升温到设定温度，再分别通入 H_2S 和 CO_2 气体到设定压力，腐蚀持续时间为 720h。实验结束后，从釜内取出试样，先用蒸馏水清洗掉试样表面的溶解盐，再用无水乙醇脱水，冷风干燥，最后进行产物和腐蚀试样分析。实验中所用试剂均为化学纯试剂。

腐蚀后的试样采用 FEI Quanta 200F 场发射环境扫描电子显微镜观察腐蚀形貌。

4.2 实验结果

（1）抗应力腐蚀开裂试验

抗应力腐蚀开裂试验结果如表 4 所示，由表可知，正常生产工况条件下 TN110S、13Cr、超级 13Cr、镍基合金、钛合金无断裂风险。

表 4 抗应力腐蚀开裂试验

材　质	60℃+10kPaH_2S+10MPaCO_2（三点弯曲）	220℃+10kPaH_2S+10MPaCO_2（三点弯曲）	60℃+20kPaH_2S+10MPaCO_2（三点弯曲）	220℃+20kPaH_2S+10MPaCO_2（三点弯曲）
TN110S	无断裂，无裂纹	无断裂，无裂纹	无断裂，无裂纹	无断裂，无裂纹
CB13Cr	无断裂，无裂纹	无断裂，无裂纹	无断裂，无裂纹	无断裂，无裂纹
JL2507	无断裂，无裂纹	无断裂，无裂纹	无断裂，无裂纹	无断裂，无裂纹
2535	无断裂，无裂纹	无断裂，无裂纹	无断裂，无裂纹	无断裂，无裂纹
钛合金	无断裂，无裂纹	无断裂，无裂纹	无断裂，无裂纹	无断裂，无裂纹
BG-S13Cr	无断裂，无裂纹	无断裂，无裂纹	无断裂，无裂纹	无断裂，无裂纹
CB-13CrD	无断裂，无裂纹	无断裂，无裂纹	无断裂，无裂纹	无断裂，无裂纹
CB-13CrB	无断裂，无裂纹	无断裂，无裂纹	无断裂，无裂纹	无断裂，无裂纹
CB-13CrA2	无断裂，无裂纹	无断裂，无裂纹	无断裂，无裂纹	无断裂，无裂纹

（2）油管工况均匀腐蚀失重实验

油管工况均匀腐蚀失重实验结果如图 4 所示。

由图可知，TN110SS 100℃ 条件腐蚀严重，在>160℃ 条件下腐蚀速率降低，与通常认识的碳钢腐蚀规律类似。13Cr 在 140℃ 以下为轻度腐蚀。超级 13Cr 在 200℃ 工况下接近轻微腐蚀速率边界（0.125mm/a）。镍基合金、双相不锈钢、钛合金腐蚀轻微。所有材质均未发生点蚀。

（3）生产套管工况环空保护液腐蚀实验

实验条件设定为 180℃、CO_2 分压 10MPa，H_2S 分压 2kPa，甲酸钾加重至 1.25g/cm³，实验结果如表 5 所示。

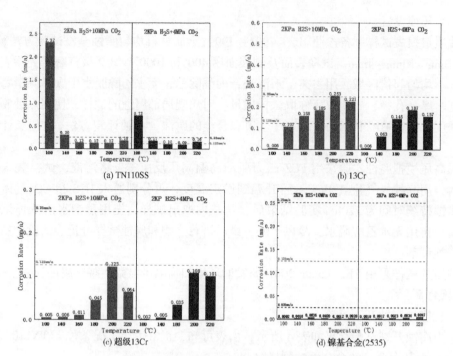

图4 油管工况均匀腐蚀失重实验结果

表5 生产套管工况环空保护液腐蚀实验结果

试 验 条 件		材料	均匀腐蚀速率/(mm/a)	最深点蚀/μm	点蚀速率/(mm/a)
环空 空白实验	气相	TN110S	0.688	78.288	4.082
		13Cr	0.132	7.1652	0.374
		S13Cr	0.015	12.474	0.650
	液相	TN110S	1.165	29.534	1.540
		13Cr	2.927	123.12	6.420
		S13Cr	2.035	35.202	1.836
缓蚀剂1 4%PF-CA101+ 0.2%PF-OSY	气相	TN110S	0.021	16.867	0.880
		13Cr	0.014	4.655	0.243
		S13Cr	0.006	7.385	0.385
	液相	TN110S	0.185	16.087	0.839
		13Cr	0.275	9.8126	0.512
		S13Cr	0.133	11.886	0.620
缓蚀剂2 6%PF-CA101+ 0.2%PF-OSY	气相	TN110S	0.026	14.584	0.760
		13Cr	0.024	10.759	0.561
		S13Cr	0.010	4.0852	0.213
	液相	TN110S	0.176	27.737	1.446
		13Cr	0.664	18.312	0.955
		S13Cr	0.257	10.735	0.560

试 验 条 件		材料	均匀腐蚀速率/（mm/a）	最深点蚀/μm	点蚀速率/（mm/a）
缓蚀剂 3 6%ZH-BM	气相	TN110S	0.016	0	0
		13Cr	0.025	11.368	0.593
		S13Cr	0.010	0	0
	液相	TN110S	0.116	0	0
		13Cr	2.456	107.575	5.610
		S13Cr	1.966	93.570	4.879
缓蚀剂 4 6%ZH-BM-3	液相	TN110S	0.227	0	0
		13Cr	0.222	0	0
		S13Cr	0.097	0	0

由实验结果可知，高温条件下由于甲酸钾高温腐蚀性较强，无缓蚀剂条件下几种备选管材的腐蚀速率均超过标准要求。目前已优选出了两种缓蚀剂，分别对 TN110SS 或 S13Cr 有较好的作用，尚未配制、优选出普适性的缓蚀剂。

5　井下管柱防腐设计

考虑采用对 TN110SS 友好的缓蚀剂，环空通过环空保护液防腐。井下防腐设计如图 5 所示，油管采用超级 13Cr 与镍基合金组合防腐，套管/尾管采用 TN110SS 与镍基合金组合防腐。

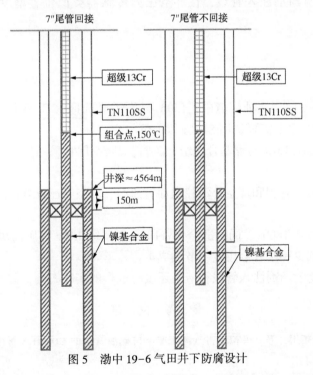

图 5　渤中 19-6 气田井下防腐设计

6　风险及应对措施

6.1　风险分析

高温气井面对的主要风险是生产封隔器泄漏导致环空带压、生产套管腐蚀环境加剧。

考虑 CO_2/H_2S 分压比 >500，为 CO_2 控制腐蚀区间，根据 Q/HS 14015—2018 预测 TN110SS(相当于 1Cr)年腐蚀速率如表6所示。

表6 环空带压工况腐蚀预测

条 件	CO_2分压/MPa	温度/℃	年腐蚀速率/(mm/a)
控制环空压力为 14.7MPa，环空液位下降 ≤1000m	2.1565	87	0.18794
	2.1565	123	0.17229
控制环空压力为 30MPa，环空液位下降 ≤2535.07m	4.401	87	0.2795
	4.401	123	0.25624
控制环空压力为 7.02MPa，环空液位下降 ≤237.07m	1.03	87	0.12458

6.2 风险应对措施

（1）控制环空压力

a）控制环空压力为 7.02MPa，则生产套管腐蚀可控。

b）控制环空压力为 14.7MPa，腐蚀到套管安全壁厚(12.5%)需要 6.89a。

c）控制环空压力为 30MPa，腐蚀到套管安全壁厚需要 4.63a。

（2）检测/监测环空带压井的环空液位，及时补液

利用现有技术可通过生产翼阀进行环空液位检测和补液，可以在采油树上增设专门的环空补液阀和预置化学药剂注入管线，在环空压力传感器类似位置增设自动环空液位监测装置。

7 结语与展望

7.1 结语

（1）在渤中 19-6 气田腐蚀环境中，150℃以下需要选择 13Cr 管材，150~180℃需要选用 S13Cr 管材，180℃以上需要选用 S17Cr 以上管材。

（2）油管采用超级 13Cr 与镍基合金组合防腐，套管/尾管采用 TN110SS 与镍基合金组合防腐。

（3）通过环空压力管理和环空补液控制油管泄漏、环空带压导致的腐蚀加剧风险。

7.2 展望

（1）研选更多适合 180℃、同时适合 TN110SS 和超级 13Cr 材质的缓蚀剂，评价缓蚀剂的长期稳定性，以减少镍基合金用量，节约成本。

（2）通过环空化学药剂注入管线补液，还没有成熟的实践案例，需要进一步论证。

参 考 文 献

[1] 尹志福，张永强，拓川，等．模拟下古气藏工况下抗硫油管钢的 CO_2/H_2S 腐蚀行为[J].材料保护，2017，50(11)：9-13.

[2] 王树涛，郑新艳，李明志，等．抗硫套管钢 P110SS 在高含 H_2S/CO_2 条件下的硫化物应力腐蚀破裂敏感性[J].腐蚀与防护，2013，34(3)：189-192.

[3] 张骁勇，张萌，王吉喆．X80 管线钢在高矿化度油田采出液中的腐蚀行为[J].腐蚀科学与防护技术，2019，31(03)：272-278.

[4] 张奎林, 张瑞, 马兰荣, 等. 温度对镍基合金718在高含H_2S/CO_2环境下应力腐蚀行为的影响[J]. 材料保护, 2018, 51(04): 35-38.

[5] 李同同, 王圣虹, 李强, 等. 高CO_2分压下井筒温度对井下工具用钢腐蚀行为的影响[J]. 石油化工腐蚀与防护, 2017, 34(06): 1-4.

[6] 张瑞, 李夯, 李大朋, 等. 高温高酸性环境下镍基合金718与异种金属偶接的电偶腐蚀行为[J]. 材料保护, 2017, 50(06): 27-30.

[7] 李冬梅, 龙武, 邹宁. 低H_2S、高CO_2超深井环境中P110SS抗硫钢的腐蚀行为[J]. 表面技术, 2016, 45(07): 102-108.

[8] 冯桓榰, 邢希金, 谢仁军, 等. 高CO_2分压环境超级13Cr的腐蚀行为[J]. 表面技术, 2016, 45(05): 72-78.

[9] 裴智超, 赵志宏, 叶正荣, 等. BG90SS钢在湿气和溶液介质中的H_2S/CO_2腐蚀行为[J]. 腐蚀科学与防护技术, 2013, 25(4): 297-302.

[10] 冯桓榰, 邢希金, 谷林, 等. 高温高压高含硫气井T95技术套管腐蚀实验研究[J]. 表面技术, 2018, 47(12): 21-29.

[11] 吕祥鸿, 赵国仙. 油套管材质与腐蚀防护[M]. 北京: 石油工业出版社, 2015: 42-43.

[12] 张智, 郑钰山, 李晶, 等. 含CO_2甲酸盐完井液中超级13Cr不锈钢的局部腐蚀性能[J]. 材料保护, 2018, 51(08): 26-31.

[13] 李渭亮, 张慧娟, 杜春朝, 等. CO_2渗入对C110管柱在甲酸盐完井液中腐蚀行为的影响[J]. 材料保护, 2018, 51(10): 47-49.

[14] 杨向同, 肖伟伟, 刘洪涛, 等. 甲酸盐对套管/油管腐蚀速率评价方法与影响因素[J]. 钻井液与完井液, 2016, 33(06): 51-57.

[15] 任建勋, 袁宗明, 贺三, 等. 气体分压比对20#钢在H_2S/CO_2环境中腐蚀的影响[J]. 腐蚀与防护, 2013, 34(8): 706-708.

[16] 隋义勇, 孙建波, 孙冲, 等. 温度和CO_2/H_2S分压比对BG90SS钢管腐蚀行为的影响[J]. 材料热处理学报, 2014, 35(S2): 102-106.

[17] 冯桓榰, 邢希金, 闫伟. 中国海上油套管CO_2分段腐蚀预测模型研究[J]. 石油机械, 2015, 43(8): 87-92.

作者简介: 幸雪松(1978—), 硕士, 高级工程师, 主要研究方向为海上油气田钻完井技术。E-mail: xingxs@ cnooc. com. cn。

近海石油设施腐蚀分析与对策

龚 俊

(中国石化胜利油田分公司海洋采油厂)

摘 要 近海石油设施所处环境为盐雾潮湿环境,随着生产时间的延长,许多流程、储罐,壁厚逐渐变薄,到一定程度时,如不及时防护,在内部压力或外部轻微撞击的作用下甚至会发生泄漏事故。通过对腐蚀机理进行分析,进而提出有针对性防护措施,减缓腐蚀速度,可以有效保障近海石油设施安全生产。

关键词 近海;石油设施;腐蚀;机理;防护

1 引言

近海条件下,包括海上生产设施和陆岸终端,所处环境为盐雾、潮湿,石油生产设施多采用钢制材质,由于长期处于海洋环境中,工作环境、湿度、温度及海风等因素都会对其造成腐蚀的危害。许多流程、储罐,由于氧化、内部腐蚀等原因,壁厚逐渐变薄,到一定程度时,在内部压力或外部轻微撞击的作用下会发生穿孔泄漏事故,危及安全清洁生产及运行与施工人员的生命安全。设备材料在海洋大气环境中的腐蚀是在沙漠环境中的 100 ~ 150 倍。本文对近海石油设施的腐蚀原因进行了分析,以期为在类似环境中服役设备的设计、安全运行及日常管理提供参考。

2 近海石油设施腐蚀情况

2.1 储罐腐蚀情况

某陆岸站库,原油储罐采用 Q345 钢,外部采用环氧富锌漆防腐,离心玻璃棉保温(见图 1)。1#原油沉降罐运行 5 年出现穿孔、2#原油沉降罐运行 8 年出现穿孔(见图 2),同时储罐外保温整体锈蚀严重,存在原油泄漏风险。

图 1 罐外观

图 2 罐壁穿孔图

储罐加强圈北侧外露边缘板腐蚀分层,加强圈上部壁板存在 1 ~ 2mm 密集点蚀,顶板外防腐层局部脱落(见图 3),密集的点蚀最大深度不得大于原始厚度的 10%。

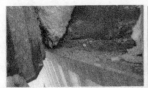  

图 3　加强圈腐蚀情况

2.2　分离器保温层下腐蚀

某三相分离器材质为 Q345R 钢板，壁厚 16mm，管道内介质温度为 60℃，压力为 0.2MPa。采用保温岩棉加不锈钢外壳作为保温层。服役 10 年后，更换保温层施工时发现管道表面出现大面积锈蚀。

设备外表面出现肉眼可见的严重锈蚀。最宽锈蚀部位达到 1m² 左右，大面积的沿流锈蚀存在于顶部格栅支撑处，最高减薄率达到 58%，其他部位以点蚀、坑蚀一般攻击磨蚀为主（见图 4）。

   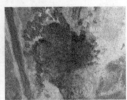

图 4　分离器保温层下腐蚀情况

2.3　登陆管线

某登陆管线，采用 20# 钢，壁厚 9mm，输送含水原油，介质温度 60℃，黄夹克保温，在登陆处，接管点，出现片状腐蚀和点蚀（见图 5）。

图 5　登陆管线腐蚀情况

陆地埋地段，在焊缝处出现点蚀（见图 6）。

图 6　陆地埋地管线腐蚀情况

2.4 设施外腐蚀

海上生产设备采用碳钢部件。原平台的甲板、栏杆采用普通碳钢材质加防锈涂层的办法进行防腐,栈桥、上部组块、平台上非保温管线、阀门支座及附属构件的外壁上还是基本采用2遍铁红防锈底漆加4遍橘红面漆的处理办法,对甲板采用2遍甲板绿处理。暴露于阳光、风、盐雾及雨水中的部分,主要包括栈桥、甲板、上部组块、平台上保温管线、阀门支座及附属构件及配电间,普遍存在腐蚀情况(见图7)。

图7 海上平台工艺流程腐蚀情况

3 腐蚀机理分析

3.1 海洋环境特征

3.1.1 大气区

是指暴露于阳光、风、盐雾及雨水中的部分。主要包括栈桥、甲板、上部组块、平台上保温管线、阀门支座及附属构件及配电间。由于海盐(特别是氯化钙和氯化镁)很容易吸水潮解,所以在金属表面形成一层导电性良好的薄薄的液膜,导致了电化学腐蚀。大气区腐蚀速度取决于空气湿度、降水量、温度、各种污染杂质和水的聚集状态。

3.1.2 潮溅区

是指受潮汐、风和波浪的影响,平台结构处于干湿交替的区间,主要包括水上基盘导管架腿、拉杆、支撑、防沉板、抗冰隔水管及附件,管线支吊架及附属构件。潮溅区指由于受潮汐、风和波浪的影响,平台结构处于干湿交替的区间,平台桩腿钢表面由于在潮溅区经常与充气良好的海水接触,使紧贴桩腿表面上的液膜长期保持,氧的浓度高,由于氧是良好的去极化剂,形成了氧去极化电化学腐蚀。而且,由于风浪的影响、冬季浮冰的冲击,导致了严重的腐蚀。

3.2 根据腐蚀机理划分

3.2.1 化学腐蚀

金属表面与非电解质直接发生纯化学作用而引起的破坏,特点是金属表面的原子与非电解质中氧化剂直接发生氧化还原反应,形成腐蚀产物,而没有产生电流。高温气体中的硫腐蚀和高温氧化反应均属于化学腐蚀。

3.2.2 电化学腐蚀

金属表面与离子导电的介质发生电化学反应而引起的破坏,其特点会伴随着电流的产生。是最常见的腐蚀,例如金属在大气、海水、土壤和各种电解质溶液的腐蚀。

3.2.3　物理腐蚀

指单纯的物理溶解发生的破坏，其特点是当低熔点的金属熔入到金属中，会对金属产生"割裂"作用，在受力时优先断裂，形成裂纹源，这种腐蚀在工程中并不多见。

3.3　根据腐蚀形态划分

3.3.1　均匀腐蚀

特点是腐蚀均匀的发生在金属表面，大多数化学腐蚀都属于均匀腐蚀，是危害最小的一种腐蚀。SH 3059 中规定：腐蚀速率<0.5mm/a 为充分耐腐蚀；0.05～0.1mm/a 为耐腐蚀；0.1～0.5mm/a 为尚耐腐蚀；>0.5mm/a 为不耐腐蚀。

3.3.2　局部腐蚀

特点是腐蚀发生在金属材料的特定区域，危害远大于均匀腐蚀，因为均匀腐蚀容易发觉，进而防护，而局部腐蚀不易发觉，分为：电偶腐蚀、点腐蚀、缝隙腐蚀和晶间腐蚀。

3.3.3　应力腐蚀

特点是在应力和腐蚀介质共同作用下产生的破坏，与局部腐蚀一样，不易发觉，危害性较大，分为：应力腐蚀、氢损伤、腐蚀疲劳、磨损腐蚀。

3.4　具体腐蚀因素分析

3.4.1　海底管道腐蚀

海底管道腐蚀类型以外腐蚀为主，腐蚀方向为由外壁至内壁。外腐蚀主要发生在涂层剥落区域且呈均匀腐蚀形貌，外防腐涂层完好区域无显著腐蚀。外壁腐蚀产物显示以氧腐蚀为主，说明大气腐蚀是影响管道外腐蚀的主要因素，属于电化学腐蚀。

3.4.2　工艺流程腐蚀

海洋平台生产设施工艺流程主要是指油水输送管道，在潮湿、盐雾环境下，由于材料工艺原因不能耐受强腐蚀性环境，且以前大范围采用的盐棉保温方式因下雨存水导致管线锈蚀严重。造成海上平台设备设施腐蚀的原因是多方面的，分析认为影响制约平台腐蚀的关键点有二：设备材质及防腐工艺。

影响因素中的材质要素最为重要，目前海上生产设备中除部分重要设备、关键点采用不锈钢材质的部件外，其他部件均采用碳钢部件。原平台的甲板、栏杆采用普通碳钢材质加防锈涂层的办法进行防腐，效果较差，目前采用表层镀锌钢管，效果较为理想。

影响因素中的防腐工艺为：目前海上设备设施最常用的防腐方法就是除锈刷漆。即在新投产的平台栈桥、上部组块、平台上非保温管线、阀门支座及附属构件的外壁上是基本采用 2 遍铁红防锈底漆加 4 遍橘红面漆的处理办法，对甲板采用 2 遍甲板绿进行防腐处理。在老平台的日常维护保养工作中，采用直接在除掉锈的甲板上进行 1 遍防锈+2 遍甲板绿的防护处理。另外，针对海水电化学腐蚀，平台主要采用牺牲阳极的方法。

3.4.3　保温层下的腐蚀

保温层下腐蚀，是指在金属设备表面覆盖保温层下面产生的一种腐蚀情况，是水、污染物以及温度共同作用的结果。保温层下的水主要来自两个方面：①外界的水渗透及冷凝。由于外界保护材料的设计缺陷、安装施工差、机械损伤、疏于维护等原因，都会使水汽进入保温层。②保温层内蒸汽也是水的一大来源，同时，当金属表面温度低于环境露点温度是，水汽也会凝结在金属表面。导致保温层下腐蚀的主要污染物有氯化物和硫酸盐等，污染物来自外部环境和保温材料，保温层所用的材料含有大量的无机盐（如硫酸盐、氯化物和氟化物等），无机盐在水中大多有较高的可溶性，能增加水的电导率及腐蚀性。金属盐的水解会引起阳极区的 pH 值降低而导致局部腐蚀。金属表面和保温材料间形成的薄层电解质溶液，为电化学腐蚀创造了必要条件。罐底处最低点，易产生雨水易积存，形成电化学腐蚀。

$$H_2S \longrightarrow H^+ + HS^-$$
$$Fe + 2H^+ \longrightarrow Fe^{2+} + H_2 \uparrow$$
$$Fe \longrightarrow Fe^{2+} + 2e^-$$
$$O_2 + 2H_2O + 4e^- \longrightarrow 4OH^-$$

加之水膜薄、容易扩散，耗氧腐蚀起主导作用。则罐壁腐蚀后，产生 $Fe(OH)_3$、Fe_2O_3，此两种物质较为疏松，不能对储罐起到支撑和保护作用，长年累月致使罐壁不断减薄，甚至出现腐蚀深坑导致罐内介质泄漏。

$$Fe + O_2 + H_2O \longrightarrow Fe(OH)_2 \longrightarrow Fe(OH)_3 \longrightarrow Fe_2O_3 + H_2O$$

水分是发生保温层下的最根本原因，保温层会造成一个高温高湿的密闭环境，在保温材料及外防护层安装后的使用过程中，由于安装、操作、性能或外界因素造成外防护层的破损，导致雨水或冷凝水在保温材料和基体金属间局部区域形成腐蚀环境，腐蚀杂质和保温材料形成很强的电解质溶液，引发强烈的腐蚀反应，形成点蚀。保温层内各种水汽富集形成流道，是导致罐体出现片状的腐蚀的原因。

3.4.4 金属漆膜腐蚀机理

在现场经过测量可以知道，金属表面会形成液膜，这种液膜主要是由雨水、清罐及大气中水汽共同组成的。当漆膜处在能够浸水的条件时候，就会吸收水分而发生膨胀，最终产生鼓泡；如果有的漆膜发生了破裂，就会使漆膜下面的金属接触到大气，与水膜一起对金属构成湿大气腐蚀、潮大气腐蚀，或者是干大气腐蚀

3.4.5 热膨胀系数不一致

三相分离器现有高温涂料，由于热膨胀系数与钢铁不同，经历热循环往往会导致涂层内应力的增加，造成防腐涂层失效。

3.4.6 腐蚀速度影响因素

腐蚀介质的浓度、氧含量及温度都会影响腐蚀速率。最容易发生腐蚀的温度范围是 $-4 \sim 175℃$；当温度低于 $-4℃$ 时，一般没有腐蚀；而在温度高于 $175℃$ 时，金属表面温度足够保持其干燥，也很少发生腐蚀，但温度越高，水汽停留在碳钢表面的时间就越短；但是温度越高，越会加速腐蚀速度，并降低防护涂料、黏结剂、胶黏剂的使用寿命。在达到水的沸点之前，温度每升高 $15 \sim 20℃$，腐蚀速率就会增加一倍。周期性的温度变化，会导致腐蚀介质的不断浓缩和聚积，加剧了该区域的腐蚀。

4 改进对策

（1）优选材质。在考克等多动部件上采用不锈钢部件，增强抗腐蚀的本质安全性。

（2）优选防护材料。外防护层能有效阻止或阻挡外部水分及腐蚀介质的进入。外防护层有金属和非金属两大类，外防护层选择需要综合考虑成本、环境腐蚀性及操作温度等因素。工业应用最广泛的金属防护层有镀铝、镀铝锌、铝皮和不锈钢。在海洋性气候条件下，空气相对湿度大，空气中盐分含量较高，保温层下腐蚀较严重。工程实践表明，碳钢镀铝锌在海洋性气候条件下抗腐蚀性能较好。保温选用吸水性弱、含水量小、干燥快的中性化（或添加疏水剂）保温材料进行保温，对外保温壳采用防潮防淋措施。

（3）对设施进行整体防腐，防护涂层要具有防腐蚀性、抗氧化性、耐热性以及热循环抗

性。其中热喷铝涂层能有效预防碳钢的腐蚀，但成本较高，有机硅锌或者陶瓷粉类耐热防腐涂料也可进行选择。在整个流程上并采用电极保护。以牺牲阳极阴极保护法作为平台、海管保护的重要措施实施到位。对阴极保护电位来说，存在着最佳保护电位。不同的阴极保护规范，保护标准往往不完全相同。

（4）对保温层损坏、锈蚀严重的及时修复，锈蚀严重点补强，大片锈蚀区域使用碳纤维覆盖补强。对腐蚀率超过 20% 的管线应考虑予以更换。

（5）对平台管线流程要有计划的、定期的、随机的进线检测与监测。平台大气区及潮溅区的检测包括：对防腐层进行目测和对裂痕等进行仔细的非破坏性检测，全浸区的检测在专用工作船上，利用遥控潜水器和聘任的潜水员分别进行一般的目测和详细的无损伤检查。遥控潜水器可以对整个结构明显的损伤、结构异常和腐蚀进行扫描。在预选区进行保护电位测定及阳极损耗的目测，进行超声波厚度检测。而海底管线的定期检测则更是有着严格而又高技术含量的规范要求。

参 考 文 献

[1] 徐学武. 海底油气管道内腐蚀分析与防护[J]. 腐蚀与防护，2014，0(5)：500-504.
[2] 李青. 耐腐蚀材料的寿命预测与可靠性评价[J]. 腐蚀与防护，1988(6).
[3] 刘云峰，朱浩宇，盘辰琳，等. 海上油气田防腐措施研究现状[J]. 全面腐蚀控制，2017，31(7)：72-75.
[4] 孟祥英，牛震. 碳钢材料保温层下腐蚀及保护措施研究[J]. 现代盐化工，2018，45(1)：4344.
[5] 吕晓亮，唐建群，巩建鸣，等. 保温层下腐蚀防护的研究现状[J]. 腐蚀科学与防护技术，2014，26(2)：167-172.

作者简介： 龚俊，男，毕业于西安石油学院，硕士，现工作于中国石化胜利油田分公司海洋采油厂，首席专家。通讯地址：山东省东营市河口区仙河镇海洋采油厂，邮编：257237。联系电话：0546-8585837，E-mail：gongjun. slyt@ sinopec. com。

埋地管道非开挖内正负压翻衬复合软管防腐补强修复技术

姜洪波

（廊坊市威固环境科技有限公司）

摘　要　管道修复技术是一项系统工程。管道内衬修复技术在我国石油天然气老旧管网，城气天然气管网改造中起到重要作用。

关键词　管道；翻衬；修复

管道修复技术是集管道寻线定位、管道清洗、管道内穿插、管道修复质量检测等一项系统工程。该技术可对 $\phi48 \sim 600$mm 的油、水、气及采暖管线进行修复，一次修复长度 $200 \sim 800$m，创国内领先水平。与更换新管线比可降低工程成本，修复后的管道可提高输液量 $5\% \sim 10\%$，由于内衬材料是非金属材料，是非对称分子结构，所以可以大大缓解管道的结垢，寿命可延长 20 年以上，实现绿色环保高效的目标。从 2008 年起先后在大庆油田、吉林油田、长庆油田、辽河油田、华北油田、新疆油田、胜利油田、大庆市政消防管道、黑河市给排水管道等推广应用，取得了巨大的经济效益和社会效益。

1　软管结构与复合软管样品

软管结构见图 1，复合软管样品见图 2。

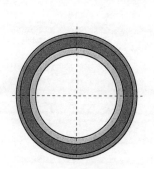

图 1　软管结构　　　　　图 2　复合软管样品

2　复合软管试验

复合软管试验见图 3。过弯实验见图 4。

3　管道内正压翻衬复合软管作业机及翻衬现场

管道内正压翻衬复合软管作业机及翻衬现场见图 5。

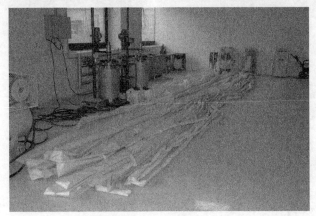

图 3 复合软管试验

图 4 过弯试验

4 管道内负压翻衬复合软管原理及应用现场

负压翻衬软管结构示意图见图 6。

图 5　管道内正压翻衬复合软管作业机及翻衬现场

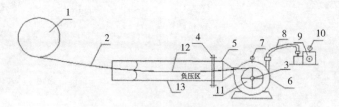

图 6　负压翻衬软管结构示意图

1—软管盘；2—带胶软管；3—轴体；4—盲法兰；5—连接件；6—助力绳缠绕器；

7—真空表Ⅰ；8—连接管；9—真空泵；10—真空表Ⅱ；11—手轮；12—助力绳；13—被修管道

管道内负压翻衬复合软管及应用现场见图7。

5　复合软管修复技术施工工序

复合软管修复技术施工工序见图8。

图7　管道内负压翻衬复合软管及应用现场

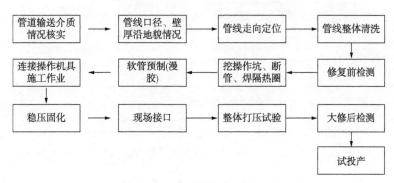

图8　复合软管修复技术施工工序

该技术由软管配方及结构、专用胶配方、软管内衬机具及工艺等8项核心技术构成。该技术解决了内衬复合软管结构和制造工艺，自主研发了一系列配套的管道内衬修复施工机具，形成了系统的管道不开挖长距离内衬修复专利技术。关键技术处于国内外领先水平。

复合软管结构可根据用户的要求来设计，一般有1.0MPa、1.6MPa、5.0MPa、10MPa四个压力等级。复合软管的覆膜层可根据介质属性，温度选择不同的材料，一般有改性PVC、PE、TPU、EPDM等材料，以满足用户要求。

复合软管即有一定的承压能力，又具备很强的抗腐蚀能力，所以，钢质管道内衬复合软管修复后，对旧管道的使用可提高一个等级（管道腐蚀状况按SY/T 0087.1—2006标准评定为五个等级）。

该技术具有以下优点：

（1）修复质量好：内衬里层连续完整，修复后的管道寿命可延长使用20年以上。

（2）施工周期短：一次翻衬距离可达800m。

（3）修复成本低：与更换新管线比可降低工程成本。

（4）提高输液量5%~10%。

（5）具有突出的防结垢性（对输送聚合物的管线效果更佳）一次性解决防腐问题，降低管线运营成本。

（6）适用范围广：可适用于φ48mm以上各种口径不同输送介质，温度为-30~120℃的管道内衬修复，适用油气田管网内衬修复以及城市管网及非金属管网内衬修复。

（7）由于软管带胶与钢管具有一定的黏接强度，并且与钢管线涨系数接近，所以热胀冷缩不脱层，不断裂。

（8）软管翻衬修复时作业面小，减少征地，对环境扰动小。

（9）软管翻衬作业时可安全通过 4D 以上弯头，修复效率高。

管道修复技术工艺所用设备、技术、材料都做到国产化，大大降低了修复成本，并且工艺方面有很多优于国外技术，更重要的是大大降低了修复成本，在我国石油天然老旧管网、城市燃气管网改造中会起到重要的推动作用。

作者简介：姜洪波（1968—），现工作于廊坊市威固环境科技有限公司，总经理，管道防腐专业。联系电话：18633753666，E-mail：1609619781@qq.com。

长效耐高温固体缓蚀剂的制备及性能研究

刘冬梅[1]　杨康[2]　石鑫[1]　张江江[1]　魏晓静[1]　高多龙[1]　闻小虎[1]

(1. 中国石油化工股份有限公司西北油田分公司石油工程技术研究院；
2. 中国石油化工股份有限公司西北油田分公司石油工程监督中心)

摘　要　针对现有缓蚀剂不满足170℃高温环境下耐温、在金属表面强附着的性能要求，通过提高缓蚀剂分子活性官能团键能，提高吸附位点数，同时提升耐温性和附着力，获得了适用于顺北油区腐蚀环境的耐高温缓蚀剂，缓蚀率可达到85%以上。研制了具有多孔、包覆隔热结构的耐温填充剂和分子断链可控的有机黏结剂，提升了液体缓蚀剂的负载量，降低了药剂的释放速度，建立了通过涂膜工艺控制固体缓蚀剂释放以延长固体缓蚀剂的作用有效期的方法，形成了耐高温固体缓蚀剂的制备方法。

关键词　高矿化度；耐高温固体缓蚀剂；制备；缓蚀性能

前言

在油气田开发过程中一直存在着井下管柱的腐蚀问题，CO_2/H_2S溶于水中易造成管柱及设备的严重腐蚀，从而带来严峻的安全问题并造成巨大的经济损失。随着深层和超深层油田的开发，高温井下环境更加普遍，例如塔河油田、顺北油田的地层温度可达到 $140 \sim 170℃$。由于在高温条件下缓蚀剂难以在钢材表面成膜，常用缓蚀剂对温度高于100℃的井筒腐蚀抑制作用较差。Huey 等研究发现，在65.6℃下，$100mg \cdot L^{-1}$的咪唑啉型缓蚀剂和酰胺型缓蚀剂的缓蚀率都可以达到95%以上，但在148.9℃的高温条件下，咪唑啉型缓蚀剂的缓蚀率仅为38%，而酰胺型缓蚀剂的缓蚀率为72%。只有在两种缓蚀剂的使用浓度达到 $1000mg \cdot L^{-1}$，在148.9℃下缓蚀率才能达到90%。张宇等合成了壳聚糖衍生物缓蚀剂，在质量浓度为 $100mg \cdot L^{-1}$时，在140℃下对P110钢片的缓蚀率可达到85.62%。

在高温条件下，缓蚀剂分子因热运动加剧，难以在油管钢材表面吸附成膜，而且高温更会使缓蚀剂分子因分解而失效。针对现有缓蚀剂不满足170℃高温环境下耐温、在金属表面强附着的性能要求，通过提高缓蚀剂分子活性官能团键能，提高吸附位点数，同时提升耐温性和附着力，攻关形成了耐温可调、密度可调、释放可调、保护周期可调的耐温170℃的耐高温固体缓蚀剂，对顺北井下系统防腐和经济防腐具有重要意义。

1　实验部分

1.1　实验材料

氯化钠，碳酸氢钠，无水碳酸钠，无水硫酸钠，无水氯化钙，六水合氯化镁，氯化钾等，均为分析纯，购于国药集团化学试剂有限公司；缓蚀剂、黏结剂等，自制或购买。实验所用腐蚀介质为模拟油田矿化水；实验钢片为 Q235 钢，规格为 50mm×25mm×2mm。

1.2 实验方法

1.2.1 失重法缓蚀性能测试

缓蚀剂的缓蚀性能参考标准 SY/T 5273—2014《油田采出水处理用缓蚀剂性能指标及评价方法》采用失重法评价。将挂片依次用 500 目、1000 目、1500 目金相砂纸进行打磨，再依次用石油醚、无水乙醇洗净烘干并称重后备用。将含有一定浓度缓蚀剂的模拟油田矿化水倒入到高温高压反应釜中，确定挂片器紧固后密封。向反应釜中通入 CO_2/H_2S 至分压达到 2MPa/1MPa，然后加压加热至设定总压和温度。腐蚀结束后，首先用软毛刷及清水简单处理表面易脱落的腐蚀产物，然后将钢片放入配制好的稀酸洗液中 3min 以确保完全处理掉腐蚀产物。用蒸馏水冲洗掉钢片表面的残余酸洗液，并用无水乙醇脱水。将钢片干烘后称量质量损失。根据公式(1)~(3)计算腐蚀速率和缓蚀率评价缓蚀剂的缓蚀性能。

$$v_c = \frac{10000 \times (m_0 - m_1)}{A \times t} \tag{1}$$

式中 v_c——腐蚀速率，$g \cdot m^{-2} \cdot h^{-1}$；

 m_0、m_1——分别为实验前后钢片质量，g；

 A——钢片表面积，cm^2；

 t——腐蚀时间，h。

$$v_L = \frac{10 \times (v_c \times 24 \times 365)}{(100 \times 100 \times \rho)} \tag{2}$$

式中 v_L——腐蚀速度的深度指标，mm/a；

 v_c——腐蚀速度的质量指标，$g/(m^2 \cdot h)$；

 ρ——金属的密度，g/cm^3。

$$\eta = \left(\frac{v_c^{blank} - v_c^{inhib}}{v_c^{blank}}\right) \times 100\% \tag{3}$$

式中 η——缓蚀率，%；

 v_c^{blank}、v_c^{inhib}——未加和加入缓蚀剂的腐蚀速率，$g \cdot m^{-2} \cdot h^{-1}$。

1.2.2 溶出速率评价方法

利用称重法评价缓蚀剂的溶出速率。将制备好的固体缓蚀剂烘干称重，记录质量 m_0，将固体缓蚀剂放入盛有模拟地层水中浸泡，每一定时间(如 12h 或 24h)更换一次水。浸泡完毕后将缓蚀剂放入 80℃烘箱中烘干。称量烘干后的固体缓蚀剂的质量 m。则缓蚀剂溶出质量为 $\Delta m = m - m_0$，用一定时间内质量损失比 $\Delta m/m_0$ 来表征缓蚀剂的溶出速率。质量损失比越大，缓蚀剂溶出速率越快。

2 耐高温固体缓蚀剂制备及性能评价

2.1 耐高温液体缓蚀剂的缓蚀性能

目前常用缓蚀剂对温度高于 130℃的井筒腐蚀抑制作用较差。要在高温条件下获得具有良好缓蚀性能的缓蚀剂，需要设计耐高温稳定性、强吸附成膜性的缓蚀剂分子结构。基于这样的耐高温缓蚀剂优选方法，以咪唑类缓蚀剂作为优选方向，设计缓蚀剂的分子结构，通过逐渐添加官能团，对比各种分子结构与金属的相互作用和作用参数。在咪唑的结构基础上，引入苯环可以增强分子结构中电子的离域结构，增强了 C-N 单键的键能，提高了分子耐温性，在此基础上继续引入羟基则可以有效地增强分子与金属表面的结合能。另一类可能具有多位点吸附和良好高温稳定性的缓蚀剂分子结构为以三嗪环作为基础的缓蚀剂。三嗪环其杂环具有 3 个 N 原子，稳定性要强于苯环结构，而且可发生多种途径的反应制备具有至少 3 个等同吸附点个数的缓蚀剂分子，可以在 Fe 表面形成多位点吸附，大大增加了缓蚀剂的吸附性能，因而能更好地吸附成膜。

基于上述分析，选择含羟基的苯丙咪唑型缓蚀剂、三嗪型缓蚀剂作为耐高温缓蚀剂的主体缓蚀剂，在模拟顺北腐蚀环境下，测试了多种具有上述分子结构特征的缓蚀剂的缓蚀效果。实验结果表明，咪唑啉型缓蚀剂 ZL003、ZL005 和三嗪型缓蚀剂 SQ008 具有良好的缓蚀性能，缓蚀率可以达到 80% 以上(见表 1)。

表 1　耐高温缓蚀剂的缓蚀效果

缓蚀剂或空白样	腐蚀速度/(g·m^{-2}·h^{-1})	腐蚀速度/(mm/a)	缓蚀率/%	试片表面状况
空白样	3.035	3.387		均匀腐蚀
ZL001	0.692	0.772	77.2	均匀腐蚀
ZL002	0.631	0.704	79.2	均匀腐蚀
ZL003	0.294	0.329	90.3	均匀腐蚀
ZL005	0.528	0.589	82.6	均匀腐蚀
SQ006	1.02	1.138	66.4	均匀腐蚀
SQ008	0.185	0.207	93.9	均匀腐蚀

2.2　耐高温固体缓蚀剂的制备

液体缓蚀剂在使用过程中存在许多不足，例如，油井中使用缓蚀剂需要连续加药，耗费的人力物力较大，加药成本高、难度大。而且，液体缓蚀剂还容易受到产出层的供液能力、动液面的波动大小等油井生产参数的影响，缓蚀效果不确定，且液体缓蚀剂难以加入到达井底而易黏附在油管和套管上。因此，在耐高温液体缓蚀剂的基础上，与黏结剂、加重剂、其他添加剂按照一定的配比制备了耐高温固体缓蚀剂。

在耐高温黏结剂优选方面，针对无机黏结剂容易泡散而造成缓蚀剂释放速度过快问题，经耐温稳定性评价实验优选出可耐温达到 200℃ 的有机黏合剂环氧树脂胶。利用有机黏结剂在高温环境分子链断裂原理，可根据工况需求调控释放速度，实现缓蚀剂缓释可控，延长释放周期。黏结剂在用量大于 10% 后，170℃ 时就可以维持稳定的药剂释放状态(见图 1)。

在填充剂优选方面，针对高温下缓蚀剂分子热运动速度显著增快使得释放速度将显著增加的问题，经负载量和溶出速度评价实验优选出具有多孔结构、包覆隔热功能的两种填充剂。多孔结构有利于提升缓蚀剂的负载量，包覆隔热作用能够降低热运动活度，两种结构都能够降低固体缓蚀剂的释放速率，实现长效释放。而且，通过控制两种填充剂的配比，可进

(a)　　　　　　(b)

图 1　环氧树脂黏合剂质量分数为 20% 时，
固体缓蚀剂样品在 170℃(a)、200℃(b)下
浸泡 24h 后的形态

一步调节对溶出速度的控制作用，当两者比例为1：1时，溶出速度最低。

对添加剂开展了攻关研究，优选了环保耐温的环糊精，β-环糊精内腔能够与缓蚀剂分子形成包合物，降低分子的热运动和相应的扩散速度，进而降低缓蚀剂的释放速度。从表2中可以看出，随着环糊精含量的增加，溶出速度降低，含量为6%时，溶出速度小于2g/d。

表2　添加剂含量与溶出速度关系评价数据表

环糊精含量/%	溶出速度/(g/d)	环糊精含量/%	溶出速度/(g/d)
1	6	6	1.99
2	5.5	7	2.01
3	4.3	8	2.01
4	4	9	2.03
5	2.5	10	2.02

(a)　　　　　　　　　　　　　　　　(b)

图2　固体缓蚀剂模具(a)和制备的固体缓蚀剂成品(b)

为了能够得到具有规则形状的固体缓蚀剂，设计了柱状固体缓蚀剂的制备模具(见图2)。实验内制备耐高温固体缓蚀剂一般是称取一定质量的各种填充剂于烧杯中，混合均匀后加入一定质量的缓蚀剂体系，搅拌均匀后待用。称取一定质量的黏合剂充分搅拌至混合胶液颜色均一后，称取一定质量配制好的胶液倒入盛有配制好的混合颗粒的烧杯中，搅拌使胶液与颗粒充分接触并混合均匀，将混合物装入模具中，加压成型后放入烘箱中在一定温度下(如80℃)固化12h，即可得到固体缓蚀剂。

2.3　耐高温固体缓蚀剂的性能评价与提升

按照一定组分配比制备固体缓蚀剂产品，对其各项基础性能进行了检测评价(见表3)，符合现场工况应用指标要求。

表3　固体缓蚀剂产品基本性能测试数据表

编　号	理化指标	理化性能	备　注
1	溶解速率	2~12g/d	可调节
2	外观	一般呈浅白色	随填充剂变化
3	密度	1.2~2.5g/cm³	随填充剂变化，也可调节至2.5~5g/cm³
4	乳化倾向	无	缓蚀剂浓度5000mg/L以下，60min可破乳
5	pH值	7	
6	有机氯含量	0	

制备 A、B、C、D 四种规格的药剂，分别为 56.2g、41.8g、19.8g、6.1g；170℃下 A、B 有效期最长，有效期约 15d(见图 3)。在不同温度下对固体缓蚀剂的有效期进行了评价，随着温度升高，缓蚀剂的有效期大幅缩短；控制固体缓蚀剂的溶解速度是亟待解决的关键问题。对固体缓蚀剂全周期使用情况进行检测，结果表明：溶解初期和溶解末期，缓蚀剂有效浓度低于设计浓度要求，出现两级问题，影响有效期(见图 3)。

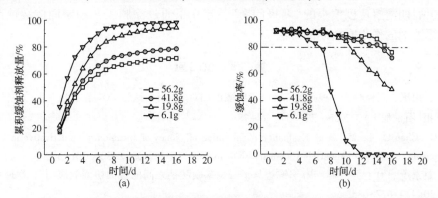

图 3   固体缓蚀剂防腐性能及保护周期测试数据图

通过在固体缓蚀剂表面涂膜，减小固体缓蚀剂的有效释放面积(见图 4)，降低初始释放浓度，以保证在释放后期固体缓蚀剂中存留的缓蚀剂总量更大，在后期释放出的缓蚀剂浓度仍能够在有效抑制浓度以上，进而延长固体缓蚀剂的有效作用期。在 170℃下，覆膜后固体缓蚀剂有效期约 55d，比涂膜前延长超过 45d(见图 5)。

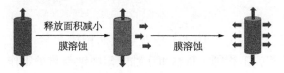

图 4   覆膜法延长保护周期原理图

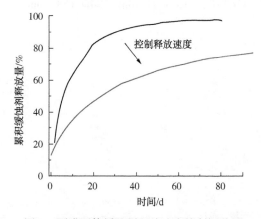

图 5   覆膜固体缓蚀剂释放速度控制评价图

3   结语

(1) 在耐高温缓蚀剂研发方面，通过提高分子活性官能团键能，提高吸附位点数，同时提升耐温性和附着力，获得了适用于顺北油区 170℃高温环境下的耐高温缓蚀剂，缓蚀率可达到 85%以上。

（2）在耐高温固体缓蚀剂研发方面，研制了具有多孔、包覆隔热结构的耐温填充剂和分子断链可控的有机黏结剂，提升了液体缓蚀剂的负载量，降低了药剂的释放速度，延长了释放周期，形成了耐高温固体缓蚀剂的制备方法。

（3）在耐高温固体缓蚀剂缓释性能控制方法研究方面，针对制备的固体缓蚀剂前期溶解速度偏大、后期溶解速度偏小的"两极问题"，建立了通过涂膜工艺控制固体缓蚀剂释放以延长固体缓蚀剂的作用有效期的方法。

参 考 文 献

[1] 王业飞，由庆，赵福麟. 一种新型咪唑啉复配缓蚀剂对 A3 钢在饱和 CO_2 盐水溶液中的缓蚀性能[J]. 石油学报（石油加工），2006，22(03)：74-78.

[2] Zhang G，Chen C，Lu M，et al. Evaluation of inhibition efficiency of an imidazoline derivative in CO_2-containing aqueous solution[J]. Materials Chemistry and Physics，2007，105(2-3)：331-340.

[3] 张晨，赵景茂. CO_2 体系中咪唑啉季铵盐与十二烷基磺酸钠之间的缓蚀协同效应[J]. 物理化学学报，2014，30(4)：677-685.

[4] 李言涛，张玲玲，郑凤，等. 用于川西气田 CO_2 腐蚀控制的缓蚀剂性能的研究[J]. 材料保护，2008，41(5)：70-73.

[5] Chen Huey J，William P J，Tao H. High temperature corrosion inhibitor performance of imidazoline and amide[C]//CORROSION 2000，Paper #35，NACE，Houston，Texas，2000.

[6] 张宇，郭继香，杨裔琦，等. 耐高温抗 H_2S/CO_2 缓蚀剂的合成及评价[J]. 精细化工，2019，36(11)：2309-2316.

作者简介：刘冬梅(1986—)，硕士，毕业于陕西科技大学，现工作于中国石化西北油田分公司工程技术研究院，工程师，现从事于油气田腐蚀与防护工作。通讯地址：乌鲁木齐市新市区长春南路 466 号中石化西北石油科研生产园区工程技术研究院 B406，邮编：830011。联系电话：0991-3161103，E-mail：ldm-104@163.com。

压裂泵阀箱的腐蚀失效与防护

王 洋

(三一石油智能装备有限公司研究院)

摘 要 压裂泵阀箱是油气压裂装备中的最核心的易损部件,在高压酸性环境下受循环脉动载荷和周期性腐蚀疲劳,常发生开裂失效。目前,油气压裂行业对于压裂泵阀箱的材料选择、工艺优化及强化手段方面尚存在不同见解,关于压裂泵阀箱的腐蚀失效机理及延寿措施还较模糊。因此,本文综述了压裂泵阀箱的腐蚀失效机理,对其失效机理的研究进行了概述。从材质改进、调质工艺和强化手段归纳了压裂泵阀箱腐蚀疲劳失效的防护措施,并探讨了新型材料强化技术的可行性。最后展望了应对压裂泵阀箱腐蚀疲劳失效的研究方向。

关键词 压裂泵阀箱;腐蚀疲劳;应力腐蚀开裂;腐蚀与防护

截至目前,我国的绝大多数油气田的开发已经历了 30 多年的风雨,浅层油已经基本枯竭。为了满足非常规油气的深层开采,压裂技术已不断发展并成熟,而压裂设备所面临的工况环境也日渐恶劣。在高压力、重腐蚀的环境中,压裂设备的核心部件——压裂泵承受着较大的损害风险,作为压裂设备中的关键部件,压裂泵承担着将浓度高的盐酸介质,也就是通常用的夹砂压裂液压入井下的角色,在高压和介质的共同作用下使深油层上方的岩石破裂,从而获得深层石油。压裂泵一旦受损,意味着整个压裂设备的整体使用无效,除了影响到使用的效率、工期,同时压裂泵本身(含阀箱、柱塞等部件)也是整个设备中价格最高的部件,由此可见,压裂泵受损将带来极大的经济效益损失。

压裂泵液力端工况复杂且恶劣,易损件短时间内就会发生失效。如高压酸性介质下,传统的碳钢阀箱工作不到 200h 就会发生应力腐蚀开裂,表现为裂纹和腐蚀沟槽的发生;阀体在工作中的局部接触应力较大,阀体和阀座金属面接触处易出现磨损坑洞,寿命也仅仅 20~30h。总之,磨损、腐蚀、疲劳是金属材料的三大失效形式,对于压裂泵液力端关键零部件,其失效形式是三大失效形式的综合作用,这三种形式相互促进,最终加剧了材料失效。因此,本文选取具有代表性的压裂泵关键零部件——液力端阀箱,对其影响因素(材料、应力、环境)和失效机理进行总结,重点从设计的概念和新材料的发展两个方面来讨论如何做到压裂泵阀箱的腐蚀防护以及材料的强化,以期改善和延长压裂泵的使用寿命,并展望未来压裂设备尤其压裂泵强化的发展。

1 阀箱的腐蚀疲劳开裂

对于压裂泵的阀箱的损害的相关研究,近年来国内外不乏学者对此进行深入探索。众多研究表明,就压力泵的实效形式而言,最主要的形式是由于应力腐蚀条件导致的材料的疲劳开裂,从微观角度上来解释,分为脆性断裂、冲蚀以及疲劳剥落,通常在材料内部,被腐蚀的痕迹也比较明显,如图 1 所示。因此,阀箱失效并不单单是结构上的原因,而与所用的材料成分、热处理工艺及腐蚀溶液浓度密不可分。首先,对于碳钢阀箱,其主要失效机理是由于高载荷疲劳并经受腐蚀性介质。因此,在压裂泵阀箱的选材中,主要选择具有一定抗腐蚀能力的高强钢，如 25Cr2Ni4MoV、30CrNi2MoV 和 43CrNi2MoV 等。在选用抗腐蚀能力的高强钢基础上，还需对腐蚀导致的疲劳开裂的机理进行研究，如 Maeng 以 35NiCrMoV 为实验主要材料，以醋酸为腐蚀介质，来研究材料的腐蚀疲劳开裂。研究结果主要有以下 2 点发现：①当溶液的 pH 值降到一定程度，尽管此时材料的整体腐蚀比较严重，但是材料的裂纹萌生会相对应的延迟；②从腐蚀疲劳程度而言，并非严格与腐蚀溶液的 pH 值的降低成正相关，因为由于 pH 值降到极低时，裂纹萌生导致的寿命反向延长。国内的研究也表明，以 25Cr2Ni4MoV 为研究对象，以盐酸为腐蚀溶液，当循环应力增大时，因此导致的腐蚀疲劳带来的寿命的降低往往比盐酸浓度的损害更显著，且裂纹在微观上呈现典型的沿晶方式，说明盐酸浓度主要控制裂纹扩展过程。

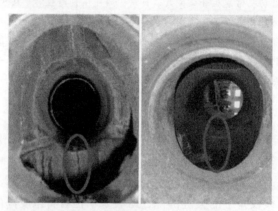

图 1 阀箱腐蚀疲劳开裂形貌

2 阀箱的应力腐蚀开裂(SSC)

研究表明，在压裂泵阀箱的失效研究中，除了上文提及的腐蚀疲劳以外，另一大威胁则是应力腐蚀开裂(SSC)。SSC 的定义为，当金属材料暴露在应力和特定介质中，由于受这二者共同的破坏性而导致的腐蚀开裂，进而导致材料的寿命减少甚至失效，是最具破坏性的一种金属材料腐蚀的类型。从定义可知，发生 SSC 的三个必不可缺少的条件为：①应力；②特定环境；③金属材料。由这三个要素组成的特定组合才会发生 SSC，目前已知的应力腐蚀体系的典型案例见表 1。

表 1 应力腐蚀体系

材　　料	腐　蚀　介　质
低碳钢	NaOH，硝酸，硅酸钠+硝酸钙
碳钢、低合金钢	42% $MgCl_2$溶液，氢氰酸
高铬钢	NaClO 溶液，海水，H_2S 水溶液
奥氏体不锈钢	氯化物，高温和高压蒸馏水
铜和铜合金	氨气，汞盐溶液，SO_2气氛
镍和镍合金	NaOH 水溶液，氢氟酸，氟硅酸溶液
铝合金	熔融盐，NaCl 水溶液，海水，水蒸气，SO_2气氛
铅	Pb(AC)$_2$水溶液
镁	海洋环境，蒸馏水，KCl-K_2CrO_4水溶液

对 SSC 的机理研究，尤其是不锈钢压裂泵阀箱，研究结论主要导向以下两种理论：① 氢致开裂机理；② 阳极溶解机理。研究表明，由于不锈钢材料的腐蚀溶液中的钝化作用，因而 SSC 对不锈钢阀箱的损害更显著。具体来说，不锈钢再腐蚀溶液中会首先在表面发生钝化，形成一层钝化膜。钝化膜的出现会导致进一步的溶解：① 氢致开裂机理：即在酸性溶液中，甚至是材料暴露在酸性的湿润气体中，因为腐蚀作用而生成的 H 会逐渐深入钝化膜的破裂位置，并在材料缺陷的部位发生聚集，随时间积累，使材料表面形成阶梯状裂纹扩展。关于腐蚀环境服役的压力容器或管线钢的研究表明，氢致开裂过程主要受材料因素、应力因素和服役环境的影响，而避免此过程的关键措施就是保证材料内部微观组织的均匀性，减少材料中各类偏析物及非金属夹杂物，并有效降低材料中的残余应力。② 阳极溶解机理：学者通过对奥氏体不锈钢在氯化钠溶液中的 SSC 进行研究，极好地验证了阳极溶解机理，具体来说，由于暴露在腐蚀溶液中的不锈钢会首先发生破裂，该破损位置则会首先成为萌生裂纹的形核点，形成了形核点以后，裂纹的尖端会在溶液的作用下，朝着某一特定组织延展开来，直至到达临界点并发生断裂。

3 阀箱的延寿工艺

3.1 调质工艺

基于上述的阀箱失效机理分析，为了避免其由于腐蚀疲劳和应力腐蚀开裂而发生失效，则需要从控制微观组织分布和降低应力两个角度对阀箱进行延寿。

首先，控制材料微观组织的有效手段就是调控并优化热处理工艺。在热处理工艺上，以不锈钢和碳钢阀箱为研究对象的研究较多。如西南石油大学的学者通过研究不同的淬火温度下 30CrNi2MoV 的表现，具体为力学的耐腐蚀性能两方面的影响表现，研究表明：① 当淬火的温度升高时，材料的硬度和强度会随之升高，但是其塑性会降低；② 当淬火温度在 830℃ 淬火+620℃ 回火时，此时冲击性能达到最大；③ 在 830℃ 时的材料的耐腐蚀的性能也是最佳的；④ 热处理之后的金属拉伸断裂则属于韧性断裂。研究还发现，此材料经过 880℃ 油淬+620~650℃ 回火后空冷，合金元素充分溶解，碳化物细小弥散分布得到均匀稳定的回火索氏体组织，此时不仅硬度达到优良的使用范围，同事强韧性方面也有了优良的表现。

其次，在材料的创新上，随着压裂装备的在材料范畴上的不断更新和发展，碳钢材质阀箱已渐渐由不锈钢材质替代，主要为 15-5PH 不锈钢。15-5PH 钢，即 0Cr15Ni5Cu3Nb，是在 17-4PH 不锈钢的基础上，通过消除了材料的铁素体而进一步演化发展而来，是一种马氏体沉淀硬化不锈钢。15-5PH 不锈钢在实践中具有比较好的耐蚀性和可锻造性，同时由于其兼具较高的硬度和较强的韧性，在生产中被广泛应用。众多研究也验证 15-5PH 钢的优良性能。如周贤良等，通过对 15-5PH 不锈钢在不同温度固溶处理条件下，利用电化学阻抗谱和化学浸泡等方法，验证了 15-5PH 不锈钢在实验条件下的耐点蚀性能，具体结论如下：① 该材料的耐点蚀性能与固溶温度成负相关关系，当固溶温度升高时，耐点蚀的性能随之下降；② 在 1000℃ 时，耐点蚀性能优异，具体表现为微观组织均匀且析出较少。后续该团队进一步研究了 15-5PH 钢(0Cr15Ni5Cu3Nb)组织和耐蚀性与时效温度的相关关系，时效温度的上升会导致马氏体组织的细化以及析出 NbC 颗粒；当温度达到 550℃ 时，已经有球状富 Cu 相析出，当温度达到 580℃ 时，发生马氏体向奥氏体的逆转变。随着时效温度的升高，材料的耐蚀性降低。以上结果表明，合理控制阀箱的热处理工艺路线，可有效提高其力学性能和耐腐蚀性能。

综上表明，为了进一步提高液力端阀箱在腐蚀介质下的疲劳寿命，除了采用合金材料成分和控制调质工艺措施外，还应注重降低阀箱内腔相贯线的应力峰值，具体降低应力的方法包括超高压下的自增强处理，喷丸强化以及激光冲击强化。由于目前国内外压裂泵行业已将喷丸强化加入阀箱生产标准规范，其一定程度上已经是初步降低残余应力的必行之法，因此本文对压裂泵阀箱的喷丸强化技术不详细讨论。

3.2 激光冲击强化

激光冲击强化是一种新型的用于强化金属材料表明的技术，采用高频、高功率、短脉冲

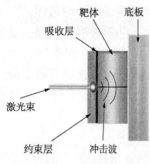

图 2　激光冲击强化原理图

激光束穿过中间约束层(常用水流、玻璃)冲击带有吸收层(又称烧蚀层，常用铝箔、黑漆)的工件表面(见图2)，相较于常规加工方法，激光冲击强化的优点在于具有超快、高能、高压以及超高应变率，技术上优势显著。金属经过激光冲击后，其吸收层会迅速地气化并电离，进一步形成等离子体。形成等离子体后，由于在这个过程中持续的吸收激光重冲击的能量，会在体积上剧烈且迅速地发生膨胀，快速膨胀的金属同时收到约束层的约束，则会反向向内部传播强烈的冲击波。当冲击波的压力的峰值远高于材料的动态屈服阈值时，材料的内部组织乃至材料的表层都会发生结构的变化，进而改善材料的微观结构及其应力分布，提高其抗疲劳、抗磨损和抗应力腐蚀等性能。

目前，国内外众多研究表明，激光冲击后提高了材料的抗疲劳和抗应力腐蚀的表现。江苏大学李传君等利用激光冲击强化实验对 42CrMo 钢的耐腐蚀耐高温等方面进行了深入的研究，实验的结果也确实验证了激光冲击后的 42CrMo 钢，其耐腐蚀和耐高温的性能都得到了改善，原因是激光冲击后金属材料的表面会有残余压应力层，且能量越大的激光冲击，残余压应力值会越高，影响深度也越深，能够很好地抑制材料表面的氧化膜的脱落。也有学者研究发现，除了激光冲击后的残余应力层因素以外，金属材料因受到了激光冲击，消除了由于热影响而导致的残余拉应力，拉伸工作载荷的作用也被抵消，应力腐蚀断裂时间也会而明显增加，进一步地缓解了表面氧化钝化膜的脱落和断裂。与此同时，由于激光冲击会导致材料内部的微观组织发生变化，会更加的细化和均匀，这样的微观组织也进一步地降低了金属表面钝化膜发生阳极溶解的可能。不仅在实验条件下能够验证激光冲击强化可以提高材料的抗疲劳和抗应力腐蚀性能，在实际生产应用中，金属材料经过激光冲击强化后的使用寿命和耐腐蚀性得到了明显的提升，但对于由于成本壁垒，压裂泵阀箱的腐蚀疲劳强化方面，激光冲击强化技术一直未用到。因此激光冲击设备还需进一步革新并不断工艺降本，才能扩大激光冲击强化技术在油气用关键零部件强化中的应用。

3.3 超高压自增强处理

为了提高液力端阀箱在交变应力和腐蚀介质的作用下的疲劳寿命，除了采用上述措施外，还需要采用更有效的阀箱自增强处理。超高压自增强处理指的是刚生产完成还未投入使用的阀箱，通过对其进行一次预应力处理，具体为在阀箱表面上施加比实际工作条件压力更高的内压(一定压力范围内，不可过高)，施加压力后阀箱的外部表面会发生弹性形变，而内腔会产生塑性形变。当该预应力处理结束后，由于外部表面的弹性形变可以恢复，而内腔塑性形变不可恢复，因而会在内腔形成一定的有利残余应力分布，材料的疲劳强度也因阀箱内腔相贯线的残余应力集中而得到大幅度的提升。相关报道对自增强原理进行了详细阐述，

并为自增强技术在压力容器方面的实际应用提供了理论基础。例如，炮管、压力容器、油气层套管等在服役前都会经过自增强处理。图3(a)为有限元分析中压裂泵液力端阀箱的单杠模型，图3(b)为阀箱的有限元网格划分，图3(c)为加压区域和固定约束。

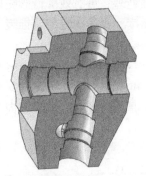
(a)单缸1/2模型

(b)网格划分

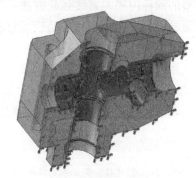
(c)加压区域和固定约束

图3　压裂泵阀箱

对液力端阀箱进行超高压自增强处理，若施加的自增强压力过低，阀箱内壁产生的残余压应力相对于工作载荷过小，则无法达到提高阀箱压力承载能力的效果。反之，当施加的预应力过高，也会导致内壁因为压力过大产生的塑性应变量过大，内腔的残余压应力已经大于金属材料本身的屈服阈值，内壁会直接产生裂纹而损坏，无法投入使用，导致工况下更易发生失效。因此最关键的就是要确定最佳自增强压力。对于最佳自增强压力范围的问题，目前有两种结论，一是材料经过自增强处理后的参与压应力应在不会使材料的内腔发生反向屈服的范围内；二是在材料的内腔不发生反向屈服的前提下，还应该使得自增强处理后的残余压应力与阀箱生产条件下产生的工作应力的合力尽可能的小。在最佳自增强压力的值的研究和自增强处理后的材料使用寿命延长的度量上，目前，国内已有大量关于压裂泵液力端阀箱的自增强仿真计算研究报道，并获得较多具有价值的结论。西南石油大学团队通过仿真计算，利用国产某型号的阀箱，进行了三维弹塑性有限元分析，计算出了其最佳自增强压力，通过科学的预估表明经过自增强处理的阀箱的使用寿命可延长4~9倍。同样地，该校另一团队也基于弹塑性有限元仿真计算了自增强处理对阀箱疲劳寿命带来的增益。实验的结果也论证了上述结论，疲劳寿命提升了近7倍。从原因角度分析，是由于阀箱的内壁相贯线的疲劳薄弱区应自增强处理后进行了转移和偏离，不再处于工作状态下的疲劳危险区域，也就降低了疲劳损伤的可能性。

4　结语

为了延长压裂泵阀箱的腐蚀疲劳寿命，本文以压裂泵最关键的部件阀箱为立足点，通过综述国内外今年来有关阀箱材料失效因素的研究，阀箱腐蚀疲劳失效的机理研究和延长阀箱寿命的工艺技术研究，以期寻找到阀箱腐蚀环境下寿命延长的技术和工艺发展方向，具体如下：

（1）优化阀箱材质和调质工艺。目前，由于油田环境压力较高、酸性腐蚀环境日益恶劣，原本碳钢材质阀箱已逐渐淘汰，切换为不锈钢阀箱。这是一种材料层面的进步与革新。随着阀箱材质的改变，调质工艺的优化也十分重要和迫切。因此需要进一步关注不锈钢阀箱的固溶和失效热处理的工艺路线，通过优化热处理温度和时间调控材料的强韧性配合，从而提高阀箱的抗腐蚀疲劳能力。

（2）引入阀箱内腔强化工艺。在正常的阀箱工作条件下，由于内腔的相贯线处于阀箱最危险的易开裂区域，因而最容易受到高内压和疲劳腐蚀。因此，针对这一痛点，本文介绍了典型的两种内腔相贯线强化方法——激光冲击强化和超高压自增强处理，可有效降低阀箱内腔薄弱区的残余拉应力，从控制材料表面微观结构和应力分布的角度，提升阀箱的腐蚀疲劳寿命。

当前，基于"十四五"国家重点研发计划的任务布局，针对油气开采关键金属结构材料腐蚀疲劳的服役安全评价和寿命预测的新技术、新方法也被提出和关注。因此，通过新材料、新强化技术手段解决压裂泵阀箱的腐蚀失效和防护问题也将会是未来的一大重点方向。

参 考 文 献

［1］刘传森，李壮壮，陈长风．不锈钢应力腐蚀开裂综述[J]．表面技术，2020（3）．

［2］李文华．压裂泵高强钢在盐酸介质下的腐蚀疲劳行为研究[D]．湖北：华中科技大学，2013.

［3］赵少林．泵头体材料在高浓度盐酸条件下的应力腐蚀行为及其开裂机理[D]．湖北：华中科技大学，2013.

［4］Maeng W. Effect of aceti acids on the corrosion crack growth of 35NiCrMoV steels in high temperature water synergistic interaction between stress corrosion and corrosion fatigue [J]. Int. J. Fract. , 2008, 151：217.

［5］李文华，夏凤，赵少林，等．25Cr2Ni4MoV 钢在盐酸介质下的腐蚀疲劳行为研究[J]．腐蚀科学与防护技术，2013（4）：276-280.

［6］范裕文，吴明，陈旭，等．管线钢氢致开裂研究现状[J]．热加工工艺，2017，046（004）：48-53.

［7］林玉珍，杨德钧．腐蚀和腐蚀控制原理[M]．中国石化出版社，2014.

［8］陈林燕，王国荣，曾莲，等．淬火温度对30CrNi2MoV 钢力学和耐蚀性能的影响[J]．石油机械，2017，45（008）：87-91.

［9］王国荣，陈林燕，何霞，等．调质工艺对压裂泵阀箱30CrNi2MoV 钢组织和性能的影响[J]．功能材料，2014，45（S1）：0-0.

［10］周贤良，聂轮，华小珍，等．固溶温度对15-5PH 不锈钢耐点蚀性能的影响[J]．中国腐蚀与防护学报，2012，32（004）：333-337.

［11］华小珍，黄晋华，聂轮，等．时效温度对15-5PH 不锈钢组织及耐蚀性的影响[J]．中国腐蚀与防护学报，2014，34（2）：131-137.

［12］乔红超，高宇，赵吉宾，等．激光冲击强化技术的研究进展[J]．中国有色金属学报，2015，000（007）：1744-1755.

［13］李传君，李凯，黄婉婉，等．激光冲击强化对42CrMo 钢耐高温腐蚀性能的影响[J]．江苏大学学报（自然科学版），2018，39（002）：217-221.

［14］何卫锋，张金，杨卓君，等．不锈钢焊接件不等强度激光冲击与应力腐蚀试验研究[J]．强激光与粒子束，2015（06）：12-17.

［15］程格，栗子林．激光冲击强化技术对金属材料抗应力腐蚀的影响及应用[J]．微计算机信息，2019，000（021）：117-118，120.

［16］刘风坤．论激光冲击强化技术在1Cr11Ni2W2MoV 钢中的应用[J]．中国设备工程，2020，000（002）：162-163.

［17］严奉林，周思柱，李宁，等．自增强超高压柱塞泵泵头体设计[J]．机床与液压，2013（11）：108-110.

［18］梁红琴．随机载荷作用下的货车车轴疲劳可靠性研究[D]．西南交通大学，2004.

［19］Jahed H, Farshi B, Hosseini M. Fatigue life prediction of autofrettage tubes using actual material behavior

[J]. International Journal of Pressure Vessels and Piping, 2006, 83(10): 749-755.

[20] 郑百林, 付昆昆, 石玉权. 自增强三维高压油管的疲劳寿命预测[J]. 同济大学学报: 自然科学版, 2010.

[21] Hojjati M H, Hassani A. Theoretical and finite-element modeling of autofrettage process in strain-hardening thick-walled cylinders[J]. International Journal of Pressure Vessels and Piping, 2007, 85(5): 310-319.

[22] 孟湘波. 现代压力容器设计[M]. 湖北: 华中工学院出版社, 1987.

[23] Perl M, Alpperowitz D. Effect of crack length unevenness on stress intensity factors due toautofrettage in thick-walled cylinders[J]. Jounal of Pressure Vessel Technology, 1997, 119(3): 274-278.

[24] 邢慧明. 自增强压力容器应用十二边形屈服准则残余应力的计算与试验研究[J]. 压力容器, 1997, 000(004): 19-23.

[25] 陈国理, 钟汉通. 自增强容器最佳超应变度的试验研究[J]. 石油化工设备, 1985(02): 9-19.

[26] 陶春达, 战人瑞, 韩林. 100MPa 自增强压裂泵阀箱疲劳强度分析[J]. 机械强度, 2005, 27(001): 104-107.

[27] 何霞, 赵敏, 陈林燕, 等. 压裂泵阀箱自增强技术仿真研究[J]. 机械科学与技术, 2014, 33(002): 208-211.

作者简介: 王洋(1992—), 男, 工学博士, 毕业于中国科学院大学, 现工作于三一集团石油装备事业部, 研发项目经理。通讯地址: 北京市昌平区南口镇三一产业园, 邮编: 102202, E-mail: wangy6118@sany.com.cn。

某页岩气田油管和套管的腐蚀行为及
RISE-16 系列缓蚀剂现场应用效果研究

蒋　秀[1]　许　可[1]　范举忠[2]　宋晓良[1]　张连平[2]　牛鲁娜[1]　张　洋[2]

(1. 中国石油化工股份有限公司青岛安全工程研究院；

2. 中国石油化工股份有限公司江汉油田分公司)

　　摘　要　采用现场腐蚀挂片、产出水分析、扫描电镜(SEM)及 3 维光学测量分析等方法研究了某页岩气田两口生产井井口腐蚀环境下油管和套管的腐蚀行为，并在其中一口井开展了现场缓蚀剂加注实验，研究缓蚀剂应用效果。结果表明：两口井的产出水中均存在大量细菌，矿化度随投产时间延长而增加。未加注缓蚀剂时，N80 钢和 P110 钢在两口井井口环境中的腐蚀规律相同；现场实验 55d 后，所有腐蚀挂片表面均存在明显垢层，均匀腐蚀速率较低，但存在明显小孔腐蚀。加注 RISE-16 系列缓蚀剂 30d 后，井口 N80、P110 钢及集气站 L360N 钢的所有腐蚀挂片表面光亮，均匀腐蚀速率显著降低，未出现小孔腐蚀和结垢现象，使油管、套管和地面集气站管道的腐蚀得到了有效控制。

　　关键词　页岩气田；油管；套管；腐蚀；缓蚀剂

1　引言

　　美国是世界上最早从事页岩气资源的研究和勘探开发的国家，页岩气开发改善美国能源供需结构，提高了美国能源自给率，降低了对天然气出口国的依赖。我国页岩气资源丰富，中国页岩气勘探开发在过去 10 余年取得了重大突破，并在四川盆地获得了快速发展，形成了涪陵、威远、长宁等页岩气生产基地。

　　某页岩气田采用"滑溜水+胍胶"水平井水力压裂方式进行页岩气开采，压裂液量大，平均每口井的压裂液用量为 3 万～4 万 m³，页岩气中不含 H_2S，含微量 CO_2，CO_2 分压为 0.044～0.21MPa。井下油管和地面集气站管道腐蚀穿孔比较频繁。油管腐蚀穿孔前的平均服役时间 986d，最低服役时间仅为 226d，穿孔深度主要分布在井口至 900m 范围内。地面集气站腐蚀穿孔主要集中在集气站内从加热炉到分离器的集气管线，水平管和弯头部分的腐蚀穿孔尤其严重。该页岩气田 A 集气站共有 6 口井，在投产后的 644d 内集气站管道共发生了 5 次腐蚀穿孔，穿孔速率达到 4.3mm/a，小孔腐蚀达到了严重级别。

　　美国 Pinedale、Haynesville 和 Barnett 页岩气田也都发生过油管和地面集输系统的腐蚀问题。中国石油在四川的某页岩气田多口井的 N80 油管和集气站管道在投产后 2 个月到一年内也发生腐蚀穿孔，油管腐蚀穿孔主要发生在井口至井下 1200m 以内，集气站腐蚀穿孔主要发生在变径段、弯头和直管段。

　　A 集气站采用间歇计量的生产工艺，整个集气站只设置了一个生产分离器和一个计量分离器，其中 5 口井的产出气进入生产分离器对气液进行分离，1 口井的产出气进入计量分离器对气量进行计量，同时进行气液分离，通过汇管撬来实现切换到需要计量的单井。为了了解该集气站生产井产出水的腐蚀性，探索缓蚀剂对腐蚀控制的有效性，在 A 集气站的两口相邻的生产井(A-2 和 A-4 井)开展了 55d 的现场腐蚀挂片实验,采用失重法、产出水成分分析、细菌分析和腐蚀产物表征等方法研究了井下油管和套管的腐蚀行为,并在其中一口井(A-4 井)现场开展了 1 个月的缓蚀剂加注实验,对缓蚀剂控制井下油管、套管及集气站管道腐蚀的现场应用效果进行了研究。

2 实验方法

为了分别模拟 A 集气站油管、套管和集气站内集气管线的腐蚀行为,分别采用 N80 钢,P110 钢和 L360N 钢作为实验材料。井口的压力和温度为 26MPa 和 28℃。集气站内集气管道运行压力和温度为 6.05MPa,25℃。在 A-2 和 A-4 井的井口采用特制的井口腐蚀挂片装置(专利号:ZL 2016 2 0787381.7)同时开展腐蚀挂片实验,监测井口腐蚀情况。为了了解未添加缓蚀剂期间井口油管和套管的腐蚀情况,腐蚀挂片材质同时采用了 N80 钢和 P110 钢,实验周期为 55d。

在 A-4 井开展缓蚀剂加注实验,缓蚀剂从套管加入,从油管流出,进入集气站计量分离器,缓蚀剂加注周期为 30d。为了了解加注的缓蚀剂对井口的油管、套管及集气站管道腐蚀控制的效果,在 A-4 井井口和集气站计量分离器入口处湾头附近分别进行腐蚀挂片。集气站的腐蚀挂片采用可带压拆卸的腐蚀挂片支架。在计量分离器排液口取加注缓蚀剂前后的水样,测量 pH 值,铁离子和细菌含量,综合水样和挂片腐蚀行为研究,综合评价缓蚀剂现场加注效果。

现场采集水样前,采用 LT-CPS38D 型立式压力蒸汽灭菌器对取样瓶进行高温杀菌消毒,采集水样时先将排液口的水排放 10s 后再采用水样冲洗水瓶。采用平行绝迹稀释法(MPN 法)测量水样中的细菌含量。

所有腐蚀挂片均加工成 50mm×10mm×3mm,在边缘钻一直径为 3mm 的小孔,用于悬挂试样。每口井井口分别安装 4 个 N80 钢和 P110 钢,集气站计量分离器入口处安装 2 个 L360N 钢腐蚀挂片,各腐蚀挂片与金属挂片支架之间采用非金属材料隔绝,避免发生电偶腐蚀。实验前,所有试样工作表面依次经 150#,400#和 600#水磨砂纸打磨,丙酮超声清洗,干燥,然后用感量为 0.1mg 的电子天平称重。采用 S3400N 型扫描电镜(SEM)观察试样表面形貌。实验后参照 GB/T 16545—1996 对金属表面的腐蚀产物膜进行清洗。采用失重法获得金属的均匀腐蚀速率,采用 Infinite Focus 3D 光学测量仪表征金属表面局部腐蚀,最大点蚀坑深度测量值为均匀腐蚀造成的样品损失厚度与最大坑深度之和。

3 结果与讨论

3.1 两口井的产出水成分分析

表 1 和表 2 为 A-2 井和 A-4 井产出水的成分,可以看出两口井的产出水中的 $[Ca^{2+}]$、$[Mg^{2+}]$、$[Cl^-]$ 浓度和矿化度比较高,其中 $[Cl^-]$ 浓度和矿化度均随投产时间的延长呈现逐渐增加的趋势。两口井的产出水 pH 值为 6~7,水型主要为 $CaCl_2$ 型。采用中华人民共和国石油天然气行业标准 SY/T 0600—97《油田水结垢趋势预测》对产出水的结垢趋势进行计算,发现两口井的产出水在井口和集气站均存在形成碳酸钙垢的趋势。

表 3 为两口井产出水的细菌含量分析结果,可以看出:两口井的各细菌含量相当,硫酸盐还原菌(SRB)含量相对较高,达 10^4 个/mL。

表 1　A-2 井产出水成分分析

投产	阳离子/(mg/L)						阴离子/(mg/L)							总矿化度/
时间/d	Li^+	K^+	Na^+	NH_4^+	Ca^{2+}	Mg^{2+}	F^-	Cl^-	Br^-	I^-	NO_3^-	SO_4^{2-}	HCO_3^-	(mg/L)
19	22.6	195.8	6315.12	218.1	430.56	38.2	4.58	10483.45	68.7	—	14.11	27.89	954.05	18773.25
45	29.72	225.4	8643.85	34.49	875.07	66.05	8.42	13571.86	54.7	—	12.7	11.95	974.49	24508.71
70	28.8	254.5	9927.8	36.74	608.41	67.39	10.67	14942	68.2	29.29	18.44	21.6	854.89	26868.74
228	32.08	288.8	12039.28	87.43	407.73	45.86	0	18875.88	82.84	41.16	13.58	7.37	708.44	32630.54
554	34.92	296.6	12429.69	12.86	390.3	46.83	2.15	20185.94	90	36.59	19.65	3.91	677.02	34226.49

表 2　A-4 井产出水成分分析

投产	阳离子/(mg/L)						阴离子/(mg/L)							总矿化度/
时间/d	Li^+	K^+	Na^+	NH_4^+	Ca^{2+}	Mg^{2+}	F^-	Cl^-	Br^-	I^-	NO_3^-	SO_4^{2-}	HCO_3^-	(mg/L)
30	23.86	249.9	8115.96	41.94	354.92	43.1	0.63	12289.45	48.75	46.21	16.21	13.2	1331.15	22575.29
317	29.14	259.5	10040.36	62.94	354.88	45.43	8.04	15995.22	75.89	11.86	18.55	25.73	693.8	27621.36
496	35.32	297.8	12244.63	85.17	445.46	49.72	0	21394.43	88.82	34.71	1.85	10.49	597.69	35286.16

表 3　两口井产出水细菌分析

井　号	SRB/(个/mL)	TGB/(个/mL)	IB/(个/mL)
A-2	$2.5×10^4$	$2.5×10^3$	$2.5×10^2$
A-4	$2.5×10^4$	$6×10^3$	$2.5×10^2$

3.2　两口井井口环境 N80 和 P110 钢的腐蚀行为研究

3.2.1　A-2 井井口环境的腐蚀行为研究

表 4 为未添加缓蚀剂期间 A-2 井井口腐蚀挂片的腐蚀速率，其中均匀腐蚀速率为 4 个腐蚀挂片的平均失重腐蚀速率，最大小孔腐蚀速率根据最大小孔腐蚀深度计算获得。可以看出 N80 钢和 P110 钢的均匀腐蚀速率都比较低，分别为 0.02mm/a 和 0.03mm/a，远低于工业对均匀腐蚀速率控制在 0.076mm/a 以内的要求，说明即使不添加缓蚀剂，N80 钢和 P110 钢的均匀腐蚀速率满足工业腐蚀控制的要求。根据 NACE RP 0775 对均匀腐蚀进行分级，N80 钢和 P110 钢的均匀腐蚀程度分别为低和中等。

表 4　A-2 井井口环境两种钢的腐蚀速率

挂片材质	均匀腐蚀速率/(mm/a)	均匀腐蚀程度	最大小孔腐蚀速率/(mm/a)	小孔腐蚀程度
N80	0.02	低	0.24	高
P110	0.03	中等	0.15	中等

图 1 为 N80 钢和 P110 钢表面腐蚀产物形貌和清洗腐蚀产物后金属表面形貌。N80 钢和 P110 钢表面均可以观察到明显的腐蚀产物堆积，清洗腐蚀产物后金属表面发生了小孔腐蚀。腐蚀挂片表面的小孔腐蚀深度测量发现，N80 钢和 P110 钢表面的最大小孔腐蚀深度分别为 33.6μm 和 22.9μm(见图 2)，因此最大小孔腐蚀速率分别为 0.24mm/a 和 0.15mm/a(见表 4)，小孔腐蚀等级分别为高和中等，小孔腐蚀速率为均匀腐蚀速率的 5~12 倍。结合表 4 可以看出，虽然 N80 钢和 P110 钢的均匀腐蚀速率都比较低，但金属表面发生了小孔腐蚀。因此，在 A-2 井井口环境中，N80 钢和 P110 钢的均匀腐蚀速率低，小孔腐蚀是导致油管和套

管腐蚀穿孔的主要因素。在腐蚀控制决策时，不能只考虑腐蚀挂片的均匀腐蚀速率。在该页岩气田的另外两口井的井口腐蚀挂片及美国 Haynesville 页岩气田的现场腐蚀挂片中也发现了腐蚀挂片均匀腐蚀速率低，但出现小孔腐蚀的现象。前期我们对该页岩气田的集气站管道、集输管道及井下油管和套管开展了一系列的腐蚀研究，发现细菌腐蚀和垢下腐蚀是导致油管、套管和集气站管道腐蚀穿孔的主要原因，产出水中的 Cl^- 加速了腐蚀穿孔的发生。均匀腐蚀速率低主要与金属表面形成的由腐蚀产物、$CaCO_3$ 垢层和细菌膜层等组成的垢层对腐蚀介质的传递的阻碍作用有关。垢下金属表面局部 pH 值降低，产出水中氯离子含量较高，在酸化自催化作用下促进了小孔腐蚀的发生。

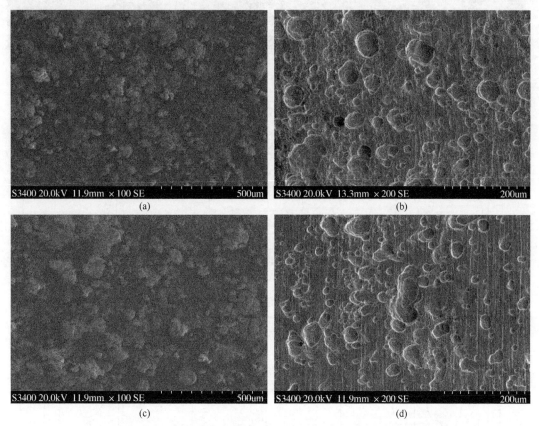

图 1   N80 钢(a)，(b)和 P110 钢(c)，(d)在 A-2 井口腐蚀环境暴露 55d 后
腐蚀产物膜形貌(a)，(c)和清洗腐蚀产物后金属表面形貌(b)，(d)

3.2.2   A-4 井井口环境的腐蚀行为研究

表 5 为未添加缓蚀剂期间 A-4 井井口腐蚀挂片的腐蚀速率，图 3 和图 4 分别为 N80 钢和 P110 钢表面腐蚀产物膜及小孔腐蚀形貌、3D 形貌及小孔深度。从图 3 和图 4 可以看出 N80 钢和 P110 钢金属表面均发生了小孔腐蚀，由表 5 可以看出 N80 钢和 P110 钢的均匀腐蚀速率和小孔腐蚀速率都和 A-2 井呈现出相同的趋势。N80 钢和 P110 钢的均匀腐蚀速率都比较低，但金属表面发生了小孔腐蚀。均匀腐蚀速率都为 0.01mm/a，远低于 0.076mm/a，腐蚀等级为低。但最大小孔腐蚀速率分别达到了 0.2mm/a 和 0.11mm/a，小孔腐蚀速率为均匀腐蚀速率的 11~20 倍。

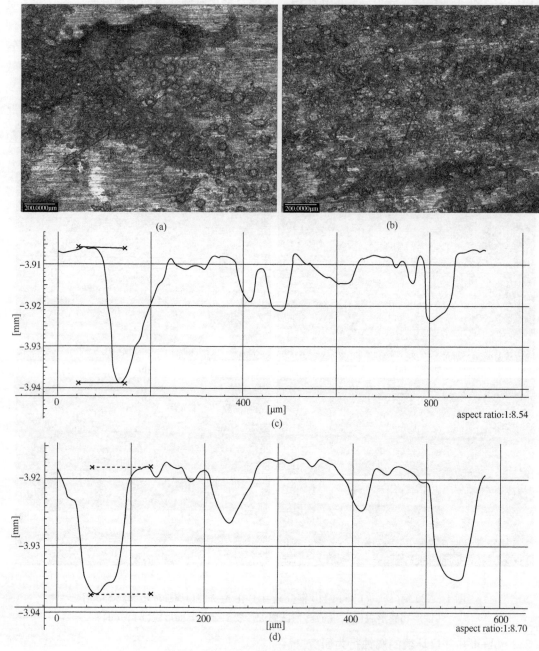

图 2　N80 钢(a, c)和 P110 钢(b, d)在 A-2 井口腐蚀环境暴露
55d 清洗腐蚀产物膜后的 3D 形貌(a, b)和小孔深度(c, d)

表 5　A-4 井井口环境两种钢的腐蚀速率

挂片材质	均匀腐蚀速率/(mm/a)	均匀腐蚀程度	最大小孔腐蚀速率/(mm/a)	小孔腐蚀程度
N80	0.01	低	0.2	中等
P110	0.01	低	0.11	低

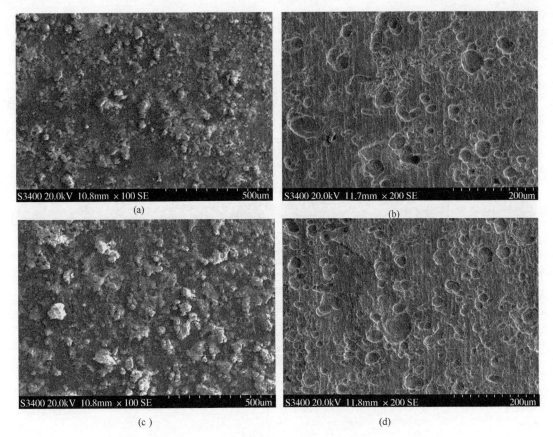

图3 N80钢(a, b)和P110钢(c, d)在A-4井口腐蚀环境暴露
55d后腐蚀产物膜形貌(a, c)和清洗腐蚀产物后金属表面形貌(b, d)

3.2.3 两口井井口环境的腐蚀行为对比研究

对比表4和表5可以看出：两口井的均匀腐蚀速率基本相当，都比较低，但发生了小孔腐蚀，A-2井的最大小孔腐蚀速率均略高于A-4井。从表1、表2和表3的水样分析结果可以看出，两口井同一时期的产出水成分及细菌含量均没有明显差别。根据两口井的产气量和产液量计算，两口井的气速和液速基本相同，气速约为1m/s，液速约为0.07m/s。由于小孔腐蚀的发展是一个复杂的过程，除了与温度、压力、腐蚀介质有关，还与金属表面膜的微观状态等有关，因此，在相同实验周期内，两口井的最大小孔腐蚀速率略有不同。为了研究小孔腐蚀长期发展趋势，需要开展不同周期内的腐蚀实验。

对比两种材料可知，虽然两种材料在两口井的井口腐蚀环境的均匀腐蚀速率相当，但N80钢的最大小孔腐蚀速率都略高于P110钢，N80钢和P110钢的最大小孔腐蚀速率分别为0.2~0.24mm/a和0.11~0.15mm/a，说明油管在两口井的环境中发生小孔腐蚀的风险比套管略高。

3.3 集气站管道腐蚀研究

前期我们对该气田集气站管道腐蚀失效分析及管道内部气液两相分布特征开展了研究，发现集气站水平管底部存在积液导致的腐蚀，弯头外侧区域存在液相聚集，湍动能和壁面剪切力较大，在腐蚀与冲刷共同作用容易发生穿孔，因此，集气站管道底部及弯头是腐蚀穿孔频繁发生的区域。因此，在对集气站管道的腐蚀控制时，弯头部位需要同时考虑腐蚀控制措

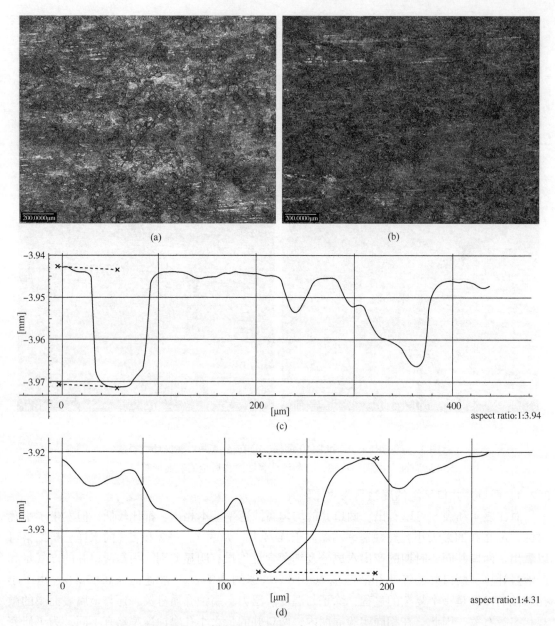

图4 N80钢(a，c)和P110钢(b，d)在A-4井口腐蚀环境暴露
55d清洗腐蚀产物膜后的3D形貌(a，b)和小孔深度(c，d)

施对冲蚀的防护效果。

3.4 页岩气田缓蚀剂研制及现场应用性能研究

3.4.1 页岩气田缓蚀剂研制

根据该页岩气田腐蚀环境、井下管柱和集气站管道腐蚀穿孔的关键因素及腐蚀特征，研制了 RISE-16 系列的两种缓蚀剂，具有缓蚀、杀菌、阻垢、耐冲刷的效果。现场应用时两种缓蚀剂交替加注，避免产生耐药性。

3.4.2 页岩气田缓蚀剂的现场应用

在该页岩气田 A-4 井开展了 30d 的缓蚀剂加注实验，按照平均每 3d 加注 50L 缓蚀剂的剂量按照冲击加注工艺进行加注，前15d加注其中一种缓蚀剂，后15d加注另外一种缓蚀剂。缓蚀剂从套管加入，从油管流出，进入集气站计量分离器；在A-4井井口和多次发生腐蚀穿孔的集气站计量分离器入口处弯头附近分别进行腐蚀挂片，同时在计量分离器取加注缓蚀剂前后的水样，研究缓蚀剂现场加注效果。

加注30d缓蚀剂后，取出挂片表面光亮，可见金属打磨痕迹，井口N80钢，P110钢和集气站计量分离器处腐蚀挂片的均匀腐蚀速率分别为0.006mm/a，0.005mm/a和0.005mm/a。与缓蚀剂加注前相比，加注缓蚀剂后均匀腐蚀速率明显降低。

产出水中的铁离子浓度可间接表征管道的腐蚀情况。图5为缓蚀剂加注期间[Fe^{2+}]浓度变化随加注时间的变化趋势，可见加注缓蚀剂前，A-4井的产出水中的铁离子浓度为129×10^{-6}。加注缓蚀剂后，铁离子浓度随加注时间的延长逐渐降低。加注22d缓蚀剂后，铁离子浓度降为15×10^{-6}。铁离子浓度的变化与腐蚀挂片的腐蚀速率变化趋势一致，均表明添加缓蚀剂对井下油管、套管及地面集气站管道腐蚀有良好的缓蚀效果。另外，缓蚀剂加注期间，产出水的pH值未发生明显变化。

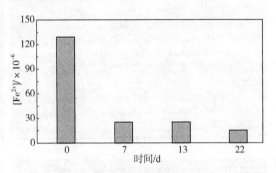

图5 缓蚀剂加注期间产出水的铁离子浓度随时间变化

图6为A-4井现场加注30d缓蚀剂后腐蚀挂片的表面形貌，可以看出井口N80和P110钢腐蚀挂片和集气站分离器入口冲刷严重处的L360N腐蚀挂片表面均不存在明显的产物堆积，可见金属打磨痕迹。清洗腐蚀产物后，金属表面均没有小孔腐蚀，说明缓蚀剂具有良好的阻垢和耐冲刷功能，对小孔腐蚀有明显的抑制作用。

加注缓蚀剂前，产出水中细菌含量分别为：SRB：25000个/mL，TGB：6000个/mL，IB：250个/mL。加注30d缓蚀剂后，产出水中的细菌分别为：SRB：25个/mL，TGB：6个/mL，IB：0个/mL。可见缓蚀剂具有优良的杀菌效果。

因此，在A-4井井口套管加注的缓蚀剂对井下油管、套管和集气站的管道均有很好的保护效果，有效降低了均匀腐蚀速率，对结垢和小孔腐蚀的抑制效果明显，缓蚀剂同时具有优良的缓蚀、杀菌、阻垢和耐冲刷效果。

4　结语

通过现场腐蚀挂片的方法对某页岩气田的两口生产井井口环境的腐蚀行为进行了研究，在此基础上开发了两种具有缓蚀、杀菌、阻垢、耐冲刷功能的RISE-16系列缓蚀剂，并在一口生产井开展了现场加注实验，得出如下结论：

（1）两口生产井表现出相同的腐蚀规律，在未加注缓蚀剂时，N80钢和P110钢的均匀腐蚀速率均较低，低于0.076mm/a，但挂片表面出现明显的结垢，并呈现了明显的小孔腐蚀特征，小孔腐蚀速率为均匀腐蚀速率的5~20倍。

（2）N80钢和P110钢在两口井井口腐蚀环境的均匀腐蚀速率相当，但N80钢的最大小孔腐蚀速率都略高于P110钢，油管在两口井的环境中发生小孔腐蚀的风险比套管略高。

（3）采用冲击加注工艺从井口套管交替加注的两种RISE-16系列缓蚀剂，对井下油管、套管和集气站的管道均有很好的保护效果。加注 30d 缓蚀剂后，腐蚀挂片表面光亮，可见金属打磨痕迹，铁离子浓度大幅降低，控制细菌含量小于 25 个/mL，有效降低了均匀腐蚀速率，对结垢和小孔腐蚀有明显抑制效果，两种缓蚀剂具有优良的缓蚀、杀菌、阻垢和耐冲刷效果。

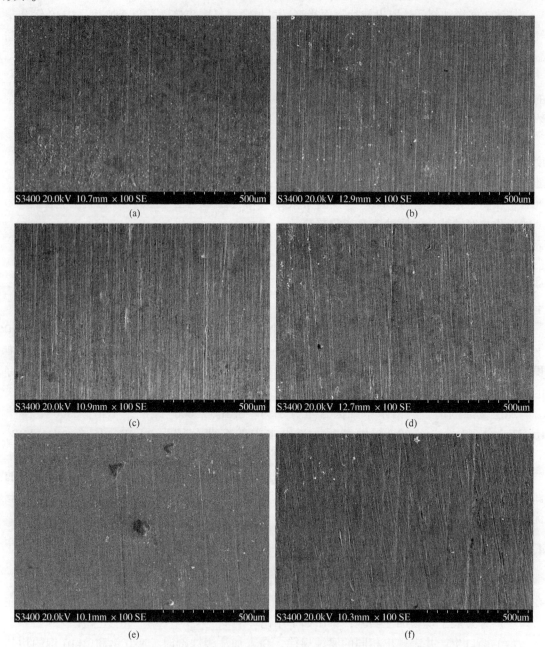

图 6　A-4 井现场加注缓蚀剂后 N80 钢(a，b)、P110 钢(c，d) 和 L360N 钢
(e，f)腐蚀挂片表面形貌(a，c，e 为清洗前腐蚀产物膜形貌，b，d，f 为清洗后金属表面形貌)

参 考 文 献

[1] X. Jiang，K. Xu，X. R. Guan，et al. A comparative study on the corrosion of gathering pipelines in two sections

of a shale gas field［J］，Engineering Failure Analysis，121（2021）105719：1-18.

［2］岳明，汪运储. 页岩气井下油管和地面集输管道腐蚀原因及防护措施［J］. 钻采工艺，2018，41（5）：125-127.

［3］SY/T 0532—2012. 油田注入水细菌分析方法 绝迹稀释法［S］，2012.

［4］刘华敏，蒋秀，张全，等. 涪陵页岩气田油管腐蚀行为研究［J］，安全、健康和环境，2020，20（5）：14-21.

［5］蒋秀，刘艳，范举忠，等. 某集气站排污水管腐蚀失效原因分析［J］. 腐蚀科学与防护技术，2017，29（2）：195-198.

［6］X. Jiang，Q. Zhang，D. R. Qu，et al. Corrosion behavior of L360 N and L415 N mild steel in a shale gas gathering environment-Laboratory and on-site studies［J］. Natural Gas Sci. Eng. 82（2020）103492.

［7］黄金营，只金芳，陈振宇，等. 含菌介质中 MDOPD 对 SRB 菌及生物膜腐蚀的抑制作用［J］. 中国腐蚀与防护学报，2007，27（3）：167.

［8］L. Zbigniew，D. Wayne，L. Whoncheel. Electrochemical interactions of biofilms with metal surfaces ［J］. Water Sci. Technol. 1997，36（1）：295.

［9］管孝瑞，蒋秀，张玉平，等. 集气站集气管道内冲刷特性的数值模拟［J］. 腐蚀与防护，2019，40（11）：831-836.

［10］蒋秀，范举忠，屈定荣，等. 某集气站埋地管道腐蚀失效原因分析［J］. 腐蚀科学与防护技术，2019，31（3）：320-324.

作者简介：蒋秀（1976—），毕业于中国科学院金属研究所，博士，现工作于中国石油化工股份有限公司青岛安全工程研究院，高级工程师。通讯地址：青岛市崂山区松岭路 339号，邮编：266000。联系电话：0532-83786422，E-mail：jiangx. qday@ sinopec. com。

长输油气管道防腐补口质量的数字化智能管理

代炳涛[1] 王小斌[1] 王 震[2] 平 洪[2] 韩明一[1]

(1. 廊坊中油朗威工程项目管理有限公司；2. 中国石油天然气股份有限公司广东石化分公司)

摘 要 针对目前防腐补口施工质量控制存在的问题，提出了防腐补口施工质量的数字化管理体系，综合考虑人、机、料、法、环、测等因素对施工质量的影响，确立精确、完整的施工工艺参数作为大数据处理的技术支撑，实现管道防腐补口施工质量全过程的可量化、可标准化和可检测化的数字化智能管理。

关键词 数字化；数据采集；补口；施工质量；智能管理

随着我国科技的快速发展，随着计算机和网络的广泛普及，数字化技术在生产和生活中得到了普遍的应用。数字化管道技术是当今长输油气管道工程领域中的前沿技术，通过应用大数据技术可以使数字化管道在勘察、设计、建设和运营的过程中更具高效性和专业性，从而使数字化管道的管理更加方便。长输油气管道的数字化管理，特别是防腐补口施工质量的数字化管理，因其特殊性和复杂性，仍处于研究试用阶段，未能真正应用到现场防腐补口施工。本文针对防腐补口施工质量的现状，提出防腐补口施工质量的数字化管理模式。

1 技术思路和研究方法

1.1 防腐补口质量控制存在的问题

在整个管道外防腐施工中，补口防腐是保证管道防腐完整性的重要工艺，也是整条管道防腐涂层质量最薄弱的环节。目前我国的长输油气管道防腐补口涂层多采用辐射交联聚乙烯热收缩带(套)和配套环氧底漆的方式。该防腐涂层大多数是由底层液体环氧漆、中间层胶黏剂、外层收缩带聚乙烯基材三种不同材料构成的，施工人员在施工现场通过加热手段(烤把或中频加热设备)实现对钢管表面进行包覆，在补口防腐施工完成后24h进行补口质量的检验，包括外观、漏点和剥离强度等三项内容。因此防腐补口施工质量受人、机、料、法、环、测等因素的影响尤为突出。

图1是防腐补口施工工艺过程示意图，在整个施工过程中，每一环节的质量控制是根据防腐补口技术规范和工艺规程进行现场记录和判断的。表1是现行国内补口施工中所使用的规范 Q/SY 1700《热熔胶型热收缩带机械化补口施工技术规范》对施工工艺各环节的要求。从表上可以看出，无论是按照产品说明书还是按照工艺规程，给出的参数值范围都将会是比较大的，比如某工艺规程上规定"加热回火温度为175~190℃，加热5~8min"，这些大范围的参数值必然给施工单位和监理单位带来极大的困扰；而参数的记录是零散的、按一定的频次进行的，特别是加热时间和加热温度等重要参数，不能得到及时地归整处理；对技术参数的判断结果很大程度上依赖于现场人员的经验和专业水平，带有主观性；而且补口质量的检验主要从外观、漏涂点和剥离强度等方面进行，并不能真正有效地控制施工质量。此外，国内现行有效的技术标准中，并未考虑到防腐涂层中三种材料各自的特性，未对材料与加热设备的匹配性做出相关规定。对加热设备只作简单要求，比如要求中频加热设备的温度场的分布

应满足热收缩带补口施工的要求，未能提供具体的、可控执行的要求，因此对防腐补口施工缺乏指导意义。这就造成补口材料在施工时，合格的材料出现单层甚至是多层的失效频频出现。如图2所示，在施工过程中由于不恰当的加热，导致热收缩带基材过度老化，热熔胶开裂；钢管表面预热温度过高，环氧底漆出现快速流淌和固化，导致涂层表面鼓泡、厚度不均等异常情况。

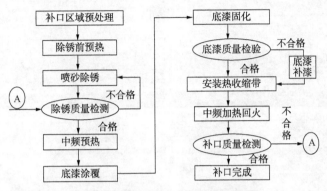

图1　防腐补口施工工艺过程示意图

表1　防腐补口施工工艺要求

施工工艺项目	工艺参数要求	质 量 检 验
喷砂除锈	表面清理等级为 Sa2$\frac{1}{2}$级，锚纹深度 40～100μm，灰尘等级应达到2级	锚纹、清洁度
补口区中频预热	采用接触式测温仪测量预热温度，每2h测量1道口，记录加热温度和时间	温度
底漆涂覆	按照产品说明书调配底漆、均匀涂覆、涂覆范围、厚度控制	湿膜厚度
底漆固化	固化方式和干燥时间	温度和时间
安装热收缩带	按照产品说明书的要求	目视
中频加热回火	按照工艺规程规定的温度和时间，用指压法检查热熔胶的流动性	目视、温度和时间
补口质量检验	外观、漏涂点和剥离强度	目视、每一个补口测漏涂点、每100个补口抽测一个剥离强度

此外，中频加热设备作为最重要的加热手段，与传统手工烘烤相比，具有高效、加热均匀、环境适用性广、可靠性高等特点，特别适用于大管径管道补口施工。但是，由于补口加热区域含有钢表面和带主干线涂层的搭接区域，中频加热设备对这两个区域的加热质量是不一样的，比如温降速度和温度保持时间，即使同一台设备对补口区域进行加热，也会有不同的有效加热宽度，内外壁温差。这些差异性，施工单位在施工时并未考虑，更不用说设备是否能满足三种补口材料的施工要求了。这就使得一些区域温度偏低，黏接出现失效，如图2所示。

防腐补口涂层失效往往是由于缺乏具有可操作性的技术要求作为指导造成的，由此引起大家对补口质量管理体系的深思。目前国内工程建设对控制防腐补口施工质量的管理模式仍

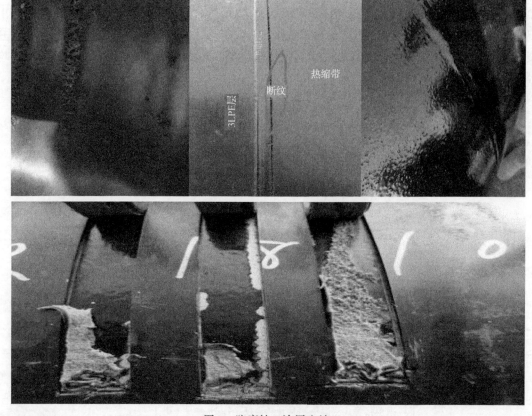

图 2　防腐补口涂层失效

处于粗放式管理，主要表现在：各施工工艺程序的质量控制主要依赖施工单位、监理单位的现场把控，缺乏准确的数据依据，缺乏有效的数据管理手段，依赖于人员的经验，存在很多主观判断，导致对过程控制不到位，无法实现数据及时采集、专业处理；热收缩带的安装工艺缺乏有效的管理手段，导致加热过程中胶黏剂黏接失效、材料老化、补口密封性较差；中频加热设备的加热特性不清晰，与各种防腐材料的匹配性欠佳，设备参数任意变更，以上诸多因素结合在一起，最终导致补口防腐层的质量事故频频发生。

1.2　数字化管理体系的提出

　　针对上述存在的问题，为了提升防腐补口施工质量的管理水平，将补口施工的质量控制从经验和人为判断转向数字化，推行补口施工质量的数字化管理体制。图 3 是根据目前防腐补口施工工艺的现状，结合数字化管理技术，提出的防腐补口施工质量的数字化管理体系。在补口施工开工前，按施工工艺规程进行工艺评定试验（PQT）验证，确认施工人员、加热设备、补口材料满足实际工程的要求；补口施工时，各个施工标段的现场施工记录、监测记录（包括工况条件、环境）即时传输至防腐补口施工质量控制实时数据库；补口施工完成后，进行补口质量检验，同时将记录上传；数据经快速处理和分析后，及时反馈给管理区和施工现场。可见，防腐补口施工质量的数字化管理体系综合考虑了人、机、料、法、环、测等因素，为补口施工提供详细的动态监测数据，并经过大数据处理系统直接将分析结果传输给施工现场和管理层，使数据信息处理更全面、更专业、更高效。

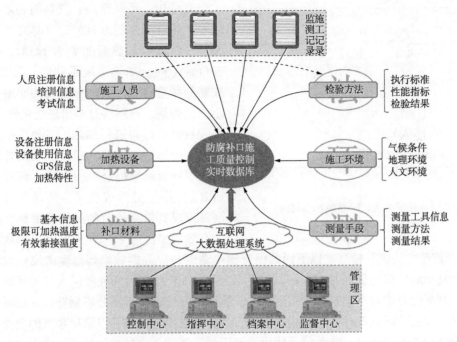

图 3　防腐补口施工质量的数字化管理体系

　　但是大数据的处理需要依靠完整、准确的数据作为支撑，即有效施工工艺参数的确立。在油气管道补口施工前，通过实验研究获得补口材料（胶黏剂、液体环氧和基材）的施工特性，即它们的极限可加热温度和胶黏剂有效黏接温度，然后根据补口材料的施工特性，选择加热设备，在模拟补口的管段上确认该加热设备的加热温度、加热时间和热分布曲线等相关技术数据；再进行工艺评定试验（PQT），使用经过确认的人、机、料在施工管道上进行热收缩带的模拟安装，然后将安装后的补口送往第三方实验室进行相关性能的检测和评估；符合技术要求后，将这些工艺参数数据运用到现场施工质量管控中。在施工现场，施工记录、监测记录、图像和曲线等实时传送到数据库，根据已确立的施工工艺参数，经过大数据处理，及时反馈到施工现场，有效地实现对补口施工质量的控制。

1.3　确立有效施工工艺参数的方法

　　目前有效施工工艺参数的确立还没有相关资料提出具体的实施方案。我们结合现场防腐补口的施工情况和课题研究成果，提出确立施工工艺参数的方法。

1.3.1　补口材料的施工特性

　　由于防腐补口使用的补口材料（胶黏剂、液体环氧和基材）均为有机高分子材料。而有机高分子材料因其分子结构的关系容易受热不稳定，尤其是不恰当的加热会导致高分子材料出现热（氧）老化、热降解等，导致材料的分子结构和使用性能发生改变。因此在进行补口施工之前，我们必须知道所施工的补口材料的极限可加热温度，防止因过度加热而导致材料过早出现老化、性能衰减。

　　补口材料的极限可加热温度是根据国际标准 ISO 11358-1 的检测方法进行检测。环氧涂层、胶黏剂和基材分别在氮气氛围下，在指定的温度条件下，一般以 50℃ 为起始检测温度，每间隔 10℃ 作为一个温度点，测出材料在 30min 内总的热失重量，以此建立温度与热失重量的关系，从曲线的双切线交点所对应的温度点作为该材料的极限可加热温度 T_c（见图 4）。

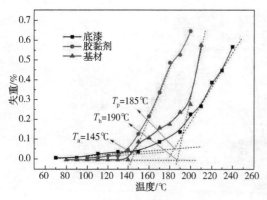

图4 环氧涂层、胶黏剂和基材的
极限可加热温度

从交点可知，环氧涂层、胶黏剂和基材的极限可加热温度分别为185℃、145℃和190℃，则最小极限可加热温度 T_c 为145℃。因此在补口施工时，加热温度不能超过环氧涂层、胶黏剂和基材这三者的极限可加热温度的最小值，否则，材料将过早出现老化衰减。

对补口材料进行加热，主要目的是促使胶黏剂能够熔融黏接，即使热收缩带胶黏剂与底层环氧涂层(底漆层)和主干线聚乙烯层(PE 层)搭接处形成黏接。胶黏剂与这两种底材形成有效黏接时的最低温度称为胶黏剂的有效黏接温度 T_θ。该温度是根据欧洲标准 EN 828 的检测方法进行检测。以不同的钢管预热温度与胶黏剂的烘烤温度来模拟现场安装条件，控制 20min 作为保温时间，测试胶黏剂分别在 PE 层表面和底漆层表面的接触角，根据接触角判断胶黏剂对不同表面的润湿特性，然后通过控温模拟安装得到补口涂层系统，并经剥离实验验证，确认胶黏剂的黏接有效性。当控温模拟得到的补口涂层系统的剥离破坏形式呈现胶黏剂内聚破坏时，该系统所使用的钢管预热温度和胶黏剂的烘烤温度则为胶黏剂的有效黏接温度 T_θ。

1.3.2 中频加热设备的加热特性

中频加热设备是利用电磁原理加热钢管的外表面，底漆层和 PE 层的温度是从钢管表面传递而来。因此，中频加热设备应满足热收缩带在不同部位(底漆层和 PE 层)的安装温度要求，中频加热线圈的加热质量将直接导致热收缩带补口的安装质量。影响中频加热设备的加热质量的工艺参数包括加热功率、加热时间、加热温度的持续时间、线圈的分布情况，以及线圈的有效加热宽度等。在补口施工之前，应对中频加热设备进行调试，获取补口部位的温度分布曲线、温降曲线等加热特性曲线。如图 5 所示，在实际工程的模拟补口管段上，测试中频线圈的加热情况，获取补口区域的温度分布情况和温降曲线，使得加热温度和温度持续时间满足补口材料的极限可加热温度 T_c 和有效黏接温度 T_θ、有效加热宽度与补口宽度匹配。同时，应记录中频加热设备的参数，如电流、功率、线圈的匝数、距离等。在补口施工过程中，不得更换中频加热设备；如若更换设备或补口钢管参数发生变化(如管径、壁厚)，应重新获取中频加热特性曲线，确保中频加热设备的加热特性与补口材料的施工特性相匹配，确保补口施工质量得到有效管控。

2 结果和效果

某管道项目是国家的重点工程，管道埋设地区环境特殊，管道防腐蚀补口施工质量将直接关系到输油管道的安全，因此采用数字化管理体系管控防腐蚀补口施工质量至关重要。在防腐补口施工前，补口材料的施工特性和中频加热设备的加热特性在实验室研究和工艺评定试验(PQT)中得到有效验证，并将特征性参数文件提交给施工单位和监理单位，以便指导现场补口施工和质量管控。图6是防腐补口施工质量的数字化管理体系的雏形，应用在项目取得一定成效，它完善了项目关键人员、机具设备的信息，实施了对人员、机具设备的信息化管控，有效提高了施工质量管理水平，为今后全面实现油气管道补口施工质量数字化管理奠定了坚实基础。

(a)加热特性曲线

(b)温度分布曲线图

(c)温降曲线图

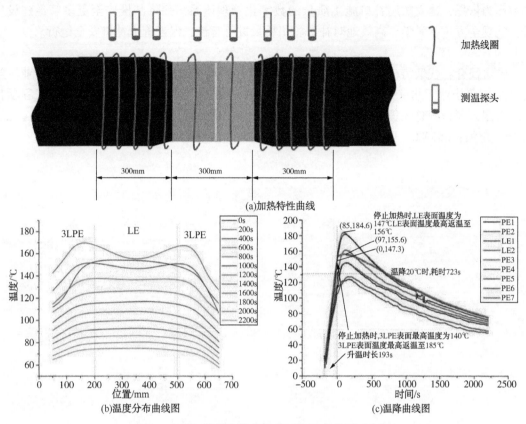

图 5 中频加热设备的加热线圈和温度检测示意图

工程编号	编号	天气情况	日期	工序	开始时间	结束时间	施工情况	操作
JJJGD-1-1	JJJGD-01JL-FFPZ-061	晴	2018-03-18	防腐补口	16: 30	17: 30	温度2℃; 湿度4...	
JJJGD-1-1	JJJGD-01JL-FFPZ-060	晴	2018-03-16	防腐补口	8: 30	12:30	温度1℃; 湿度4...	
JJJGD-1-1	JJJGD-01JL-FFPZ-059	晴	2018-03-15	防腐补口	8: 30	17:30	温度4℃; 湿度4...	
JJJGD-1-1	JJJGD-01JL-FFPZ-058	晴	2018-03-14	防腐补口	8: 30	16:30	温度3℃; 湿度4...	
JJJGD-1-1	JJJGD-01JL-FFPZ-057	晴	2018-03-13	防腐补口	8:30	12:30	温度6℃; 湿度4...	
JJJGD-1-1	JJJGD-01JL-FFPZ-056	晴	2018-03-12	防腐补口	1:30	17:30	温度7℃; 湿度3...	
JJJGD-1-1	JJJGD-01JL-FFPZ-055	晴	2018-03-08	防腐补口	8:30	16:00	温度1℃; 湿度3...	
JJJGD-1-1	JJJGD-01JL-FFPZ-054	晴	2018-03-07	防腐补口	8:30	16:30	温度2℃; 湿度3...	
JJJGD-1-1	JJJGD-01JL-FFPZ-053	晴	2018-03-06	防腐补口	10: 00	16:00	温度1℃; 湿度4...	
JJJGD-1-1	JJJGD-01JL-FFPZ-052	晴	2018-03-05	防腐补口	8:30	11:00	温度2℃; 湿度3...	
JJJGD-1-1	JJJGD-01JL-FFPZ-051	晴	2018-03-04	防腐补口	8:30	17:00	温度-1℃; 湿度...	
JJJGD-1-1	JJJGD-01JL-FFPZ-050	阴	2018-03-03	防腐补口	13: 30	17: 00	温度4℃; 湿度3...	
JJJGD-1-1	JJJGD-01JL-FFPZ-049	晴	2018-03-02	防腐补口	8:30	17:00	温度1℃; 湿度3...	
JJJGD-1-1	JJJGD-01JL-FFPZ-048	晴	2018-02-08	防腐补口	8: 30	12:00	温度-3℃; 湿度...	
JJJGD-1-1	JJJGD-01JL-FFPZ-047	晴	2018-02-06	防腐补口	8:30	12:00	温度-2℃; 湿度...	

1 2 3 4 5 下一页 转到: 页 GO

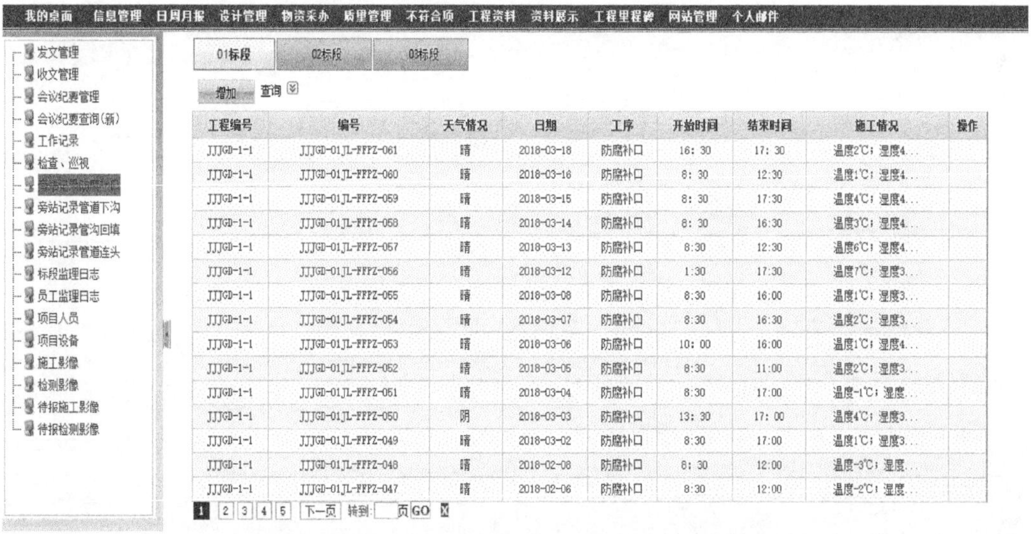

图 6 某管道项目防腐补口施工质量的管理体系

3 结语

在防腐补口施工过程中，补口施工质量受到人、机、料、法、环、测诸多因素的影响，为了确保补口施工质量，减少因不合理的施工工艺而导致防腐涂层失效，必须通过现代科学技术作为依托，建立防腐补口施工质量的数字化管理体系，并将其推广至更多管道建设项目，实现全方位、科学、高效地对补口施工质量进行管控，保证管道补口安全运行。

作者简介：代炳涛(1976—)，1998 年毕业于中国石油大学(华东)，热能工程专业，学士，2009 年毕业于北京交通大学，项目管理专业，硕士，现工作于廊坊中油朗威工程项目管理有限公司，副总经理，总工程师，高级工程师。通讯地址：河北省廊坊市广阳区金光道 54 号，邮编：065000。联系电话：0316-2074467，E-mail：814187989@ qq. com。

基于有限元和神经网络方法的含轴向
双体积型缺陷管道安全性分析

白瑞峰　马泽宇　刘云鹏　武　玮　淡　勇

(西北大学化工学院)

摘　要　管道在油气资源的运输中起着极为重要的作用。腐蚀是影响管道安全服役的重要因素，对管道的安全性有极大的影响。管道壁面因腐蚀产生体积型缺陷，造成壁厚减薄，承载能力下降，发生失效导致泄漏，进而引发灾难性的事故。因此，对含体积型缺陷管道进行研究对管道防护和提高安全服役能力非常重要。本文采用有限元方法针对缺陷几何因素对管道承载能力展开探究，得到了不同因素对管道的影响规律；在有限元分析基础上构建了 BP 神经网络模型，该模型可以对含轴向双缺陷管道的失效压力进行较为准确的预测，为含缺陷管道的研究提供了一定的基础。

关键词　管道；腐蚀；体积型缺陷；有限元；神经网络

1　引言

在能源输送领域，管道因具有安全、稳定、持续、高效等独特的优势取代了公路、水路等运输方式，成为能源行业中输送石油天然气资源的强有力工具。油气资源从开采经过多重加工工序才可到达用户端，管道一般采用埋地方式敷设，随着对油气资源的巨大需求，输送距离不断增加，故而油气输送管道大多都为长输管道。尽管对管道采取了一些防护措施，例如表层涂漆、介质内添加缓蚀剂等等，但是管道失效还是不可避免，影响管道失效的因素很多，其中腐蚀作为造成管道失效的主要原因之一，对管道的安全服役造成极大的影响。从 20 世纪 50 年代开始，人们对腐蚀引起的管道失效问题进行了探究，形成了一系列的评价标准，例如 B31G、Modified B31G、DNV RP F101、PCORROC 等评价准则用于对含体积型缺陷管道的安全性评价。

管道因腐蚀在壁面会产生质量损失，呈现出体积型缺陷的特征。一般来讲，可将体积型缺陷根据投影分为矩形、椭圆形、混合型，其中针对矩形的研究是最多的。体积型缺陷的存在，引起管道壁厚减薄，承载能力下降，安全性变差，增加了发生故障的可能性；如若不会其进行干预或者加以控制，极有可能发生泄漏，继而引发爆炸等危险事故，这对管道安全服役造成严重威胁。在针对体积型缺陷的研究中，单缺陷是研究最多的；与其相比，群缺陷间的相互作用使得管道承载能力和安全服役的能力更差。在群缺陷的研究中，缺陷几何因素以及群缺陷间的相互作用一直是研究的重点。伴随着高强管线钢的应用，群缺陷的研究对于提升管道安全服役能力、管道防护以及完整性管理有着非常重要的意义。本文采用有限元和人工神经网络方法针对含轴向双缺陷的 X80 管道进行研究。

2　有限元建模

管道各项参数如表 1 所示。本文选取两个相同的等壁厚矩形缺陷进行研究，建立含体积型缺陷的四分之一管道模型，如图1所示。管道各项参数如表1所示。缺陷几何尺寸参数；缺陷长度为60mm，缺陷深度为10%~80%的壁厚，缺陷间距为30~240mm。基于文献对本模型进行了验证，误差在0.1%范围内，表明了本文所建模型的正确性。

表 1　管 道 参 数

材料	杨氏模量 E/MPa	泊松比 v	屈服强度 σ_y/MPa	极限拉伸强度 σ_u/MPa	管道外直径 D/mm	管道壁厚 t/mm	管道长度 l/m
X80	200000	0.3	534.1	718.2	458.8	8.1	1.7

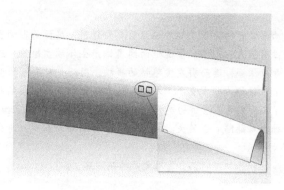

图 1　轴向双缺陷模型

3　不同因素对管道承载能力的影响

3.1　缺陷深度

为了探究缺陷深度对管道安全性的影响，对同一长度、不同缺陷深度、和不同缺陷间距下的含双缺陷管道的失效压力进行计算，其结果如图2所示。由图2可知，在同一缺陷间距下，随着缺陷深度不断增加，管道失效压力不断下降，这就表明管道承载能力持续降低，安全性越来越差。同时，在图2中，当缺陷深度超过管道壁厚的70%的时候，管道失效压力的下降速度比之前更快，这表明当缺陷深度大于管道壁厚的70%时，管道承载能力对缺陷深度的变化更加敏感，管道的承载能力更差。通过上述分析，缺陷深度是影响管道安全性的重要因素。

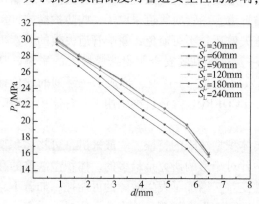

图 2　缺陷深度对管道失效压力的影响

3.2　缺陷长度

为了探究缺陷长度对管道安全性的影响，对不同的缺陷长度的体积型缺陷进行了探究，其结果如图3所示。图3的结果表明，在不同的间距下，随着缺陷长度的增加，管道失效压力整体上呈现下降的趋势，但是在不同的间距下，情况不同。由图3(a)~(f)可以看到，当缺陷深度为2.43mm和4.05mm时，缺陷间距较小时，管道承载能力随着缺陷长度的增加逐渐降低，缺陷间距为90mm时，管道失效压力的下降趋势变缓慢，达到120mm时，长度增加到80mm时，失效压力基本上不发生变化。这表明，缺陷间距较小时，缺陷长度对管道承载能力的影响很大。较浅的缺陷在一定的间距范围内，缺陷长度的影响很大，当间距达到某一定值时，长度增大时，管道失效压力基本不发生变化，长度再增大时，管道承载能力下降。对于深缺陷(5.67mm)，无论缺陷间距较大还是较小，管道失效压力随着缺陷长度的增加持续下降。

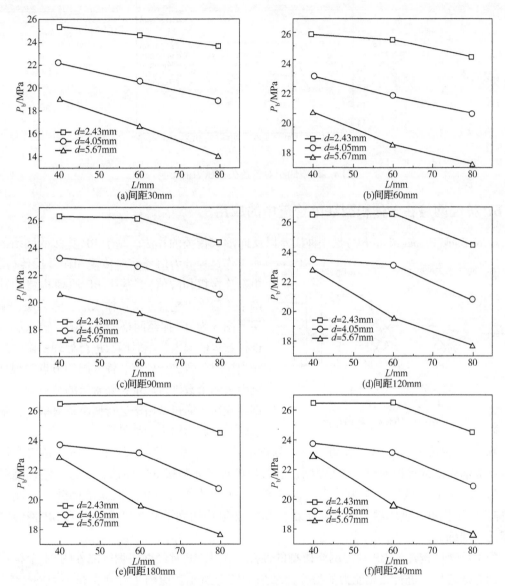

图3　缺陷长度对管道失效压力的影响

3.3　缺陷间距

　　通过对不同深度、不同间距、同一长度下的轴向双缺陷管道进行了有限元计算，其结果如图4所示。根据图4的结果，可以看到，在不同的深度下，管道失效压力随着缺陷间距的增加，失效压力先开始增大，当间距达到一定距离时，失效压力不再发生变化，这就表明缺陷间距的影响是有一定范围的，即缺陷间的相互作用受缺陷间距的约束。在图4中，当缺陷间距在120mm以内时，管道失效压力先快速增大，后趋于平缓，超过120mm时，失效压力不发生变化。因此可将轴向间距 $S_L = 120$mm 作为轴向双缺陷相互作用的极限距离，即当缺陷之间的距离小于 120mm 时，缺陷间相互作用，距离越小，相互作用越强，对管道安全性的影响就越大；反之，无影响。

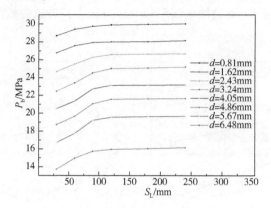

图 4　缺陷间距对管道失效压力的影响

4　BP 神经网络在含体积型缺陷管道中的应用

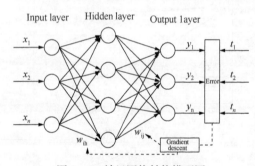

图 5　BP 神经网络结构模型图

Error Back Propagation(BP)是一种误差以反向形式传播的算法。基于 BP 算法的网络的主要工作过程分为信号前向传播和误差反传(用于更新连接权和阈值)。基于 BP 原理构建的神经网络一般来讲包含三层：输入层、隐含层、输出层。图 5 为 BP 神经网络的模型图。输入层只对进行数据的输入，不对函数进行处理；隐含层和输出层对函数进行处理。输入层的节点数根据影响因素的个数进行确定；隐含层的节点数一般依据经验法，通过试错法进行调整最终确定；输出层的节点数为输出的结果数。

基于 BP 神经网络原理，利用 Matlab 软件搭建 BP 神经网络模型。以影响管道安全性的因素作为输入层的神经元数，个数为 4；隐含层的神经元数根据经验法，通过网络训练最终确定为 12；管道失效压力作为输出。选取 Sigmoid 函数作为隐含层的激活函数。以此建立 BP 神经网络模型，训练结果如图 6 所示，其中 R 值均达到了 0.9 以上，表明 BP 神经网络模型已经训练完成。

为了反映所构建的 BP 神经网络模型的性能，采用 BP 神经网络训练之外的 21 个样本对已经训练好的模型进行泛化能力的检验，结果如图 7 所示。由图 7 可知，在不同的样本下，有限元计算值和 BP 神经网络预测值差值很小，经过计算误差在 3.7% 范围内，充分表明所构建的 BP 神经网络模型可以对含轴向双体积型缺陷管道的失效压力进行较为准确的预测。

5　结语

有限元分析结果表明，缺陷深度是影响管道承载能力的主要因素，当缺陷深度超过管道壁厚的 70% 时，管道承载能力骤降。不同的间距下，缺陷长度对浅缺陷和深缺陷的影响不同，缺陷较浅时，间距越小，缺陷长度对管道安全性影响越大，当达到某一间距时，缺陷较长时对管道承载能力的影响较大；对于较深的缺陷，无论间距较大还是较小，缺陷长度的持续增大都会造成管道安全服役能力变差。缺陷间距对管道安全性的影响有一定范围，本文研究所得的轴向双缺陷相互作用极限距离为 120mm，在此距离范围内，缺陷相互影响，间距越小影响越大；反之无影响。

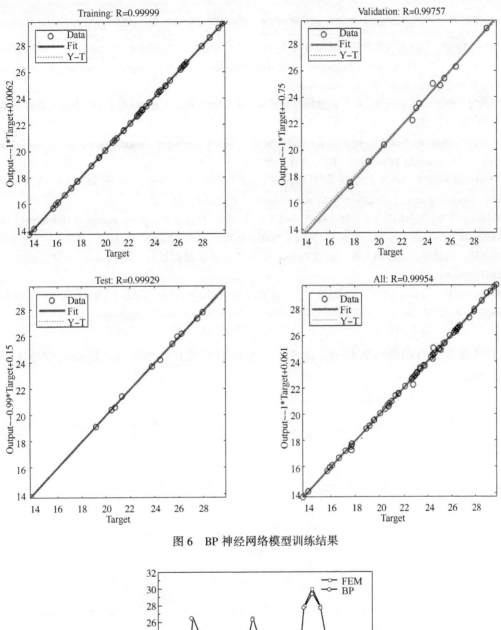

图 6　BP 神经网络模型训练结果

图 7　泛化能力检验

本文在有限元分析计算的基础上，构建了 BP 神经网络模型，结果表明该模型可以对含轴向双缺陷管道的失效压力进行准确的预测，为含缺陷管道的安全性评价拓宽了思路，也为其他方法的引入提供了一定的基础。

参 考 文 献

［1］马钢，白瑞. 全球油气管道分布及发展展望[J]. 焊管，2018，41(03)：6-11.

［2］Gao J，Yang P，Li X，et al. Analytical prediction of failure pressure for pipeline with long corrosion defect [J]. Ocean Engineering，2019，191：106497.

［3］毕傲睿，骆正山，宋莹莹，等. 内腐蚀海底管道剩余强度的 FOA-GRNN 模型[J]. 中国安全科学学报，2020，30(6)：78-83.

［4］Wang Q，Zhou W. A new burst pressure model for thin-walled pipe elbows containing metal-loss corrosion defects[J]. Engineering Structures，2019，200：109720.

［5］Al-Owaisi S S，Becker A A，Sun W. Analysis of shape and location effects of closely spaced metal loss defects in pressurised pipes[J]. Engineering Failure Analysis，2016，68：172-186.

［6］Tawancy H M，Al-Hadhraml L M，Al-Yousef F K. Analysis of corroded elbow section of carbon steel piping system of an oil-gas separator vessel[J]. Case Studies in Engineering Failure Analysis，2013，1(1)：6-14.

［7］刘维洋，马廷霞，邹海翔，等. 含腐蚀凹陷压力管道极限载荷数值分析[J]. 中国安全科学学报，2016，26(6)：92-97.

［8］Benjamin A C，Freire J L F，Vieira R D，et al. Burst Tests on Pipeline Containing Interacting Corrosion Defects[C]//ASME International Conference on Offshore Mechanics & Arctic Engineering，2005.

作者简介：白瑞峰(1994—)，硕士，从事压力管道安全性研究。E-mail：2732892909 @ qq. com。

基于三维元胞自动机的埋地管道
金属土壤腐蚀行为模拟

何旭烨 都心爽 刘佳薇 武 玮 淡 勇

(西北大学化工学院)

摘 要 石油运输管道发生的泄漏事故多源于埋地管道金属土壤腐蚀。运用元胞自动机方法构建一种综合考虑了土壤含氧量、含水量等影响因素的金属土壤腐蚀动力学模型,利用该模型高效、准确的特点对土壤腐蚀行为进行探究。研究结果表明:模型模拟结果出现腐蚀产物层,结构成分与实际腐蚀产物层一致;腐蚀速率随着含氧量的增大而增大;腐蚀速率随含水量增加呈先增大后减小趋势。

关键词 土壤腐蚀;元胞自动机;腐蚀产物层;含水量;含氧量

我国是石油资源储备大国,同时作为工业强国对石油资源的使用也相当巨大。在辽阔的国土面积和巨大的石油需求量下,埋地管道成为运输石油的主要载具。而土壤腐蚀又是影响埋地管道安全的一大影响因素。埋地金属土壤腐蚀受含水量、含氧量等因素共同影响,导致腐蚀过程较为复杂。Hendi 等研究了含水量对金属土壤腐蚀行为的影响,研究结果表明在含水量较低和较高时,腐蚀电流密度均较小,土壤腐蚀速率也相对较小,当含水量的质量分数在50%时,腐蚀电流密度达到最大值,腐蚀速率最大。朱亦晨等分析了三种土壤中的金属腐蚀产物成分,研究发现三种土壤中的腐蚀产物成分均出现分层,表层产物成分为 Fe_2O_3 和 FeOOH,其结构疏松多孔,内层产物成分主要为 Fe_3O_4,产物结构紧固致密,由于内层结构致密,阻碍了水和氧气的扩散过程,从而延缓了腐蚀进度。马珂等研究含水量对 Q235 钢的土壤腐蚀行为影响时发现,随着含水量的增加,腐蚀速率随之增加,当含水量达到28%时,腐蚀速率到达峰值,继续增加含水量,腐蚀速率随之减小,通过分析得出,由于含水量的增加,土壤的透气度相对减小,导致氧气扩散受阻,因此腐蚀速率降低。

目前,实验研究和数值模拟是了解和掌握金属土壤腐蚀行为的主要手段。实验研究具有实验样品真实、数据准确、结果可靠等优点,但是实验方法需要进行土壤调配、选取实验样品、长时间埋置金属挂片等处理,导致实验研究方法的步骤繁多,且耗时较长。因此,需要寻求一种既符合土壤腐蚀随机性原理又具高效性、准确性的数值模拟方法。

元胞自动机(Celluar Automata,CA)可以模拟复杂的动力学系统过程,且具有随机性。元胞自动机的特点与土壤腐蚀机理契合,因此采用元胞自动机方法可以将金属土壤腐蚀的物质扩散及复杂过程描述出来。陈梦成等在研究腐蚀环境下钢材的腐蚀行为时,利用元胞自动机方法建模,设定运行规则和控制参数,将钢材腐蚀过程成功模拟出来,最终模拟结果与实际腐蚀效果相符。Caprio 等采用元胞自动机方法研究金属腐蚀坑的扩展过程,成功模拟出狭长形的裂缝坑蚀演化过程和空腔型的坑蚀演化过程。Wang 等利用二维元胞自动机模型研究了不锈钢亚稳态腐蚀坑之间的相互作用,研究结果表明两个相邻蚀坑按照设定规则演化最终合并成为一个较大的腐蚀坑。张晓斌等在研究金属表面腐蚀损伤形态演化规律时,通过元胞自动机方法模拟了腐蚀形态变化和腐蚀产物形成过程，模拟结果与实际相符。

元胞自动机方法已经应用金属腐蚀领域，目前大多数的土壤腐蚀元胞自动机模型主要针对单一坑蚀的演化模拟，坑蚀数值模拟并不能将土壤腐蚀的影响参数控制作用体现出来，且不能展示整体金属的腐蚀过程，因此，需要寻求一种新的元胞自动机模型，将真实土壤腐蚀演化过程以及各类影响因素控制描述出来。

1 元胞自动机

元胞自动机(CA)是一个定义在具有离散、有限状态的元胞组成的元胞空间上，并按照一定的局部规则，在离散时间维上演化的动力学系统，能够模拟和研究复杂的物理化学过程。元胞自动机演化规则如图1所示，首先针对模拟研究目标选取邻居类型，常见元胞自动机邻居类型主要分为常见的邻居类型有冯诺伊曼型(见图1中a)和摩尔型(见图1中b)，冯诺伊曼和摩尔型邻居类型均具备随机性和连通性，摩尔型规则较为复杂，而冯诺伊曼型规则简单且能有效模拟腐蚀性物质的随机扩散过程，因此在模拟土壤腐蚀演化过程时，冯诺伊曼型邻居类型具有独特的优势，能够高效的将复杂土壤腐蚀过程模拟演化出来。

根据土壤腐蚀机理确定参与腐蚀反应的元胞类型，设定初始状态，并根据腐蚀机理设定元胞间的演化规则以及控制参数，根据时间状态的变化，各个元胞按照演化规则和给定参数改变状态，实现对复杂土壤腐蚀演化过程的模拟。

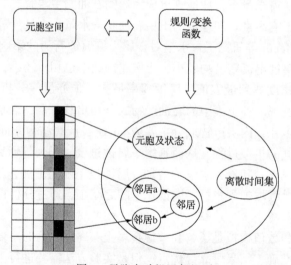

图1　元胞自动机运行规则

2 金属土壤腐蚀元胞自动机模型

2.1 土壤腐蚀过程

埋地管道腐蚀大多数发生在野外，大多为自然腐蚀，因此本文讨论金属土壤腐蚀机理时主要以电化学反应为主。图2为金属土壤腐蚀过程示意图，土壤中水分与金属表面接触，氧气溶解到水中与金属发生电化学反应，其中阳极 Fe 失电子被氧化为 Fe^{2+}，阴极 O_2 和 H_2O 得电子被还原为 OH^-[图2(a)和图2(b)]。

阳极过程：
$$Fe \longrightarrow Fe^{2+} + 2e^-$$

阴极过程：
$$O_2 + 2H_2O + 4e^- \longrightarrow 4OH^-$$

随后，Fe^{2+}、OH^- 及 O_2 反应生成中间产物 $Fe(OH)_2$、$FeOOH$[图2(c)]：

$$Fe^{2+}+2OH^- \longrightarrow Fe(OH)_2$$

$$4Fe(OH)_2+O_2 \longrightarrow 4FeOOH+2H_2O$$

部分 $FeOOH$ 脱水生成 Fe_2O_3，因表层腐蚀产物多孔透气，为水提供可传递途径，底部水量较多，形成的水膜隔离了氧气。在缺氧环境下，且靠近金属处 Fe^{2+} 的含量较多，底部 Fe^{2+} 多与 $FeOOH$ 反应生成 Fe_3O_4[图2(d)]：

$$2FeOOH \longrightarrow Fe_2O_3+H_2O$$

$$8FeOOH+Fe^{2+}+2e^- \longrightarrow 3Fe_3O_4+4H_2O$$

生成的 Fe_3O_4 紧密地附着在金属基体表面，减少了水和氧气的继续扩散，因此最终形成内层为 Fe_3O_4，表层为 Fe_2O_3、$FeOOH$ 的腐蚀产物层。

当土壤含水量较少时，金属表面会产生点蚀。含水量增加，金属表面形成液膜，使得活性离子的传质速度增强，电阻率降低，金属的腐蚀速率随之增强。当含水量继续增加时，含氧量相对应持续减少，因此当含水量增加到达某一临界含量时，由于水形成了封闭液膜，氧气减少，电极反应的去极化剂氧难以与金属基体反应，以及腐蚀产物层覆盖等因素影响，继续增加含水量，腐蚀速率将减小。

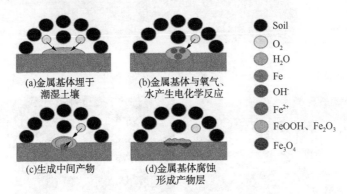

(a)金属基体埋于潮湿土壤

(b)金属基体与氧气、水产生电化学反应

(c)生成中间产物

(d)金属基体腐蚀形成产物层

Soil
O_2
H_2O
Fe
OH^-
Fe^{2+}
$FeOOH$、Fe_2O_3
Fe_3O_4

图2 金属土壤腐蚀过程示意图

2.2 金属土壤腐蚀形貌

金属土壤腐蚀行为受含水量影响，当含水量较低时，呈现为局部腐蚀，如图3(a)所示，当含水量较高表现为均匀腐蚀，如图3(b)所示，去除腐蚀产物后可看观察到明显的腐蚀坑，如图3(c)所示。金属土壤腐蚀产物一般呈分层结构，产物表层通常为 Fe_2O_3、$FeOOH$，内层为 Fe_3O_4，如图4所示。

2.3 金属土壤腐蚀的元胞自动机模型

2.3.1 定义元胞空间

元胞自动机具有一致性，其特点是指为适用所划分的元胞网格，认为所有元胞类型的大小、形状以及分布方式均相同，这样方便计算。本金属土壤腐蚀模型为理想土壤，土壤中只有水和氧气，选取主要参与腐蚀过程的物质进行赋值定义：M—金属基体，不具移动性；S—土壤介质，不具移动性；W—表层腐蚀产物(主要成分 Fe_2O_3、$FeOOH$)，不具移动性；I—内层腐蚀产物(主要成分 Fe_3O_4)，不具移动性；H—水；O—氧气；X—溶有氧气的含氧水，如图5所示。

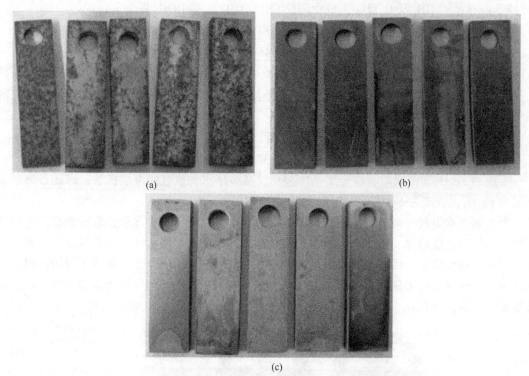

(a)

(b)

(c)

图 3　金属土壤腐蚀形貌展示

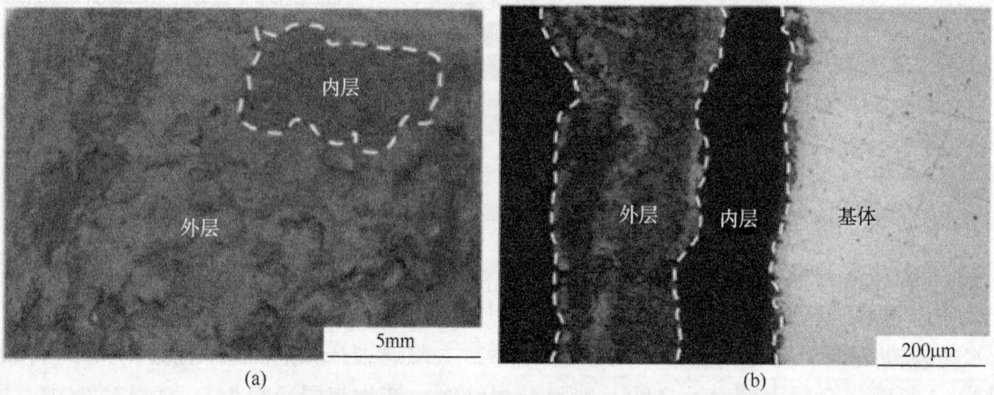

(a)

(b)

5mm

200μm

图 4　腐蚀产物层形貌展示

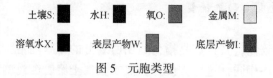

图 5　元胞类型

2.3.2　确定元胞自动机模型局部转换规则

这里的每一个元胞并不是化学中的 1mol 物质或单个分子,而是某一分子的集合,如果一组化学反应元胞相邻近,则满足该化学反应的物质含量要求。该模型选择冯诺伊曼邻居类型,根据金属土壤腐蚀机理和电化学反应方程,确定以下局部转换规则:

规则 1:水元胞 H 和氧气元胞 O 以 P_d 的扩散概率移动,当两元胞相邻时以 P_d 的概率融

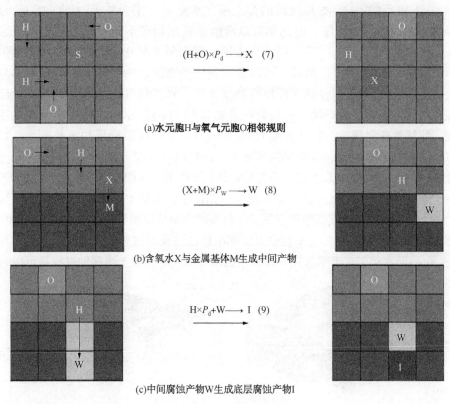

(a)水元胞H与氧气元胞O相邻规则

$$(H+O)\times P_d \longrightarrow X \quad (7)$$

(b)含氧水X与金属基体M生成中间产物

$$(X+M)\times P_w \longrightarrow W \quad (8)$$

(c)中间腐蚀产物W生成底层腐蚀产物I

$$H\times P_d + W \longrightarrow I \quad (9)$$

图6   元胞局部转换规则

合生成含氧水元胞 X，如图 6(a)所示；

规则 2：当含氧水 X 与金属基体 M 相临时，两元胞以 P_w 的概率生成产物元胞 W(主要成分 Fe_2O_3、$FeOOH$)，此规则模拟式(1)~式(5)过程，其中腐蚀溶解概率 P_w 与土壤腐蚀性有关，当土壤中的离子增多时，电导率及土壤腐蚀性增强，腐蚀溶解概率 P_w 也随之增大，局部转化规则如图 6(b)所示；

规则 3：当水元胞 H 以 P_d 的扩散概率在 W 元胞中移动时，与靠近金属基体的 W 元胞相遇，生成底层腐蚀产物元胞 I，此规则模拟式(6)反应过程，其中扩散概率 P_d 与土壤孔隙度有关，土壤孔隙度增大，扩散概率增大，氧气和水在土壤的传播性也随之增强，更易与金属接触反应，局部转换规则如图 6(c)所示。

在本文元胞自动机模型中，选取长、宽均为 300，层数为 50 的网格进行演化模拟。模拟初始时期，土壤基体 S 和金属基体 M 各占据一半，氧气元胞 O 和水元胞 H 存在于土壤基体 S。模型中的土壤基体 S 作为多孔介质载体，为氧气元胞 O 和水元胞 H 提供了移动空间，氧气元胞 O 和水元胞 H 按照设定移动概率在土壤基体 S 中随机移动。根据土壤腐蚀模拟过程选取了三个具有特殊物理意义的参数：含水量 C、腐蚀溶解概率 P_w(控制腐蚀反应物接触后反应的概率)及扩散概率 P_d(控制腐蚀反应物在基体中移动的概率)，通过控制这三个参数，实现模拟结果与实际腐蚀结果相一致。

3   模拟结果与分析

3.1   模拟结果

在金属土壤腐蚀元胞自动机模型输入参数腐蚀溶解概率 $P_w = 0.3$、扩散概率 $P_d = 0.7$，

含氧量 $F = 0.1$ 得到如图 7~图 9 所示的在土壤含水量 C 分别为 0.1、0.2、0.3，时间步长 $T = 250$ 条件下的模拟腐蚀瞬像。由此图可以清晰地观察到在不同含水量对金属腐蚀行为的影响。在含水量 $C = 0.1$ 的情况下，腐蚀为点蚀，模拟瞬像呈现多个腐蚀单坑（见图 7），腐蚀总模拟结果总体图如图 7(a) 所示，可以看出腐蚀产物层较为稀薄；在金属基体与土壤接触层如图 7(b) 所示，可以观察到多种反应物如土壤、水、氧气等混合在一起以及已经通过电化学反应生成的表层腐蚀产物；底层腐蚀产物如图 7(c) 所示，可以看出多个腐蚀坑，但蚀坑较浅，蚀坑数相对稀少。在含水量 $C = 0.2$ 的情况下的模拟结果如图 8 所示，相比较含水量 $C = 0.1$ 的腐蚀模拟结果，无论是蚀坑数量，还是蚀坑深度均有所增加，腐蚀行为已经变为局部腐蚀。而在含水量 $C = 0.3$ 时，模拟结果如图 9 所示，从图 9(b) 和图 9(c) 可以看出，点蚀坑增多、增大最终合并，已经达到全面腐蚀，相比于含水量 $C = 0.2$ 的模拟结果，腐蚀坑分布密集，整个金属表面几乎被腐蚀产物覆盖，且腐蚀产物分层明显，而底层腐蚀产物的密集覆盖。从模拟结果瞬像可以看出，CA 模型以概率事件描述反应过程，其模拟结果与实验得出的腐蚀形貌（图 4）非常相似，表明采用元胞自动机来模拟实际金属土壤腐蚀过程是可行的。

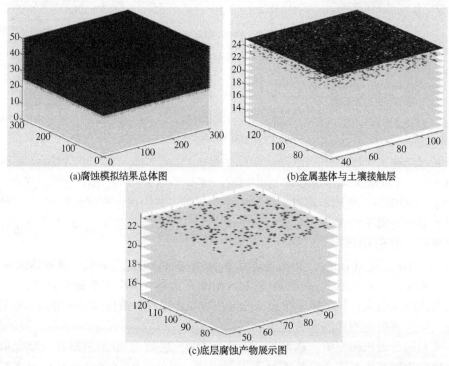

(a)腐蚀模拟结果总体图　　　　　　(b)金属基体与土壤接触层

(c)底层腐蚀产物展示图

图 7　在含氧量 $F = 0.1$，$P_w = 0.3$，$P_d = 0.7$ 条件下，含水量 $C = 0.1$ 下的腐蚀模拟瞬像

3.2　元胞自动机模型中含氧量 F 和含水量 C 对金属土壤腐蚀的影响

设定参数，$P_w = 0.5$，模拟时间步长 $T = 250$，含水量 $C = 0.3$，含氧量 F 取 0.04、0.06、0.08、0.1，模拟结果如图 10 所示，由图 10 可以看出，在同一扩散概率下，腐蚀产物量随含氧量的增加而增大；选取腐蚀溶解概率 $P_w = 0.5$，模拟时间步长 $T = 250$，含氧量 $F = 0.1$ 含水量 C 取 0.1，0.2，0.3，0.4，0.5，0.6，模拟结果如图 11 所示，由图 11 可以看出，在同一扩散概率下，腐蚀产物量随含水量的增加，呈现出先增大后减小的趋势，随着扩散概率的减小，临界含水量（即最大腐蚀程度对应的含水量）逐渐增大。

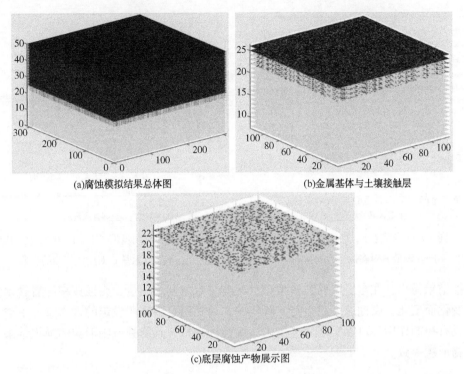

(a)腐蚀模拟结果总体图

(b)金属基体与土壤接触层

(c)底层腐蚀产物展示图

图 8　在含氧量 $F = 0.1$，$P_w = 0.3$，$P_d = 0.7$ 条件下，含水量 $C = 0.2$ 下的腐蚀模拟瞬像

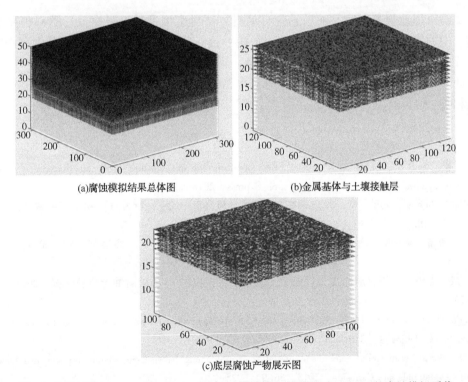

(a)腐蚀模拟结果总体图

(b)金属基体与土壤接触层

(c)底层腐蚀产物展示图

图 9　在含氧量 $F = 0.1$，$P_w = 0.3$，$P_d = 0.7$ 条件下，含水量 $C = 0.3$ 下的腐蚀模拟瞬像

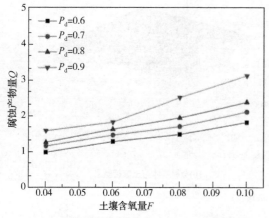
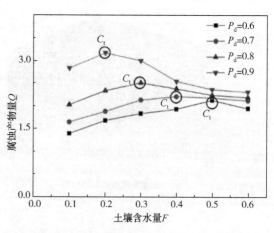

图10 同一时间步长 T 下，$C=0.3$，$P_w=0.5$ 时
不同含氧量 F 对腐蚀行为的影响

图11 同一时间步长 T 下，$F=0.1$，$P_w=0.5$ 时
不同含水量 C 对腐蚀行为的影响

模拟结果得出，在本土壤腐蚀模型中，改变含水量和含氧量，腐蚀速率随着含水量以及含氧量变化而变化，腐蚀速率趋势与实际实验结果相符合。证明设定的含水量 C 和含氧量 F 对模型具有控制作用，可以实现对金属土壤腐蚀的模拟，且腐蚀产物形貌的模拟结果与实际腐蚀产物形貌一致。

4 结语

本文针对埋地管道腐蚀，采用元胞自动机方法对腐蚀过程进行模拟。模拟研究结果表明，模拟中的腐蚀产物形貌与实际产物层形貌一致，出现分层，表层产物以及内层产物成分均与实际腐蚀产物一致。模型中改变含氧量，腐蚀速率随含氧量的增大而增大；改变含氧量，腐蚀速率随含氧量增大，呈先增大后减小趋势，含水量和含氧量对模型的控制与实际腐蚀机理相符。

参 考 文 献

[1] Hendi R，Saifi H，Belmokre K，et al. Effect of black clay soil moisture on the electrochemical behavior of API X70 pipeline steel[J]. Materials Research Express，2018(5)：1-13.

[2] 朱亦晨，刘光明，刘欣，等. Q235 钢在 3 种典型土壤环境中的腐蚀行为[J]. 机械工程材料，2019，43 (10)：15-19.

[3] 马珂，曹备，陈杉檬. 含水量对 Q235 钢土壤腐蚀行为的影响[J]. 腐蚀与防护，2014，35(009)：922-924.

[4] 陈梦成，温清清. 钢材腐蚀损伤过程的元胞自动机模拟[J]. 中国腐蚀与防护学报，2018，38(1)：67-73.

[5] Caprio D D，Vautrin‐Ul C，Stafiej J，et al. Morphology of corroded surfaces：Contribution of cellular automaton modelling[J]. Corrosion Science，2011，53(1)：418-425.

[6] H，T，Wang，et al. Cellular automata simulation of interactions between metastable corrosion pits on stainless steel[J]. Materials and Corrosion，2015，66(9)：925-930.

[7] 张晓斌，任克亮，纪华，等. 金属表面腐蚀损伤形态演化规律研究[J]. 兵器材料科学与工程，2019，42(02)：87-91.

[8] Stafiej J，Caprio D D，Lukasz B. Corrosion‐passivation processes in a cellular automata based simulation study

[J]. Journal of Supercomputing, 2013, 65(2): 697-709.

[9] 万红霞, 宋东东, 刘智勇, 等. 交流电对 X80 钢在近中性环境中腐蚀行为的影响[J]. 金属学报, 2017, 53(05): 575-582.

[10] Bin H E, Han P J, Bai X H. Moisture Content and Resistivity Influence on Corrosion Rate of Soil Polluted by NaCl[J]. Science Technology and Engineering, 2014, 14(33): 318-326.

[11] 李健. 耐酸性土壤接地网用低合金钢及其腐蚀行为研究[D]. 北京: 北京科技大学, 2015.

作者简介: 何旭烨(1993—), 现西北大学在读硕士。通讯地址: 陕西省西安市碑林区太白北路 229 号, 邮编: 710069。联系电话: 13679146333, E-mail: hexuye6333@ qq. com。

大型原油储罐外底板防护措施影响分析

王 坤 张金阳 宋 珂 武 玮 淡 勇

(西北大学化工学院)

摘 要 随着石油行业的发展，原油储罐用量与日俱增。储罐所处复杂腐蚀环境使得储罐尤其是储罐外底板出现腐蚀现象，造成经济损失及环境污染。因此，行业为底板腐蚀提供了多重防护措施，然而不适当的防护措施会为储罐底板带来新的腐蚀问题。本文主要对阴极保护及防腐涂层展开分析，总结不当防护措施带来的弊端，为储罐防护发展提供借鉴。

关键词 储罐底板；阴极保护；防腐涂层

1 前言

近年来国家的石油储备量不断增长，因此储运原油的主要压力容器储罐在建设方面发展迅速。储罐腐蚀问题随之引起石油行业的重视，每年因储罐腐蚀造成的安全事故数不胜数，经济损失巨大。其中储罐底板腐蚀问题占据一半以上，根据有关数据统计，在石油储罐因腐蚀而造成的安全事故中，超过70%为外底板腐蚀导致。

储罐外底板受载荷作用并处于复杂的环境中，通常罐底与土壤之间有防水层结构，但是含盐的地下水仍会从土壤中上升通过渗透作用到达罐底，或雨水等从罐底周边浸入到罐底造成严重的电化学腐蚀，而另一方面，土壤环境较为复杂，土壤是引起储罐底板腐蚀的重要因素，土壤的含水率，含氧量，酸碱度与含盐量等均与土壤对底板的腐蚀有关，储罐底板与土壤直接接触或者通过裂缝与土壤间接接触都会造成腐蚀，且储罐外部环境中的杂散电流也会造成杂散电流腐蚀，从而减少储罐的使用期限，造成经济损失。一旦腐蚀加剧，不仅发生泄漏浪费原油，还可能引起严重的安全事故，因此解决储罐外底板的腐蚀问题刻不容缓。

储罐外底板腐蚀因素及机理已经有众多学者展开研究，且取得一定成果。在储罐运行过程之中，行业对底板腐蚀采取的防护措施虽对底板腐蚀起到了一定作用，与此同时也带来了新的腐蚀问题，加剧了腐蚀环境的严重性。为了提高原油储罐的使用安全，减少运行维护的资金投入，避免由于泄漏事故造成的生态环境破坏，有必要对原油储罐底板的外腐蚀防护措施进行分析和研究。本文通过分析总结大量文献资料，主要针对阴极保护及防腐涂层，分析两者在防护过程中对储罐外底板所带来的腐蚀问题，为石油行业发展提供借鉴价值。

2 原油储罐外底板防护措施

目前对储罐外底板的防护通常采用阴极保护和涂层保护的联合保护法，如图1所示。相较于单一防腐涂层保护、底板厚度的增加、定期更换储罐底板等防护措施，联合保护成本较低、防腐效果理想。

阴极保护采用电化学原理，使被保护金属作为阴极，并不断提供大量电子，使其电子过剩，从而阴极极化。主要有外加电流和牺牲阳极两种方式，为了便于管理和维护，一般都选择外加电流法对储罐外底板进行保护。外加电流阴极保护是将被保护金属与直流电源的负极

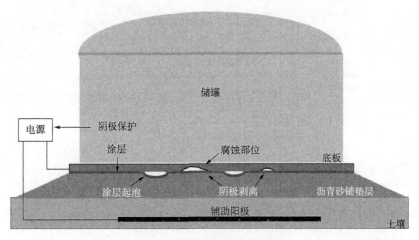

图 1　储罐外底板防护示意图

相连成为阴极，利用外加阴极电流进行阴极极化，实现防腐效果。理论上通过该技术可以实现对储罐的保护，但是实际情况中，通常底板材料为合金，只有当阴极保护的极化电位负向偏移到阳极平衡电位最低的金属所处电位时，金属才能被完全保护，当极化电位未达到最低平衡电位时，金属表面会发生析氢反应，反而对金属造成了危害，故此阴极保护技术并不能完全实现对底板的保护。

　　防腐涂层即采用防腐层隔开金属与介质来保护金属。但目前涂层大多不耐温，温度较高时会产生鼓泡，老化，脱落等现象，并且涂层本身有微孔，不够致密，可能渗入具有腐蚀性的介质，与金属发生反应，造成涂层大片剥离(见图 2)。故防腐涂层的有效利用时间并不长，且成本较高。为了防止静电的积聚引发火灾，在涂层脱落时只能人工修补，且效率低。因此单独的涂层保护效果并不理想，经过研究加入阴极保护方法，弥补涂层保护的不足，目前对底板进行联合保护是最合理的保护措施。

图 2　储罐外底板边缘防腐涂层脱落

　　阴极保护及涂层保护单独使用无法对储罐底板进行有效保护且在储罐运行过程中会带来新的腐蚀问题。正常情况下，阴极保护放置于储罐底板中最易腐蚀的部位，将阴极保护与防腐涂层相结合，可最大程度节约经济成本，提升保护效率。然而随着在役时间的延长，如图 3 所示，储罐底板的土壤腐蚀，杂散电流腐蚀影响着阴极保护效果，而两者共同作用时，阴极保护可能会造成涂层防护失效，涂层失效也同样影响阴极保护效果，加剧底板腐蚀。

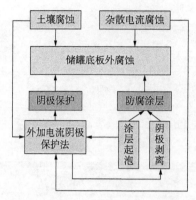

图 3   储罐外底板防护交互作用图

3   阴极保护的影响

储罐底板仅受流体静压且有地面土壤支撑，在制造时底板选材多用相比管道更薄的金属材料，因为材料较薄，很低的腐蚀速率也可能会造成底板穿透，因此为储罐底板提供阴极保护成为必不可少的防腐措施。无阴极保护的原油储罐维修周期约为 6~8 年。施加阴极保护后，预计至少可以延长为 15 年，提高了储罐底板的检修周期和使用寿命。我国早期储罐底板的阴极保护主要采用牺牲阳极法，但这种方法对高电阻率的土壤保护效果较差，同时对于多阳极安装，不同地点的阳极使用寿命有很大差距，造成阳极腐蚀的不均匀，而且保护电流有限且不可调。因此外加电流阴极保护成为延缓底板腐蚀的有效的方法之一。

罐底板阴极保护辅助阳极的布置方式有常规辅助阳极和新型辅助阳极两种。常规辅助阳

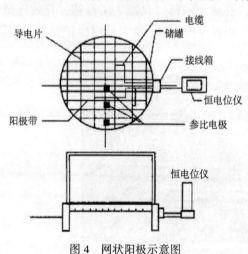

图 4   网状阳极示意图

极包括罐周边的水平或立式浅埋阳极、深井埋设阳极、罐底部的斜埋阳极。新型辅助阳极包括混合金属氧化物网状阳极、柔性阳极等。深井及斜埋阳极多应用于狭小空间，存在腐蚀干扰、保护电流不均匀。柔性阳极虽保护电流均匀，但易破损、易失效。在辅助阳极的选择上，混合金属氧化物网状阳极相对于其他形式的阳极，电位均匀性高，安装难度低，使用寿命长，经济效益好等优点，网状阳极示意图如图 4 所示。

在储罐的运行过程中，施加的阴极保护会造成储罐底板的保护电位分布不均，使过多电流流向罐底边缘，使罐中心和罐边缘形成电位差，可能会引起罐中心的"欠保护"和周边的"过度保护"。有资料显示一大型储罐，经 Cu/ $CuSO_4$ 参比电极测量，罐周边与罐底中心的电位差为 400mV。阴极保护电位分布不均匀会造成底板局部腐蚀，腐蚀产物沉积于缺陷底部，从而影响电位和电流密度分布，进而加重腐蚀情况。且阴极保护下阴极电位的波动会造成钢表面的点蚀，加重储罐底板腐蚀。

对影响阴极保护电位分布的参数进行分析研究，众多学者认为土壤含水率、酸碱度、含氧量、电阻率、罐底板的电流密度、罐底受极化程度以及阳极类型、分布情况等参数影响着

电位均匀化。Nguyen 实验证明阴极保护可以增加钢材与水接触的活性面积，试样阴极保护下的剩余腐蚀速率可达到 $10 \sim 15 \mu m/a$，已超过行业可接受的腐蚀速率。Huo 通过模拟阴极保护下埋地钢在沙土中的腐蚀实验表明，只有土壤 pH 增加至钢表面钝化，阴极保护效果才能实现。Riemer 认为土壤中的含氧量会影响阴极保护所需的电流。并且保护电流会因频繁空载和填充储罐而波动。学者普遍认为土壤电阻率越低，罐底电位分布越均匀；罐底越易极化，罐底电位分布越均匀。阳极埋深越深，储罐底部电位分布越均匀；阳极数量越多，储罐底部电位分布越均匀。

4 防腐涂层的影响

涂层作为一种有效的物理及化学防腐手段，通常与阴极保护系统联合使用作用于储罐底部。针对储罐底部的所处环境和使用特点，外壁涂层要求耐热，抗渗透，耐酸碱，耐大气腐蚀，老化以及可长期保持良好的外观等。底漆多采用环氧富锌，环氧云铁类，面漆多为脂肪族聚氨酯，丙烯酸和氯化橡胶类。储罐底板尺寸较大通常是将小尺寸钢材先涂覆防腐涂层再进行焊接拼接，焊缝处的涂层往往被烧掉因而不能受到涂层有效保护。涂层失效主要为涂层起泡和阴极剥离，而两种失效形式均与阴极保护有密不可分的关联。涂层失效后，涂层表面与储罐底板钢材可能会发生电偶腐蚀，加剧腐蚀情况。

涂层起泡是指涂层从外部环境中吸收盐及水分至基体，激活易腐蚀部位，形成高碱环境，破坏涂层附着力进而产生起泡。当涂层起泡时，储罐底板阴极保护电流可能无法穿透失效涂层，进而对涂层下的储罐底板失去保护作用。对于高密度聚乙烯涂层而言，当涂层起泡并且在涂层下形成腐蚀环境时，起泡涂层会阻止阴极保护电流对基体进行防护。

阴极剥离是指在阴极保护的作用下，涂层易从金属基体上失去附着力，从而产生裂缝并被腐蚀介质充满。阴极剥离可看作是涂层与阴极保护结合使用所产生的负面影响。在涂层缺陷处和涂层/基体界面处主要发生以下两种反应。通过这两种阴极反应导致的高碱性环境是导致涂层脱离的主要因素。然而在未施加阴极保护电位时，涂层金属在氢氧化钠溶液中并未发现涂层剥离现象。其实验结果显示钢表面的开路电位会阻止氢氧根离子对金属/涂层界面的腐蚀，而施加外加电位则会导致剥离。涂层的吸水率会随着阴极保护电位的增高而增加，过高的保护电位会严重影响涂层的保护性能。

$$2H_2O + 2e^- \longrightarrow 2OH^- + H_2$$
$$O_2 + 2H_2O + 4e^- \longrightarrow 4OH^-$$

当储罐外底板涂层发生阴极剥离失效时，阴极保护电流在剥离缝隙及缝隙底部会被部分甚至全部屏蔽，对基体失去保护作用，即阴极屏蔽。有学者对剥离涂层的缝隙区域进行模拟，得出结论：阴极保护不能到达缝隙底部，且阴极屏蔽与缝隙的几何尺寸密切相关。阴极剥离下的阴极屏蔽是由于缝隙中电解质的欧姆电位降导致的保护电流传递受阻。土壤中的电解质透过储罐底板的剥离涂层，通过长期的物理及电化学反应形成封闭的溶液环境，会对基底钢材造成额外的腐蚀损害，并可能促进局部腐蚀。

5 结语与展望

本文通过对阴极保护，防腐涂层两种典型的储罐外底板防护措施进行分析，将两种措施及联合使用时的弊端展开叙述。土壤含水率、酸碱度、含氧量、电阻率、罐底板的电流密度、罐底受极化程度以及阳极类型、分布情况等因素会影响阴极保护字底板的电位分布，造成罐中心的"欠保护"和罐周边的"过度保护"。过低的阴极保护电位无法对储罐底板进行有效保护，而过高的阴极保护不仅会造成成本损失，而且致使防腐涂层阴极剥离，增加涂层吸水率、引起涂层起泡、降低涂层防护性能。当防腐涂层发生起泡及阴极剥离两种失效形式时，储罐底板所施加的阴极保护电流则无法有效到达底板，降低防护效率。与此同时，涂层失效还会带来新的腐蚀问题，增加腐蚀环境的严重性。

受到外界腐蚀环境的多因素影响，储罐底板会出现腐蚀问题，直接决定着储罐的使用寿命。在储罐的长期运行过程中，应准确检测罐底中心的阴极保护电位，确保罐中心不被腐蚀穿孔。针对阴极保护的施工安装，应根据储罐所处的具体外部环境，制定合理的施工计划，以达到罐底电位分布均匀的目的。不同的涂层材料适合不同的工况，并且具备自身局限性，所以在涂层的选择上应根据实际情况综合考虑当地气候、湿度、温度和计划储存产品的类型进行合理选型。

为了提高储罐的在役寿命，节约经济成本，促进石油行业发展，应建立一套完整的储罐底板保护机制，做好储罐的日常管理，安装精确监测设备，制定涂层检修计划，尽量避免阴极保护与防腐涂层对储罐进行防护时所带来的副作用。

参 考 文 献

[1] 王金福，陈志强．外加电流与牺牲阳极阴极保护技术在原油储罐的应用[J]．全面腐蚀控制，2019，33(04)：13-17+61.

[2] 韩雪．南一油库储运设施风险因素辨识及风险评估技术研究[D]．东北石油大学，2017.

[3] 刘兴博．储罐罐底边缘板腐蚀研究[D]．东北石油大学，2018.

[4] 路建雷，门连国．地上原油储罐腐蚀与腐蚀控制[J]．化学工程与装备，2017(09)：153-155+94.

[5] 张炳宏，张健涛，张登泰．原油储罐外底板阴极保护方式的选择及参数计算[J]．石油库与加油站，2009，18(02)：42-44+49.

[6] 董龙伟．地面相邻原油储罐底板阴极保护电位分布研究[D]．西南石油大学，2016.

[7] 赖江强．高温油罐内防腐问题及解决方案[D]．武汉工程大学，2018.

[8] 杨保红．原油储罐底板的腐蚀及阴极保护防腐研究[J]．全面腐蚀控制，2020，34(09)：114-116.

[9] 洪流，庄健彬，陈雪松．石油储罐防腐措施的创新应用[J]．石化技术，2018，25(06)：55+76.

[10] 孙丽．沿海地区油库腐蚀检测及防护[J]．全面腐蚀控制，2018，32(11)：87-90.

[11] 范云，王宗信．阴极保护方案的合理选择[J]．石油化工腐蚀与防护，2003(06)：43-45.

[12] 董龙伟，董斌．储罐底板在阴极保护中阳极类型的选择[J]．天然气与石油，2017，35(02)：96-100.

[13] 范贞伟．原油储罐底板的腐蚀及阴极保护分析[J]．全面腐蚀控制，2019，33(06)：82-84.

[14] 辛悦．原油储罐底板外侧阴极保护设计[D]．大连理工大学，2017.

[15] 袁铃岚．大型储罐底板的阴极保护电位分布特征研究[D]．西南石油大学，2018.

[16] XU L Y, CHENG Y F. Experimental and numerical studies of effectiveness of cathodic protection at corrosion defects on pipelines [J]. Corrosion Science, 2014, 78: 162-171.

[17] LIU Z Y, LI X G, CHENG Y F. Understand the occurrence of pitting corrosion of pipeline carbon steel under cathodic polarization [J]. Electrochimica Acta, 2012, 60(1): 259-263.

[18] NGUYEN D D, LANARDE L, JEANNIN M, et al. Influence of soil moisture on the residual corrosion rates of buried carbon steel structures under cathodic protection [J]. Electrochimica Acta, 2015, 176(Complete): 1410-1419.

[19] HUO Y, TAN M Y J, FORSYTH M. Investigating effects of potential excursions and pH variations on cathodic protection using new electrochemical testing cells. [J]. Corrosion Engineering Science & Technology, 2016,

51(3)：171-178.

[20] RIEMER D P, ORAZEM M E. A mathematical model for the cathodic protection of tank bottoms [J]. Corrosion Science, 2005, 47(3)：849-868.

[21] 杜艳霞, 张国忠. 储罐底板外侧阴极保护电位分布的数值模拟[J]. 中国腐蚀与防护学报, 2006(06)：346-350.

[22] BAZZONI B, LORENZI S, MARCASSOLI P, et al. Current and Potential Distribution Modeling for Cathodic Protection of Tank Bottoms [J]. CORROSION, 2011, 67(2)：026001-1-026001-10.

[23] 朱松涛, 于杰, 王晓深. 储油罐的涂层防护[J]. 中国涂料, 2008(06)：59-61.

[24] 郭晓军, 高俊峰, 张静, 等. 大型浮顶原油储罐腐蚀因素分析与防腐蚀涂层技术[J]. 腐蚀与防护, 2012, 33(S2)：114-118.

[25] SONG G L. Potential and current distributions of one-dimensional galvanic corrosion systems [J]. Corrosion Science, 2010, 52(2)：455-480.

[26] GREENFIELD D, SCANTLEBURY D. The protective action of organic coatings on steel：A review [J]. Journal of Corrosion Science and Engineering, 2000, 3：5-17.

[27] KUANG D, CHENG Y F. Study of cathodic protection shielding under coating disbondment on pipelines [J]. Corrosion Science, 2015, 99(OCT.)：249-257.

[28] XU M, LAM C N C, WONG D, et al. Evaluation of the cathodic disbondment resistance of pipeline coatings—A review [J]. Progress in Organic Coatings, 2020, 146：105728.

[29] LEIDHEISER H. Whitney Award Lecture-1983：Towards a Better Understanding of Corrosion beneath Organic Coatings [J]. Corrosion, 1983, 39(5)：189-201.

[30] ELTAI E O, SCANTLEBURY J D, KOROLEVA E V. Protective properties of intact unpigmented epoxy coated mild steel under cathodic protection [J]. Progress in Organic Coatings, 2012, 73(1)：8-13.

[31] WANG W, WANG Q, WANG C, et al. Experimental studies of crevice corrosion for buried pipeline with disbonded coatings under cathodic protection [J]. Journal of Loss Prevention in the Process Industries, 2014, 29：163-169.

[32] Wang W, Wang Q, Wang C, et al. Experimental studies of crevice corrosion for buried pipeline with disbonded coatings under cathodic protection[J]. Journal of Loss Prevention in the Process Industries, 2014, 29：163-169.

[33] FU A Q, CHENG Y F. Characterization of corrosion of X65 pipeline steel under disbonded coating by scanning Kelvin probe [J]. Corrosion Science, 2009, 51(4)：914-920.

[34] ESLAMI A, FANG B, EADIE R, CHEN W, et al. Stress corrosion cracking initiation under the disbonded coating of pipeline steel in near-neutral pH environment [J]. Corrosion Science, 2010, 52(11)：3750-3756.

作者简介：王珅(1998—), 现西北大学在读硕士, 从事能源化工装备安全评价与腐蚀防护研究。E-mail：37243303@ qq. com。

基于金属磁记忆技术的管道缺陷
类型阈值识别方法研究

杨　勇[1]　王观军[1]　韩　庆[1]　刘　超[1]　徐　丹[2]

(1. 中国石化胜利油田分公司技术检测中心；
2. 中国石化胜利油田工程技术管理中心)

摘　要　长期服役油气管道由于长期服役，服役过程中往往导致多种缺陷的产生，其中腐蚀缺陷和应力集中缺陷为主要缺陷类型。金属磁记忆检测技术是目前唯一能对铁磁性构件的早期损伤进行诊断的无损检测技术，然而金属磁记忆信号并不能实现对腐蚀、应力集中缺陷的识别。针对该问题，本文建立了一种管道腐蚀缺陷和早期应力集中缺陷类型多特征量统计识别方法。利用该方法对油田现场环境下的4个管道的缺陷类型进行了识别，识别结果表明，建立的缺陷类型识别方法对于管道腐蚀缺陷和早期应力集中缺陷的识别是有效的，识别率较高。

关键词　金属磁记忆；管道缺陷；腐蚀；应力集中；识别

前言

金属管道在使用的过程中形成的应力、腐蚀缺陷易造成管道的破裂和泄漏等事故，从而威胁人们的生命财产安全。因此，开展管道应力腐蚀检测对于管道隐患的整治以及防止管道事故具有重要的意义。

金属磁记忆技术是俄罗斯学者 Doubov 等人提出的一种新型无损检测技术。其工作原理是铁磁构件在载荷和地磁场的共同作用下，应力集中会造成金属内部的磁畴结构发生不可逆变化，这种不可逆变化会导致材料在应力集中处产生漏磁场。

周俊华根据地磁场中受应力作用的金属杆件漏磁场表达式，解释了在应力集中处漏磁场的切向分量出现最大值，法向分量为零值的现象。温伟刚等从晶体结构出发，解释了磁记忆现象取决于铁磁晶体微观结构。丁辉等阐明裂纹埋藏深度、宽度、走向、受力条件及外磁场等不同时的磁通量变化规律，为磁记忆检测裂纹类缺陷提供了理论依据。黄松岭等研究了焊缝附近残余应力分布和试件表面磁感应强度垂直分量的关系。祖瑞丽通过微磁学理论对磁记忆技术的检测机理进行了阐述。上述这些专家学者都从机理上对磁记忆技术进行了研究，但未将磁记忆技术应用在实际中。上述专家学者对磁记忆技术的应用效果开展了研究，结果表明磁记忆技术可以检测铁磁性构件的早起缺陷和损伤，但是具体的缺陷类型不能直接确定。

针对磁记忆管道缺陷类型识别的问题，龚利红，李著信等人将感知器神经网络模型应用在基于金属磁记忆技术的管道缺陷判别中，实现了对管道缺陷的分类识别。陈文明，何辅云等人通过比较缺陷信号与已知类型的缺陷模板的匹配程度来判别缺陷类型，分类效果显著。龚利红，李著信等人将线性判别分析模型应用在识别应力集中和宏观裂纹这两种缺陷之中，也取得了不错的分类效果。然而，以上文献中报道的识别方法并未对本文所指的腐蚀缺陷和应力集中缺陷进行分类分级。

为实现对管道临近破坏缺陷和早期缺陷的识别，本文开展了腐蚀缺陷类型和应力集中缺陷类型识别关键技术的研究，提出了管道缺陷类型多特征量阈值识别方法。

1　测试件磁记忆检测实验

1.1　测试件的设计

　　测试件磁记忆检测实验的实验对象是 5 根圆孔腐蚀加直角弯焊缝应力集中测试件，分别命名为 1 号~5 号腐蚀加直角弯测试件。这五根测试件是仿照油气输送管道制造的，测试件的实物图如图 1 所示。

　　本次实验的 5 根测试件使用 ϕ114 无缝钢管制成，壁厚 1.5cm，长 6m，包括两个圆孔腐蚀坑管段，一个直管段和一个直角弯管段。每个圆孔腐蚀坑管段都有 3 个肉眼明显可见的腐蚀圆孔，视为腐蚀缺陷；直角弯管段未经淬火处理，其与直管段连接处存在应力，因此视为应力集中缺陷。五根测试件仅腐蚀坑深度存在区别，其余特征均相同，其设计图如图 2 所示，特征见表 1。

图 1　测试件实物图

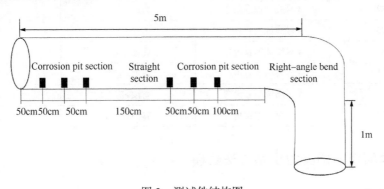

图 2　测试件结构图

表 1　测试件特征

试件	试件总长	试件直径	试件缺陷类型	腐蚀缺陷段区别
1 号腐蚀加直角弯测试件	600cm	外径 114cm；内径 112cm	（1）2 个腐蚀坑管段（每段有 3 个圆形腐蚀坑），6 个圆形腐蚀坑分别距离检测起点 50cm，100cm，150cm，300cm，350cm，400cm；圆孔直径分别为 1cm，1.5cm，2cm，1cm，1.5cm，2cm；（2）1 个直角弯管应力集中段，直角弯应力集中缺陷段距离检测起点 500cm；（3）1 个直管段	第一段圆孔腐蚀孔深 1mm，第二段圆孔腐蚀孔深 2mm
2 号腐蚀加直角弯测试件	600cm	外径 114cm；内径 112cm		第一段圆孔腐蚀孔深 3mm，第二段圆孔腐蚀孔深 4mm
3 号腐蚀加直角弯测试件	600cm	外径 114cm；内径 112cm		第一段圆孔腐蚀孔深 5mm，第二段圆孔腐蚀孔深 6mm
4 号腐蚀加直角弯测试件	600cm	外径 114cm；内径 112cm		第一段圆孔腐蚀孔深 7mm，第二段圆孔腐蚀孔深 8mm
5 号腐蚀加直角弯测试件	600cm	外径 114cm；内径 112cm		第一段圆孔腐蚀孔深 9mm，第二段圆孔腐蚀孔深 10mm

1.2 实验简介

本次实验使用的仪器是由俄罗斯动力诊断公司生产的 TSC-5M 型磁记忆检测仪。本次实验对 5 根管道测试件分别开展了提离距离 0~15cm 的磁记忆信号检测实验，并对每个测试件重复采集 3 次数据，共获得 240 组实验数据。通过分析与检查数据，发现由于检测过程中检测者移动速度过快从而导致了部分信号数据不真实的现象，因此对部分缺陷数据进行了剔除处理。经处理后选择剩余的 131 组数据用于识别方法建模并对剩余数据重新编号，部分数据的工况见表 2。

表 2　1 号腐蚀加直角弯测试件的部分实验工况

数据文件编号	测试件编号	缺陷类型	探头提离高度
06070001	1 号腐蚀加直角弯	腐蚀+应力	贴管
06070002	1 号腐蚀加直角弯	腐蚀+应力	1cm
06070004	1 号腐蚀加直角弯	腐蚀+应力	3cm
06070035	2 号腐蚀加直角弯	腐蚀+应力	6cm
06070036	2 号腐蚀加直角弯	腐蚀+应力	贴管
06070045	2 号腐蚀加直角弯	腐蚀+应力	15cm
06070062	3 号腐蚀加直角弯	腐蚀+应力	5cm
06070073	3 号腐蚀加直角弯	腐蚀+应力	1cm
06070080	4 号腐蚀加直角弯	腐蚀+应力	7cm
06070101	4 号腐蚀加直角弯	腐蚀+应力	10cm
06070117	5 号腐蚀加直角弯	腐蚀+应力	贴管
06070120	5 号腐蚀加直角弯	腐蚀+应力	15cm

2　多特征量阈值缺陷类型识别方法建模

2.1　数据预处理

2.1.1　数据降噪

本文研究了金属磁记忆信号中的噪声信号的特性，建立了适合于管道磁记忆信号去噪的自适应小波降噪方法。本文主要测试的阈值方法包括 5 种：rigrsure、sqrtwolog、heursure、minimaxi 和 mythresh（自建方法）；测试的小波基函数 35 种；测试的分解层数 3 种。研究发现，不同的数据文件，不同的分量，在进行小波降噪处理时，最优阈值方法是本文建立的 mythresh 方法，最优分解层数是 4 层，而最优小波基函数需要根据信号的实际情况进行动态调整，即实现自适应选择。

2.1.2　信号特征量的介绍及计算方法

（1）磁场强度

实验所用的 TSC-5M 型检测仪共有 4 个探头（1 号~4 号探头），每个探头可以检测该探头位置磁记忆信号的 3 个分量，即 X 分量、Y 分量和 Z 分量。磁记忆检测仪直接检测获取的信号就是磁场强度信号（HP），单位是 A/m。

（2）磁场梯度

磁场梯度用于表征磁场强度信号的变化率，信号波动的程度，其计算公式见式（1）：

$$G=\frac{(HP_{max}-HP_{min})}{d} \tag{1}$$

式中 HP_{max}——连续 4 个采样点磁场强度最大值;

HP_{min}——连续 4 个采样点磁场强度最小值;

d——4 个采样点对应的检测距离。

（3）磁场倾角

磁场倾角用于表征磁场强度信号变化的快慢，是金属磁记忆检测管道应力集中的特征量，其计算公式见式（2）：

$$A=\arctan[(HP4-HP1)/d] \tag{2}$$

式中 $HP4$——第 4 个采样点磁场强度;

$HP1$——第 1 个采样点磁场强度;

d——4 个采样点对应的检测距离。

2.2 识别方法建模

2.2.1 敏感特征量的选取

根据实验过程中记录的实际缺陷的位置分别计算了两种缺陷段的磁场强度的平均值、最大值和最小值;磁场梯度的平均值、最大值、最小值、大于平均值出现的频率、大于最大值 0.8 倍出现的频率等特征量。

通过 1.1 对测试件的测量介绍获知 1 号测试件的缺陷段位置，提取缺陷段的磁记忆信号数据并计算磁场强度平均值，1 号测试件 1 号探头两种缺陷的磁场强度平均值计算结果见表 3。

表 3 1 号测试件 1 号探头两种缺陷的磁场强度平均值

工况文件编号	提离距离/cm	腐蚀缺陷段磁场强度平均值/（A/m）			直角弯应力集中缺陷段磁场强度平均值/（A/m）		
		1X	1Y	1Z	1X	1Y	1Z
06070001	贴管	1.63	42.90	17.78	17.82	50.91	5.94
06070002	1	3.91	49.83	27.92	14.11	54.58	22.77
06070003	2	3.06	49.63	27.51	19.21	54.58	29.33
06070004	3	2.93	43.15	20.17	18.51	55.88	9.15
06070005	4	3.19	43.18	20.76	18.83	57.00	7.66
06070006	5	3.03	43.95	21.88	17.95	54.62	13.27
06070007	6	0.90	45.07	21.45	18.23	57.65	9.84
06070008	7	2.94	46.35	20.14	16.01	58.53	12.01
06070009	8	1.82	46.49	21.53	17.94	55.64	12.72
06070010	9	2.78	46.32	21.00	15.29	56.27	15.72

同理可以计算出 1 号测试件 2、3、4 号探头通道的平均值。然后对 1 号测试件各个通道缺陷段数据的平均值计算结果取最大值和最小值作为阈值范围，整理结果见表 4。

然后计算 2-5 号测试件各个通道的磁场强度平均值，分别选取各个通道缺陷段平均值数据的最大值和最小值组成一个总的测试件磁场强度平均值阈值组，再找出其中能有效区分两种缺陷类型的通道特征量，该特征量即为敏感特征量。经分析整理后的磁场强度平均值敏感特征量见表 5。

表 4　1 号测试件两种缺陷磁场强度平均值阈值范围

		腐蚀缺陷/(A/m)	直角弯应力集中缺陷/(A/m)
磁场强度绝对值平均值阈值(A/m)	1X	5.04<HP1<3.91	9.97<HP1<22.38
	1Y	39.76<HP2<49.83	49.97<HP2<58.53
	1Z	17.78<HP3<27.92	2.65<HP3<29.33
	2X	2.2<HP4<8.87	6.29<HP4<26.38
	2Y	35.21<HP5<50.52	37.8<HP5<75.9
	2Z	4.08<HP6<47.36	2.75<HP6<58.82
	3X	4.58<HP7<9.56	5.45<HP7<21.59
	3Y	25.35<HP8<42.35	36.67<HP8<52.98
	3Z	6.27<HP9<27.55	2.47<HP9<30.59
	4X	2.24<HP10<7.99	9.02<HP10<27.39
	4Y	35.43<HP11<45.21	41.31<HP11<51.15
	4Z	12.1<HP12<32.07	4.79<HP12<28.02

表 5　两种缺陷磁场强度平均值敏感特征量及阈值范围

通　道	腐蚀缺陷磁场强度平均值阈值范围/(A/m)	直角弯应力集中缺陷磁场强度平均值阈值范围/(A/m)
1X	0.54<HP1<7.8	7.99<HP1<27.49
1Y	34.54<HP2<49.83	39.72<HP2<79.5677
4X	0.59<HP10<10.86	3.36<HP10<29.629

同理，可以得到磁场强度最大值敏感特征量及其阈值范围和磁场强度最小值敏感特征量及其阈值范围，见表 6、表 7。

表 6　两种缺陷磁场强度最大值敏感特征量及阈值范围

通　道	腐蚀缺陷磁场强度最大值阈值范围/(A/m)	直角弯应力集中缺陷磁场强度最大值阈值范围/(A/m)
1X	1.5<HP1<12.2	14.3<HP1<30.9
3X	1.3<HP7<12.9	10.4<HP7<44.4

表 7　两种缺陷磁场强度最小值敏感特征量及阈值范围

通　道	腐蚀缺陷磁场强度最小值阈值范围/(A/m)	直角弯应力集中缺陷磁场强度最小值阈值范围/(A/m)
1Y	23.5<HP2<46.5	38.8<HP2<73.9
2Y	9<HP5<41.4	29.6<HP5<90.6

2.2.2　多特征量阈值识别方法建模

利用 2.2.1 的特征量选取方法，在磁场强度的基础上进一步对 1~5 号腐蚀加直角弯测试件磁记忆数据进行处理。确定以部分通道的磁场强度平均值、最大值、最小值 3 个特征量为敏感特征量，组成缺陷类型识别阈值组模型，见表 8。

表8 缺陷类型识别阈值

缺陷类型	磁场强度平均值阈值/（A/m）	磁场强度最大值阈值/（A/m）	磁场强度最小值阈值/（A/m）
腐蚀	$0.54<HP1<7.8$	$1.5<HP1<12.2$	$23.5<HP2<46.5$
	$34.54<HP2<49.83$	$1.3<HP7<12.9$	$9<HP5<41.4$
	$0.59<HP10<10.86$		
直角弯应力集中	$7.99<HP1<27.49$	$14.3<HP1<30.9$	$38.8<HP2<73.9$
	$39.72<HP2<79.5677$	$10.4<HP7<44.4$	$29.6<HP5<90.6$
	$3.36<HP10<29.629$		

3 多特征量阈值识别方法验证

为了验证本文建立的多特征量阈值识别方法在实际油田现场的应用效果，开展了油田现场输油管道的验证。为了保证验证管件的多样性，选取了野外的3根油气输送管道。这3根管道分别命名为1号直角弯应力集中管道、1号腐蚀直管道和2号直角弯应力集中管道。

图3所示为1号直角弯应力集中管道，管道中间存在明显弯曲，即存在应力集中。1号直角弯应力集中管道的总检测长度为2.9m，提离距离在5~10cm之间，共采集5组信号数据，提取110~140cm段数据作为应力集中缺陷段数据，然后利用多特征量阈值识别方法对该缺陷段进行缺陷识别，并与实际缺陷类型进行对比，结果见表9。

图3 1号直角弯应力集中管道

表9 1号直角弯应力集中管道缺陷类型验证结果

数据文件	磁场强度平均值/（A/m）	磁场强度最大值/（A/m）	磁场强度最小值/（A/m）	识别缺陷类型	实际缺陷类型	识别
102606	$HP1$：23.24	$HP1$：25.4	$HP1$：39.6	无法识别	应力集中	否
	$HP7$：45.77	$HP8$：14.6	$HP8$：39.10			
	$HP10$：24.11					
102607	$HP1$：25.87	$HP1$：32.2	$HP2$：57.8	应力集中	应力集中	是
	$HP2$：76.13	$HP7$：15	$HP5$：90			
	$HP10$：14.78					
102608	$HP1$：16.54	$HP1$：25	$HP2$：58.2	应力集中	应力集中	是
	$HP2$：72.56	$HP7$：12.7	$HP5$：59			
	$HP10$：15.88					
102609	$HP1$：8.91	$HP1$：22.4	$HP2$：63.3	应力集中	应力集中	是
	$HP2$：75.23	$HP7$：27.9	$HP5$：79.9			
	$HP10$：4.72					

图4所示为1号腐蚀直管道，其表面存在肉眼可见大面积腐蚀缺陷。1号腐蚀直管道的

总检测长度为3m，提离距离在5~10cm之间，共采集9组信号数据，提取160~180cm段数据作为腐蚀缺陷段数据来验证识别方法的识别效果，结果见表10。

表10 1号腐蚀直管道缺陷类型验证结果

文件	磁场强度 平均值/(A/m)	磁场强度 最大值/(A/m)	磁场强度 最小值/(A/m)	识别缺陷 类型	实际缺陷 类型	识别
102611	$HP1$：1.95 $HP2$：37.82 $HP10$：4.8	$HP1$：3 $HP7$：11.6	$HP2$：35.4 $HP5$：46	腐蚀	腐蚀	是
102612	$HP1$：1.38 $HP2$：36.5 $HP10$：3.41	$HP1$：2.4 $HP7$：9.6	$HP2$：36.1 $HP5$：39	腐蚀	腐蚀	是
102613	$HP1$：1.43 $HP2$：30.83 $HP10$：13.18	$HP1$：2.1 $HP7$：12	$HP2$：30.2 $HP5$：31.8	腐蚀	腐蚀	是

图5所示为2号直角弯应力集中管道，管道中间存在明显弯曲，即存在应力集中。本次检测2号直角弯应力集中管道的总长度为1.6m，从埋地端向上扫描，提离距离在5~10cm之间，共采集6组信号数据，提取20~40cm段的数据作为应力集中缺陷段数据，其识别结果见表11。

图4 1号腐蚀直管道　　　　　　　图5 2号直角弯应力集中管道

表11 2号管道缺陷类型验证结果

文件	磁场强度 平均值/(A/m)	磁场强度 最大值/(A/m)	磁场强度 最小值/(A/m)	识别缺陷 类型	实际缺陷 类型	识别
102621	$HP1$：31.06 $HP2$：5.31 $HP10$：26.62	$HP1$：33.4 $HP7$：30.4	$HP2$：4 $HP5$：11.3	应力集中	应力集中	是
102622	$HP1$：29.96 $HP2$：6.08 $HP10$：28.31	$HP1$：33.2 $HP7$：31.3	$HP2$：1 $HP5$：3.8	应力集中	应力集中	是

文件	磁场强度 平均值/（A/m）	磁场强度 最大值/（A/m）	磁场强度 最小值/（A/m）	识别缺陷 类型	实际缺陷 类型	识别
102623	HP1：30.33 HP2：5.38 HP10：27.4	HP1：33.6 HP7：31.9	HP2：3.6 HP5：7.4	应力集中	应力集中	是
102625	HP1：35.93 HP2：10.47 HP10：36.80	HP1：40.3 HP7：55	HP2：9.3 HP5：21.2	无法判别	应力集中	否

4 验证结果分析

为了确保验证结果的准确性，使用超声波测厚仪对油田现场管道的缺陷段进行了管道壁厚检测，如图6所示。通过检测1号腐蚀直管道腐蚀段的壁厚，发现检测点壁厚小于管道的原有壁厚，故所选取的1号腐蚀直管道的腐蚀段均存在腐蚀缺陷。

将野外油田现场管道总的缺陷类型识别结果整理入表12。由结果可见，管道缺陷类型的总识别率达到了84%。

图6 超声波测厚仪检测壁厚

表12 油田现场管道缺陷类型识别方法验证结果

实 验 环 境	验证缺陷数量	缺陷类型正确识别数量	正确识别率/%
油田现场	25	21	84

5 结语

本文针对金属磁记忆信号无法有效识别管道腐蚀、应力集中缺陷的问题，提出了一种多特征量阈值识别方法。即先提取测试件的磁记忆信号数据，进行数据预处理；然后计算并选取特征量，通过比较特征量对两种缺陷类型的敏感度建立多特征量阈值组；再通过比较待检测试件的特征量和建立的特征量阈值组的大小关系判断缺陷类型。实验表明，本方法可以有效地识别管道腐蚀缺陷和应力集中缺陷。

参 考 文 献

[1] 汪滨波，廖昌荣，骆静，等．金属磁记忆检测技术的研究现状与发展［J］．无损检测，2010，32（6）：467-474.

[2] 张卫民，董韶平，张之敬．金属磁记忆检测技术的现状与发展［J］．中国机械工程，2003，14（10）：892-896.

[3] Doubov A A. Screening of weld quality using the metal magnetic memory［J］. Welding in the world, 1998, 41: 196-199.

[4] Doubov A A. Diagnostics of metal and equipment by means of metal magnetic memory［C］. Proceedings of 7th

Conference on NDT and International Research Symposium. Shantou，1999：181-187.

［5］ Jiles D C. Theory of magnetomechanical effect［J］. Journal of Physics D：Applied Physics，1995，28：1537-1546.

［6］ Ren J L，Song K，Wu G H. Mechanism study of metal magnetic memory testing［C］. Proceeding of the 10th A-sia-Pacific Conference on Non-Destructive Testing. Brisbane，Australia，2001.

［7］ Doubov A A. Diagnostics of equipment and constructions strength with usage of magnetic memory［J］. Inspection Diagnostics，2001，6：19-29.

［8］ 任吉林，王东升. 应力状态对磁记忆信号的影响［J］. 航空学报，2007，28(3)：724-728.

［9］ 周俊华，雷银熙. 铁磁性材料磁记忆现象的理论分析［C］. 第八届全国无损检测大会论文集. 苏州：中国机械工程学会，中国电机工程学会，2003.

［10］ 温伟刚，萨殊利. 金属磁记忆检测的机理及实现［J］. 北方交通大学学报，2002，26(4)：67-70.

［11］ 丁辉，张寒，李晓红，等. 磁记忆检测裂纹类缺陷的理论模型［J］. 无损检测，2002，24(2)：78-80.

［12］ 黄松岭，李路明，汪来富，等. 用金属磁记忆方法检测应力分布［J］. 无损检测，2002，24(5)：212-214.

［13］ 祖瑞丽，任尚坤. 基于微磁学的金属磁记忆检测机理分析［J］. 南昌航空大学学报：自然科学版，2017，31(3)：34-39.

［14］ 龚利红，李著信，许红，等. 基于感知器神经网络的金属磁记忆检测管道缺陷分析［J］. 机床与液压，2013，41(9)：186-188.

［15］ 陈文明，何辅云. 石油管道检测中缺陷类型判别方法的研究［J］. 合肥工业大学学报(自然科学版)，2008，31(12)：1929-1932.

［16］ 龚利红，李著信. 管道金属磁记忆检测缺陷的判别分析模型［J］. 化工自动化及仪表，2012，3(39)：313-315.

作者简介：杨勇(1978—)，毕业于中国石油大学(北京)，地质资源与地质工程专业，博士，现工作于胜利油田技术检测中心特种设备检验所，专家，高级工程师。通讯地址：山东省东营市东营区西二路 480 号技术检测中心，邮编：257000。联系电话：0546-8559283，E-mail：yangyong056. slyt@ sinopec. com。

油田地面管线内管口激光熔覆技术性能评价研究

冷传基[1]　郑召斌[1]　李　风[1]　周宏斌[2]　张　瑾[1]　苏　云[1]

(1. 中国石化胜利油田分公司技术检测中心，胜利油田检测评价研究有限公司
2. 中国石化胜利油田分公司工程技术管理中心)

摘　要　油田管线施工现场抽取激光熔覆地面管线组对焊接，完成样品制备。利用直读光谱仪分析管线基管化学成分，对焊口进行探伤；利用电子万能试验机等对焊口进行力学性能试验研究，结果表明焊口力学性能不低于母材性能。利用扫描电镜对焊口、熔覆层显微组织、各界面显微组织进行分析和成分分析，结果表明各层组织明显，层间存在层间过渡，熔合较好；对熔覆层、焊口部位进行 CASS 试验，结果表明，防腐层防腐效果较好，达到不锈钢的方法要求。

关键词　激光熔覆；熔覆层；焊接；力学性能；显微组织；防腐性能

1　引言

油田开发后期，腐蚀已经成为油田开发的关键影响因素。传统地面管线选用普通碳钢材料，腐蚀穿孔现象时有发生。近年来，随着表面处理技术的进步，管内壁涂层防腐技术逐步得到推广应用。但由于内涂层不具备焊接性能，管道防腐层补口技术成为油田整个地面管线系统的重要环节。激光熔覆技术是一种先进的材料表面改性技术，该技术以激光为热源，在钢管端口内壁 10~15cm 范围内，通过在基材表面添加熔覆材料，并利用高能密度的激光束使之与基材表面薄层一起熔凝的方法，在基体表面形成冶金结合的致密熔覆防腐层，从而显著改善管端口的耐腐蚀、耐热性能。本文对地面管线内管口激光熔覆技术性能进行评价研究，对其应用可行性进行分析。

2　试验样品及方法

某油田地面管线施工现场，切割 $\phi89\times6$ 单井地面管线六段各 40cm，材料为退火态的 20#钢，化学成分如表 1 所示。管线端部为常规"V"形坡口，管端内外 20cm 范围内除锈打磨，现场组对焊接，焊接前坡口内充入氩气进行气体置换，采用打底焊(GTAW)、过渡焊(GTAW)、填充焊盖面焊(SMAW)四层焊接工艺。

表 1　20#钢基材化学成分　　　　　　　单位：%(质量分数)

C	Si	Mn	P	S	Cr	Ni	Cu
0.19	0.23	0.55	0.015	0.009	0.06	0.01	0.10

焊接完成后，三根样品成型均良好，熔覆层边缘圆滑过渡到母材，表面无裂纹、气孔、漏点、未熔合等缺陷。首先对焊口进行射线无损检测，均符合 RT Ⅰ级要求，未发现定量缺陷。其次对焊口进行理化性能分析，并对焊口、熔覆层显微组织、防腐性能进行分析。样品如图 1 所示。

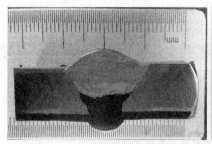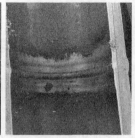

图 1 试验样品

考虑到重力对焊接过程的影响，为更加准确的分析焊口性能，焊接完成后对每根样品分为 3 点钟、6 点钟、9 点钟、12 点钟四个位置，并保证每类试验均有样品取在 6 点钟位置，显微组织样品取自 6 点钟位置。

3 试验结果及讨论

3.1 力学性能

采用电子万能试验机对焊口拉伸性能、弯曲性能（正弯、背弯、测弯）进行试验。试验结果如表 2 所示。

表 2 力学性能试验结果

试 验 项 目	技 术 指 标	试 验 结 果
拉伸性能	不低于母材的性能要求	三个试样断裂位置均为母材区域，焊缝处抗拉强度大于母材抗拉强度
弯曲性能（正弯、背弯、测弯）	试样拉伸面上不得有大于 1.5mm 的任一开口缺陷；在熔合线内不得有大于 3mm 的任一开口缺陷	三个试样，弯曲拉伸面上均无开口缺陷
冲击性能	不低于母材的性能要求	均高于母材冲击性能

采用数显显微维氏硬度计焊口不同区域进行硬度分析。分析结果如表 3 所示。

表 3 硬度试验结果

分 析 位 置	基体	熔覆层	打底层	过渡焊层	填充层	盖面层
维氏硬度（$HV_{0.5}$）	178	312	300	485	253	232

力学性能试验结果表明，焊口力学性能均满足技术指标要求，符合焊接工艺评定技术规范。焊口不同区域硬度试验结果显示，基体硬度最低，过渡焊层硬度最高。熔覆层和打底层硬度接近，无明显差别，说明焊接过程中过渡焊层工艺对打底层影响较小，打底层和熔覆层保持了一致性，填充层和盖面层硬度接近，但均高于基体硬度。

3.2 显微组织

采用金相显微镜和扫描电镜对焊口显微组织、厚度进行分析。对试样接头的横截面进行打磨、抛光后硝酸酒精侵蚀，其宏观形貌如图所示，由颜色推断，管端内部有耐蚀合金熔覆层，熔覆层厚度均匀，在金相显微镜下测量，厚度约 1.4mm。焊接区有四层，靠近内部的 2 层为耐蚀合金层，上面的 2 层为碳钢。首先确定母材、熔覆层、各层焊缝的组织，再进一步对各界面进行成分分析。

图 2、图 3 显示了不同区域的组织。管基体组织为典型的"铁素体+少量珠光体"，熔覆层为纯奥氏体，第一层打底焊为"奥氏体+铁素体"，第二层为马氏体，第三层组织为铁素体基体上分布由大量的颗粒状析出相，第四层为先共析铁素体(沿晶分布的白色相)以及铁素体加珠光体。

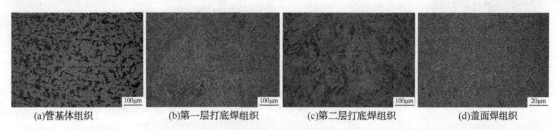

(a)管基体组织　　　　(b)第一层打底焊组织　　　　(c)第二层打底焊组织　　　　(d)盖面焊组织

图 2　不同区域金相组织

图 2 显示了不同界面处的组织。管道内壁熔覆层与基体碳钢之间的界面组织图可知，激光熔覆对碳钢基体组织没有明显影响，未出现过热粗晶区。在熔覆层与碳钢之间界面处产生一个厚度约为 50μm 的胞状晶层。靠近内部的三层焊层显微组织可知，打底焊层及第二层焊层为耐蚀材料，第三层为普通钢焊缝。第三焊层与第四焊层界面，从硝酸酒精侵蚀表面的形貌来看，第二焊层为耐蚀合金，第三和第四焊层为普通结构钢焊材。焊接第三道时，第二层耐蚀合金焊层对其有稀释作用，所以第三焊层中含有耐蚀合金，其组织与第四焊层存在差异，这应与耐蚀合金的熔入有关。由宏观形貌判断，第三焊层的厚度大约在 1.8~2.4mm 之间。打底焊层、熔敷层、基体交界处形貌分析可知，打底焊层与熔覆层的耐蚀性一致，第二焊层的稍差，管体为普通的碳钢材料。第三焊层与管基体之间的界面形貌，在靠近第二焊层(不锈钢焊层)的位置，由于上层不锈钢焊缝的熔入，第三焊层边缘组织呈现很大的不均匀性。

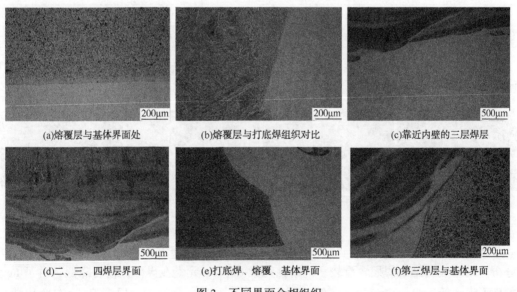

(a)熔覆层与基体界面处　　　　(b)熔覆层与打底焊组织对比　　　　(c)靠近内壁的三层焊层

(d)二、三、四焊层界面　　　　(e)打底焊、熔覆、基体界面　　　　(f)第三焊层与基体界面

图 3　不同界面金相组织

对不同界面区域进行 EDS 分析，明确不同界面成分变化。对熔覆层与基体界面线扫分析，图 4(a)显示了能谱分析(EDS)线扫位置和方向(开始点用实心白点表示)，扫描方向是由上而下，上为碳钢，下为熔覆层，中间为过渡层。分析结果可知左侧为碳钢，含有大量的

Fe 元素，不含 Cr、Ni、Mo 合金元素；右侧含有较多的 Cr、Ni、Mo，但 Fe 元素最多，仍为铁基合金，确定为含有 Cr、Ni、Mo 的不锈钢材料。熔覆层成分均匀性好，与碳钢界面处的元素显示为陡降或陡升关系，成分过渡区域不超过 5μm，碳钢对熔覆层的稀释可以忽略。

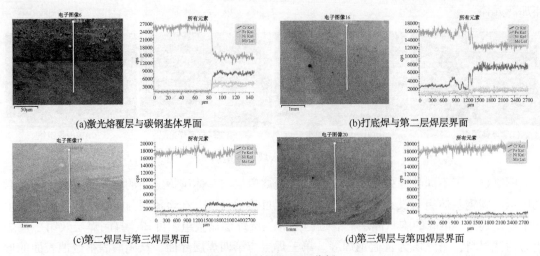

(a)激光熔覆层与碳钢基体界面　　　　　　(b)打底焊与第二层焊层界面

(c)第二焊层与第三焊层界面　　　　　　(d)第三焊层与第四焊层界面

图 4　不同界面 EDS 分析

对打底焊与第二层焊层界面线扫分析，图 4-bEDS 结果表明，打底焊层含有 Cr、Ni、Mo，但主要元素为 Fe，可认为是 Cr、Ni、Mo 合金化的不锈钢，与熔覆层相近。第二层焊层也含有耐蚀合金元素，但耐蚀元素含量比打底焊层明显降低，Fe 含量明显上升。进一步对打底焊层和第二焊层的成分进行点打，结果如表 4、图 5(a)、图 5(b)所示。

表 4　打底焊层和第二焊层原子百分量

分 析 位 置	Fe	Cr	Ni	Mo
打底焊层	65.5%	22.8%	10.2%	1.5%
第二焊层	89.2%	7.6%	2.8%	0.4%

点打结果显示，两焊层都属于高合金钢，但第二焊层的耐蚀合金元素含量比打底焊层明显减少，与线扫结果一致。

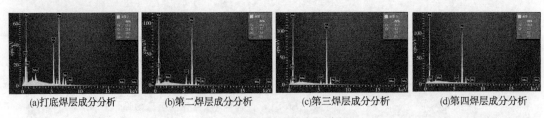

(a)打底焊层成分分析　　(b)第二焊层成分分析　　(c)第三焊层成分分析　　(d)第四焊层成分分析

图 5　不同焊层成分定量分析

对第二和第三焊层界面线扫分析，如图 4(c)所示，线扫方向由第三层向第二层焊缝方向分析。结果表明第二焊层含有较多的耐蚀元素 Cr，Fe 元素在界面处稍有降低，由于 Fe 元素差别不大，第三焊层中应熔入了第二焊层的一些耐蚀合金元素。根据 Cr 元素变化情况，推断成分过渡区域约为 60~70μm。进一步对第三焊层进行点打成分分析，结果见图 5(c)所示，从各主要元素的原子百分比可以看出，第三焊层中的确熔入了一定量的合金元素。合金元素的进入增大了此焊层产生马氏体的倾向。

对第三焊层与第四焊层界面线扫分析，如图4(d)所示。线扫结果表明第三层中含有一定的耐蚀元素 Cr，继续对第四焊层的主要元素相对原子百分含量进行分析，由图5(d)可知，第四层中也由于第三层的熔入，带入了一些合金元素，其合金元素总量相对第三层明显减少。

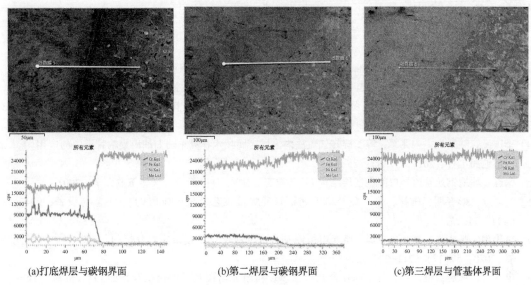

(a)打底焊层与碳钢界面　　　　　(b)第二焊层与碳钢界面　　　　　(c)第三焊层与管基体界面

图6　不同焊层与管基体交界处 EDS 分析

分析不同焊层与管基体交界处成分变化，如图6所示。打底焊层与管基体界面两侧的成分变化，线扫结果显示中间有一个厚度大约 15μm 的成分过渡区，分析是由于碳钢母材熔入不锈钢焊缝引起。分析第二焊层与碳钢之间界面两侧的成分变化，根据线扫结果 Cr 元素的变化判断焊层与碳钢之间有一个厚度大约 20μm 的成分过渡区，分析是由于碳钢母材熔入第二层不锈钢焊缝引起。对第三焊层与管基体之间界面的成分变化情况进行分析，线扫结果表明，第三焊层的 Cr 含量总体高于碳钢管体。

3.3　防腐性能

将样品加工成半圆状，放置在盐雾试验箱内进行 96h，CASS 试验，试验结果如图7所示。试验结果表明，熔覆层防腐效果良好，未有腐蚀点出现，防腐性能优异。分析原因，熔覆层厚度较大，且均匀连续，尤其是在焊口处也未发现有断层现象。熔覆层和基体结合牢固，表面无裂纹产生。根据 EDS 线扫结果，熔覆层含有较高的 Cr、Ni 元素，具备优良的防腐性能。

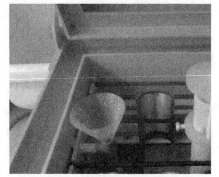

图7　熔覆层 CASS 试验

4　结语

（1）地面管线内管口采用用打底焊、过渡焊、填充焊盖面焊四层焊接工艺，焊口处力学性能达到基管技术要求，不同焊层硬度存在差异，熔覆层硬度高于基管硬度。

（2）金相组织分析可知，焊接区有四层，管内部 2 层为耐蚀合金层，管外壁 2 层为碳钢层，焊口处组织依次为奥氏体+铁素体–马氏体–铁素体–先共析铁素体，EDS 线扫结果表明，不同层之间存在着过渡区域。熔覆层与基体界面线扫结果表明，熔覆层与碳钢界面过渡区域较小，碳钢对熔覆层几乎没有稀释，使得熔覆层化学成分未发生改变，具备较好的耐蚀性能。

（3）盐雾腐蚀试验结果表明，激光熔覆层具备优良的防腐性能，可以满足油田高矿化度复杂介质环境下的使用。

参 考 文 献

[1] 张平，夏炳焕，刘晓伟. 浅谈油田地面管线的腐蚀失效[J]. 中国石油石化，2017(07)：167-168.

[2] 王强. 油田地面系统管线腐蚀穿孔原因及防治策略[J]. 全面腐蚀控制，2018，32(07)：110-111.

[3] 肖雯雯. 浅析油田集输管线的腐蚀原因及防腐措施[J]. 中国石油和化工标准与质量，2013，(1)：278.

[4] 李国民，颜蜡红，宋兆军，等. 旋转气流法内涂层防腐技术在冀东陆上油田集输管道中的应用[J]. 油气田地面工程，2019，5(38)：85-86.

[5] 张红. 埋地钢质管道补口部位三层结构 PE 防腐工艺研究[D]. 天津：天津工业大学，2007.

[6] 尹志远，彭春明，陈铭，等. 免补口不锈钢管环焊接工艺及生产应用[J]. 工艺与设备，2019，10(42)：34-37.

[7] 李伦翔，张德强，李金华，等. 激光熔覆镍基合金形貌优化及残余应力分析[J]. 激光与光电子学进展. 2020，57(17)：211-220.

[8] 申井义，林晨，姚永强，等. Ni60 合金包覆 WC 粉激光熔覆涂层的组织与性能[J]. 机械工程材料，2020，44(07)：18-22.

[9] JIANG F L, LI C, WANG Y L, et al. Effect of applied angle on the microstructure evolution and mechanical properties of laser clad 3540 Fe/CeO2 coating assisted by in-situ ultrasonic vibration[J]. Materials research express, 2019, 6(8): 0865h6.

[10] HEN S, LI R, ZHENG Q, et al. Layered microstructure distribution and forming mechanism of laser-processed Ni-Fe-B-Si-Nb-C amorphous composite coatings[J]. Materials Transactions, 2016, 57(10): 1807-1810.

[11] 袁庆龙，冯旭东，曹晶晶，等. 激光熔覆镍基合金涂层微观组织研究[J]. 中国激光，2010，37(8)：2116-2120.

作者简介：冷传基(1984—)，毕业于山东大学，机械电子工程专业，硕士，现工作于中国石化胜利油田分公司技术检测中心质检所，主任。通讯地址：山东东营济南路 2 号，邮编：257000。联系电话：13963369281，E-mail：lengchuanji. slyt@ sinopec. com。

H₂S/CO₂分压下环空保护液腐蚀性评价与表征

刘徐慧　周建伟　潘宝风　陈颖祎　杨东梅

(中国石油化工股份有限公司西南油气分公司石油工程技术研究院)

摘　要　针对深层含硫气藏完井过程中环空保护液体系长时间与生产管柱接触，易产生的腐蚀问题，模拟地层条件开展了不同 H₂S 和 CO₂分压及不同温度条件下环空保护液对金属材质的腐蚀速率评价实验，并结合微观形貌分析、电化学极化曲线、原子吸收实验及红外光谱、拉曼光谱等分析手段对钢片的腐蚀形态、溶液中的铁离子浓度及钢片表面附着物等进行表征。

关键词　环空保护液；硫化氢；二氧化碳；腐蚀；微观

1　概述

川东北元坝长兴组、川西海相气藏属礁、滩体控制含硫气藏，埋藏深（7000m 左右）、储层薄，地层温度为 160℃左右，H₂S 含量平均为 5.59%，CO₂含量平均为 9.98%。油套管长期处于该环境中极易发生腐蚀及应力损坏，影响油气井长期安全生产。环空保护液是充填于油管和油层套管之间的流体，它的作用机理为减轻套管头或封隔器承受的油藏压力；降低油管与环空之间的压差；抑制油管和套管的腐蚀倾向，达到缓蚀等效果。目前，自研的无固相有机盐类水基环空保护液产品 pH 值≥9.5，密度 1.0~1.6g/cm³可调，在四川元坝、彭州气田等 50 余口井进行了推广应用，共计使用液量超过约 1 万 m³，现场施工成功率 100%，确保元坝、彭州气田投产顺利进行。

近年来，针对高含硫气藏完井过程中，由于 H₂S 和 CO₂酸性气体的存在，加剧了对油井管柱等钢材的腐蚀，严重时会导致腐蚀穿孔或开裂失效等问题，众多油化工作者对环空保护液在恶性环境下的腐蚀研究，孙宜成等研制了在 CO₂腐蚀条件下对 P110 钢材的腐蚀速率为 0.05mm/a 的油基环空保护液；张雪锋研制了适用于高酸性气藏环空保护液体系，该环空保护液密度为 1.0~1.6g/cm³可调，抗温 140℃，在普光气田推广应用；刘贵昌针对钢材在环空保护液中的电偶腐蚀开展研究，结果表明随着环空保护液 pH 值的增大，电偶电位的升高，电偶腐蚀速率减小。

本文针对的是在含 H₂S/CO₂的高温高压气井中使用的环空保护液，因此首先是对该类气藏地质条件及含 H₂S/CO₂情况进行分析，通过室内模拟套管服役的高温高压工况条件，制定钢片的腐蚀失重实验方案，以评价环空保护液的防腐性能和不同条件下的腐蚀规律。

表 1　不同含硫油气田基础参数

油气田类型	气藏埋深/m	地压系数	原始地层压力/MPa	地温梯度/(℃/100m)	H₂S 浓度/%	CO₂浓度/%
塔河九区奥陶系一间房组	5932~6033	1.12~1.16	64.28	2.22	0.0004~0.02768	1.16~7.24
普光气田	5500	1.82~1.91	56	1.96~2.04	17	10

油气田类型	气藏埋深/m	地压系数	原始地层压力/MPa	地温梯度/(℃/100m)	H₂S浓度/%	CO₂浓度/%
元坝气田长兴组	6500~7000	1.01~1.15	67.95~74.00	2.67	4.37~7.18	6.22~15.51
彭州雷口坡	5800~6100	1.1~1.2	63.57~67.42	141.31~151.7	3.72~5.63	4.59~5.65

按照表1中不同含硫油气田基础参数表，确定了实验室模拟高温高压 H_2S/CO_2 分压下的实验条件。高温高压中模拟硫化氢、二氧化碳含量及地层温度(见表2)。硫化氢含量及二氧化碳含量根据四者含量最高及彭州海相确定，分别为① H_2S 含硫13.73%，CO_2 含量15.51%；② H_2S 含硫5.63%，CO_2 含量5.65%；钢片为P110SS，反应时间均为7d。

表2 高温高压 H_2S/CO_2 分压下实验条件

腐蚀介质	钢片类型	温度/℃	总压/MPa	H_2S 分压/MPa	CO_2 分压/MPa
环空保护液	P110SS	160	40	5.49	6.20
		90	40	5.49	6.20
		90	40	2.30	2.30

2 试验部分

2.1 试剂

(1)环空保护液；(2)无水乙醇；(3)金属Fe(G.R.)；(4)(1+1)盐酸溶液；(5)浓硝酸；(6)50mm×10mm×3mm P110SS钢片。

2.2 仪器

(1)哈氏合金HC-276高温高压反应釜和中间容器；(2)电化学极化；(3)TAS-990型原子吸收分光光度计；(4)红外光谱仪；(5)拉曼光谱仪。

2.3 试验方法

2.3.1 实验装置

哈氏合金HC-276高温高压反应釜和中间容器(最大工作压力70.00MPa，最高温度200℃，配ESP-100V恒速恒压泵)进行挂片实验，实验流程如图1所示。

2.3.2 腐蚀速率测定

采用失重法评价钢片的腐蚀性能，计算出腐蚀速率 K 。

3 实验结果及分析

3.1 腐蚀速率

实验结果可知：当反应温度为90℃，H_2S 和 CO_2 分压都为2.30MPa时，钢片在环空保护液中的平均腐蚀速率为0.1794g/(m²·h)，当反应温度为160℃，H_2S 分压为5.49MPa，CO_2 分压为6.20MPa时，钢片在环空保护液中的平均腐蚀速率为0.0221mm/a(见表3)。同时，通过分析可知，同种环空保护液在同一分压，不同温度条件下，温度越高钢片的腐蚀速率越大；在同一温度条件下，H_2S 和 CO_2 分压越高，钢片的腐蚀速率越大。

3.2 原子吸收实验结果及分析

对反应后的环空保护液可采用标准曲线法进行测定，对不同温度、不同分压 H_2S 和 CO_2

条件下反应后的环空保护液含铁量进行了测定，实验结果见表4。

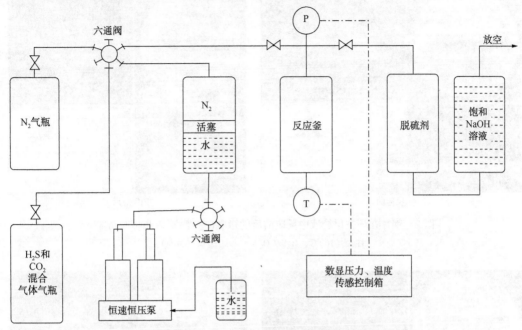

图1　高温高压 H_2S/CO_2 分压下环空保护液腐蚀实验流程图

表3　环空保护液腐蚀速率汇总表

温度/℃	总压/MPa	H_2S 分压/MPa	CO_2 分压/MPa	平均腐蚀速率 $K/(mm/a)$
160	40	5.49	6.20	0.0221
90	40	5.49	6.20	0.0218
90	40	2.30	2.30	0.0179

表4　环空保护液反应后的含铁量测定结果

序号	实验条件				总 Fe 含量/(mg/L)
	温度/℃	总压/MPa	H_2S 分压/MPa	CO_2 分压/MPa	
1	160	40	5.49	6.20	0.50
2	90	40	5.49	6.20	0.36
3	90	40	2.30	2.30	0.21

对环空保护液残液进行了含铁量的测定，在90℃、H_2S 分压2.3MPa、CO_2 分压2.3MPa的条件下，总 Fe 含量仅为 0.21mg/L。在不同条件下的总 Fe 含量可知：H_2S 和 CO_2 分压相同的情况下，温度越高，总 Fe 含量越高；温度相同的情况下，H_2S 和 CO_2 分压分压越高，总 Fe 含量越高。

3.3　微观形貌分析

为了更直观地了解钢片腐蚀的情况，利用原子力显微镜对环空保护液在不同温度、不同 H_2S 分压和 CO_2 分压条件下的钢片腐蚀前后的微观形貌和相对高度进行了分析研究，其结果如图2~图4所示。

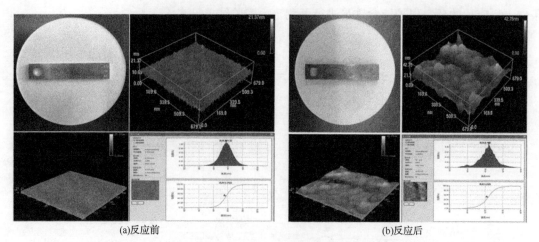

(a)反应前 (b)反应后

图 2　钢片在环空保护液中反应前后的微观(宏观)形貌和相对高度
扫描图(160℃，$H_2S/CO_2 = 5.49MPa/6.20MPa$)

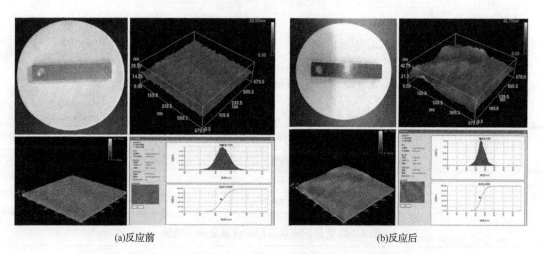

(a)反应前 (b)反应后

图 3　钢片在环空保护液中反应前后的微观(宏观)形貌和相对高度
扫描图(90℃，$H_2S/CO_2 = 5.49MPa/6.20MPa$)

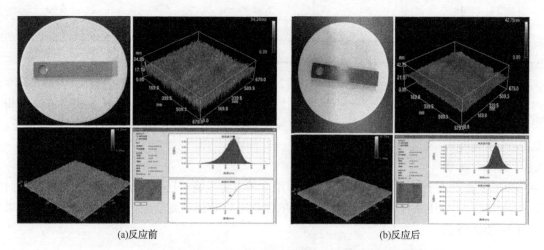

(a)反应前 (b)反应后

图 4　钢片在环空保护液中反应液前后的微观(宏观)形貌和相对高度

扫描图(90℃，$H_2S/CO_2 = 2.30MPa/2.30MPa$)

表 5   腐蚀平均高度的测定结果

序号	实 验 条 件	腐蚀前高度/nm	腐蚀后高度/nm	腐蚀高度差 ΔH/nm
1	环空保护液(160℃，H_2S/CO_2 = 5.49MPa/6.20MPa)	14.23	31.31	17.08
2	环空保护液(90℃，H_2S/CO_2 = 5.49MPa/6.20MPa)	21.37	31.15	9.78
3	环空保护液(90℃，H_2S/CO_2 = 2.30MPa/2.30MPa)	17.49	17.65	0.16

从实验结果可知：当反应温度为 90℃，H_2S 分压为 2.30MPa，CO_2分压为 2.30MPa 时，钢片在环空保护液中反应后的腐蚀高度差 ΔH 为 0.16nm；当反应温度为 160℃，H_2S 分压为 5.49MPa，CO_2分压为 6.20MPa 时，钢片在环空保护液中反应后的腐蚀高度 ΔH 为 17.08nm（见表 5）。同时，由腐蚀前后钢片的微观形貌图可知，腐蚀前的微观形貌表现得要比腐蚀后平滑，腐蚀后的钢片表面形貌图出现明显的沟壑，起伏较大。

3.4 电化学极化曲线结果及分析

为了分析不同工作条件下对 P110SS 材质腐蚀的影响，对 P110SS 材质腐蚀后的介质进行了电化学测试，实验测得的极化曲线结果如图 5 所示。

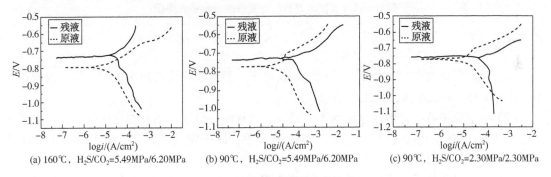

(a) 160℃，H_2S/CO_2=5.49MPa/6.20MPa   (b) 90℃，H_2S/CO_2=5.49MPa/6.20MPa   (c) 90℃，H_2S/CO_2=2.30MPa/2.30MPa

图 5   环空保护液极化曲线

电化学极化曲线的电压越大，说明液体中的导电离子越多。在环空保护液中通入不同的气体分压以及在不同的温度下，P110SS 钢片在原液和残液中所产生的电压差值不同。当温度为 90℃，H_2S 分压为 2.30MPa，CO_2分压为 2.30MPa 时，钢片在环空保护液的原液和残液中所产生电压差值最小，当温度为 160℃，H_2S 分压为 5.49MPa，CO_2分压为 6.20MPa 时，钢片在环空保护液的原液和残液中所产生电压差值最大。由此可知，在同一分压，不同温度条件下，温度越高电压差越大，腐蚀产生的铁离子越多，腐蚀越严重；同一温度条件下，H_2S 和 CO_2分压越高，电压差越大，腐蚀产生的铁离子越多，腐蚀越严重。

3.5 红外光谱、拉曼光谱

为进一步证实钢片表面附着物组分，对附着物进行红外光谱、拉曼光谱表征。拉曼和红外大多数时候都是互相补充的，红外强，拉曼弱，反之也是如此。

图 6 红外光谱显示：1617cm^{-1}为羧酸根 COO$^-$反对称伸缩的特征吸收峰，1120cm^{-1}为 C—C 对称伸缩振动的特征吸收峰，1120cm^{-1}为含硫化合物的特征吸收峰，1016cm^{-1}为卤化物 C—F 的特征吸收峰，605cm^{-1}为亚甲基称伸缩振动的特征吸收峰。拉曼光谱显示：在956cm^{-1}处为 SO_3^{2-}的反对称伸缩，1135cm^{-1}为 C—N 的伸缩，1318cm^{-1}为 SO_2 的反对称伸缩振动，1560cm^{-1}为芳环 C $=$ C 伸缩，2440cm^{-1}处 CO_2 的反对称伸缩，2548cm^{-1}硫氢 S—H 伸缩，2880cm^{-1}处为 CH_3 的对称伸缩，2880cm^{-1}处为 CH_3 的对称伸缩，2928cm^{-1}处为 CH_2 的反

对称伸缩，3097cm^{-1}处为芳烃=C—H的伸缩。拉曼光谱峰位分析结果进一步证实了红外光谱的推断，钢片表面附着物为有机物组分，为环空保护液中的缓蚀剂在钢片表面吸附成膜的有机物成分，正是由于缓蚀剂在钢片表面形成的保护膜，使得即便是在160℃、H$_2$S/CO$_2$分压存在条件下，环空保护液对P110SS管材的腐蚀速率仅为0.0221mm/a，保护了恶劣条件下的油管外壁和套管内壁免受腐蚀，确保高温、高酸性油气藏的安全生产。

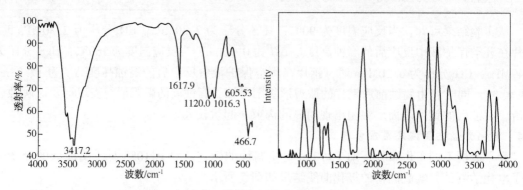

图6　钢片表面附着物红外光谱图、拉曼光谱图

4　结语

（1）环空保护液在同一分压，不同温度条件下，温度越高腐蚀速率越大，同一温度条件下，H$_2$S和CO$_2$分压越高，腐蚀速率越大；

（2）环空保护液电化学极化曲线测定结果显示在同一分压，不同温度条件下，温度越高电压差越大，腐蚀产生的铁离子越多，腐蚀越严重；同一温度条件下，H$_2$S和CO$_2$分压越高，电压差越大，腐蚀产生的铁离子越多，腐蚀越严重。

（3）原子吸收光谱法测定了反应后的环空保护液总Fe含量，H$_2$S和CO$_2$分压相同的情况下，温度越高，总Fe含量越高；温度相同的情况下，H$_2$S和CO$_2$分压分压越高，总Fe含量越高。

（4）红外光谱和拉曼光谱表征结果显示钢片表面附着物中大部分为环空保护液中的有机质组分，为缓蚀剂在钢片表面形成的保护膜。

参　考　文　献

[1] 赵向阳，孟英峰，侯绪田，等. Y油田油套环空腐蚀环境分析与环空保护液优化[J]. 腐蚀科学与防护技术，2017，29(1)：91-96.

[2] 孙宜城，陆凯，曾德智，等. 抗CO$_2$腐蚀环保型油基环空保护液研究[J]. 钻采工艺，2018，41(6)：90-94.

[3] 张学锋. 高酸性气藏环空保护液体系研究及应用[J]. 内蒙古石油化工，2016(10)：11-13.

[4] 刘贵昌，刘仕强，侯天江，等. G3钢和TP110SS钢在环空保护液中的电偶腐蚀[J]. 腐蚀与防护，2012，33(8)：672-675.

作者简介：刘徐慧(1982—)，副研究员，毕业于西南石油大学，硕士，从事油田化学工作。通讯地址：四川省德阳市龙泉山北路298号，邮编：618000。联系电话：13778406066，E-mail：3000654@qq.com。

水性工业防火涂料配方设计详解

贺军会　王军委　贺少鹏　张　玲[1]　娄西中[2]

(1. 陕西宝防建设工程有限公司；2. 陕西省石油化工研究设计院)

摘　要　防火涂料作为一种性能用途较为特殊的涂料，其主要功能体现在阻燃防燃功能上。其突出的阻燃功能，是涂装在易燃材料上的这种特殊涂料在遇有明火发生时，涂层可以减缓火势的蔓延速度和阻抑燃烧。本文通过最基本常见的一款水性工业用防火涂料配方实例，详解了防火涂料配方的基本设计原理和基本组成，以及各组分间的相互作用，防火涂料配方中用的防火阻燃助剂的性能和其相互间的关系，控制要点等。

关键词　水性工业；防火涂料；阻燃助剂；发泡性能；涂层；弹性丙烯酸乳液

引言

燃烧是一种自然现象，燃烧的过程就是一种快速的有火焰发生的剧烈的氧化反应的过程，其反应速度是非常的快和复杂。燃烧的产生和进行必须同时具备三个条件，即可燃物质、助燃剂(如空气、氧气或氧化剂)和火源(如高温或火焰)。

为了阻止燃烧的进行，必须切断燃烧过程中的三个要素中的任何一个，例如降低燃烧的温度、隔绝被燃烧的空气或可燃物。

防火涂料就是一种特殊用途的涂料，是涂装在易燃材料上的一种特殊的涂料。当有火灾发生时，涂层可以减缓火势的蔓延速度和阻抑燃烧。

当有燃烧发生时，其燃烧继续下去的机理就是易燃材质在受到局部大量的高温热能的作用下，可产生快速的热分解，而热分解又会进一步产生促进燃烧的易燃气体，和一部分不易燃烧的不燃气体，以及在燃烧发生时产生的残留物；此时，暴露在大气中的易燃物质在充足的氧气环境中燃烧，又会进一步使产生的热能而促进加速易燃材质燃烧的循环进行。

易燃物质的燃烧机理如图 1 所示。

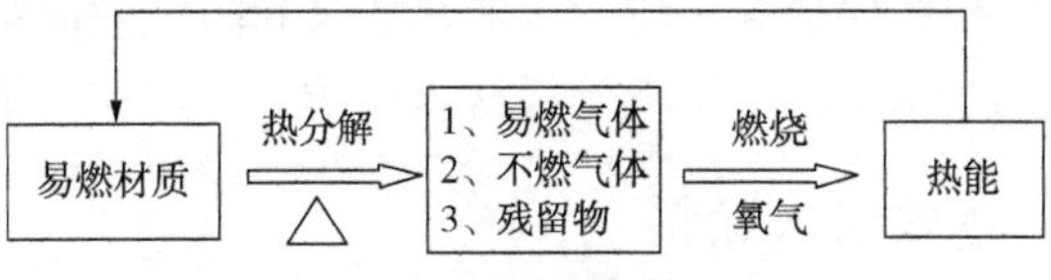

图 1　燃烧机理

1　防火涂料阻燃机理

防火涂料在发生的燃烧过程中，由于热量的传递会引起更加激烈的燃烧，此时要阻止继续燃烧，就要求自身的燃烧不足以使微燃部分继续下去，即所谓的阻燃。

由于防火涂料所具有的阻燃功能，可使燃烧发生时存在于基材和火源之间含有阻燃剂的涂层，在遇明火时涂层会快速形成阻隔火源的隔热层，涂层中的阻燃剂在受热过程中会产生不燃气体，以及导致涂层发生熔融，蒸发，分解等系列物变化，产生吸热作用，形成一个快速有效的综合的阻燃过程，这就是防火涂料的基本阻燃机理。

1.1　**防火涂料本身具有难燃性或不燃性**

发生燃烧时，涂层在遇明火受热后，经过熔融、膨胀等物理变化，以及聚合物等组分的分解和炭化等化学作用，会吸收大量热量，抵消一部分作用于物体的热，从而延缓底材的受热升温过程；

1.2 防火涂料遇火受热可分解出不燃性的惰性气体

防火涂料遇火受热时还可分解出不燃性的惰性气体，用来冲淡保护基材受热分解出的易燃气体和空气中的氧气，抑制燃烧；

1.3 防火涂层遇热时会加速膨胀

防火涂层遇热时会加速膨胀，形成隔热隔氧的膨胀碳层，封闭基材，从而阻止基材继续着火燃烧。

1.4 遇热能释放活性自由基

遇热释放活性自由基，与有机自由基结合后能减缓或终止燃烧连锁反应；

2 防火涂料类型及特点

目前，市面上的防火型涂料品种很多，如按其产品类型划分，现时的防火涂料可分为膨胀型和非膨胀型两大类。

如按其产品用途划分，防火涂料可分为饰面型防火涂料、木材防火涂料、钢结构防火涂料、凝土结构防火涂料、隧道防火涂料、电缆防火涂料等。

防火涂料如按其施工时涂膜厚度，又可分为厚涂型、薄涂型、超薄型三种。

其中，厚涂型防火涂料的涂膜厚度要求在12mm以上；薄涂型涂膜厚度在7mm左右；而超薄型防火涂料的涂膜厚度应在3mm以下。

2.1 膨胀型防火涂料

一般情况下，膨胀型防火涂料的性能要好于非膨胀型防火涂料。

这是因为膨胀型防火涂料在火焰下或受热时涂层可迅速发生膨胀，形成比原涂层厚度大几十倍的不仅能隔绝氧气，还能有效阻挡外部热源对基料产生作用的碳质泡沫层。乳液型膨胀防火涂料和溶剂型膨胀防火涂料可用于建筑物、电力、电缆的防火。

2.2 非膨胀型防火涂料

而非膨胀型防火涂料受热时只能生成气态产物和釉状保护层来阻止火焰的蔓延。因这种釉状保护层热导率较大，隔热效果和阻燃效能都低于膨胀型防火涂料。非膨胀型防火涂料主要用于木材、纤维板等板材质的防火，用在木结构屋架、顶棚、门窗等表面。

3 水性防火涂料

水性防火涂料从成膜性质上可分为以下几大类：

3.1 合成聚合物乳液型

成膜物为苯丙乳液、纯丙乳液、醋酸乙烯乳液等，添加膨胀型阻燃剂及其他材料制成。

3.2 水溶性树脂型

水溶性树脂中的脲醛-三聚氰胺树脂具有色浅、耐光好、不发霉、干燥快、成本低、附着力好、耐水、耐油、耐热、优良的电性能、本身可作为炭源和气源等诸多优点，因此，受到众多厂家的青睐，引起了科研人员的高度重视。在这方面我国取得了非常多的成果。

3.3 无机黏合剂型

这类涂料以硅酸盐水泥、氢氧化镁或其他无机高温黏合剂为基料，添加膨胀珍珠岩、矿棉等骨料及其他化学助剂和水等组成，以非膨胀型为主，其缺点是用量大，涂层厚，但由于可用于室外，因而，也取得了很好的应用效果。

4 水性防火涂料配方设计思路和原理

随着人们环保意识的增强，以及我国社会和经济的不断发展，必须加强消防产品建设，减少火灾造成的不必要的损失，水性防火涂料在其中扮演了极其重要的角色，和作为消防产品中的重要一员，已越来越受到社会的广泛关注。

因目前水性工业防火涂料品种繁多，我们选择下面最基本常见的水性工业用的防火涂料配方为例，介绍防火涂料配方的基本设计原理(见表1)。

表1 白色膨胀型丙烯酸乳胶防火涂料

原材料名称	规 格	加入质量/kg
聚磷酸铵	聚合度大于800 上海新华	22.0
三聚氰胺	成都望江化工厂	12.0
季戊四醇	北京化工二厂	8.0
钛白粉	锐钛型	5.0
云母粉	徐州	2.0
六偏磷酸钠	工业	0.25
羧甲基纤维素	工业	0.07
去离子水	工业	25.0
丙烯酸弹性乳液	北京东方	25.0
氯化石蜡增塑剂	含氯42%	2.0
8056消泡剂	工业	0.2
2050流平剂	工业	0.2
TT-935增稠剂	工业	0.2
合计		102.0

操作工艺:

操作:先制备颜料白浆，再加入乳液基料混成涂料。

工艺:用20%的水分别将六偏、羧甲基纤维素溶解，必要时用热水或加热溶解，然后再称取其余颜填料搅拌混合研磨30min至细度为70μm以下时放出。如将制备的混合料倒入砂磨机砂磨，以转速1400r/min研磨，0.5h即可出料。如用三辊机压浆研磨，在备料时，水量不应加完，否则太稀。应留20%的水量清洗设备以后，再加入已磨好的料浆中。

配漆时，先称取30%的丙烯酸乳液，加入慢速搅拌的颜填料浆中，加完后继续搅拌5min，用铜筛(120~160目)过滤，装入塑料桶备用。

4.1 水性工业防火涂料基本组成

水性工业防火涂料一般是由水性乳液(基料)、阻燃助剂、颜填料、添加剂、和溶剂等组成。

4.1.1 基料

水性防火涂料选用的基料是亲水性的水溶性树脂或水分散性的聚合物乳液。

聚合物乳液是水性防火涂料的主要成膜物质，要求乳液对底材具有良好的附着力、耐久性和耐水性。

乳液对发泡剂、成炭剂、脱水成炭催化剂、颜填料等起黏结作用，当涂膜干燥固化后，附着在基材表面形成坚韧、牢固、均匀的涂层。

涂层的膨胀发泡、耐燃性、耐水性、耐化学品性和黏结强度等都与乳液的性能和质量有关。

4.1.2 水性防火涂料的类别

现时所用水性防火涂料的基料主要包括无机化合物和有机化合物两大类。其中，无机化合物基料主要是水玻璃、硅酸盐、硅溶胶等；有机化合物基料主要是聚丙烯酸乳液、苯乙烯改性聚丙烯酸乳液、聚醋酸乙烯乳液、聚偏氯乙烯乳液等。

4.1.3 无机化合物基料特点

无机化合物基料中以水玻璃基料的耐热性能最好，价格便宜来源广泛，但耐碱性和耐水性较差。硅酸盐包括硅酸钠、硅酸钾、硅酸锂、硅酸铝等。硅酸锂价格较贵，用得较少；低硅比的硅酸钠耐水性较差，必须使用固化剂，常用氟硅酸钠、磷酸盐、硼酸盐等；硅溶胶具有纳米尺寸，具有良好的耐水性，但弹性较差。

4.1.4 有机化合物基料特点

有机化合物基料品种较多，但聚偏氯乙烯乳液的防火性能最好，这是因为偏氯乙烯树脂中的氯原子有阻燃作用。但该树脂在燃烧受热时会放出刺激性氯气，且我国该树脂产量较少，因此在配方选择中不宜选用该树脂。

纯丙(甲基丙烯酸酯-丙烯酸酯共聚物)乳液、乙丙(丙烯酸酯-醋酸乙烯酯共聚物)乳液和苯丙(丙烯酸酯-苯乙烯共聚物)乳液，无毒无臭，具有较高的耐寒性和保光性，附着力强，可常温固化，均是很好的聚合物乳液，但其阻燃性、耐热性较差，高温易返黏、易黏尘，低温时易变脆，透气性较差。

为改善这些性能，可以采用乳液拼用、合成改性树脂(用丙烯酸单体与有机硅单体共聚制成硅丙树脂)或增添阻燃剂等方法。

4.2 树脂乳液的选择

成膜物对水性防火涂料的性能有很大影响，多种树脂乳液均可作成膜黏结剂，如氯-偏乳液、氟树脂乳液、水性环氧树脂、丙烯酸弹性乳液、硅丙乳液等，用相同的防火阻燃体系，不同的成膜黏结剂制成防火涂料后，比较其各方面性能，结果见表2。

表2   不同树脂乳液的防火涂料性能比较

树脂名称	2mm涂层发泡高度/mm	碳化层质量	发烟量	理化性能
氯-偏乳液	16	较坚固	较多	合格
水性氟树脂	18	坚固致密	较多	合格
水性环氧树脂	16	较疏松	较少	合格
丙烯酸弹性乳液	20	坚固致密	较少	合格
硅丙乳液	15	较疏松	较少	合格
苯丙乳液	7	较坚固	较多	合格
纯丙乳液	10	较坚固	较多	合格

由表2可以看出，水性氟树脂和丙烯酸弹性乳液的炭化层质量防火性能最好，而水性环氧树脂、丙烯酸弹性乳液、硅丙乳液的发烟量少，对环境造成污染小，环保性好。

氯—偏乳液和水性氟树脂等含有卤素的乳液，在燃烧时生成大量的烟和有毒气体及腐蚀性的气体，可导致单纯由火所不能引起的电路系统开关和其他金属物件的腐蚀及对人体呼吸道和其他器官造成危害；

水性环氧树脂必须加入固化剂才能成膜，给生产、施工带来不便，考虑到涂层在正常工作条件下具有各种使用性能和环保性，又能在火焰或高温作用时不开裂，所以最后选用丙烯酸弹性乳液，其制成的防火涂料涂层具有很好的弹性，防止涂层遇火开裂，提高耐火极限。

有机化合物的聚合物乳液包括聚丙烯酸乳液、苯乙烯改性聚丙烯酸乳液、聚醋酸乙烯乳液、聚偏氯乙烯乳液等。聚偏氯乙烯乳液的防火性能最好，是因为偏氯乙烯树脂中的氯原子有阻燃作用。但该树脂在燃烧受热时会放出刺激性氯气，且该树脂现产量较少，因此在配方选择中不宜选用该树脂。

纯丙(甲基丙烯酸酯–丙烯酸酯共聚物)乳液、乙丙(丙烯酸酯–醋酸乙烯酯共聚物)乳液和苯丙(丙烯酸酯–苯乙烯共聚物)乳液，无毒无臭，具有较高的耐寒性和保光性，附着力强，可常温固化，均是很好的聚合物乳液，但其阻燃性、耐热性较差，高温易返黏、易黏尘，低温时易变脆，透气性较差。为改善这些性能，可以采用乳液拼用、合成改性树脂(用丙烯酸单体与有机硅单体共聚制成硅丙树脂)或增添阻燃剂等方法。

4.3 阻燃剂的选择

在水性防火涂料的成膜物质确定之后，防火涂料的防火效果如何，主要取决于阻燃剂的选择。因而，阻燃剂是水性防火涂料能起到防火作用的关键组分。在受热时它能吸收大量的热，释放出捕获燃烧反应的自由基，以及不燃性气体，并形成隔热隔氧且热导率很低的膨胀炭层。

在膨胀型水性防火涂料配方中，涂层受热、膨胀、阻燃是一个复杂的过程，这个重要的防火体系中的阻燃剂是由脱水剂(酸源)、成炭剂(碳源)、发泡剂(喷气剂)组成。在涂层发生燃烧时，阻燃涂层中的这三种组分会相互同时作用。

4.3.1 脱水剂(酸源)

脱水剂也称为膨胀催化剂，与提供碳源的高碳化合物作用，使正常的燃烧反应转化为脱水反应，脱水形成不燃的海绵状碳质泡沫层。其主要作用是促使涂层热分解的进程，促进涂层产生不易燃烧的炭化层的物质，在受热分解时产生的磷酸易与涂层中含羟基的有机物作用而脱水炭化，该炭化层的形成能起到阻止或延缓火灾发生的作用。

另外，脱水剂本身也是一种阻燃剂，它们大多都是含磷化合物，本文配方采用的聚磷酸铵，其特点是含磷量高(可达32%)超过所有已知的含磷阻燃剂。

反应中生成的磷酸是有效的脱水剂，可促进有机物的脱水，形成炭质层，从而加速热分解反应的进行，最后转化成聚偏磷酸，在材质表面形成一固相层，隔绝空气和热的传导，阻止燃烧的进一步蔓延。

目前常用脱水剂有：聚磷酸铵、硫酸铵、磷酸三聚氰胺、三氯乙基磷酸酯等。

4.3.2 成碳剂(碳源)

成炭剂为膨胀防火提供炭架，是形成泡沫炭化层的物质基础，多为含碳量高得多羟基化合物，主要作用是促进和改变热分解进程，使含有羟基的化合物脱水炭化，形成三维的不易燃烧的泡沫炭化层，对防火层起骨架作用。

成炭剂通常采用多元醇化合物，如季戊四醇、二季戊四醇、三季戊四醇、山梨醇；碳水化合物，如淀粉、葡萄糖等。

4.3.3　发泡剂(喷气剂)

发泡组分的作用就是其能在较低的温度下分解、膨胀,形成立体的碳质泡沫层。发泡剂遇涂层高温受热时能分解释放出不燃气体,将涂层中的氨气、二氧化碳、水、卤化氢等气体,鼓吹起多孔的泡沫炭化层。这种形成多孔的不燃炭质泡沫层能有效地阻止热量向可燃性的低层传递,从而达到阻燃目的。

常用发泡剂有氯化石蜡、三聚氰胺、双氰胺、碳酸铵、聚磷酸铵、尿素等。磷酸铵、聚磷酸铵、磷酸脲、磷酸蜜胺等既是酸源,也是发泡剂。

4.4　颜填料

颜填料不仅使水性防火涂料具有装饰性,更重要的是改善防火涂料机械物理性能和化学性能,提高涂层的耐热性并抵抗气流冲击。颜料在防火涂料中作用,主要是使涂层具有一定的色彩遮盖性能。填料既能提高防火阻燃性能,又能降低生产成本。

有些填料熔融体可以与无机基料形成覆盖层,隔绝空气,阻止燃烧的发生;

有些填料在高温下可发生脱水、分解等吸热反应或熔融、蒸发等吸热过程,抑制热分解和燃烧的进程,同时填料所分解出的气体能冲淡可燃性气体和氧的浓度,抑制燃烧的进行。

由于防火涂料的主要性能偏重于防火功能,且涂层远比装饰性涂层为厚,故一般对其色彩和遮盖力性能要求不高,以白色为主,在此基础上可调制奶油、浅灰、淡蓝等色。

防火涂料中常用颜料以热稳定性较好的无机颜料为主,如二氧化钛、氧化锌、氧化铁红、铁黄等。有时加入铁兰氧化铁红氧化铁黄柠檬黄等作为调色用。

常用的无机填料有高岭土、滑石粉、碳酸钙、珍珠岩、云母粉、粉煤灰微珠、无机纤维等。

4.5　添加剂

添加剂作为助剂是涂料中的辅助成分,用量少而作用大。它可以改善涂料的柔韧性、弹性、附着力、稳定性等性能。比如为了提高涂层及炭化层的强度,避免泡沫气化造成涂层破裂,可加入少量玻璃纤维、石棉纤维、酚醛纤维作为涂层的增强剂,也可提高涂料的施工厚度和防流挂性等。

为改善涂层的柔韧性,常需要加入增塑剂,常用的增塑剂为有机磷酸酯、氯化石蜡、氯化联苯等。有些树脂(如氯化橡胶),在温度不太高的情况下(150℃左右)就会发生分解,如涂料在研磨过程中放出氯化氢,或涂层直接暴露在大气中,导致涂层老化。

因此,在涂料组分中加入热稳定助剂、抗老化剂等十分必要。加入增稠剂(羟甲基纤维素溶液)、乳化剂(OS-15、平平加等)、增韧剂(氯化石蜡、磷酸三甲酚、卤代烷基磷酸酯等)、颜料分散剂(六偏磷酸钠等)可提高涂料的贮存稳定性和施工性。

5　配方结果分析

5.1　涂料组分的选用

成膜物质:选用丙烯酸弹性乳液,使涂层具有良好的综合性能;

阻燃剂:成炭剂以季戊四醇为主;膨胀催化剂(脱水剂)以聚磷酸铵为主;发泡剂选用三聚氰胺;

颜填料以钛白粉为主,辅加入少量云母粉。

5.2　阻燃剂配比对防火性能的影响

如将有机黏合剂和颜料填料作为恒量,改变阻燃剂中的三种组成配比,其防火性能见表3。

表3 防火性能

配比结果 组成	质量比/%						
成炭剂	35	35	30	30	25	25	18
发泡剂	30	27	30	25	25	22	24
膨胀催化剂	35	38	40	45	50	53	55
耐热时间	17	18	19	33	20	25	38

从表中数据可明显看出，随着涂料组成中阻燃剂成分中的膨胀催化剂用量的增加，涂层的耐热时间也会明显延长。

5.3 颜填料用量对发泡性能的影响

如将颜填料分别按照阻燃剂成分的8%、15%和22%制成涂料，按其发泡情况和泡沫结构检验其防火性能见表4。

表4 发泡性能

发泡情况	颜填料用量/%		
颜填料	8	15	22
发泡高度/mm	26	14	8
泡沫结构	均匀致密，海绵状	较大的蜂窝状	更大的蜂窝状
阻燃状态(注)	底材无变化	底材明显炭化	底材严重炭化

涂于五合板上，涂层厚度 0.45~0.47mm，酒精灯燃烧 30min。由于发泡的高度和泡沫结构直接影响到涂层的防火性能，显然，颜填料的用量增加，防火性能则显著降低。

5.4 防火性能指标

表5 防火性能

国家标准	方法级别	小室法		隧道法	大板燃烧法
		失重/g	炭化体积/cm	火焰传播比值/%	耐燃时间/mm
	1	≤5	≤25	0~25	≥30
	2	≤10	≤50	26~50	≥20
	3	≤15	≤75	51~75	≥10
测试结果		2.1	3.9	17.7	35

对表5中数据分析看，该防火涂料性能达到一级标准。

5.5 产品技术性能标准

产品技术性能标准见表6。

表6 产品技术性能标准

项　目	指　标	实验方法
容器中原漆状态	无异常	GB 3186
颜色及外观	白色，漆膜平整	GB 1729
黏度(涂-4)杯 S	40~80	GB 1723

项 目		指 标	实 验 方 法
细度/μm	不大于	70	GB1724
固含量/%	不小于	50	GB 1725
干燥时间/h 表干 实干	不大于	2 24	GB 1728
附着力/级	不大于	2	GB 1720
耐水性		不起泡不脱落	GB 1733
耐火性 （耐燃烧时间 min）	不小于	30	注

注：1. 将配置好的防火涂料均匀涂刷在 150mm×150mm 纤维板上，每隔 2h 涂一次至涂层总厚度达到 0.3～0.4mm，每次涂刷后应在 25℃±1℃ 相对湿度 65%±5% 的条件下干燥，最后涂完在此条件下放置 96h 后做燃烧试验；

2. 酒精灯内装 250mL30% 工业酒精，调节灯芯高度约 8mm，灯芯直径 7mm，使火焰直径约为 13mm，焰锥高度 45～50mm，此时火焰顶尖温度约为 850～860℃；

3. 放置三脚架，使火焰锥尖与三脚架平面齐或外焰锥高出平面 5～10mm；

4. 操作：调好火焰将试样（涂漆面向下）放在铁三脚架上，同时计时，至试板开始裂穿时为止。测试三个试件，取其平均值为耐燃烧时间。

5.6 防火涂料检测的主要标准和项目

（1）容器中状态：GB 12441—2018《饰面型防火涂料》；GB 14907—2018《钢结构防火涂料》。

（2）干燥时间：GB 12441—2018《饰面型防火涂料》；GB 14907—2018《钢结构防火涂料》。

（3）初期干燥抗裂性：GB 14907—2018《钢结构防火涂料》；

（4）耐水性：GB 14907—2018《钢结构防火涂料》。

（5）黏结强度：GB 14907—2018《钢结构防火涂料》。

（6）细度：GB 12441—2018《饰面型防火涂料》。

（7）附着力：GB 12441—2018《饰面型防火涂料》。

（8）柔韧性：GB 12441—2018《饰面型防火涂料》。

（9）耐冲击性：GB 12441—2018《饰面型防火涂料》。

（10）耐湿热性：GB 12441—2018《饰面型防火涂料》。

6 结语

6.1 涂层厚度对阻燃效果的影响

防火涂料阻燃性能的优劣与涂料本身的内在质量有直接关系，但涂层厚度对阻燃效果的影响也很大。这可由热传导公式看出，见式(1)

$$Q = A \cdot \lambda \cdot \Delta t / L \tag{1}$$

式中　Q——转移的热量；

　　　A——传热面积；

　　　λ——传热介质的导热系数；

　　　t——传热介质两侧的温度差；

L——传热距离(漆膜厚度)。

式中 *L* 和 *Q* 成反比关系。当阻燃涂层受热时,形成比涂层厚度 *L* 大数十倍的膨胀层,能有效隔断火焰对基材的燃烧,也阻隔了空气与基材的接触,该膨胀层就成为阻燃层。所以,涂层的厚度直接影响到防火效果。

6.2 膨胀型防火涂料的阻燃机理

膨胀型防火涂料的阻燃机理作用与非膨胀型防火涂料的阻燃机理不同,主要表现在三个方面。

6.2.1 隔绝效应

涂层受热膨胀后可形成比原涂层厚度厚几十倍的泡沫碳质层,有效隔绝了外部热源(热传导和热辐射)对底材的作用,也隔绝了底材与空气的接触,起到阻燃作用;

6.2.2 冷却作用

在火焰或高温的作用下,涂层发生熔融、蒸发、分解等物理化学变化,吸收热量,使涂层表面冷却,抵消外部热源对底材的作用,阻止燃烧;

6.2.3 稀释效应

涂层受热后可分解出大量不燃或灭火气体,如氨气、水蒸气、二氧化碳等气体,稀释了空气中氧和可燃气体的浓度,防止火焰的燃烧。

6.3 防火涂料涂层常规指标与阻燃性能之间的关系

防火涂料是一种性能用途较为特殊的涂料,其主要性能应体现在阻燃功能上。为突出其阻燃功能,其配方组成中有许多是普通装饰涂料中所不用或忌讳使用的原料,如三聚氰胺,季戊四醇等;但它们却是阻燃剂中不可缺少的,且在配方中占有相当数量。这对涂层的外观,硬度,附着力,冲击强度,耐水性能等指标均有较大影响,这也是水性工业防火涂料配方设计中应特别注意的。

6.4 防火涂料市场存在的问题

市场上新型的防火涂料品种很多,主要有:透明防火涂料、水溶性膨胀防火涂料、酚醛基防火涂料、乳胶防火涂料、聚醋酸乙烯乳基防火涂料、室温自干型水溶性膨胀型防火涂料、聚烯烃防火绝缘涂料、改性高氯聚乙烯防火涂料、氯化橡胶膨胀防火涂料、防火墙涂料、发泡型防火涂料、电线电缆阻燃涂料、新型耐火涂料、铸造耐火涂料等等。但目前市场上占有很大比例的膨胀型防火涂料基本上都还在使用以聚磷酸铵(APP)、三聚氰胺(MEL)、季戊四醇(PE)为代表的"化学膨胀型"阻燃耐火体系,它的阻燃作用主要还是依靠不同组分之间的化学反应来产生膨胀炭层,以及过程中释放出的很多有毒烟气。这也是目前燃烧产物毒性的主要产生根源。因此,研发该体系的替代物是防火涂料环保问题的关键,目前最首推的是物理膨胀型阻燃剂——可膨胀石墨和提倡使用的无机阻燃剂、无卤阻燃剂等相对环保型的阻燃剂品种。

随着整个涂料工业向绿色节能、安全环保、低污染高性能、水性化方向发展的趋势。目前水性防火涂料所占比例已是越来越大。与此同时,提高防火涂料的耐水性能、防火性能、装饰性能、降低成本等方面也在不断取得进展。

开发多效、高效、低水溶性的脱水成炭催化剂和发泡剂的开发研究,也一直是膨胀型防火涂料研究和发展的技术关键。多聚磷酸铵的研制成功,曾大力促进了膨胀型防火涂料的发展。磷酸三聚氰胺则把磷酸脱水催化和三聚氰胺发泡两者的作用结合起来,并且水溶性更低,效果更好。

水性防火涂料的耐火时间更长，涂覆于物体表面，在遇火时涂膜本身难燃或不燃，对基材有较好的保护作用，为及时灭火和人员撤离赢得了时间。而且由于它使用的是水性基料，具有更省资源、节能环保、无污染的优势。因此对它的研究和应用已引起了各方面的高度重视。特别是在目前水性防火涂料在外观，和耐候性方面与溶剂型防火涂料之间存在的差距，也会得到有效解决，更好地满足市场需要。

综上所述，随着工业向大型化和建筑向集群化、高层化发展，随着科学技术的发展，人们对防火涂料的要求越来越高，应用越来越广泛。这种情况又大大促进了防火涂料的发展，它必将成为国家建设和人民生活中不可缺少的材料之一。

参 考 文 献

[1] 武利民. 现代涂料配方设计[M]. 北京：化学工业出版社，2021.

[2] 居滋善. 涂料工艺第四分册(增订本)[M]. 北京：化学工业出版社，1994.

[3] 战风昌. 专用涂料[M]. 北京：化学工业出版社，1995.

[4] 陈中华，李崇裔. 水性超薄型钢结构防火涂料的研制与性能研究[J]. 涂料工业，2011.

[5] 孙科，赵志刚. 乳液对水性超薄型钢结构防火涂料性能的影响[C]//消防科技与工程学术会议论文集，中国消防协会，2007，429.

碳纤维在管道加固领域的应用研究

蔡莺莺 韦 健 张红卫 沈海娟

（中国石化上海石油化工股份有限公司）

摘 要 本文研究了 20 号钢管在工程中常见的环形、槽型缺陷的碳纤维布加固检测为研究背景，通过有限元分析和实际爆破实验，对试件的 CFRP 层数/模量等对爆破压力/应力分布影响的分析比对。研究结果表面：对规格为 φ57×3.5 的点蚀缺陷管件，加固 3 层 CFRP 后的爆破压力提高了 15%；对 50%壁厚减薄缺陷管件，经加固后的爆破压力仍远高于其实际工作压力，具有很高的安全系数。最后，本文介绍了碳纤维布加固缺陷管件在上海石化内部的实际应用，对于消除隐患和节约施工成本影响深远。

关键词 碳纤维复合材料；腐蚀管道；加固修复

1 引言

随着我国服役压力管道"老龄化"问题的日益严峻，安全问题突出，管道加固变得日益重要。石油化工管道具有高温高压、易燃易爆的特点，传统的修复加固通常采用明火焊接的形式，需要停工停料，造成生产损失，效率低，且防腐蚀效果差。碳纤维复合材料（CFRP）具有轻质、高强、抗疲劳、耐腐蚀、等多种优点，在化工/油气管道的防腐、修复、加固领域具有广泛的应用潜力。采用碳纤维修复缺陷管道，在管道外形成补强层，分担管道内压，降低了管道及缺陷处所承受的应力，在不停工、不动火、不泄压的情况下实现管道修复补强，近年来在国内外得到快速的发展，成为碳纤维最重要的应用市场之一。

2 碳纤维复合材料在加固缺陷管道有限元分析

采用有限元方法分析 CFRP 加固的缺陷钢管，研究了缺陷类型、CFRP 层数对钢管爆破压力、破坏模式以及应力分布的影响，以得到 CFRP 湿缠绕法修复化工管道技术力的加固效果和机理。

由于钢管材料性质、变形的高度非线性，有限元分析采用动态显示分析方法。钢管材料性质采用真实应力-应变曲线，假设环氧树脂为理想弹塑性材料，屈服强度为 24MPa。为模拟 CFRP 加固钢管的破坏模式，钢管和填充材料的损伤和发展采用延性破坏理论。CFRP 材料采用 Hashin 损伤起始准则以及基于能力消耗的损伤发展准则（见图 1）。

（1）爆破压力

通过有限元分析，研究了爆破压力与 CFRP 层之间的关系（见图 2）。爆破压力-CFRP 层数曲线的拐点对应 CFRP 的最佳层数。在达到最优层数之前，爆破压力随 CFRP 的层数线性增加，随后爆破压力不再增加。在当前试验条件下，环形、槽形缺陷钢管的最佳加固层数分别为 7 层和 8 层。

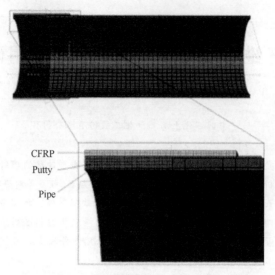

CFRP
Putty
Pipe

图 1 CFRP 加固钢管的有限元模型

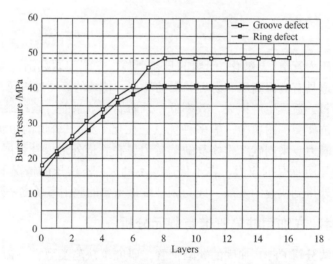

图 2 有限元分析得到的爆破压力-CFRP 层数曲线

（2）应力分布

通过有限元分析，得到在 15MPa 内压作用下钢管应力沿轴向的分布图（见图 3）。水平坐标是从测量点到管道缺陷中心的距离，其中 $x=0mm$ 表示缺陷的中心，$x=100mm$ 为缺陷的边缘，$x=250mm$ 为 CFRP 的边缘。由于 CFRP 在纤维方向上的高模量，当 CFRP 的层数为 2 时，R2 和 G2 试件的钢管应力分别降低了 32% 和 34% 的应力。CFRP 刚度随层数的增加而增加，从而降低了缺陷中心的应力。可以得出结论，CFRP 刚度的增加抑制了管道的变形，从而提高了爆破压力。此外，与 R2，R4，R6，R8 和 R16 相比，G2，G4，G6，G8 和 G16 的应力较低，这表明缺陷的类型会影响加固钢管的应力水平。

缺陷中心的 CFRP 环向应力平均值-载荷曲线的如图 4 所示第二段的单调上升的双线性曲线。曲线拐点对应缺陷区域达到钢管屈服强度时的压力。在达到这一压力之前，由于钢管刚度大于 CFRP，CFRP 承担的载荷较小，应力水平较低。达到屈服压力之后，钢管刚度趋近 0，CFRP 承担大部分荷载，应力显著增加。从复合材料应力角度证明荷载传递分为两个阶段。此外，环形缺陷和槽形缺陷管道的应力-荷载基本重合，说明缺陷的类型对在相同压力下缺陷中心处的 CFRP 应力平均值没有影响。

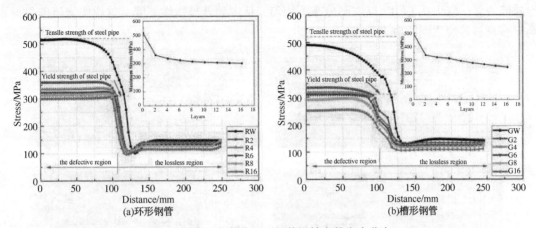

图 3　15MPa 荷载作用下钢管沿轴向的应力分布

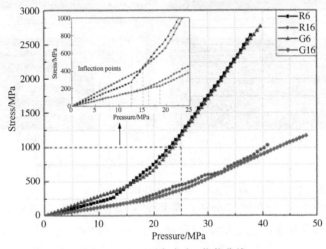

图 4　CFRP 环向应力-荷载曲线

采用有限元分析屈服和爆破压力作用下应力沿管道径向的分布(见图 5)。R6、R16、G6 和 G16 在屈服压力下的 CFRP 应力水平低于爆破压力作用下的应力，再次证明了 CFRP 直到

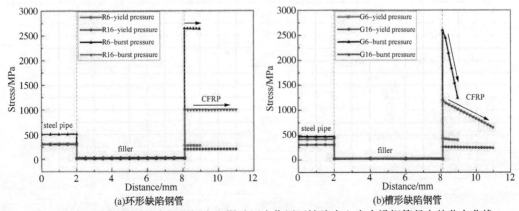

图 5　有限元分析得到的在屈服压力和爆破压力作用下缺陷中心应力沿钢管径向的分布曲线

钢管屈服之后成为关键的承力构件。由于 R16 和 G16 的 CFRP 刚度较高，当破坏发生时，R16 和 G16 的应力水平低于 R6 和 G6 的应力水平。由于应力场的变化（见图 6），对于带槽形缺陷钢管，应力在 CFRP 层之间分布不均匀，从内到外呈线性下降。这说明缺陷的类型影响复合材料各层之间的应力分布。

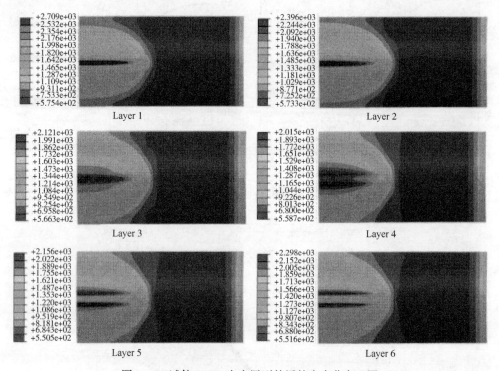

图 6　G6 试件 CFRP 由内层到外层的应力分布云图

（3）CFRP 层数、模量对爆破压力、应力分布的影响

对表 1 中 11 种工况进行有限元分析，采用方差分析法分析有限元结果，研究 CFRP 层数、模量两因素对钢管静水压强度的影响程度。有限元分析方法获得的静水压强度见表 2。

表 1　试样名称与变量

CFRP 层数	E11/MPa	试样编号
0	0	无损钢管
0	0	缺陷钢管
2	250	2~25
	300	2~30
	350	2~35
4	250	4~25
	300	4~30
	350	4~35
6	250	6~25
	300	6~30
	350	6~35

表 2　CFRP 加固钢管静水压强度

试样编号	静水压强度/MPa	试样编号	静水压强度/MPa
2-25	25.80	4-35	33.48
2-30	25.80	6-25	41.40
2-35	25.50	6-30	41.70
4-25	33.24	6-35	42.00
4-30	33.30		

　　方差分析法分析 CFRP 层数和模量对静水压强度的影响(见表 3)。从分析结果可以得到,因素 CFRP 层数的 F 值远远大于临界值 $F0.01$,说明因素 CFRP 层数水平的改变对钢管静水压强度影响特别显著,CFRP 层数为高度显著因素。而因素 CFRP 模量的 F 值小于临界值 $F0.1$,说明因素 CFRP 模量的改变对钢管静水压强度无显著影响,CFRP 模量为非显著性因素。

表 3　静水压强度方差分析计算结果

方差来源	偏差平方和	自由度	均方	F 值	$F0.01$	$F0.1$
CFRP 层数	384.259	2	192.130	3480.604	18	4.320
CFRP 模量	0.050	2	0.025	0.456	18	4.320
误差	0.220	4	0.055			
总和	384.530	8				

　　方差分析法分析 CFRP 层数和模量对 15MPa 压力作用下钢管缺陷区域应力的影响(见表 4)。从分析结果可以得到,因素 CFRP 层数的 F 值远远大于临界值 $F0.01$,说明因素 CFRP 层数水平的改变对缺陷区域钢管应力影响特别显著,CFRP 层数为高度显著因素。而因素 CFRP 模量的 F 值大于临界值 $F0.01$,说明因素 CFRP 模量水平的改变对缺陷区域钢管应力影响特别显著,CFRP 模量为高度著性因素。

表 4　缺陷区域钢管应力方差分析计算结果

方差来源	偏差平方和	自由度	均方	F 值	$F0.01$	$F0.1$
CFRP 层数	2281.943	2	1140.972	151.860	18	4.32
CFRP 模量	235.630	2	117.815	15.681	18	4.32
误差	30.053	4	7.513			
总和	2547.626	8				

3　CFRP 加固缺陷管道爆破实验

(1) 爆破实验与有限元分析结果比对

　　实验采用面密度为 $300g/m^2$ 的 12K 小丝束单向碳纤维布和自制环氧树脂为原料,修复缺陷管道,钢管材质为 20 号钢管,缺陷为工程中常见的环形和槽形两种缺陷。试验过程中,清除加工完成的钢管表面油污,用砂轮打磨钢管表面以使钢管表面光滑,增强表面活化能。用树脂浸渍单向碳纤维布,将浸渍好的碳布按规范计算层数缠绕在钢管缺陷部位。加固宽度为 300mm,超出缺陷两端各 50mm。制作完成后在室温条件下固化 7d。

经与规范 ISO/TS 24817：2015 对比，研究了两种方法的加固效果。

方法 1：考虑钢管承载力的钢管容许应力法，见式(1)。

$$t_{\text{repair}} = \frac{D}{2s} \cdot \frac{E_s}{E_c} \cdot \left(P_{\text{design}} + \frac{2\upsilon F_{\text{design}}}{\pi D^2} - P_s \right) \tag{1}$$

方法 2：考虑钢管承载力的纤维增强复合材料容许应变法见式(2)。

$$t_{\text{repair}} = \frac{D}{2E_c \varepsilon_c} \left(P_{\text{design}} + \frac{2\upsilon F_{\text{design}}}{\pi D^2} - P_s \right) \tag{2}$$

式中　s——钢材容许应力，MPa；

　　　D——钢管外径，mm；

　　　υ——钢管泊松比；

　F_{design}——轴向荷载设计值，N；

　　　P_s——缺陷钢管的残余强度，MPa；

　P_{design}——钢管的设计荷载，MPa；

　　　ε_c——CFRP 沿环向的容许应变；

　t_{repair}——CFRP 设计厚度。

将试验用原材料的力学性能和尺寸代入方法 1 和方法 2，得到加固层数分别为 16 层和 6 层。试件编号、缺陷类型、CFRP 层数见表 5。

表 5　试件编号、缺陷类型、CFRP 层数

编　号	缺陷类型	CFRP 层数	设　计
1	—	0	WD
2	环形	0	RW
3	槽形	0	GW
4	环形	6	R6
5	环形	16	R6
6	槽形	6	G6
7	槽形	16	G16

① CFRP 加固钢管的破坏模式

图 7 为环形缺陷钢管的破坏模式。如图所示，破坏发生在缺陷位置，对于用六层 CFRP 加固的钢管(方法 2)，同时存在沿轴向和圆周方向的断口，碳纤维布被拉断，然后钢管发生破坏[见图 7(a)]。破坏由环向应力引起，这表明规范 ISO/TS 24817 提出的方法 2 无法对钢管的圆周方向进行有效加固。对于由 16 层 CFRP 加固的钢管(方法 1)[见图 7(b)]，钢管从中间断为两段，这是由于随着单向布厚度增加，钢管环向强度得到加强，轴向强度相对薄弱。这说明当碳纤维达到一定厚度时，需要对钢管轴向进行加固，防止沿轴向发生破坏。

图 8 为槽形缺陷钢管的失效模式。加固 6 层 CFRP 的缺陷钢管破坏发生在缺陷区域，破坏由轴向应力引起，断口沿钢管的轴向扩展[见图 8(a)]。这说明规范 ISO/TS 24817 提出的方法 2 无法有效加固钢管的圆周方向。对于加固 16 层 CFRP 的管道，破坏发生在无损区[见图 8(b)]，这说明钢管 G16 的加强区具有比无损区更高的强度。可以得出结论，根据 ISO/TS 24817 的方法 1，单向 CFRP 可以有效地加固槽形缺陷的管道，并且加固区域强度高于无损区域。

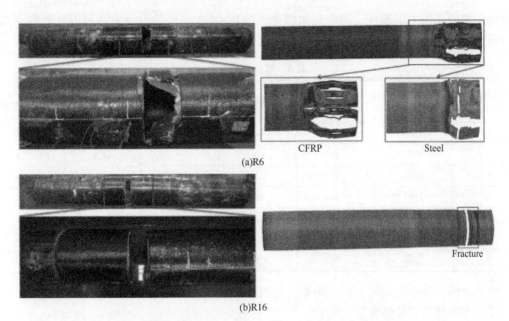

(a)R6

(b)R16

图 7　爆破试验和有限元分析得到的环形缺陷钢管破坏模式

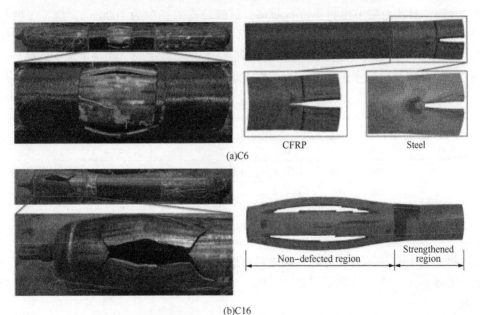

(a)C6

(b)C16

图 8　爆破试验和有限元分析得到的槽形缺陷钢管破坏模式

　　根据图 7 和图 8，可以看出文中提出的有限元分析方法可以准确预测 CFRP 加固钢管的破坏模式。

　　通过爆破试验和有限元分析得到钢管的爆破压力（见表 6）。由于机加工引起的初始缺陷，R6 和 R16 有限元结果与试验结果间误差较大。

　　与未加固的环形缺陷钢管相比，R6 和 R16 的爆破压力分别提高了 100% 和 145%。这表明，单向 CFRP 可以有效地提高环形缺陷钢管的爆破压力。对于槽形缺陷钢管，G6 的破裂压力与 GW 相比增加了 172%，接近无损管道的破裂压力。由于钢管强度低，G16 在

38.9MPa 的较低压力下损坏。可以得出结论，ISO 24817 提出的设计方法可以有效提高槽形缺陷钢管的爆破压力，根据设计方法 2 可将爆破压力提高到无损管道水平。

表 6　爆破试验结果

编　号	缺陷类型	CFRP 层数	设计	屈服压力/MPa	爆破压力/MPa	
					实验	FEA
1	—	0	WD	—	43.5	48
2	环形	0	RW	—	14.9	15.6
3	槽形	0	GW	—	15.6	18
4	环形	6	R6	13.8	29.9	38.4
5	环形	16	R16	16.8	36.5	40.8
6	槽形	6	G6	15.0	42.5	41.8
7	槽形	16	G16	18.6	38.9	46.8

综上所述，文中提出的有限元分析方法可以准确预测 CFRP 加固钢管的破坏模式。

② CFRP 加固管件爆破压力实验

通过有限元分析，进行 CFRP 加固缺陷管道爆破试验。试验中样管规格为：$\phi57\times3.5$，材质为 20#钢，对其两端采用封头进行封堵，试验段有效长度为 1000mm，加工了两种模拟缺陷(A 为 50%壁厚减薄缺陷，B 为点蚀缺陷)，采用湿法缠绕工艺进行包覆。爆破试验的介质为常温的水，通过缓慢加压最终使试件爆破。通过爆破试验，测试了加固修补后管子的爆破压力、以及无缺陷管子的爆破压力，爆破试验结果如表 7 所示，断口形貌如图 9 所示。

表 7　管件加固后的爆破试验结果

序　号	材　质	模拟缺陷	加固层数	爆破压力	B/A
1	20#	无缺陷	—	A	—
2	20#	缺陷 A	3	B1	70.4%
3	20#	缺陷 B	3	B2	115.9%

注意：所有实验数据均远大于管道实际工作压力。

从表中可以看出，对于点蚀缺陷的管件，与无缺陷管件相比，加固 3 层纤维复合材料后爆破压力提高了 15%，具有良好的加固效果；50%壁厚减薄的模拟缺陷管件，经碳纤维复合材料加固的爆破压力为无缺陷管道的 70.4%，但仍高于管道的实际工作压力，具有较高的安全系数。

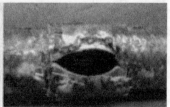

图 9　爆破试件断口形貌

从图 9 中可以看出，所有试件爆破口均为塑性断裂，纤维层断裂，爆破后无碎片，断口上无明显的金属缺陷。

综上所述，采用碳纤维补强布，通过湿法缠绕加固修补缺陷管道，加固效果良好。

4 CFRP 在管道加固领域的应用实践及展望

在役管道大部分建成于 70 年代，由于历史条件制约，管道的早期防腐措施薄弱，存在较多安全隐患。随着服役时间的延长，受外部环境影响逐渐暴露出防腐层老化和管体腐蚀等问题。另外，管道与支架/横梁接触处也是薄弱环节，对于防腐和加固上海石化也有很大的需求。

目前在上海石化的应用按照用途分包含两个方面，一个是对含缺陷管道或者接管进行补强加固，主要包括外腐蚀、焊接缺陷或者机械损伤，另一个是防腐作用，主要是管道与横梁接触处。

截至 2020 年，通过碳纤维增强，完成管道隐患治理 61443 点；而与之相对应的，管道支架处泄漏数量(次)，从 2015 年至 2018 年的年均 8~9 次，在 2020 年降为 1 次，隐患消除效果显著。现场包覆照片如图 10 所示。

图 10 现场加固修复管道图

包覆后管道服役 3 年后，参照 ASME PCC-2-2011 及中国石油的企业标准 Q/SY XN0341—2011《天然气输送管道管体缺陷复合修复材料的验收标准》对补强加固后的区域进行检查，通过外观检查，未发现鼓包、泄漏；外观良好；其邵氏硬度达 75HD，加固效果良好。

相比于传统的管道修补技术，采用碳纤维复合材料修复管道，可节约工程成本 50%~57%。

未来，将继续致力于提高石油化工领域管道、容器、海上平台、建筑结构等的安全服役寿命，同时发展高性能碳纤维复合材料，促进碳纤维在上述领域的规模化应用，促进碳纤维的性能提升及表面处理技术发展，进一步拓展碳纤维复合材料在其他领域应用。

参 考 文 献

[1] 宋文，刘艳东，刘刚. 国内外管道修复技术的发展及应用[J]. 中国高新技术企业，2009(18)：41-42.

[2] 李作春. 碳纤维补强技术在油田金属管道中的应用[J]. 管道技术与设备，2014(4)：27-28.

石油炼制、化工

炼油企业腐蚀控制技术研究与应用

张宏飞[1,2]　段永锋[1,2]　陈崇刚[2]　于凤昌[1,2]

(1. 中石化炼化工程集团洛阳技术研发中心；2. 中国石油化工集团石化设备防腐蚀研究中心)

摘　要　原油劣质化趋势、装置长周期安全运行及环境保护不断增加的压力，成为目前国内炼油企业面临的严峻挑战。中国石化设备防腐蚀中心以炼油企业腐蚀问题为导向，通过开展腐蚀流程分析、设备管线适应性评估、制定工艺防腐和腐蚀监检测方案、建立重点区域腐蚀控制回路、开展日常防腐监督及动态维护等一系列举措，形成了集"腐蚀分析、评估、监测、控制"一体化的炼油企业腐蚀控制技术体系，规范了腐蚀控制技术及措施的实施流程，实现了炼油企业生产装置运行期间的腐蚀监控和管理。该技术在某炼油企业的应用实践中取得了显著成效，实现了工艺防腐和设备防腐的初步融合，有效控制了炼油装置腐蚀风险，为炼油装置长满安稳运行提供了有效保障。

关键词　炼油企业；腐蚀控制技术；腐蚀流程分析；工艺防腐；腐蚀监检测；腐蚀控制回路

1　前言

原油劣质化趋势、装置长周期安全运行及环境保护不断增加的压力，成为目前国内炼油企业面临的严峻挑战。近年来，我国炼油企业在石油加工过程中的腐蚀控制方面取得了长足进步，API RP571、API RP 581、GB/T 30579 和 GB/T 26610 等技术文件和标准的颁布与实施对于炼油装置腐蚀类型的判别和控制提供了明确的指南，高硫、高酸原油加工装置选材导则(SH/T 3096、SH/T 3129)的颁布与实施，也基本消除了炼油装置由于材料选择导致的腐蚀问题。

炼油装置在建成后，作为腐蚀反应条件之一的金属材料很难改变，改变腐蚀反应的另一条件——反应参数(如腐蚀性介质含量和工艺条件温度、压力、流态、流速等)，是切实可行且有效的。一方面，通过降低腐蚀性介质的浓度或腐蚀环境到一个可接受的水平，使系统结构材料的耐蚀能力恰好能够满足使用要求；另一方面，通过工艺参数调控，改变腐蚀环境，改变腐蚀反应所需的工艺环境条件，阻止或破坏腐蚀反应。针对低温系统的腐蚀工况，尤其是含水、腐蚀性、多相流工况下复杂多变的腐蚀特性，单纯依靠材质升级往往不能解决问题，工艺防腐和设备防腐的协同实施是解决低温系统腐蚀的有效防腐方式。

2　腐蚀控制技术基本原理

基于炼油企业面临原料劣质化、长周期运行、环护法规日益严格等现状，在中国石化集团公司炼油事业部的支持下，中国石化设备防腐蚀研究中心，与中石化洛阳工程公司合作开发了针对炼油装置的"腐蚀分析、评估、监测、控制"一体化的腐蚀控制技术，并编制了规范化操作流程和标准化技术规范，实现了炼油企业生产装置运行期间的防腐蚀全流程管理，保障了炼油装置的安全稳定长周期运行。该技术的基本原理如图 1 所示。

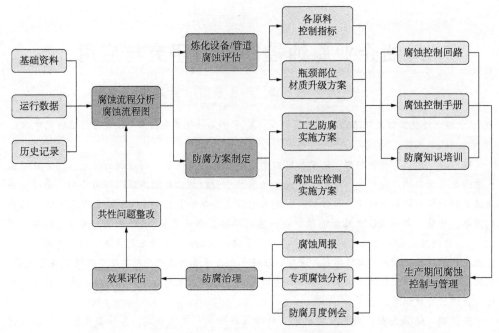

图 1　炼油企业腐蚀控制技术基本原理

（1）炼油装置腐蚀流程分析：基于具体加工装置的工艺流程、原料性质、设备和管道信息，梳理并分析主要腐蚀类型，结合《炼油工业静设备损伤机理》（API RP 571），归纳分析了各加工装置主要腐蚀类型，并分析了每种腐蚀类型的腐蚀机理、敏感材料、影响因素、易腐蚀设备和管道，建立了针对不同加工装置腐蚀信息索引表，绘制了各加工装置的腐蚀流程图。

（2）炼油设备和管道腐蚀评估：基于加工装置的腐蚀流程分析和腐蚀流程图，依据《基于风险的检验方法》（API RP 581）、《高硫原油加工装置设备和管道设计选材导则》（SH/T 3096）和《高酸原油加工装置设备和管道设计选材导则》（SH/T 3129），结合加工装置物流性质、工艺条件和设备管道材质，进行了炼油装置设备和管道腐蚀严重程度的定量评估，一方面针对装置瓶颈部位制定材质升级方案，另一方面基于腐蚀评估结果确定各原料性质控制指标，有效控制装置腐蚀风险。

（3）炼油装置工艺防腐与腐蚀监检测实施方案：编制了《中国石化炼油工艺防腐蚀管理规定实施细则》；在装置腐蚀流程分析的基础上，依据装置的腐蚀流程图、设备和管道的材质，以及工艺防腐措施，通过系统分析装置腐蚀类型及其特点，确定各装置的腐蚀监检测部位和方式。

（4）炼油装置腐蚀控制回路：借鉴腐蚀回路和完整性操作窗口的理念，针对炼油装置重点腐蚀部位，尤其是低温腐蚀的高风险部位，建立重点操作参数、工艺防腐参数及腐蚀监检测参数等的管控清单，并集成在同一操作窗口内进行展现及管理。通过对关键操作参数进行核算，以腐蚀控制回路操作窗口为基础可在装置运行期间开展防腐日常管理，有效监控工艺防腐实施效果及装置腐蚀状态，及时发现腐蚀隐患，便于分析异常原因、提出应对措施，以保障装置的安全稳定运行。

（5）炼油装置腐蚀控制技术体系建设：为有效控制炼油装置腐蚀风险，以装置腐蚀问题为导向，基于"腐蚀分析、评估、监测、控制"一体化的腐蚀控制实施方案，遵照规范化操作流程和标准化技术规范，实现了炼油企业生产装置运行期间的腐蚀监控和管理，保障了炼油装置的安全稳定长周期运行。

3 腐蚀控制技术应用实践

3.1 腐蚀流程分析

针对某企业全厂炼油加工装置，基于工艺流程、原料性质、设备和管道等信息，梳理并分析主要腐蚀类型，总结各自腐蚀机理、影响因素及主要影响设备部位和区域；并归纳出需要重点关注的腐蚀类型及腐蚀部位，将主要腐蚀类型及其严重程度在工艺流程图上进行半定量描述，完成全厂主要加工装置腐蚀流程图绘制。例如，对于1#蒸馏装置，其常压分馏单元腐蚀流程图如图2所示，装置各部位、腐蚀类型及严重程度统计如表1所示。

其中，因为装置依据加工高硫原油设计，高温部位的选材满足要求，因此，其腐蚀在可控范围内。而对于低温部位，由于原油的密度、盐含量、氯含量逐年增加，造成原油脱后含盐长期居高不下，由此引发的后继加工装置低温部位腐蚀相对严重。

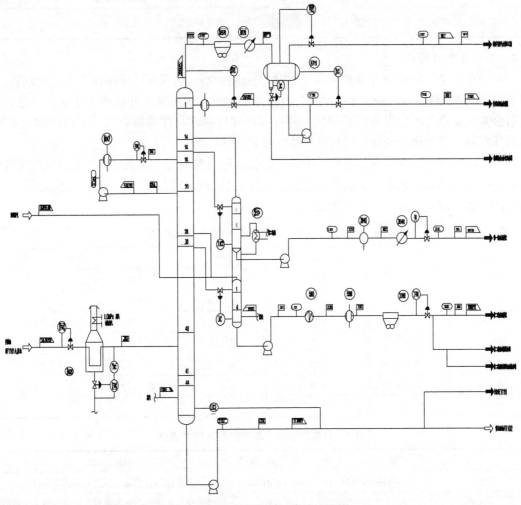

图2　1#常压蒸馏单元腐蚀流程图

表 1　1#蒸馏装置腐蚀类型、影响部位及严重程度索引

腐蚀类型	程度	颜色	相关部位
高温硫腐蚀	较重	■	闪底油-蜡油及回流换热器及后管线，常压塔、减压塔下部，常压渣油管线
高温硫腐蚀	较轻	■	闪蒸罐及进料管线，闪顶油气至常压塔管线，闪底油至蜡油及回流换热器前；常压塔中部，常二线抽出、常二线汽提塔、常二线至常一线重沸器前
高温硫腐蚀	轻微	■	温度低于240℃油气管线及设备
HCl-H$_2$S-H$_2$O腐蚀	严重	■	常压塔顶部及塔盘，常顶油气管线至常顶水冷器，常顶回流罐水包及污水线
HCl-H$_2$S-H$_2$O腐蚀	中等	■	常顶水冷器后管线与设备，常顶回流罐，常顶回流及常顶不凝气管线；电脱盐排水线
水相腐蚀	轻微	■	新鲜水、净化水、除氧水、除盐水、蒸汽及其凝结水管线；冷焦水处理设备及管线
高温氧化/硫腐蚀	较重	■	常压炉炉管

3.2　腐蚀适应性评估

某企业原加工原油硫含量0.9%、酸值0.7mgKOH/g，后根据要求需加工劣质化原油（硫含量约1.5%、酸值约1.08mgKOH/g），因此需要对相关加工装置开展腐蚀适应性评估，确定各装置主要设备和管道的薄弱部位，并对薄弱部位制定材质升级方案。下面以该企业1#常减压蒸馏装置为例介绍腐蚀适应性评估过程。

1#常减压蒸馏装置原油及各侧线油品中的硫含量和酸值分布见表2，基于表中数据并依据相关标准，结合工艺条件和设备管道材质、历史检维修情况，评估出设备管线薄弱部位，并给出了相关建议，分别见表3和表4。

表 2　1#常减压装置各侧线馏分的硫含量和酸值分布

介质	硫含量/%	酸值/(mgKOH/g)	介质	硫含量/%	酸值/(mgKOH/g)
原油	1.5	1.08	常四线	1.011	0.880
闪底油	1.5	1.08	减顶油	1.311	—
常底油	2.418	1.71	减一线	1.752	0.702
常顶油	0.04	—	减二线	1.948	1.29
常一线	0.08	0.059	减三线	2.204	1.53
常二线	0.284	0.384	减渣	2.746	2.16
常三线	0.614	0.862			

表 3　设备腐蚀评估薄弱部位及相关建议

设　备	部　位	目前材质	建　议
常压塔	下部简体/底封头	20R+0Cr13Al	关注腐蚀情况，较重时需衬S30403
常压塔	$T>288℃$塔盘	0Cr13Al	需关注，如腐蚀严重，建议更换时升级为S30403
减压塔	$T>288℃$填料	316L	建议更换为S31703
常压炉	对流段炉管	Cr5Mo	建议材质升级为S32168

设　　备	部　　位	目前材质	建　　议
常压炉	辐射段炉管	Cr5Mo	建议材质升级为 TP316L
减压炉	对流段炉管	Cr5Mo	建议材质升级为 S32168
减压炉	辐射段炉管	Cr5Mo/20#	建议材质升级为 TP316L

表 4　高温管线的腐蚀评估薄弱部位及相关建议

介　质	目前材质	升级材质	介　质	目前材质	升级材质
初底油	20#	S32168/S30403	减二线	20#	S32168/S30403
常四线	20#	S31603/S32168	减三线/减三中	20#	S32168/S30403
减压转油	20#	S31603/S32168	减压渣油	20#	S32168/S30403

3.3　防腐蚀检测方案制定

腐蚀监检测常用技术手段包括在线测厚针、在线腐蚀探针、在线 pH 计、人工超声测厚、红外测温、内窥镜检查等。根据企业腐蚀监检测技术应用现状，针对定点测厚建立了"一图三表"测厚管理方案，如图 3 所示。在此方案基础上以装置为单元，制定了全厂炼油加工装置在线测厚布点方案。例如，常减压蒸馏装置初馏塔及常压蒸馏单元测厚布点方案（见表 5）。

表 5　测厚布点方案（初馏及常压蒸馏单元部分）

序　　号	测厚部位编号	部　位　名　称	备　　注
1	CYJ2-L-001	初顶油气线 T201 出口第一个弯头	在线监测
2	CYJ2-L-002	初顶油气线"三注"后直管	
3	CYJ2-L-003	初顶油气线"三注"后第一个弯头	在线监测
4	CYJ2-L-004	初顶油气线 E201 入口弯头	在线监测
5	CYJ2-L-005	初顶油气线 E201 出口第一个弯头	在线监测
6	CYJ2-L-006	初顶油气线 AC201 出口弯头	
7	CYJ2-H-001	初底油线 E212/1.2 出口第一个弯头	
8	CYJ2-H-002	初底油线 E214/1.2 出口第一个弯头	
9	CYJ2-H-003	初底油线 E214/3.4 出口第一个弯头	
10	CYJ2-H-004	常压塔转油线出常压炉第一个弯头	在线监测
11	CYJ2-L-011	常顶油气线 T202 出口第一个弯头	在线监测
12	CYJ2-L-012	常顶油气线 E202 入口弯头	在线监测
13	CYJ2-L-013	常顶油线 E202 出口弯头	在线监测
14	CYJ2-L-014	常顶油气线 AC202 入口弯头	
15	CYJ2-L-015	常一线自 T203 返 T202 第一个弯头	
16	CYJ2-L-016	常一线自 RB201 返 T203 第一个弯头	
17	CYJ2-L-017	常一线泵 P206/1 出口第一个弯头	
18	CYJ2-L-018	常一线泵 P206/1 出口第一个弯头	
19	CYJ2-H-011	常二线自 T202 至 T203 第一个弯头	
20	CYJ2-H-012	常三线出 T202 第一个弯头	在线监测

序　　号	测厚部位编号	部 位 名 称	备　注
21	CYJ2-H-013	常一中出 T202 第一个弯头	
22	CYJ2-H-014	常底油泵 P212/1 出口第一个弯头	
23	CYJ2-H-015	常底油泵 P212/2 出口第一个弯头	
24	CYJ2-L-021	常压塔顶含硫污水出口第一个弯头	

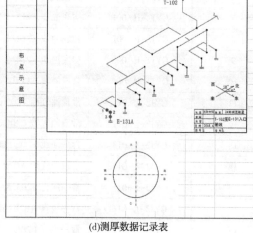

(a)定点测厚分布图　　　　(b)定点测厚统计表

(c)定点测厚信息表　　　　(d)测厚数据记录表

图3　"一图三表"测厚管理体系示例

3.4　腐蚀控制回路建立

为了有效控制加工装置低温部位腐蚀状况，监测工艺防腐蚀实施效果，选取各装置重点腐蚀区域总计18处，建立腐蚀控制回路操作窗口（见表6）。参照工艺防腐实施细则等相关标准，编制关键参数管控清单，并针对关键参数进行核算，提出控制建议，并以此为基础开展防腐日常管理，监测腐蚀情况及工艺防腐实施效果，及时发现腐蚀隐患、分析异常原因并提出应对措施。其中，1#常压塔顶冷凝冷却系统腐蚀控制回路如图4所示，关键参数及推荐控制范围如表7所示，关键参数中塔顶水露点温度及注水量根据操作条件通过工艺流程模拟实时计算获得。

表6　某炼油企业腐蚀回路索引

序号	腐蚀控制回路名称	所属装置	序号	腐蚀控制回路名称	所属装置
1	1#常压塔顶冷凝冷却系统	1#常压焦化	10	1#常压塔顶冷凝冷却系统	1#常压焦化
2	1#焦化分馏塔顶冷凝冷却系统	1#常压焦化	11	1#焦化分馏塔顶冷凝冷却系统	1#常压焦化
3	2#常压塔顶冷凝冷却系统	2#常减压焦化	12	2#常压塔顶冷凝冷却系统	2#常减压焦化
4	2#减压塔顶冷凝冷却系统	2#常减压焦化	13	2#减压塔顶冷凝冷却系统	2#常减压焦化
5	2#焦化分馏塔顶冷凝冷却系统	2#常减压焦化	14	2#焦化分馏塔顶冷凝冷却系统	2#常减压焦化
6	1#酸性水汽提系统	1#硫黄回收	15	1#酸性水汽提系统	1#硫黄回收
7	1#胺液再生系统	1#硫黄回收	16	1#胺液再生系统	1#硫黄回收
8	2#酸性水汽提系统	2#硫黄回收	17	2#酸性水汽提系统	2#硫黄回收
9	2#胺液再生系统	2#硫黄回收	18	2#胺液再生系统	2#硫黄回收

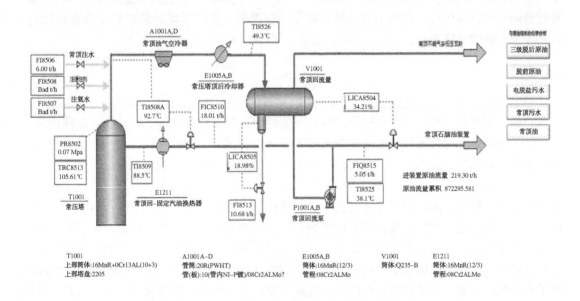

图4　常压塔顶系统腐蚀控制回路操作窗口

表7　常压塔顶系统关键控制参数

参数名称	单位	推荐上限值	推荐下限值
塔顶温度（TRC8513）	℃	—	111
塔顶回流温度（TI8509）	℃	—	90
冷凝水 pH 值（注无机氨水）		9	7

参 数 名 称	单 位	推荐上限值	推荐下限值
冷凝水铁离子	μg/g	3	—
冷凝水氯离子	μg/g	30	—
探针	mm/a	0.2	—
在线测厚	mm/a	0.2	—
注水量(FI8506)	t/h	2.6	1.8
注缓蚀剂量	kg/h	相对于塔顶总流出物不超过 20μg/g	
注中和剂量	kg/h	满足 pH 值控制	满足 pH 值控制
脱后原油含盐	mg/L	5	—
脱后原油含水	%	0.3	—

基于腐蚀控制回路操作窗口可以实现 DCS 工艺操作数据的实时显示,也可通过按钮链接至 LIMS、在线监测等系统查询分析相关数据,对关键参数进行有效监控。

3.5 应用实施效果

该企业自 2018 年 9 月以来,基于建立的腐蚀监控技术体系,在 12 套炼油装置进行了工业应用,以炼油装置腐蚀问题为导向,利用基于 PI 系统地腐蚀控制回路窗口,实现了闭环的工艺防腐技术管理模式。企业技术和操作人员及时掌握生产装置的腐蚀状况,运行 1 年来发现腐蚀隐患 40 余项,及时采取针对性防护措施,优化调整工艺防腐措施和腐蚀监测方案,有效地降低了腐蚀风险,避免了腐蚀泄漏和非计划停车,保障了炼油装置的安全稳定运行,具有十分显著的经济效益。

4 结语

综上所述,以炼化设备腐蚀问题为导向,初步建立了"腐蚀分析、评估、监测、控制"一体化的工作流程,该技术在炼油企业的应用实践中取得了显著成效;炼油企业腐蚀控制技术建立了炼油装置腐蚀流程分析和设备管线腐蚀适应性评估方法和工作流程,为掌握装置腐蚀状况和薄弱部位,应对材质升级提供了成熟的、科学的技术方法和理论基础。

炼油企业腐蚀控制技术有效融合了工艺防腐与设备防腐,在工艺防腐方面建立了腐蚀回路控制窗口,形成了闭环的工艺防腐技术管理模式,对装置重点低温腐蚀部位的工艺操作形成了有效监控,同时加强了腐蚀监检测及物料性质化学分析数据监测,能够及时掌握装置生产运行变化,对炼油装置工艺防腐的实施和效果进行评价,从而有效控制低温腐蚀部位腐蚀风险;在设备防腐方面建立了"一图三表"测厚管理体系,针对重点腐蚀部分的设备管线制定了定点测厚方案,在装置运行期间分步实施测厚计划,可对壁厚情况形成有效监测,降低了腐蚀泄漏风险。

参 考 文 献

[1] 秦大伟.炼油装置腐蚀与防护系统的设计与实现[D].辽宁:东北大学,2015.
[2] 刘小辉,李贵军,兰正贵,等.炼油装置防腐蚀设防值研究[J].石油化工腐蚀与防护,2012,029 (001):27-29.
[3] 刘海燕,于建宁,鲍晓军.世界石油炼制技术现状及未来发展趋势[J].过程工程学报,2007,007 (001):176-185.

[4] API RP 571, Risk-Based Inspection Technology[S], Washington, D.C.: American Petroleum Institute, 2016.

[5] API RP 581, Risk-Based Inspection Technology[S], Washington, D.C.: American Petroleum Institute, 2016.

[6] GB/T 30579, 承压设备损伤模式识别[S]. 2014.

[7] GB/T 26610, 承压设备系统基于风险的检验实施导则[S]. 2014.

[8] 张国信. 高硫、高酸原油加工装置设备和管道设计选材导则编制介绍[J]. 石油化工设备技术, 2011, 032(001): 54-58.

[9] 中国石油化工集团公司, SH/T 3096—2012 高硫原油加工装置设备和管道设计选材导则[S]. 中国石油化工集团公司, 2012.

[10] 中国石油化工集团公司, SH/T 3129—2012 高酸原油加工装置设备和管道设计选材导则[S]. 中国石油化工集团公司, 2012.

[11] 夏延燊. 蒸馏装置塔顶冷凝系统防腐蚀工艺与腐蚀监测[J]. 石油化工设计, 2007(03): 5, 60-63.

[12] 李庆梅, 马红杰, 黄新泉, 等. 常减压蒸馏装置塔顶冷凝系统的腐蚀与防护[J]. 石油化工腐蚀与防护, 2015, 032(004): 33-35.

[13] 商好宾, 杨富淋. 蒸馏装置塔顶在线腐蚀监测系统对工艺防腐蚀的作用[J]. 石油化工腐蚀与防护, 2015, 032(006): 18-21.

[14] 中国石化《炼油工艺防腐蚀管理规定》实施细则 第二版[S], 中国石油化工股份公司, 2018.

[15] 喻灿, 胥晓东, 王旸, 等. 腐蚀回路在炼化装置腐蚀评估中的应用[J]. 安全、健康和环境, 2018, 18(12): 7-11.

[16] 高姗. 典型焦化装置基于风险的腐蚀评估及寿命预测技术研究[D]. 北京: 北京化工大学, 2016.

[17] Reynolds J. The Vital Role of the Corrosion/Materials Engineer in the Life Cycle Management of Pressure Equipment[C]. ASME Pressure Vessels & Piping Conference, 2011.

[18] API RP 584, Integrity Operating Windows[S]. Washington, D.C.: American Petroleum Institute, 2014.

[19] 余进, 蒋金玉, 王刚. 加氢裂化装置高压空冷系统的腐蚀与完整性管理[J]. 设备管理与维修, 2016, 000(004): 98-99.

[20] 周玉波, 邵丽艳, 李言涛, 等. 腐蚀监测技术现状及发展趋势[J]. 海洋科学, 2005, 29(7): 77-80.

[21] 杨飞, 周永峰, 胡科峰, 等. 腐蚀防护监测检测技术研究的进展[J]. 全面腐蚀控制, 2009(11): 51-56.

[22] 郑立群. 石油化工装置腐蚀监检测技术[J]. 石油化工腐蚀与防护, 2001, 018(006): 61-64.

作者简介: 张宏飞, 专业副总工程师, 高级工程师, 毕业于中国石油大学(北京), 金属材料专业, 长期从事石化设备腐蚀与防腐科研工作。联系电话: 0379-64868719, E-mail: zhanghongfei.segr@sinopec.com。

蒸馏装置常压塔顶系统腐蚀分析与措施

王　宁[1]　侯艳宏[2]　郑明光[2]　李　强[2]　段永锋[1]

(1. 中国石油化工集团石化设备防腐蚀研究中心；2. 中海油惠州石化有限公司)

摘　要　随着劣质原油加工比例日益升高，常减压装置塔顶冷凝冷却系统的腐蚀已成为炼化企业共同面临的突出问题，是长期困扰装置长周期安全运行的关键技术难题。结合某炼化企业常压塔顶系统换热器出口弯头腐蚀失效案例，系统分析了该系统发生腐蚀失效的成因。结果表明，换热器 E-301A 出口弯头腐蚀失效主要是因该支路管线油气分配不均和注水量较少，导致出口管线液态水 pH 值偏低，进而在 HCl-H₂S-H₂O 腐蚀和冲蚀的共同作用下所致；根据腐蚀成因分别从常压塔顶分布管配置优化改进、塔顶总管和各支路注水点优化、防腐助剂调整及考核、增加腐蚀监测方式等方面提出了改进措施和建议。

关键词　常压塔顶系统；出口管线；弯头；腐蚀；失效分析

常减压装置是炼油厂原油加工的第一道工序，为下游装置提供加工原料，该装置的操作平稳程度影响到整个炼油厂的正常运行。近年来，随着劣质原油加工比例日益升高，原油中硫、酸、氯等腐蚀介质给炼油装置带来诸多的腐蚀问题，尤其是常减压装置塔顶及冷凝冷却系统的腐蚀问题，成为炼化企业共同面临的突出问题。常减压装置塔顶冷凝冷却系统的油气中含有 HCl、H₂S 等腐蚀介质，在冲蚀的协同作用下导致设备和管道腐蚀失效经常发生，特别是在含水、腐蚀性、多相流工况下，腐蚀具有明显的局部性、突发性和灾难性，是长期困扰装置长周期安全运行的关键技术难题。

本研究结合炼化企业常压塔顶冷凝冷却系统的腐蚀案例，系统分析了该系统发生腐蚀失效的成因、机理及影响因素，并改进了优化工艺防腐蚀措施，有效地控制常减压装置塔顶系统的腐蚀问题，对于提高常减压装置的防腐蚀技术水平，保障常减压装置的安全生产具有重要的意义。

1　常压塔顶系统腐蚀问题概述

国内沿海某炼化企业 10.0Mt/a 常减压蒸馏装置主要加工中东高硫原油，常压塔顶系统采用两段冷凝冷却工艺，塔顶系统第一级换热器 E-301A/B/C 位于第一段冷凝冷却单元，其工艺流程示意见图 1，换热器 E-301A/B/C 的工况条件见表 1。

表 1　常压塔顶换热器 E-301A/B/C 的基本信息

设　备		介　质	温度/℃	压力/MPa	材　质
E-301 A/B/C	管束	塔顶油气	115/90	0.095/0.065	Ti
	壳层	原油	56/79	2.187/2.165	Q345R
出口弯头		塔顶油气	90	0.065	碳钢(抗 HIC)

塔顶油气的总管分别设置中和剂、缓蚀剂和水的注入点，并且在换热器 E-301A/B/C

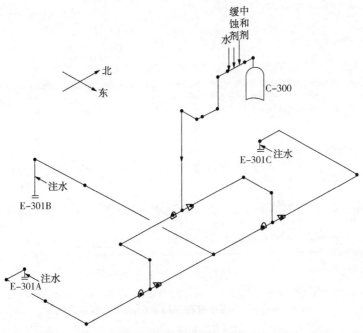

图 1 常顶塔顶冷凝冷却系统工艺流程示意图

入口有单独注水点，其中换热器 E-301A 注水管线的直径为 15mm，换热器 E-301B/C 共同使用管径为 50mm 总管，然后分成两路分别单独注入，所有注水管线均没有设置流量计，无法确定每个分支注水点的注水量或是否有水注入。

该装置于 2017 年 10 月开工，运行两年后发现换热器 E-301A 塔顶管程油气侧出口管线第一个弯头外弯处腐蚀泄漏，对之做了贴板处理，见图 2。通过对换热器 E-301A 管程出口弯头密集测厚，发现漏点弯头整体减薄严重，主要集中在弯头的正对外弯方向，而且上侧减薄较下侧严重。对 E-301B 和 E-301C 管程出口弯头进行测厚，E-301B 和 E-301C 管程出口弯头外弯部位的测厚最薄厚度分别为 9.02mm 和 10.83mm。E-301B 减薄主要集中在弯头的外弯偏右方向，E-301C 未发现明显异常的数据。

另外，针对常压塔顶油气总管的第一弯头、第二弯头，常顶换热器入口弯头，常顶空冷器入口和出口管线，常顶回流罐进口和出口管线进行测厚，对比同部位无明显数据异常。

贴板处理运行 2 个月和 3 个月后再次对换热器 A、换热器 B、换热器 C 出口弯头进行测厚，数据显示 E-301A 出口第一弯头外弯北侧（贴板下侧部位）发现多处测厚部位小于 10mm，最小测量值为 7.4mm，该部位位于弯头下焊缝向上约 10cm；出口第一弯头下游直管下侧发现多处测量数值小于 9mm 的部位。E-301B 出口第一弯头外弯南侧原测点整体较前两次测厚有明显减薄，腐蚀速率超过 0.6mm/a；换热器 C 支路外弯腐蚀速率大约 0.2mm/a。

2 装置运行及工艺防腐情况分析

2.1 常压塔操作运行工况

常压塔顶油气流量、常顶回流量和原油加工量的变化趋势见图 3。常减压装置投入运行后，初始原油加工量由 800t/h 开始增加并稳定 860~870t/h 之间，9 个月后再次增加到 910t/h 以上，最高加工量可至 1190t/h。常压塔顶油气流量的变化趋势基本与原油加工量变化趋势相同，在最低流量 161.7t/h 时，对应原油加工量为 780t/h；在最高流量 259.7t/h 时，对

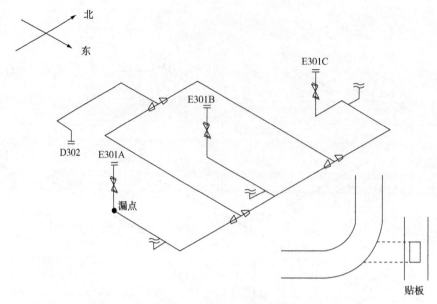

图2　换热器 E-301 管程出口弯头减薄区域示意图

应原油加工量为最高值为 1190t/h；常顶物流量平均为 209.6t/h。常顶回流量的变化趋势与常顶油气和原油加工量变化趋势没有明显关联，整体呈下降趋势，最低流量为 25t/h，最高流量为 82.2/h，平均流量为 43.78t/h。

正常操作运行条件下，常压塔顶油气的最高温度为 136℃，最低为 119.5℃，平均温度为 130.2℃；压力为 0.11MPa。常顶换热器出口温度范围为 80~85℃。

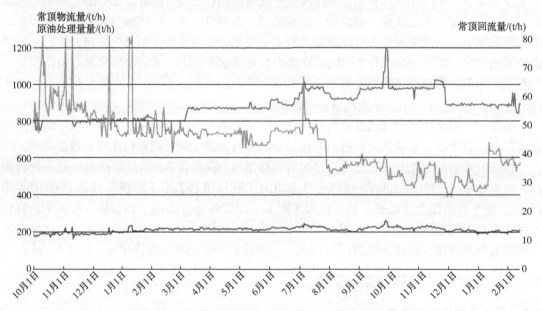

图3　开工以来原油处理量及常顶物流、回流量变化趋势图

2.2　工艺防腐情况

针对常压塔顶冷凝冷却系统采取"一脱三注"工艺防腐措施。原油电脱盐总体运行效果良好，电脱盐后原油盐含量最低为 0.33mgNaCl/L、最高为 8.53mgNaCl/L，平均为

1.58mgNaCl/L；含水量最低为 0.01%、最高为 2.19%、平均为 0.08%。

常顶油气总管设有中和剂、缓蚀剂和水注入点，同时在常顶换热器 E-301A/B/C 各支路入口有单独注水点。中和剂为有机氨类二甲基氨基乙醇（DMAE），缓释剂为油溶性三甲基本和取代环胺，注水使用酸性水汽提后的净化水。因中和剂注入管线频繁堵塞，目前在常顶油气总管采用将中和剂与注水混合后通过注水喷头方式注入。其中缓蚀剂注入量最小为 1.0L/h、最高为 6L/h、平均为 3.45L/h，平均浓度约为 16.5μg/g；中和剂注入量最小为 0.0L/h、最高为 18L/h、平均为 5.53L/h，平均浓度约为 26.4μg/g；常顶总管注水的设计注入量为 12.9t/h，实际日常注入量为 10t/h。另外，换热器 E-301A/B/C 三个分支总注水量为 6t/h 左右。注水喷嘴型号选型见表 2，塔顶挥发现出口水平段喷嘴型号为 B3/4HHMFP-SS90100，塔顶换热器入口垂直段喷嘴型号为 HHMFP-SS9051，为空心锥形，其 DV0.5 大约为 700μm，雾化效果较好。

表 2　注水喷嘴的信息

喷嘴位置	喷嘴位置温度/℃	喷嘴位置压力/MPa	喷嘴位置注水量/(t/h)	喷嘴位置的主管线管径/mm	喷嘴喷射角度/(°)	其他数据	材质
C300 出口主挥发线水平段	136	0.6	>5	1100	90	3/4BSPT，流量 90L/min@ 6bar	S31603
塔顶换热器入口垂直段	115	0.6	>2	650	90	1/2″BSPT，流量 46L/min@ 6bar	S31603

常压塔顶污水中各项化验分析项目的变化趋势见图 4。由图 4 可知，常顶污水的 pH 值最低为 5.6、最高为 7.5，平均为 6.78；铁离子含量最低为 0.04mg/L、最高为 0.8mg/L、平均为 0.11mg/L；污水中氯含量约在 40μg/g 左右。

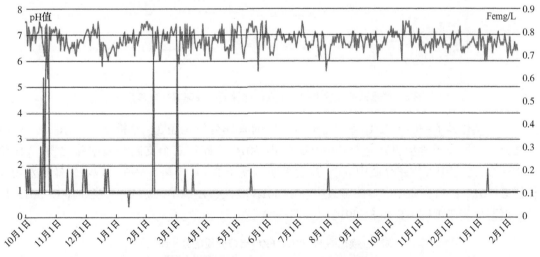

图 4　常顶污水 pH 值、Fe 离子变化趋势图

腐蚀探针可快速反映腐蚀变化趋势，统计分析换热器 E-301A 入口部位腐蚀探针的数据发现，该探针运行 1 年后首次超标持续 1 周，平均腐蚀速率约为 0.4mm/a；之后长期出现超标，其腐蚀速率大于 0.4mm/a，最高为 0.9mm/a（见图 5）。在发现换热器 E-301A 出口弯头严重减薄之前，该探针平均腐蚀速率约为 0.55mm/a，然后调整常顶总注水量由 10t/h 缓慢增加至 14t/h，探针的腐蚀速率持续增加，其腐蚀速率接近 1.1mm/a（见图 6）。目前受注水

喷头限制，常顶油气总管的注水量为14t/h。

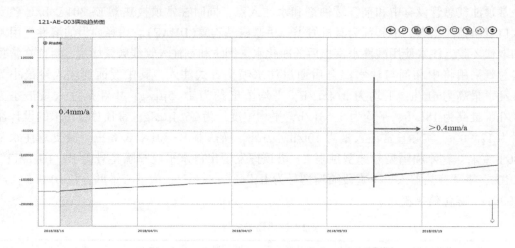

图5　换热器E-301A入口探针腐蚀速率变化趋势图

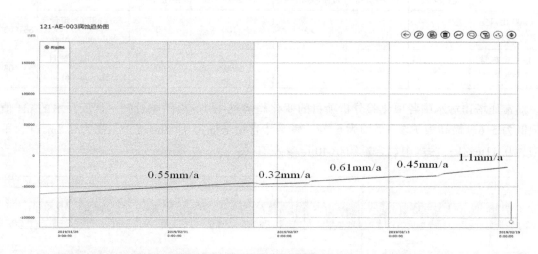

图6　严重减薄前后E-301A入口探针的腐蚀速率变化趋势图

基于换热器E-301A/B/C各支路出口介质的采样分析见表3。分析结果显示，E-301A支路介质中铁离子含量明显高于E-301B和E-301C支路；三个支路介质中硫化物、pH值基本一致，E-301A支路介质中NH_3-N含量明显高于B、C支路。另外，现场采样时发现换热器E-301A出口介质中水量明显较少、E-301B其次、E-301C最多，且换热器E-301A出口温度明显高于E-301B和E-301C。

表3　换热器E-301A/B/C出口介质的分析结果

样 品 名 称	采样时间	铁含量/ （mg/L）	pH 值	氯离子/ （mg/L）	硫化物/ （mg/L）	NH_3-N/ （mg/L）
E-301A 出口	201903	2.941	7.2	164.4	13.9	49.2
E-301B 出口	201903	0.166	7.2	124.5	12.3	38.1
E-301C 出口	201903	0.037	7.1	151.6	16.1	33.3

2.3 腐蚀形貌及组成分析

因装置正常运行，采取将换热器 E-301A 入口部位的腐蚀探针抽取更换的方法，通过分析探针的腐蚀成因，进而推断换热器进口和出口管线的腐蚀情况。腐蚀探针取出后，其表面被一层黑色垢物覆盖，清洗垢物后探针的宏观形貌见图 7。由图 7 可见，探针测量试片表面的腐蚀状况存在差异，探针测量元件迎流面两侧腐蚀相对严重，其中一侧从测量元件与探针杆连接焊口起沿探针轴向发生线状穿孔，穿孔长度约为 30mm，从形貌上看属于均匀腐蚀减薄穿孔。测量元件的外壁横截面轮廓已成椭圆形，经测量椭圆形长轴方向为 8.27~8.35mm，短轴方向为 7.65~7.84mm。腐蚀探针测量元件横截面的微观形貌见图 8。从测量元件的横截面上看内壁基本未见腐蚀痕迹，腐蚀主要发生在外壁；较为明显的腐蚀减薄区有两处，分别标记为减薄处和穿孔处，分布在迎流面的两侧。

图 7　腐蚀探针宏观形貌

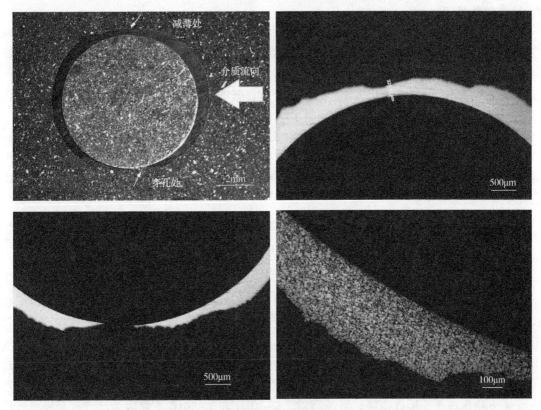

图 8　探针金相图

针对探针表面刮取的黑色垢物进行 XRD 物相检测分析，其结果见图 9。可得知其主要成分为腐蚀产物 FeO(OH) 和有机物。分析塔顶注水氧含量为 6.53μg/kg，符合注水水质要求。从腐蚀的形貌可以看出，腐蚀破坏主要是由盐酸造成的，当有 H₂S 存在时，FeCl₂ 与 H₂S 反应生成 FeS，在探针取出时，FeS 会因接触空气，被氧化成铁的氧化物。因此，可推断塔顶腐蚀探针存在低温 HCl-H₂O-H₂S 均匀和局部腐蚀，油气中液相介质会附着在腐蚀探针表面，但由于气流的作用，迎流面存留时间短，液滴沿探针横截面外表面向两侧流动，在两侧的区域受流态影响，接触时间较长，导致两侧的区域腐蚀相对较重，见图10。

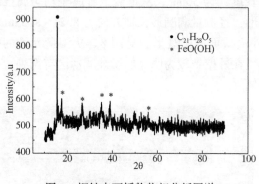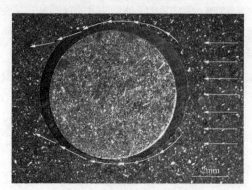

图 9　探针表面垢物物相分析图谱　　　　　图 10　液相介质流向示意图

3　腐蚀成因分析

3.1　腐蚀机理

常压塔顶油气初始为气相，在注入中和剂、缓蚀剂和水后，油气介质转变为气液两相或气液水三相，同时气相腐蚀介质 HCl 和 H₂S 在部分冷凝水相快速溶解，导致水相 pH 值较低，注水点下游附近出现了液相跌落区，易形成"盐酸腐蚀环境"，即 HCl-H₂O-H₂S 腐蚀，其腐蚀速率很高。同时，因介质相态和流态复杂，腐蚀呈现局部性、严重性的特点，塔顶污水的 pH 值并不能反映整个塔顶系统冷凝水的 pH 值情况，尤其是初凝区部位。

根据常压塔顶换热器 E-301A/B/C 实际工况，使用苏伊士水务技术公司的 LoSALT Plus 软件进行建模模拟计算，其结果见图11和表4。由表4可知，模拟计算得到油气的露点温度为84℃，换热器 E-301A/B/C 出口温度在 80~85℃ 之间，位于氯化氢露点腐蚀区间，露点处于钛管换热器中。

表 4　常压塔顶模拟计算数值

实际流量	实际顶温	实际顶压	注水量	模拟结盐温度	模拟流速	模拟露点	时间
182	137.8	0.1	21	115.2	7.9	84.0	201906

基于模拟研究结果表明，当注水量越小时，液相入口流速越小，在管道中的停留时间越长，液滴跌落距离越远，同时当注水液滴粒径越小，液滴跌落距离越远。根据现场设备和管道配置情况，换热器 E-301A 位于离常压塔最远端，管线标高 E-301A 支路最低，常顶油气由于惯性作用偏流，在 E-301A 支路分配气相较多。同时，换热器 E-301A/B/C 三个分支总注水量为 6t/h，根据各支路阀门开度，判断 E-301A 支路注水量为 1t/h 左右，导致先在换热器 A 支路出口弯头形成冷凝，腐蚀严重。E-301B 和 E-301C 支路因为油气流量较少，注水相对较多的原因，腐蚀程度逐渐下降。

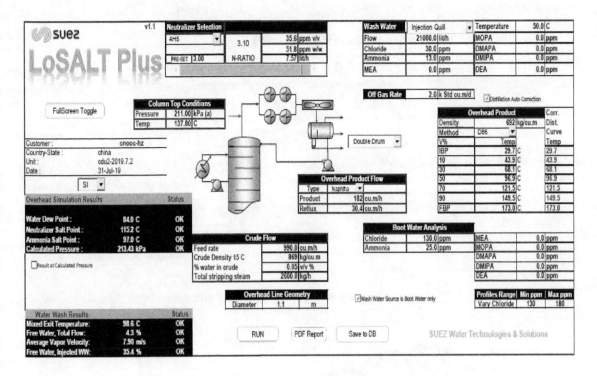

图 11   常顶系统模拟计算

3.2   介质流速和偏流冲刷的影响

常顶油气至常顶回流罐物料参数如下所示：实际体积流量总计约为 35573.2m³/h，换热器出口管径为 500mm，物流均匀分配时三路换热器出口管道截面积和为 0.58875m³，核算平均流速约为 16.78m/s。当气液流速为 15m/s 时，单独的冲刷腐蚀速率不超过 2mm/a，无法造成现有 10mm/a 的腐蚀严重程度。但是，根据多相环境和流态研究，流动介质产生的机械力及对管壁的剪切力，会用来代替流速进行冲刷腐蚀评估。

该常压塔顶冷凝冷却系统采用起始段不均衡设计、中段均衡设计、尾端不均衡设计，这会造成管道承压和管道介质不能平均分配，进而造成介质偏流，加重对管道局部造成的腐蚀问题。针对换热器 E-301A/B/C 入口分布管进行 CFD 模拟，模拟结果表明换热器 E-301A/B/C 的进料气相和液态存在偏流情况，同时因换热器 E-301A 与 E-301C 的标高相差 6mm，可能导致进一步偏流，现场发现 E-301A 入口温度为 120℃，E-301B/C 入口温度为 110℃，证明了偏流问题。

换热器 E-301A/B/C 入口分布管气态水的速度流线图模拟结果见图 12。从图 12 中可以看出，在入口分布管三通、弯头、大小头等管件附近可见明显流速流态变化，尤其在 E-301B 位置的红色部位，因为流量分配不均，流速明显增大，导致红色部位容易发生冲刷腐蚀。弯头部位所受剪切力如图 13 所示，在弯头外弯处剪切力最大，冲刷最明显。由于管道内生成的腐蚀产物保护膜在壁面剪切应力的作用下快速的脱落、再生，进而加速了管道的腐蚀，而流场中水相主要集中在管道的外侧，水相分率由外侧壁面至内侧壁面逐渐降低，在腐蚀性溶液聚集的外侧壁面，各弯管剪切应力沿流动方向逐渐增大。

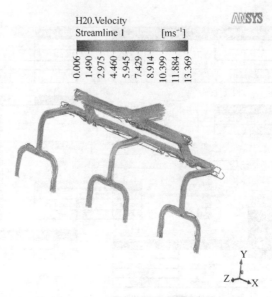

图 12   分布管第二部分气态水速度流线图

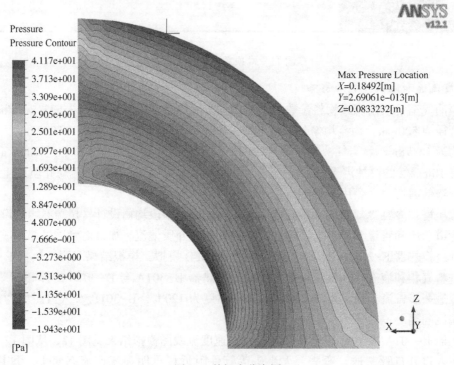

图 13   剪切力分布图

4   措施及建议

（1）常压塔顶分布管配置优化：针对常压塔顶冷换设备的分布管配置进行流态分布的模拟计算，确定各支路管线的偏流严重程度；然后基于模拟结果，在下周期装置停工大检修期间进行分布优化设计改进，重点考虑改为全对称分配结构，以及调整各分布管线的水平高度一致。

（2）常压塔顶总管线注水点优化：增加注水流量计，依据 NACE SP0114，更换现有注水喷头，提高塔顶注水量至塔顶流出物的 7%，保证注水后至少有 20%的注入水为液态；增加中和剂注入量，提高液态水 pH 值。

（3）常顶换热器各支路注水点：在每个支路管线安装小型手动阀和流量计，确保每个注水点都能注入适量的水。

（4）工艺防腐助剂考核：增加第三方注剂效果评定，增强日常调整频次，并加大注剂考核范围和力度；将腐蚀探针作为监测腐蚀和工艺助剂考核的重点参数，并将探针速率超标作为一项单独考核项目。

（5）腐蚀监测优化：针对常顶悬空部位使用超声导波进行排查；针对常顶高空管线弯头搭建永久性平台，设置定点测厚监测点对于框架外悬空管线弯头；针对重点腐蚀部位增加在线定点测厚仪或无线无源测厚片，作为补充监测手段。

5 结语

（1）常压塔顶换热器 E-301 出口弯头腐蚀减薄，主要是由于 $HCl-H_2O-H_2S$ 腐蚀和冲蚀的共同作用所致；同时因常顶管线标高偏差使换热器 E-301A 支路油气介质分配最多，且该支路注水量相对最少，导致 E-301A 出口弯头液态水 pH 值偏低，以及在外弯冲刷协同作用下，其出口弯头外弯部位首先腐蚀穿孔。

（2）临时减缓措施：增加中和剂注入量，提高液态水 pH 值；增加第三方注剂效果评定，将腐蚀探针作为监测腐蚀和工艺助剂考核的重点参数；针对常顶悬空部位使用超声导波进行排查。

（3）后期防护措施：常压塔顶分布管配置优化，调整各分布管线的水平高度一致；常压塔顶总管线注水点优化，保证注水后至少有 20%的注入水为液态；常顶换热器各支路注水点安装小型手动阀和流量计，确保每个注水点都能注入适量的水；增加第三方注剂效果评定，将探针速率超标作为一项单独考核项目；设置定点测厚监测点对于框架外悬空管线弯头，增加在线定点测厚仪或无线无源测厚片等。

参 考 文 献

[1] 侯芙生. 加工劣质原油对策讨论[J]. 当代石油化工, 2007, 15(2)：1-6.

[2] Mishal S. A.；Faisal M. A.；Olavo C. D. Damage mechanism and corrosion control in crude unit overhead line [J]. Hydrocarbon Asia, 2003, Mar./Apr.：44-49.

[3] 段永锋, 王宁, 侯艳宏, 等. 常减压蒸馏装置原油注碱技术的探讨与实践[J]. 石油炼制与化工, 2019, 50(7)：58-52.

[4] 陈学东, 王冰, 杨铁成, 等. 基于风险的检测(RBI)在中国石化企业的实践及若干问题讨论[J]. 压力容器, 2004, 21(8)：39-45.

[5] 陈洋. 常减压塔顶系统腐蚀与控制技术现状[J]. 全面腐蚀控制, 2011, 25(8)：10-13.

[6] 梁春雷, 吕运容, 陈学东, 等. 我国炼油装置腐蚀调查开展情况及若干问题探讨[J]. 压力容器, 2013, 30(5)：39-44.

[7] 侯艳宏, 孙亮, 王宁, 等. 常减压装置塔顶系统缓蚀剂的评价方法与应用[J]. 石油炼制与化工, 2019, 50(1)：105-109.

[8] 偶国富, 王凯, 朱敏, 等. 常压塔顶换热器系统流动腐蚀失效分析及预测研究[J]. 石油化工腐蚀与防护, 2015, 32(6)：1-5.

[9] 段永锋，于凤昌，崔中强，等．蒸馏装置塔顶系统露点腐蚀与控制[J]．石油化工腐蚀与防护，2014，31(5)：29-33.

[10] 陈冰川，张龙，韩磊，等．常压塔顶部挥发线露点腐蚀与多相流模拟[J]．安全、健康和环境，2018，18(12)：55-60.

[11] 任世科，张军明，周天基．兰州石化公司常减压装置防腐蚀对策[J]．压力容器，2006，23(8)：49-52.

[12] 赵国．基于 Fluent 的空冷器管道系统流体均配研究[J]．管道技术与设备，2016(06)：9-11+58.

[13] 李晓，李广才，赵芳．三片空冷器入口管道布置的研究[J]．石油化工设计，2011，28(4)：37-39.

[14] 张宏飞，于凤昌，崔新安．常顶空冷器分布管数值模拟及腐蚀研究[J]．石油化工腐蚀与防护，2017，34(1)：12-14.

作者简介：王宁，高级工程师，毕业于中国石油大学(北京)，金属材料专业，现工作于中国石化设备防腐蚀研究中心，材料与防腐工程室副主任，长期从事石化设备腐蚀与防腐科研工作。联系电话：0379-64868710，E-mail：wangning02. segr@ sinopec. com。

小型常减压装置腐蚀探讨

姚连仲

（中国石油化工股份有限公司天津分公司防腐技术研究室）

1 装置简介

炼油厂 350 万 t/a 常减压装置于 1995 年 5 月建成投产，设计加工能力为 250 万 t/a。1998 年 4 月进行改造，增加了一台电脱盐热沉降罐，同时将与此配套的减黏装置进行了相应的扩能改造，装置的加工能力达到 300 万 t/a。1999 年 7 月装置进行了扩能改造，使原油加工能力达到 350 万 t/a。2007 年 3 月 350 万 t/a 常减压装置全面停工。2007 年 8 月利用原有的初馏塔及电精制罐，改造成石脑油脱硫及再分馏两个单元。2009 年根据辽阳石化分公司总体计划，委托中国石化工程建设公司(SEI)设计《启用 350 万吨/年常减压装置加工俄油节能减排措施完善项目》。2009 年 10 月本装置根据 SEI 设计，由中石油吉林化建股份有限公司进行部分拆迁，随后进行装置建设。2011 年 6 月装置建成投产。设计型式为燃料-化工型原油一次加工装置，采用初馏、常压蒸馏、减压蒸馏三级蒸馏方案，设计原油加工能力 350 万 t/a，设计年开工 8400h，原料为俄罗斯原油。俄罗斯原油密度小，20℃ 密度为 0.8404g/cm^3，黏度低，20℃、50℃ 运动黏度分别为 8.440mm^2/s、3.426mm^2/s，酸值较低，为 0.20mgKOH/g，蜡含量低，为 4.36%，凝点低，为-26℃。俄罗斯原油胶质、沥青质含量较低，分别为 6.99%、0.76%，硫含量较高，为 0.70%，氮含量较低，为 0.15%，残炭值为 2.39%，灰分为 0.010%。从金属分析结果看，镍、钒含量相对较高，分别为 6.34μg/g、6.53μg/g。

装置停工期间，组织专业人员对工艺设备的内部及易腐蚀管道进行认真仔细的腐蚀检查，全面了解重点装置开工以来的腐蚀状况，确保装置安全运行，实现长周期安全运行的目标。

2 主要腐蚀部位

常减压装置主要腐蚀性杂质有环烷酸、硫、硫化氢、氯、NH_3、循环水等。

2.1 H_2S-HCl-H_2O 腐蚀

腐蚀机理：硫化氢在低温干燥状态下，对碳钢的腐蚀性很小，而在潮湿或有冷凝液的情况下，硫化氢溶解于水，生成呈酸性的电解质溶液而产生腐蚀。钢铁在 H_2S 水溶液中的腐蚀一般可用下式表示：$Fe+H_2S(液)\Longrightarrow FeS+H_2\uparrow$。预加氢反应时有机硫化物、卤化物被氢置换出来，生成 H_2S-H_2O、HCl+H_2O 腐蚀环境，H_2S-H_2O 和 HCl-H_2O 两种腐蚀环境互相促进，加速腐蚀。

存在位置：初馏塔、常压塔、减压塔塔顶及冷凝冷却流程设备、管道。

预防措施：以工艺防腐为主，在初馏塔、常压塔、减压塔塔顶加注缓蚀剂，有机胺和水；定点测厚重点监测，及时发现腐蚀减薄。

2.2 酸性水腐蚀

腐蚀机理：酸性水腐蚀是因水中同时含有硫化氢和氨而引起的腐蚀，尤其是碱性环境中的碳钢材质，这种腐蚀通常认为是由硫化铵（NH_4HS）引起的。影响酸性水腐蚀的主要因素是水中 NH_4HS 的浓度，以及介质流速，次要因素为水的 pH 值、水中氰化物和氧含量。预加氢反应时有机硫化物和有机氮化物均发生转化反应，分别产生 H_2S 和 NH^{4+}，两者结合产生碱性酸性水，腐蚀碳钢类材质。

存在位置：初馏塔、常压塔、减压塔塔顶及冷凝冷却流程设备、管道。

预防措施：空冷器的进出物料管道应采用对称式结构，阀门开度一致，防止偏流；定期监测硫氢化铵浓度，当硫氢化铵浓度超过 2% 时，应增加冷凝冷却系统的在线腐蚀检测频率；定期监测介质流速，建议控制在 6m/s 以下；如硫氢化铵浓度较高时，建议注入少量的低氧洗涤水稀释硫氢化铵，减缓腐蚀。定点测厚，及时发现腐蚀减薄。

2.3 湿 H_2S 环境应力腐蚀开裂

在含水和硫化氢环境中的碳钢和低合金钢所发生的损伤，包括氢鼓包、氢致开裂、应力导向氢致开裂、硫化物应力腐蚀开裂，其敏感性均与氢原子的渗透量有关。钢内氢原子来源于湿 H_2S 的腐蚀反应，氢原子的渗透量主要与两个环境参数有关，即 pH 值和水中 H_2S 的含量。一般来说，钢中的氢含量在 pH 值接近中性的溶液中最低，而在酸性或碱性环境中其含量会增加。硫化物应力腐蚀开裂的敏感性会随气相中 H_2S 的分压增大而增大，随液相中 H_2S 含量的增加而升高。硫化物应力腐蚀开裂的敏感性还与材料的另外两个参数有关——硬度和应力水平。钢的高硬度使硫化物应力腐蚀开裂的敏感性增加。湿硫化氢环境下进行精馏的设备和碳钢为母材的管道对硫化物应力腐蚀开裂一般不敏感，因为这些钢材有足够低的强度（硬度）水平。然而，焊缝和热影响区可能存在较高的硬度和较高的残余应力，高残余拉应力会使硫化物应力腐蚀开裂的敏感性增加。PWHT（焊后热处理）能显著降低残余应力水平以及焊缝和热影响区的硬度。

存在位置：初馏塔、常压塔、减压塔塔顶及冷凝冷却流程设备、管道。

预防措施：尽量多采用高纯净度的抗氢致开裂钢；焊接接头部位应进行焊后消应力热处理，控制焊缝及热影响区的硬度不超过 HB220，检修时适当增加易开裂部位的硬度抽查比例。

2.4 高温硫及环烷酸腐蚀

高温硫腐蚀及环烷酸腐蚀通常并存。原油中所含硫化物的高温腐蚀，实质上是以硫化氢为主的活性硫的腐蚀。在实际的腐蚀过程中，首先是有机硫化物转化为硫化氢和元素硫，接着是他们与碳钢表面直接作用产生腐蚀，在 370℃ 的环境中以硫化氢腐蚀为主；在 350～400℃ 的环境中分解出来的硫元素比硫化氢有更强的活性，因此腐蚀也就更为激烈，此环境中低级硫醇也能与铁直接反应。多为均匀腐蚀，有时表现为局部腐蚀，高流速部位会形成冲蚀。环烷酸与金属表面的铁反应生成环烷酸铁，环烷酸铁易溶于油中，从而使更多的金属表面暴露出来再次遭受酸腐蚀。由于原油中含有硫化氢，生成的环烷酸铁将继续与硫化氢反应，生成硫化铁和环烷酸，使腐蚀循环下去。生成的环烷酸铁被溶剂携带，富集后也是一种潜在的危险源。因为，虽然环烷酸铁本身没有腐蚀性，但当硫化氢存在时，腐蚀循环即可发生，可能造成严重的局部腐蚀。低流速区通常表现为均匀腐蚀和点蚀，高流速区易形成孔蚀、沟槽状腐蚀。

存在位置：常压炉炉管、减压炉炉管、常压塔转油线、减压塔转油线、常压炉进料线、减压炉进料线、运行温度 240℃以上热油泵进出口管线、流速超过 30m/s 的高温热油管线、有紊流的部位。

预防措施：以选用合适的耐蚀材料作为主要手段。

2.5 外部腐蚀

外部腐蚀主要包括两类，一类是不需要敷设保温层的设备和管线发生的外部腐蚀，这类腐蚀也称为大气腐蚀，一类是敷设保温材料的设备和管线发生的腐蚀，通常称为层下腐蚀（CUI）。

无保温层的大气腐蚀通常是雨水或大气等造成的腐蚀，因没有保温层通常比较容易发现。CUI 则是因保温层与金属表面间的空隙内容易集聚水而产生的，水的来源比较广泛，可能来自雨水的泄漏和浓缩、冷却水塔的喷淋、蒸汽伴热管泄漏冷凝等。CUI 一般只形成局部腐蚀，导致小范围面积内壁厚减薄，多发生在-12~120℃温度范围内，尤以 50~93℃区间最为严重。CUI 对于碳钢和低合金钢表现为局部腐蚀减薄，而对奥氏体不锈钢则表现为产生应力腐蚀裂纹。一般的规律是年降雨量较大地区，或温暖、潮湿的沿海区的设备比较容易发生 CUI，而位于较寒冷、干燥的中部大陆地区 CUI 危害性要小得多。另外如果部件位于冷却水塔和蒸汽放空附近，由于受小环境影响，其操作温度周期性的经过露点，也容易发生 CUI。CUI 主要发生在保温层穿透部位或可见的保温层破坏部位，以及法兰和其他管件的保温层端口等敏感部位。保持保温层和涂层的完好可有效地减少 CUI。奥氏体不锈钢设备或管道上的保温层被水汽浸泡后，由于水汽蒸发，氯化物会凝聚下来(此外，氯化物的来源还可能来自保温层的材料中)，在残余应力作用下(如焊缝和冷弯部位)，容易产生应力腐蚀开裂。

存在位置：隔热层或涂层存在破损的部位、蒸汽伴热损坏或泄漏的位置、湿气或水汇集的位置、蒸汽排放或泄漏的位置、材料表面温度低于环境露点温度的位置。

预防措施：及时对保温、涂层破损部位进行修复，对易发生外部腐蚀的部位加强定点测厚。

2.6 冷却水垢下腐蚀

发生在所有水冷器上，水中碱性物质和杂质在换热器管束、管箱内结垢，发生垢下局部腐蚀。主要影响因素：温度、流速、水质。

控制措施：控制冷却水水质；控制冷却水流速；换热器进行涂层防腐；阴极保护。

主要腐蚀机理及腐蚀部位见表 1：

表 1　常减压装置主要腐蚀机理及腐蚀部位

腐蚀机理	腐蚀部位
$HCl+H_2S+H_2O$ 腐蚀；酸性水腐蚀	初馏塔、常压塔、减压塔塔顶及冷凝冷却流程设备、管道。酸性水管道
湿 H_2S 环境应力腐蚀开裂	初馏塔、常压塔、减压塔塔顶及冷凝冷却流程设备、管道。酸性水管道。干气、液化气设备及管道
高温硫及环烷酸腐蚀	常压炉炉管；减压炉炉管；常压塔转油线；减压塔转油线；常压炉进料线；减压炉进料线；运行温度 240℃以上热油泵进出口管线；流速超过 30m/s 的高温热油管线；有紊流的部位
保温层下腐蚀	保温质量不好的部位；结构复杂，易积水的部位；附近有蒸汽喷出，易形成潮湿环境的部位；管道金属壁温在 100~120℃区间的部位
冷却水垢下腐蚀	水冷器管束

3 装置腐蚀检查情况

本次共检查塔器 4 台、容器 4 台、换热器 29 台、加热炉 2 台、空冷器 6 台、管道 43 条、接管 245 个。

3.1 塔器

本次检查了 4 台塔器，分别是常压塔 C-2002、常压汽提塔 C-2003、减压塔 C-2004、常二线汽提塔 C-2005，本次腐蚀检查情况如下：

（1）常压塔 C-2002

常压塔主体材质为 Q345R+0Cr13，介质为油、油气，操作温度为 356℃，操作压力为 0.06MPa。

腐蚀检查结果显示，塔顶封头及塔顶处塔壁密布点蚀坑，深度大多在 0.5~1mm，最大腐蚀坑深度约 3mm；封头与筒体环焊缝腐蚀缺肉；封头拼缝腐蚀缺肉；塔顶回流管腐蚀穿孔；塔顶至塔盘腐蚀，浮阀大量脱落。塔中下部腐蚀轻微（见图 1）。

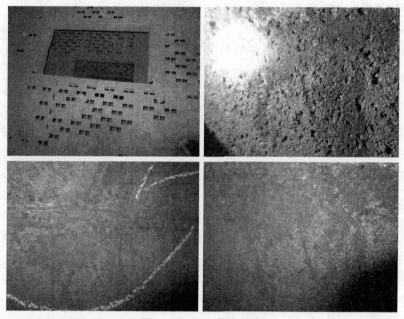

图 1　C-2002 腐蚀形貌

腐蚀原因：常顶操作温度正常在 125℃ 以上，一般不会有水相析出。但是，常减压装置采用冷回流工艺，从常顶回流罐返回常压塔顶部的冷物料（约 60℃）会返回塔内，冷热物料温度平衡需要时间，冷物料进入塔内瞬间会在返塔点附近产生局部冷区，常顶油气中水蒸气结露析出，会形成局部的强酸腐蚀环境，导致塔壁发生露点腐蚀。塔顶回流油中会含有少量的水会随着回流返回塔内，常顶油气中存在 HCl 极易溶于水生成盐酸，在 125℃ 左右盐酸极具腐蚀性，吸附在塔壁上，导致塔壁点腐蚀严重。

建议：工期允许的情况下，塔顶塔壁及封头堆焊 0Cr13；工期较紧的情况下，建议贴板处理，材质选用 0Cr13，厚度为 3mm；塔盘支撑附近贴板不易覆盖的位置，需堆焊填满。不建议采取补焊处理。理由是塔顶属于点腐蚀，蚀坑较多，补焊施工耗时也很长；如仅补焊较深的蚀坑，也需对较浅的蚀坑进行打磨处理，否则会加速腐蚀；如对蚀坑进行打磨，衬里厚度会降低，同样会增加腐蚀风险。

（2）常压汽提塔 C-2003

常压汽提塔主体材质为 20R，介质为油、油气，操作温度为 320℃，操作压力为 0.08MPa。

腐蚀检查结果显示，塔顶内部积灰积垢，塔内壁锈蚀，锈层下腐蚀轻微。塔底积灰积垢较多，需清理，垢下腐蚀轻微（见图 2）。建议清理垢物，继续使用。

图 2　C-2003 腐蚀形貌

（3）减压塔 C-2004

稳定塔主体材质为 16MnR，介质为油、油气，操作温度为 79~250℃，操作压力为 1.56~1.61MPa。

腐蚀检查结果显示，下数第二人孔（原塔底）塔壁上原来的支撑件未清除干净，人孔东侧和西侧各有一处位置出现支撑与塔壁焊肉腐蚀，已接近露出基材（20g）；减二中返回塔段东侧塔壁存在 2 处凹坑，分别为 $\phi5\times2mm$、$\phi4\times0.5mm$；人孔角焊缝和纵缝存在酸腐蚀。其他位置腐蚀轻微（见图 3）。

建议清除支撑件残留，并做补焊处理；$\phi5\times2mm$ 凹坑需补焊处理。

图 3　C-2004 腐蚀形貌

图 4　C-2005 腐蚀形貌

（4）常二线汽提塔 C-2005

常二线汽提塔主体材质为 Q245R+304，介质为油、油气，操作温度为 236℃，操作压力为 0.1MPa。

腐蚀检查结果显示，塔顶腐蚀轻微，多处积灰积垢，需清理。塔底干净，无明显腐蚀（见图 4）。建议继续使用。

3.2　容器

本次共检查了 4 台容器，其中，除初顶回流及产品罐 D2002 存在腐蚀问题外，其他容器均腐蚀轻微，具体见设备评价表。

（1）初顶回流及产品罐 D2002

初顶回流及产品罐主体材质为 Q245R，介质为初顶油气、初顶油、水，操作温度为 40℃，操作压力为 0.07MPa。

腐蚀检查结果显示，罐内上部结构轻微，腐蚀轻微，管内下部有大量污泥，去除后存在大量局部腐蚀。最深处蚀坑约 2mm。建议清理罐内污泥，对较深的蚀坑（2mm）进行修磨，圆滑过渡。

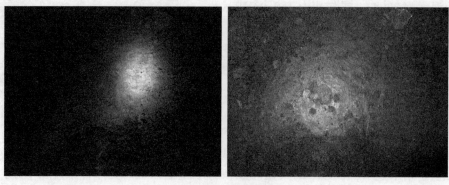

图 5　D2002 腐蚀形貌

为了进一步分析初顶回流及产品罐结垢、腐蚀的原因，对 D2002 罐内的垢样进行了分析，灼烧失重定量分析见表 2，X 射线荧光法定性分析见表 3。

表 2　D2002 垢样定量分析　　　　　　　　　　　　　　W(B)/(10^{-2})

名称	烧失量	酸不溶物	Fe_2O_3	CaO	MgO	ZnO	P_2O_5
D2002	89.36	5.24	4.71	0.13	0.04	0.01	0.02

从表 2 中的分析结果来看，烧失量占 89.36%，一定量 Fe_2O_3 存在，表明垢样成分大多为有机物料，有一定的金属腐蚀损失。

表 3　D2002 塔顶垢样定性分析　　　　　　　　　　　　W(B)/(10^{-2})

名称	Al_2O_3	Fe_2O_3	Na_2O	CaO	MgO	K_2O	MnO	P_2O_5	CuO	Cl	SeO_2	SO_3	ZnO
D2002	0.86	27.48	0.19	0.63	0.12	0.48	0.23	0.017	0.043	6.63	0.038	51.47	0.052

从表 3 中的分析结果来看，罐内壁附着的产物以 SO_3、Cl、Fe_2O_3 为主，较多硫和氯的存在，易引起塔顶低温腐蚀减薄和开裂，宜加强塔顶工艺防腐管理。

3.3　换热器

本次检查了 29 台换热器（清单详见换热器腐蚀状况调查与评价表），存在腐蚀问题的主要有 19 台：其中水冷器 17 台，减二线-热水换热器 E-2504/1、减二线-热水换热器 E-2504/2、减三线-热水换热器 E-2505/1、减三线-热水换热器 E-2505/2、常二线-热水换热器 E-2506/1、常二线-热水换热器 E-2506/2、常三线-热水换热器 E-2507/1、常三线-热水换热器 E-2507/2、减一及减顶回流线-热水换热器 E-2508/1、减一及减顶回流线-热水换热器 E-2508/2、常一线水冷器 E-2512、减一线及减顶回流线水冷器 E-2513、常四线-热水换热器 E-2517、减渣开停工水冷器 E-2514/1、减渣开停工水冷器 E-2514/2、减渣开停工水冷器 E-2514/3、减渣开停工水冷器 E-2514/4；介质换热器 2 台，脱盐油-常三线（一）换热器 E-2236、减一中蒸汽发生器 E-2503。

（1）减二线-热水换热器 E-2504/1、减二线-热水换热器 E-2504/2、减三线-热水换热器 E-2505/1、减三线-热水换热器 E-2505/2、常二线-热水换热器 E2506/1、常二线-热水换热器 E-2506/2、常三线-热水换热器 E-2507/1、常三线-热水换热器 E-2507/2、减一及减顶回流线-热水换热器 E-2508/1、减一及减顶回流线-热水换热器 E-2508/2、常一线水冷器 E-2512、减一线及减顶回流线水冷器 E-2513、常四线-热水换热器 E-2517、减渣开停工水冷器 E-2514/1、减渣开停工水冷器 E-2514/2、减渣开停工水冷器 E-2514/3、减渣开停工水冷器 E-2514/4。

腐蚀检查结果显示，管板均存在严重蚀坑，最深腐蚀坑深约 1～3mm；部分管束管口焊缝腐蚀缺肉；部分管束堵管；管箱存在局部腐蚀，深蚀坑约 1～4mm，管箱隔板密封面腐蚀缺肉(见图6)。建议管束整体更换，管束水侧采用涂层防腐，管箱增加牺牲阳极保护。

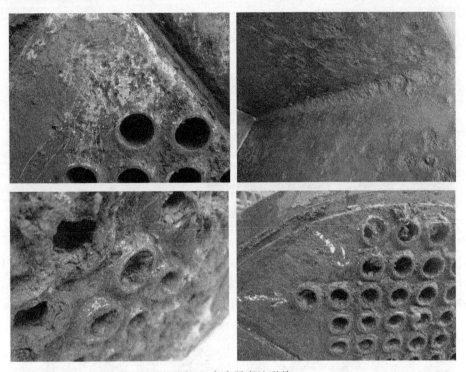

图6　水冷器腐蚀形貌

（2）脱盐油-常三线(一)换热器 E-2236

脱盐油-常三线(一)换热器材质为 16MnR，管程介质为脱盐油，壳程介质为常三线，管程操作温度为 335℃，壳程操作温度为 216℃，管程操作压力为 1.8MPa，壳程操作压力为 1.8MPa。

腐蚀检查结果显示，管板密布点蚀坑，管口焊缝腐蚀严重，筒体腐蚀轻微。建议管束整体更换(见图7)。

（3）减一中蒸汽发生器 E-2503

减一中蒸汽发生器主体材质为 16MnR，管程介质为减一中，壳程介质为除氧水，管程操作温度为 180℃，壳程操作温度为 220℃，管程操作压力为 1.2MPa，壳程操作压力为 1.3MPa。

腐蚀检查结果显示，筒体北侧上接管有减薄，厚度最小为 6.0mm；筒体内部南上接管焊口腐蚀严重；筒体内部南上接管南侧有一东西向长约

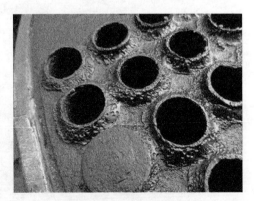

图7　E-2236 腐蚀形貌

500mm，宽约7mm，深约5mm的严重腐蚀沟槽；筒体内部南上接管北侧，有一东西向长约400mm，宽约7mm，深约6mm的严重腐蚀沟槽；筒体内部北上接管管口焊缝整圈腐蚀出一道深沟；筒体内部北上接管北侧有一直径约80mm，深约3mm圆形腐蚀坑；筒体下接管内部小接管焊口有腐蚀坑；筒体内部下接管西南侧有一直径约30mm，深约6mm的圆形腐蚀坑；管箱下接管内部焊口有腐蚀坑；管束及折流板有严重变形（见图8）。建议对腐蚀严重处进行补焊处理，建议堆焊不锈钢处理，加强腐蚀监测；管束打压试漏，并经渗透检测合格后方可继续使用。

图8　E-2503腐蚀形貌

3.4　加热炉

本次检查了2台加热炉，分别是常压炉F-2001（见图9）、减压炉F-2002（见图10）。
常压炉F-2001炉管腐蚀轻微；炉体外部东南侧对流室灭火接管断裂。建议修复。
减压炉F-2002炉管腐蚀轻微；辐射段炉管支架断裂，管箍断裂。建议修复。

图9　F-2001形貌

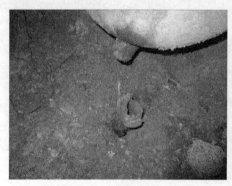

图10　F-2002形貌

3.5 空冷器

本次检查了 6 台空冷器，分别是减顶一级冷凝空冷器 A-2007/1～4 和减顶二级冷凝空冷器 A-2008/1～2，均不拆丝堵，对空冷进出口管线进行了检测。

A-2007/1～2 入口管线上三通相较其他有减薄（见图 11）。A-2007/1～2 三通测厚数值为 11.9～12.4mm，同部位三通测厚数值为 15.8～16.9mm。出入口管线防腐漆有破损。建议：对减薄部位加强监测，定期进行厚度检测；重新进行防腐刷漆。

3.6 管道

本次检查了 43 条管道，发现 2 处减薄。

常底油管线 P-1065 上 3 号弯头存在减薄，原始壁厚 8mm，弯头实际检测值最小值为 7.2mm、7.3mm、7.6mm。腐蚀速率为 3.2mm/a，建议定点测厚重点检测。

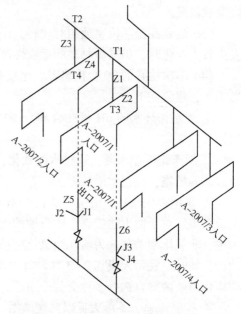

图 11　减薄位置示意图

减底油 P-1114 上 W1、W2 号弯头存在减薄，原始壁厚 10/7mm，W1 弯头实际检测最小值为 5.3mm，腐蚀速率为 1.1mm/a；W2 弯头实际检测最小值为 5.1mm 腐蚀速率为 1.2mm/a。建议：定点测厚重点检测。建议定点测厚重点检测。

3.7 接管

本次检查的 245 个接管未发现明显减薄。

4　下次腐蚀检查重点

通过本次腐蚀检查，发现本装置的主要腐蚀问题存在常压塔塔顶、减压塔下部、初顶回流及产品罐底部、减一中蒸汽发生器、脱盐油-常三线（一）换热器、所有水冷器、3 处管件减薄。因此下次腐蚀检查重点应该包括如下设备以及本次未检查的设备，见表 4。

表 4　常减压装置下次腐蚀检查重点

序号	设备位号	检查内容
1	C-2001、C-2002、C-2004	塔壁、内件及填料腐蚀情况
2	D-2002、D-2003/1、D-2003/2、D-2004	罐壁腐蚀情况
3	脱盐油-常三线(一)换热器、所有水冷器	管箱、管口腐蚀情况
4	减一中蒸汽发生器	管束、筒体腐蚀情况
5	初顶空冷器、常顶空冷器	管束腐蚀情况

5　结语和建议

（1）本次检查的 4 台塔器，常压塔塔顶露点腐蚀严重，建议塔顶塔壁进行贴板处理，回流管和塔顶 3 层浮阀更换。根据装置运行情况看，目前塔定操作条件下，塔内露点腐蚀严重。在工艺上可考虑适当提高回流温度。

（2）本次检查的 4 台容器从整体看腐蚀轻微。下一次检修重点关注初顶回流及产品罐罐底腐蚀情况。

（3）装置高温部位腐蚀相对较轻，说明装置选材适应所加工的原油。如果下一周期原油发生较大变化时，仍需做材料的适应性评估。

（4）本次检查的29台换热器，比较突出的问题属于水冷器腐蚀范畴。针对水冷器的防腐工作，建议如下：

① 控制循环水的pH值在合理范围内（7.0~8.5），添加缓蚀剂，减缓循环水对设备的腐蚀。

② 对于结垢型水质，通过水的软化，加酸或通CO_2气体，增加旁滤系统，投加阻垢剂、分散剂等措施，控制水质结垢。

③ 采用杀生涂料、清洗、防止阳光照射、噬菌体法、添加杀生剂等手段控制微生物的生长繁殖。对于微生物控制，中石油的规定是："循环冷却水微生物控制宜以氧化型杀菌剂为主，非氧化型杀菌剂为辅。当氧化型杀菌剂连续投加时，应控制余氯量为0.1~0.5mg/L，冲击投加时，宜每天投加2~3次，每次投加时间宜控制水中余氯0.5~1mg/L，保持2~3h。非氧化型杀菌剂宜选择多种交替使用。"

④ 控制流速，不能太低以减缓结垢，也不能太高以防止冲蚀。同时增加对流速的监测。中石油对流速的规定是："管程循环冷却水流速不宜小于0.9m/s；壳程循环冷却水流速不宜小于0.3m/s。当受条件限制不能满足上述要求时，应采取防腐涂层、反向冲洗等措施。"

⑤ 当循环水水质发生异常时，要及时查漏，在最短的时间内查到泄漏的水冷器并切出，避免水质进一步恶化。

⑥ 增加对冷却水化学分析的项目和频次：pH值、氧含量、浓缩倍数、杀菌剂残余浓度以及冷却水出口温度等。中石油规定的分析项目、指标和频率见表5。

表5　循环冷却水日常水质分析项目

项目名称	指　标	最低分析频率
浊度	≤20NTU	1次/天
pH值	6.8~9.5	1次/天
总磷（以PO_4^{3-}计）	≯8.5mg/L	1次/天
钙硬度（以$CaCO_3$计）	150~880mg/L	1次/天
总碱度（以$CaCO_3$计）	200~500mg/L	1次/天
钙硬+碱度（以$CaCO_3$计）	600~1200mg/L	1次/天
总硬度（以$CaCO_3$计）	≤850mg/L	1次/天
K^+	（实测值）mg/L	1次/天
总铁	≤1.0mg/L	1次/天
浓缩倍数	≥3.0	1次/天
Cl^-	≤700mg/L	1次/天
SO_4^{2-}	≤800mg/L	1次/天
SiO_2	≤175mg/L	1次/天
电导率	≯5500μs/cm	1次/天
正磷	（实测值）mg/L	1次/天

项目名称	指 标	最低分析频率
Zn^{2+}	(实测值)mg/L	1次/周
COD	≤100mg/L	1次/周
油	<10mg/L	1次/周
黏泥	≤3.0mL/m³	1次/周
异养菌	≤1.0×105 个/mL	1次/周
铁细菌	≤1.0×102 个/mL	1次/月
硫酸盐还原菌	≤0.5×102 个/mL	1次/月
总固体	(实测值)mg/L	2次/月
总溶固	(实测值)mg/L	2次/月
悬浮物	(实测值)mg/L	2次/月
余氯	0.5~1.0mg/L	1次/天

另外,对于水质比较恶劣的情况下,对碳钢材质的水冷器,可以采取阴极保护和/或涂料的方式进行防护。但要注意:阴极保护使用的牺牲阳极块的安装方式;防腐涂料的施工质量;增设吹扫旁路以防止停工时蒸汽对有涂料的管束吹扫而导致涂料在湿热环境下鼓泡开裂脱落。

(5)为了保障装置安全平稳运行,进入装置的原油硫含量和酸值等不要超过设计值(设防值)。需对装置物料中腐蚀介质进行监控,及时掌握腐蚀介质分布情况,建议加强腐蚀介质分析,具体分析项目与频次见表6。

表6 常压装置腐蚀介质分析

分析对象	分析项目	分析方法	控制指标	分析频次
脱前原油	盐含量/(mg/L)	SY/T 0536、GB/T 6532	设防值以内	1次/天
	水含量/%(质量分数)	GB/T 260、GB/T 8929	设防值以内	1次/天
	硫含量/%(质量分数)	GB/T 17606、GB/T 380	设防值以内	1次/天
	酸值/(mgKOH/g)	GB/T 18609	设防值以内	1次/天
	总氯/(μg/g)	ASTM D5808	设防值以内	1次/周
	氮含量/(μg/g)	SH/T 0704	设防值以内	1次/周
脱后原油	盐含量/(mg/L)	SY/T 0536、GB/T 6532	≤3,合格率≥90%	2次/天
	水含量/%(质量分数)	GB/T 260、GB/T 8929	≤0.2,合格率≥90%	2次/天
	总氯/(μg/g)	ASTM D5808	/	1次/周
电脱盐注水	pH 值	pH 计	6~8	2次/周
电脱盐排水	含油/(mg/L)	红外分光光度	≤200	2次/周
初、常顶含硫污水	pH 值	pH 计	5.5~7.5	1次/天
	总铁/(mg/L)	HJ/T 345	≤3	1次/天
	氯离子/(mg/L)	GB/T 15453、HJ/T 343	≤30	1次/周
	硫化物/(mg/L)	HJ/T 60	/	1次/周
	氨氮/(mg/L)	HJ 536	/	1次/周

分析对象	分析项目	分析方法	控制指标	分析频次
塔顶注水	pH 值	pH 计	7.0~9.0	1 次/周
	溶解氧/ppb	HJ 506	≤15	1 次/周
	总铁/(mg/L)	HJ/T 345	/	1 次/月
	固体悬浮物	GB 11901	/	1 次/月
	氨氮/(mg/L)	HJ 536	/	1 次/月
	氯离子/(mg/L)	GB/T 15453、HJ/T 343	/	1 次/月
两顶瓦斯	H_2S 含量/%(体积分数)	GB/T 11060.1、气相色谱	/	1 次/月
	O_2、N_2	气相色谱	/	1 次/月
初顶油、常顶油、常一	硫含量/%(质量分数)	GB/T 17040、GB/T 380、SH/T 0253	/	1 次/月
	氯含量/(μg/g)	ASTM D5808	/	按需
常二、常三、常底、过汽化油……	硫含量/%(质量分数)	GB/T 17040、GB/T 380、SH/T 0253	/	1 次/月
	酸值/(mgKOH/g) 或酸度/(mgKOH/100mL)	GB/T 18609、GB/T 258	/	按需
	Fe/Ni	等离子发射光谱、原子吸收光谱	/	按需

(6) 如果装置需长期停工，建议在停工保护前要对设备进到进行全面的维修、保养，使其处于良好状态，停工期间有专人负责定期检查维护，要注意防尘、防潮、防冻、防腐蚀，保证设备能够随时启用。采用氮封或气相缓蚀剂保护，并定期检查保压情况和氧含量，并做好记录。

(7) 完善防腐管理工作。建议建立设备腐蚀管理台账，对设备的基本情况、检修更换情况、防腐措施及效果等进行登记，最好是建立基于企业局域网的设备腐蚀管理系统，将设备台账、装置腐蚀检测数据等统一格式上网，以便于管理部门和车间技术人员及时掌握设备腐蚀情况，采取有效措施预防腐蚀事故的发生。

常减压装置 P-3015B 平衡管弯头泄漏失效
原因分析与对策研究

龚秀红

（中国石化上海石油化工股份有限公司炼油部）

摘 要 某常减压蒸馏装置流体输送泵平衡管线弯头焊缝发生泄漏，通过弯头泄漏部位宏观形貌分析、弯头材料化学成分分析、金相检验、能谱分析对弯头泄漏原因进行了分析，结果表明：由于平衡阀内漏，造成局部平衡管内流体流速较高或处于湍流状态，弯头表面的硫化铁腐蚀产物膜受到流体的冲刷而被破坏，回路管线内壁发生了严重的均匀腐蚀减薄；同时介质中所含的氯离子阻碍保护性的硫化铁膜在弯头内壁表面的形成，弯头部位又叠加了高温环烷酸的冲刷腐蚀，最终在回路管线最薄弱的弯头焊缝热影响区附近发生了腐蚀穿孔。通过弯头泄漏原因分析，提出了相应的建议措施。

关键词 常减压蒸馏装置；平衡管；弯头；泄漏失效

1 前言

上海某石化公司 1# 炼油 3# 常减压装置（800 万 t/a 常减压）于 2005 年 2 月投用，2019 年 7 月 10 日，巡检发现减一线泵 P-3015B 平衡管线弯头焊缝泄漏，安装固定夹具消漏（见图 1）。同年 9 月 10~11 日，P-3015B 平衡管线进口靠平衡阀法兰焊缝处腐蚀穿孔，10 日上午安装简易抱箍后一段时间后泄漏量加大，下午 17：30 时现场已控制不住，协调后安排减一线局部停车处理，连夜退油吹扫。11 日上午加盲板，下午 14：00 动火更换 P-3015AB 泵平衡管线，至 17：00 完成动火作业，交付工艺生产准备。

现场简易抱箍

图 1 泄漏后现场安装抱箍照片

减压塔设有三个侧线，减一线油由减一线泵（P-3015AB）自塔 T-3004 第一层集油箱抽出，少部分减一线油经流控阀直接返回 T-3004 第二段填料上部，大部分减一线油先与原油换热，再进减顶循干空冷器冷却至 60℃后分成二路，一路出装置作加氢裂化料，另一路再经减顶循水冷器冷却至 50℃后作减顶回流流回塔 T-3004 第一段填料上部。此次泄漏的部位为减压塔侧线减一线的 P-3015B 泵进出口管线的平衡管线弯头，操作温度：减一线出减压塔时为 150℃（泵附近为 100℃），操作压力：0.4MPa，介质为减一线油，管线材质为 20# 碳钢。为了掌握本次平衡管弯头泄漏失效原因，进行现场取样做进一步分析，明确泄漏机理，防止今后类似事故再次发生。

2 平衡管材料化学成分分析

为确认平衡管线现场使用材料是否和设计要求相一致。对取样管线材料的化学成分进行分析(表1)。根据测定结果表明现场所用平衡管线材料与设计要求一致,具体材料牌号为20#碳钢。

表1 取样平衡管线材料的化学成分分析　　　　　　　　　　　　单位:%

元素	C	Si	Mn	S	P	Cr	Ni	Cu
测量值	0.18	0.22	0.56	0.003	0.010	0.04	0.008	0.02
标准允许值	0.17~0.37	0.17~0.24	0.35~0.65	≤0.035	≤0.035	/	/	/

3 平衡管线弯头泄漏部位取样材料宏观形貌分析

本次现场取样的 P-3015B 泵进出口管线的平衡管线弯头实物试样见图2~图6所示。从图3和图4泄漏点部位内外壁形貌照片可以看到,泄漏点均位于弯头焊缝热影响区附近。从图4和图5照片中可以看到焊缝部位存在明显的冲刷腐蚀产生的纹路和尖锐的凹槽,总体上取样管段内壁是全面的均匀腐蚀,而焊缝部位冲刷腐蚀明显,泄漏点均位于焊缝热影响区附近。图6取样管段法兰侧和弯头侧的横截面宏观形貌,可以看到整个管段截面基本是均匀腐蚀减薄。由宏观形貌分析可知,取样管段内壁存在明显的均匀腐蚀,减薄严重,焊缝部位还存在明显的冲刷腐蚀,泄漏点均位于弯头焊缝热影响区附近。

图2 平衡管泄漏弯头

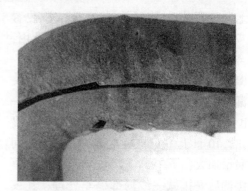

图3 外壁泄漏点部位形貌

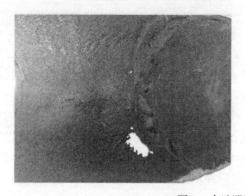

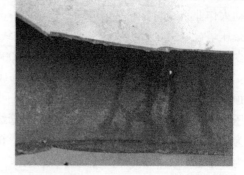

图4 内壁泄漏点部位形貌

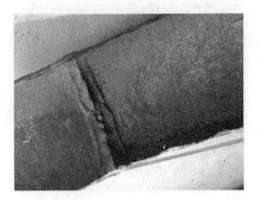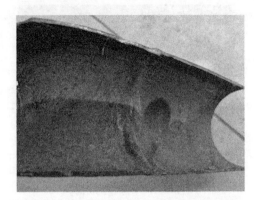

图 5　焊缝部位冲刷形貌

图 6　管段横截面形貌

4　材料金相组织分析

在弯头焊缝部位进行取样，作为金相试样，分析其纵截面组织情况。试样经磨抛后用硝酸酒精侵蚀，金相组织见图 7~图 19。母材组织为铁素体和珠光体，焊缝组织为柱状晶分布的铁素体和珠光体，热影响区焊缝侧组织为呈魏氏组织分布的铁素体和珠光体，热影响区母材侧组织为均匀等轴的结晶铁素体与珠光体。材料金相组织正常，为典型的低碳钢金相组织，未见异常情况和明显的缺陷存在。

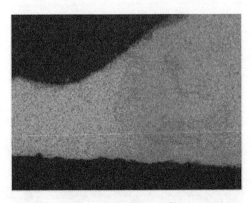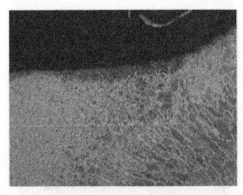

<table>
<tr><td align="center">图 7　热影响区(50 倍)</td><td align="center">图 8　内壁热影响区(50 倍)</td></tr>
</table>

图 9　内壁焊缝(50 倍)

图 10　内壁热影响区(50 倍)

图 11　外壁热影响区(50 倍)

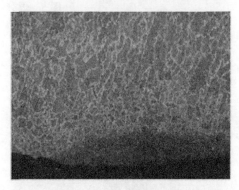

图 12　外壁焊缝(50 倍)

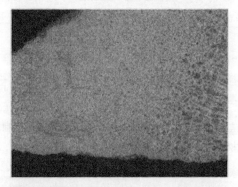

图 13　外壁热影响区(50 倍)

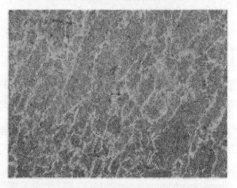

图 14　焊缝(100 倍)

图 15　热影响区(100 倍)

图 16　焊缝(100 倍)

图 17　母材(200 倍)

图 18　母材(500 倍)

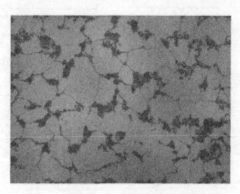

图 19　母材(1000 倍)

5　平衡管取样管段内壁腐蚀产物能谱分析

为了解参与腐蚀的介质因素,对取样管段内壁腐蚀产物进行能谱分析,图 20 为焊缝部位内壁腐蚀产物能谱分析结果,图 21 为母材部位内壁腐蚀产物能谱分析结果。可以看到,内壁被大量腐蚀产物覆盖,而参与腐蚀的有害元素主要是氧、硫和氯。

6　P-3015B 平衡管线弯头部位泄漏失效原因分析

通常认为高温环烷酸腐蚀在 200℃ 以上明显出现,新的资料认为 180℃ 以上就可能发生。一般认为随着原油温度的升高,高温环烷酸腐蚀出现两个峰值,分别在温度为 270~280℃ 和 370~425℃。根据 1#炼油 3#常减压提供的 2019 年 1 月~9 月减一线相关分析数据,减一线中硫含量 1.26%~1.89%,氯含量为 $1.2×10^{-6}\%~9.2×10^{-6}\%$,酸度为 0.1~0.2mgKOH/g,并含有少量水。而本次发生泄漏的平衡管线的操作温度在泄漏部位只有 100℃ 左右,按理来讲不应该出现如此严重的高温环烷酸腐蚀。API 581-2000 提供了一套各种材料在不同硫含量、酸值和温度条件下对应高温环烷酸腐蚀率的数据,给精确评估各酸值馏分腐蚀性提供了一些依据。根据 API 581-2000 表 2.B.3.2M,我们可以查到硫含量达 2.5%,酸值小于 0.3mg/g,温度小于 232℃ 时,碳钢的高温环烷酸腐蚀率只有 0.05mm/a,而根据本次发生泄漏的平衡管线的相关数据计算,其腐蚀率达到 0.65mm/a,远高于 API 581-2000 提供的数值。因此推断在温度、酸值、硫含量确定的条件下,一定是泄漏平衡管线内介质的流速或流动状态超出了我们的预计。

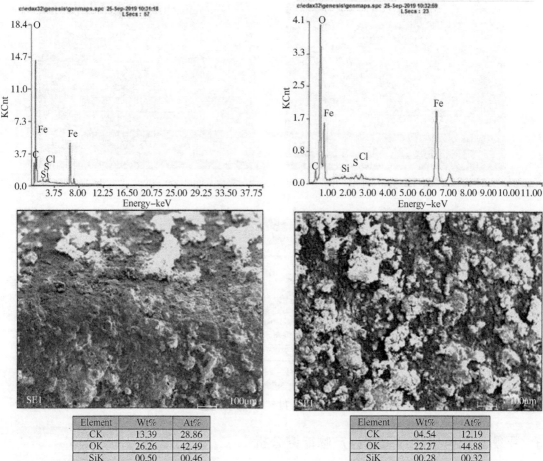

Element	Wt%	At%
CK	13.39	28.86
OK	26.26	42.49
SiK	00.50	00.46
SK	00.51	00.41
ClK	01.02	00.75
FeK	58.31	27.02
Matrix	Correction	ZAF

Element	Wt%	At%
CK	04.54	12.19
OK	22.27	44.88
SiK	00.28	00.32
SK	00.51	00.51
ClK	00.88	00.80
FeK	71.52	41.29
Matrix	Correction	ZAF

图 20 焊缝部位内壁能谱分析   图 21 母材部位内壁能谱分析

从图 22 可以看到，其实 P-3015AB 进出口部位类似的回路共有 4 组，其中 DN25 的 2 组为预热管线，DN50 的 2 组为平衡管线。泄漏点 1 为 DN50 的平衡管线，而泄漏点 2 为 DN25 的预热管线。本次取样分析的是图 22 中的泄漏点 1 的平衡管线的弯头。由上海统谊石化设备检测有限公司提供的 2019 年 7 月的现场测厚数据我们也发现：发生泄漏的 2 组回路所有测厚部位均发生了严重的腐蚀减薄，而另 2 组回路没有明显的腐蚀减薄。按理说这 4 组回路管线的运行工况都是相同的，不应该产生如此大的反差，而且由于这 4 组回路管线上的阀门通常是关闭的，因此这些回路管线内介质应该是不流动的。由此可以推断发生泄漏的 2 组回路上的阀门必然存在内漏或关不死，这样就会导致该管线回路内介质局部流速过高或处于湍流状态，加速该部位的高温环烷酸腐蚀。通常碳钢在含硫化氢流体中的腐蚀速率是随着时间的增长而逐渐下降，平衡后的腐蚀速率很低。这是相对于流体在某特定的流速下而言的。如果由于平衡阀内漏，造成局部平衡管内流体流速较高或处于湍流状态，由于钢铁表面上的硫化铁腐蚀产物膜受到流体的冲刷而被破坏，钢铁将一直以初始的高速腐蚀，从而使平衡管很快受到腐蚀破坏。此外，介质中所含的氯离子会阻碍保护性的硫化铁膜在钢铁表面的形成。

氯离子可以通过钢铁表面硫化铁膜的细孔和缺陷渗入其膜内，使膜发生显微开裂，于是形成孔蚀核，加速了孔蚀破坏。最后，当平衡管内流体流速较高或处于湍流状态时，高温环烷酸的腐蚀速率也会急剧增加，本次取样弯头焊缝部位的尖锐腐蚀凹槽就是环烷酸冲刷腐蚀造成的。因此我们看到的结果就是平衡阀内漏的平衡管线内壁发生了严重的均匀腐蚀减薄，而弯头部位又叠加了高温环烷酸的冲刷腐蚀，最终在平衡管最薄弱的弯头焊缝热影响区附近发生了腐蚀穿孔。

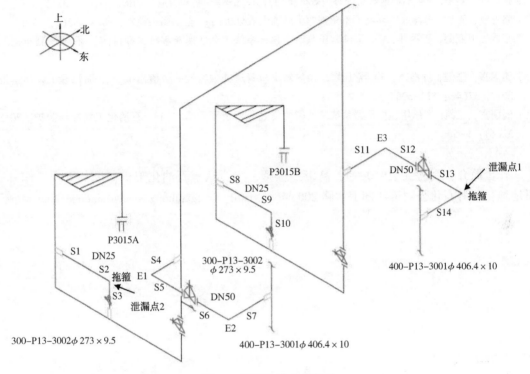

图 22   现场泄漏点分布图

7   结语及建议

根据前面分析，现将主要结论归纳如下：

（1）根据取样管段材料化学成分分析，可以确认 P-3015B 平衡管线材料牌号为 20#碳钢，与设计选用材料相符。

（2）根据材料金相组织分析，母材组织为铁素体和珠光体，焊缝组织为柱状晶分布的铁素体和珠光体，金相组织未见异常。

（3）本次平衡管线弯头部位发生泄漏的腐蚀机理：由于平衡阀内漏，造成局部平衡管内流体流速较高或处于湍流状态，钢铁表面的硫化铁腐蚀产物膜受到流体的冲刷而被破坏，钢铁将一直以初始的高速腐蚀，从而使平衡管很快受到腐蚀破坏；此外，介质中所含的氯离子会阻碍保护性的硫化铁膜在钢铁表面的形成，加速了管线的孔蚀破坏；最后，当平衡管内流体流速较高或处于湍流状态时，高温环烷酸的腐蚀速率也会急剧增加，本次取样弯头焊缝部位的尖锐凹槽就是环烷酸冲刷腐蚀造成的。因此 P-3015AB 进出口部位阀门内漏的 2 组回路管线内壁发生了严重的均匀腐蚀减薄，弯头部位又叠加了高温环烷酸的冲刷腐蚀，最终在回路管线最薄弱的弯头焊缝热影响区附近发生了腐蚀穿孔。

（4）建议加强管线阀门的维修和保养工作，避免阀门内漏或关不死的情况发生。条件允许的情况下尽快对相关阀门进行检查，主要查看是否存在由于内部介质腐蚀而造成的阀门内漏或关不死的情况。

参 考 文 献

[1] 马永恒. 不锈钢弯头开裂原因分析[J]. 理化检验-物理分册, 2013, 49(5): 339.
[2] 张瑞锋, 刘霞. 304不锈钢弯头开裂失效分析[J]. 理化检验-物理分册, 2019, 55(5): 351.
[3] 骆青业, 王欣. 海洋大气环境下不锈钢弯头腐蚀失效分析[J]. 全面腐蚀控制, 2018, 32(7): 72.
[4] 张成, 王亚彪, 王秋萍, 等. 原油常压蒸馏塔顶部系统工艺防腐流程技术探讨[J]. 石油炼制与化工, 2018, 49(1): 21-25.
[5] 偶国富, 许健, 叶浩杰, 等. 常压塔顶换热器出口管道冲蚀特性的数值模拟[J]. 浙江理工大学学报, 2017, 37(4): 518-526.
[6] 偶国富, 王凯. 常压塔顶换热器系统流动腐蚀失效分析及预测研究[J]. 石油化工腐蚀与防护, 2015, 32(6): 1-5.

作者简介：龚秀红(1970—)，高级工程师，主要从事石油化工机械设备管理工作。通讯地址：上海石化公司炼油部卫六路200号。E-mail：gongxiuhong. shsh@ sinopec. com。

催化汽油吸附脱硫气相返回线腐蚀与防护

摘　要　S Zorb 装置 D105 气相返回线运行状况苛刻，管线冲蚀减薄故障普遍，主要发生在长半径弯管外弯吸附剂变相的部位，均为尖锐沟壑状冲刷腐蚀，通过日常管线状态监测、降低管线内介质线速、增加耐磨内衬的外保护半套管和扩大管径等措施，延长管线运行周期，降低安全隐患。

关键词　催化汽油吸附脱硫；气相返回线；冲蚀；泄漏

随着 S Zorb 汽油吸附剂的研发和改进，第三代 S Zorb 装置已成功用于工业生产，并开发出 FCAS 系列吸附剂，设置了反应器 R101 和反应器接收器 D105 气相返回线，解决了装置吸附剂转剂过程油气夹带对吸附剂的损伤问题。但第三代装置中陆续出现了反应器接收器 D105 气相返回线泄漏情况。现以某第三代 S Zorb 装置为例，介绍反应器接收器 D105 气相返回线泄漏情况、泄漏原因分析并提出了改进措施。

1　催化汽油吸附脱硫简介

150 万 t/a 催化汽油吸附脱硫（S Zorb）装置由进料与脱硫反应系统、吸附剂再生系统、吸附剂循环系统和产品稳定系统四个部分组成。吸附剂在反应器中对原料的硫组分进行吸附，并通过再生、还原后重新进入反应器吸附，形成吸附剂循环。循环的动力来源于循环系统中的差压以及气相携带。

由于装置的特性，吸附剂循环系统中气固混合相对管线的冲刷腐蚀作用非常明显，极易造成管线、法兰等的冲蚀泄漏，尤以反应器接收器 D105 气相返回线受冲蚀影响最为严重。

中石化某公司该装置于 2015 年 9 月开工投产，连续运行至 2016 年 10 月，位于反应器与接收器之间的气相返回线弯管发生第一次泄漏，并在后续 10d 时间内位于同一管段上的其他 2 个弯管部位相继发生泄漏。

2　失效分析

2.1　管线运行状况

如图 1 所示，反应器接收器 D105 顶部气相返回反应器 R101 的气相返回线，主要用于调整反应器和接收器之间的差压，便于吸附剂顺利自反应器向接收器转剂，并通过设置于接收器底部锥段的提升氢气，脱出吸附剂携带的油气，保证闭锁料斗在规定时间（一般不小于 300s）内吹烃合格，以保护吸附剂。

气相返回线全长 15.1m，设计采用了长半径弯管，从下到上共分布有 4 个 45°/$R=8D$ 长半径弯管和 1 个 90°/$R=5D$ 长半径弯管，弯管和直管之间设计为自紧式活套法兰连接，管线施工布置图见图 2。

2016 年 10 月 20 日，气相返回线 2 号 45°弯管发生泄漏，随后在 10 月 27 日、10 月 29

日分别在 1 号 45°弯管、5 号 90°弯管处相继发生泄漏。

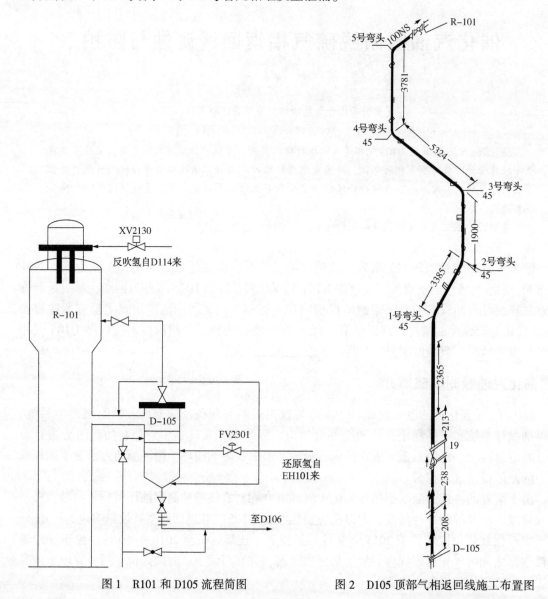

图 1　R101 和 D105 流程简图　　　　图 2　D105 顶部气相返回线施工布置图

反应器接收器 D105 气相返回线运行参数见表 1。

表 1　D105 气相返回线运行参数

项　　目	规格	材质	壁厚/mm	管内介质	运行温度/℃	运行压力/MPa
D105 顶部气相线	DN100	P11	14.2	氢气、油气、吸附剂	410	2.9

2.2　失效部位

失效部位及形貌见图 3。可以看出，失效部位位于长半径弯管外弯，呈冲蚀坑洞形状，母材周边部位没有裂纹；失效部位内部弯管处呈沟壑状冲蚀；泄漏部位全部位于弯管段外弯部位，直管段、弯管内弯部位未发现明显冲蚀。

(a) 失效部位外观　　　　　　　　　　　　　　　　(b) 冲蚀坑洞

图 3　D105 气相返回线失效部位图

2.3　测厚分析

D105 顶部气相返回线在发生泄漏之前一直实施单点测厚，测厚数据没有显示出明显减薄迹象，但从实际运行来看已经减薄，说明前期的测厚策略存在一定问题。该管线泄漏之后，对 5 个弯管进行密集测厚，有以下特点：

（1）按图 2 D105 顶部气相返回线示意图，$45°/R = 8D1$ 号弯的冲刷减薄相对其他 $45°/R = 8D$ 弯管较为明显。

（2）弯管冲蚀减薄部位以外弯为主，但泄漏部位并不一定处于外弯正中线，受内部介质流动不规则或管线材质某处特定缺陷的影响，泄漏部位可能位于外弯中心线的左右两侧，一般不超出外弯中心线两侧 90° 范围。

（3）弯管的侧外弯相对于正外弯部位减薄量较小，但也存在不同程度的减薄，为高风险泄漏部位。

（4）弯管的内弯和直管部位冲蚀减薄不明显。

（5）$90°/R = 5D$ 弯管虽然位于 D105 顶部气相返回线末端，但由于弧度较大，受冲刷腐蚀较为明显，超过 $45°/R = 8D1$ 号弯管的减薄程度。

2.4　失效原因

2.4.1　失效机理

固体颗粒通过气力在管道中输送，当颗粒硬度比较大时，气-固两相流中的颗粒会对管路造成巨大的冲蚀磨损，不仅降低生产效率，而且对施工环境和人员造成威胁。冲蚀磨损现象广泛存在于石油化工、航天航空和能源机械等领域，是导致材料破坏甚至设备失效的主要原因之一。弯管用来改变管道内流体的方向，相对于直管，弯管的磨损率比直管的高达 50 倍以上。固体颗粒在弯管内的轨迹是先汇集、后发散的过程。固体颗粒在管道内经过气流携带加速，在弯管变径处对管道内壁形成冲击磨损，并受内壁反作用力形成反弹，颗粒与颗粒之间也发生碰撞，并与管道内壁发生后续碰撞。固体颗粒与管道内壁接触频繁的地方即为冲蚀磨损最严重的地方。

图 4 为失效 45°弯管内部弧段剖面图，可见冲蚀部位情况与失效机理相符，分布于弯管外弯弧变部位，并且由于固体颗粒的碰撞反弹，冲蚀部位呈一定区域性分布且呈沟壑状，基本位于外弯轴向中心线两侧 90° 范围内。

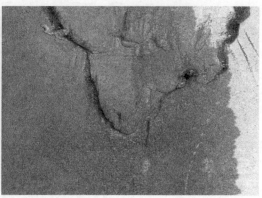

图4 失效45°弯管内部弧段冲蚀剖面图

2.4.2 气速和吸附剂粒径的交叉影响

研究表明，当颗粒粒径小于45μm时，气流速度对最大磨蚀率没有明显的影响；当颗粒粒径大于45μm时，气流速度对最大磨蚀率的影响开始变得显著。气流速度V与最大磨蚀速率E_{max}接近二次多项式关系$E_{max}=aV^2+bV+c(a、b、c$为大于0的常数)。当颗粒粒径在10~100μm时，磨蚀率随着颗粒气速的增大而增大；随着颗粒粒径的变化，在粒径45μm处出现峰值，而且气速越大，趋势越明显。

失效弯管泄漏前，气提氢气量维持在1300m³/h(标准状态)，颗粒粒径组成见表2，主要集中在40μm之上。较大的气提氢气量，合适的粒径，使得固体颗粒在管道内具有较高的动能，对管壁的冲蚀磨损速率也大大加快，造成管线在较短时间内发生穿孔泄漏。

表2 吸附剂颗粒粒径组成

项 目	数 据	项 目	数 据
灼减量/%(质量分数)	≤2.0	0~149μm/%(体积分数)	≥90
磨损指数FBAT/%(质量分数)	≤8.0	平均粒径/μm	70~85
筛分组成/%(体积分数)		休止角/(°)	≤40
0~20μm/%(体积分数)	≤3.0	平板角/(°)	≤50
0~40μm/%(体积分数)	≤15.0		

2.5 检测及防护措施

2.5.1 检测方法和技术

电磁超声是无损检测领域出现的新技术，该技术利用电磁耦合方法激励和接收超声波。与传统的超声检测技术相比，它具有精度高、不需要耦合剂、非接触、适于高温检测以及容易激发各种超声波形等优点，解决了传统超声测厚的弊端。

D105顶部气相返回线操作温度410℃，在管线发生泄漏之前均采用传统超声测厚方法进行单点测厚，测厚效率差且单点测厚难以发现管线冲蚀坑。更换新管线后，采用电磁测厚技术并进行密集测厚，测厚效率高、精度高，测厚效果较好。

脉冲涡流技术采用的激励电流是具有一定脉冲宽度的方波，和超声波测厚相比，涡流检测"面扫查"，检测效率较高，有效避免漏检。涡流检测给出的是检测线圈作用区域的平均壁厚值，而不是某一点的厚度值，因此检测精度低于超声测厚，不适于局部腐蚀(尤其是点蚀或坑蚀)的测量，但非常适合检测S Zorb装置吸附剂管线的大面积冲刷腐蚀检测防护。

D105 顶部气相返回线泄漏更换后，采用脉冲涡流检测，从检测数据来看，与电磁密集测厚数据偏差较小，涡流检测对腐蚀机理的分析确定有很大帮助，比较容易发现腐蚀规律。

2.5.2　修复方案

考虑到失效弯管仅外弯部位受冲蚀影响较大，对于泄漏弯管的改造采用了一种有效而且简易可行的方法：选用与原弯管同等规格的 P11 弯管段，沿纵向中心线剖开，选用外半弯，两端用 P11 板材封堵，内部密集填充刚玉料，炉内烧结后沿工艺弯管外弯施焊，在外弯部位形成外保护半套管见图 5，实现了三重保护，大大增加了弯管的使用寿命，而且该方法实施简易，经济性好。

采用该方法进行管线改造和工艺调整后，累积运行 18 个月，对管线采用电磁测厚方法进行密集测厚，发现 2 号 45°/ $R=8D$ 弯头与 3 号 45°/$R=8D$ 弯头直管段

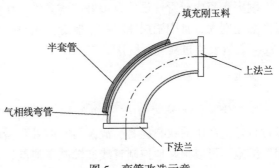

图 5　弯管改造示意

和 5 号 90°/$R=5D$ 弯头直管段和内弯处减薄明显，最为严重部位由原始壁厚 14.2mm 减薄至 10.34mm，年冲刷腐蚀率 2.57mm/a，通过工艺调整优化后，累积运行至 2019 年 5 月（31 个月）未发现减薄趋势，大检修时进行管线更换。所以，该方法只能作为临时改造措施，不能解决或降低吸附剂冲蚀问题，且该方法改造后对弯管增加保护半套管部位不能进行检测，增加腐蚀机理分析难度，不便宜后续工艺调整。

2.5.3　工艺调整措施-降低气速

为了提高吸附剂上油气的脱除效果，开工至 2016 年 10 月反应器接收器气提氢气量控制在 1300m³/h（标准状态），出现泄漏后工艺上立即将气提量降低至 900m³/h（标准状态）。反应器接收器 D105 脱气线管径为 DN100mm，D105 压力 2.8MPa，温度约 410℃，根据以上操作条件可计算出脱气线内气体线速由 3.9m/s 降低至 2.7m/s。同时对系统内吸附剂进行了部分置换，保证吸附剂粒径≮53μm，后经检测发现脱气线减薄趋势明显减缓。但只有 2 号 45°/$R=8D$ 弯头与 3 号 45°/$R=8D$ 弯头直管段和 5 号 90°/$R=5D$ 弯头直管段和内弯处仍有减薄趋势。

2018 年 4 月根据吸附剂载硫、碳含量以及闭锁料斗吹烃情况分析，对气提量进一步降低至 670m³/h（标准状态），对应线速为 2.02m/s，此次工艺调整后直至大检修停工共计 13 个月，脱气线再无明显减薄趋势。

2019 年 6 月大检修对脱气线进行了扩径改造，扩径至 DN150mm，同时进一步降低气提氢气量至 610m³/h（标准状态），线速可同时降低至 1.08m/s。在新的运行周期，通过加强脱气线监控，严格控制气提氢气量≯670m³/h（标准状态），控制吸附剂粒径在合理范围内（≮55μm），采取以上措施后，将可大大延长脱气线运行周期。

2.5.4　设备变更措施-增大管径

增大管径，能够提升吸附剂在弯管内的运行空间，降低吸附剂之间的碰撞动能，延缓对弯管的冲蚀速率。失效管线管径设计为 DN100，经设计单位核算，2019 年 6 月将失效管段管径调整为 DN150 SCH160，增加了管径、厚度，降低了介质流速，减缓了吸附剂的冲刷，将在一定程度上延长管道的运行周期。

2.5.5 新技术新材料–陶瓷内衬管

耐磨陶瓷内衬管件由钢件、缓冲材料及陶瓷三层组成,钢件仍然采用合金 P11 材质作为基体一体制作成型(区别于原有的现场焊接成型或卷板成型),陶瓷采用特种纤维+耐高温媒体层(高温硅胶)为填充材料复合内衬在钢件内壁,工艺上由开模预制陶瓷管件进行无缝对接安装,经过加温固化,形成牢固耐磨层。

耐磨陶瓷内衬管件虽然有很好的耐磨性、耐温性和耐热冲击性,但陶瓷层和基管的热膨胀系数差别大,且陶瓷层比较脆,制造安装难度较大,日常维护要求也比较高,其他企业的 S Zorb 装置发生过陶瓷层脱落的案例。

3 结语

第三代 S Zorb 装置 D105 顶部气相返回线的冲蚀磨损泄漏危险性较大,泄漏现象普遍,通过日常生产中的状态检测、泄漏后临时处理措施、工艺操作调整、管线改造和新技术的应用等措施,可以很好地控制管线冲蚀减薄泄漏,达到装置"长、稳、优"生产的目标。

参 考 文 献

[1] 中国腐蚀与防护协会. 金属腐蚀手册[M]. 上海:上海科学技术出版社,1987:96-101.

[2] 杨建圣,罗坤,王则力. 煤粉颗粒对管道壁面磨损的数值模拟研究[J]. 能源工程,2010(4):1-4.

[3] 宋金仓,张明星,林兆沅,等. 基于计算流体动力学的颗粒磨蚀管道弯头研究[J]. 中国粉体技术,2016(2):1-5.

[4] 赵亮,陈登峰,卢英,等. 脉冲涡流在金属厚度检测中的应用研究[J]. 测控技术,2007,26(12):22-24.

[5] 毕兆吉. S Zorb 装置吸附剂提升管线的冲刷腐蚀与防护[J]. 测控技术,2018,35(6):21-26.

催化裂化装置油浆系统腐蚀分析与防护措施

朱俊峰 佘 锋 刘 杰 程 驰

（中国石油化工股份有限公司安庆石化分公司）

摘 要 催化裂化装置油浆系统是腐蚀防护需要重点关注的系统之一，油浆系统温度高，并且含有固体催化剂，易使油浆系统设备及管线产生高温硫腐蚀和磨蚀减薄甚至泄漏，引起安全事故。本文从腐蚀机理分析、选材评估、装置监检测措施等方面，结合装置的实际情况，针对性地提出了较为全面的油浆系统现场腐蚀防护措施。

关键词 油浆；腐蚀；冲刷；防护

1 概述

某催化裂化装置于 1978 年建成投产，经过多次改造。2016 年至 2019 年运行期间，分馏塔底油浆系统出现多处腐蚀问题，通过对其腐蚀情况调查并分析原因，针对性地提出解决措施。

1.1 腐蚀情况

（1）2018 年 8 月 9 日油浆泵 P309/1（备用泵）预热阀阀体磨穿，高温油浆泄漏喷出，见图 1。

（2）2018 年 8 月 29 日对油浆泵 P310 进行预防性检修发现其吸入段冲刷严重，见图 2。

（3）2019 年大检修检查发现三台油浆泵吸入段、叶轮及导叶均有不同程度的冲刷。冲刷形貌与图 2 相似。

（4）2019 年大检修检查发现初底油油浆换热器换 116/1-4 管束管口存在冲刷腐蚀，见图 3。

图 1 P309/1 预热阀阀体砂眼

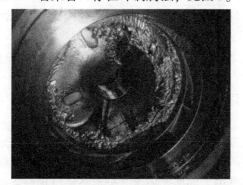

图 2 油浆泵 P310 吸入段冲刷

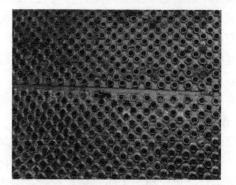

图 3 换 116/2 管束

1.2 历年检修情况

2016 年大检修时对整个油浆泵预热线阀门进行了更换；油浆泵 P309/1 整体更换，

P309/2 及 P310 更换叶轮、导叶、吸入段、轴；油浆系统主要换热器检修情况见表1。

表1　油浆系统换热器历年检修情况

容器名称	容器编号	检修情况		
		2012 年	2016 年	2019 年
原料油换热器	换 300/A	2006 年更换的管束	—	—
原料油换热器	换 300/B	更换管束	—	—
油浆蒸汽发生器	换 304/1	更换管束	—	—
油浆蒸汽发生器	换 304/2	利旧原换 304/1 管束	—	—
初底油油浆换热器	换 116/1	大管板冲蚀严重，补焊，该区域管子两端用堵头封堵	管箱隔板冲刷弯曲矫正，焊缝裂纹补焊，管束更换	管箱隔板冲刷弯曲矫正，并在隔板边沿焊接拉筋加固
初底油油浆换热器	换 116/2	小浮头密封面腐蚀涂抹密封胶配合垫片安装，管束更换	—	管箱隔板冲刷弯曲矫正，并在隔板边沿焊接拉筋加固，堵管 17 根
初底油油浆换热器	换 116/3	管箱隔板冲刷弯曲更换	—	—
初底油油浆换热器	换 116/4	—	—	管箱隔板冲刷弯曲矫正，并在隔板边沿焊接拉筋加固，更换管束

2　腐蚀机理

油浆系统单元腐蚀主要是高温硫腐蚀及催化剂磨蚀。不需要考虑环烷酸腐蚀，因为催化裂化装置油浆系统中不含有环烷酸(原料油中的环烷酸经过高温催化剂反应后已经分解)。

2.1　高温硫腐蚀

硫、硫化氢以及硫醇等特殊的硫化物在大于 260℃ (不存在环烷酸情况下)的重油部位形成高温硫腐蚀。高温硫腐蚀主要表现为均匀腐蚀和局部坑蚀，化学反应如下：

$$H_2S+Fe \longrightarrow FeS+H_2, \quad Fe+S \longrightarrow FeS, \quad RSH(硫醇)+Fe \longrightarrow FeS+不饱和烃$$

高温硫腐蚀速度的大小，取决于原油中活性硫(元素硫、硫化氢和低分子硫醇都能直接与金属作用而引起设备的腐蚀，因此它们被统称为活性硫)的多少，但与总硫量也有关系。

温度在 260~340℃ 之间时，硫化物开始分解，生成硫化氢，对设备也开始产生腐蚀，并且随着温度的升高腐蚀加剧。

温度在 340~400℃ 之间时，硫化氢开始分解为 H_2 和 S，S 与 Fe 反应生成 FeS 保护膜，具有阻止进一步腐蚀的作用。

高温硫腐蚀主要的影响因素包括温度、硫化物的种类。

2.2　催化剂磨蚀

原料油在反应器内与催化剂反应后经旋风分离器分离后进入分馏塔底部，因旋风分离器有其一定分离效率，且效率随着设备运行时间的增加会逐渐降低，进入分馏塔的反应油气必然带有一定的催化剂。为防止催化剂进入分馏塔中上部堵塞塔盘，分馏塔底设置油浆返塔循环，从塔底抽出油浆返回人字挡板上部洗涤进入分馏塔的油气，保证催化剂只存在于油浆系统。油浆中携带一定量的催化剂，在油浆系统管线的流量调节阀、手阀等限制流量部位以及管线弯头等易磨蚀部位，会因催化剂磨蚀产生泄漏。

3 原因分析

3.1 选材评估

3.1.1 原料油及油浆中硫含量的确定

（1）对比设计及目前原料油的组成和硫含量，见表2~表3。

表2　设计原料油的组成和硫含量

项目	单位	减压渣油+减四线	加氢蜡油	常减压直馏蜡油				混合原料
				常四线	减一线	减二线	减三线	
比例	%	12.5	30	8.83	4.40	28.29	15.98	100
总硫含量	%（质量分数）	1.00	0.08	0.33	0.40	0.41	0.70	0.42

表3　目前原料油的组成和硫含量

项目	单位	重加加氢渣油	蜡加精制蜡油	RLG加氢柴油	轻污油	混合原料
比例	%	53.36	37.66	7.62	1.36	100
总硫含量	%（质量分数）	0.19	0.04	0.004	0.22	0.16

通过对比设计时原油和目前原油性质可以发现，现在装置进料满足设计的要求，甚至有所改善。因此分析腐蚀问题主要关注异常工况下的介质情况。

异常情况下会掺炼减压渣油，减压渣油的掺入，原料中的硫含量会大幅增加，加剧油浆系统腐蚀。例如重油加氢装置每18个月需换一次催化剂，期间催化混合进料总硫含量平均值为0.6%。

（2）近3年来正常生产期间油浆中硫含量平均值为0.3%低于设计的设防值。而重加换剂期间（2018年3月20日至2018年4月20日）油浆中硫含量为0.2%，较正常生产时硫含量低。

3.1.2 腐蚀速率计算

油浆系统主要有8台换热器，其中2台管束材质为1Cr18Ni9Ti，2台为10#钢，4台为0Cr18Ni9；有19条工艺管道，其中16条为1Cr5Mo材质，3条为20#钢材质。依据《高硫原油加工装置设备和管道设计选材导则》给出的各种钢在高温硫中的腐蚀速率与温度关系及腐蚀速率系数图估算油浆系统设备的腐蚀速率（其中油浆中硫含量取平均值0.3%），见表4。

表4　油浆系统设备腐蚀速率表

名　称	材　质	操作温度/℃	理论腐蚀速率/(mm/a)
原料油换热器管束	1Cr18Ni9Ti	290	0.002
油浆蒸汽发生器管束	10#钢	277	0.136
初底油油浆换热器管束	0Cr18Ni9	322	0.003
油浆管道	20#钢	303	0.240
油浆管道	1Cr5Mo	330	0.144
油浆管道	1Cr5Mo	290	0.006

催化裂化油浆中硫化物类型主要有二苯并噻吩类和萘并噻吩类硫化物，其中萘并噻吩类是主要硫化物类型（萘并噻吩类硫化物占油浆总硫含量的70%以上，二苯并噻吩类化合物总

含量不到 20%，其他类型的硫化物在油浆中含量小于 5%）。高温硫腐蚀速率的大小主要取决于油浆中含有的活性硫多少，故而催化油浆系统设备的实际腐蚀速率要比通过修正的 Mc-Conomy 曲线计算出的腐蚀速率低。参考《高硫原油加工装置设备和管道设计选材导则》中关于加工高硫低酸原油催化裂化装置主要设备推荐用材，本装置整个油浆系统的选材是适宜的。

3.2 腐蚀原因分析

通过以上对催化油浆系统腐蚀机理的分析可以看出催化油浆系统主要的腐蚀原因为催化剂的磨蚀。

（1）2018 年 8 月 3 日至 25 日沉降器跑剂期间，油浆固含平均值 10.48g/L，严重超指标（≯5g/L）运行，直接造成油浆泵预热线阀门腐蚀穿孔，油浆泵冲蚀严重。

（2）除了油浆中固体催化剂含量的影响，介质流速也是油浆系统腐蚀重要的影响因素。目前油浆系统流速见表 5。

表 5　油浆系统流速表

	管径/mm	温度/℃	流速/(m/s)
分馏塔底抽出	400	329	0.86
油浆泵出口	350	328	1.12
初底油油浆换热器换 116/1-4	19	322	1.25
原料油换热器换 300/A	20	293	1.11
原料油换热器换 300/B	20	293	2.29
油浆蒸汽发生器换 304/1	20	271	0.95
油浆返回总管	350	290	1.10
油浆上返塔阀 FIC318 前	300	260	0.71
油浆上返塔阀 FIC318 阀组处	200	260	1.61
油浆上返塔阀 FIC318 变径处	150	260	2.86
油浆下返塔阀 FIC319 前	200	260	1.53
油浆下返塔阀 FIC319 阀组处	150	260	2.72
油浆下返塔阀 FIC319 变径处	100	260	6.12
油浆泵预热线阀门	50	329	1.57

根据中国石化总部下发的《催化裂化装置防治结焦指导意见》提出：油浆系统管道流速控制在 1.1~1.2m/s，油浆换热器管程内的流速控制在 1.2~2.0m/s。油浆管道中调节阀阀组前及变径处流速偏离指导意见较大，需加强对调节阀阀组的监控，建议每周的设备周检安排专人对油浆管路的调节阀阀组进行检查，每季度进行测厚，并且和工艺进行沟通对油浆线速进行调整，防止油浆线速过高加快管线冲刷或者过低引起管线堵塞。

（3）初底油油浆换热器换 116/1-4 部分管口冲刷腐蚀严重，是由于催化装置油浆泵定期切换或试运过程中存在双泵运行，将大量沉积在备用泵出入口管线及泵体中的催化剂带到换 116 堵塞部分换热管引起剩余换热管流速增大导致的。

4　防腐对策及改进措施

4.1　工艺及设备防腐措施

（1）整个运行周期尽可能保持平稳操作，避免大幅度波动或紧急切断进料等异常操作，关注原料性质特别是混合原料中的硫含量，最大限度地少炼渣油。

（2）严格控制油浆固含不大于 5g/L，一旦发现固含有上涨趋势，立即增大油浆外甩量，增加油浆固含的分析频次，查找原因，并对整个油浆管线进行重点监控。油浆泵正常生产期间为 1 开 2 备，在 2018 年 8 月 3 日至 25 日跑剂期间油浆泵 2 开 1 备，增加油浆循环量以及外甩量，增加对油浆的置换，以达到减少油浆固含的目的。

（3）2019 年大检修对沉降器两组粗旋和四组顶旋进行整体更换，最大限度地减少因为旋风分离器效率低造成跑剂对油浆系统的影响。对油浆泵 P309/2、P310 进行了更换，P309/1 更换叶轮、导叶及吸入段。对初底油油浆换热器换 116/1 管箱隔板进行矫正，并在隔板边沿焊接拉筋加固，堵管 17 根；对换 116/2，4 管隔板进行矫正，并在隔板边沿焊接拉筋加固；对换 116/4 管束更换。

（4）制定油浆系统设备备品备件储备策略，见表 6。

表 6　油浆系统设备备品备件储备策略表

备件名称	备件数量	使用周期	备　　注
换 116/1-4 管束	2 台	4 年	如催化油浆系统固含超指标 15d 需储备 3 台管束
φ426×13 弯头	1 件	≥4 年	材质 1Cr5Mo，视测厚结果更换
φ377×11 弯头	2 件	≥4 年	材质 1Cr5Mo，视测厚结果更换
φ377×14 弯头	1 件	≥4 年	材质 1Cr5Mo，视测厚结果更换
油浆上返塔阀	1 件	8 年	正常生产时，视拆检情况更换，并增补相关配件
油浆下返塔阀	1 件	8 年	正常生产时，视拆检情况更换，并增补相关配件
油浆泵 P309/1	1 台	4 年	油浆系统固含超指标 5d 需停泵检修，根据拆检情况对相关配件进行更换，并增补相关配件
油浆泵 P309/2	叶轮，吸入段，转子，导叶 1 套	4 年	
油浆泵 P310	叶轮，吸入段，转子，导叶 1 套	4 年	

4.2　进料控制

催化装置硫含量的原设计值是 0.42%，正常生产时混合原料油中硫含量是低于设计值的，但在重加换剂期间硫含量（平均值 0.6%）会高于设计值，需同工艺沟通调整进料比例（降低掺渣量），确保混合原料油中的硫含量不高于设计值。

4.3　腐蚀监检测

4.3.1　腐蚀性介质分析情况

目前，针对油浆系统腐蚀情况主要分析原料中的硫含量（2 次/月）、油浆中的固含（2 次/周）及硫含量（1 次/月），参照中国石化《炼油工艺防腐蚀管理规定》实施细则（第二版）的要求，可以看出目前的分析化验符合要求。

4.3.2　腐蚀监测现状及改进措施

（1）有两条油浆管线安装了杭州原创在线定点测厚系统并接入了中国石化腐蚀监测平台，可以实时对其进行监测。

（2）2018 年 8 月份通过对油浆固含分析判断沉降器有跑剂现象。整个油浆系统固含高，区域制定油浆系统定点测厚方案，每一周对油浆管线弯头等重点部位进行线下人工定点测厚，对测厚数据进行对比，对减薄速率较快部位重点监控。

（3）2015 年 1 月与 2019 年 11 月对整个油浆管线进行了全面检验，结合检验报告及整个油浆系统防腐蚀调查制定现阶段装置油浆系统定点测厚方案，见表 7。

表 7 油浆系统管道定点测厚方案

测点部位	测厚时间	最小测厚数据/mm	原始壁厚/mm	材质	测厚频次
油浆泵 P309/1 入口第一个弯头外弯	2015.01	10.6	13	1Cr5Mo	1 次/3 月
油浆泵 P310 入口第二个弯头外弯	2019.11	10.1	11	1Cr5Mo	1 次/6 月
油浆泵 P309/1 出口第四个弯头	2019.11	10.2	14	1Cr5Mo	1 次/3 月
原料油换热器换 300/B 出口第一个弯头	2019.11	9.1	11	20#	1 次/3 月
油浆蒸汽发生器换 304/1 入口第二个弯头	2019.11	9.9	11	20#	1 次/6 月
油浆蒸汽发生器换 304/2 入口第三个弯头	2019.11	10.0	11	20#	1 次/6 月
油浆蒸汽发生器换 304/2 出口第四个弯头	2019.11	9.0	11	1Cr5Mo	1 次/3 月

建议在以上油浆管道部位做好标记再按测厚计划进行测厚,并编制检测档案。根据定点测厚数据计算腐蚀速率,根据腐蚀速率进行风险等级判定并制定相应处理措施。

5 腐蚀防护建议

(1) 通过前文对油浆管线腐蚀速率的估算,建议增加对油浆系统管线中 3 条 20#钢管线的在线定点测厚。

(2) 油浆泵每月进行一次切换或将备用油浆泵启运打开出口阀双泵运行 0.5 h,确保备用油浆泵泵体和入口管道内无大量催化剂沉积。

(3) 油浆系统自 2003 年 1 月投用至今已运行 18 年,仅仅定点测厚并不能全面发现问题,需涡流扫查进行配合,建议尽快安排对油浆管线系统(所有油浆管线弯头、小接管及调节阀阀组变径处)进行一次全面的涡流扫查。并利用大修机会进行母管和焊缝硬度检测,对硬度不达标的进行整体更换。

(4) 建议建立油浆固含台账,关注其变化趋势。

(5) 建议每周的设备周检安排专人对油浆管路的调节阀阀组进行检查,每季度进行测厚,并且和工艺进行沟通对油浆系统线速进行调整,防止油浆线速过高加快管线冲刷或者过低引起管线堵塞。

参 考 文 献

[1] 何俊辉,贾广信,黎爱群,等. 催化裂化油浆中硫化物气相色谱分析[J]. 当代化工,2014,43(1): 80-81.

[2] 于道永,徐海,阚国和. 催化裂化过程中的含氮化合物及其转化[J]. 炼油设计,2006,30(6): 16-19.

[3] 杨淑清,郑贤敏. 催化裂化液体产品中硫化物的形态分析[J]. 西南石油大学学报(自然科学版), 2012,34(6):141-146.

[4] 吕志凤,战风涛,李林,等. 催化裂化柴油中氮化物的分析[J]. 石油化工,2001,30(5):399-401.

作者简介:朱俊峰(1989—),工程师,毕业于安徽工业大学,硕士,现工作于中国石油化工股份有限公司安庆石化分公司炼油一部,催化裂化装置设备主管师。通讯地址:安徽省安庆市大观区石化一路,邮编:246000。联系电话:19955611858,E-mail:zhujf888.aqsh @ sinopec.com。

某加氢裂化装置干气密封主密封气线失效原因分析

陈 勇

(中国石油化工股份有限公司天津分公司装备研究院)

摘 要 某加氢裂化装置干气密封主密封气线发生泄漏，通过资料审查和操作工况分析，并对失效件进行了宏观检验、材质检验、金相检验和腐蚀产物分析等检验，结合历次失效情况及检验结果分析，推断出该管线失效的主要原因是保温棉中 Cl 离子在潮湿环境中溶出并浓缩，导致 304 不锈钢管线应力腐蚀开裂，最终导致该管线失效泄漏的结论。

关键词 主密封线；保温下腐蚀；应力腐蚀；泄漏

1 概述

2020 年 8 月 10 日，某加氢裂化装置干气密封主密封气线发生泄漏(见图 1)，该管线规格为 $\phi 34mm \times 6mm$，操作温度为 60~70℃，操作压力为 17MPa，管线材质为 304，操作介质为循环氢(硫化氢 $50 \times 10^{-6}\% \sim 100 \times 10^{-6}\%$，氯离子 $< 0.5 \times 10^{-6}\%$，氢气 93%，其他为 C_1、C_2、CO、CO_2)，开工硫化阶段介质硫化氢为 $10000 \times 10^{-6}\% \sim 15000 \times 10^{-6}\%$，一级密封气管线外有蒸汽伴热(温度 170~180℃)，保温材料为 50mm 硅酸铝毡，伴热管线材质为 304 不锈钢。一级密封气管线投用日期为 2008 年 8 月，至今使用 12 年，期间未更换过管线，工艺操作参数未有大的变化。据厂方介绍，该管线的伴热线连接位置为卡扣形式，在泄漏部位附近的卡扣存在松动微渗漏。

图 1 失效管线现场照片

2 检验与分析

2.1 宏观检验

对送检的管线进行观察，管线整体存在弯曲变形，外壁大面积被褐色和黑色腐蚀产物覆盖，已失去金属光泽，且存在大量蚀坑。目测管线外壁可见 4 条裂纹，裂纹周围的蚀坑较密集，见图 2~图 5。

对管线沿纵向剖开后观察，宏观可见的 2 条裂纹已贯穿；外壁最长裂纹长度约 30mm，该裂纹内壁分为两段，两段裂纹长度累计约 10mm，对比内外裂纹长度，可推断裂纹为从外向内扩展。端面也可见大量宏观裂纹。管内壁未见明显腐蚀，但存在大量轴向的机械加工痕迹，见图 6、图 7。

2.2 渗透检测

对管线内外表面和端面分别做渗透检测，外壁蚀坑处存在大量树枝状裂纹，剖面可见大量裂纹由外壁向内壁扩展，部分已经贯穿；内壁未见裂纹，见图 8~图 11。渗透检测与宏观检验结果一致，裂纹从外壁向内壁扩展。

图 2　管线整体形貌

图 3　管线外腐蚀

图 4　管线外腐蚀及裂纹

图 5　管线裂纹

图 6　外壁裂纹长度测量

图 7 内壁裂纹长度测量

图 8　外壁树枝状裂纹整体形貌

图 9　端面裂纹整体形貌

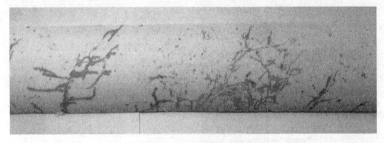

图 10　外壁树枝状裂纹

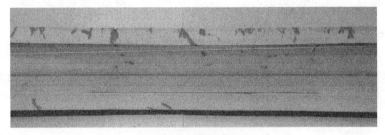

图 11　端面裂纹

2.3　化学成分分析

对失效管线进行化学成分分析，检测结果见表 1，失效管线的 Cr 及部分 Ni 含量低于 SA312 标准中 TP304 的要求。

表 1　管线元素含量　　　　　　　　　　单位:%（质量分数）

元素	C	Si	Cr	Ni	Mn	S	P
失效管线	0.063	0.45	17.1~17.4	7.8~8.1	1.0~1.2	0.016	0.021
SA312 标准要求	≤0.08	≤1.0	18.0~20.0	8.0~10.0	≤2.0	≤0.030	≤0.045

2.4 金相检验

对管线剖面进行金相检验，在未腐蚀情况下观察，可见明显的裂纹，未发现超标的金属夹杂物，见图12、图13。腐蚀后观察金相组织为奥氏体+少量碳化物，未见异常组织；母材上分布大量裂纹，裂纹扩展为沿晶和穿晶并存，裂纹始于外壁腐蚀坑，见图14、图15。

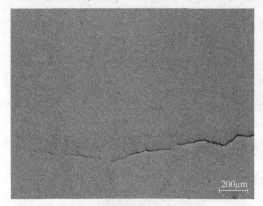
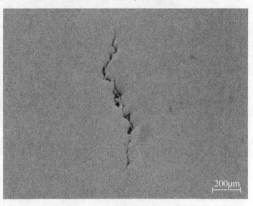

图12 未侵蚀裂纹形貌 1-50 倍   图13 未侵蚀裂纹形貌 2-50 倍

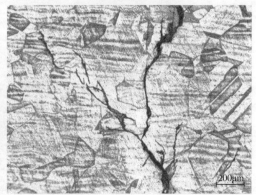

图14 金相组织-50 倍   图15 金相组织-200 倍

2.5 腐蚀产物分析及保温棉检测

对管线开裂处附近外表面腐蚀产物进行能谱分析和 XRD 分析，能谱分析结果见图16和表2，腐蚀产物中含有大量的 S 和 O，并含有少量 Cl，根据能谱分析结果可以判断腐蚀性介质为 Cl 和 S。

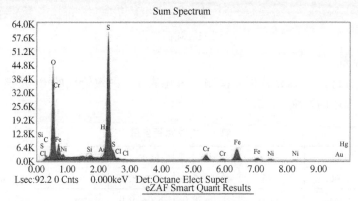

图16 腐蚀产物能谱分析图

表 2　腐蚀产物能谱分析结果

元素	质量百分比	原子百分比	元素	质量百分比	原子百分比
C K	7.67	15.20	Cr K	4.95	2.27
O K	33.34	49.62	Fe K	16.94	7.22
S K	31.52	23.41	Ni K	2.32	0.94
Cl K	0.52	0.35	SiK	0.91	0.77

分别取裂口表面部位和远离开裂的外壁腐蚀轻微部位进行能谱分析，能谱分析结果见图 17~图 19 和表 3~表 5。两处的腐蚀产物均含有腐蚀性元素 S 和 Cl，靠近开裂泄漏部位附近的 S 元素含量较高，远离开裂泄漏部位的外壁腐蚀轻微部位的 Cl 元素含量较高。

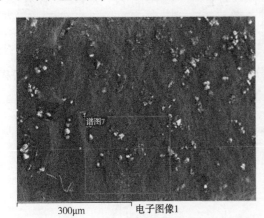

图 17　裂口表面能谱取样图

图 18　远离开裂部位微裂纹能谱取样图

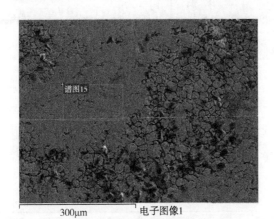

图 19　远离开裂部位完好处能谱取样图

表 3　断口能谱分析结果

元素	质量百分比	原子百分比	元素	质量百分比	原子百分比
C K	14.39	27.25	Cr K	1.62	0.71
O K	32.32	45.95	Fe K	34.31	13.97
S K	16.15	11.46	Ni K	0.47	0.18
Cl K	0.74	0.48			

表4　微裂纹能谱分析结果

元素	质量百分比	原子百分比	元素	质量百分比	原子百分比
C K	33.89	64.93	Cr K	10.60	4.69
O K	7.12	10.24	Fe K	42.66	17.58
S K	0.30	0.21	Ni K	4.58	1.79
Cl K	0.86	0.56			

表5　完好处能谱分析结果

元素	质量百分比	原子百分比	元素	质量百分比	原子百分比
C K	14.67	41.77	Cr K	14.21	9.34
O K	3.29	7.02	Fe K	61.64	37.74
S K	0.16	0.17	Ni K	4.89	2.85
Cl K	1.15	1.11			

通过对腐蚀产物进行 XRD(X 射线衍射)分析,见图 20。由于固体样品往往为非均相,各组分存在包裹、掺杂等因素,仅能推测样品中存在 S、SiO_2 等物质。

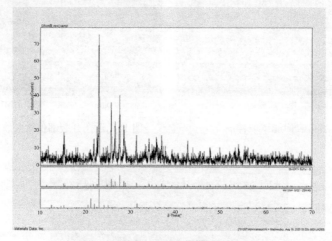

图 20　XRD 分析图

取新旧保温棉分别进行检测,检测结果见表 6,新旧保温棉溶出物 pH 值均在 7~7.5 之间,说明保温棉的碱含量不高。但新旧保温棉溶出物均含有 Cl 离子,旧保温棉 Cl 离子含量较新保温棉高。

表6　新旧保温棉检测结果　　　　　　　　　　单位:%

检测指标	新保温棉	旧保温棉	检测指标	新保温棉	旧保温棉
Cl	0.0082	0.019	Na	0.0023	0.059
K	0.017	0.022	Mg	0.0021	0.033
Ca	0.0013	0.00093	pH	7.24	7.35

3　原因分析

根据宏观检验结果可以判断,管线外壁存在较严重的腐蚀,裂纹始于外壁腐蚀坑,向内壁扩展,裂纹形貌具有应力腐蚀裂纹特征。

通过渗透检测结果可知，裂纹始于外壁腐蚀坑，向内壁扩展，裂纹形貌具有应力腐蚀裂纹特征。

化学成分分析结果中 Cr 及 Ni 含量低于标准要求，导致该管线的耐腐蚀性降低，是管线腐蚀严重的原因之一。

金相检验结果显示，管线组织无异常，无超标的非金属夹杂物，说明管线泄漏与材料组织无直接关系。

根据对管线外壁腐蚀产物分析结果可知，外壁腐蚀性介质为 Cl 和 S 元素，Cl 离子会破坏奥氏体不锈钢的钝化膜，在表面形成蚀坑，加速不锈钢的腐蚀。S 元素是管线外壁黑褐色腐蚀垢层的形成主因，S 元素的存在可能造成管线的连多硫酸应力腐蚀开裂。从靠近泄漏附近的 S 元素含量较高可以初步判断，管线开裂部位附近外壁大量的 S 元素为管线内介质泄漏而附着在管线外表的。

保温棉检测结果显示保温棉溶出物 pH 值在 7~7.5，可以基本排除管线是由于碱腐蚀造成的外腐蚀。保温棉溶出物中含有 Cl 离子，现场保温棉在有水存在的情况下会溶出 Cl 离子，对管线造成腐蚀。

该管线工作温度为 60~70℃，外有保温及伴热，在此工况下，如果保温棉在有水的情况下，水无法被蒸干，且伴热会导致腐蚀性介质发生浓缩，加剧其腐蚀。

厂方介绍该管线的伴热线存在微渗漏，包裹在保温内不易发现，长时间形成了潮湿环境。保温棉内的氯离子在该环境下溶出并浓缩，对材质为 304 的不锈钢管线外壁造成腐蚀并开裂。

在保温下有水的情况下，管线中泄漏的硫化物和空气及水共同作用会形成连多硫酸，对管线造成大面积腐蚀。

综上所述，该干气密封主密封气线的伴热线发生渗漏现象，使得保温层内存在积水现象，保温层下氯离子溶出并浓缩，导致管线发生外壁 Cl 离子应力腐蚀开裂并向内壁扩展，最终导致管线开裂泄漏失效。当管线内介质泄漏至外壁后，形成了连多硫酸腐蚀环境，加速其腐蚀及开裂，材料 Cr 及 Ni 含量低也是导致管线腐蚀开裂的原因之一。

4 结语

干气密封主密封气线泄漏的主要原因是保温棉中 Cl 离子在潮湿环境中溶出并浓缩，导致 304 不锈钢管线应力腐蚀开裂，并最终泄漏。次要原因是管线 Cr 及 Ni 含量低于标准要求，降低了管线的耐腐蚀性。

5 建议及措施

（1）严格控制保温质量，避免出现因保温破损及结构因素导致的保温积水现象的发生。

（2）排查保温存在破损及伴热存在泄漏的管线，避免出现因保温下积水导致的腐蚀及开裂等类似事故的发生。

（3）控制不锈钢管线材质检验工作，避免出现不锈钢管线材质不符合标准要求，进而导致不锈钢管线耐蚀性下降现象的发生。

作者简介：陈勇（1982—），毕业于河北工业大学，化工过程机械专业，硕士，高级工程师。通讯地址：天津市滨海新区（大港）北围堤路西天津石化装备研究院，邮编：300271。联系电话：13820834774，E-mail：xywlchy@163.com。

某装置柴油泵泵盖失效原因分析

王杜娟

（中国石油化工股份有限公司天津分公司装备研究院）

摘　要　某装置柴油泵在更换密封解体过程中，发现泵盖内侧有密集裂纹。本文通过宏观检验、化学成分分析、金相检验、扫描电镜及能谱分析、介质分析等手段结合实际生产工况，对存在密集裂纹的泵盖进行了分析。得出了泵盖失效的原因是其材质不是设计要求的马氏体不锈钢，而是对 Cl 元素敏感的奥氏体不锈钢，并且泵盖在运行中曾接触有含 Cl 元素的介质，最终造成其表面产生了大量裂纹。

关键词　泵盖；奥氏体不锈钢；Cl 元素

1　情况简介

2020 年 8 月某装置柴油泵在更换密封解体过程中，发现泵盖内侧有密集裂纹。进一步检查发现泵座也有局部裂纹，详见图 1~图 3。

该泵投用一年，电机轴功率 110kW，转速为 2950r/min。泵内介质为柴油，工作温度为 220℃，最大工作压力为 1.5MPa，材质为 ZG1Cr13Ni。

2　检验与分析

2.1　宏观检验

送检泵盖整体呈金属光泽，未见明显变形，见图 4。泵盖在不同台阶面上存在大量裂纹，裂纹大多呈网状分布，部分沿周长方向分布，见图 5。泵盖在不同台阶面上还存在大小不等的蚀坑群，见图 6。用磁铁对泵盖进行磁力检测，泵盖不具有铁磁性。

图 1　现场泵盖及泵座图

图 2　泵盖

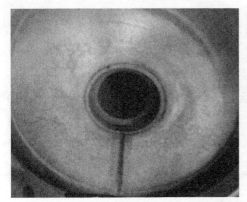
图3 泵座

图4 送检泵盖宏观照片

图5 泵盖不同台阶面上裂纹

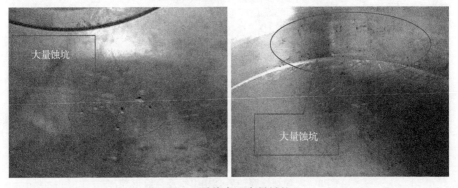
图6 泵盖表面大量蚀坑

2.2　化学成分分析

对泵盖进行合金元素光谱检验，结果见表1。车间提供该泵盖材质为 ZG1Cr13Ni。制造厂提供了厂标(QJ/S f2.01—1996)中该材质的元素含量，检测结果中 Mn、Cr、Ni 三种元素含量均不符合厂标要求。

表1　泵盖合金元素含量　　　　　　　　　　单位:%(质量分数)

元素	C	Si	Mn	P	S	Cr	Ni
送检泵盖	0.124	0.498	>2.52	0.028	0.0060	15.6	5.56
QJ/S f2.01—1996 标准要求	0.08~0.15	≤1.00	≤1.00	≤0.040	≤0.030	12.00~13.50	0.50~1.50

2.3　金相检验

对泵盖进行金相检验，取样部位包括宏观裂纹部位以及宏观未见裂纹部位(远离裂纹处)。首先在未腐蚀的状态下观察，宏观裂纹部位可见多处明显的显微裂纹，见图7。将两个部位腐蚀后观察，金相组织均为奥氏体+少量碳化物，组织晶粒粗大，裂纹沿晶界扩展，见图8、图9。

厂方提供的材料牌号为 ZG1Cr13Ni，应为马氏体不锈钢，但从金相组织检验可知该泵盖材料为奥氏体不锈钢。

2.4　扫描电镜及能谱分析

对泵盖裂纹处进行扫描电镜及能谱分析，见图10。分析结果可知裂纹处存在 Cl 和 S 腐蚀性元素，说明在运行过程中泵盖曾接触含有这两种元素的物料。

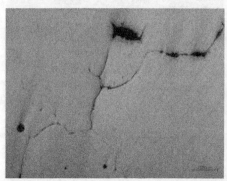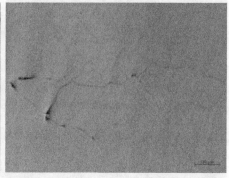

图7　宏观裂纹处未腐蚀状态下裂纹形貌

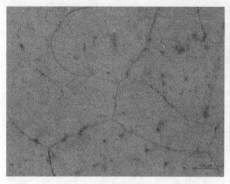

图8　宏观裂纹腐蚀后金相组织及裂纹形貌

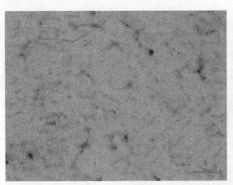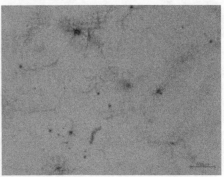

图 9　宏观未见裂纹处腐蚀后金相组织

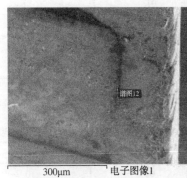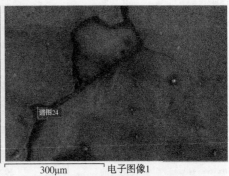

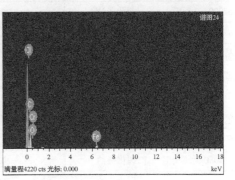

元素	重量 百分比	原子 百分比
C K	50.26	76.11
O K	8.08	9.18
Na K	0.93	0.73
Si K	0.44	0.29
S K	0.47	0.27
Cl K	0.99	0.51
K K	0.52	0.24
Ca K	0.58	0.26
Cr K	5.51	1.93
Mn K	1.03	0.34
Fe K	29.49	9.60
Ni K	1.69	0.53
总量	100.00	

元素	重量 百分比	原子 百分比
C K	71.77	86.33
O K	9.64	8.70
S K	0.44	0.20
Cl K	0.45	0.19
Cr K	0.53	0.15
Fe K	16.64	4.30
Ni K	0.52	0.13
总量	100.00	

图 10　不同裂纹处的扫描电镜及能谱分析结果

3 介质分析

根据车间提供的装置在采样点的介质分析结果可知，在 2020 年 8 月 23-25 日某些时段介质中存在硫元素(腐蚀性元素中，车间仅对 S 元素进行检测，Cl 元素未进行检测)(见表 2)。

表 2

样品号	样品名称	采样时间	硫含量/(mg/kg)
664580	裂化柴油	2020/8/17 9：00：01	/
664646	裂化柴油	2020/8/17 14：59：01	/
664959	裂化柴油	2020/8/17 21：00：01	/
665048	裂化柴油	2020/8/18 3：00：01	/
665575	裂化柴油	2020/8/18 9：00：01	/
665779	裂化柴油	2020/8/18 15：00：01	/
666018	裂化柴油	2020/8/18 21：00：01	/
666147	裂化柴油	2020/8/19 3：00：01	/
666933	裂化柴油	2020/8/19 15：00：01	/
666974	裂化柴油	2020/8/19 15：00：01	/
670772	裂化柴油	2020/8/23 11：00：01	7.0
670816	裂化柴油	2020/8/23 14：00：01	10.2
670901	裂化柴油	2020/8/23 16：00：01	/
670956	裂化柴油	2020/8/23 19：00：01	8.6
671800	裂化柴油	2020/8/24 8：30：01	6.4
671906	裂化柴油	2020/8/24 13：00：01	8.0
672052	裂化柴油	2020/8/24 16：00：01	/
672980	裂化柴油	2020/8/25 9：00：01	9.7
673179	裂化柴油	2020/8/25 15：00：01	9.5
674050	裂化柴油	2020/8/26 10：00：01	/
674335	裂化柴油	2020/8/26 14：30：01	/
674488	裂化柴油	2020/8/26 19：30：01	/
674489	裂化柴油	2020/8/26 19：45：01	/
674539	裂化柴油	2020/8/26 21：35：01	/
675168	裂化柴油	2020/8/27 9：00：01	/

4 失效原因分析

从宏观检验可知，送检泵盖整体呈金属光泽，未见明显变形。泵盖在不同台阶面上存在大量裂纹，裂纹大多呈网状分布，部分沿周长方向分布。泵盖在不同台阶面上还存在大小不等的蚀坑群，用磁铁对泵盖进行磁力检测，泵盖不具有铁磁性。

化学成分分析结果可知，泵盖的化学成分与制造厂提供的厂标不符。

金相检验可知，泵盖的金相组织为奥氏体+少量碳化物(该金相组织与厂方提供的材料不符，厂方提供的材料牌号为 ZG1Cr13Ni，应为马氏体不锈钢，但从金相组织检验可知该泵盖材料为奥氏体不锈钢)。组织晶粒粗大,裂纹沿晶界扩展。

从介质分析可知,泵盖接触的介质在某些时段存在 S 元素(腐蚀性元素中,车间仅对 S 元素进行检测,Cl 元素未进行检测)。

扫描电镜及能谱分析可知,可见裂纹处存在 Cl 和 S 腐蚀性元素。说明在运行过程中泵盖曾接触含有这两种元素的物料。

综上检验及分析可知,泵盖的开裂原因主要是由于泵盖的材质不是设计要求的马氏体不锈钢 ZG1Cr13Ni,而是对 Cl 元素敏感的奥氏体不锈钢,并且泵盖在运行中曾接触有含 Cl 元素的介质,造成了泵盖在运行过程中出现开裂。

5 结语

泵盖开裂原因是泵盖的材质不是设计要求的马氏体不锈钢 ZG1Cr13Ni,而是对 Cl 元素敏感的奥氏体不锈钢,并且泵盖在运行中曾接触有含 Cl 元素的介质。

6 建议及措施

(1)严格按设计要求验证配件的材料。
(2)对介质中的有害元素进行监控,并加以控制。

作者简介:王杜娟(1972—),毕业于天津大学机电分校,金属材料及热处理专业,现工作于中国石油化工股份有限公司天津分公司装备研究院,高级工程师,长期从事石油化工设备检验检测及失效分析工作。通讯地址:天津市滨海新区(大港)北围堤路西天津石化装备研究院,邮编:300271。联系电话:022-63804034。E-mail:1650955933@qq.com。

蜡油加氢装置空冷出口弯头泄漏失效分析

郭庆云　陈　勇　刘春辉　王杜娟　王　乐

（中国石油化工股份有限公司天津分公司装备研究院）

摘　要　高压空冷器是加氢装置的重要设备，含有湿硫化氢的油气介质，易燃易爆有毒，操作压力高，一旦泄漏，极易着火。本文针对蜡油加氢装置高压空冷出口管线开裂泄漏弯头，进行内外表面宏观、渗透、硬度、壁厚、超声、金相以及冲击功试验等检测，发现全端面的带状组织影响了弯头的力学性能，抗冲击性能差导致弯头不定向开裂。提出高压空冷出口管道等硫化氢环境管件检验，除壁厚、硬度、超声检测外，重点做金相检验。检测外表面有带状组织的管件，进行正火热处理，或者备件更换。

关键词　蜡油加氢装置；高压空冷；管线；带状组织

1　引言

高压空冷器是加氢装置的重要设备，含有湿硫化氢的油气介质，易燃易爆有毒，操作压力高，一旦泄漏，极易着火及伤人，所以对其操作、巡检格外关注。2019 年 11 月，某蜡油加氢装置高压空冷 A-101D 出口管线一个弯头开裂发生泄漏，所幸处理及时，未发生事故，但造成局部停车。

蜡油加氢装置热高分气空冷器 A-101A/B/C/D，设计压力 12.6/FV MPa，设计温度 200℃，操作压力 11.2MPa，操作温度 98/50℃，注水点前温度 160~170℃，介质热高分气。哈尔滨空调股份制造有限公司制造。2009 年 12 月投用。空冷入口注水为除盐水和来自 3#酸性水汽提的净化水。

入口管道规格：DN150 壁厚 XXS 22mm，材质：ASTM A106-b ANTI-H_2S（弯头材质均为 A234 抗 H_2S）。出口管线材质 ASTM A106-b ANTI-H_2S，弯头材质 A234 WPB BW ANTI-H_2S，规格 DN150 壁厚 SCH160 18mm（ϕ168mm×18mm）。为找到开裂原因，开展了一系列检测分析。

2　检验检测

2.1　泄漏弯头检测

2.1.1　泄漏弯头宏观检验

泄漏点位于弯头内壁大 R 处，有密集腐蚀凹坑，区域大小 100mm×40mm，最大蚀坑为 ϕ 长径 16mm×ϕ 短径 7mm×深 1mm，有冲刷痕迹。凹坑区域内有一条轴向穿透裂纹，泄漏裂纹内壁长 160mm，外壁长 80mm。未发现氢鼓泡变形。弯头凹坑处减薄明显，厚度为 11.53mm，外弯壁厚 11.8~18.0mm，内弯 18.0~20.0mm。

泄漏弯头端面检测硬度范围 120~160HB，合肥院测外表面硬度为 131~216HB。

内表面磁粉检测发现内壁靠近小 R 和侧 R 部位有 10 条环向未穿透裂纹，深度在 0.1~10.0mm 不等。在 1#~2#之间有龟裂纹（见表 1、图 1~图 8）。

泄漏弯头切除后，留存的上游直管段坡口着色检测发现一处纵向裂纹，位于弯头上游直管段内弯侧，约达到壁厚一半的深度，打磨3~4mm深度后清除(见图9)。

表1 泄漏弯头裂纹

序号	部位	性质	长度/mm	深度/mm	距下游焊缝边缘距离/mm	备注
0	外弯	纵向	160		50~210	
1	外弯	横向	100	2.0~10.0	180~220	在1#-2#之间有龟裂纹
2	外弯	横向	65	1.0~10.0	235~267	
3	内弯	横向	96	0.9~3.5		
4	内弯	横向	50	0.5~1.4		
5	内弯	横向	62	0.4~2.1		
6	内弯	横向	40	0.5~0.9	80~170	
7	内弯	横向	33	0.8~3.5		
8	内弯	横向	15	0.1~0.3		
9	内弯	横向	40	1.2~7.0		
10	内弯	横向	65	9.0		

图1 泄漏弯头外壁

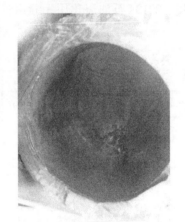

图2 内壁裂纹及蚀坑

图3 内壁泄漏裂纹长160mm

蚀坑

图4 外壁泄漏裂纹长80mm

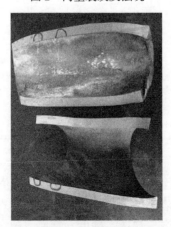

图5 弯头剖开磁粉检测前形貌

图6 1#-2#裂纹间有龟裂纹
(外弯)

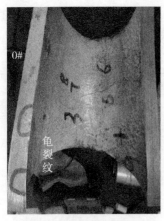
图7 3#-9#裂纹（内弯）

图8 9#-10#裂纹

图9 泄漏弯头上游直管段坡口裂纹

2.1.2　泄漏弯头化学成分分析

在靠近上游焊缝部位取 2 个样做化学成分检测，化学成分符合 A234 WPB BW ANTI-H_2S 标准要求，但 P、S 含量不符合 SH/T 3193—2017《石油化工湿硫化氢环境设备设计导则》要求，S 含量高于 GB/T 9948—2013《石油裂化用无缝钢管》上限。检测结果及相关标准要求见表 2。

表 2　弯头化学成分分析结果　　　　　单位：%（质量分数）

序号	C	Mn	P	S	Si	Cr	Mo	Ni	Cu	V	注
1	0.21	0.43	0.011	0.011	0.23	0.017	0.007	0.011	0.047	0.003	
2	0.21	0.43	0.012	0.011	0.23	0.016	0.007	0.011	0.047	0.003	
ASTM 标准 A234—2007	≤0.30	0.29~1.06	≤0.050	≤0.058	≥0.10	≤0.40	≤0.15	≤0.40	≤0.40	≤0.08（受限时 0.03）	采用标准
GB 9948—2013	0.14~0.23	0.35~0.65	≤0.015	≤0.010	0.17~0.37	≤0.25	≤0.15	≤0.25	≤0.20	≤0.08	
SH/T 3193—2017	—	—	≤0.010	≤0.003	—	—	—	—	—	Nb+V≤0.030	现行标准
NACE MR0175—2009	—	—	—	≤0.01,锻件≤0.025	—	—	—	—	<1	—	
SEI 设计要求	—	—	≤0.015,锻件≤0.03	≤0.01,锻件≤0.02	—	—	—	—	<1	—	采用标准

2.2　其他弯头及检测

2020 年 6 月大修，将蜡油加氢空冷 A101 出口管线同类位置的 8 个 φ168mm×18mm 弯头更换。为发现更换弯头的所有缺陷，确定有效检测手段指导现场检测。对更换下来的 8 个弯头进行检测，包括：内外表面宏观、渗透、硬度、壁厚、超声、金相以及冲击功试验等检测项目。8 个弯头编号为 1#~8#，位置如图 10 所示。

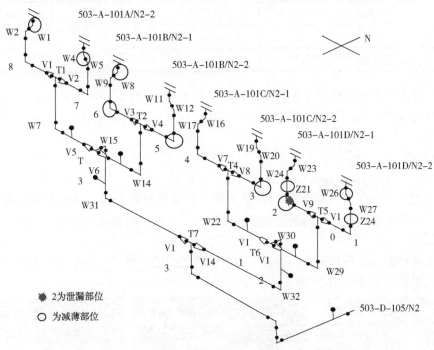

图 10　空冷 A-101 出口管线 2019 年 11 月(超声)测厚部位

　　检测弯头以现场从东往西编号为 1#~8#，其中 2#为 2019 年 11 月失效后更换的弯头，5#、6#和 8#弯头外壁有碳纤维包覆，部分检测无法实施。

　　除 3#弯头发现内壁焊缝附近存在轻微腐蚀坑外，另 7 个弯头内壁均未发现腐蚀坑、线性缺陷以及冲刷痕迹。图 11 为 3#弯头内壁焊缝附近浅蚀坑。

图 11　3#弯头内壁焊缝附近浅蚀坑

　　8 个弯头内、外表面渗透检测以及超声检测未发现裂纹等缺陷。

　　1#、3#、4#弯头外弯硬度偏高，硬度最大值分别为 184HB、175HB、176HB，其余弯头硬度范围在 131~166HB 之间。最大差值 38HB。

　　6#、8#弯头外壁存在碳纤维，仅能对靠近焊缝处部分位置进行硬度检测，硬度范围分别为 140~152HB、137~149HB。

　　6 个弯头外弯存在减薄。1#、3#、5#弯头最小壁厚分别为 16.4mm、15.6mm、16.6mm，2#、4#、6#弯头最小壁厚均为 17.0mm 左右。以上弯头最大减薄部位均位于外弯，距离上、下焊缝 150mm 左右两处位置，减薄区域大小：轴向长度约 60mm×周向宽度约 30mm。与 2019 年 11 月测厚数据相比无减薄。

2.3　冲击试验

　　对 1#弯头(硬度高)、更换后的 2#弯头及 3#弯头(减薄严重)外弯纵向取样，进行冲击试验，发现更换后的 2#弯头冲击值低(见表 3)。

表 3 弯头冲击功

弯头	1#弯头	2#弯头	3#弯头
冲击功/J	216、224、210	16、40、14	102、110、80
GB/T 9948—2013《石油裂化用无缝钢管》	纵向≥40J		

合肥院检测的泄漏失效弯头来样状态冲击功仅 6~8J，经正火处理后冲击功有一定的提高（40~79J）；新弯头来样状态的冲击功为 110~163J，经正火处理后冲击功大幅度提高（216~232J）。

2.4 金相检验

对 1#弯头、更换后的 2#弯头及 3#弯头做金相检测，部位分别选取：外表面覆膜、冲击样端面、全端面，金相组织均为铁素体+珠光体，有带状组织，1#、3#弯头只在内壁有少许带状组织，2#弯头最严重，由内壁到外壁逐渐减少，外壁覆膜金相可检测到。组织如图12~图 28 所示。

对合肥院新弯头拉伸样做金相检查，内壁带状组织最严重，靠外壁几乎无带状组织，拉伸样全端面组织如图29~图 31 所示。

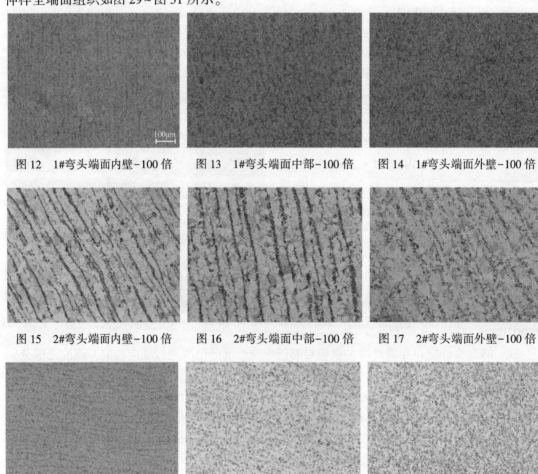

图 12 1#弯头端面内壁-100 倍   图 13 1#弯头端面中部-100 倍   图 14 1#弯头端面外壁-100 倍

图 15 2#弯头端面内壁-100 倍   图 16 2#弯头端面中部-100 倍   图 17 2#弯头端面外壁-100 倍

图 18 3#弯头端面内壁-100 倍   图 19 3#弯头端面中部-100 倍   图 20 3#弯头端面外壁-100 倍

图 21　1#弯头外表面-100 倍
（覆膜）

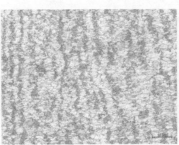

图 22　2#弯头外表面-100 倍
（覆膜）

图 23　3#弯头外表面-100 倍
（覆膜）

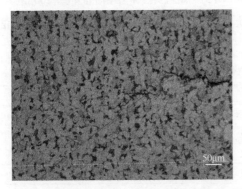

图 24　1#裂纹金相组织 100 倍带状组织 1.5 级

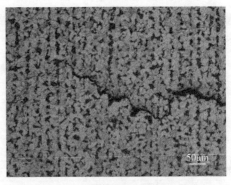

图 25　2#裂纹金相组织 100 倍

图 26　泄漏弯头内弯端面内壁-100 倍

图 27　泄漏弯头内弯端面中部-100 倍

图 28　泄漏弯头内弯端面外壁-100 倍

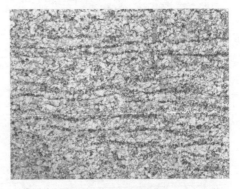

图 29　新弯头拉伸样端面靠内壁-100 倍

图 30　新弯头拉伸样端面中部-100 倍　　　　图 31　新弯头拉伸样端面靠外壁-100 倍

表 4 为根据 GB/T 34474.1—2017《钢中带状组织的评定　第 1 部分：标准评级图法》对弯头各部位带状组织的评级。

表 4　弯头各部位带状组织级别

弯头部位	内壁	中部	外壁	冲击功
1	2 级	1.5 级	0 级	合格
2	3.5 级	3 级	2 级	不合格
3	2 级	1 级	0 级	合格
泄漏弯头	3.5 级	2 级	1.5 级	不合格
合肥院检新弯头	3 级	1.5 级	0 级	合格

2.5　热处理前后金相组织对比

表 5 为合肥院做的热处理前后金相组织对比，JX4～JX5 为正火状态进行金相组织。经正火处理后带状组织、均匀性改善，晶粒变细。

表 5　热处理前后金相组织对比

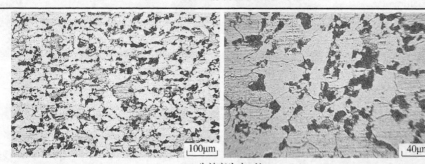

JX2(失效弯头小R处)

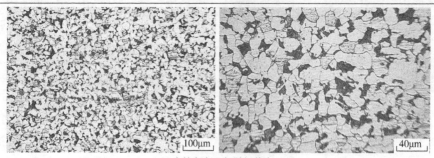

JX4(失效弯头正火,随机截取)

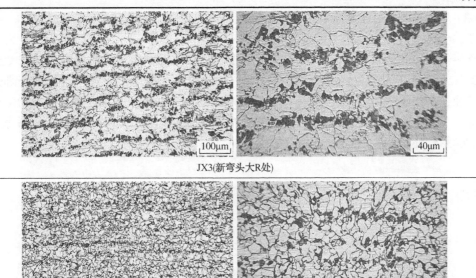

JX3(新弯头大R处)

JX5(新弯头正火,随机截取)

3　分析

A101 出口管线更换下来的 8 个弯头存在不同程度的减薄,但未发现明显腐蚀坑、线性缺陷以及冲刷痕迹。与 2019 年 11 月测厚数据相比无减薄。因此冲刷腐蚀减薄与开裂泄漏关系不大。

硬度有一定不均匀性,最大差值 38HB,但数值均低于 200HB。在此硬度范围内,力学性能、金相组织与硬度无关联关系。

2#弯头和泄漏失效弯头全端面有带状组织,内壁到外壁由重到轻,同时 2 个弯头的冲击功低于标准值。而其他弯头在外表面及附近无带状组织,冲击功合格。可见带状组织对力学性能影响大,尤其全端面乃至外壁有带状组织,直接影响冲击功。

合肥院检测失效弯头来样状态冲击功仅 6~8J,经正火处理后冲击功有一定的提高(40~79J);新弯头来样状态的冲击功为 110~163J,经正火处理后冲击功大幅度提高(216~232J)。

综上,加工或热处理不好使抗氢钢弯头产生带状组织,内壁最严重。带状组织决定弯头的抗裂性能,外壁有带状组织时,抗冲击性差,在硫化氢环境中容易导致弯头开裂。

正火热处理可改善组织,使力学性能合格。

4　结语

通过以上分析,得出结论:全端面的带状组织影响了弯头的力学性能,抗冲击性能差导致弯头不定向开裂。

可采取以下措施避免开裂:

(1) 高压空冷出口管道等硫化氢环境管件检验,除壁厚、硬度、超声检测外,重点做金相检验。

（2）发现外表面有带状组织的管件，进行正火热处理，或者备件更换。

作者简介：郭庆云(1966—)，1989 年毕业于北京化工大学，金属腐蚀与防护专业，学士，2006 年毕业于天津大学，化学工程专业，在职硕士，现工作于天津石化装备研究院静设备专家，高级工程师，从事炼油、化工设备的腐蚀与防护研究以及特种设备检验工作。通讯地址：天津市滨海新区（大港）天津石化装备研究院，邮编：300271。联系电话：13102260384，E-mail：guoqingyun. tjsh@ sinopec. com。

某装置三效蒸发器管束泄漏原因分析

陈　堃

（中国石油化工股份有限公司天津分公司装备研究院）

摘　要　本文对某石化装置三效蒸发器管束泄漏进行了工艺流程分析、宏观检查、腐蚀产物分析、光谱检测、介质成分分析，得出造成三效发生器管束泄漏的主要原因是由于污水中氯离子含量高，容易在不连续处(焊缝部位)产生点蚀和缝隙腐蚀，且该系统处于阶段性运行，污泥容易在焊缝附近聚集，导致局部氯离子含量会更高，产生氯腐蚀。污水中高含量的氯离子，在未设有工艺防腐措施的情况下，直接回流至三期脱硫工艺水箱。三效蒸发器长期处于受腐蚀的状态最终导致堵管、泄漏。针对泄漏原因提出了滤液外送、增加在线分析仪和增加在线电导率分析仪的建议。

关键词　三效蒸发器；结垢；结盐

1　引言

某石化公司热电部现有 7 台锅炉，担负着现有炼油、化工装置提供稳定、可靠的电力和蒸汽供应的任务。为满足环保要求，各机组相继投入烟气除尘、脱硫、脱硝系统，其中通过烟气脱硫技术控制硫氧化物的排放，但是由于脱硫工艺采用的是石灰石-石膏湿法脱硫，生产过程会产生出大量的废水，脱硫废水含有大量固体悬浮物、过饱和亚硫酸盐、硫酸盐、氯化物以及微量重金属。这些脱硫废水直接外排会造成新的污染，因此必须对脱硫废水进行处理，以达到脱硫废水零排放的标准。

2　概述

热电部除尘脱硫车间采用余热闪蒸自结晶脱硫废水零排放技术，利用脱硫废水中自身离子特性，利用烟气余热产生的蒸汽加热脱硫废水，脱硫废水经多效蒸发浓缩后，将多效蒸发产生的蒸汽冷凝得到凝结水回用，多效蒸发浓缩液送到干燥机干化，干化固体产物为石膏和结晶盐混合物。实现低能耗，低运行成本脱硫废水零排放。具体工艺如下：

废水通过废水给料泵送到蒸发系统的一效分离器，在一效加热器内利用烟道换热器产生的蒸汽将加热器管程内废水加热。一效分离器中废水经一效加热器均匀地在加热管内流动，再进入一效分离器完成汽、液分离，并利用一效强制循环泵进行强制循环蒸发浓缩物料，在一效系统内经多次循环后，完成初步浓缩的料液在压差的作用下进入二效分离器。进入二效内的物料运用与一效内相同的原理，利用一效分离器产生的二次蒸汽作为二效加热器的热源，并利用二效强制循环泵进行强制循环蒸发浓缩，在二效系统内循环蒸发，二效分离器出口蒸汽进入三效加热器作为三效加热器的热源，并利用三效强制循环泵进行强制循环蒸发浓缩。工艺流程见图 1。

热电部三效蒸发废水处理设备于 2018 年建成投用，由于工艺需求，该套系统间歇运行，多数时间处于停用状态，3 台加热器设备参数见表 1。

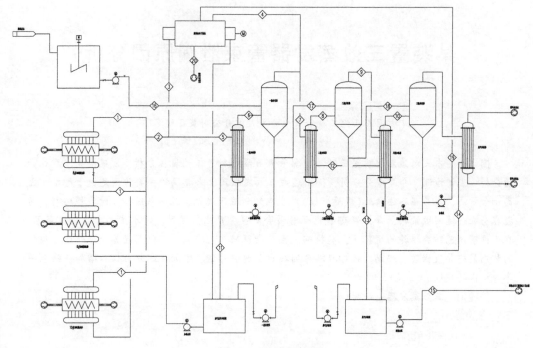

图1　工艺流程简图

表1　3台加热器设备参数

设备名称	材质			介质		设计压力/MPa		工作压力/MPa		设计温度/℃		工作温度（进/出）/℃	
	管束	壳体	封头	管程	壳程	管程	壳程	管程	壳程	管程	壳程	管程	壳程
一效加热器	2205	304	2205	脱硫废液	蒸汽	0.1	0.1	−0.054	−0.026	100	110	35/80	92/87
二效加热器	2205	304	2205	脱硫废液	蒸汽	0.1	0.1	−0.073	−0.054	100	110	62/68	80/73
三效加热器	2205	304	2205	脱硫废液	蒸汽	0.1	0.1	−0.084	−0.073	100	110	57/52	68/59

2020年1月—2月，一效加热器和二效加热器多次泄漏，其中一效加热器堵管根数为53根（管束总根数为702根），二效加热器堵管根数为50根（管束总根数为702根）。

加热器频繁泄漏严重影响废水系统正常运行，为查明加热器泄漏原因，对加热器进行宏观检查，腐蚀产物分析、光谱检测，介质分析和泄漏原因分析。

3　宏观检查

在一效加热器打开后进行宏观检查，检查发现：部分管口焊肉腐蚀严重，管箱及封头焊缝处存在较为严重的腐蚀，管束内壁有结垢，垢质较松软，颜色呈灰白色，并存在腐蚀坑。详见图2～图5。

4　腐蚀产物分析

取换热器管束腐蚀产物进行谱检分析，分析结果见表2和图6，换热器管内壁腐蚀产物中含有Cl、Fe、O、Zn、Al、Si、C等元素，其中Cl、Fe元素含量较高，说明管程腐蚀产物主要为氧化铁和氯化物，其中氯化物与管束的腐蚀泄漏有直接关系。

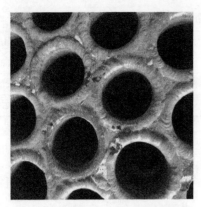
图 2　一效加热器上部管口腐蚀形貌

图 3　一效加热器上封头焊缝腐蚀形貌

图 4　一效加热器管束内壁腐蚀形貌图

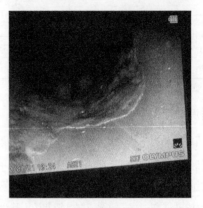
图 5　一效加热器管束内壁结垢形貌

表 2　管程腐蚀产物主要成分

腐蚀产物成分	O	Cl	Fe	Zn	Al	Si	C
含量/%（质量分数）	17.75	25.13	33.33	8.35	3.85	0.30	11.28

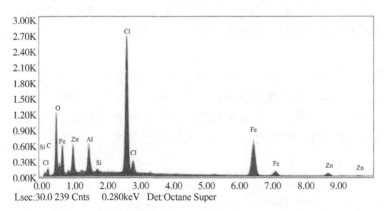
图 6　垢样能谱分析结果

5　光谱检测

在上封头和管板处进行光谱检测，材质为 2205 双相钢，合金元素符合标准 ASTM A240 要求。检测结果见表 3。

表3 光谱检测结果

合金元素/%	Cr	Ni	Mo	Mn
上封头检测结果	22.5	5.6	3.3	1.89
管板检测结果	22.6	5.8	3.2	1.87
标准要求	22.0~23.0	4.5~6.5	3.0~3.5	≤2.00

6 介质成分分析

在三期废水二级旋流器顶流处取样进行分析，结果表明污水中氯离子含量和氨氮含量极高。分析结果见表4。

表4 污水分析结果

采样时间	采样点	氨氮/(mg/L)		氯离子/(mg/L)	
		控制指标	实测值	控制指标	实测值
2020.2.26	三期废水二级旋流器顶流	≤15000	18300	≤1000	70000

7 泄漏原因分析

(1)从工艺流程分析，污水中高含量的氯离子在未设有工艺防腐措施的情况下，直接回流至三期脱硫工艺水箱。由于污水中氯离子含量高，容易在不连续处(焊缝部位)产生点蚀和缝隙腐蚀，且该系统处于阶段性运行，污泥容易在焊缝附近聚集，导致局部氯离子含量会更高，产生氯腐蚀。三效蒸发器长期处于受腐蚀的状态，最终导致堵管、泄漏。

(2)从宏观检查的结果来看，腐蚀主要以点蚀、坑蚀和缝隙腐蚀为主；根据腐蚀产物分析管程腐蚀产物主要为氧化铁和氧化物；从污水中杂质含量来看，氯离子含量极高。

(3)氯离子造成的腐蚀都发生在孔蚀或缝隙腐蚀中。在这种情况下金属在蚀孔内或缝隙内腐蚀而溶解，生成 Fe^{2+}，引起腐蚀点周围的溶液中产生过量的正电荷，吸引水中的氯离子迁移到腐蚀点周围以维持电中性，因此腐蚀点周围会产生高浓度的金属氧化物 MCl_2，之后 MCl_2 会水解生成不溶性的金属氢氧化物和可溶性的盐酸。

$$MCl_2+2H_2O \longrightarrow M(OH)_2 \downarrow +2H^+ +Cl^-$$

盐酸是种强腐蚀性的酸，能加速多种金属和合金的溶解。

(4)综上，由于污水中氯离子含量高，在未采取工艺防腐措施情况下直接回流至三期脱硫工艺水箱循环使用，使得该三效蒸发器焊缝附局部氯离子含量高，产生氯腐蚀，管束内腐蚀性物质氯化物对腐蚀产生加速作用，最终造成加热器腐蚀泄漏。

8 结语

8.1 滤液外送

综合泄漏原因可知，造成三效发生器管束泄漏的主要原因是污水中高含量的氯离子，在未设有工艺防腐措施的情况下，直接回流至三期脱硫工艺水箱，因此考虑滤液外送。

滤液外送主要有两种方式：一是采用管输，设置滤液输送泵，铺设埋地管线将滤液送至水务部污水处理装置进行处理。二是采用车运，设置滤液装车泵，废水用槽车转运至水务部污水处理装置进行处理。

根据《石油化工环境保护设计规范》(SH/T 3024—2017)第6.2.11条规定"除生活污水外的工业污水出装置界区后应采用压力输送且地上敷设",其目的在于降低污水在输送过程中泄漏污染地下水和土壤的风险。

含盐废水对普通碳钢管道腐蚀严重;碳钢衬里管道耐腐蚀,但是多数使用温度要求低于100℃,无法采用蒸汽伴热,冬季防冻防凝问题难以解决;非金属管道耐腐蚀,但是架空敷设材料容易老化,只能考虑埋地敷设,埋地敷设施工费用高,管道泄漏不易发现。

因此综合上述工程与技术经济因素,推荐采用车运,注意污水在收集、输送、储存过程不发生泄漏,确保不发生环境污染事故。

8.2 增加在线pH分析仪

在废水调节罐(D-1000)上增加工艺管口,加入28%碱液中和酸性的脱硫废水,减小酸性废水对后续工艺设备的腐蚀。在废水给料泵(P-1000A/B)出口管线上设置在线pH分析仪,对废水pH值进行在线分析。

基于pH值计算公式,pH值$=-\log[H^+]$计算中和加碱量,计算结果见表5。

表5 酸碱中和计算表

废水pH值	5.2[a]	4[a]	3[a]
废水[H$^+$]物质的量浓度/(mol/L)	6.31×10^{-6}	1.0×10^{-4}	1.0×10^{-3}
1m^{3}废水中[H$^+$]摩尔含量/mol	6.31×10^{-3}	0.1	1.0
中和废水需要[OH$^-$]摩尔含量/mol	6.31×10^{-3}	0.1	1.0
100%碱液消耗量/kg	2.52×10^{-4}	4.0×10^{-3}	4.0×10^{-2}
28%碱液消耗量/kg	9×10^{-4}	1.43×10^{-2}	1.43×10^{-1}
28%碱液消耗量[b]/m^3	6.93×10^{-7}	1.1×10^{-5}	1.1×10^{-4}
中和24m^3/h废水碱液消耗量/(L/h)	1.66×10^{-2}	0.264	2.64
中和24m^3/h废水碱液消耗量/(kg/h)	2.16×10^{-2}	0.343	34.32

a:废水pH值正常值为5.2,最小值为3~4;

b:28%碱液密度按照1300kg/m^{3}计算。

结果表明,为中和流量为24m^3/h,pH值为4的脱硫废水需加入28%碱液0.343kg/h(0.264L/h)。

该公司热电部现有碱液储罐4台,其中三台容积为15m^3,为一、二、三期湿电装置加注碱液,连续消耗量分别为50kg/h、46.8kg/h、48kg/h,按照碱罐储存系数0.9,相对密度1.3(碱液浓度28%,温度20~25℃),单罐最大储存碱液量为17550kg,计算储存天数分别为14.6d、15.6d、15.2d。根据《石油化工储运系统罐区设计规范》(SH/T 3007—2014)表4.1.6的规定,通过公路运输的碱液储存天数为10~15d,目前碱罐的配置符合规范相关要求。

8.3 增加在线电导率分析仪

在加湿水泵(P-1004A/B)出口管道上新增电导率分析仪(AT-10021),用以检测一效冷凝罐(D-1004)除盐水系统的电导率情况,正常运行时除盐水系统的电导率<10μs/cm;当发生事故状态时,即电导率>100μs/cm时,进行报警。

电导率突然增加并达到报警值可能的原因是蒸发系统加热器管束泄漏,废水进入除盐水系统,需要现场操作人员及时检查、处置。

参 考 文 献

[1] 韩飞超，汪旭，张荣，等. 石灰石-石膏湿法烟气脱硫废水处理工艺的优化改造[J]. 中国给水排水，2016，32(14)：99-102.

[2] 张荣，夏纯洁，倪海波，等. 脱硫灰中杂质对石灰石脱硫活性的影响[J]. 环境工程学报，2014，8(11)：4887-4891.

[3] 刘海洋，夏怀祥，江澄宇，等. 燃煤电厂湿法脱硫废水处理技术研究进展[J]. 环境工程，2016，34(1)：31-35.

[4] 马双忱，高然，丁峰，等. 脱硫废水自然蒸发影响因素及规律探究[J]. 热力发电，2018，47(6)：41-49.

[5] 孙永超. 高回收率低温多效工艺研究[D]. 天津：天津大学，2016.

[6] 穆国庆. 高盐废水低温多效蒸发工艺模拟与控制研究[D]. 青岛：中国石油大学(华东)，2016.

[7] 周倩颖，刘艳玲，刘禹源，等. 炼油循环水系统腐蚀研究及有效防护[J]. 化工管理，2018(18)：218-219.

[8] 王昕，朱丰可. 炼油厂循环水设备腐蚀原因及对策[J]. 化工管理，2018(15)：192.

[9] 王洪臣. 城市污水处理厂运行控制与维护管理[M]. 北京：科学出版社，1997.

[10] 高喜奎. 在线分析系统工程技术[M]. 北京：化学工业出版社，2014.

作者简介：陈堃(1986—)，毕业于西南石油大学，硕士，现工作于中国石化天津分公司装备研究院风险分析室。通讯地址：天津市滨海新区大港区天津石化装备研究院，邮编：300271。联系电话：18722000899，E-mail：chenkun. tjsh@ sinopec. com。

浅谈常减压装置常顶回流工艺及腐蚀控制

张海宁

（中国石油化工股份有限公司天津分公司）

摘　要　某厂常减压装置为解决常压塔塔顶腐蚀问题及塔顶循环系统的腐蚀问题，将常压塔顶由冷回流工艺改为热回流工艺。改造之后腐蚀部位发生了明显转移，其中常压塔顶换热器之后的压力管道发生严重腐蚀减薄，另外空冷管束产生了腐蚀泄漏，严重地影响了装置长周期平稳运行。笔者分别对常顶冷回流工艺和常顶热回流工艺下发生的腐蚀现象进行分析，结合实际情况对两种回流工艺的优缺点进行探讨，并提出腐蚀控制建议。

关键词　常减压装置；冷回流；热回流；腐蚀

1　前言

某厂常减压装置 2009 年投入运行。2016 年检修发现，常压塔顶和顶循部位腐蚀严重，重点表现在：塔顶封头及塔壁存在较深蚀坑；塔顶塔内件腐蚀严重；常压塔顶循环线（简称顶循）塔壁存在较深蚀坑，部分蚀坑已穿透至基材；顶循回流管腐蚀开裂。

为解决塔内腐蚀和常顶循结盐腐蚀，该装置在 2016 年进行检修改造，将常顶回流工艺由冷回流改为热回流。装置开车后，常顶空冷器管束腐蚀明显加剧，仅运行半年，管束就出现腐蚀泄漏；常顶管道腐蚀明显加剧，多处管件腐蚀减薄严重。

基于上述两种回流工艺存在的腐蚀现象，笔者对腐蚀原因进行分析，探讨两种回流工艺的优点和不足。

2　冷回流和热回流工艺对比

2.1　冷回流工艺

常压塔顶油气自常压塔塔顶出，依次经常顶油气换热器（E-101/A~C）、常顶空冷器（A-101/A~L）、常顶水冷器（501-E-101/W~X）降温，进入常顶回流及产品罐（D-102），常顶回流及产品罐（D-102）出的常顶油一部分作为冷回流返回常压塔，另一部分作为稳定塔进料。常顶含硫污水经常顶含硫污水泵（P-116A/B）送出装置。冷回流工艺流程简图见图 1。

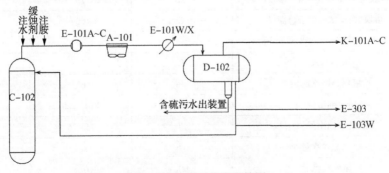

图 1　冷回流工艺流程简图

2.2 热回流工艺

常压塔顶油气自常压塔塔顶出，经常顶油气换热器(E-101/A~C)进入热回流罐(D-104)。热回流罐(D-104)出的常顶油一部分与常顶回流及产品罐(D-102)出的常顶油混合返回常压塔，另一部分与常顶气混合依次经常顶空冷器(A-101/A~L)、常顶水冷器(501-E-101/W~X)降温，进入常顶回流及产品罐(D-102)。常顶回流及产品罐(D-102)出的常顶油一部分回流，另一部分作为稳定塔进料。常顶含硫污水经常顶含硫污水泵(P-116A/B)送出装置。热回流工艺流程简图见图2。

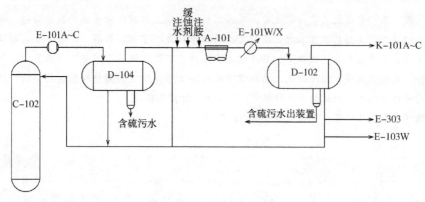

图 2　热回流工艺流程简图

2.3 两种工艺的操作条件对比

常顶热回流工艺与冷回流工艺相比存在以下不同：增加一台热回流罐(D-104)；热回流罐(D-104)出的常顶油与常顶回流及产品罐(D-102)出的常顶油混合后回流返塔，提高了回流温度；常顶油气出口温度和压力升高、常顶换热器入口温度升高、常顶换热器出口温度升高、常顶空冷器入口温度升高；三注部位由常顶挥发线注入改为在常顶空冷器入口总管注入。热回流工艺与冷回流工艺参数对比情况见表1。

表 1　热回流工艺与冷回流工艺参数对比情况

序号	项目	单位	冷回流	热回流
1	塔顶压力	MPa	0.09	0.115
2	塔顶(D-104)压力	MPa	—	0.095
3	塔顶温度(E-101ABC 前)	℃	115~120	132
4	塔顶(E-101ABC 后)温度	℃	76	108
5	塔顶(空冷 A-101 前)温度	℃	75	107
6	塔顶(空冷 A-101 后)温度	℃	60	50~70
7	塔顶(水冷 E-101WX 后)温度	℃	36	37
8	塔顶热回流温度	℃	36	102.6
9	塔顶热回流流量	t/h	65	42
10	塔顶抽出量-1	t/h	110~120	116
11	塔顶抽出量-2	t/h	25~35	37
12	原油含水量	t/h	1.1	1.1
13	常底注汽量	t/h	6.5	5.5

序号	项目	单位	冷回流	热回流
14	常一注汽量	t/h	1.5	1.9
15	常二注汽量	t/h	1	1
16	塔顶(D-102)切水量	t/h	23	22
17	塔顶注水量(空冷 A-101 前)	t/h	12	12
18	塔顶注有机胺量(空冷 A-102 前)	kg/h	10	13
19	塔顶注缓蚀剂量(空冷 A-103 前)	kg/h	15	20

3 冷回流工艺腐蚀原因分析及建议

3.1 腐蚀描述

常压塔顶布满蚀坑，顶封头与筒体环焊缝附近存在深约 2mm 的蚀坑，长度约 5mm；塔顶部降液板腐蚀穿孔、塔盘固定螺栓腐蚀断裂、椭圆垫片点蚀严重、浮阀缺失较多；两根顶循回流分布管多处断裂；顶回流溢流堰、溢流堰支撑腐蚀减薄穿孔；顶循的塔内壁密布腐蚀坑，局部已穿透到基材。具体见图 3~图 6。

图 3 塔顶环焊缝附近蚀坑

图 4 塔顶降液板腐蚀

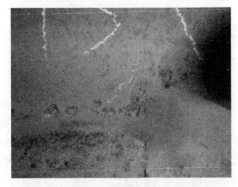

图 5 顶循塔壁蚀坑

图 6 顶循回流管断裂

3.2 原因分析

常压塔顶操作温度为 115~120℃，在此条件下不会有液相水的析出，但是冷回流工艺的回流温度为 36℃，这股冷物料的进入会使得常压塔内部形成局部冷区，使得液相水逐步析出，常顶油气中的 H_2S 和 HCl 极易溶于水中，形成强酸腐蚀环境，造成塔壁及内构件的腐蚀。因此，常压塔顶的腐蚀属于 H_2S+HCl+H_2O 强酸环境腐蚀。

受汽提蒸汽量、电脱盐脱水效果或塔顶注水的影响会使得常顶回流带水，此外，某些成膜胺可能促使塔顶罐内形成乳化液，也会使得回流带水。回流带水会导致回流携带的中和胺和 HCl 返回常压塔内，常顶循环线的操作温度为 115~145℃，在此条件下铵盐或胺盐析出，在潮湿的环境下，对塔壁及内构件造成腐蚀。

4 热回流工艺腐蚀原因分析及建议

4.1 常顶空冷器腐蚀

（1）腐蚀描述

装置经检修改造开车后，常压塔顶空冷器 A-101/A~L 出口在线腐蚀探针的腐蚀速率持续升高，腐蚀速率最高时为 0.342mm/a。2017 年 2 月 15 日，空冷 A-101/K 管子发生腐蚀穿孔泄漏。腐蚀泄漏形貌见图 7、图 8。

 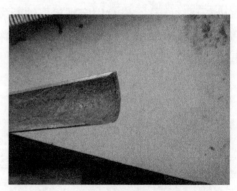

图 7 A-101K 管子腐蚀泄漏形貌　　　　图 8 A-101K 管子腐蚀泄漏形貌

（2）原因分析

装置改造后，常顶换热器 E-101/A~C 出口温度从 76℃升高至 108℃，常顶空冷器进口温度从 75℃升高至 107℃，且工艺防腐注剂点从常压塔顶出口挥发线移至常顶空冷器入口，有可能造成水结露点的转移。基于 2007 年 8 月国际水和蒸汽性质协会修订的《关于水和蒸汽的热力学性质的协会标准》进行常顶露点温度计算，常顶系统露点温度为 90℃，说明空冷器内发生露点腐蚀，空冷管束的材质为 09Cr2AlMoRe，耐露点腐蚀能力不足，造成空冷管束出现严重腐蚀，甚至出现腐蚀穿孔。

4.2 常顶管道腐蚀

（1）腐蚀描述

装置经检修改造开车后，经管常压塔顶部管道壁厚检测发现 17 个部位存在严重的减薄（减薄率达到 30%以上），减薄部位主要集中在常顶换热器 E-101/A~C 出口管道，其中换热器 E-101/A 出口弯头实测最小厚度为 3.5mm（原始壁厚为 12.0mm）。

（2）原因分析

取南侧管箱内垢样送天津大学进行垢样分析，将垢样制成水溶液，水溶液通过离子色谱和水质测定仪分析 Cl^- 和 NH_3-N；将垢样进行焙烧后，采用 X 射线荧光光谱分析（XRF）对垢样进行分析，分析结果见表 2。

表 2　垢样分析结果

成　　分	NH_3-N	Cl^-	S^{2-}
百分比/%	0.58	5.28	10.72

从垢样分析结果看，常顶空冷器管束中的腐蚀环境以 $H_2S+HCL+H_2O$ 腐蚀为主，并有少量的铵盐析出，形成铵盐垢下腐蚀。

装置改为热回流工艺后，笔者采集工艺操作数据，对铵盐结晶点进行计算，计算结果显示：氯化铵盐结晶点约为 109℃，常顶换热器出口温度为 105℃，说明在常顶换热器 E-101A~C 出口铵盐析出，在流速偏低的部位附着聚集，由于这些盐是吸湿的，它们会从塔顶气相物料吸收水分并变得对碳钢具有腐蚀性，造成管道腐蚀减薄严重。

热回流工艺又称双罐回流工艺，装置改造时，热回流罐设计采取的是无水回流，该工艺的优点是能够确保热回流罐的操作温度可以控制在露点温度以上，有效地减缓塔顶至热回流罐之间的低温酸性凝液腐蚀，且不需要再此段进行工艺防腐，缺点是不能很好地避开铵盐结晶温度，且无注水和切水工艺，导致常顶油气中的 NH_3-N、Cl^- 和 H_2S 不能脱除，造成铵盐结晶的风险不断增加，铵盐在此条件下析出并吸湿，极易造成管道的腐蚀，这是热回流工艺给系统腐蚀造成的一个不易解决的难点。

5　冷热回流工艺对比

5.1　冷回流工艺

目前，国内炼油企业常减压装置基本上均采用冷回流工艺，其优点是：工艺成熟、操作弹性较大，有助于塔顶温度的控制；塔顶挥发线设有三注，塔顶回流及产品罐设有切水包，有助于稀释并脱除腐蚀性杂质，从而减缓常压塔顶系统腐蚀；可以通过提高塔常顶换热器或常顶空冷器的选材，较好地实现对露点腐蚀的控制。

其缺点如下：一是，常压塔顶内壁的腐蚀难以得到有效的控制，由于冷回流的回流温度控制较低，不可避免地在塔内形成局部冷区，产生强酸腐蚀环境，这个问题在国内炼油企业常减压装置普遍存在，处理措施均是衬里局部修补、更换内件或将衬里、内件材质升级为双相钢甚至镍基合金。二是，回流带水问题，由于塔顶罐含大量酸性水，油水两相分离并不总是很彻底，为了促进将酸性水与烃类产品分离，塔顶罐内往往安装隔板，烃类产品的出口常常装一段立管以便使烃类产品及回流物料不会直接从罐底抽出，虽然这些措施可以起到部分效果，但返回常顶的回流往往还是带有一些酸性水，回流带水会导致回流烃类携带的中和胺和 HCl 返回常压塔内，增加了塔内的结盐的风险。

5.2　热回流工艺

热回流工艺优点是由于装置热平衡并满足产品切割点的目标，将节能作为一个重要因素进行设计和操作的变化，有时对腐蚀控制有反作用。

如热回流罐采用无水操作，则需将热回流罐控制在露点温度以上，且不能在塔顶挥发线上注水，这使得热回流烃类携带的中和胺和 HCl 返回常压塔内不能脱除，并不断地在塔顶和塔内循环，结盐腐蚀的风险极大地升高；热回流罐流出的烃类在经空冷冷却时会产生露点，进而造成空冷器的露点腐蚀，虽在空冷器前设有三注防腐，但是不能确保能够覆盖到每一组空冷甚至管子内，如通过材质升级控制露点腐蚀，费用要远远高于冷回流工艺。

如热回流罐采用有水操作，可以实现双罐切水，能够提高腐蚀性杂质的脱除效果，有利于腐蚀的控制。但是，为将热回流罐控制在露点温度以下，需要在塔顶挥发线上注水，为控制空冷腐蚀还需在空冷入口注水，导致装置能耗会有所上升；常顶空冷器仍存在结盐、结露的风险，仍需进行工艺防腐或材质升级，运行成本大大提高。

6 结语

（1）冷回流工艺：通过分析研究发现冷回流工艺最大腐蚀危害主要是：常压塔顶内壁及顶封头严重腐蚀，威胁设备本体安全；同时加剧了塔顶内构件和内部接管腐蚀，极易造成产品不合格。

腐蚀控制建议：要做好原油腐蚀性杂质和塔顶回流温度的控制；加强原料油的混炼，从源头控制原油中氯离子、氮含量；提高一脱三注的效果，进一步降低脱后原油中的盐含量和水含量；适当提高塔顶冷回流的温度，降低塔内急冷区的形成；选择性质优良的阻垢分散剂注入到顶循系统中，可抑制垢盐的形成。

（2）热回流工艺：相对于冷回流，本装置的热回流工艺产生了新的腐蚀部位和特点，腐蚀主要发生在常顶换热器 E-101/A~C 后部管道内壁，一旦泄漏该管道难以切出，后果不堪设想；空冷器内部分管束腐蚀相较以往，腐蚀速率不断，最终产生腐蚀泄漏。

腐蚀控制建议：加强原料油的混炼，从源头控制原油中氯离子、氮含量；提高一脱三注的效果，进一步降低脱后原油中的盐含量和水含量；尽量提高空冷器前注水量，在空冷各组入口前增加注水口，确保注水平均分配到各组空冷管束内；更换空冷管束，并增加涂层防腐。

在常顶系统增加在线洗盐设施；重点需要重新考虑工艺改造，将热回流罐改为有水操作，但运行成本也相应增加。

参 考 文 献

[1] 刘传健. 常减压装置塔顶腐蚀原因分析及防护[J]. 安全、健康和环境，2003，3(9).

作者简介： 张海宁（1984—），毕业于河北工业大学，化学工程与工艺专业，学士，现工作于天津石化装备研究院，工程师。通讯地址：天津市滨海新区大港中国石化装备研究院，邮编：300270。联系电话：18222101334，E-mail：85175756@qq.com。

柴油加氢装置高低压螺纹锁紧环换热管失效分析

摘　要　柴油加氢装置原料油与精制柴油换热器为高低压螺纹锁紧环换热器，对管束失效情况进行了分析，结果表明，管束失效是由于管内 S 和 Cl 的结垢物质堆积，发生局部垢下腐蚀导致管壁穿孔。设备长时间运行，清洗周期偏长和效果不佳促进了结垢的发生和腐蚀的加剧。提出控制措施，保证设备长周期运行。

关键词　柴油加氢；高低压螺纹锁紧环换热器；垢下腐蚀

螺纹锁紧环换热器是先进的热交换设备，国内外大型炼油企业的加氢装置一般采用此种形式换热器。某炼化企业柴油加氢装置原料油与精制柴油换热器为高低压螺纹锁紧环换热器，管程介质为原料柴油，壳程介质为分馏精制柴油。管束材质为 10# 钢，自投用后运行稳定，运行 12 年发生管束漏。该换热器为主流程关键设备，高压侧原料柴油内漏至分馏精制柴油，导致柴油产品硫含量超标，给装置运行带来较大影响。为了找出管束内漏原因，对换热管束的开展失效分析，分析泄漏原因，提出改进措施。

1　情况简介

高低压换热器规格参数见表1。

表 1　换热器规格参数

项　目 名　称	管程	壳程	项　目 名　称	管程	壳程
型号	DFU1400-980-7.0/19-2I		设计压力/MPa	9.87	7.23
管束规格	$\phi 19 \times 2$		操作温度/℃	130	170
介质	精制柴油	原料柴油	操作压力/MPa	9.9	0.7
设计温度/℃	140	250	材质	10#	16MnR

原料柴油介质一年内逐月分析数据见表2，可见硫、氮含量控制偏高，干点控制合适。

表 2　原料柴油分析数据

分析时间	硫含量/%（质量分数）， ≤1.2	氮含量/（μg/g） ≤200	氯含量/（mg/kg） ≤4	初馏点/℃	95%回收温度/℃， ≤365
2 月	1.2	220	1.4	69.5	340.6
3 月	1.14	189	0.98	78.5	336.2
4 月	1.1	174	0.92	84.3	337
5 月	0.981	276	1.2	83.3	335.1
6 月	1.16	251	1.6	59.4	334.7

分析时间	硫含量/%(质量分数)， ≤1.2	氮含量/(μg/g) ≤200	氯含量/(mg/kg) ≤4	初馏点/℃	95%回收温度/℃， ≤365
7月	1.2	171	0.67	68.4	330.3
8月	1	196	0.67	80.9	334.5
9月	1.25	274	1.2	67.5	326.3
10月	1.48	166	0.65	65.2	343.3
11月	0.994	146	1.3	85.6	337.6
12月	0.898	149	0.99	86.2	318.4

精制柴油经过加氢反应后，脱出硫氮氯等元素，杂质含量较低，硫含量控制在 30mg/kg 以下，品质较好。

高低压螺纹锁紧环换热器自投用后运行一直较稳定，运行 12 年发生管束内漏，通过精制柴油产品硫含量偏差对比分析，测算泄漏量约为 0.4t/h，泄漏量虽不大但对柴油产品指标控制有较大影响。

2 失效分析

2.1 失效部位

对换热器管束拆检，查找失效部位，宏观检查发现一个漏点，位置接近管束尾端 U 形管折弯处，见图 1。

失效管束漏点部位具体形貌见图 2。

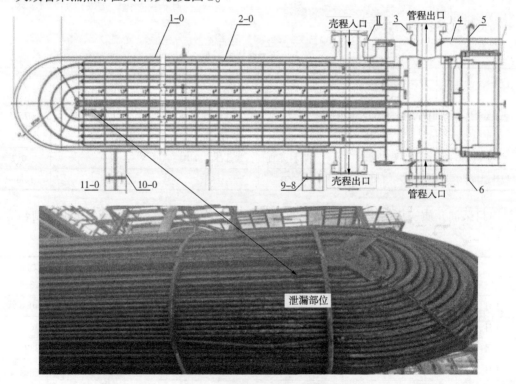

图 1 换热器泄漏部位示意图

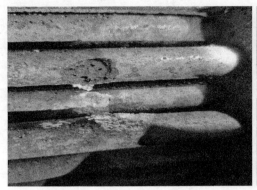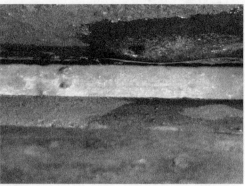

图 2　泄漏部位外部形貌

2.2　失效分析

2.2.1　失效形貌

截取泄漏的换热管，水平剖开，管子内壁有较厚的结垢物堆积。图 3 为失效管的内壁。

对管内腐蚀形貌进行扫描电镜观察，泄漏孔洞呈不规则状，试样虽经清洗，但在有的坑内仍可观察到有腐蚀产物堆积，孔洞处的斜面和坑底部微观形貌相同，坑底处的微观形貌局部有沿晶特征，腐蚀形态见图 4。

图 3　失效管内壁

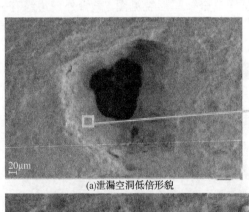

(a)泄漏空洞低倍形貌　　　　　　　(b)泄漏孔洞微观形貌

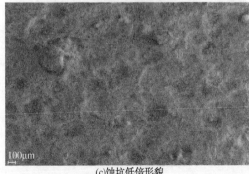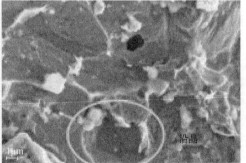

(c)蚀坑低倍形貌　　　　　　　(d)蚀坑微观形貌

图 4　失效管微观形貌

2.2.2 厚度直径检查

对失效管轴向每隔10mm均匀取5个点进行测厚和直径检测，测量结果见表3，失效管束的厚度与直径未见有明显的变化。

表3   失效管测量数据

测试位置		1号点	2号点	3号点	4号点	5号点
壁厚	0°	2.6	2.4	2.4	2.5	2.5
	180°	2.5	2.6	2.5	2.6	2.5
直径		19.1/18.9	19.0/19.1	18.9/19.1	19.0/19.0	19.1/19.1

2.2.3 金属成分分析

从失效管上取样进行金属化学成分分析，分析结果见表4，化学成分满足GB 9948中对10#钢的要求。

表4   失效管金属成分

样品编号	化学成分									
	C	Si	Mn	P	S	Cr	Ni	Mo	V	Cu
失效管	0.102	0.206	0.497	0.015	0.011	0.034	0.016	<0.0010	0.0032	0.052
GB 9948	0.102	0.211	0.497	0.014	0.01	0.024	0.016	<0.0010	0.0034	0.056

2.2.4 材料金相分析

2.2.4.1 低倍金相分析

从失效管上环向截开后做金相试样，金相试样及全壁厚形貌见图5。管外壁边缘有一处有凹坑(深约0.3mm)，而内壁则呈凹凸状。

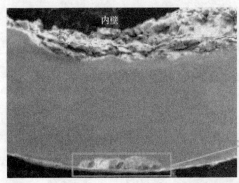

图5   内外壁电子金相

2.2.4.2 内壁蚀坑分析

对失效管内壁蚀坑部位用电子金相观察。在距蚀坑底部一定距离部位仍观察到有腐蚀痕迹(见黄色箭头所指处)，这些已被腐蚀的部位是其他部位的腐蚀延伸到该处的，见图6。

2.2.4.3 金相组织分析

对管束的金相组织进行观察，金相组织为正常的铁素体+珠光体，见图7。

2.2.5 腐蚀成分分析

用X射线能谱仪分别对失效管内壁表面结垢物进行能谱分析。分别截取三个部位进行分析，分析部位和结果见图8。

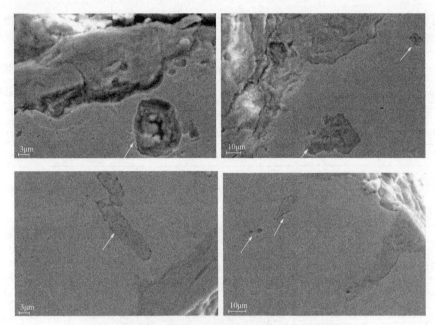

图 6 内壁蚀坑金相

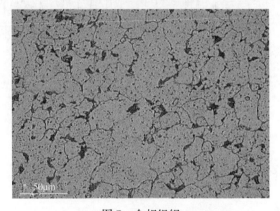

图 7 金相组织

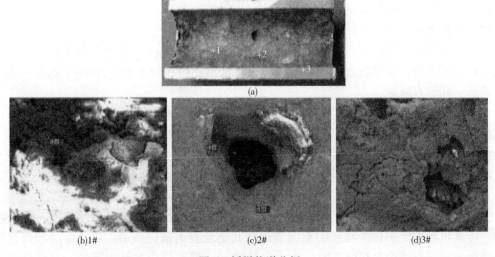

(a)

(b)1#   (c)2#   (d)3#

图 8 垢样能谱分析

结垢物能谱分析组成见表 5，内壁结垢物主要腐蚀物质为铁的氧化物和硫化物及少量氯化物。

表 5　垢样组成　　　　　　　　　　　　　　　　　　　　　　单位:%(质量分数)

分析部位	O 含量	S 含量	Cl 含量	Fe 含量
1#谱图	33.59	2.84	2.1	61.48
2#谱图	42.26	8.41	1.95	47.37
3#谱图	15.68	2.09	1.95	80.28

对换热管的内壁刮取结垢物进行 X 射线衍射分析，XRD 分析图谱见图 9。管子内壁结垢物样品主要为 Fe_3O_4、FeS 和 Fe_3S_4。

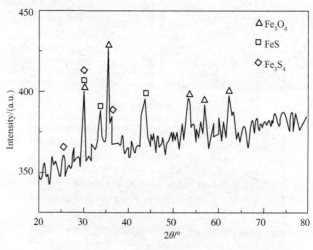

图 9　X 射线衍射分析

3　失效原因综合分析

3.1　主要试验分析结果
（1）宏观检查，换热管样品的外壁均有浅表的均匀腐蚀。内壁均有较厚的结垢物堆积；

（2）管子的化学成分满足 GB 9948 中对 10#钢的要求；

（3）金相组织及硬度测试均属正常；

（4）对管子进行清洗后，发现泄漏管内壁蚀坑基本集中在管子的下部 3~9 点区域内，泄漏点位于 6 点处，蚀坑既大又深，呈圆形或椭圆形，而在管子的上部 9~3 点范围内，腐蚀较轻微，局部有麻坑；

（5）对管内的腐蚀形貌进行扫描电镜观察，管泄漏孔洞部位呈不规则状，试样虽经清洗，但局部坑内仍有腐蚀产物堆积，孔洞处的斜面和坑底微观形貌呈腐蚀形态；

（6）对管的内壁进行能谱分析，内壁结垢物主要腐蚀性元素有 O 和 S，局部有少量 Cl；

（7）X 射线衍射(XRD)分析结果显示，管内壁结垢物主要为 Fe_3O_4 和 FeS。

3.2　失效原因综合分析
失效的换热器管束主要用于对精制后的柴油产品和刚进入装置的粗柴油(原料油)换热。管程介质原料油主要来自常减压的直馏柴油和其他装置的催化柴油、焦化柴油和焦化汽油等，管程滤后原料油中含有较高的 S 和一定量的 Cl，换热管内的结垢部位一旦遇到水，则会在垢底下形成含有 S 和 Cl 的腐蚀环境，发生局部垢下腐蚀。

研究表明，当管束直径一定时，折弯角度和折弯半径越大，压力损失越小。泄漏管位于 U 型管束内层尾端且靠近较小的折弯角度处，流动阻力相对较大，介质流速更低，结垢也相对严重。在结垢物处易残留少量水分，导致设备再次投入运行时，由于结垢处存在水，会形成 S 和 Cl 的腐蚀环境，导致垢下腐蚀发生，随着设备运行时间的延长，腐蚀会越来越严重，最终导致穿孔泄漏。

4 结论

(1) 管束失效是由于 S 和 Cl 的结垢物质堆积，发生局部垢下腐蚀导致管壁穿孔。

(2) 设备长时间运行，清洗周期偏长和效果不佳促进了结垢的发生和腐蚀的加剧。

5 控制措施

(1) 合理控制检修周期，适当安排设备清洗。

(2) 采用强化高压水清洗喷头，对弯管处的垢样强化清除。

(3) 对换热管束进行远场涡流检测，检查减薄或缺陷管束，提前处理。

(4) 控制原料 S 和 Cl 的含量，降低腐蚀介质含量。

6 结语

柴油加氢原料油与精制柴油换热器为高低压螺纹锁紧环换热器，为主流程关键设备，设备运行应加强原料腐蚀管理，合理控制检修周期，强化清洗效果，利用远场涡流等技术提前检测缺陷并消除，提升管控措施，确保设备长周期运行。

参 考 文 献

[1] 范园渊，王和慧，王朝平，等. 螺纹锁紧环换热器的内漏失效分析及其检修[J]. 石油和化工设备，2013，16(9)；15-18.

[2] 中国腐蚀与防护学会金属腐蚀手册编辑委员会. 金属腐蚀手册[M]. 上海：上海科学技术出版社，1987.

[3] 魏善思，吴仁智，米智楠. 弯管流动阻力数值仿真分析[J]. 流体传动与控制，2016(3)；5-8.

作者简介：张学恒，副高级工程师，毕业于南京工业大学，化学工程与工艺专业，现从事炼化装置设备管理工作。通讯地址：青岛经济技术开发区千山南路 827 号中石化青岛炼化公司设备处。联系电话：0532-86915653，E-mail：zxh. qdlh@ sinopec. com。

加氢装置注水量计算及腐蚀控制窗口

喻 灿

（上海安恪企业管理咨询有限公司）

摘 要 注水量对加氢反应流出物的铵盐腐蚀程度有至关重要的影响，本文通过典型的加氢反应流出物系统参数设定，对比了两种注水量计算方法，计算偏差达到26%，并对两种计算方法的偏差进行了分析，说明了露点温度对注水量计算值产生的影响，此外，引用完整性操作窗口定义，将注水量的下限作为操作窗口的一项控制指标，由于反应流出物系统参数是动态变化的，注水量的控制指标不是具体的数值，而是需要结合实时的化验分析数据以及DCS操作数据对注水量的影响，达到注水量控制指标的动态管理。

关键词 加氢装置；反应流出物；注水量；操作窗口；露点

1 前言

近年来，随着原油劣质化不断增加，加氢装置反应流出物系统的铵盐腐蚀问题也日趋严重，根据标准API RP 932B，影响反应流出物系统腐蚀和结垢的关键因素有硫氢化铵浓度、氯化物含量、硫化氢分压、注水质量、注水量，注水点位置，注入方式、选材等。

其中注水的目的是除去反应流出物冷却后带来的氯化铵盐和硫氢化铵盐，减少NH_4HS浓度并在注入点允许足够的游离水，但是不合理的注水量反而可能加重装置的腐蚀，注水量过多时，即总注水量一旦超过设计值，就无法保证高压分离器和低压分离器分离水分的效果，导致低分油中水含量升高，引发反应流出物/低分油换热器低分油侧腐蚀。当注水量过少时，铵盐冲洗不干净，导致设备管线局部地区铵盐沉积并浓缩，反而加快了腐蚀。此外通过增加注水的注入速度，对降低硫氢化铵浓度非常实用，因此，在原料条件和操作条件不变的情况下，可通过控制注水量来控制硫氢化铵浓度。

因此，注入的水量取决于两个标准：在分离水中产生可接受的NH_4HS浓度；允许在注入点存在足够的自由水，并至少保留25%的液态水。

虽然注水量的控制原则广为行业所知，但是要保证25%液态水，注水量的计算方法并不唯一，以下介绍两种计算方法，来探讨影响注水量的各类因素以及计算准确性，此外，由于影响注水量的各类因素是随时变化的，因此注水量需要通过合理的腐蚀控制窗口来进行控制，从API RP 932B中也可以看出，最小注水量就是IOWs需要控制的一个数值。

2 注水量计算方法

注水量算法1：热量守恒原理。

根据热量守恒原理，反应流出物从操作温度降低到注水后温度所释放的热量等于冲洗水从原始温度升高到注水后温度所吸收的热量以及注水汽化潜热之和，有如下公式：

$$C_m m_m \Delta T_m = C_水 m_水 \Delta T_水 + m'_水 r \tag{1}$$

其中：C_m 为反应流出物比热容，m_m 为反应流出物质量，ΔT_m 为反应流出物注水后所降低的温度，$C_水$ 为水的比热容，$m_水$ 为注水质量，$\Delta T_水$ 为注水所提高的温度，$m'_水$ 为液态水转化为饱和蒸汽水的质量，r 为单位质量的液体转变为相同温度的蒸气时吸收的热量。

当 $m_水 = m'_水$ 时，表示注入的液态水刚好全部转变成饱和蒸汽水，即注水点温度刚好处于露点温度，为满足注入的水量保证 25% 的液态水，所需的注水量为：

$$m_{注水量} = (1+25\%)\, m_水 = \frac{1.25 C_m m_m (T - T_{露点})}{C_水 (T_{露点} - T_水) + r} \tag{2}$$

注水量＝总质量定压比热容/水的比热容×反应器出口气体质量×（操作温度－露点温度）/（露点温度－注水点水温）

在注水过程中，接近常温的水被热流体加热，其增加的热量为显热，而水注入热流体时，同时也发生了相变，从饱和温度的水继续加热变成同一饱和温度的蒸汽所吸收的热量为相变焓，若考虑相变焓的问题，计算出的注水量要明显低于公式（2）的计算值，为保守起见，此处不考虑汽化热问题。

对于式（1）中的反应流出物比热容，文献提出一种气体比热容的计算方法：

已知某种燃料气的成分及其相对分子质量 M_i，体积分数为 $\phi_i (\%)$，其平均相对分子质量为：

$$M = \frac{1}{100} \sum_{i=1}^{n} \phi_i M_i \, (i = 1,\ 2,\ \cdots\cdots,\ n) \tag{3}$$

燃料气成分的质量分数为：

$$w_i = \phi_i \frac{M_i}{M} (\%) \tag{4}$$

各成分的质量定压比热容由文献[3]及单位换算，有：

$$C_{p,i}^m = (A + BT + CT^2 + DT^3) \times \frac{4.1868}{M_i} \tag{5}$$

其中，$T = t + 273.15\text{K}$，ABCD 为成分比热容方程常数，可从文献[5]的附录 B 中查取。

燃料气的质量定压比热容为：

$$C_p^m = \frac{1}{100} \sum_{i=1}^{n} w_i C_{p,i}^m \tag{6}$$

按照燃料气的典型成分体积分数，就可以计算出其质量定压比热容。

某加氢反应流出物组分如表 1 所示。

表 1　加氢反应流出物组分

组分	相对分子质量	体积分数/%	组分	相对分子质量	体积分数/%
H_2O	18.015	0.2	C_2H_6	30.07	6
H_2S	34.08	0.1	C_3H_8	44.097	5
NH_3	17.031	0.1	C_4H_{10}	58.124	4
H_2	2.016	0.5	C_4H_8	56.108	2
CH_4	16.043	82	C_5H_{12}	72.151	0.1

可以算出平均相对分子质量为 20.78，根据质量定压比热容的算法，算出该反应器出口气体各组分的定压比热容如表 2 所示。

表2 反应流出物组分的质量定压比热容

组 分	相对分子质量	体积分数/%	质量分数/%	质量定压比热容/[kJ/(kg·℃)]
H_2O	18.015	0.2	0.173	1.933076486
H_2S	34.08	0.1	0.164	1.123188615
NH_3	17.031	0.1	0.082	2.353974049
H_2	2.016	0.5	0.049	14.48832819
CH_4	16.043	82	63.305	2.713316302
C_2H_6	30.07	6	8.682	2.363289686
C_3H_8	44.097	5	10.610	2.324936029
C_4H_{10}	58.124	4	11.188	2.297154512
C_4H_8	56.108	2	5.400	2.096717634
C_5H_{12}	72.151	0.1	0.347	-0.382406135

得出总质量定压比热容为 2.55kJ/(kg·℃)。

水的比热容为常数 4.181kJ/(kg·℃)。

建立该反应流出物系统的物料平衡，流程图如图1所示，参数如表3所示。

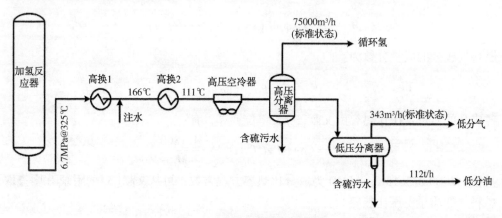

图1 反应流出物系统流程图

表3 计算输入参数

参 数	单 位	数 值	参 数	单 位	数 值
原料进料量	t/h	108	循环氢流量	m³/h(标准状态)	75000
反应系统压力	MPa	6.7	低分油流量	t/h	112
反应系统温度	℃	326	低分气流量	m³/h(标准状态)	343
原料氮含量	mg/kg	0.5	低分油相对分子质量	—	226
原料氮含量	mg/kg	380	总注水量	t/h	4.5
原料硫含量	mg/kg	350	注水点处操作温度	℃	166
氮的转化率	%	95	注水水温	℃	20
反应器出口气相分率	%	93			

根据上表可算出反应器出口每小时气体总物质的量为 3589kmol，从而获得反应器出口气体的质量为 74.6t。

要计算注水量，需要知道反应流出物系统的露点温度，利用文献中提到的马格拉斯公式可知，露点温度与反应流出物系统的压力、注水量、物流流量等参数有关，因此，注水量和露点温度相应影响。

马格拉斯公式为：

$$T_D = \cfrac{1}{\left(0.002679887 - \cfrac{\ln\left(\cfrac{P_W}{101325}\right)}{4907}\right)} - 273.15 \tag{7}$$

式中　T_D——露点温度，℃；

　　　P_W——水蒸气分压，Pa。

联合公式(2)和(7)，当注入的液态水达到刚好饱和态时，需要的注水量为5.25t/h，同时计算出露点温度为151.82℃，若按照25%液态水注入，注水量为6.56t/h。

注水量算法2：API 932B-2014。

按照API 932B -2014的计算方法[注]流程如下(API 932的2004版本和2014版本均描述了该算法，但是在2019版本中未说明该算法)：

a) 估算注水点注水后的平衡温度。如果没有热高压分离器，温度通常应比注入前的操作温度低17~55℃；

b) 基于饱和蒸汽表，确定在上述温度下的饱和水蒸气压力；

c) 估算在注水点反应流出物气相中氢/烃的摩尔流量(通常与冷高压分离器的气相流量非常接近)；

d) 采用下列公式估算给定条件下水蒸气达到饱和压力所需注入水的摩尔流量。

$$F_W = F_C \times HC \times \cfrac{P_{satsm}/P_{system}}{\left(1 - \cfrac{P_{satsm}}{P_{system}}\right)} \tag{8}$$

式中　F_W——冲洗水的摩尔流量，kmol/h；

　　　HC——气相摩尔流量，是注入点处气相中H_2和烃的摩尔流量，kmol/h；

　　　P_{satsm}——注入水的温度下饱和蒸汽的绝对压力；

　　　P_{system}——注水点的绝对压力；

　　　F_C——在表4中定义，其他操作压力可使用插值获得F_C值。针对反应流出物系统注水点，该计算公式可估算使注水点处的气相达到水蒸气饱和时所需的注水量。为了达到注水点冲洗水注入后不少于25%的过量水(25%的冲洗水保持液态水)要求，则需要将由上述公式计算出的水量乘以1.25，即得到反应流出物系统注水点需要注入的水量。

表4　不同工作压力下F_C值

工作压力/(kg/cm²G)	工作压力/kPa	F_C	工作压力/(kg/cm²G)	工作压力/kPa	F_C
0.00000	0	1	105.03077	10300	1.3
35.18021	3450	1.1	140.72084	13800	1.4
70.36042	6900	1.2			

从上文可知：

$$HC = 3621.7\text{kmol/h}$$

$$F_C = 1.193$$

根据注水点处的操作温度为166℃，利用插值法，查饱和蒸汽的绝对压力表，获得：

$$P_{satsm} = 5.156 kg/cm^2 A$$

$$P_{system} = 69.35 kg/cm^2 A$$

在已知注水量为4.5t/h前提下，计算出注水点温度为152.87℃。

通过此算法计算出的注水量为8.50t/h(保证25%液态水)，此处注水量根据已知的注水点温度来计算，实际上，注水量和注水点温度是互相影响的，固定其中一个数据来进行另一个数据的计算会带来较大的计算误差。

3 计算方法对比及偏差分析

从上文的计算中可以看出，两种算法的结果相差较大，算法1得出的注水量为6.75t/h，算法2得出的注水量为8.50t/h，相差26%。

从计算方法来看，算法1考虑了反应流出物系统的露点温度，通过注水把反应流出物系统注水部位的温度降低到露点温度以下，而算法2直接将目前的注水量作为已知量，注水点处的温度作为已知参数来进行核算，如果注水点不够，注水点处的操作温度就高于露点，从而导致需要更高的注水量，才能保证注水点有25%的液态水存在。通过核算，当注水点温度为达到露点温度时，利用算法2获得的注水量为8.24t/h，与算法1的偏差为22%，可以看出算法2在计算上仍较为保守。

因此，计算注水量不能忽视注水过程的露点温度变化。

4 注水量的IOWs控制窗口

此外，注水量的IOWs控制窗口不能忽视。注水量的多少，影响露点温度、露点发生的部位、注水点处饱和液态水的含量。如果控制不当，就会导致铵盐冲洗不净，或局部铵盐的堆积，反而加大了腐蚀风险。

从注水量的计算公式来看，注水量与反应流出物各组分含量、流量、操作温度、操作压力等相关，运行过程中任意参数的变化都会导致最低注水极限的变化，因此注水量的控制是随着运行过程中的细微波动而动态变化的。

根据IOWs的定义，包含三级限值，即临界限值、标准限值和信息限值，不同限值划分的等级与参数超标后造成的失效后果严重程度相关，且当参数超过不同的限值，要求操作人员采取响应措施的快慢是不一样的，这样，将生产响应与风险等级相关联，可以达到生产效益和安全运行的平衡。

对于加氢装置的注水量，一旦过低，会带来较大的腐蚀风险。因此可设置两级注水量控制极限，利用注水点保持10%液态水要求计算的注水量作为临界极限，利用注水点保持25%液态水要求计算的注水量作为标准极限，针对不同极限要求，采取不同的工艺响应措施，可以提高现场的生产效率。

在操作波动不大的情况下，可将6.75t/h作为注水量的标准极限，5.94 t/h作为注水量的临界极限，也就是说，注水量是绝对不允许低于5.94 t/h，最佳的注水量是6.75t/h。实际上，保证操作完全没有波动是很难的，最佳的办法是将注水量作为工艺指标一同控制，且将注水量的两个限值与操作参数相关联，建立注水量的完整性操作窗口，这样，就可以实现注水量的动态管理(见图2)。

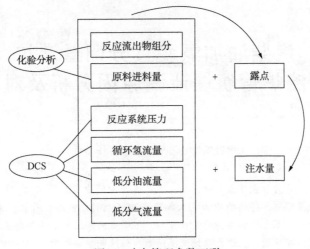

图 2　动态管理参数互联

5　结语

本文对多种注水量计算方法进行了对比，并进行了偏差分析，解释计算偏差产生的原因；

此外，强调装置在运行过程中，需要把注水量作为 IOWs 的一项控制要求进行极限控制，以控制反应流出物系统的结盐风险；

其次，通过对注水量计算方法的分析，指出影响注水量的各项参数，并强调了注水量的控制极限并非是一个固定的值，而是随着操作过程中各项参数的变化而随时变化，需要动态管理和监控；

最后，当注水量低于操作窗口中的控制指标要求时，操作人员需要随时调整注水量，以满足指标要求。

注水量并非越多越好，尤其随着国家对环保节能的要求越来越严，在保证装置安全运行的同时，合理控制注水量，避免浪费也是非常必要的，其次也能减少污水量过多对下游污水汽提装置造成的过高负荷。因此，在 IOWs 控制过程中，只需保证注水量高于限值即可。

参 考 文 献

[1] API RP 932, Design, Materials, Fabrication, Operation, and Inspection Guidelines for Corrosion Control in Hydroprocessing Reactor Effluent Air Cooler (REAC) Systems, 2019.

[2] 杨建成. 汽柴油加氢装置反应流出物系统的腐蚀与对策[J]. 石油化工腐蚀与防护, 2012, 29(001): 20-22.

[3] 范砧. 燃料气比热容的计算方法[J]. 工业炉, 2006(01): 121-122.

[4] 童景山, 李敬. 流体热物理性质的计算[M]. 北京: 清华大学出版社, 1982.

[5] 喻灿, 胥晓东, 王旸, 等. 腐蚀回路在炼化装置腐蚀评估中的应用[J]. 安全、健康和环境, 2018, 18(12): 7-11.

汽柴油加氢装置分馏重沸炉
对流炉管腐蚀泄漏原因分析及对策

吴德鹏　赵　琰

（中国石化塔河炼化有限责任公司）

摘　要　重沸炉作为加氢装置关键设备，生产运行期间出现炉管泄漏，装置被迫停炉抢修，且炉管泄漏一旦处置不当，持续的柴油漏入加热炉膛可能引发重沸炉着火、爆炸重大风险，严重威胁装置安全生产。本文根据某公司 110 万 t/a 汽柴油加氢装置重沸炉对流室炉管腐蚀为例，分析泄漏原因，采取相应措施，避免腐蚀泄漏问题，保障装置安全生产。

关键词　加氢；重沸炉；对流室炉管；腐蚀；泄漏

110 万 t/a 汽柴油混合加氢装置 2004 年投产，分馏部分采用重沸炉为分馏塔提供热源实现油品分离，重沸炉炉型为立式圆筒炉，炉管材质为碳钢，炉管内介质为分馏塔底精制柴油，加热炉燃料为炼厂干气，余热回收系统原设计为顶置空气预热器，冷空气与烟气换热后供加热炉配风，2020 年 3 月装置利用大检修时对重沸炉余热回收系统进行改造，拆除了该加热炉顶置的空气预热器，增加了落地扰流子+水热管型的预热器。

1　对流室炉管泄漏情况简介

2021 年 2 月 16 日，分馏塔底重沸炉（F2102）在运行中发现烟囱冒出淡青色烟雾，对空气预热器底部排水，检查发现排水中有少量浮油，初步判断该炉对流室炉管发生泄漏，公司研究决定 2021 年 2 月 19 日停单炉进行检修。2021 年 2 月 19 日 20：29，停炉后开人孔检查发现对流室管排（翅片管 φ152×8×6000 20/翅片厚度 1.2mm）的自北往南数第 5 根处有一处明显泄漏点（见图 1）。

2 月 20 日 22：00 进入炉内对管排仔细检查，对流室管排每层 8 根，发现第一层自北向南第 2~7 根炉管距侧端墙 1.7~1.76m 水平截面处翅片均有局部损坏，且炉管翅片损坏位置处于加热炉顶部空气预热器入口侧端墙的正下方。对炉管翅片有破损的部位拆掉翅片进行检查，发现第一层自北向南第 5 根炉管腐蚀穿孔，炉管外部腐蚀部位呈凹陷型，泄漏点直径约 2mm，上口最大处直径 12mm（见图 2）。

图 1　对流室炉管泄漏点

图 2　对流室炉管泄漏点

另外：第 2 根炉管有一深度达 5~6mm 腐蚀坑，第 3、4 根炉管和第二层第 1、7 根炉管上均发现有深度 2~3mm 的腐蚀坑。

2　导致腐蚀泄漏的原因分析

经过对泄漏点的外观检查，炉管外部腐蚀部位呈凹陷型，漏点呈现明显的腐蚀痕迹，综合判断符合烟气露点腐蚀形态。

2.1　烟气露点腐蚀机理

加热炉燃料中含有一定量的硫、氢气(见表 1)，硫燃烧后生成 SO_2、氢燃烧后生成 H_2O，少量的 SO_2 转化为 SO_3，SO_3 与水蒸气化合生成硫酸蒸汽，当设备管壁温度低于露点时，硫酸蒸汽就会在管壁上凝结，腐蚀管材。

主要反应方程式如下：$SO_2 + O_2 \longrightarrow SO_3$　　$SO_3 + H_2O \longrightarrow H_2SO_4$

2.2　对流室炉管上产生腐蚀的原因分析

加热炉原空气预热器结构设计不合理(见图 3)。该炉原设计采用简单的扰流子预热器，冷空气被鼓风机送至预热器与 300℃ 左右的烟气换热后进入炉膛。当地冬季最低气温在零下 25℃ 左右，冷空气直接进入预热器与烟气强烈换热，在预热器的入口端形成低温区，使烟气中的水汽达到露点凝结出水滴，形成的凝结水沿侧端墙向下滴落在下部的翅片管上，造成了翅片管的露点腐蚀(见图 4)。

2020 年 3 月，塔河炼化对该炉进行了余热回收系统改造，拆除了顶置的扰流子空气预热器，改为落地的扰流子+水热管型的预热器。改造时，设备人员对翅片管检查过程中发现对流室炉管顶部第一层炉管其中一侧距炉墙 1.72~1.76m 处有 20~30cm 浇注料覆盖，其他部位翅片管干净清洁无杂物，由于覆盖物坚硬不易清理，检查人员认识不足、未能引起重视对覆盖物彻底清理，未能发现隐藏的缺陷。

3　防范措施

3.1　变更空气预热器设置方式

将加热炉顶置的空气预热器变更为落地扰流子+水热管型的预热器，排除对流室顶部产生冷凝水的隐患。若条件具备除落地设置扰流子+水热管型的预热器外，再将加热炉烟囱落地，预防腐蚀效果将更加明显。

3.2　增加前置空气预热器、提高入口风温

提高入口风温，一方面可以使空气预热器冷端壁温提升，另一方面还可以使燃料充分燃烧，提高加热炉效率。可通过在冷风进空气预热器前设置热煤水换热器来提高冷风温度。

3.3　降低燃料硫含量

加热炉燃料的硫含量必须有严格要求：燃料气必须经过脱硫后才可以进加热炉燃烧，脱硫后的燃料气硫含量不准超过 $100mg/m^3$。燃料硫含量超标时，装置烟气露点在要根据硫含量变化情况，对烟气露点腐蚀的设备腐蚀控制温度进行动态调整，避免设备发生露点腐蚀。

3.4　降低加热炉氧含量

低氧燃烧可以降低 SO_2 的转化率，在一定条件下可以使腐蚀速度显著降低，但对低于下限温度时(下限温度一般比水蒸气露点高 20~30℃)的腐蚀速度的影响很小，因为这时起腐蚀作用的不仅是硫酸蒸汽的凝结，而且有水蒸气大量凝结，形成盐酸或亚硫酸。因此，即使

表 1　重沸炉燃烧用燃料气分析

样品名称	采样日期	硫化氢/(mg/m³)	硫含量/(mg/m³)	氧气/%	氢气/%	一氧化碳/%	二氧化碳/%	甲烷/%	乙烷/%	乙烯/%	乙炔/%	丙烷/%	丙烯/%	环丙烷/%	丙二烯/%	异丁烷/%
脱后干气	2021/1/16	6	45													
脱后干气	2021/1/15	6	20	0.5	10.5	<0.01	<0.01	57.21	21.27	2.95	<0.01	2.44	1.48	0.01	<0.01	0.29
脱后干气	2021/1/14	6	35													

样品名称	采样日期	正丁烷/%	异丁烯/%	正丁烯/%	反丁烯-2/%	顺丁烯-2/%	1,3-丁二烯/%	异戊烷/%	正戊烷/%	戊烯-1/%	反戊烯-2/烯厂气组成/%	顺戊烯-2/%	2-甲基-丁烯-2/%	C₆及以上/%	硫化氢/%	氮气/%
脱后干气	2021/1/16															
脱后干气	2021/1/15	0.67	0.18	0.22	0.05	0.02	<0.01	0.04	0.04	<0.01	<0.01	<0.01	<0.01	0.04	<0.01	2.11
脱后干气	2021/1/14															

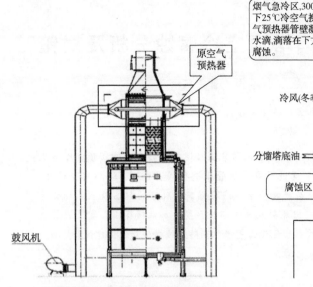

图 3　原加热炉空气预热器示意图

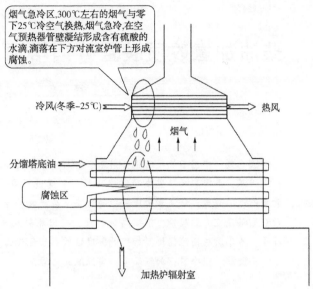

烟气急冷区,300℃左右的烟气与零下25℃冷空气换热,烟气急冷,在空气预热器管壁凝结形成含有硫酸的水滴,滴落在下方对流室炉管上形成腐蚀。

冷风(冬季−25℃)　　热风

烟气

分馏塔底油

腐蚀区

加热炉辐射室

图 4　对流管形成腐蚀示意图

在低氧燃烧下，也不应使受热面壁温太低。低氧燃烧必须强调燃烧要完全，否则不但经济性差，而且仍会有较多剩余的氧，以致不能降低三氧化硫。所以，实现低氧燃烧应采用配风更为合理的燃烧器和较先进的自动控制装置。

3.5　提高排烟温度

定期检测或估算烟气露点，保证管壁温度高于烟气露点 5℃以上，避免露点腐蚀。

4　结语

本文根据某公司 110 万 t/a 汽柴油加氢重沸炉对流室炉管腐蚀为例，首先对对流室炉管泄漏情况进行分析，发现炉管外部腐蚀部位呈凹陷型腐蚀穿孔，综合判断符合烟气露点腐蚀形态。分析露点腐蚀机理，找出泄漏的原因，并提出变更空气预热器设置方式，提高空气预热器入口风温，降低燃料硫含量和加热炉氧含量、提高排烟温度等措施对于保障装置安全生产具有实际意义。

参 考 文 献

[1] 朱玉琴. 管式加热炉[M]. 北京：中国石化出版社，2016.
[2] 钱家麟. 管式加热炉[M](第二版). 北京：中国石化出版社，2003.
[3] 李彦. SO_2、SO_3 和 H_2O 对烟气露点温度影响的研究[J]. 环境科学学报，1997(1)：102-103.
[4] 贾明生. 烟气酸露点温度的影响因素及其计算方法[J]. 工业锅炉，2003(8)：185-186.
[5] SH/T 3036—2012. 一般炼油装置用火焰加热炉[S]. 2012.

柴油加氢改质装置分馏塔顶空冷腐蚀分析及对策

辛丁业　梁　顺　冯忠伟　曹卫波

（中国石油克拉玛依石化公司）

摘　要　中国石油某石化公司 1.5 Mt/a 柴油加氢改质装置在运行过程中分馏塔顶空冷多次出现泄漏，严重影响装置安稳常满优运行。通过对空冷器管束进行涡流检测、塔顶露点计算、管束内锈垢分析，结果表明原料中的氯及反应产物中未经汽提塔完全脱除的 H_2S 及 NH_3 均会导致分馏塔顶空冷器腐蚀。根据腐蚀机理，提出原料氯离子监控预警，加注缓释剂、空冷器管束冲洗、冬季防冻措施优化、加强设备腐蚀监测及优化工艺操作等防腐蚀措施和优化建议。

关键词　空冷器；加氢改质；腐蚀泄漏；管束

1　前言

中国石油某石化公司 1.2Mt/a 柴油加氢改质装置于 2012 年 4 月建成投产，2018 年 8 月装置扩建改造为 1.5Mt/a 柴油加氢改质装置。此装置主要以催化、焦化、蒸馏柴油和部分抽出油为原料，通过中压加氢改质-中间馏分油加氢补充精制组合工艺生产优质柴油、航空煤油及轻、重石脑油。装置在运行过程中，多次发生分馏塔顶空冷器泄漏，造成生产波动和设备维修，严重威胁了装置的安全、平稳和长周期运行。

2　分馏塔顶工艺流程

该装置产品分馏塔顶共有 8 台空冷器，位号分别为 A-3202/ABCDEFGH。分馏塔顶工艺流程及空冷分布图如图 1 所示。

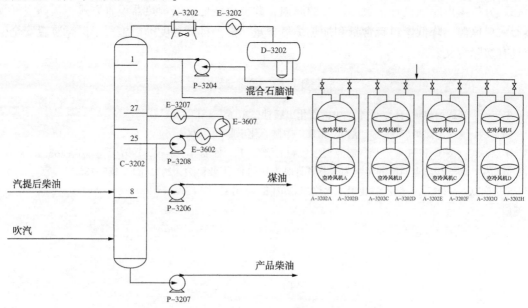

图 1　分馏塔系统工艺流程及塔顶空冷分布图

空冷器型号为 GP9x3-4-129-2.5S-23.4/KL-Ⅱa，管箱材质为 16MnR，腐蚀裕量为 3mm，管束材质为 10#碳钢。空冷设计进出口温度为 146/55℃，设计压力为 0.25 MPa。工艺参数表见表 1。

表 1 分馏塔各项参数

序号	项目	单位	改造前	改造后	序号	项目	单位	改造前	改造后
1	进料流量	t/h	143	175	7	塔底温度	℃	248	235
2	进料温度	℃	280	270	8	航煤抽出温度	℃	212	210
3	塔顶顶温	℃	88	155	9	塔底吹汽量	kg/h	2000	3000
4	塔顶回流量	t/h	60	55	10	塔顶石脑油量	t/h	6.5	40
5	中段回流量	t/h	120	95	11	煤油出装置量	t/h	45	35
6	塔顶压力	MPa	0.16	0.17	12	柴油出装置量	t/h	73	95

3 泄漏原因分析

3.1 管束腐蚀抽检情况

2019 年 1 月空冷发生泄漏，经检查泄漏点位于空冷器 A3202B-F 组上部最顶排管束，离出口管厢约 5.0m。管束泄漏点近似为圆孔状。根据现场泄漏点特点车间初步判断为腐蚀穿孔，委托专业公司对泄漏空冷管束进行涡流检测抽检。本次泄漏空冷共有管束 184 根，抽检其中 5 根管束，具体管束位置如图 2 所示。

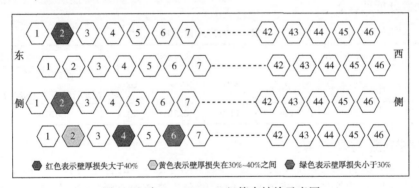

图 2 空冷 A-3202 B-F 组管束抽检示意图

涡流检测结论及建议如下：

（1）换热管 1-2、4-4 涡流检测壁厚损失大于 40%，腐蚀类型为整体均匀腐蚀加局部坑蚀，其中换热管 1-2 已穿孔，换热管 4-4 存在 2 处壁厚损失缺陷；建议堵管。

（2）换热管 4-2 涡流检测壁厚损失 30%~40%，存在 5 处壁厚损失缺陷；建议堵管。

（3）换热管 3-2、4-6 涡流检测壁厚损失小于 30%。

按照专业公司腐蚀检测建议，车间对空冷 A-3202B/F 上部 1-2、4-4、4-2 管束进行堵管。由于只抽检 5 根管束就有 3 根管束存在严重腐蚀问题，因此可以初步确认此次空冷泄漏是由于长期腐蚀减薄、最后穿孔所致。

3.2 腐蚀原因调查

3.2.1 垢样外观分析

堵管及抽检过程中发现空冷 A-3202B/F 上部入口管箱、出口管箱及抽检管束中均存有大量脱落的黑褐色锈垢，其中换热管4-4内部结垢严重，检测探头只能进入约3m左右，换热管3-2、4-2出口处基本被垢样堵死。垢样形貌如图3所示。

图3 空冷管束及管箱中锈垢形貌

3.2.2 垢样元素分析

取空冷器入口黑褐色垢物进行化验分析，结果显示垢样中金属元素含有37.5%的Fe元素及微量钙，非金属元素含有12%的S元素和13.3%的O元素，硫元素主要为垢样中由H_2S形成的无机盐类，氧元素主要为垢样中的氧化物。另外，垢样溶液与氢氧化钠加热后有氨气放出，说明垢样中含有NH_4^+离子。阴离子分析结果表明，垢样水溶液中含有1620mg/L的含硫阴离子和少量17.25mg/L的Cl，与硫元素分析结果相印证。通过分析数据，基本可以推测本装置汽油空冷管束堵塞和腐蚀的主要原因为含S及含Cl物质引起的铵盐结晶腐蚀。具体垢样元素分析见表2。

表2 垢样元素分析

分析类型	金属分析			非金属分析			阴离子分析	
项目	Fe/%	Ca/(μg/g)	Ni/(μg/g)	S/%	C/%	O/%	含硫阴离子 (S^{2-}，HS^-)/(mg/L)	Cl^-/(mg/L)
数值	37.5	2080	166	12.0	0.51	13.3	1620	17.2

3.2.3 分馏塔顶露点温度计算

本装置分馏塔顶油气组成主要为塔底吹入的蒸汽及拔出的轻重石脑油，由于不凝气所占比例很小，计算时不再考虑。将装置改造前后的分馏塔参数带入下述式(1)~式(3)，再查表可得到分馏塔顶露点温度，具体计算结果见表3。从表中可以看出本装置分馏塔塔顶露点温度在装置改造前后差别不大，均在77~79℃左右。

（1）塔顶水量计算

$$塔顶水量(kmol/h) \approx \frac{汽提蒸汽量(t/h)}{18} \times 1000 \tag{1}$$

（2）塔顶烃量计算

$$塔顶烃量(kmol/h) = \frac{塔顶石脑油回流量(t/h) + 塔顶石脑油外送量(t/h)}{石脑油平均相对分子质量} \times 1000 \tag{2}$$

（3）塔顶气相水分压计算

$$气相水分压(MPa) = \frac{塔顶水量(t/h)}{塔顶水量(t/h) + 塔顶烃量量(t/h)} \times (塔顶压力(MPa) + 0.101325)$$

$$\tag{3}$$

表3 装置改造前后分馏塔顶露点温度计算

项 目	改造前	改造后	项 目	改造前	改造后
塔顶水量/(kmol/h)	111	167	气相水分压/MPa	0.042	0.045
塔顶烃量/(kmol/h)	583	833	露点温度/℃	77	79

3.2.4 空冷运行工况分析

本年度入冬后通过日常红外成像检测，发现空冷 A-3202 最上部及最下部个别管束红外成像温度明显低于其他管束，疑似存在堵塞情况，具体分布见表4。此次空冷管束泄漏后，车间专门针对空冷 A-3202B-F 组疑似堵塞的管束 4-2、4-4 进行涡流检测抽检，发现这 2 根管束壁厚损失均大于 30%，且存在多处壁厚损失缺陷。

表4 空冷 A-3202 管束疑似堵塞情况统计[注]

位号	A-E组	B-F组	C-G组	D-H组
最上部管束	2 根	5 根	8 根	4 根
最下部管束	3 根	14 根	7 根	2 根
合计	45 根			

注：红外成像只能对空冷最上部及最下部管束进行监控，中间管束暂无法评估。

图4 空冷 A-3202 疑似堵塞管束红外显示

3.3 腐蚀原因分析

从装置运行数据来看，分馏塔顶空冷入口温度控制在 88℃，出口温度控制在 50~55℃，由于分馏塔塔顶油气中含有少量的 H_2S 及 NH_3，当塔顶油气温度在空冷中逐步达到露点温度时，油气中的水蒸气后就会逐步凝结成液态水，油气中的 H_2S、NH_3 溶解于水中，就会形成 $H_2S-NH_3-H_2O$ 的腐蚀环境。

另外，从垢样分析及塔顶含硫污水长期监控数据(见表5)来看，塔顶油气中还含有一部分的氯离子，这部分氯离子通过与 NH_3 反应可能生成 NH_4Cl，由于 NH_4Cl 吸湿性较强，很容易从流体中吸取水分发生潮解，形成酸性腐蚀介质，继而形成 H_2S-H_2O-HCl 型腐蚀环境。具体腐蚀机理如下：

$$NH_4Cl \xrightarrow{H_2O} NH_3 + HCl$$
$$Fe + 2HCl \longrightarrow FeCl_2 + H_2 \uparrow$$
$$FeCl_2 + H_2S \longrightarrow FeS + 2HCl \uparrow$$
$$Fe + H_2S \longrightarrow FeS + H_2 \uparrow$$
$$FeS + 2HCl \longrightarrow FeCl_2 + H_2S \uparrow$$

以上反应形成循环，在空冷管束内低流速部位或管壁存在原始缺陷的部位聚集，形成点状腐蚀。在管束中气液相转变区以后，由于水的介入，铁离子出现难溶的羟基铁、FeS 等，逐渐沉积在流速较低管壁内层及管厢的出口。随着积垢不断积累，管束流通截面不断降低直至管束堵塞，塔顶油气在管束内的流速逐渐变小，原来最初形成的点蚀微孔逐步被积垢完全覆盖，最终发展形成垢下腐蚀，导致管束出现腐蚀穿孔。

表5　分馏塔顶含硫污水 2018 年长期监控数据

分析项目	1 月	2 月	3 月	4 月	5 月	6 月	7 月	11 月	12 月
硫化物	—	3.22	5.61	—	9.62	6.41	—	8.02	11.23
氨氮	—	8.67	—	65.12	1.52	12.03	—	103.91	106.72
铁	1.331	3.178	3.483	3.212	2.669	3.83	3.53	3.744	3.645
氯离子	20.09	17.58	15.07	30.12	32.63	35.11	30.1	22.54	25.01
硫酸根	60.84	未检出	34.77	15.45	11.45	13.45	15.38	7.71	15.42

4 预防措施

综上诉述，此次空冷泄漏主要是由于铵盐、H_2S、NH_3、HCl 等腐蚀性介质综合作用造成的腐蚀导致，鉴于目前空冷运行现状，提出以下几条预防措施：

（1）加强原料中氯离子监控

原料中氯离子增加会使装置发生腐蚀的概率明显增加，建议定期对原料中氯离子进行分析，并增设预警值。一旦发现氯离子偏高，工艺上可提前增加注水、缓蚀剂量等手段，降低腐蚀泄漏发生的概率。

（2）对空冷管束进行冲洗

本次泄漏后拆检发现空冷部分管束及空冷管厢内存在大量锈垢，从红外成像监控来看也有部分管束存在疑似堵塞情况。为避免这些管束中发生严重垢下腐蚀，建议在装置低负荷或者停工期间对空冷管束及管箱进行全面冲洗，保证塔顶油气在管束中流动畅通。

（3）加注缓释剂

本装置只在汽提塔顶设计了缓蚀剂加注流程，而在分馏塔顶未设计。从目前运行情况来看，由于分馏塔顶空冷数目多，且无有效的腐蚀控制手段，发生腐蚀的可能性较大。因此，建议分馏塔顶增加加注缓释剂流程，对塔顶腐蚀情况进行预防。

（4）更换空冷

目前空冷 A-3202 使用已接近 7 年，受介质不断冲刷及腐蚀影响，管束减薄穿孔的概率将逐年增加，建议采购 1~2 台空冷作为应急备件，下次大检修时，在检测评估的基础上进行部分或全部更换。

（5）空冷防冻及操作优化

空冷管束堵塞不通后，受腐蚀作用，管束壁厚减薄明显，若遇到气温降低、防冻措施不到位，更容易发生冻凝、冻裂。针对目前 A3202 运行现状，主要防冻及操作优化内容如下：

① 进入冬季后，加强空冷间环境温度监控，要求温度不低于 4℃。气温低于 -10℃时，只开侧面百叶窗，用变频调节空冷出口温度，变频开度不宜太大。气温低于 -20℃时，将变频风机调向，强制热风循环用于空冷防冻。

② 加强空冷管束温度监控，特别是红外检测温度偏低的管束，要求管束温度不能低

于 5℃。

③ 监控好各片空冷出口温度，通过调整变频开度、开启风机、调整空冷入口阀开度的方式，确保各个管束内介质不偏流，各管束出口温差不大于 10℃。

参 考 文 献

[1] 王韬，张中洋. 常减压装置常顶空冷器管束腐蚀穿孔原因分析及建议[J]. 石油化工设备技术，2018，39(40)：60-62.

[2] 赵文峰，田松柏，尹志刚. 常压塔顶空冷器腐蚀机理分析及预防措施[J]. 石化技术，2012，18(1)：19-20.

[3] 付晓锋. 常压塔空冷片翅片管腐蚀穿孔分析及安全对策研究[J]. 安全技术，2018，18(11)：22-23.

[4] 王健，曹志涛，王永帮，等. 连续重整装置脱戊烷塔顶空冷器的腐蚀原因及对策[J]. 石油化工腐蚀与防护，2017，34(5)：53-54.

[5] 李振华，陈九龙. 液相柴油加氢汽提塔塔顶系统腐蚀分析[J]. 石油化工腐蚀与防护，2017，34(6)：57-59.

作者简介：辛丁业（1988—），硕士，工程师，从事炼油生产技术管理工作。E-mail：xindyksh@ petrochina. com. cn。

S-zorb脱硫反应器流动磨损失效分析及改进措施

刘自强[1]　王书磊[2]

(1. 中国石化扬子石油化工有限公司炼油厂；2. 中国石化扬子石油化工有限公司设备部)

摘　要　流动磨损是S-zorb装置最为重要的一种失效型式，对设备有十分严重的危害。通过介绍S-zorb脱硫反应器分配盘的流动磨损失效及处理，分析失效原因，为S-zorb脱硫反应器流动磨损失效处理提供解决办法，为新建S-zorb装置的设计提供改进建议。

关键词　S-zorb；反应器；分配盘；流动磨损

1　概述

某石化90万t/a S-zorb装置建成并投用于2013年，采用自有专利技术，用于催化汽油脱硫，在大幅度降低汽油硫含量的同时最大限度地保留其辛烷值。

脱硫反应器是S-zorb装置的关键设备，主要是利用吸附剂中的镍及氧化锌在含氢条件下与汽油中的有机硫发生反应，生成ZnS吸附在吸附剂上，从而达到汽油脱硫的目的。设备设计及操作参数见表1。

表1　脱硫反应器参数表

设备名称：脱硫反应器	工艺编号：R-101	工作压力：2.7MPa(G)	操作温度：427℃
设计压力：4.26MPa(G)	设计温度：470/80℃	操作介质：H$_2$，汽油，吸附剂	主体材质：2.25Cr-1Mo

装置停车大修期间，发现反应器进料分配器泡罩下方分配盘出现大面积磨损，75个泡罩共计有70个泡罩周围出现凹坑，分配盘表面的E347镍基堆焊层失效。若不及时处理，分配盘基板失去E347堆焊层的保护，将出现高温硫化氢腐蚀，加剧高温氢腐蚀。为消除设备隐患，车间对反应器分配盘进行了镍基焊条堆焊处理。

近两年来，中国石化多家S-zorb装置反应器分配盘都出现磨损失效问题，分析研究流动磨损对反应器的影响，已到刻不容缓的地步；通过分析，提出解决办法及建议，对中国石化所有S-zorb装置的安全高效平稳运行有着良好的借鉴意义。

2　分配盘流动磨损原因分析

(1) 高温、高压、高速气固两相变向工况是导致分配盘流动磨损的主要原因。反应器内装有专利吸附剂，主要技术指标见表2。

表2　吸附剂技术指标表

项　目	性　质	项　目	性　质
载体	氧化锌、硅石及氧化铝固体混合物	粒度	65μm
组分	锌、镍/硅、铝	密度	1.001g/cm^3
颜色	灰绿色粉末		

混氢汽油由加热炉 F101 加热进入反应器底部，经泡罩 180°转向后，在下方分配盘处含氢汽油再次 180°转向(见图1)，与反应器内吸附剂充分混合后在反应器内成流化床状态，以充分反应脱硫。含氢汽油经加热炉加热后，温度达 427℃，流量 119t/h，氢气流量 6300m³/h。

在 427℃及 2.7MPa 反应工况下：

液化石油气体积流量：

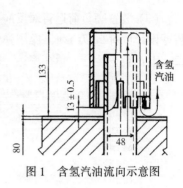

图1 含氢汽油流向示意图

$$\text{Gasoline-}V\text{-}F = \frac{m_{进料}}{M_{汽油相对分子质量}} \cdot 22.4 \cdot \frac{P_反}{273K} \cdot$$
$$\frac{1}{\left(1+P_反 \cdot 10 + \frac{PDI_反}{2 \cdot 100}\right)}$$

$V_1 = 119\times1000/93.6\times22.4\times(273+427)/273\times1/(1+2.7\times10+0.053/200) = 2628.75\text{m}^3/\text{h}$

循环氢体积流量：

$$\text{H}_2\text{-}V\text{-}F = (V_{循环氢}+V_{D102}) \cdot \frac{T_反}{273K} \cdot \frac{1}{\left(1+P_反 \cdot 10+\frac{PDI_反}{2 \cdot 100}\right)}$$

$V_2 = 6300\times(273+427)/273\times1/(1+2.7\times10+53/200) = 577.2\text{m}^3/\text{h}$

油气质量流量：

$M_{\text{G+H}_2} = 119\times1000+6300\times6.3/22.4 = 120771.8\text{kg/h} = 33.5\text{kg/s}$

含氢汽油体积流量：$V = V_1+V_2 = 2628.75+577.2 = 3205.95\text{m}^3/\text{h} = 0.89\text{m}^3/\text{s}$

泡罩出口流速：$0.89/75/3.14/0.024/0.024 = 31751\text{m/h} = 5.96\text{m/s}$

分配盘处流速变化：$\Delta V = 5.96\times2 = 11.92\text{m/s}$

根据 $F_t = \Delta MV$，$F = \Delta MV/t = 33.5\times11.92 = 399.3\text{N}$

泡罩流通面积按分布管(DN：48mm)截面积计算：

分配盘处压强：$399.3/(3.14\times0.024\times0.024) = 2.2\times10^5\text{Pa}$

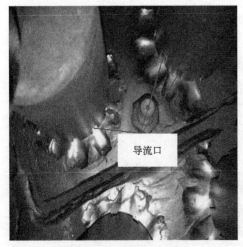

图2 分配盘及泡罩图

高温高压流体携带吸附剂颗粒对分配盘持续高速冲刷磨损，长期作用下出现凹坑(见图2)，造成分配盘流动磨损失效。

(2) 材料抗流动磨损性能不足加速堆焊层流动磨损失效。反应器分配盘采用 2.25Cr-1Mo 低合金耐热钢，具有强度高、抗氢蚀、抗氢脆、抗氢致剥离的优点，但抗高温 H_2S 腐蚀性能不足，而 E347 焊材能有效防止高温氢腐蚀、硫化氢腐蚀及连多硫酸应力腐蚀。反应器分配盘上下表面各有 4mm 厚的 E347 型不锈钢堆焊层，以增强抗腐蚀效果。但在运行过程中，与高温氢腐蚀、高温硫化氢腐蚀相比，流动磨损对分配盘的损害及破坏更为严重，E347 堆焊层的硬度≤225HB(即 240HV)，硬度较低，耐磨性能明显不足，无法有效应对流动磨损。

（3）装置高负荷运行对反应器分配盘流动磨损失效有较大的不利影响。扬子石化 S-zorb 装置设计负荷 90 万 t/a，操作弹性 60%～110%。自 2015 年装置消缺以来，装置一直以 115～120t/h 高负荷运行，负荷率达 105%～110%，高负荷加剧气固两相介质对分配盘的流动磨损。

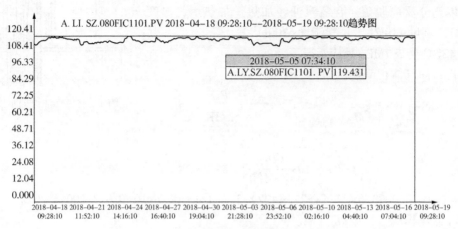

图 3　S-zorb 装置加工负荷趋势图

（4）吸附剂颗粒大小及形状对反应器分配盘的流动磨损失效有一定的影响。因该吸附剂为专利技术，且无相关单位进行过吸附剂颗粒大小对设备流动磨损的研究，目前无法确认吸附剂颗粒大小对反应器分配盘流动磨损的影响程度，无法确认最佳的颗粒直径。

（5）S-zorb 装置加工原料为催化汽油，原料成分及工艺指标比较稳定，且 2015 年后装置一直以 105%～110% 的负荷率运行，操作较为稳定，工艺操作的不稳定对反应器分配盘的流动磨损影响较小。

3　流动磨损失效处理

由于反应器分配盘流动磨损较为严重，表面堆焊层基本失效，继续运行对分配盘基板的氢腐蚀将会加剧，对设备将会造成严重的危害。经公司设备处、炼油厂设备科及设备制造厂共同研究，决定对分配盘进行表面镍基焊条堆焊修复处理。

3.1　处理难度

由于泡罩与分配管及分配盘间均为电焊固定，泡罩无法拆卸；同时泡罩的高度 130mm，泡罩与分配盘的间距只有 13mm，分配盘堆焊层修复十分不便。委托江苏中圣机械制造有限公司派出专业焊工，根据设备厂家（宁波天翼）提出的修复方案，用 ENiCrFe-3φ3.2 焊条进行小电流快速电弧焊。

3.2　处理过程

（1）分配盘表面堆焊层进行清理打磨。由于 70 个凹坑缺陷集中在每个泡罩周围，且空间狭小，焊接前用内磨机对磨损部位进行打磨清理，使打磨部位与周围金属平缓过度。

图 4　PWHT 热处理曲线图

（2）焊接前对分配盘采用电加热消氢处理，消氢温度为 350℃±5℃，恒温 36h；消氢处理完成后清除待补焊面铁锈、氧化皮、油污等缺陷。

（3）消氢处理后对分配盘表面进行 PT/100%/检测，检测结果合格后方施焊，以保证堆焊层的焊接质量。

（4）焊接前先进行预热，预热温度为150℃左右。

（5）分配盘磨损处进行堆焊处理。根据设备制造厂提供的修复方案，采用φ3.2mm的NiCrMo-3焊条，用高频焊机进行补焊。按照奥氏体不锈钢的焊接特点，采用小电流（80~110A）、小电压（22~26V）、快速电弧焊，确保第一层熔深较浅且不产生热裂纹。焊条必须严格烘干。

（6）堆焊完第一层后进行消氢处理，消氢温度350℃±5℃，恒温2h。

（7）对分配盘表面进行PT/100%/检测，检测结果合格后方进行第二层堆焊，层间温度≤80℃。

（8）第二层堆焊完成后进行消氢处理，消氢温度350℃±5℃，恒温2h。

（9）分配盘补焊后进行表面100%PT检测，Ⅰ级合格（见图5）。

（10）本次分配盘修复从6月24日~7月4日，共计10d。

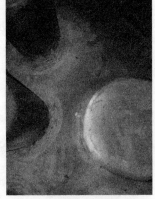

图5　分配盘修复后图

4　改进措施

（1）S-zorb技术作为中国石化从康菲（Concophillips/cop）公司收购的一种新工艺、新技术，从生产工艺上实现了汽油的高效脱硫，但中国石化多家S-zorb装置反应器分配盘出现磨损失效，说明在设备防腐蚀方面，特别是防流动磨损失效方面存在不足，设备选材需进一步改善；针对不同规模的S-zorb装置，对流动磨损对设备的影响及破坏，缺乏详细的研究，缺乏可靠有效的指导意见，以帮助生产装置进行工艺指标优化，尽可能减缓流动磨损对设备的破坏。建议设立S-zorb装置流动磨损失效方面的研究课题，加强对流动磨损失效的研究，从设备选材、制造技术、工艺控制等方面提出更好的解决办法。

（2）根据分配盘流动磨损失效原因的分析，降低分配盘处气体流速与流量可以有效减轻分配盘处的流动磨损，新的S-zorb装置设计时可以从以下几个方面进行改进：

① 适当提高分配管的高度，增加泡罩出口到分配盘的距离，使含氢气体提前泄压，降低分配盘处的流量与流速。

② 适当缩短泡罩的长度，增加泡罩出口到分配盘的距离，使含氢气体提前泄压，降低分配盘处的流量与流速。

③ 适当提高泡罩侧面导流口开口位置（见图2），使部分气流提前分流，可以降低分配盘处的流量与流速。

④ 改进泡罩流道型式，由矩形改为上小下大的伞型，使含氢汽油在泡罩出口流向改为向外倾斜，降低垂直于分配盘表面的流速。

（3）改进堆焊工艺，优化分配盘堆焊层材料组分。新设计制造的分配盘堆焊层可添加能增加耐磨性能的成分，如WC（碳化钨合金颗粒）。根据测试：WC颗粒显微硬度大约2930~3709HV50，在用镍基合金粉末与WC颗粒（质量分数60%）的机械混合粉末对15CrMo进行等离子弧堆焊后，堆焊层WC颗粒纤维硬度仍保持不变，堆焊层宏观韦氏硬度540~665HV10，个别区域高达724~858HV10，远高于E347堆焊层硬度。

（4）由于高负荷运行对反应器分配盘的流动磨损有较大的影响，建议生产过程中严格控制负荷率，不要超负荷运行，效益不以过度消耗设备为代价。

（5）针对在用设备分配盘磨损失效处理，镍基焊条堆焊处理是一种应急处理措施，可以暂时解决分配盘流动磨损失效的问题，在其他条件未改变的情况下，其有效寿命存在不确定性，还有待考察；如果泡罩可以拆卸，更换新型泡罩是一个有现实意义的选择。

（6）反应器分配盘处工况较为恶劣，高温、高压、高速、气固两相，流动磨损严重，属于设备薄弱环节，今后反应器检修中应作为重点进行检查，发现问题及时处理，确保设备能够长周期运行。

参 考 文 献

[1] 王雪骄，王迎春，晏君文. 加氢反应器 E309L 过渡层经 PWHT 后堆焊或焊接 E347 对基层材料的影响 [J]，压力容器，2016，3：61-68.

[2] 傅卫，王惜宝，陈国喜. 镍基 WC 等离子弧熔敷层的组织和高温耐磨性能[J]，焊接学报，2009，5：65-68.

[3] 孙春萍，王敏，李发林. 热高压分离器的焊接制造[J]，现代焊接，2010，000（002）：50-52.

作者简介：刘自强（1978—），工程师，毕业于北京化工大学。现工作于中国石化扬子石油化工公司炼油厂，从事设备管理工作。

石油炼化装置腐蚀分析与防护对策研究

李 磊 侯光明

(中国石油化工股份有限公司长岭分公司)

摘 要 本文针对石油炼化装置腐蚀进行分析，介绍了目前炼油厂相关装置的腐蚀问题，探讨了腐蚀的产生原因，并提出具体的防护对策，希望能够为相关工作人员起到一些参考和借鉴。

关键词 炼油装置；石油；腐蚀；防护对策

在石油炼化生产过程当中，由于向炼油装置当中添加某些物质，会有腐蚀性介质产生，进而严重腐蚀炼油装置。为了使腐蚀损失得到降低，一方面需要将材质等级进行提高，另一方面需要合理采取防腐蚀措施，从而使设备的腐蚀问题得到减缓。所以，相关炼油厂需要全面保证炼油装置的安全生产，做好防腐蚀工作，使装置的腐蚀程度得到降低，从而全面提升炼油厂的经济效益。

1 石油炼油装置腐蚀情况

1.1 塔类设备

在炼油厂内相关炼油装置中，塔类设备主要可以对石油进行分离和吸收，从而有效实现原油分离目标。塔类设备装置通常采用钢材等相关混合材料，在具体使用时腐蚀情况比较严重。而塔类设备内部各个成分之间所具有的功能存在差异，所采用的材料也有所不同，因此腐蚀程度也并不相同。例如，对于蒸馏装置的相关塔类设备，其腐蚀情况比较严重的部位为顶部和上部，而腐蚀形式则主要为点蚀，通常集中于塔类设备的某几处位置。此外，对于常压塔类设备，其腐蚀情况比较严重的位置主要为原料进出口，特别是进口位置，往往会产生大面积腐蚀现象。而对于其他塔类设备，如催化或焦化等分馏塔，由于相关腐蚀因素相对较少，因此腐蚀问题比较轻。

1.2 容器类设备

在炼油厂，相关容器类设备主要对原油进行存储，同时还可以分离原油产物，通常表现为钢质储藏罐。在炼油厂的原油炼化过程当中，储油罐是十分重要的一项设备，在具体使用时，储油罐容易受到原油和相关分离产物的腐蚀。而且由于储油罐的质量相对较大，因此所产生的腐蚀问题也十分严重，进而造成了相应的经济损失，对环境也产生了严重的污染问题。通常来说，储油罐的腐蚀问题一般表现在罐的内壁、底部以及外壁等相关位置。此外，储油罐出现腐蚀问题的原因相对较多，具体涉及细菌、原电池以及化学等相关腐蚀现象，需要结合具体情况，采取相应的防腐蚀措施。

1.3 冷换类设备

在炼油厂的实际生产过程当中，冷换类设备是必不可少的一类设施。冷换类设备可在原油分离时实现热量交换，以此来有效分离原油物质。冷换类设备除了换热器之外还具有换冷器，在具体使用时换热器的腐蚀问题相对比较严重。具体来说，换热器可以对物质间的热量进行有效交换，而且管束半径相对较小，和原油等相关物质具有较大的接触面积。换热器通常采用具有良好传热性能的金属，这使得换热器在具体工作时的腐蚀现象也十分严重。例如，在原油分离时，相关腐蚀性介质如硫化氢或氢气等，都会严重影响到换热器的正常使用。通过相关研究表明，换热器腐蚀问题的出现一般是从换热器内部开始产生，主要表现在其内部管束的腐蚀问题，最终对换热器的正常运行产生影响。

图 1　储油罐示意图　　　　　　　　　　　　　图 2　冷换类设备示意图

1.4　管道类设备

在炼油厂相关管道类设备可对各大型设备进行有效连接，同时还能够对设备内的原料以及成品等进行运送和传输，是整体炼油过程中的重要纽带。在炼油厂具体生产过程当中，如果管内设备发生腐蚀问题，将会产生十分严重的后果。而且相关管线设备在发生安全事故后，不仅容易伤害相关工作人员和污染环境，而且还会产生极为严重的事故伤害。与此同时，在炼油厂当中，管类设备也是最为容易受到腐蚀的一类装置，由于其管壁相对较薄，传输介质的种类相对较多，而又未采取有效的防护措施，因此容易对相关管道装置造成严重的损害。

2　石油炼油装置腐蚀原因

针对炼油厂炼油装置的腐蚀现状进行分析，导致相关炼油装置出现腐蚀问题的原因相对较多，具体需要涉及化学腐蚀、原电池腐蚀等。

2.1　化学腐蚀

化学腐蚀是指金属在和相关物质发生接触后，会产生具体的化学反应，进而造成腐蚀问题。在石油炼化生产环节当中，需要严格控制各项工艺流程的生产条件，如温度等，但同时也容易造成化学腐蚀问题。原油物质的组成十分复杂，在加工后会有各类化学物质产生，如氯化氢或硫化氢等。而该类物质在炼油装置当中会产生相应的化学反应，进而生成具体的腐蚀物质，对炼油装置造成腐蚀。在炼油厂当中，相关化学腐蚀具体包括高温硫化氢–氢气腐蚀以及高温硫腐蚀等。

2.2　原电池腐蚀

原电池腐蚀主要是指金属之间活性不同，进而产生相应的电化学腐蚀问题。在炼油厂中相关炼油装置的制造材料主要采用不同金属，因此具有金属接触面和焊接面，在长时间的接触后，当相关电解质溶液介入后，将会在设备内部产生相应的微型原电池，进而造成原电池腐蚀现象。通常来说，原电池腐蚀主要在设备管道等相关焊接位置发生，如果设备管道长时间处于潮湿环境，也容易出现此类腐蚀问题。

3 石油炼油装置的腐蚀防护措施

由于石油具有相应的特殊性质，因此在石油炼化生产过程中，相关炼化装置容易出现腐蚀问题，这不仅影响了炼油厂的正常生产，而且还可能引发相关安全事故。对此，炼油厂设备管理人员需要认真分析石油炼化装置的腐蚀问题，并合理采取防护对策，从而全面保证石油炼化装置的稳定运行，从而提升炼油厂的生产安全性。

3.1 "一脱三注"工艺腐蚀防护技术

一脱三注技术具体是指脱盐和注水、氨以及缓蚀剂。目前，在炼油厂相关炼油装置当中，主要对该腐蚀防护技术进行应用。首先，脱盐技术是指对原油脱盐，具体是在原油进入装置前采取深度除盐措施，从而有效去除原油中的大量盐，使原油中的酸根离子含量得到有效降低。其次，注氨技术具体是在蒸馏塔内加入氨气或氨水，从而有效控制蒸馏塔内的酸碱度。再次，注缓蚀剂则是通过注氨对酸碱度进行控制，同时还需要将缓蚀剂在设备管道当中注入，以此来起到良好的缓蚀效果。最后，注水需要相关工作人员在冷凝器内有效注水，这样不仅能够加快气体挥发，同时还能够对具有较强腐蚀性的物质进行稀释。

3.2 金属渗入腐蚀防护技术

对于炼油装置的化学腐蚀问题，具体可应用金属渗入腐蚀防护技术，从而使设备表面的金属活性得到有效降低，提高金属和相关设备金属间的结合度，增强结合能力，使其化学性质的稳定性得到有效提高。通过对金属渗入腐蚀防护技术进行应用，可以使相关炼油装置的抗高温氧化性能和物理性能得到增强，通常在换冷设备和炉管当中进行使用，从而起到良好的防腐蚀效果。

3.3 电化学腐蚀防护技术

通常来说，电化学腐蚀防护技术在实际应用时，主要结合原电池原理有效防护相关电化学腐蚀问题。具体采用的方法主要为阴极保护法，可通过输入外接电流对阴极进行有效保护。在炼油厂当中，通常可在储油罐以及输油管道等炼油装置当中进行应用。

3.4 金属及非金属镀层、涂层腐蚀防护技术

该类防腐蚀技术的操作相对简单，而且具有丰富多样的镀层材料。具体来说，由于部分炼油装置与原油或附属产品等直接接触，进而产生腐蚀问题，而对该防护技术进行应用，则可以有效隔绝空气。镀层材料不仅包括相关非金属材料，而且还具有许多有机腐蚀防护涂料，可以起到良好的防护效果，因此在炼油装置的防腐蚀工作当中得到了有效应用。

3.5 全面控制炼油作业

在炼油厂的实际炼化生产过程中，相关工作人员需要根据炼油规范进行操作，避免超出装置负荷，有效控制温度和压力等因素。在实际生产过程当中，相关工作人员需要具体从以下三个方面来进行完善。首先，需要对炼油装置的腐蚀情况进行合理评估，并对设备运行的风险因素进行充分分析，结合风险因素的出现概率，合理采取措施。其次，对于含硫的原油材料，工作人员需要对其进行脱硫处理，并对加热温度进行合理控制，从而有效保障设备运行时的表面温度。最后，在炼油装置运行时，需要对加热炉的烟气漏点情况进行检查，从而对烟气的排放温度进行控制，使腐蚀问题的发生概率得到有效降低。

3.6 加强炼油装置的检修工作

炼油厂相关工作人员需要按照具体规定，对相关炼油装置进行检修，并在装置运行时加强监督和管理。具体而言，在炼油装置检修时，相关管理人员需要深刻认识到检修工作的重

要性，并结合相关装置的实际运行情况，科学制定检修计划，同时还需要监督计划的执行情况，从而使相关炼油装置的腐蚀程度得到有效控制。而在炼油装置的具体运行过程中，相关工作人员需要对先进的监测设备进行使用，从而有效检测装置温度，并了解装置的实际运行情况，合理预测装置运行时的危险因素。在日常检修工作当中，相关工作人员需要合理修复小面积的腐蚀问题，对于管道设备可以采用超声波检测的方法来明确管道厚度，并对其内部腐蚀问题进行了解。一旦相关管道设备的管壁厚度与运行要求不符，工作人员需要及时更换，使管道的耐腐蚀性得到增强，确保炼油生产过程的安全性。除此之外，相关工作人员还需要定期清理炼油设备，从而使装备腐蚀程度得到降低。

4 结语

综上所述，石油炼油厂的炼油装置腐蚀问题十分严重，这不仅对炼油装置的安全运行产生影响，还会给炼油厂带来严重的经济损失。因此，相关炼油厂负责人需要针对炼油装置腐蚀问题加大处理力度，具体需要对先进的防腐蚀处理技术进行应用，同时还需要加强人员培养，提升人员的专业技术水平，使其能够在装置运行过程中做好检修工作，有效控制装置腐蚀问题，使炼油装置运行的安全性和稳定性得到有效提高。

参 考 文 献

[1] 贾玉强. 液碱管道腐蚀泄漏原因分析及处理方法[J]. 化学工程与装备，2020，14(06)：173-174+179.

[2] 康杰，马明明，钱铎，等. 国内石油炼化企业中设备腐蚀的基本情况及防腐措施[J]. 化工管理，2020，24(13)：158-159+161.

[3] 赵敏，郭兴建. 炼油装置工艺防腐蚀措施的制定及应用[J]. 石油化工腐蚀与防护，2020，37(01)：28-32.

[4] 闫海龙，李文超，南粉益. 我国炼油装置腐蚀情况及缓蚀剂应用概述[J]. 广东化工，2019，46(15)：161-162.

[5] 孟庆冬. 炼油加氢装置设备防腐蚀能力研究[J]. 技术与市场，2019，26(05)：139-140.

作者简介：李磊(1980—)，2004 年毕业于湖南农业大学，信息与计算科学专业，学士，2019 年毕业于中国石油大学(华东)，热能与动力工程专业，硕士，工程师，现从事设备管理工作。通讯地址：湖南省岳阳市云溪区长炼热电部。邮编：414012，E-mail：dlclilei. clsh @ sinopec. com。

炼厂装置氯、氮、硫平衡及传递规律研究

杨晓彦　霍明辰　何　沛　史得军　黄晓飞　田松柏　马启明

（中国石油石油化工研究院）

摘　要　为了考察原油中引起装置腐蚀的三种元素氯、氮、硫在炼厂各装置的分布及传递规律，对国内两家炼厂的 31 套装置进行了整体的采样，通过对典型炼厂各装置的氯、氮、硫分析和计算，完成了各装置腐蚀性元素平衡研究，掌握了炼厂引起装置腐蚀的三种元素的传递规律；同时建立了原油中总氮、无机氯、有机氯含量的检测方法，开发了石脑油中氯形态分析方法，研究了汽柴油加氢装置加氢前后氮化合物形态及含量变化，为炼厂防腐战略提供技术支撑，助力炼厂建立合理有效的腐蚀检测机制。

关键词　氯平衡；氮平衡；硫平衡；氯传递；硫传递；氮传递；腐蚀

1　前言

我国原油资源短缺，可供炼制的轻硫、低氮、低氯的原油越来越少，随着原油深度开采，重质高硫、高氮、高盐的原油比例逐年增加，导致装置酸性水腐蚀性增加，换热器和空冷器等装置结盐严重，影响装置安全平稳生产。

原油中氯的存在形式一般分为有无机氯和有机氯两种，原油电脱盐装置可以脱除 70%～100% 的无机氯化物，但是仍然有少量的无机氯化物和部分有机氯化物进入到后续炼油装置中，由于无机氯化物的水解和有机氯化物的分解产生氯化氢气体，溶于水后形成盐酸，对生产装置和管线造成严重腐蚀。因此需要准确测定原油中的有机氯和无机氯含量，同时需要深度了解有机氯的存在形式，为电脱盐工艺和脱有机氯工艺提供数据支撑。

原油中的氮化合物是由生成石油的原始物质在地下条件下演变形成的，氮化合物容易氧化形成胶质、沉渣，影响油品的氧化安定性；氮化合物燃烧时产生的氮氧化物是机动车排放的主要大气污染物；同时氮化合物在加工过程中容易造成催化剂中毒，降低加氢脱氮工艺的深度；氮化合物在加氢工艺产生的氨，引起装置结垢腐蚀。造成装置非计划停工，给炼厂带来巨大的经济损失。

原油中的硫化物含量不断增加，原油在加工过程中产生的硫化氢气体能引起设备的化学腐蚀、应力腐蚀。在石油加工过程中硫元素还能造成设备腐蚀，催化剂中毒；汽油中的硫化物也是主要大气污染物，还会引起发动机腐蚀和磨损加剧。同时原油中的氯化物和硫化物可能产生 $H_2S-HCl-H_2O$ 型腐蚀，原油中的氯化物、氮化合物和硫化合物还可能引起 $H_2S-HCN-H_2O$ 型和 $HCl-H_2S-NH_4-H_2O$ 型腐蚀造成装置无法稳定运行。因此，炼厂需要准确测定氯、氮、硫的含量，以及在炼厂的分布规律，针对腐蚀性元素含量较高的部位提前进行重点部署，确定合理、有效的腐蚀监测机制。

随着炼油厂氯、氮、硫腐蚀和环保问题的日益突出，了解和掌握原油加工过程中氯、

氮、硫的分布和传递规律对企业的现代化管理越来越重要。该研究选取国内两家炼厂的 31 套装置开展腐蚀性元素氯、氮、硫的分布及传递规律研究，确定了气体、油样和水样中氯、氮、硫的检测方法；针对 500 多个样品中的腐蚀性元素氯、氮、硫含量进行检测，经过计算最终完成了 31 套装置的氯、氮、硫物料平衡；总结出腐蚀性元素在整个炼厂的分布及传递规律，绘制了全厂氯、氮、硫的分布及传递图；针对炼厂提出的原油中总氯、无机氯和有机氯无法准确测定的问题，制定了原油中总氯、无机氯、有机氯的方法标准；开发了石脑油中有机氯形态的检测方法，使得炼厂了解原油中有机氯的存在形式；研究了汽柴油加氢装置反应前后氮化合物形态变化，助力炼厂深度脱氮。

2 试验方法

工作初期调研了气体、轻质油品、重质油品及水中氯、氮、硫所有检测方法，并对方法的准确性和适用性进行了考察，最终确定炼厂氯、氮、硫的检测方法（见表 1）。

表 1 分析方法标准号及简称

样品类型	氯		氮		硫	
	标准号	方法简称	标准号	方法简称	标准号	方法简称
气体	—	检测管法	—	检测管法	GB/T 11060.11	着色长度检测管法
水溶液	GB/T 14642	离子色谱法	HJ 537	蒸馏-中和滴定法	HJ/T 60	碘量法
	GB/T 11896	硝酸银滴定法	HJ 535	纳氏试剂分光光度法	GB/T 16489	亚甲基蓝分光光度法
	GB/T 15453	电位滴定法				
轻质油品	自建	微库仑法	SH/T 0657	化学发光法	SH/T 0689	紫外荧光法
重质油品	自建	微库仑法	SH/T 0704	化学发光法	GB/T 17040	能量色散 X 射线荧光光谱法

3 全厂装置氯、氮、硫分析结果与平衡计算

因该研究涉及的装置较多，由于论文篇幅限制无法一一列出，故将常减压装置、加氢裂化、重整、柴油加氢等装置为例进行讨论。

3.1 常减压装置氯、氮、硫分析结果及平衡计算

原油经过电脱盐后进入常减压蒸馏装置，原料虽然脱掉了大部分的无机氯，但仍有一部分无机氯、有机氯和较高浓度的氮、硫进入常减压装置，给装置带来腐蚀。因此需要重点分析常减压装置腐蚀性元素的分布情况。

两家炼厂共有四套套常减压装置，以 2 号常减压为例，2 号常减压蒸馏装置加工的原油为 90% 的大庆原油掺炼 10% 的俄罗斯原油，原料中氯含量为 1.99mg/kg、氮含量为 1429mg/kg、硫含量为 1290mg/kg。原料中的氯元素经过蒸馏后主要集中在减压渣油、常顶酸性水、减顶酸性水中，其中减压渣油占 20.02%、常顶酸性水占 58.12%、减顶酸性水占 14.09%；氮元素经过蒸馏后约有 88.31% 集中在减压渣油中；硫元素经过蒸馏后各个测线均有分布，且随着石油馏分沸点的增加，硫含量也呈递增的趋势，减压渣油中的硫约占总硫含量的 56.90%。原料、产品和水中的氯、氮、硫含量分析结果及平衡计算见表 2。表中显示，氯回收率为 108.90%、氮回收率为 97.33%、硫回收率为 88.53%。

表2 2号常减压蒸馏装置采样及分析

	名称	氯含量/(mg/kg)	氯分布/%	氮含量/(mg/kg)	氮分布/%	硫含量/(mg/kg)	硫分布/%
原料	脱后原油	1.99	—	1429	—	1290	—
气体	蒸顶不凝气	—	0.00	5.00	0.00	568.00	0.07
产品	蒸顶石脑油	1.46	1.66	0.32	0.00	73.70	0.13
	常顶石脑油	0.68	1.57	0.76	0.00	117.70	0.42
	常一线油	0.14	0.49	0.26	0.00	176.50	0.96
	常二线油	0.20	1.18	9.46	0.08	381.30	3.48
	常三线油	0.27	0.85	56.30	0.25	767.80	3.73
	常四线油	0.58	2.21	206.30	1.10	970.00	5.71
	减一线油	0.84	0.90	95.30	0.14	1160	1.92
	减一A线油	0.90	1.24	199.40	0.38	1270	2.70
	减二线油	0.50	2.22	346.30	2.14	940.00	6.44
	减三线油	0.44	1.94	598.40	3.67	1210	8.22
	减四线油	0.43	0.41	955.80	1.26	1510	2.21
	减压渣油	1.10	20.02	3485	88.31	1870	52.49
水	常顶注水	<10	0.00	31.80	-0.03	0.50	(0.00)
	蒸顶酸性水	17.00	2.00	113.00	0.02	11.20	0.00
	常顶酸性水	33.00	58.12	5.80	0.01	13.90	0.04
	减顶酸性水	20.00	14.09	2.90	0.00	11.90	0.01
	回收率	—	108.90	—	97.33	—	88.53

3.1.1 常减压装置石脑油中氯形态分析

为了进一步研究蒸馏装置中氯的存在形态，建立了石脑油中有机氯形态分析的方法。选取11种常见的有机氯化合物建立曲线，测定常减压装置石脑油中氯的存在形式。研究2号常减压蒸馏的蒸顶石脑油中检测到二氯甲烷的存在。2号常减压侧线蒸顶石脑油中氯含量为1.46mg/kg，其中二氯甲烷的含量占73.02%。这些有机氯化合物可能来源于采油过程中所用的化学助剂，如驱油剂、清蜡剂等。值得注意的是，虽然这些含氯化合物含量较低，但是在水热条件下容易发生水解或热解反应，生成的氯化氢对加工设备腐蚀性很大。

3.2 加氢裂化装置氯、氮、硫平衡

炼厂的加氢裂化装置原料来自3号常减压装置减压蜡油。原料经过加氢裂化后转化成轻质馏分。原料中的氯、氮、硫经过加氢后生成氯化氢、氨和硫化氢，达到脱氯、脱氮、脱硫的目的。

原料中氯含量为0.57mg/kg，经过加氢裂化后大部分氯元素进入到酸性水中，气体和油品中氯分布较少。原料中氮含量为699.10mg/kg、经过加氢裂化后含氮化合物以氨的形式进入到酸性水中，酸性水中氮含量占总氮的86.53%，产品中石脑油、航煤、柴油、尾油的氮含量全部加和结果不到总氮的1%。原料中硫含量为6800mg/kg，原料经过加氢裂化后80%的硫元素以硫化氢的形态分布在气体中，20%分布在酸性水中，产品中石脑油、航煤、柴油、尾油的硫含量全部加和结果不到总硫的1%。具体结果见表3。

表 3　加氢裂化装置采样及分析

	名称	氯含量/（mg/kg）	氯分布/%	氮含量/（mg/kg）	氮分布/%	硫含量/（mg/kg）	硫分布/%
原料	混合新鲜原料油	0.57	—	699.10	—	6800	—
	新氢（入装置）	—	0.00	5.00	—	—	—
气体	脱硫前循环气	0.00	0.00	0.00	0.00	3000	69.32
	脱硫前低分气	0.00	0.00	30.00	0.01	14200	8.52
	汽提塔顶气	0.00	0.00	10.00	0.02	41180	9.15
产品	汽提塔顶液	0.10	2.95	0.23	0.01	64.33	0.16
	分馏塔顶石脑油	0.11	1.69	<0.20	0.00	0.88	0.00
	航煤	0.09	5.17	0.35	0.02	0.30	0.00
	柴油	0.10	5.33	<0.20	0.00	0.18	0.00
	尾油	0.11	1.64	0.35	0.00	0.54	0.00
水	高压空冷 E-172 前注水	6.00	-114.51	43.40	-0.67	2.10	0.00
	酸性水	7.00	192.97	3858	86.53	9137	21.11
	回收率/%	—	95.24	—	85.92	—	108.26

　　原料经过加氢裂化工艺后脱除了大部分的氯、氮、硫元素，氯、氮、硫进入到气体和酸性水中，产品中的残留很少。加氢裂化装置中氯、氮、硫的回收率分别为 95.24%、85.92%、108.26%。

3.3　连续重整装氯、氮、硫平衡

　　重整装置原料为重石脑油，本次研究选取了预加氢后的原料进行腐蚀性元素平衡研究。连续重整原料经过预加氢处理后脱掉了原料中的氯、氮、硫，进入到重整反应器中，将低辛烷值的汽油经过重排、异构，增加芳烃产量，提高汽油辛烷值，同时副产氢气。

　　连续重整原料经过预加氢处理后氯含量为 0.18mg/kg、氮含量为 0.40mg/kg、硫含量为 0.31mg/kg。由于原料中氮、硫的含量小于 0.50mg/kg，实际测试过程中分析误差较大，因此不再进行重整装置中的氮和硫的平衡计算。连续重整装置原料氯含量小于 0.20mg/kg，但重整装置催化剂涉及补充有机氯，因此需要对该装置的氯平衡进行计算。

　　在重整装置中每天需要系统注氯以保持催化剂的水、氯平衡，系统补氯的含量为 0.057t/d。重整装置原料中的氯含量为 0.18mg/kg，占总氯的 1.89%，催化剂补氯占总氯的 98.11%。原料经过连续重整后大部分氯进入到重整氢气、再生烟气、重整汽油中，其中重整氢气中的氯含量占比为 6%、再生烟气中的氯占 61%、重整汽油占 9%，三种产品经过脱氯罐处理后大部分的氯含量被脱氯罐吸收。重整汽油经过脱氯罐脱氯后，进入脱戊烷塔，经脱戊烷塔处理后生成脱戊烷油、C_6、C_7、二甲苯、C_9、C_{10}、重芳烃等产品中氯含量较少。

　　经过计算连续重整装置氯的回收率为 87.50%。具体结果见表 4。

表 4　连续重整装置采样及分析

	名称	氯含量/（mg/kg）	氯分布/%	氮含量/（mg/kg）	硫含量/（mg/kg）
原料	石脑油（注硫后）	0.18	—	0.40	0.31
	系统注氯（四氯乙烯）	835000	—	—	—

名称		氯含量/(mg/kg)	氯分布/%	氮含量/(mg/kg)	硫含量/(mg/kg)
气体	重整氢气(出装置)	0.00	—	2.00	0.00
	重整氢气(脱氯前)	7.32	6.07	—	—
	循环氢	0.00	0.00	5.00	0.00
	液化气(出装置)	0.00	0.00	2.00	0.00
	再生烟气脱氯入口	1000	61.20	—	—
	再生烟气脱氯出口	0.00	0.00	5.00	0.00
油品	脱氯前	0.92	8.91	0.15	0.31
	脱氯后	0.74	7.17	<0.20	0.37
	脱戊烷油	0.30	2.70	0.18	0.28
	C_6C_7	0.22	1.00	<0.20	0.16
	二甲苯	0.10	0.21	1.54	0.32
	C_9C_{10}	0.10	0.16	1.80	0.49
	重芳烃	0.11	0.08	0.24	0.31
回收率/%		—	87.50	—	—

3.4 柴油加氢装置氯、氮平衡计算

柴油加氢原料来自直柴、催柴和焦柴的混合物料。柴油加氢装置采样及分析结果见表5。

表5 柴油加氢装置采样及分析

名称		氯含量/(mg/kg)	氮含量/(mg/kg)	氮分布/%
原料	混合原料	<0.20	372.99	—
油品	石脑油	0.36	0.76	0.00
	柴油	<0.20	0.82	0.21
水	入口除盐水	<10	0.00	0.00
	出口酸性水	<10	4237	88.04
	汽提水	<10	0.00	0.00
回收率/%		—	—	88.25

从表5中可知,柴油加氢的原料中氯含量为小于0.20mg/kg,含量较低,故不再对柴油加氢装置氯平衡进行计算。

柴油加氢原料中氮含量为372.99mg/kg。原料中的氮经过加氢后,约有88%的氮元素分布在酸性水中,柴油产品脱除了大部分的氮元素,通过计算可知,脱氮效率达到99%以上。

3.4.1 柴油加氢装置反应前后氮化合物变化规律

柴油加氢反应前后含氮化合物含量变化见表6。表6可知,抚顺石化柴油加氢原料中含氮化合物基本以中性含氮化合物为主,占已定性含氮化合物的98.3%;从化合物类型上看,咔唑类含氮化合物含量最高,占到已定性含氮化合物总量的85.8%,其次是吲哚类、喹啉类含氮化合物;从化合物结构上看,化合物含量随着甲基取代基数目的增多呈现先增加后降

低的 γ 分布趋势；加氢原料中吲哚类化合物以 C_1-C_3 取代的化合物为主，咔唑类化合物以 C_1-C_3 取代的化合物为主；加氢反应后基本没有含氮化合物，说明柴油加氢反应的脱氮深度较高。

表6　抚顺石化柴油加氢反应前后含氮化合物含量

化合物	加氢原料/(mg/kg)	加氢汽油产品/(mg/kg)	加氢柴油产品/(mg/kg)
C_1-喹啉	6.40	0.00	0.00
C_1-吲哚	10.62	0.00	0.00
C_2-吲哚	20.81	0.00	0.00
C_3-吲哚	14.97	0.00	0.00
咔唑	13.76	0.00	0.00
C_1-咔唑	57.92	0.00	0.00
C_2-咔唑	122.57	0.00	0.00
C_3-咔唑	71.56	0.00	0.00
C_4-咔唑	54.38	0.00	0.00
C_3-苯并喹啉	0.00	0.00	0.00
C_4-苯并喹啉	0.00	0.00	0.00
总氮	372.99	0.76	0.82

4　结语

通过对国内两家炼厂的常减压蒸馏、加氢裂化、重整、柴油加氢、润滑油等31套装置的采样和分析工作，得到了炼厂全流程的氯、氮、硫分布及传递规律。总结出腐蚀性元素在整个炼厂的分布及传递规律，绘制了全厂氯、氮、硫的分布及传递图；针对炼厂提出的原油中总氯、无机氯和有机氯无法准确测定的问题，制定了原油中总氯、无机氯、有机氯的方法标准；开发了石脑油中有机氯形态的检测方法，使得炼厂了解原油中有机氯的存在形式；研究了汽柴油加氢装置反应前后氮化合物形态变化，助力炼厂深度脱氮。本研究为炼厂深度脱除氯、氮、硫，重点装置防腐和工艺升级等方面提供可靠的技术支撑，保证炼厂生产装置的安、稳、长、满、优运行。

参 考 文 献

[1] 王军，高飞，张建文，等. 煤柴油加氢联合装置氯腐蚀分析及对策[J]. 安全、健康和环境，2019，v.19(08)：19-23+59.

[2] 胥晓东. 炼油装置的氯腐蚀及处理措施[J]. 安全、健康和环境，2015，05：34-37.

[3] 杨洋. 常压塔腐蚀信息融合技术研究[D]. 西安：西安石油大学，2011.

[4] 冯亚军. 延安炼油厂常压装置现场腐蚀监测系统应用研究[D]. 西安：西安石油大学，2014.

[5] 武本成，李永锋，朱建华. 原油蒸馏过程中腐蚀性组 HCl 的来源探讨[J]. 石油学报(石油加工)，2014，30(6)：1034-1042.

[6] 叶荣. 原油加工过程中氯化物腐蚀防治探讨[J]. 广东化工，2006，33(4)：9-12.

[7] 刘洋. 炼油厂常压塔腐蚀与维护的研究与应用[D]. 西安：西安石油大学，2014.

[8] Bauserman J W, Mushrush G W, Hardy D R. Organic nitrogen compounds and fuel instability in middle distillate fuels[J]. Industrial & Engineering Chemistry Research, 2008, 47(9)：2867-2875.

［9］Cheng Y, Zheng G, Wei C, et al. Reactive nitrogen chemistry in aerosol water as a source of sulfate during haze events in China［J］. Science advances, 2016, 2(12)：e1601530.

［10］Sano Y, Choi K H, Korai Y, et al. Effects of nitrogen and refractory sulfur species removal on the deep HDS of gas oil［J］. Applied Catalysis B：Environmental, 2004, 53(3)：169-174.

［11］Sano Y, Choi K H, Korai Y, et al. Adsorptive removal of sulfur and nitrogen species from a straight run gas oil over activated carbons for its deep hydrodesulfurization［J］. Applied Catalysis B：Environmental, 2004, 49(4)：219-225.

［12］李永飞, 吕瑞典, 正岩, 等. 炼油厂设备腐蚀与防护浅析［J］. 中国新技术新产品, 2009(24)：135-136.

［13］曹德溟. 探析炼油厂设备腐蚀机理与防护措施［J］. 化工管理, 2018, 000(001)：134-134.

［14］张燕婷. 炼油厂设备的腐蚀与防护［J］. 化工管理, 2014(11)：176.

作者简介：杨晓彦(1985—)，硕士，现工作于中国石油石油化工研究院，高级工程师，主要研究油品中元素含量分析、防腐分析。

某乙烯装置裂解炉混合预热管弯头失效原因分析

刘春辉

（中国石油化工股份有限公司天津分公司装备研究院）

摘　要　乙烯装置裂解炉混合预热管弯头母材发生开裂，通过宏观检验、尺寸测量、壁厚检测、化学成分分析、硬度检验、渗透检测、金相检验和运行工况分析等一系列检验，确定弯头开裂的主要原因是应力腐蚀开裂，据此提出了具体的建议及措施。

关键词　开裂；应力腐蚀

1　情况简介

某乙烯装置裂解炉 BA106 于 2020 年 12 月 8 日检修后投用。2020 年 12 月 13 日 BA106 运行期间，操作人员在巡检过程中，发现第二组进料与稀释蒸汽混合预热后第一个弯头位置有油气渗漏，经检查发现弯头本体出现裂纹。12 月 24 日 BA106 退料，经烧焦后降温交出检修。泄漏位置见图 1。弯头处于管道中的水平位置，宏观开裂处位于弯头的正下方。

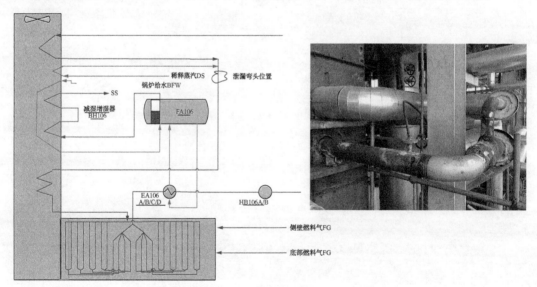

图 1　泄漏位置示意图及现场照片（新弯头更换后）

混合预热管工作压力 0.4~0.5MPa，工作温度 400℃ 左右，工作介质：石脑油，材质为 TP304H，规格为 φ168mm×7.1mm。该管道 2001 年开始投入使用。

将开裂弯头取下后进行失效原因分析，随后又对与之连接的变径进行分析，原因是变径在与新换上的弯头焊接过程中发现裂纹。由于未查到该管道相应的产品标准，故依据 ASME SA213《锅炉、过热器和换热器用无缝铁素体和奥氏体合金钢管子》及 GB 9948《石油裂化用无缝钢管》为参照标准。

2 检验与分析

2.1 宏观检验

弯头经宏观检验未见明显鼓胀变形，外壁表面被褐色和黑色腐蚀产物覆盖，已失去金属光泽，目视可见外壁侧弯处有多条裂纹，见图2。内壁存在浅腐蚀麻坑，位于弯头下方侧弯，见图3。

图2　弯头形貌

对后送检的变径进行宏观检验，未见明显鼓胀变形，内外壁表面被褐色和黑色腐蚀产物覆盖，已失去金属光泽，见图4。

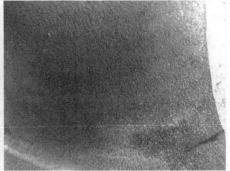

图3　弯头内壁裂纹及麻坑形貌

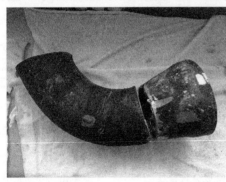

图4　变径外壁及内壁形貌

2.2 尺寸测量

对弯头进行外径检测，结果见表1。厂方提供的弯头原始外径 ϕ168mm，从检测结果未见明显鼓胀变形。

表1　弯头直径测量　　　　　　　　　　　　　　　单位：mm

测量位置	开裂处		弯头中部		靠近另一侧焊缝处	
	水平	垂直	水平	垂直	水平	垂直
外径	ϕ165	ϕ169	ϕ163.5	ϕ168	ϕ161	ϕ167

2.3 壁厚检测

对混合预热管弯头进行壁厚测量，具体测量部位见图5，开裂部位厚度在6.2~6.5mm之

· 317 ·

间，检测结果见表2，厂方提供的弯头原始壁厚7.1mm，与原始壁厚相比，未见明显减薄。

表2 弯头壁厚测量数据

测量位置	开裂处	1#	2#	3#	4#
厚度值/mm	6.2~6.5	6.5	6.7	6.7	6.6

2.4 化学成分分析

对弯头2个部位(1个位于开裂处，1个位于弯头外弯)打磨后进行合金元素光谱检测，检测部位见图6，结果见表3。

在外壁裂纹附近取样进行化学成分分析，检测部位见图6，检测结果见表4。

混合预热管材质为TP304H。根据标准ASME SA213《锅炉、过热器和换热器用无缝铁素体和奥氏体合金钢管子》及GB 9948《石油裂化用无缝钢管》，弯头的化学成分含量满足TP304H要求。

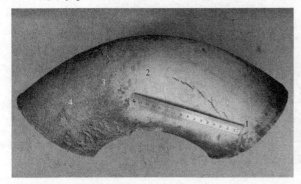

图5 测厚位置示意图

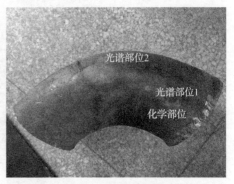

图6 光谱检测部位

表3 弯头光谱检测合金元素含量　　　　　　单位:%(质量分数)

位置	Cr	Ni	Mn	Mo
1#(开裂处)	18.84	8.86	1.63	0.08
2#(外弯)	18.68	9.0	1.66	0.08
ASME SA213中TP304H要求	18.0~20.0	8.0~11.0	≤2	—
GB 9948中S30409要求	18.0~20.0	8.0~11.0	≤2	—

表4 弯头化学成分含量　　　　　　单位:%(质量分数)

元　素	C	S	P	Cr	Ni	Mn	Mo
开裂附近	0.0615	0.0103	0.026	18.82	8.91	1.64	0.08
ASMESA213中TP304H要求	0.04~0.10	≤0.045	≤0.030	18.0~20.0	8.0~11.0	≤2	—
GB 9948中S30409要求	0.04~0.10	≤0.030	≤0.015	18.0~20.0	8.0~11.0	≤2	—

2.5 硬度检验

对弯头打磨后进行硬度检验，共选取外壁7个部位，1#位于宏观开裂处，2#~7#分别为下方侧弯、外弯、上方侧弯，结果见表5。

根据ASME SA213《锅炉、过热器和换热器用无缝铁素体和奥氏体合金钢管子》对TP304H硬度要求≤192HB，及GB 9948《石油裂化用无缝钢管》中对07Cr19Ni10力学性能要求≤187HB判断，弯头的硬度值都符合要求。

表5　弯头硬度

单位：HB

检测位置	硬度值	硬度值	硬度值	平均值
1#(开裂处)	158	160	164	161
2#(下方侧弯)	156	157	159	157
3#(下方侧弯)	158	160	161	160
4#(外弯)	164	161	163	163
5#(外弯)	162	164	165	164
6#(上方侧弯)	153	157	155	155
7#(上方侧弯)	155	158	159	157
ASME SA213	≤192			
GB 9948	≤187			

2.6　渗透检测

对混合预热管弯头渗透检测，外壁渗透检测后发现外壁多条断续裂纹，总长度约100mm，见图7。在开裂处垂直于裂纹方向将弯头切割开，并将内壁打磨光滑，对切割后的端面和内外壁进行渗透检测，发现端面贯穿裂纹附近存在多条未贯穿的裂纹，由内壁向外壁扩展，见图8，发现内壁大量平行于轴向的裂纹，主要分布在弯头下方侧弯贯穿裂纹附近，见图9。

对变径进行渗透检测，发现端面存在多条裂纹，由内壁向外壁扩展，开裂特征与弯头一致，见图10。

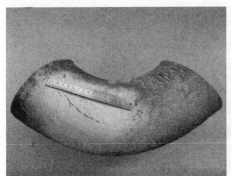

图7　外壁裂纹形貌

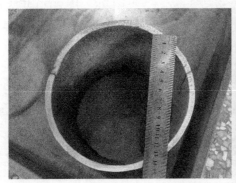

图8　端面裂纹形貌

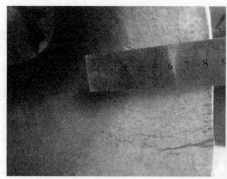

图 9　内壁裂纹形貌

图 10　变径端面裂纹形貌

2.7　金相检验

对弯头进行金相组织检验，共选取 5 个部位，1#位于宏观开裂处，2#~4#分别为下方侧弯、外弯、上方侧弯，这 4 处均位于外壁，检验部位见图 11，5#位于切割后的端面。外弯处金相组织为奥氏体+少量碳化物+形变马氏体，其他部位为奥氏体+少量碳化物。开裂部位附近和其他 3 处未出现开裂的外壁均分布大量微裂纹，这些裂纹为沿晶界扩展，从不同部位金相检验情况看，弯头外壁从下往上开裂程度逐渐减弱，见图 12~图 20。端面金相发现内外壁均存在裂纹，始于内壁的裂纹比始于外壁的裂纹大数量多、严重程度大，见图 21~图 26。

2.8　工况分析

从 LIMS 系统中调取 2019 年年初至弯头失效时介质中硫、氯含量数据，介质中硫含量在 2020 年 7 月以后氯含量明显升高，但未超过合格值 650mg/kg，见图 27，介质中氯含量在 2020 年 3 月以后氯含量明显升高，但未超过合格值 3mg/kg，见图 28。从 2020 年大修后开车到预热管弯头开裂期间，介质中的 S、Cl 含量虽然合格，但均比大修前的数值高 1~2 倍。

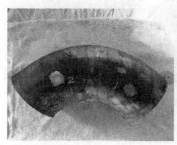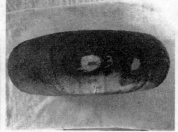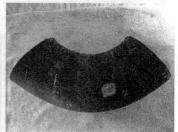

图 11　金相检验部位

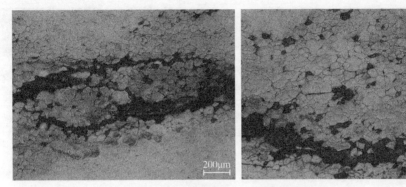

图12　1#(开裂处)金相组织-50倍

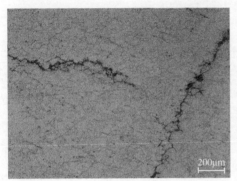

图13　1#(开裂处)金相组织-50倍

图14　1#(开裂处)金相组织-200倍

图15　2#(下方侧弯)金相组织-50倍

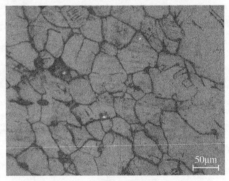

图16　2#(下方侧弯)金相组织-200倍

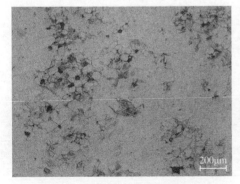

图17　3#(外弯)金相组织-50倍

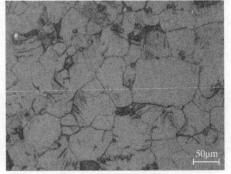

图18　3#(外弯)金相组织-200倍

图19　4#(上方侧弯)金相组织-50倍

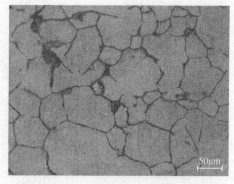

图20　4#(上方侧弯)金相组织-200倍

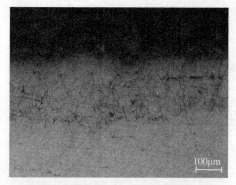

图21　5#(端面)内壁裂纹形貌-100倍

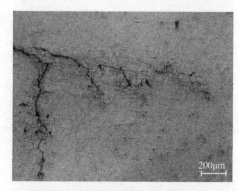

图22　5#(端面)内壁裂纹形貌-50倍

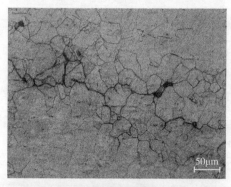

图23　5#(端面)内壁裂纹形貌-200倍

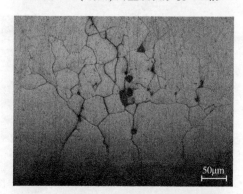

图24　5#(端面)外壁裂纹形貌-200倍

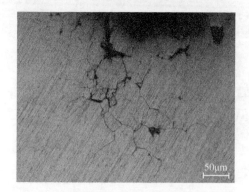

图25　5#(端面)内壁未侵蚀裂纹形貌-200倍

图26　5#(端面)外壁未侵蚀裂纹形貌-200倍

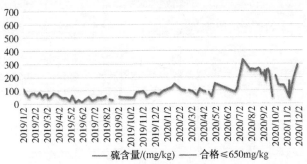

图 27　介质中硫含量趋势图

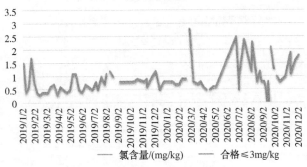

图 28　介质中氯含量趋势图

　　从数采系统采集裂解炉 BA106 在泄漏弯头附近的 4 个采样点温度的数值,见图 29。时间从 2020 年 1 月 1 日到 2021 年 1 月 21 日。可见除了大修期间 5 月中旬到 6 月底温度较低,10 月中旬到 12 月初也曾出现约 2 个月的温度较低的区间。

　　裂解炉存在烧焦工序,其中包括通蒸汽烧焦和空气烧焦工序,6 号炉在低温区时会存在氧气和水,会形成连多硫酸腐蚀环境。

　　结合以上数据,判断弯头在 10 月中旬到 12 月初期间,其内壁存在较之前严重的连多硫酸和 Cl 离子双重腐蚀环境。

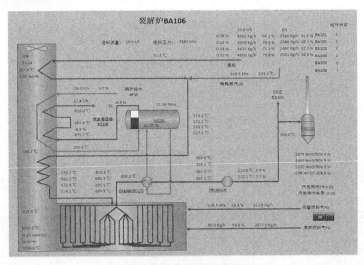

图 29　泄漏管线温度趋势图

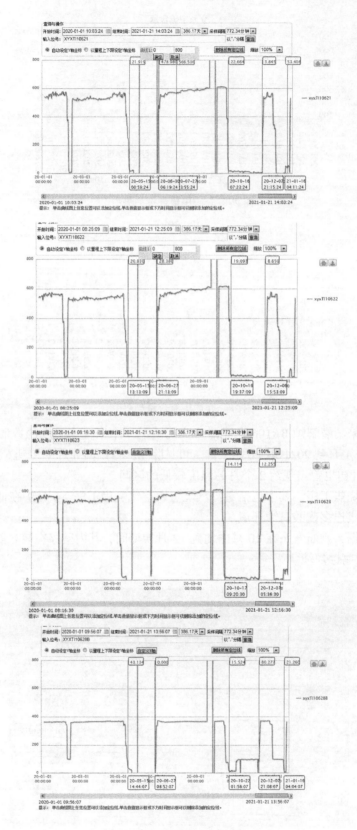

图 29 泄漏管线温度趋势图(续)

3 原因分析

根据宏观检验结果可以判断，弯头内外壁均存在腐蚀，裂纹形貌具有应力腐蚀裂纹特征。

渗透检测结果可以判断，主裂纹始于内壁，向外壁扩展，裂纹形貌具有应力腐蚀裂纹特征。

弯头的硬度检测无异常，无异常金相组织，合金元素含量满足标准要求，说明弯头的开裂与材料组织无直接关系，由此可以排除材料本身因素导致弯头开裂。

由金相检验结果可知，弯头内外壁均出现大量沿晶界扩展的微裂纹。

结合外壁的工作环境，判断外壁的裂纹是雨水和保温棉中溶出的 Cl 离子长期作用导致的不锈钢 Cl 离子应力腐蚀开裂。

结合内壁的工况分析，从 2020 年大修后开车到预热管弯头开裂期间，介质中的 S、Cl 含量虽然合格，但均比大修前的数值高 1~2 倍。并且在 10 月中旬到 12 月初期间 6 号炉存在低温区，在氧气和水共同作用下会形成连多硫酸腐蚀环境。该期间弯头内壁存在较之前严重的连多硫酸和 Cl 离子双重的腐蚀环境。连多硫酸和 Cl 离子均会对 304 不锈钢造成沿晶界扩展的裂纹，在该腐蚀环境下造成弯头腐蚀开裂泄漏。

综上，外壁裂纹为雨水和保温棉中的 Cl 离子长期作用导致的不锈钢 Cl 离子应力腐蚀开裂；内壁裂纹是连多硫酸和 Cl 离子双重作用导致的应力腐蚀开裂。在内外壁腐蚀环境的共同作用下，弯头出现裂纹并最终发生泄漏。

4 结语

混合预热管弯头开裂的主要原因是：内壁在连多硫酸和 Cl 离子双重腐蚀作用下导致应力腐蚀开裂，外壁在雨水和保温棉溶出的 Cl 离子长期滞留导致的 Cl 离子应力腐蚀开裂；内外壁的应力腐蚀共同作用下最终造成弯头泄漏。

5 建议及措施

（1）控制管道介质中 Cl 离子及 S 含量，减轻介质对管道的腐蚀。

（2）排查其他温度较高的不锈钢管线保温质量及外表面状况，同时，建议排查存在伴热线的不锈钢管线保温质量及外表面状况。

（3）结合实际运行工况，建议对该段混合预热管管件更换为 P11 材质。

作者简介：刘春辉(1986—)，毕业于武汉工程大学，过程装备与控制工程专业，学士，工程师，主要从事石油化工设备的检验检测及失效分析工作。通讯地址：天津市滨海新区(大港)北围堤路(西)160 号天津石化装备研究院。联系电话：15222706518，E-mail：liuchunhui1. tjsh@ sinopec. com。

乙烯装置碳三洗涤塔进料冷却器泄漏分析及处理

摘 要 新建80万t/a乙烯装置两次开工运行过程中，三台固定管板换热器(E307、E308、E305)的管箱封头和法兰多次发生泄漏，给安全和稳定生产造成很大的影响。本文从储存、干燥、组分、紧固、投用、制造、材质等方面进行综合分析，并提出相应的处理措施。

关键词 换热器；裂解气；泄漏；管箱；封头

新建80万t/a乙烯装置采用中国石化CBL裂解技术和低能耗乙烯分离技术(LECT技术)，于2020年9月底一次开车成功。分离为前脱丙烷流程，裂解气自高压脱丙烷塔回流罐经冷箱、循环乙烷汽化器(E-307)、碳三洗涤塔进料1#冷却器(E-308)和碳三洗涤塔进料2#冷却器(E-305)逐步冷却后进入碳三洗涤塔，见图1。E-307、E-308和E-305这三台冷却器结构类似，在工艺流程中处于关键位置，其泄漏直接影响了整个装置的长周期稳定运行。流程简图见图1。

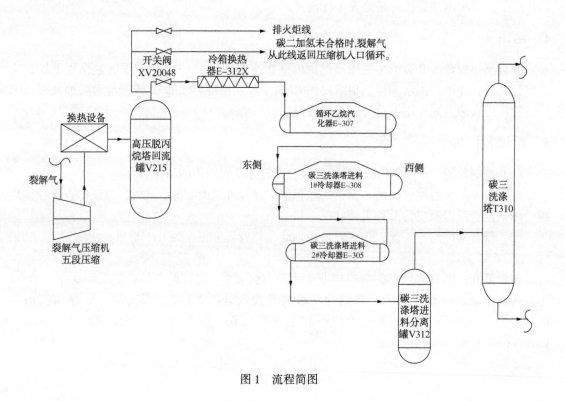

图1 流程简图

1 设备概况

裂解装置E-307、E-305两台冷换设备分别于2019年3月、5月制造，材质均为

S30408。E-308 于 2019 年 6 月制造，主体材质为 09MnNiDR。2019 年 8 月设备安装到装置现场，三台设备参数见表1。

表1 换热器参数表

设备名称	型 号	材质 （管、壳）	介质 （管、壳）	操作压力/ MPa	设计温度/℃	操作温度/℃
碳三洗涤塔进料 2#冷却器 E-305	BKM900/1800 - 4.2/3.36 - 277.1 - 4.8/19 - 1 I	S30408/ S30408	裂解气/脱甲烷塔釜液	管：3.439 壳：0.743	管：-70/65 壳：-70/65	管：-37/-43.47 壳：-55.37/-55.35
循环乙烷汽化器 E-307	KM1100/1900 - 4.2/3.36 - 536 - 6/19 - II	S30408/ S30408	裂解气/循环乙烷	管：3.481 壳：0.731	管：-55/65 壳：-55/65	管：19.88/-28.93 壳：-38.62/-38.2
碳三洗涤塔进料 1#冷却器 E-308	BKM1700/2800 - 4.2/3.36 - 1646.3 - 7.5/19 - 2 I	09MnNiD/ 09MnNiDR	裂解气/丙烯冷剂	管：3.48 壳：0.404	管：-55/65 壳：-45/65	管：-25.8/-37 壳：-39.74/-39.72

2 泄漏过程

9 月 26 日，裂解气压缩机引天然气开车，天然气进入前冷系统置换氮气，对 E307、E308、E305 管程预冷，温度分别降到为-11℃、-18℃、-20℃。

9 月 28 日投用裂解炉，产裂解气经急冷区去除重组分和冷却后，进入裂解气压缩机置换天然气。

29 日裂解气进入前冷系统，前冷系统温度下降，E-307、E-308、E-305 管程温度分为-21℃、-33℃、-45℃。当日 11：30 巡检人员对前冷系统设备及管线进行检查，通过四合一可燃气检测仪检测，发现 E-305 西侧封头有可燃气报警；随后又发现 E-308 东侧有可燃气报警；接着又发现 E-307 西侧封头有可燃气报警。拆除封头保冷后确认 E-305 西侧封头本体有四处小裂纹，裂解气喷出，现场泄漏情况见图 2；E-308 东侧管箱法兰密封面底部泄漏，裂解气冒出；E-307 西侧管箱法兰颈本体有三个小裂纹，裂解气冒出。

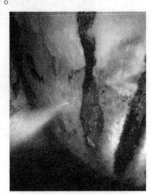

图2 9月29日发现
E-305 西侧封头裂纹泄漏情况

为避免换热器封头由于压力和流量过大或波动造成泄漏进一步加大，装置维持 60% 的负荷运行。即使如此，在随后的 9 天内，E-305 陆续出现新漏点，E-305、E-307 共出现 17 个裂纹泄漏点。E-305 西侧封头 10 处和东侧封头 2 处，裂纹全部分布在距离封头环焊缝 10~15mm 封头直边段环向一周上，裂纹垂直于环焊缝，裂纹长度约 3~5mm。E-307 西侧管箱法兰本体 3 处裂纹均分布在环向一周位置上，裂纹垂直于法兰与筒体的环焊缝，距离焊缝约 10mm，长度约 2~3mm。E-305 泄漏点位置详见图 3 和图 4，E-307 泄漏点位置详见图 5。E-308 则为东侧管箱法兰密封面泄漏。

3 处理过程及措施

当发现 E-305、E-307 漏点后，即制定安全应急预案及带压堵漏施工方案，在氮气稀释的保护下用防爆工具进行带压碾压堵漏，封堵后，暂时没有再发生泄漏。同时加强巡检，特护处理，在换热器管箱端安装监控设备，关注泄漏情况。E-308 法兰密封面泄漏点经人工对整圈法兰螺栓紧固一遍后，不再泄漏。

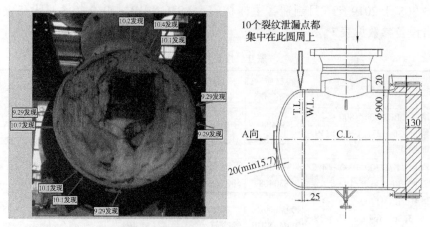

图 3　E-305 西侧封头泄漏点分布图

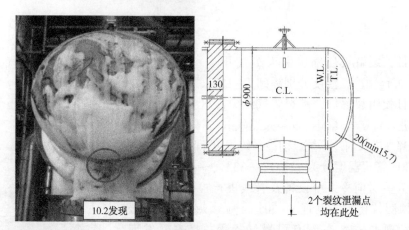

图 4　E-305 东侧封头泄漏点分布图

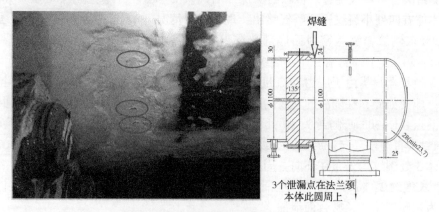

图 5　E-307 西侧封头泄漏点分布图

　　考虑到安全和装置长周期稳定运行，从根本上解决 E-307、E-305 这两台换热器封头和法兰本体泄漏的问题，要求制造厂尽快完成两台换热器共四个新管箱的加工制造，择机进行更换，并附加制造技术要求、加强监造，确保新制造管箱的质量。

　　10 月 13 日装置按计划停工，倒空置换系统，四个新管箱 10 月 19 日到现场后进行 RT、渗透检测合格后，替换下旧管箱。10 月 26 日重新开工，外引天然气开裂解气压缩机，对前冷系统进行预冷，10 月 27 日投用裂解炉，当日 17：30 裂解气进入前冷系统，E-307、E-308、E-305 降温，巡检人员通过四合一可燃气检测仪检测，发现 E-305 东侧管箱法兰密封面泄漏、E-308 东侧管箱法兰密封面泄漏、E-307 西侧管箱法兰密封面泄漏。组织维保人员对三个法兰螺栓整圈紧固一遍后，不再泄漏。同时委托国内权威的监测机构，对 E-307 和 E-305 出现贯穿性裂纹的管箱进行化学成分、力学性能和金相分析等，分析裂纹产生的原因，为后续的设计、制造和运行提供改进和优化的建议，避免出现同类的问题。

4 泄漏原因分析

4.1 干燥、储存和组分

根据工艺流程，换热器管程为同一股物流，均为脱除 C_4 及以上组分的轻烃和氢气（可参考表2），没有腐蚀性介质。而且，为防止深冷分离系统的设备或管线内部带水，装置开工前进行了多次爆破和氮气置换，保证投用前系统的露点温度低于 -65℃。从泄漏过程可以看出，在开工阶段的投料初期即发生了封头和法兰的本体泄漏，基本可以排除介质腐蚀穿透封头和法兰本体的可能性，而换热器原材料和制造等方面存在缺陷的可能性较大，加上装置现场地处海边，开工前换热器长期露天放置，未氮封保护，盐雾腐蚀也可能加剧了裂纹的发展，导致管程压力升高后裂纹扩展、穿透，导致泄漏。

表2　裂解气组分列表

序号	检测项目	实测结果	序号	检测项目	实测结果
1	氢气%（体积分数）	11.53	7	丙炔%（体积分数）	0.08
2	甲烷%（体积分数）	21.47	8	丙二烯%（体积分数）	0.17
3	乙烯%（体积分数）	39.36	9	正丁烯%（体积分数）	0.03
4	乙烷%（体积分数）	6.55	10	1,3-丁二烯%（体积分数）	0.06
5	丙烯%（体积分数）	17.43		汇总	100
6	丙烷%（体积分数）	3.32			

4.2 紧固方式

在深冷分离系统里，E-307、E-308、E-305 的操作温度不低于 -50℃，考虑到与气温温差不大，管箱法兰保留出厂时的双头螺栓紧固方式；对于操作温度低于 -50℃ 设备法兰（如脱甲烷塔的再沸器和冷凝器、大小冷箱等设备），在每个紧固双头螺栓一侧增设一个拉伸垫圈（拉伸垫圈原理：在螺栓上加装拉伸垫圈，使作用于普通螺母上的扭矩转换为螺栓轴向拉伸力，进而直接转换为螺栓的预紧力。拉伸垫圈内部过盈配合的螺纹环与紧固螺母螺纹产生双螺母的效果，它握紧螺栓使之不会随着螺母旋转，再进一步旋转螺母时，则螺栓被轴向拉伸，这使得拉伸垫圈内部螺纹环也随着螺栓的伸长而上升，起到较好的预紧效果。），补偿急速深冷后法兰的收缩量，防止螺栓因冷缩滞后于法兰而松动引起泄漏。为了确保每个法兰的每个螺栓紧固力矩均匀，法兰密封面受力平衡，深冷系统的所有法兰都采用液压扳手定力矩对称紧固。

由此可知：换热器管箱紧固螺栓采用了液压扳手定力矩对称紧固，在温度没有发生变化时，法兰面没有出现泄漏；但急速降温后，因没有增设拉伸垫圈或碟簧等措施来补偿冷缩引起的松动量，或没有及时进行二次冷紧，有可能会发生泄漏。

4.3　投用过程分析

E-307、E-308、E-305 投用过程，壳程先进入冷剂，管程再通入天然气，对其进行预冷到-10~-20℃，并充压至正常工作压力 3.4MPa。从工艺流程可以看出，C_2 加氢后裂解气一旦合格，即全开开关阀 XV20048(此阀为碳二加氢故障联锁速关阀，此阀无调节功能，只有开和关两种阀位)，100t/h 的裂解气一下进入这三台串联的换热器管程，流量从 0 变至 100t/h；裂解气进入前冷的温度是-10℃，经过四台换热器 E-312X、E-307、E-308、E-305 后降到-45℃。由于经过换热器介质的流量、温度发生急速变化，而这些换热器上游没有缓冲设备，因此对换热器的造成很大冷冲击。

4.4　制造和材料分析

权威检测机构对管箱的分析结果表明：

(1) 化学成分分析：E-307 两侧封头母材 P 含量超过 GB/T 24511 对 S30408 钢板的要求；E-305 管箱法兰有一处 C 含量超过 NB/T 47010 对 S30408 锻件的要求。其余化学成分均在标准要求范围内。

(2) 力学性能分析：

① 拉伸试验：E-305 封头顶部的拉伸性能指标满足 GB/T 24511 要求，直边段的延伸率低于标准要求，直边段与顶部相比，抗拉强度和屈服强度有明显升高，而延伸率降低，表现出典型的加工硬化特征。且对直边段进行固溶处理后，其拉伸性能得到恢复，指标满足标准要求(见表 3)。

表 3　拉伸试验结果

试样编号			抗拉强度 R_m/MPa	屈服强度 $R_{p0.2}$/MPa	断后伸长率 A/%
西侧管箱(1#)	封头直边段	1#-1	805	687	37.5
		1#-2	818	674	34.5
	封头顶部	1#-3	673	331	60.0
		1#-4	675	342	59.0
东侧管箱(2#)	封头直边段	2#-1	852	702	32.5
		2#-2	849	725	32.5
	封头顶部	2#-3	706	410	56.0
		2#-4	699	404	56.0
重新固溶处理		1	626	280	73.0
		2	627	265	75.0
GB/T 24511 S30408			≥520	≥220	≥40

② 冲击试验：E-305 封头直边段和顶部的冲击试验结果表明，其冲击功值均较低，说明材料处于脆性状态，且直边段与顶部相比冲击功值下降较多，对直边段进行固溶处理后，冲击功值大幅度上升(见表 4)。

(3) 金相和断口分析：

① E-307 管箱法兰：裂纹起裂于法兰与短节环焊缝靠近法兰一侧的内壁，并在法兰母材内从内壁向外壁沿晶界扩展；管箱法兰存在材料敏化现象，对晶间腐蚀和沿晶应力腐蚀开裂存在较高敏感性；断口表面发现较高含量的 Cl 和 S 元素，可能源于酸洗或水压试验，裂纹起裂和扩展系敏化的奥氏体不锈钢在含 Cl 和 S 的水基介质中的沿晶应力腐蚀开裂。

表4　冲击试验结果

分析部位			KV₂/J	平均值/J	试验温度/℃
西侧管箱(1#)	直边段	1-1	40、39、42	40	常温
		1-2	32、31、37	33	-40
		1-3	16、13、14	14	-196
	顶部	1-1	70、77、72	73	常温
		1-2	54、56、48	53	-40
		1-3	17、18、17、21、26、25	21	-196
东侧管箱(2#)	直边段	1-1	27、29、25	27	常温
		1-2	24、24、23	24	-40
		1-3	14、14、15	14	-196
	顶部	1-1	68、69、68	68	常温
		1-2	59、55、56	57	-40
		1-3	30、24、27	27	-196
重新固溶处理		1	269、258、274	267	常温
		2	230、234、241	235	-40
		3	154、166、161	160	-196

② E-305封头：裂纹是由内壁启裂向外壁扩展，裂纹以沿晶扩展为主，具有较典型的应力腐蚀开裂特征。封头的直边段出现不同程度的变形诱导马氏体组织，且铁素体含量较高，为加工硬化特征，封头顶部属奥氏体组织，直边段经固溶处理后为正常的奥氏体组织。断口上的腐蚀性元素主要为O和Cl元素。

综上分析：E-305、E-307封头发生开裂泄漏主要原因是冷成型过程留下的残余应力过大，材料的韧性变差，在打压过程已形成微小裂纹，而这些应力集中的微小裂纹对氯离子更为敏感，即使在很低浓度下也会产生应力开裂。开工过程，这些微小裂纹受操作温度急速变化的冷冲击，最终失效开裂。而第一次开工时E-308法兰的泄漏和第二次开工时E-307、E-308、E-305密封面泄漏，主要原因是裂解气进入前冷系统后，流量、温度急剧变化，对换热器造成极大的冷冲击，管箱法兰冷缩快于螺栓的冷缩，螺栓的预紧力不足，最终造成法兰密封面泄漏。

5　结语及建议

换热器一般不设置备台，若发生无法处理的泄漏，只能装置停工，倒空整个系统，所造成的损失是巨大。为降低这些换热器泄漏的风险，建议采取一些更为可靠的措施，即使这些措施会增加投资成本，但也是值得的。

(1) 同类奥氏体不锈钢换热器封头冷冲压成型后应进行固溶处理(或先对冷成型封头进行硬度检测，如硬度超标，则要固溶处理)，加强原材料、焊接、水压试验等各重要制造环节的质量控制，运输和储存时建议充氮并维持一定的氮封压力。

(2) 设备法兰紧固螺栓加装拉伸垫圈。装置两次开停的实践证明，增设了拉伸垫圈的法兰，过程中没有出现泄漏，包括裂解炉区的高温法兰也是如此。同时，设备法兰紧固螺栓采用液压扳手定力矩紧固。

（3）为避免开工期间，裂解气进入前冷系统时对换热器造成的冷冲击，在以后操作中通过开关阀 XV20048 的旁路阀（$DN150$）控制进入前冷系统的流量，逐步加大，避免造成流量和温度的大幅波动。

（4）鉴于装置内还有同一厂家、同种材料的换热器正在运行，要对这些换热器建立台账，进一步细化监护运行措施和应急预案，加大各层级巡检力度，充分利用便携式检测仪、现场仪表和远程视频监控等手段，及时发现运行过程中的异常情况，避免再次发生泄漏事故。并结合装置的实际运行情况，按照工艺条件和缺陷程度，分类、分批择机进行更换。

作者简介：李恒（1977—），2001 年毕业于华南热带农业大学，农业机械化及自动化专业，学士，2017 年毕业于辽宁石油化工大学，化学工程专业，硕士，现工作于中科（广东）炼化有限公司化工一部，高级工程师，从事设备管理工作。联系电话：13828203290，E-mail：lih3369. zklh@ sinopec. com。

干气制乙苯/苯乙烯装置
苯乙烯粗精馏塔液环真空系统腐蚀
原因分析及应对措施

宁玮 彭晨

（中国石化青岛炼油化工有限责任公司）

摘 要 以中国石化某公司 8.5 万 t/a 乙苯/苯乙烯装置粗苯乙烯塔液环真空系统为研究对象，介绍了液环真空系统腐蚀情况，通过实际案例的处理，提出了针对性的解决方案及改进建议，确保装置的长周期运行。

关键词 苯乙烯；二氧化碳；腐蚀

1 前言

中国石化某公司 8.5 万 t/a 乙苯/苯乙烯装置于 2011 年 8 月开工，至今运行约 9 年，装置最高操作负荷达到 120%。2017 年 1 月 23 日，苯乙烯装置粗苯乙烯塔 C401 液环真空系统 PA41 出现泄漏，经过解体发现机泵筒体及叶片出现严重腐蚀，经分析断定为碳酸腐蚀。及时与厂家沟通并反馈意见，通过升级真空泵整体材质达到了抗腐蚀的效果，从而规避了潜在风险，保证装置的长周期良好运行。

2 工艺流程简介

粗苯乙烯塔是精馏系统中第一座分馏塔，也是最为关键的一座塔。由于苯乙烯为热敏性物质，高温下易聚合，所以粗苯乙烯塔采用负压工况操作，以有效降低塔釜温度，减少苯乙烯被加热次数，一定程度上降低了苯乙烯聚合的风险，同时降低了装置的能耗。粗苯乙烯塔液环真空系统 PA41 为粗苯乙烯塔提供负压，因此是精馏系统的关键设备，如果真空系统出现异常，整个精馏系统将被迫停工。

粗苯乙烯塔 C401 采用金属高效规整填料，塔顶操作压力约 24kPa，操作温度约 89℃；塔底操作压力约 33kPa，操作温度约 108℃。塔顶气相从 C401 塔顶馏出，依次进入粗塔冷凝器 E402 壳程、粗塔后冷器 E419 壳程、粗塔尾气冷却器 E403 壳程，最终的不凝气排向液环真空系统 PA41。液环真空系统的工作液为纯乙苯。粗苯乙烯塔流程如图 1 所示。

3 腐蚀情况简介

2017 年 1 月 22 日，粗苯乙烯塔液环真空系统 PA41B 泵发生泄漏，对泄漏机泵进行解体后发现泵体腐蚀穿孔、叶轮遍布腐蚀坑，此现象为典型性弱酸腐蚀。筒体表面腐蚀穿孔和叶轮腐蚀分别如图 2 和图 3 所示。

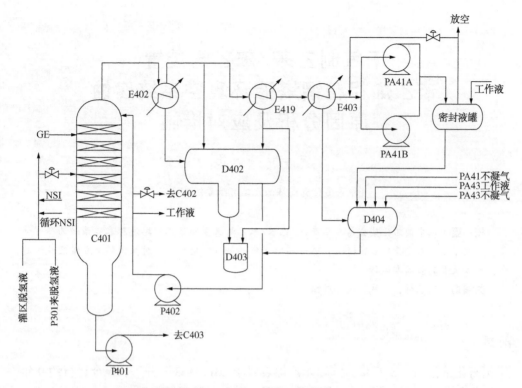

图1　粗苯乙烯塔工作流程

图2　筒体表面腐蚀穿孔

图3　叶轮腐蚀

4　腐蚀原因分析

4.1　操作分析

因公司开展节能降耗活动，单元将粗苯乙烯塔 C401 的真空度由原来设计 24kPa 升至 16kPa，操作压负高于设计负压。这样既可以降低苯乙烯聚合损失，又可以节约塔底蒸汽热源，是节能降耗通常采取的办法。但在同等温度下，随着真空度的提高，水的沸点相应下降而引起蒸发量上升，最终导致粗苯乙烯塔塔顶冷凝系统的负荷增加，粗苯乙烯塔真空系统 PA41 入口气相水含量随之上升(见表1)。

表1 粗苯乙烯塔操作参数

项 目\名 称	体积流量/(m³/h)	温度/℃	C401塔压力/kPa	PA41入口压力/kPa	PA41出口压力/kPa
PA41操作参数	222.8	14.9	16	12.1	0.0385

注：表中值均为100d的平均值。

　　尾气中气相水到达液环真空系统后，由于液环真空系统出口压力远高于其吸入压力，此时由于压力的变化，尾气中的气相水必然发生相变，由气相变为液相后进入液环真空系统的工作液中，水含量较高的工作液不断在液环真空系统中循环使用，将部分吸收尾气中的CO_2。

4.2 设计气相组分与采样分析结果对比

表2 PA41气相出口采样分析

装置名称	样品名称	分析项目	规格指标	单 位	2017-9-19 14：00：00
苯乙烯	PA41尾气	H_2		%（体积分数）	2.10
	PA41尾气	CO_2		%（体积分数）	6.43
	PA41尾气	N_2		%（体积分数）	80.24

表3 PA41工作液采样分析

装置名称	样品名称	分析项目	规格指标	单 位	2017-9-19 14：00：00
苯乙烯	PA41工作液	水溶性酸碱			酸性
	PA41工作液	水含量		mg/kg	1688

　　液环真空系统PA41尾气与工作液的水溶性酸碱定性分析结果也证明了4.1中的推测（见表2、表3）。尾气中含有CO_2，工作液中含有微量水并且工作液呈酸性。所以，酸性腐蚀很有可能是造成粗苯乙烯塔液环真空系统腐蚀的主要原因。

4.3 二氧化碳腐蚀原理

　　二氧化碳腐蚀是较为常见的工业腐蚀。二氧化碳腐蚀的发生离不开水对钢铁表面的浸湿作用。在一定压力下，二氧化碳在水中的溶解度随温度升高而降低。二氧化碳溶解于水生成H_2CO_3不能够完全分解，是一种弱酸。当温度低于60℃时，钢铁表面生成不具备保护性的松软且不致密的$FeCO_3$，且钢的腐蚀速率在此区域内出现极大值，此时腐蚀为均匀腐蚀。二氧化碳腐蚀的机理如下：

$$Fe+2CO_2+2H_2O \longrightarrow Fe+2H_2CO_3 \longrightarrow Fe^{2+}+H_2+2HCO_3^-$$

阳极反应机理：
$$Fe+H_2O \longrightarrow FeOH_{ad}+H^++e^-$$
$$FeOH_{ad} \longrightarrow FeOH^++e^-$$
$$FeOH^++H^+ \longrightarrow Fe^{2+}+H_2O$$

阴极反应机理：
$$CO_{2,ad}+H_2O \longrightarrow H_2CO_{3,ad}$$
$$H_2CO_{3,ad} \longrightarrow H^++HCO_3^-$$

　　PA41工作温度14.9℃，工作压力12.1kPa，根据分析数据，塔顶不凝气中CO_2体积分数超过6.43%。由于该处有微量水存在，CO_2较容易溶解于水中，形成H_2CO_3并与管道中的

Fe 发生化学反应，Fe^{2+} 不断流失于水中，造成设备腐蚀。

4.4 机泵材质

机泵叶轮材质为普通铸钢、筒体材质为 Q245A，抗弱酸腐蚀能力较差。

5 处置措施与预防

5.1 更换材质

根据现场腐蚀情况，设备生产厂家升级后的泵体材质为：泵体材质为 316L、分配盘 CF-3M、侧盖：CF-3M、叶轮 CF-3M 可适应当前操作工况。

5.2 注剂

了解同行业的情况，个别厂家采取加缓蚀剂的方法。对系统组分无影响的情况下，可以加入缓蚀剂(如胺类、硫脲或咪唑啉类等)。在实际生产中，对一定的体系，加入少量特定的缓蚀剂可以有效降低介质对管道的腐蚀，进而延长管道的使用寿命。

6 结语

本文以粗苯乙烯塔液环真空系统出现腐蚀情况为列，对照工艺设计物流表，并结合化验数据，系统分析了装置被腐蚀的区域和产生原因，并提出了针对性的应急预案。因此检修期间应针对存在腐蚀风险的区域要逐一排查检测。另外，对装置的优化操作应当整体考虑，进而避免对系统造成其他的影响。

参 考 文 献

[1] 陈默，宋小琴，许玉磊，等. CO_2 对金属管道腐蚀的研究现状及发展趋势[J]. 内蒙古石油化工，2006 (7)：9-10.

[2] 周琦，王建刚，周毅. 二氧化碳腐蚀的规律及研究进展[J]. 甘肃科学学报，2005，17(1)：37-40.

乙二醇装置静设备腐蚀机理及维护分析

赵 星

(中科(广东)炼化有限公司)

摘 要 针对乙二醇生产过程中装置腐蚀的问题，本文从乙二醇生产原理、乙二醇装置设备常见的腐蚀问题及分析、乙二醇装置设备防腐措施保证等方面着手，从而有效降低生产的成本，实现本质安全。

关键词 乙二醇；静设备；腐蚀；维护

1 前言

乙二醇作为重要的化工工业原料，其应用十分广泛。乙二醇在生产过程中会涉及高温和高压的环境，并且在生产过程中产生一些有机酸类物质，会对设备造成腐蚀，影响设备的正常安全运行，尤其工艺中的静设备腐蚀更加严重。静设备指的是在工艺工程中没有驱动机带动的非运转或者移动的设备，在乙二醇的生产中，静设备主要包含塔、储罐、换热器、管线等。虽然目前对于乙二醇生产中的腐蚀问题进行控制，但其腐蚀情况仍然比较严峻。因此，对乙二醇生产过程中腐蚀的原因进行分析，针对腐蚀产生的原因及腐蚀发生严重部位进行针对性研究对降低乙二醇生产成本，装置平稳进行具有重要意义。

2 乙二醇生产原理

乙二醇的生产过程是一个比较典型的化工生产过程，其具体的是通过将乙烯、氧气、稳定气体等在银催化剂的条件下生产环氧乙烷，生产环氧乙烷的工艺条件为温度200℃以上，压力在1.72MPa以上。生成的环氧乙烷在经过水洗、汽提、除碳、水合等一系列的条件最终生成乙二醇。一般通过该方式生产的乙二醇纯度较低，所以需要多次的水蒸发过程提纯乙二醇，一般浓度达到80%左右时，将其送至粗乙二醇的储罐中。由于合成环氧乙烷的过程中有乙醛等副产物产生，乙醛会反应生成二氧化碳和水，同时也会产生一定量的甲酸和乙酸，导致工艺环境呈现酸性，对装置会造成腐蚀。在对目前乙二醇的生产设备分析来看，发生腐蚀最为严重的设备或者部位是蒸发器或者蒸发器再沸器。乙二醇的合成过程如下所示：

$$CH_2=CH_2+\frac{1}{2}O_2 \longrightarrow C_2H_4O(EO)+24.7kcal/mol$$

$$C_2H_4O(EO) \longrightarrow CH_3CHO$$

$$CH_3CHO+\frac{5}{2}O_2 \longrightarrow 2CO_2+2H_2O$$

$$CH_2=CH_2+3O_2 \longrightarrow 2CO_2+2H_2O+316kcal/mol$$

$$CO_2+K_2CO_3+H_2O \longrightarrow 2KHCO_3+6.4kcal/mol$$

$$C_2H_4O(EO)+H_2O \longrightarrow MEG+22kcal/mol$$

$$MEG+C_2H_4O(EO) \longrightarrow DEG+25kcal/mol$$

$$DEG+C_2H_4O(EO) \longrightarrow TEG+24kcal/mol$$

以上 EO 为环氧乙烷，MEG 为乙二醇，DEG 为二乙二醇，TEG 为三乙二醇。

3 乙二醇装置设备常见的腐蚀问题及分析

结合具体的应用实例对乙二醇装置静设备的腐蚀问题进行分析和研究。该设备是某地乙二醇装置，该工艺装置采用 SHELL 生产技术。装置自 2012 年运行以来，陆续出现设备的腐蚀与损坏，主要表现在：①出口循环气管道发生泄漏，管道为水平排列，泄漏点为穿孔性小孔，孔径较小，并且管道内下壁呈现扩展状褐色锈斑，其中管道的材质为 TP304L。②三效系统塔壁出现泄漏。③再沸器上下管箱环焊缝处发现有大量的纵向裂纹，腐蚀严重等。④防冲板腐蚀。图 1 表示出口管线的腐蚀图，从图中可以看出，腐蚀比较严重。

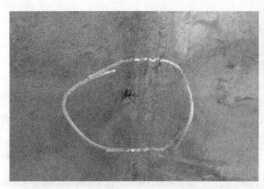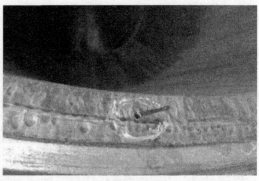

图 1　乙二醇反应器产品闪蒸塔再沸器 E-404 上弯头腐蚀穿孔

原因分析：在环氧乙烷的合成中，一氯乙烷常常作为抑制剂被使用到循环气中，一氯乙烷可以阻止乙烯过量的转化为二氧化碳和水。由于系统内含有二氧化碳，与水溶解生产碳酸，所以脱碳系统的材质往往选择不锈钢材质，但由于一氯乙烷的使用，可能会导致水汽作用下，一氯乙烷的氯离子会析出，随着水汽夹带进入循环气管道，由于循环气管道采用的材质是 TP304L，处于钝态下的金属仍然具有一定的反应能力。正常情况下，钝化膜的溶解和修复处于一种动态平衡的状态，当环境中存在较多的氯离子时，钝化膜的动态平衡受到破坏，溶解占优势。氯离子能优先地有选择地吸附在钝化膜上，把氧原子排挤掉，然后和钝化膜中的阳离子结合成可溶性氯化物，造成管道生成小蚀坑，管道内壁腐蚀处呈扩展状褐色锈迹。氯离子对于管道的破坏作用泄漏点的主要变现为穿透孔，穿透孔的孔径较小，一般为 $20 \sim 30 \mu m$，病程褐色锈斑，如图 1 所示，判定为不锈钢点腐蚀类型。

另外，由于钝化膜局部发生腐蚀，大部分钝化膜处于钝化态。在这种局部钝化膜受到破坏，大部分处于完好的状态下，极易形成电化学腐蚀，加速点腐蚀的程度。因为处于活化态的钝化膜部分和处于钝化态的钝化膜部分电位有明显的差异，活化态的不锈钢电位要高出许多，因此这样就形成了以活化态不锈钢为阳极、钝化态不锈钢为阴极的电化学热力学条件。在整个管道的钝化膜上只有腐蚀点涉及一点金属，其余的平面都属于一个阴极的大平面。在电化学发生过程中，阴极和阳极的反应同时发生，由于阳极点的电流密度比较大，导致阳极的点腐蚀程度明显加剧，加快金属的腐蚀速度，呈现明显的穿透作用。阳极电流密度大，金属受到腐蚀，阴极继续保持钝态。孔内的主要阳极反应为：

$$Fe \longrightarrow Fe^{2+}+2e^-$$
$$Cr \longrightarrow Cr^{3+}+3e^-$$

$$Ni \longrightarrow Ni^{2+}+2e^-$$

孔外阴极主要发生的反应为：

$$\frac{1}{2}O_2+H_2O+2e^- \longrightarrow 2OH^-$$

这样的反应导致孔内溶解的金属越来越多，由于孔内的介质相对处于滞流状态，容易导致孔内溶解的金属不能有效的扩散到孔外，而孔内的氧气也不能进入孔内形成氧化膜，因此，只能氯离子进入孔内以平衡电位。孔内的金属氯离子含量越来越多，继续保持钝化膜的活性，维持电化学反应进行，加速腐蚀的速率。另外，溶解的氯离子还可能发生水解作用产生酸，导致孔内酸浓度增加，使得金属的溶解速度进一步加快。金属孔道加速向更深处腐蚀。

再沸器产生纵向裂纹的原因为：再沸器出现裂纹，但是与再沸器相连的前后管线材质相同，但均没有出现异常情况。经测试发现，流经该区域的氯离子浓度为 0.5×10^{-6}，小于设计值，操作温度为 184℃。但该条件下，氯离子造成的腐蚀作用比较微弱，管线并没有表现出腐蚀的外在异常现象。由于再沸器的壳程采用蒸汽加热，使得再沸器的上下封头处存在液化汽化现象，局部液体浓度浓缩，氯离子含量增加，高温下又加剧腐蚀的进行，因此表现出异常。由于封头的硬度比较大，因此最终的表观现象为应力开裂。

在脱水系统、乙二醇精制系统等为负压操作的设备，如果发生漏孔式腐蚀，外界的空气可能会压入系统，使得真空环境不能有效的保持，很容易通过系统的压力表发现，但如果孔比较小时，空气进入导致的真空度变化很难通过压力表表现，这种情况不容易发现。进入系统的空气很容易将乙二醇氧化成醛类，进而氧化成有机酸，造成设备的腐蚀。如果含有生成的酸类物质，加上高温高速进料后，进入容器产生部分闪蒸，气液两相会对设备造成较严重的冲刷腐蚀。

有机酸造成的腐蚀。在乙二醇的生产过程中，甲酸和乙酸的生成是不可避免的，这些有机酸在经过汽提、乙二醇反应和多效蒸发过程中，会对装置造成比较严重的腐蚀。有机酸对设备的腐蚀主要受到有机酸浓度、外界环境温度、酸碱度等的影响，酸浓度越大，温度越高造成的腐蚀也就越严重。其中，有机酸造成的腐蚀受到温度的影响最为明显。进入蒸发系统的气体中含有有机酸，随着气体浓度的不断提升，其含量也不断累积，在高温度下极易对蒸发设备造成比较严重的腐蚀。

通过分析可以看出：应该改进工艺技术和工艺操作条件，尽量控制有机酸的生成。另外，催化剂经过不断的发展，已经由过去单一的高活性向高选择性的方向发展，随着催化剂的发展和应用，较高剂量的抑制剂被应用在工艺系统中，导致目前的装置物料组成已经比较大地偏离了原来的设计，现有设备不能很好地适应物料的变化。因此，需要对设备进行升级改造，尽量使用双相钢或衬里，根据国内各家的应对措施找出适合自己企业的方案，做出最优对策，对于容易出现氯腐蚀的地方，根据具体的工艺过程及腐蚀产生的机理选择材料的种类，以至取得减少腐蚀，延长设备使用寿命。

4　乙二醇装置设备防腐措施保证

4.1　工艺控制

通过定期更换催化剂、改进脱除装置的工艺技术等措施尽量避免产生过量的副产品，尤其是二氧化碳、有机酸和醛类等物质的产生。利用此种方式降低系统内的酸性物质含量，从而达到减小装置腐蚀的目的。

4.2 合理选择材质，适当进行材质升级

目前企业进行材质升级的主要措施是将系统内容易产生腐蚀的设备或者部位进行重点防护和升级。一般是将系统内的蒸发器、重点塔的材质换为不锈钢材质，例如 304L、316L 等。另外，在对材质进行升级改造过程中，要检验新材质设备的焊缝位置是否完整、光滑，要控制好焊接的质量，在制造完成后消除敏化、消除应力处理，避免出现裂纹。如果在更换材质后，出现微裂纹时可以将裂缝打磨消除后，利用不锈钢钢板进行贴补。

4.3 表面处理

为了降低系统内有机酸类物质对于装置的腐蚀，一方面可以考虑升级装置的材质，该方式一般成本较高；或者通过采用表面处理的方式进行缓解，选择的防腐涂料应该充分考虑温度和流速的影响，防止设备表面防腐材料的脱落造成的腐蚀问题。

4.4 加强腐蚀监控

在进行实际生产过程中，通过安装在线的腐蚀检测设备，健全腐蚀在线检测系统，能够及时对设备腐蚀情况进行检测。通过对腐蚀挂片等技术指标的检测，能够及时有效地检测腐蚀情况，通过对腐蚀情况及时反馈，随时调整生产工艺，使得腐蚀问题得到了一定程度的解决。

具体的操作方法是监测塔顶回水的水质品质，主要的指标包括酸碱值、铁离子含量、有机酸含量等。此外，对于极易发生腐蚀的部位，例如蒸发器、再沸器等要进行重点的监控，及时的发现腐蚀造成的设备管壁变薄的情况，及时处理，减少安全隐患。

5 结语

由于乙二醇生产设备腐蚀会对生产过程造成巨大的影响，不但增加生产成本，还会产生安全隐患，所以对乙二醇生产设备的抗腐蚀工作进行加强，采取有效的防治和缓解措施，能够有效降低生产的成本，实现本质安全。

参 考 文 献

[1] 李文立. 乙二醇装置静设备腐蚀机理及特点[J]. 化学工程与装备，2016(4)：160-162.

[2] 钱泰磊，郑伟业，迟浩森，等. 全焊接板式换热器在煤制乙二醇装置中的应用[J]. 化工设备与管道，2016，53(2)：16-19.

[3] 徐智源. 乙二醇装置中分析仪表取样处理系统的应用[J]. 中国化工贸易，2015(14).

[4] 朱昌海. 国产大型 EO 反应器极端工况下结构安全分析[D]. 江苏：南京工业大学，2014.

[5] 刘言，彭向荣. 静设备泄漏原因分析与控制对策[J]. 城市建设理论研究：电子版，2016(11).

作者简介：赵星(1988—)，毕业于郑州轻工业大学，学士，现工作于中科(广东)炼化有限公司，设备员。通讯地址：广东省湛江市坡头区申蓝宝坻 21 栋，邮编：524000。联系电话：18816717698，E-mail：547199387@ qq. com。

化工装置混凝土腐蚀分析及新材料加固应用

周於欢

(中国石化上海石油化工股份有限公司塑料部)

摘　要　本文介绍了某化工装置中混凝土腐蚀的主要因素，包括海洋气候的侵蚀、水冻融、碱结晶、环境湿度等因素。在分析原因的基础上，论述了采用新材料对腐蚀混凝土框架柱的加固处理方法，并提出在设计中避免混凝土腐蚀的基本措施，主要有添加粉煤灰，改善施工工艺，在结构设计中采取措施等办法，通过防腐蚀措施，可以有效改善混凝土使用的耐久性和安全性。

关键词　混凝土腐蚀；防腐措施；新材料加固；耐久性

化工装置在长期使用过程中，用于承载大型设备的钢筋混凝土框架，出现了不同程度的表层剥离、开裂、钢筋外露、锈蚀的现象，对设备的安全运转造成重大影响。本文分析了腐蚀的原因，提出了应用新材料采取的加固措施。同时，也对如何在设计中充分考虑环境影响提出了建议，从而在根本上避免出现这些问题，提高混凝土使用的耐久性和安全性，降低对装置的维护成本。

1　腐蚀现象

某化工装置区内钢筋混凝土框架，2000 年底竣工并投产使用(见图 1)，采用现浇混凝土结构、钢结构承重体系，经过近 21 年腐蚀环境影响，承重结构腐蚀严重，尤其是钢筋混凝土柱表面出现大量纵向裂纹，并且在近一年时间里裂缝快速发展，表面粉刷层及钢筋保护层全部出现起鼓、脱落，可见部分钢筋外露、锈蚀，严重威胁到设备的安全运行(见图 1 ~ 图 4)。

图 1　立面现状(混凝土框架为检测区域)　　　图 2　二层柱锈胀，钢筋外露锈蚀

2　混凝土检测

2.1　混凝土材料强度检测

根据现场测试条件和受检结构特点，对受检混凝土构件抗压强度采用回弹法进行抽样测

试，并根据《回弹法检测混凝土抗压强度技术规范》(JGJ/T 23—2011)有关规定，计算各测区的混凝土强度换算值。该装置建造于90年代末，混凝土龄期约11000d左右，混凝土龄期修正系数0.91。从计算结果可知：本次抽测构件的混凝土抗压强度等级推定为C25。

图3　柱脚严重锈胀，钢筋外露锈蚀　　　　图4　一层柱锈胀，混凝土保护层开裂

2.2 钢筋保护层及间距测试

采用钢卷尺、激光测距仪、钢筋扫描仪等对装置的混凝土构件的钢筋保护层、钢筋位置间距等进行现场抽样检测，由检测可知，本次抽测构件钢筋的混凝土保护层厚度5~41mm，部分构件保护层厚度偏低(按现行规范)。

2.3 无损检测结论

该装置主要存在耐久性问题，出现以上损坏主要由于以下因素造成：装置处于腐蚀环境中；装置原始设计依据的标准较低，部分混凝土构件的钢筋保护层偏低(按现行规范要求)，钢构件防腐层、防火层开裂脱落；本次检测区域中的梁、柱及支撑等结构构件已存在严重缺陷；损坏等级评定为严重损坏，需采取有效措施进行处理。

3 原因分析

3.1 海洋气候的影响

该化工装置处于杭州湾畔，常年受海洋气候的影响，潮湿的海风夹杂着盐雾不停地侵蚀着装置的混凝土结构，且上游的循环水场的水汽，也一直笼罩着混凝土的表面，这样双重腐蚀环境影响，对混凝土框架伤害很严重。钢筋腐蚀过程分析，混凝土的pH值通常在12~13之间，其碱性性质是钢筋表面生成难溶的Fe_2O_3和Fe_3O_4，从而形成一道致密的钝化膜，对钢筋有良好的保护作用。而在海洋环境作用下，混凝土中的碱性环境受到破坏，趋于中性。当pH值降低到一定程度后，这道致密的钝化膜受到破坏，从而引起了钢筋的锈蚀。当混凝土内的钢筋附近部分发生锈蚀后，腐蚀后的铁机体作为阳极与钝化膜所代表的阴极形成电位差，为电化学腐蚀营造了环境，加剧了钢筋的腐蚀速度，钢筋锈蚀体积不断膨胀，从而引起了混凝土的开裂。

3.2 混凝土的特点

混凝土是水泥为胶凝材料，砂和石子为骨料。通过水泥水化凝固成气、液、相并存的多孔性非匀质刚性材料。普通硅酸盐水泥的主要矿物成分为硅酸二钙、硅酸三钙、铝酸三钙、及铁铝酸四钙，硅酸钙在水化后形成微晶体，硅酸三钙结晶后转化为纤维的网状结构，形成混凝土早期强度。硅酸二钙最终转化为稳固的结晶体，是构成混凝土后期强度的主要来源。

在凝固过程中，因水分分布的不均匀、水化反应速度变化、振捣不密实等均会使混凝土中含有许多毛细孔，会形成连通到构件的表面的毛细管。多余的游离水通常是氢氧化钙 $Ca(OH)_2$ 饱和溶液，便滞留在混凝土毛细孔内，呈饱和状态，其 pH 值经常在 12 以上。钢筋在这种高碱度的环境中，表面会逐渐沉积一层致密的尖晶石固溶液 Fe_3O_4 或 Fe_2O_3 氢氧化铁薄膜，而转入钝化状态，这样保护钢筋，免受腐蚀。

在低强度的混凝土中，在搅拌、振捣时水会在骨料孔隙间流动，会形成通道，其直径比毛细管大。

3.3 钢筋的锈蚀

混凝土碳化和氯离子侵蚀是混凝土腐蚀的两个主要原因，通常混凝土碳化会导致混凝土的中性化，当钢筋表面混凝土孔隙溶液的 pH 值小于临界值后，钢筋钝化膜开始破坏，当混凝土钢筋表面氯离子的自由氯离子超过临界氯离子溶度后，钢筋的钝化膜也会发生破坏，自由氯离子含量越高钢筋腐蚀速率越高且发生点腐蚀概率越大，两种情况介入，都是导致钢筋开始发生的前兆，在混凝土受到侵蚀时，钢筋的钝化膜会遭到破坏，持续生成氧化物，最终形成大量氧化物(铁锈)的堆积，引起钢筋体积的膨胀，最终会破坏混凝土，造成开裂，其裂缝通常沿钢筋的方向延伸，从外观看基本平行的纵向裂缝。

3.4 水的溶出影响

首先，毛细管中的曾经饱和的液体被溶解、稀释，随后，构成毛细管壁游离石灰将陆续开始溶解，使整个管壁表面孔隙率增多，随着游离石灰的不断溶解，混凝土构件强度下降，其外观表现就是构件在原有应力作用下出现细微的裂缝，而这又增加速了整个溶出过程。

其次，在长期与水接触的混凝土外表面，也会发生直接溶出现象。外观表现为表层混凝土变得粗糙、易剥落。

3.5 水冻融的影响

充满毛细管的游离水在冬季遇冷时结冰，产生体积膨胀，会形成微裂缝。在多次反复冻融循环作用下，混凝土表面剥落，造成破坏。这种情况在低强度的混凝土中更加明显。

3.6 碱溶液的影响

当高浓度碱液作用于混凝土时，水泥中二氧化硅和氧化铝会溶解在碱液中，而且碱溶液浓度越高，溶解速度越快，会对混凝土强度造成影响。

3.7 环境湿度的影响

实验表明，空气湿度在 80% 左右时，混凝土中钢筋锈蚀会很快进行。

4 处理方法

综上所述，混凝土腐蚀是一个非常复杂的问题，混凝土的腐蚀往往是各种因素综合作用所产生的结果。针对该装置混凝土框架柱开裂严重，我们采用新材料进行框架柱整体加固。

4.1 新材料性能

本次采用的新材料是某公司研制的以超支化树脂为基料，自交联成膜的水性防碳化保护涂料。常温自干，涂刷在混凝土结构表面，渗透扩散到结构内部，堵塞过水通道，起到理想的防护作用，防止外界雨水、潮气、氯离子的侵入及二氧化碳等有害气体渗入，保护混凝土结构不受酸碱、油脂和盐类等的侵蚀，提高表面的耐磨性，抗霉菌生长，抗色斑，冻融稳定性好。特别对由于风压、水压、应力引起的破损、脱落、钢筋裸露等腐蚀混凝土的修复起到防碳化保护作用。新旧混凝土面处理后拉拔强度对比见表1。

表1 新旧混凝土面处理后拉拔强度对比

序号	新基面	
	处理前拉拔强度/MPa	处理后拉拔强度/MPa
1	0.5	2.2
	旧基面	
	处理前拉拔强度/MPa	处理后拉拔强度/MPa
2	0.2	1.8

注：处理后的测试在施工12h后进行。

4.2 混凝土修复防碳化

4.2.1 底漆二道

将原有钢筋混凝土柱表面疏松层去掉(见图5)，用压缩空气对混凝土浮尘进行吹扫干净，对疏松下面的裂缝可用超细混凝土注浆料灌实磨平，干燥24h后刷改性丙烯酸酯水性底漆二道(封闭剂)，涂布量0.3kg/m²，厚度100μm(见图6)。

4.2.2 中间漆二道

底漆干燥24h后刷防碳化中间层二道，其中一道加固料(填充层)渗透型专用腻子打底磨平(涂布量$N×9.2kg/m^2$)，厚度$N×4000μm$，浅灰色。干燥24h后再涂一道加固料(封闭层)，涂布量4.6kg/m²，厚度大于2000~2500μm，浅灰色(见图7)。

4.2.3 面漆二道

干燥24h后涂二道脂肪族聚氨酯水性纳米防腐漆(涂布量0.4kg/m²)，厚度大于100μm，间隔时间4h，可选各色(见图8)。

图5 混凝土加固区域

图6 防碳化底漆二道

图7 防碳化中间漆二道

图8 防碳化面漆二道

4.2.4 新材料加固检测

执行标准 JC/T 984—2011《聚合物水泥防水涂料》。

主要检测项目：封闭型检测报告，抗渗压力(7d)：通过 1.5MPa；抗渗压力(28d)：通过 1.5MPa；抗折强度(8MPa)：通过 13.6MPa；柔韧性(1.5mm)：通过 1.9mm；耐热、耐酸碱、抗冻：无开裂、无剥落；收缩率(<0.13%)：0.129%；碳化试验(28d，≤2.5mm)：通过 2.3mm(见图 9)。

国家建筑工程质量监督检验中心检验报告

TEST REPORT OF NATIONAL CENTER FOR QUALITY SUPERVISION AND TEST OF BUILDING ENGINEERING

报告编号(No. of Report)：BETC-CL2-2020-02501　　第 2 页 共 2 页(Page 2 of 2)

序号	检验项目		技术要求（封闭型）	检验结果	单项评定
1	抗渗压力，MPa	7d	≥1.0	≥1.5	合格
		28d	≥1.5	≥1.5	合格
2	抗折强度，MPa		≥8.0	13.6	合格
3	柔韧性（横向变形能力），mm		≥1.5	1.9	合格
4	耐热性		无开裂、剥落	无开裂、剥落	[illegible]
5	抗冻性（200 次）		无开裂、剥落	无开裂、剥落	[illegible]
6	收缩率，%		≤0.13	0.129	合格
7	碳化试验，28d		≤2.5mm	2.3mm	合格

（本页以下无正文）

备注：碳化试验：在 C35 混凝土试块上涂一层碳钛水性超支化混凝土封闭剂（涂布量 0.15kg/m2），干燥 24 小时后涂一层碳钛水性防碳化修复加固材料（3mm）。干燥 24 小时后再涂一层碳钛水性超支化混凝土封闭剂（涂布量 0.15kg/m²）。最后干燥 24 小时后涂覆两道碳钛水性防碳化面漆（每道 0.15kg/m²），间隔 4 小时。

图 9 封闭型检测报告

执行 GB/T 17671—1999《水泥胶砂强度检验方法(ISO 法)》。

主要检测项目：加固料(封闭层)检测报告：抗压强度(24MPa)：通过 38.3MPa；横向变形能力(1.0MPa)：通过 2.5MPa；黏结强度(7d>1.2MPa)：通过 2.0MPa；黏结强度(28d>1.2MPa)：通过 2.0MPa；吸水率(<4.0%)：通过 2.9%(见图 10)。

报告编号：FS626－180042

国家建筑工程材料质量监督检验中心

检 验 报 告

共 2 页 第 2 页

检验结果汇总

序号	检测项目		标准值	检测结果	单项判定
1	凝结时间	初凝，min	≥45	325	合格
		终凝，h	≤24	22	合格
2	抗渗压力	砂浆试件 7d，MPa	≥1.0	1.5	合格
		砂浆试件 28d，MPa	≥1.5	1.5	合格
3	抗压强度，MPa		≥24.0	38.3	合格
4	抗折强度，MPa		≥8.0	8.2	合格
5	柔韧性（横向变形能力），mm		≥1.0	2.5	合格
6	粘结强度	28d，MPa	≥1.2	2.0	合格
7	耐热性		无开裂、剥落	无开裂、剥落	合格
8	耐碱性		无开裂、剥落	无开裂、剥落	合格
9	抗冻性		无开裂、剥落	无开裂、剥落	合格
10	收缩率，%		≤0.15	0.12	合格
11	吸水率，%		≤4.0	2.9	合格
	（以下空白）				

说明：
1、本样品以上检验项目不是全性能检验。
2、应委托单位要求，序号1-11项按JC/T 984-2011中Ⅱ型进行检测并判定。
3、应委托单位要求，序号第6项粘结强度先涂刷界面剂一道，干燥24h后成型样品试件进行检测。
4、配比：A:B=1:4（质量比）。
5、JC/T 984-2011标准于2017年6月21日由中华人民共和国工业信息部通过标准复审，内容无变化，标准继续有效，标准经重新确认为JC/T 984-2011(2017)《聚合物水泥防水砂浆》。

图 10 加固料(封闭层)检测报告

拉拔强度试验见图 11。

图 11　拉拔强度试验

基面拉拔强度：1.75MPa；中涂拉拔强度：2.35MPa；面涂拉拔强度：2.55MPa。

混凝土是非均质材料，固化后存在孔隙、裂缝等缺陷。当混凝土存在裂缝时，其碳化进程从裂缝开始很快达到钢筋部位，钢筋便开始锈蚀直至失去强度，导致水泥构件崩溃。超支化复合涂层有很好的防碳化性，有效保护混凝土钢筋，同时有良好抗污性，可阻止附着滋生。

5　建议措施

5.1　结构设计

结构设计解决混凝土腐蚀问题是最根本的方法。在具体设计中，应确保结构易于观察、易于维修。在确定设计标准时，适当提高对混凝土抗震等级的要求，限制裂缝的宽度不得超过 0.2mm，在容易受到雨淋或者可能积水的混凝土结构表面做成斜面或者设置排水系统等方法。

结构强度上，可以适当提高混凝土的标号，加大钢筋保护层的厚度，选用材料方面，采用优质细粒粉煤灰添加剂，能有效地提高混凝土的耐久度。实验表明，在添加粉煤灰的硅酸盐水泥中，混凝土的渗透系数降低为普通水泥的 0.5 倍，能降低毛细管产生的概率，同时，在添加粉煤灰的环境中，氢氧化钙转化为水化铝酸钙和铝酸钙较为稳定，尤其在界面区，原有氢氧化钙呈定向排列，破坏原来的网状结构，但活性混合材料会吸收游离的石灰，产生水化硅酸钙，稳定整个网状结构。另外，优质细粒粉煤灰颗粒中，圆形微粒占 80%，在水泥浆中会起到润滑作用，降低对水的需求，也就减少了混凝土中毛细孔的数量。在设计中还要考虑具体的生产工艺条件，以及出现腐蚀状况时，侵蚀介质的变化情况，这是必须要加强考虑的。

5.2　施工控制

应确保高质量、高密度、永久性和耐用型混凝土。浇筑混凝土在规定的温度范围内进行。骨料应保持在阴凉处，高温天气可以使用冷水降低混凝土的温度。如有必要，在大面积浇筑混凝土时，可以使用冷却循环水降低温度。减少混凝土施工缝设置，确需留缝，表面要清理干净，要有良好的黏合性，施工时严格操作程序，严格控制水灰比，保证施工质量。

混凝土施工完成，可以考虑对混凝土表面进行防腐处理，涂覆新材料防腐涂料或附加保护层，具有良好的防腐效果。

6 结语

根据混凝土腐蚀主要因素，结合钢筋混凝土框架柱所处的环境情况，提出了以隔离外界腐蚀为主的新型加固材料、防腐处理方法。对类似的混凝土框架柱等构件，应在设计施工中采取必要的防腐措施，主要包括添加粉煤灰、改善施工工艺、混凝土的表面处理等方法，避免今后出现类似的问题。

参 考 文 献

[1] 刘传明，刘威. 钢筋混凝土腐蚀原因与防护措施[J]. 全面腐蚀控制，2002. 016(003)：10-16.
[2] 罗献彬. 混凝土结构的腐蚀因素及预防办法[J]. 中国新技术新产品，2009，000(007)：38.
[3] 李季. 水土混凝土腐蚀及防腐措施[J]. 丹东海工，2009(13)：39-40.
[4] GB/T 50476—2008，混凝土结构耐久性设计规范[S]. 2008.
[5] GB 50046—2008，工业建筑防腐蚀设计规范[S]. 2008.
[6] 施惠生，郭晓璐，张贺. 水灰比对水工混凝土中钢筋腐蚀的影响[J]. 水利学报，2009.

石油石化行业腐蚀特点分析

朱 萌

（中国石化山东莱芜石油分公司）

摘 要 随着国内经济的发展及工业水平的提高，国内对于石油石化资源的需求量也逐渐提高，但目前国内石油分布较广，且存在地域性差异，为后期运输带来了挑战。近年来，国内对于油气资源的运输均采用集输管道，但由于此类装置长期埋于土壤中，且持续接触水与空气，造成腐蚀现象的发生。虽国内不断改善并优化防腐蚀技术，但在防护过程中依旧存在较多的问题。基于此，相关部门应重视防腐工作，不断改良防腐技术，为后期油气资源的运输奠定良好的基础，本文就石油石化行业腐蚀特点作出分析，并提出几点建议，以供参考。

关键词 石油石化行业；腐蚀特点；腐蚀防护

石油化工设备及石油集输管道是石油化工生产及运输中关键的组成部分，而管道及设备的腐蚀情况则关系到运输的稳定性及安全性。基于此，相关部门需重视石油石化管道的腐蚀问题，根据管道出现的各种问题，制定合理的解决方案，深入研发防腐技术，以便增强管道使用寿命，降低安全隐患，避免造成环境污染。此外，在化工行业中，管道腐蚀的现象已经屡见不鲜，其不仅会降低产品的合格率，还会为企业带来巨大的经济损失，故分析石油石化行业腐蚀特点，并制定防腐措施对于社会及企业具有重要的意义。

1 集输管道的应用范围及常用管道的定义

在集输管道中，小口径管道是其重要的组成部分，其是指公称直径<200mm 以下的管道，主要以碳钢管为主，相比其他材料，碳钢管具有较强的耐腐蚀、耐温度变化等特点，故被广泛应用于石油石化行业中用于液体运送，但由于石油石化行业中存在 H_2S 及 Cl^- 等腐蚀介质，导致管道易受到腐蚀。根据相关研究发现，此类腐蚀分为两种类型，一种为内壁腐蚀，另一种为外壁腐蚀。

2 腐蚀类型

2.1 内壁腐蚀

金属管道在长期运输带有腐蚀性液体时，会逐渐发生渗漏等现象。而此种腐蚀，主要分为化学腐蚀及电化学腐蚀。而在实际运输中，管道内壁的腐蚀均为电化学腐蚀所造成的。同时，管道内常见腐蚀的破坏形式为全面腐蚀及局部腐蚀。全面腐蚀是指所有的管道内部的厚度在长期腐蚀状态下均匀变薄，且质量逐渐减小，而局部腐蚀只是发生在管道内部的一部分，并未完全扩散开，但相比全面腐蚀，此类腐蚀形式腐蚀速度较快，易造成管道失效的情况。近年来，由内壁腐蚀造成石油泄漏的例数已经数不胜数，而造成管道内壁腐蚀的主要因素是由于石油石化中的介质具有强腐蚀的性质，其主要的腐蚀因素为 CO_2、H_2S、氧及 pH 值等。氧气在油气开采的过程中会进入管道转变为溶解氧，而管道内部溶解氧质量达到一定程度时，会造成吸氧反应，从而导致金属逐渐出现坑蚀，加快金属腐蚀。此外，通过相关研究发现，若管道内长期存在硫化物，则易引发管道断裂情况的发生，同时，研究发现，若管道内只存在硫化氢，则不会造成管道腐蚀，而若硫化氢溶于水时，则会对管道内壁造成腐蚀。而 CO_2 在没有水干扰的情况下，也不会腐蚀管道，但当管道输送液体时，CO_2 则会逐渐溶于水中，加快了金属的被腐蚀速度。正常情况下，pH 值的增大，管道的腐蚀速率会降低，但经实验发现，pH 值会长期腐蚀管道，而腐蚀速度则与 pH 值的高低有关。

2.2 外壁腐蚀

管道长期受外部环境及化学物质的因素影响，受腐蚀速度大大增加，而管道外壁腐蚀主要分为土壤腐蚀、大气腐蚀及海水腐蚀。土壤腐蚀是指管道在土壤中受到的腐蚀，在管道埋入土壤中，对管道腐蚀影响最大的是水、氧、盐量，及酸碱度等，此外，管道受到腐蚀的这一过程只要是氧的去极化，且土壤的腐蚀速率多与湿度及流动性有关。有相关研究发现，土壤中腐蚀因素排名较高的为含水量，排名较低的为土壤电阻率。此外，部分管道后长期暴露在大气环境中，而大气环境中的水、氧及二氧化碳在相互作用下会持续腐蚀管道，此为大气腐蚀。而大气腐蚀可分为三类，主要与管道表面的潮湿程度来区分，若大气中未存在水汽则为干大气腐蚀，相对湿度<100%为潮大气腐蚀，>100%为湿大气腐蚀。此三种的腐蚀速率及机理均不同，但受大气腐蚀的影响，管道表明会形成薄液膜层，若薄液膜层增大，则腐蚀速率会逐渐降低，当薄液膜层处于一定程度时，腐蚀速率则会趋于稳定。最后，海水腐蚀是指管道长期在海洋中，并受海水中电解质的影响造成管道金属表面出点腐蚀现象，根据相关研究发现，海洋中的温度、流速及含盐量等多种因素均会引起管道外壁腐蚀，若海水温度升高，则腐蚀速率便会加快，若流速加快，导致空气融入海水中，则也会加快管道的腐蚀速率，同时，海水的含盐量增加会对海水的含氧量及导电率产生影响，从而影响了管道表面金属的腐蚀速率。

3 防腐蚀措施

3.1 内部防腐蚀的措施

随着经济的发展及社会的进步，国内对于管道内壁防腐工作技术的研发取得了显著的效果，目前在集输管道中，多数企业会采用新型的防腐技术，例如风送挤涂工艺技术、复合管技术及塑料管内穿插技术等。风送挤涂工艺技术是在管道埋地后对其内部实施整体防腐措施，首先将管道内部清理干净，带达到相关标准后仅从除锈工作，并将涂料泵送入管道，通过高压气推动挤涂球前进实现连续涂层的工作，以便达到防腐的目的。而复合管技术为了满足传输时的特殊需求，以全新技术制成双金属复合管，在达到承受内外压的同时，增强防腐能力。而塑料管内穿插技术则是主要用于维修，旨在使修复后的管道防腐蚀能力达到更好的标准，以便为石油石化的运输提供有利的条件。

3.2 外壁防腐蚀的措施

目前，国内对于外壁防腐措施往往会根据环境的不同，往往会采取不同的防腐措施，但主要的方式分为三层结构的聚乙烯、溶结环氧的粉末涂料、液态的聚氨酯防腐涂料及阴极保护等。三层结构的聚乙烯最早被用于欧洲等地，而国内引进时间较晚，但国内应用较为广泛，其主要是结合了挤塑聚乙烯防腐层的机械特性与环氧涂层的耐化学特性，在一定程度上缓解了管壁金属表面的腐蚀速率，提高了防腐性能。溶结环氧的粉末涂料具有耐高温、较强的抗腐蚀能力，且已经成为当前国际主流的防腐技术，但由于此类防腐涂层较薄易受排到破怪，导致在施工中受各种因素影响难以保证防腐效果。而液态的聚氨酯防腐涂料具有抗阴极剥离性能强、成本低等特点，且该项材料施工性能较好，可满足各种环境下施工的需求，是目前国内主要的防腐技术之一。最后，阴极保护作为一种电化学保护手段，其是指对管壁施加电流，并将电流转化为阴极，实现保护管道的目的，其也广泛应用于日常生活中，例电缆、自来水等。

4 结语

管道在石油石化行业中占据重要的位置，对其实施防腐措施不仅可保证企业的经济效益，还可保障资源运输的稳定性及安全性，但管道受各种因素影响，受腐蚀情况严

重，故相关部门需结合地理环境及实际情况，采用合理的防腐蚀措施，为国内化工业的发展奠定良好的基础。

参 考 文 献

[1] 徐磊. 浅议石油化工机械设备腐蚀原因和应对措施[J]. 商品与质量，2019，(19)：131.

[2] 沈祖安. 功能性防腐涂层在石化行业应用分析[J]. 炼油技术与工程，2019，49(6)：58-61.

[3] 赵永刚. 石油化工机械设备腐蚀原因及策略探究[J]. 中国新技术新产品，2019，(24)：81-82.

[4] 李晶. 石油石化机械设备中的防腐检测技术探究[J]. 企业科技与发展，2019，(4)：49-50.

[5] 佟小宇. 关于表面蒸发式空冷器管外腐蚀成因及防护措施的相关研究[J]. 当代化工研究，2020，(6)：84-85.

作者简介：朱萌(1980—)，毕业于中共山东省委党校。现工作于中国石化山东莱芜石油分公司，安全总监。通讯地址：山东省济南市莱芜区鲁中东大街 95 号，邮编：271100。联系电话：13963445757，E-mail：lwshaqc@163.com。

阀门湿硫化氢应力腐蚀开裂分析

张岳峰

(中国石化青岛炼油化工有限责任公司炼油四部)

摘　要　本文针对某蜡油加氢装置热低压分离器顶氮气补压线闸阀阀体突然断裂事故，对失效阀体进行全面分析，通过结合运行工况，分析出此部位腐蚀机理为湿硫化氢应力腐蚀开裂，并针对该类型腐蚀防护提出建议。

关键词　湿硫化氢；氢鼓泡；氢致开裂；硫化物应力腐蚀开裂；应力导向氢致开裂

本文通过现场某蜡油加氢装置热低压分离器 D104 顶气线与氮气补压线的闸阀突然发生阀体断裂的案例分析，针对此部位腐蚀机理展开分析，对于湿硫化氢腐蚀的机理和防护提出一定的见解和建议。

1　概况

1.1　过程简介

2016 年 1 月 6 日凌晨，某蜡油加氢装置热低压分离器 D104 顶气线与氮气补压线的闸阀突然发生阀体断裂，造成大量热低分气泄漏。装置紧急切断进料并撤压，更换损坏阀门后恢复生产。

1.2　装置简介及阀门运行情况

某公司 320 万 t/a 加氢处理装置由中国石化工程建设公司(SEI)设计，装置处理的原料为焦化蜡油和深拔后的减压蜡油，其中减压蜡油占 87.36%，焦化蜡油占 12.64%，在最苛刻的进料条件下，焦化蜡油所占比例最大为 15%。装置的主要产品为加氢蜡油，同时副产部分石脑油和柴油。其中石脑油作为连续重整装置的原料，柴油作为柴油产品的调和组分，加氢蜡油作为催化裂化装置的原料。该装置年开工 8400h。

事故阀门自 2008 年投入使用至今未进行过检修，正常运行时常年处于关闭状态，阀后盲板常盲，使用中未发生过超温和超压，也未见有明显振动现象。

1.3　详细经过

2016 年 1 月 3 日晚巡检人员发现该阀有微漏现象，地面有油迹，现场有 H_2S 泄漏气味，现场泄漏情况见图 1。由于泄漏量较小，温度较高，初步观察为阀体砂眼，计划打卡子处理，1 月 5 日事故阀安装卡具后见图 2，但由于此时注胶仍未完成，阀前(介质侧)法兰处仍有泄漏，计划 1 月 6 日继续制作安装加强卡具，彻底封堵法兰泄漏。

1 月 6 日凌晨 2∶55，加氢处理装置现场发出一声巨大异响，同时该装置低分系统发出压力低报警并且压力快速下降。热低压分离器 D104 顶部喷出大量烟雾(硫化氢、氢气泄漏)、并伴有刺耳声响。紧急处理事故后，经现场检查确认之前发生泄漏的阀门已经断裂，管线脱开，大量油气泄漏喷出。小半截阀体及法兰仍连接在配对法兰管线上，大半阀体包在卡具内部与氮气线移位脱开，图 3 为断裂后的阀门(去除卡子后)。图 4 为阀体断裂前初始泄漏位置。

图 1　事故阀泄漏现场

图 2　事故阀安装卡具后

图 3　事故闸阀断裂后

图 4　事故阀门断裂前初始泄漏部位

1.4　阀门主要参数及运行工况

阀门制造厂：中核苏阀科技实业股份有限公司；

闸阀规格：2"，300LB；

阀体材质：C_5；

D104 顶热低分气出口线操作温度：240℃，操作压力：2.5MPa。

热低分 D104 顶气组分见表 1。

表 1　工艺介质组分

组　　分	H_2	CH_4	C_2H_6	C_3H_8	$C_4H_{10}-01$	$C_5H_{12}-01$	H_2S	H_3N	H_2O
含量/%（体积分数）	58.32	11.69	9.30	5.03	3.50	0.31	7.92	1.02	~0.3

2　失效阀门试验分析

分析样品见图 5。

2.1　宏观检查

对失效阀门进行宏观检查，阀门的断裂部位位于阀体的工艺气侧［见图 6(a)］，断口大部分阀体环向（与法兰面平行）撕开，小部分沿轴向（与法兰面垂直）撕开［见图 6(b)］，所有断口上均未见有剪切唇存在，具有典型脆性断裂特征。对断口进行仔细观察发现，断口启裂部位均位于阀体内壁阀座安装凸台的拐角处［见图 6(c)中黄色箭头所指处］。在阀体环向撕开的断裂面上还有两处裂纹［见图 6(c)中裂纹 1 和裂纹 2］。

图 5   失效闸阀

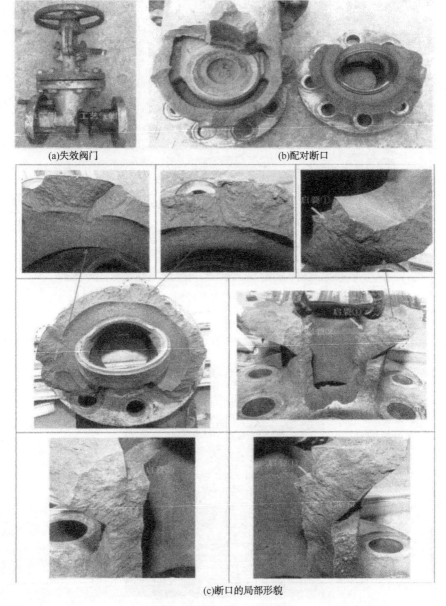

(a)失效阀门   (b)配对断口

(c)断口的局部形貌

图 6   阀体及端口宏观形貌

将图 7 中阀体上的轴向裂纹(裂纹 1)打开,裂纹较长,已延伸到阀体的法兰面上。断裂面相对较平,有明显的启裂部位(见图中箭头所指部位),未见有明显的塑性变形,表现出脆性断裂特征。

图 7   裂纹 I 处打开后的断口形貌

2.2   断口附近厚度测量

对断口部位进行测厚,测试部位及结果见图 8,由图可见,阀体最薄部位为 8.64mm。

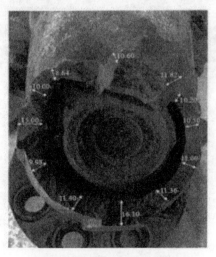

图 8   阀体断裂面壁厚测量

2.3 化学成分分析

对阀体进行化学成分分析，分析结果见表 2。分析结果表明，阀体母材的化学成分能满足 ASTM A217 中对 C_5 铸件的要求；阀座母材的化学成分能满足 ASTM A335 中对 P5 钢管的要求；焊缝金属的化学成分与 GB/T 983 标准中的焊条牌号成分相比较，与 E16-8-2-××的焊条牌号较接近。

表 2　化学成分分析结果　　　　　单位:%(质量分数)

分析部位	化学成分										
	C	Si	Mn	P	S	Cr	Mo	Cu	Ni	其他	残余元素总量
阀体母材	0.136	0.70	0.73[a]	0.028	0.014	6.65[b]	0.63	0.045	0.242	—	—
阀座母材	0.119	0.26	0.32	0.019	0.0084	4.28	0.49	0.070	0.097	—	—
ASTMA 217 C5	≤0.20	≤0.75	0.40~0.70	≤0.04	≤0.045	4.0~6.5	0.45~0.65	≤0.50	≤0.50	≤0.10	≤1.00
ASTMA 335 P5	≤0.15	≤0.50	0.30~0.60	≤0.025	≤0.025	4.0~6.0	0.45~0.65	—	—	—	—
GB/T 983 E16-8-2-XX	≤0.10	≤0.60	0.5~25	≤0.03	≤0.03	14.5~16.5	1.0~2.0	≤0.75	7.5~9.5	—	—

　[a] 依据 GB/T 222—2006，Mn 的允许偏差为±0.03%。

　[b] 依据 GB/T 222—2006，Cr 的允许偏差为±0.15%。

2.4 拉伸试验

从阀体上截取拉伸试样，试验结果见表 3，阀体母材的抗拉强度、延伸率和断面收缩率均不符合 ASTM A217 中对 C5 铸件的要求，其中抗拉强度远远高于标准的上限要求值，延伸率和断面收缩率又远低于标准的最低要求值。

表 3　拉伸试验结果

分析部位		屈服强度 $R_{p0.2}$/MPa	抗拉强度 R_m/MPa	延伸率 A/%	断面收缩率/%
阀体	1-1	709	1001	2.0	2
	1-2	711	1060	2.0	3
ASTM A217 C5		≥415	620~795	≥18	≥35

2.5 冲击试验

从阀体母材上截取 55mm×10mm×7.5mm 小尺寸标准冲击试样进行试验，试验结果见表 4。

表 4　冲击试验

分析部位	K_{V2}/J	平均值/J	试验温度/℃
阀体	6、10、7	7.7	常温

2.6 非金属夹杂物评定

对阀体母材进行非金属夹杂物评定(见图 9)。夹杂物级别为：BO.5，D2.5，DS1，显然钢的纯净度较差。图 10 为电子金相观察结果，夹杂物呈一簇一簇密集状，种类主要为 Al2O3 和 MnS(见 2.10 能谱分析)。

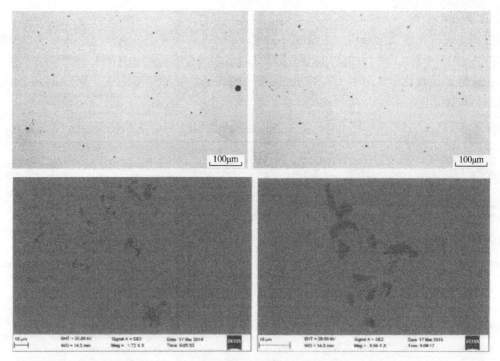

图 9 夹杂物(光学)

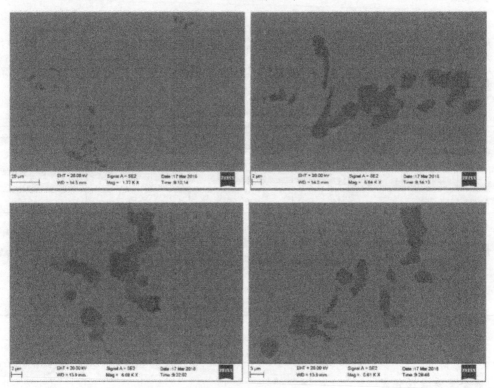

图 10 夹杂物(电子)

2.7 金相分析

针对断口上裂纹 2 的部位取样进行金相分析,取样部位及金相试样见图 11。由图中可见,金相试样上有阀体、阀座和焊缝金属。

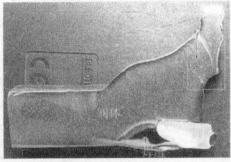

图11 金相试样取样部位及宏观形貌

2.7.1 裂纹金相

对裂纹部位进行金相分析，分析结果见图12，由图中可见，裂纹呈树枝状，穿晶扩展，具有典型的应力腐蚀开裂特征。

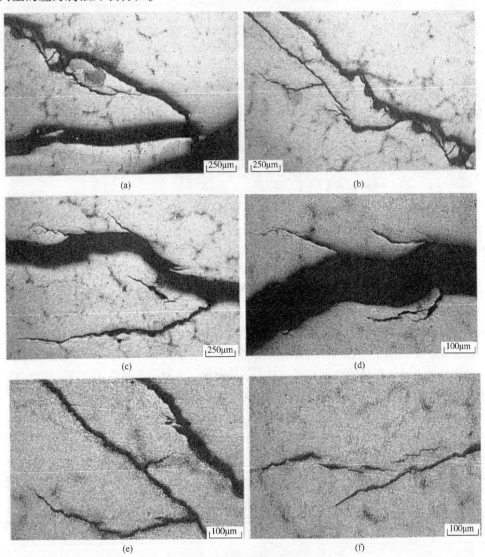

图12 裂纹微观形貌

2.7.2　金相组织

分别对阀体、阀座、焊缝金属及两侧的焊缝热影响区进行金相组织观察(见图13),阀体组织为贝氏体+马氏体[见图13(a)],阀座组织为贝氏体+铁素体[见图13(b)],焊缝金属为奥氏体+马氏体[见图13(d)],焊缝热影响区为马氏体[见图13(c)和(e)]。分析结果表明,除阀座的金相组织正常外,其他部位的金相组织均出现明显的淬硬组织。对阀体进行电子金相观察,可见阀体上有较多铸造缺陷(疏松),见图14中(a)、(b)、(c)和(d)。

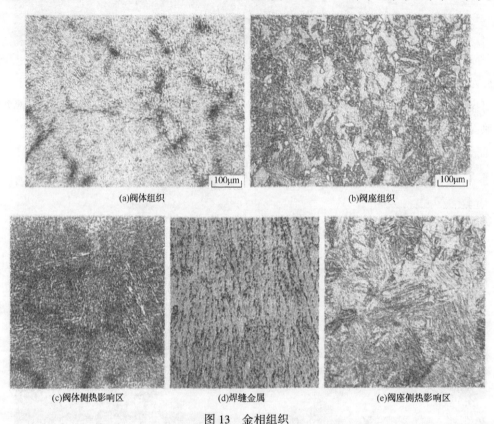

(a)阀体组织　　　　　　　　　　　　(b)阀座组织

(c)阀体侧热影响区　　　　(d)焊缝金属　　　　(e)阀座侧热影响区

图13　金相组织

2.8　硬度测试

2.8.1　阀体、阀座、焊缝金属及热影响区硬度测试

硬度测试部位见图15,图中"o"表示硬度测点分布,测试结果见表5,由表中可见,焊缝金属、热影响区及阀体母材的硬度较高,其中不锈钢焊缝金属硬度高达450HV,焊缝热影响区硬度也高达380HV以上,阀体母材的硬度在300HV以上,阀座母材的硬度基本属正常。

表5　硬度测试结果

测试部位	硬度值/HV10
阀体母材	312.9、309.8、311.9、314.9、316.1、313.3、316.2、324.0、308.0、314.1
阀座母材	177.4、174.3、170.4、174.0
焊缝	456.9、442.5、459.6、453.0
阀体侧热影响区	429.8、426.7、400.9、419.1
阀座侧热影响区	395.9、388.3、380.3、388.2

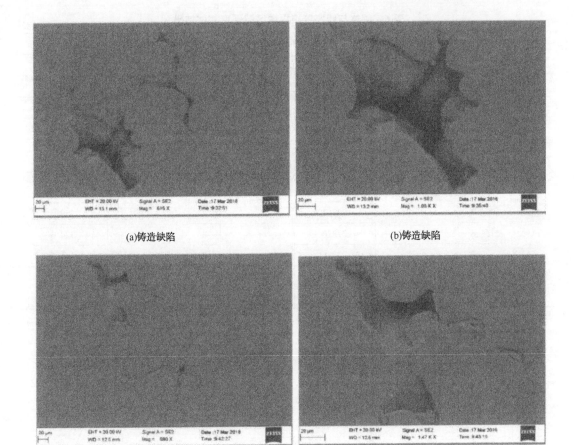

(a)铸造缺陷 (b)铸造缺陷

(c)铸造缺陷 (d)铸造缺陷

图14 阀体电子金相

2.8.2 阀体与阀座连接焊缝区域硬度测试

硬度测试部位见图 16，图中①表示阀体侧焊缝金属、热影响区及阀体母材测试区域；②表示阀座侧焊缝金属、热影响区及阀座母材测试区域。测试结果见表 6 和图 17，由图 17 可见，焊缝金属的硬度最高，经焊缝熔合线至热影响区粗晶区、细晶区到达母材硬度基本呈下降趋势。

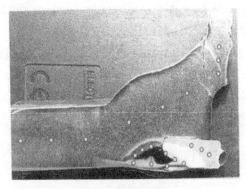

图 15 硬度测点分布

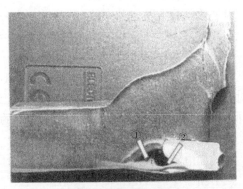

图 16 硬度测试区域

表 6　阀体与阀座链接焊缝区域硬度测试结果

阀体侧①			阀座侧②		
序号	部位	硬度值/HV10	序号	部位	硬度值/HV10
1	焊缝	444.4	1	焊缝	456.6
2		463.0	2		471.5
3	热影响区	417.4	3	热影响区	377.5
4		450.3	4		385.0
5		371.0	5		382.4
6		327.7	6		387.0
7		298.7	7		359.5
8		273.6	8		324.3
9	母材	323.6	9		311.4
10		319.5	10	母材	201.7
11		315.5	11		173.2

依次相距 0.5mm（阀体侧）　依次相距 0.5mm（阀座侧）

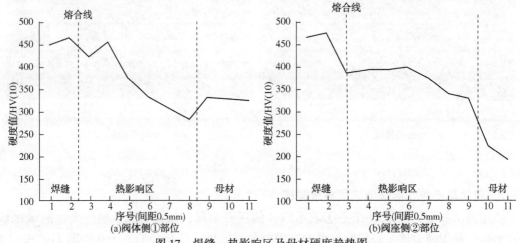

图 17　焊缝、热影响区及母材硬度趋势图

2.9　断口分析

2.9.1　宏观断口

对失效阀门上断口和裂纹 l 上断口的启裂部位与金相试样上的焊接接头部位进行对比，发现裂纹的启裂部位基本位于阀门内壁阀座与阀体连接焊缝的阀体侧热影响区上。

图 18 中箭头所指处为断口的启裂部位，图 18 中虚线内为阀体侧焊缝热影响区。由图中可见，断口 1 处的启裂部位面积较大[见图 18(a)红色线内]，位于阀体侧热影响区至阀体拐角附近的另一侧；断口 2 的启裂部位恰好位于焊缝阀体侧的热影响区上[见图 18(b)]；裂纹 l 上断口的启裂部位也恰好位于焊缝阀体侧的热影响区上[见图 18(c)]。

2.9.2　微观断口

用扫描电镜对失效阀门上的断口 1 和断口 2 及裂纹 l 上断口进行微观分析。

（1）断口 1

微观断口分析部位及分析结果见图 19，由图中可见，"1"启裂部位表面被较厚的腐蚀产物覆盖着，远离启裂部位"2"具有解理断裂特征。

(a)失效阀断口1启裂部位宏观形貌

(b)失效阀断口2启裂部位宏观形貌

(c)裂纹1断裂面启裂部位宏观形貌

(d)金相试样宏观形貌

图 18　裂纹启裂部位

(a)断口1微观分析部位

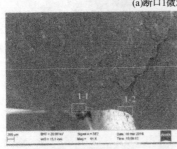

(b)"1"分析部位

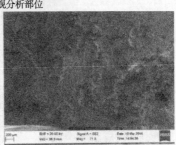

(c)"1-1"分析部位

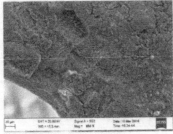

(d)"1-2"分析部位

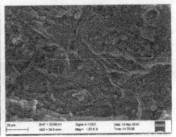

(e)"2"分析部位

图 19　断口 1 微观形貌

（2）断口2

微观断口分析部位及分析结果见图20，由图中可见，断口的启裂部位位于两个箭头所指处[见图20(b)]，即在两个斜面上，斜面具有解理断裂特征[见图20(c)和(d)]。在断裂面上可见有二次裂纹[见图20(e)和(f)]。

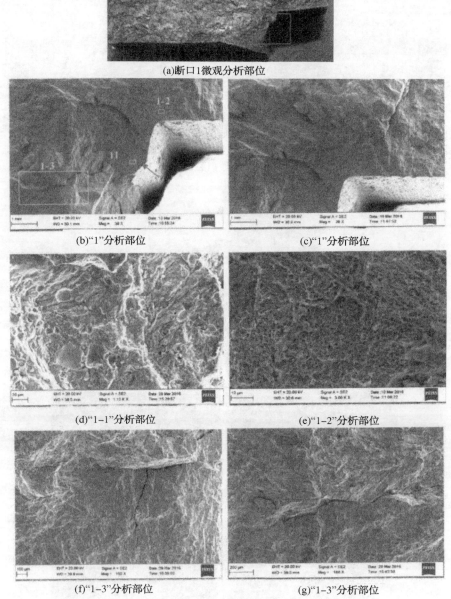

(a)断口1微观分析部位

(b)"1"分析部位

(c)"1"分析部位

(d)"1-1"分析部位

(e)"1-2"分析部位

(f)"1-3"分析部位

(g)"1-3"分析部位

图20　断口2微观形貌

（3）裂纹1断口

微观断口分析部位及分析结果见图21，由图中可见，启裂部位位于焊缝阀体侧热影响区，断裂面上有泥状花样的腐蚀产物和二次裂纹[见图21(e)和(i)]，局部可见解理脆性断面特征[见图21(g)]，在局部区域可见有小的裂纹源[见图21(h)]，整个断裂面具有较典型的应力腐蚀开裂特征。

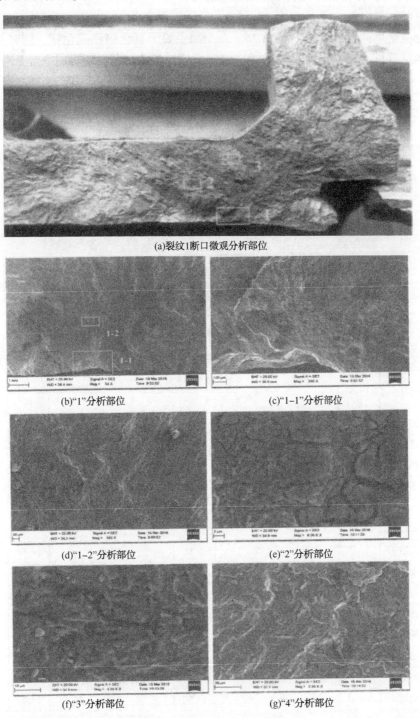

(a)裂纹1断口微观分析部位

(b)"1"分析部位

(c)"1-1"分析部位

(d)"1-2"分析部位

(e)"2"分析部位

(f)"3"分析部位

(g)"4"分析部位

图21　裂纹1断口微观形貌

2.10 能谱分析

用 X 射线能谱仪分别对断口和金相试样进行能谱分析。断口能谱分析部位主要针对启裂部位(见图 22)，分析结果见表 7 和图 23、图 24。分析结果表明，断口表面主要腐蚀性元素为氧和硫等，其中氧含量最高为 27.25%，硫元素最高为 25.76%。对阀体夹杂物进行能谱分析，分析结果见表 7 和图 25、图 26。夹杂物主要为氧化铝和硫化锰。同时对阀体中的缺陷进行能谱分析，分析结果(见表 7 和图 27)表明，缺陷处与阀体母材成分基本相同。

图 22　能谱分析部位

表 7　X 射线能谱分析结果　　　　　　单位:%(质量分数)

分析部位		主要成分分析结果									备　注
		C	O	Al	Si	S	Ca	Cr	Mn	Fe	
断口试样	1	图谱 1	—	25.46	2.09	7.37	3.97	1.61	3.38	—	56.12	腐蚀产物
		图谱 2	17.21	27.25	0.92	1.79	19.28	—	3.31	—	30.25	
		图谱 3	—	23.50	—	0.91	13.29	0.85	4.12	—	43.42	
		图谱 4	13.52	18.81	—	2.69	25.76		5.18	—	47.57	
	2	图谱 1	20.29	25.96	—	—	18.95	—	2.32	—	32.47	腐蚀产物
		图谱 2	—	7.95	—	—	6.43	—	6.40	—	79.22	
		图谱 3	—	6.74	—	—	5.23	—	7.36	—	80.67	
金相试样	1	图谱 1	—	50.73	46.74	—	—	—	—	—	2.53	夹杂物
		图谱 2	—	4.80	2.05	—	17.87	—	6.06	26.30	42.92	
		图谱 3	—	51.03	44.67	—	—	—	—	—	4.31	
	2	图谱 1	—	39.30	37.74	—	0.95	—	1.61	1.16	19.25	夹杂物
		图谱 2	—	35.76	33.30	—	5.12	—	2.39	5.72	17.71	
		图谱 3	—	40.29	37.32	—	—	—	2.86	—	19.53	
		图谱 4	—	12.63	19.64	—	19.30	—	2.44	32.51	13.48	
	3	图谱 1	18.65	—	—	0.82	—	—	5.69	—	74.84	缺陷内
		图谱 2	—	—	—	—	—	—	7.39	—	92.61	缺陷外

注: S 的数值可能包含 Mo, 因为 EDS 很难将 S 和 Mo 区分。

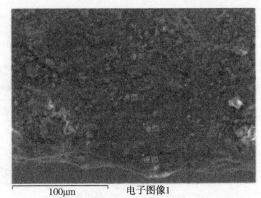

100μm   电子图像1

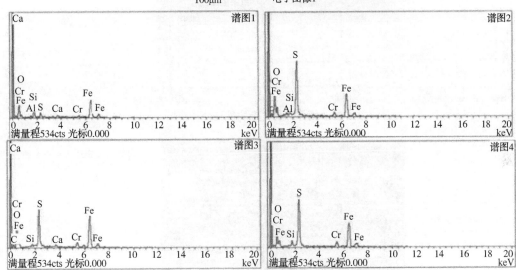

图 23　断口 1"1"能谱分析结果

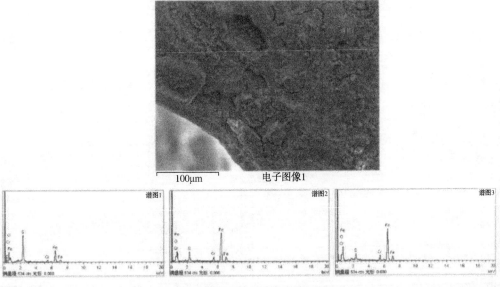

100μm   电子图像1

图 24　断口 1"2"能谱分析结果

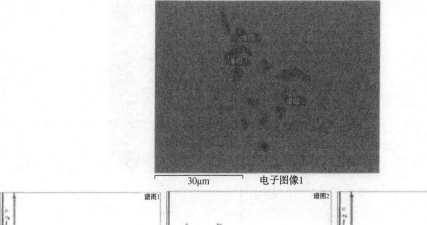

30μm   电子图像1

谱图1   谱图2   谱图3

图25 阀体母材夹杂物能谱分析结果

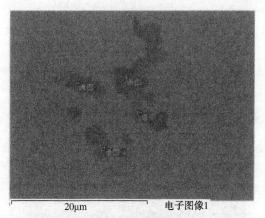

20μm   电子图像1

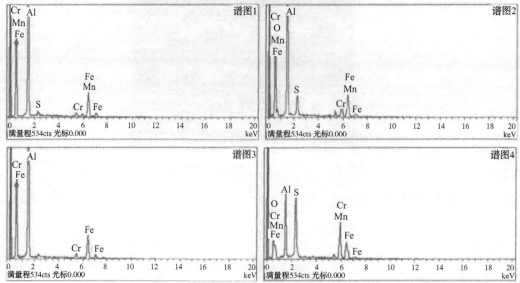

图26 阀体母材夹杂物能谱分析结果

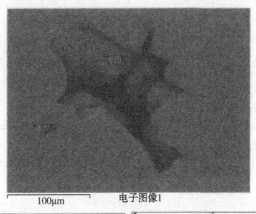

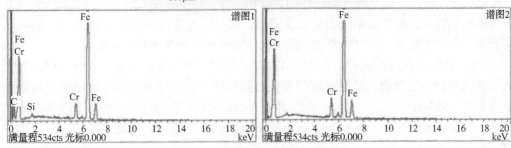

图 27　阀体母材缺陷能谱分析结果

3　综合分析

3.1　主要理化分析结果

（1）化学成分分析结果表明，阀体的化学成分能满足相关标准的要求，阀座的化学成分与阀体的成分相匹配；

（2）力学性能试验结果表明，阀体母材的抗拉强度远超出标准要求的上限值，塑性和韧性指标远低于标准要求值；

（3）焊缝金属硬度高达 440HV 以上，阀体也高达 300HV 以上，焊缝热影响区最高达 429.8HV；

（4）金相组织观察结果显示，焊缝金属、焊缝热影响区均出现不正常的淬硬马氏体组织；

（5）阀体钢的纯净度较差，级别为：B0.5，D2.5，DS1，夹杂物呈一簇一簇密集状，主要为 Al_2O_3 和 MnS 夹杂；阀体上有多处存在铸造缺陷（疏松）；

（6）裂纹金相分析结果表明，裂纹为穿晶扩展，呈树枝状，具有较典型的应力腐蚀开裂特征；

（7）失效断口与裂纹断口观察结果表明，断口的启裂部位基本在内壁焊缝的热影响区上，裂纹由内向外扩展至穿透壁厚，断裂面上有腐蚀产物附着，断口特征与硫化物应力腐蚀开裂断口特征相吻合；

（8）能谱分析结果表明，断口上的腐蚀性元素主要为氧元素和硫元素。

3.2　腐蚀机理及运行分析

湿硫化氢对碳钢设备可以形成两方面的腐蚀：均匀腐蚀和湿硫化氢应力腐蚀开裂。湿硫化氢应力腐蚀开裂的形式包括 HB(氢鼓泡)、HIC(氢致开裂)、SSCC(硫化物应力腐蚀开裂)和 SOHIC(应力导向氢致开裂)。

氢鼓泡(HB)硫化物腐蚀过程析出的氢原子向钢中渗透,在钢中的裂纹、夹杂、缺陷等处聚集并形成分子,从而形成很大的膨胀力。随着氢分子数量的增加,对晶格界面的压力不断增高,最后导致界面开裂,形成氢鼓泡,其分布平行于钢板表面.氢鼓泡的发生并不需要外加应力。氢致开裂(HIC)在钢的内部发生氢鼓泡区域,当氢的压力继续增高时,小的鼓泡裂纹趋向于相互连接,形成阶梯状特征的氢致开裂。钢中 MnS 夹杂的带状分布会增加 HIC 的敏感性,HIC 的发生也无须外加应力。

硫化物应力腐蚀开裂(SSCC)湿硫化氢环境中产生的氢原子渗透到钢的内部,溶解于晶格中,导致氢脆,在外加应力或残余应力作用下形成开裂。SSCC 通常发生在焊缝与热影响区等高硬度区。应力导向氢致开裂(SOHIC)是在应力引导下,在夹杂物与缺陷处因氢聚集而形成成排的小裂纹沿着垂直于应力的方向发展。SOHIC 通常发生在焊接接头的热影响区及高应力集中区如接管处、几何突变处、裂纹状缺陷处或应力腐蚀开裂处等等。

事故阀门处于与热低分顶部气相出口线相连的氮气补压线上(见图 28),由于装置自 2008 年投入使用至发现阀门泄漏该阀门多数时间都处于关闭状态,在关闭状态下阀腔被闸板分隔为氮气侧和介质侧两个空间(见图 29)。阀体发生开裂的部位均位于介质侧,氮气侧未见开裂现象。由此可见,开裂与介质关系密切,也就是说与介质侧工艺气中所含的 H_2O 和 H_2S 有关。

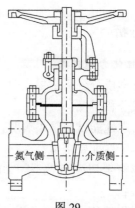

图 28   图 29

热低分顶部出口工艺中含有较高浓度硫化氢及水蒸气,根据介质表 1 中给出的工艺介质组分,粗略估算其露点温度约 60℃。发生应力腐蚀开裂的必要条件是阀体内壁金属温度低于介质露点温度,使得金属表面有水膜形成或明水析出。

由于装置运行期间阀门内介质基本处于静止状态,在阀门与热低分气相出口管线间还有一段约 600mm 长的连接管且没有保温,因此阀门的阀体温度会远低于热低分气相出口管线中的介质温度,并随环境温度的变化而升高或降低,考虑装置所在地夏天最高与冬天最低环境温度存在近 40℃温差,阀体温度波动范围应该也在 40℃左右。因此阀体温度在冬季比夏季更有可能接近甚至低于介质露点温度。

从工艺角度上考虑,热低分进料来自热高分,经减压后进入热低分,正常情况下即使加工量出现波动,对进料介质温度及顶部气相温度影响也不会大。但在停工过程中液相和气相介质温度会不断降低,此时不可避免导致气相介质中的液相水析出并形成湿硫化氢环境。

碳钢和低、中合金钢及马氏体不锈钢对湿硫化氢环境下的应力腐蚀开裂均具有一定的敏感性，在相同的环境和应力条件下，硬度越高则对应力腐蚀开裂越敏感。本失效案例中开裂阀门阀座与阀体相连的焊缝及阀体硬度较高，同时在金相组织中观察到马氏体组织，在此情况下阀体发生 SSCC 难以避免。关键在于设计选型时要考虑预防湿硫化氢应力腐蚀的可能性。

根据湿硫化氢应力腐蚀开裂一般发展较快的特点以及开裂阀门是在投入使用 8 年后才发生破坏这一情况判断，需要重点考虑上一个运行周期内装置开停工(包括非计划停工)过程中在开裂部位形成湿硫化氢环境的可能性。

4 结语

(1) 该装置热低压分离器 D104 顶气线与氮气补压线的闸阀断裂为湿硫化氢应力腐蚀开裂；

(2) 由于在设计时并未预测到阀体工艺介质侧在开停工过程及冬季最低气温运行时会有可能出现湿硫化氢环境，导致在选型时未提出相应的应力腐蚀预防措施。阀门及其与热低分气相出口管线相连的管段未进行保温为运行中湿硫化氢环境的形成创造了条件。

参 考 文 献

[1] GB/T 222—2006. 钢的成品化学成分允许偏差[S], 2006.

[2] GB/T 228.1—2010. 金属材料拉伸试验　第 1 部分：室温试验方法[S], 2010.

[3] GB/T 10561—2005. 钢中非金属夹杂物含量的测定标准评级图显微检验法[S], 2005.

[4] GB/T 13298—1991. 金属显微组织检验方法[S], 1991.

[5] GB/T 4340.1—2009. 金属材料维氏硬度试验　第 1 部分：试验方法[S], 2009.

[6] CJB/T 17359—1998. 电子探针和扫描电镜 X 射线能谱定量分析通则[S], 1998.

[7] 卢志明. 典型压力容器用钢在湿硫化氢环境中的应力腐蚀开裂研究[D]. 浙江：浙江大学, 2003.

[8] 李大东. 加氢处理工艺与工程[M]. 北京：中国石化出版社, 2004.

[9] 高敏. 304 不锈钢湿硫化氢应力腐蚀开裂案例分析[J]. 科技与企业, 2012(12).

作者简介：张岳峰(1981—)，高级工程师，学士，毕业于中国石油大学(华东)，过程装备与控制工程专业，现工作于中国石化青岛炼化公司炼油四部，设备副经理，长期从事加氢装置设备管理工作。通讯地址：山东青岛经济技术开发区千山南路 827 号，邮编：266500。联系电话：0532-86915497，E-mail：zyf. qdlh@ sinopec. com。

基于腐蚀机理的换热器风险评价方法及管控策略研究

（中国石油化工股份有限公司天津分公司装备研究院）

摘　要　本文确定出换热器风险评价方法，并基于风险评价结果给出换热器风险管控策略。确定出换热器管束失效可能性及失效后果的影响因素，根据不同换热器的腐蚀机理，结合换热器故障统计分析，换热器长期运行、检修的实际情况以及风险评价相关标准，对每个影响因素进行等级划分，应用模糊综合评价法对换热器进行风险评价，根据换热器的风险等级实施相应的动态风险管理措施；应用该方法对某炼油厂全厂换热器进行风险评价，利用检修时机按比例随机抽取换热器进行开盖验证，验证结果显示该评价方法切实可行。

关键词　模糊综合评价；换热器风险评价；风险管控

1　前言

换热器是石油化工生产中最常用的设备之一，其不仅作为保证特定工艺流程正常运转而广泛使用的设备，也是开发和利用工业二次能源，实现余热回收的重要设备。换热器在运行过程中，常会出现一些影响安全经济运行的故障。这些故障往往会造成设备损坏、降低生产效率，严重时会造成非计划停车，使企业遭受重大经济损失。因此，确定出一套简便易行的在役换热器运行风险评价方法及相应的换热器风险管控策略就显得尤为重要。

2　换热器运行风险评价基本过程

对换热器进行风险评价从两个方面考虑：换热器的失效可能性和失效后果，将换热器的失效可能性和失效后果分别被划分为 5 个等级，采用 5×5 风险矩阵图表示换热器运行风险，确定风险等级。

换热器运行风险评价的基本过程为：

（1）确定失效可能性因素以及失效后果因素。失效可能性的影响因素包括：投用时间、换热管数量（根数）、结垢状况、腐蚀状况、腐蚀性等级、开裂敏感性、历史泄漏次数。换热器失效后果的影响因素为：设备对装置的关键程度、失效后果影响程度、检修难易程度及时间。根据不同换热器的腐蚀机理，结合换热器故障统计分析，检维修情况以及风险评价相关标准，对每个影响因素进行等级划分。

（2）采用模糊综合评判方法确定失效可能性和失效后果的等级。针对失效可能性和失效后果各个因素，引入层次分析法确定权重，分别采用两级模糊综合评判方法进行分析计算；计算结果按照最大隶属度原则，分别确定失效可能性和失效后果的等级。

（3）根据失效可能性和失效后果的等级形成风险矩阵图。

3 应用模糊综合评价法对换热器进行风险评价

换热器运行风险主要包括换热器失效可能性及失效后果，换热器运行风险模糊综合评价法主要分成以下 6 个步骤：

(1) 确定换热器失效可能性及失效后果的因素(指标)集和评价(等级)集；

(2) 换热器失效可能性的因素权重确定；

(3) 换热器失效可能性及失效后果单因素等级划分；

(4) 进行单因素评判得到隶属度向量，形成隶属度矩阵；

(5) 换热器失效可能性及失效后果二级模糊评价；

(6) 换热器失效可能性及失效后果评价结果分析。

3.1 换热器失效可能性分析

3.1.1 确定失效可能性影响因素

石油化工企业中的换热器在运行过程中有多种因素会导致换热器发生故障，通过对换热器运行工艺和腐蚀机理的分析研究，以及换热器检维修数据的统计分析，确定出引起换热器失效可能性的主要影响因素包括：投用时间、换热管数量(根数)、结垢状况、腐蚀状况、介质腐蚀性等级、开裂敏感性、历史泄漏次数。

3.1.2 失效可能性影响因素权重集确定

换热器运行风险涉及的影响因素较多，各因素的重要程度是不一样的，为了反映各因素的重要程度，需要对各因素相对重要性即权重进行估测，由各因素权重组成的集合就是权重集。

层次分析法是一种较好的权重确定方法，该方法将复杂问题中各因素划分成相关联的有序层次。

层析分析法确定换热器运行风险失效可能性各影响因素权重的步骤：

(1) 构造判断矩阵；

(2) 根据判断矩阵，计算各因素重要性排序，即权重；

(3) 对判断矩阵计算结果进行一致性检验，验证以上权重分配是否合理；

应用以上层次分析法计算权重步骤可得到失效可能性影响因素(投用时间、换热管数量(根数)、结垢状况、腐蚀状况、腐蚀性等级、开裂敏感性、历史泄漏次数权重，记为 S。

$$S = [0.055, 0.028, 0.139, 0.195, 0.167, 0.167, 0.250]$$

3.1.3 失效可能性影响因素等级划分

失效可能性影响因素共 7 个，将每个影响因素划分为 5 个等级，从 1 到 5 级别依次降低。各失效可能性影响因素的等级划分情况见表 1。

表 1 失效可能性影响因素等级划分

投用时间	管子数量	结垢状况	腐蚀状况	介质腐蚀性	开裂敏感性	历史泄漏次数	级别
1 年以内	100 以下	本周期未结垢，以前也未发生过结垢，或本周期和上次大修有轻微结垢	历次检修未发现明显腐蚀	除氧水，软化水，锅炉水，蒸汽，出厂产品等不具备腐蚀性介质	依据 API 581 确定	自投用起从未发生泄漏	1

投用时间	管子数量	结垢状况	腐蚀状况	介质腐蚀性	开裂敏感性	历史泄漏次数	级别
1~4 年	100~400	历次大修发现有结垢，但工艺还未发现压降升高现象	上次检修发现有轻微点蚀，可见坑深度 0.5mm 以下	各装置原料油等含有腐蚀性介质，但选材合理，腐蚀较轻	依据 API 581 确定	两个运行周期发生一次泄漏	2
4~8 年	400~1000	本次运行周期换热器压降升高，但可以坚持到 4 年运行大修	上次检修发现有蚀坑，测厚有减薄现象，可见坑深 0.5~1mm	稳定塔顶油气，分离塔顶油气，燃料气，常一线、常二线、减二线、减三线、新氢，酸性气等可能产生湿硫化氢腐蚀环境或少量环烷酸	依据 API 581 确定	一个运行周期发生一次泄漏	3
8~12 年	1000~2000	结垢速度较快，造成压降升高影响生产，单个 4 年运行周期需定期进行在线清洗 4 次以下	上次检修发现存在较重腐蚀，或壁厚减薄较多，可见坑深 1mm 以上，或出现 5 根以下管子泄漏	液化气，常底油，减底油，贫富胺液，环丁砜	依据 API 581 确定	一年发生一次泄漏	4
12 年以上	2000 以上	结垢速度较快，或造成压降升高影响生产，需定期进行在线清洗，每年需清洗 1 次以上	上次检修发现腐蚀严重，多出明显可见腐蚀坑深大于 1mm，5 根以上泄漏或出现过裂纹	加氢反应产物，重整反应产物，分馏塔顶油气(含常减压塔顶及其他起分馏作用的塔器的塔顶油气)，吸收塔顶油气，解析塔顶油气，常顶循环油气，催化油浆，酸性水，循环水，焦化净化水，循环氢，中变气	依据 API 581 确定	一年内多次泄漏	5

3.1.4 确定模糊评判矩阵

采用柯西分布 $\mu_A = \dfrac{1}{1+(\chi-\alpha)^2}(\chi \geq \alpha)$ 作为隶属度函数进行分析。

进行一级模糊评价时的隶属度矩阵 R_i 为：

$$R_i = \begin{bmatrix} 0.538 & 0.269 & 0.1076 & 0.0538 & 0.0316 \\ 0.2174 & 0.4348 & 0.2174 & 0.087 & 0.0435 \\ 0.0833 & 0.2083 & 0.4167 & 0.2083 & 0.0833 \\ 0.0435 & 0.087 & 0.2174 & 0.4348 & 0.21740.0316 \end{bmatrix} \Bigg\} (i=1, 2, 3, 4, 5, 6, 7)$$

不同影响因素对应的隶属度矩阵不同，如果两个影响因素影响决策对象取值的趋势一致时(7 个因素都是从 1 到 5 分级且都是可靠性逐渐降低)，则相应的等级评判矩阵可取成相同，即 $R_i = R(i=1, 2, 3, 4, 5, 6, 7)$。

3.1.5 一级模糊综合评价

一级模糊综合评价级为：

$B_m = C_m \cdot R(m=1, 2, \cdots, 5)$，$C_m$ 为 R 的第 m 行元素。因此，由失效可能性影响因素的划分等级，可以得出各级别的一级模糊综合评价集：

$$B_1: \{0.3602 \quad 0.2905 \quad 0.1763 \quad 0.1067 \quad 0.0664\}$$

$$B_2: \{0.2348 \quad 0.3027 \quad 0.2321 \quad 0.1443 \quad 0.0862\}$$
$$B_3: \{0.1365 \quad 0.2224 \quad 0.2821 \quad 0.2224 \quad 0.1365\}$$
$$B_4: \{0.0862 \quad 0.1443 \quad 0.2321 \quad 0.3027 \quad 0.2348\}$$
$$B_5: \{0.0664 \quad 0.1067 \quad 0.1763 \quad 0.2905 \quad 0.3602\}$$

3.1.6 二级模糊综合评价

令 $B' = [B'_1, B'_2, B'_3, B'_4, B'_5, B'_6, B'_7]$，则二级模糊综合评价集为：

$$E = S^T \cdot B'^T$$

3.2 换热器失效后果分析

将影响换热器失效后果严重程度的因素确定为：设备对装置的关键程度、失效后果影响程度、检修难易程度及时间。

3.2.1 换热器失效后果因素权重确立

应用层析分析法得到失效后果因素权重，可得到失效后果因素权重 H：

$$H = \begin{bmatrix} 0.332 \\ 0.528 \\ 0.140 \end{bmatrix}$$

3.2.2 换热器失效后果因素集建立

失效后果严重程度的三个因素进行等级划分，每个因素分为 5 个等级，其中 1 到 5 级的安全性级别依次降低，见表 2。将各因素看成是等级集上的模糊子集，各因素的每一等级对该因素的隶属度同样依据柯西函数产生。

表 2　因素等级表

设备对装置的关键程度	失效后果影响程度	检修难易程度及时间	级别
允许较长时间泄漏运行，设备泄漏后不影响产品质量，工艺操作和其他设备	管壳程介质基本无毒、不燃、不爆，不影响产品质量或工艺操作	设备在地面，周围无障碍，检修条件易创造，检修可单台切出，设备停运时间少于 2d	1
允许一段时间微漏，设备泄漏后不影响产品质量，工艺操作，但会造成介质串流，污染另一侧介质从而增加设备其他长期运行风险的	介质泄漏，无毒，不燃，不爆，但会造成周边局部污染，或另一侧介质污染，影响工艺操作	检修条件较易创造，检修可单台切出，设备停运时间 3~5d，或单元停运小于 5d	2
允许短时间微漏，泄漏影响到装置正常的生产和工艺操作，产品质量不合格	介质高温，泄漏后会自燃，但无毒，不爆，或影响产品质量，需要停机检修，停机时间少于 5d	设备在高空，周围有障碍，辅助费用高，需单元停运才能检修，单元或单台停运时间 6~9d	3
禁止泄漏，设备失效后会造成装置局部停车	介质有轻微毒性，可燃，在人员经常经过的位置；泄漏导致局部停车或装置停车，停车时间 5~10d	检修条件难创造，需单元单台停运 10~15d，或在装置现场不能修复，返厂检修在 5~10d 内	4
禁止泄漏，设备失效后会造成装置停车，甚至影响到其他装置稳定运行	介质易燃或易爆或有毒，压力较高，或重度污染环境，造成社会影响；泄漏导致装置停车 10d 以上，甚至导致其他装置停车	现场很难创造检修条件，需要装置停工，或设备、单元停工时间在 15d 以上，检修工序复杂，必须返厂检修，检修工期 11d 以上	5

3.2.3 换热器失效后果因素一级模糊综合评价

参照3.1.4节确定模糊评判矩阵计算步骤，建立换热器失效后果因素一级模糊评价时模糊矩阵 R_i。

参照3.1.5节换热器失效可能性影响因素一级模糊综合评价集计算步骤，以得出换热器失效后果因素各级别的一级模糊综合评价集：

$$1 级：\{0.3602 \quad 0.2905 \quad 0.1763 \quad 0.1067 \quad 0.0664\}$$
$$2 级：\{0.2348 \quad 0.3027 \quad 0.2321 \quad 0.1443 \quad 0.0862\}$$
$$3 级：\{0.1365 \quad 0.2224 \quad 0.2821 \quad 0.2224 \quad 0.1365\}$$
$$4 级：\{0.0862 \quad 0.1443 \quad 0.2321 \quad 0.3027 \quad 0.2348\}$$
$$5 级：\{0.0664 \quad 0.1067 \quad 0.1763 \quad 0.2905 \quad 0.3602\}$$

3.2.4 换热器失效后果因素二级模糊综合评价

参照3.1.6节换热器失效可能性影响因素二级模糊综合评价计算步骤，令 $F = [F_1, F_2, F_3]$，则二级模糊综合评价集为：

$$K = H^T \cdot F^T$$

3.3 换热器的风险评价

换热器的失效可能性和失效后果分别被划分为5个等级，采用 API 581 推荐的5×5风险矩阵图表示风险，见图1。

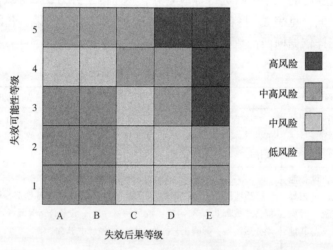

图1　换热器风险矩阵图

3.4 换热器的风险评价方法计算实例

以某炼油厂常减压装置的换热器 E-101A 为例，E-101A 的失效可能性计算过程为：E-101A 投用时间为3级、换热管数量(根数)为5级、结垢状况为1级、腐蚀状况为1级、腐蚀性等级为1级、开裂敏感性为2、历史泄漏次数为1级，则有：

$$B_1' = B_3 = \{0.1365 \quad 0.2224 \quad 0.2821 \quad 0.2224 \quad 0.1365\}$$
$$B_2' = B_5 = \{0.0664 \quad 0.1067 \quad 0.1763 \quad 0.2905 \quad 0.3602\}$$
$$B_3' = B_1 = \{0.3602 \quad 0.2905 \quad 0.1763 \quad 0.1067 \quad 0.0664\}$$
$$B_4' = B_1 = \{0.3602 \quad 0.2905 \quad 0.1763 \quad 0.1067 \quad 0.0664\}$$
$$B_5' = B_1 = \{0.3602 \quad 0.2905 \quad 0.1763 \quad 0.1067 \quad 0.0664\}$$

$$B_6' = B_2 = \{0.2348 \quad 0.3027 \quad 0.2321 \quad 0.1443 \quad 0.0862\}$$
$$B_7' = B_1 = \{0.3602 \quad 0.2905 \quad 0.1763 \quad 0.1067 \quad 0.0664\}$$

E-101A 可得模糊综合评价结果：

$$E = \{0.4305 \quad 0.3011 \quad 0.1434 \quad 0.0728 \quad 0.0512\}$$

按照最大隶属度原则，5 个隶属度中的最大值 0.4305，对应的失效等级为 1 级，该换热器的失效可能性低。

E-101A 失效后果计算过程为：

该换热器"设备对装置的关键程度"因素为 3 级，"失效后果影响程度"因素为 4 级，"检修难易程度及时间"因素为 2 级。则有：

$$F_1 = \{0.1365 \quad 0.2224 \quad 0.2821 \quad 0.2224 \quad 0.1365\}$$
$$F_2 = \{0.0862 \quad 0.1443 \quad 0.2321 \quad 0.3027 \quad 0.2348\}$$
$$F_3 = \{0.2348 \quad 0.3027 \quad 0.2321 \quad 0.1443 \quad 0.0862\}$$

换热器 E-101A 失效后果可得模糊综合评价结果：

$$K = \{0.1237 \quad 0.1924 \quad 0.2487 \quad 0.2539 \quad 0.1814\}$$

按照最大隶属度原则，5 个隶属度中的最大值 0.2539，对应的失效等级为 4 级，确定 E-101A 的失效后果较严重。

换热器 E-101A 的失效可能性为 1 级，失效后果为 D(4)级，因而其风险等级为中风险。

4 换热器的风险评价方法应用与现场验证

依据前文方法，编写相应的计算程序，对某企业炼油厂 846 台换热器进行风险评价，按照失效可能性等级和失效后果等级形成风险分布矩阵图，见图 2。图中可见该厂换热器失效可能性等级与失效后果等级的各种等级组合中的换热器数目。

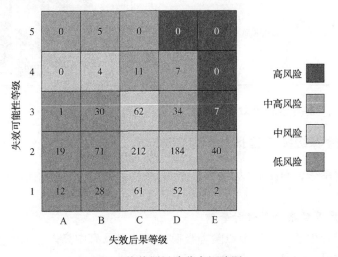

图 2　换热器风险分布矩阵图

通过部分换热器开盖检修时机，随机抽取低风险换热器 15 台、中风险换热器 22 台、中高风险换热器 57 台、高风险换热器 7 台进行评价结果的现场验证，现场验证显示低风险 13 台符合评价结果、中风险换热器 19 台符合评价结果、中高风险换热器 52 台符合评价结果、高风险换热器 6 台符合评价结果，符合率分别为：86.7%、86.4%、91.2%、85.7%，基本符合实际情况。验证结果见表 3。

表3 换热器风险评价验证结果表

	低风险	中风险	中高风险	高风险
评价数量	15	22	57	7
验证数量	13	19	52	6
符合率	86.7%	86.4%	91.2%	85.7%

其中部分中高风险换热器现场验证结果见表4。

表4 典型中高风险换热器现场验证结果

3#柴油加氢装置换热器 E-103	评价结果为中高风险，现场检验管束腐蚀泄漏	
2#柴油加氢装置换热器 E-102	评价结果为中高风险，管束腐蚀减薄泄漏	
蜡油加氢装置换热器 E-103	评价结果为中高风险，管板角焊缝腐蚀泄漏	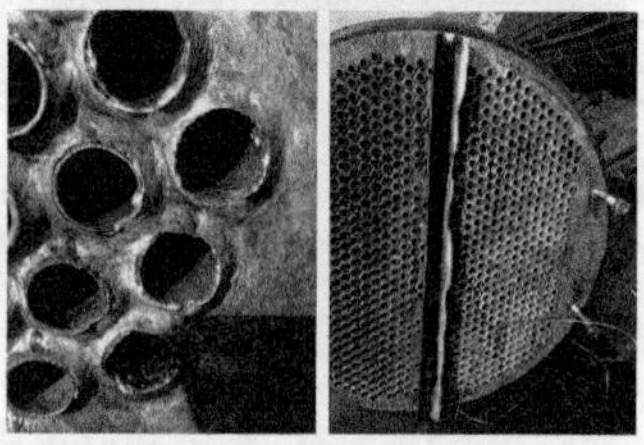

以上结果显示，该换热器风险评价方法有效可行。

5 中高以上风险等级换热器风险管控策略

针对风险评价结果，对中高以上风险等级的换热器提出设计、制造和检维修方面相应的管理建议。

5.1 中高以上风险等级换热器设计管控

对新建炼化装置中的中高以上风险等级换热器及对已有中高以上风险等级换热器进行更新改造过程中，在设计阶段的风险管控主要采取以下措施：

（1）应考虑材质升级或防腐涂层；

（2）选择不易结垢的管束型式；

（3）钢管应逐根进行涡流探伤和水压试验；

（4）管嘴与管板连接选用高可靠性的胀焊结合；

（5）管嘴焊缝提出射线探伤检测要求，管子与管板角焊缝应增加射线抽查，抽查比例为

3%左右，不少于10个；

（6）流程应配备跨线和进出口阀门。

5.2　中高以上风险等级换热器制造质量管控

对新建炼化装置中的中高以上风险等级换热器及对已有中高以上风险等级换热器进行更新改造过程中，在制造阶段应实施驻厂监造，派员进行制造质量体系及运行情况检查，重点环节中间检查，管嘴焊缝及管束涂层防腐质量等出厂检验验收。

5.3　中高以上风险等级换热器检维修管控

（1）应急抢修时：创造条件做管嘴探伤和管子检测，对管束打压试漏，确认泄漏程度和泄漏部位，进行管束腐蚀调查；分析泄漏原因，分清是制造质量原因还是使用寿命消耗原因。

（2）停车检修时：应抽出管束进行清洗并进行腐蚀检查；应逐台管束打压试漏；旋转超声或涡流检测比例宜大于10%；进行管束及管嘴腐蚀状态检查；对检测发现严重缺陷的未泄漏缺陷，要进行预防性维修；应做好停工期间的防护；检修后做好管束的健康等级评价，制定管束更新策略和计划。

6　换热器风险管控策略实施效果

某企业炼油厂通过实施以动态风险评价为基础的换热器风险管控策略，极大地提高了换热器的可靠性。

该企业应用换热器风险评价方法对全厂换热器风险评价，确定中高风险换热器99台，高风险换热器7台，依据风险管控策略制定换热器大检修计划。该企业在2020年设备大检修中，以这106台中高风险换热器为检查主体，共确定出160台需做腐蚀调查的换热器。现场换热器腐蚀调查情况：62台换热器结垢情况严重，22台管束存在不同程度腐蚀；现场见证了15台换热器打压试漏，其中6台换热器发生泄漏进行堵管、管口补焊等处理；内窥镜检查36台换热器管束，5台水冷器高压冲洗不彻底，4台水冷器涂层破损严重需修复。更换管束91台、预膜60台、增加跨线3台、安装牺牲阳极98台、做旋转超声检测19台。

7　结语

（1）本文验证了运用模糊综合评判方法对换热器进行风险评价的有效性。根据换热器的腐蚀机理、换热器故障统计分析、换热器运行和检修历史数据，确定出换热器管束失效可能性及失效后果的影响因素，并对每个影响因素进行等级划分，采用模糊综合评价法对换热器进行风险评价。

（2）应用该方法对某炼油厂846台换热器进行风险评价，通过部分换热器开盖检修时机，随机抽取换热器进行评价结果的现场验证，现场验证显示评价结果基本符合实际情况。评价结果也验证了该换热器风险评价方法有效可行。

（3）建立了基于中高以上风险换热器群组的风险管控策略，该策略贯穿换热器设计审查、制造检验验收、检维修管理过程。该管控策略适用范围宽、考虑设备实际使用工况，为设备的长周期运行提供一种有效的技术手段。

参 考 文 献

[1] 戴树和. 风险分析技术(一)风险分析的原理和方法[J]. 压力容器. 2002, 19(2)：1-9.

[2] 谢季坚, 刘承平. 模糊数学方法及其应用[M]. 武汉: 华中理工大学出版社, 2000: 205-211.

[3] 姜启源. 数学模型[M]. 北京: 高等教育出版社, 2005: 225-231.

作者简介: 李洪涛(1982—), 毕业于哈尔滨工程大学, 硕士, 现工作于中国石化天津分公司装备研究院热能工作室, 高级工程师, 主管师。通讯地址: 天津市滨海新区大港区天津石化装备研究院, 邮编: 300271。联系电话: 18002199716, E-mail: lht0916@163.com。

热电部锅炉水冷壁管腐蚀原因分析

张海宁

(中国石油化工股份有限公司天津分公司)

摘　要　本文针对乙烯及配套项目主要的配套装置热电部锅炉车间部分区域水冷壁管外壁严重腐蚀情况，为确定腐蚀原因，排除生产隐患，车间委托专业单位，通过燃料化验分析、生产工艺分析、检查检测等一系列措施进行腐蚀原因分析确定，并提出了具有针对性的建议措施。

关键词　水冷壁管；热电部；锅炉车间；腐蚀

1　前言

2020年5月大修期间，检查发现，热电部锅炉车间10#锅炉水冷壁管外壁发生严重腐蚀，腐蚀主要集中在前墙中部，及两侧墙夹角处。受热电部委托进行锅炉车间10#锅炉水冷壁管腐蚀原因分析。

热电CFB锅炉是某石化100万t/a乙烯及配套项目主要的配套装置之一，3台465t/h循环流化床锅炉(CFB)，每小时产12.5MPa，540℃蒸汽3t×465t。10#炉于2009年12月7日投用，投用至今未出现因此类腐蚀更换水冷壁管，前期曾因为磨损更换过水冷壁管。

CFB锅炉装置由中国石化宁波工程公司(SNEC)设计，由中石化五公司施工安装，锅炉为福斯特惠勒公司产品。2014年完成三台炉的石灰石系统改造；2014年底完成SNCR脱硝系统及一期臭氧系统改造；2014年至2017年完成三台炉整体节能改造(冷渣器除盐水及飞灰系统改造)；2017年9月完成10#炉余热回收项目改造。水冷壁管设计参数见表1。

表1　水冷壁管设计参数

位号	名称	炉膛温度/℃	饱和水温度/℃	管内介质	材质	规格/mm
10#炉	水冷壁管	850~950	337.1	饱和水	20G	50.8×4.19

锅炉烟气流程见图1。

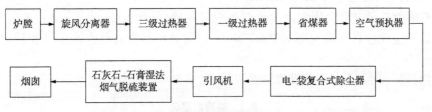

图1　烟气流程图

为查明腐蚀原因，对10#锅炉乙墙第95根炉管开展宏观检查、壁厚检测、化验分析、工艺分析等方面的调查，结合装置运行情况综合分析，查找腐蚀原因提出建议措施。

2 检验检测

2.1 宏观检查

宏观检查发现:水冷壁管外壁附着一层较厚的氧化层,局部附着硬质飞灰。以鳍片为界,背火面腐蚀轻微,向火面腐蚀较为严重。腐蚀主要存在两种形貌,一种是外壁覆盖一层又厚又硬的垢层,去掉垢层基体有的部位较为平整,此类为氧化腐蚀;另一种是局部存在类似溃疡状的腐蚀,且深度较深。详见图2~图5。

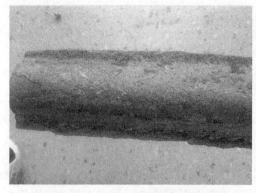

图2 结垢与飞灰形貌

图3 均匀腐蚀形貌

图4 局部腐蚀形貌

图5 局部蚀坑形貌

2.2 壁厚检测

对样管用超声波测厚仪进行壁厚测量,厚度数值在4.60~5.60mm之间,原始壁厚为4.19mm,说明水冷壁管不存在均匀腐蚀。

样管在麻坑处剖开后,用游标卡尺对各端口测量(见图6),壁厚3.60~5.10mm。用最小壁厚与原始壁厚计算得出速率为0.053mm/a;用最小厚度与最大厚度计算得出腐蚀速率为0.136mm/a。

测厚数据见表2,游标卡尺测厚图片见图6。

表2 测厚数据表

检测工具	壁厚/mm	检测工具	壁厚/mm
超声波测厚仪	5.60、5.00、4.60、4.80、5.20	原始壁厚	4.19
游标卡尺	3.60、3.80、4.60、5.02、5.10、5.02		

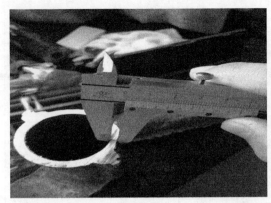

图 6　端口测厚

2.3　燃料化验分析

对热电部锅炉车间给出的 3 月、4 月石油焦、烟煤、飞灰的化验结果进行分析。从分析结果来看：石油焦和烟煤都含有硫，石油焦硫含量大于烟煤的硫含量（见表 3～表 5）。无论是石油焦还是烟煤粒度均普遍偏高。

2.4　腐蚀产物分析

取水冷壁管外壁腐蚀产物进行 XRD 和能谱分析。分析结果见图 7、图 8。

通过 XRD 分析结果可以看出，垢物含有氧化铁、硫化铁、二氧化硅、硫酸盐等化合物。通过能谱分析结果可以看出水冷壁管腐蚀产物中含有 Fe、O、C、Si、S 等元素，其中 Fe、O、S 元素含量较高。两者综合分析可以得出腐蚀产物主要以硫酸盐、氧化铁、硫化铁为主要腐蚀产物。

2.5　工艺情况调查

经过与车间技术人员了解，自 2009 年投用以来未曾因此类腐蚀造成锅炉停车更换水冷壁管，只因磨损更换过水冷壁管。2017 年 9 月完成 10#炉余热回收项目改造。

经过调查确定，10#炉膛前后墙床温按照工艺技术规程要求一般控制在 650～980℃，车间控制 850～980℃；烟气氧量工艺技术规程要求一般控制在 6%，车间控制在 3.5%～6%。未出现超温现象。

3　综合原因分析

通过宏观检查、壁厚检测、腐蚀产物分析结果，并结合运行情况分析得出"高温腐蚀"是造成 10#锅炉水冷壁管外壁腐蚀的主要原因。

产生腐蚀的主要原理为：水冷壁管在高温环境下运行，燃煤中存在硫及其他有害杂质，水冷壁管向火面容易遭受高温腐蚀，参与高温腐蚀的危害物有燃烧过程中产生的 SO_2、SO_3、H_2S、碱性金属盐类。硫酸盐性高温腐蚀主要是碱性金属盐类与铁发生反应生成硫酸盐和焦硫酸铁，对水冷壁管造成腐蚀；硫化物型高温腐蚀是硫化物在高温缺氧的情况下生成原子态硫和 H_2S，并与基体铁和氧化铁反应生成硫化铁，对水冷管造成腐蚀。另外，由于煤粉粒度较粗，在锅炉内燃烧不够充分，散落在水冷管鳍片附近，堆积的煤粉在高温下慢慢氧化，会产生大量的还原性气体 SO_2、H_2S、CO 加剧高温腐蚀的发生。

表 3　石油焦化验分析结果

样品名称	采样时间	全水分(Mt)≤7.0/%(质量分数)	外在水分(Mf)/%(质量分数)	灰分(ad)/%(质量分数)	粒度(10~13mm),0/%(质量分数)	粒度(>13mm),0/%(质量分数)	粒度(6~8mm),0.70~1.60/%(质量分数)	粒度(0.5~1mm),22.70~28.10/%(质量分数)	粒度(1~3mm),24.80~30.10/%(质量分数)	粒度(3~4mm),6.70~10.80/%(质量分数)	粒度(4~6mm),4.30~8.40/%(质量分数)	粒度(8~10mm),0/%(质量分数)	粒度(<0.5mm),26.40~35.40/%(质量分数)	挥发分(ad)/%(质量分数)	水分(ad)/%(质量分数)	固定碳(ad)/%(质量分数)	全硫(ad)/%(质量分数)
二电站输焦皮带	2020/3/2	0.9	0.7	0.76	2.56	1.19	5.21	17.01	41.57	3.67	5.75	3.24	19.80	12.20	0.22	86.82	6.92
二电站输焦皮带	2020/3/9	3.5	3.1	3.17	0.71	0.00	1.19	20.88	37.93	3.38	5.79	0.38	29.74	12.42	0.46	83.95	6.27
二电站输焦皮带	2020/3/16	3.3	2.5	6.20	1.42	0.00	3.97	20.48	26.40	1.80	6.30	3.77	35.86	13.16	0.79	79.85	5.50
二电站输焦皮带	2020/3/23	4.6	3.8	5.21	1.53	0.00	2.63	21.19	35.25	2.39	6.02	1.72	29.27	14.63	0.82	79.34	5.79
二电站输焦皮带	2020/3/30	3.1	2.6	4.32	1.30	0.00	3.55	16.90	44.21	3.10	6.20	2.26	22.48	14.40	0.54	80.74	5.98
二电站输焦皮带	2020/4/6	2.9	2.3	10.49	0.00	0.00	0.71	20.88	35.63	3.72	5.11	0.77	33.18	16.06	0.64	72.81	4.94
二电站输焦皮带	2020/4/13	2.3	1.6	11.42	7.62	22.16	1.95	14.42	17.78	2.98	6.21	5.49	21.39	16.92	0.74	70.92	4.69
二电站输焦皮带	2020/4/20	2.2	1.6	8.54	0.00	0.00	0.64	18.01	46.51	4.68	5.88	0.00	24.28	15.42	0.65	75.39	5.52
二电站输焦皮带	2020/4/27	1.6	1.3	3.88	1.42	0.00	2.90	21.67	27.81	2.22	4.39	2.66	36.93	14.23	0.34	81.55	6.36

表 4 烟煤化验分析结果

样品名称	采样时间	外在水分(Mf)/%（质量分数）	粒度(>13mm)0/%（质量分数）	粒度(10~13mm),1.00~3.10/%（质量分数）	粒度(1~3mm),17.00~25.00/%（质量分数）	粒度(<0.5mm),10.80~19.10/%（质量分数）	粒度(8~10mm),3.80~7.40/%（质量分数）	粒度(6~8mm),8.20~12.00/%（质量分数）	粒度(4~6mm),15.80~21.00/%（质量分数）	粒度(3~4mm),13.00~15.20/%（质量分数）	粒度(0.5~1mm),9.20~14.90/%（质量分数）	水分(ad)/%（质量分数）	全水分(Mt)/%（质量分数）	水分(ad)/%（质量分数）	挥发分(ad)/%（质量分数）	固定碳(ad)/%（质量分数）	全硫(ad)/%（质量分数）
二电站干煤棚人工埃采	2020/3/3	4.1	0.00	0.00	36.20	25.39	0.37	2.15	10.39	5.20	20.30	1.88	5.9	28.48	24.06	45.58	0.32
二电站干煤棚人工埃采	2020/3/6	4.2	1.47	6.15	31.02	24.32	3.19	4.74	9.30	3.76	16.05	1.42	5.6	32.30	20.38	45.90	0.50
二电站干煤棚人工埃采	2020/3/10	5.8	0.00	2.58	34.78	22.66	5.44	4.53	9.26	4.21	16.54	2.14	7.8	26.21	21.90	49.75	0.36
二电站干煤棚人工埃采	2020/3/13	4.5	1.22	5.56	29.68	20.08	6.36	9.67	10.58	4.48	12.37	1.92	6.3	30.78	22.16	45.14	0.44
二电站干煤棚人工埃采	2020/3/20	4.3	1.48	7.20	30.83	17.24	6.57	7.73	9.26	4.69	15.00	1.74	6.0	32.49	25.91	39.86	0.39
二电站干煤棚人工埃采	2020/3/24	5.5	1.72	5.19	29.88	18.56	4.92	8.27	10.55	4.29	16.62	1.89	7.3	24.44	22.14	51.53	0.44
二电站干煤棚人工埃采	2020/3/27	1.9	0.00	9.27	27.13	12.99	8.96	14.81	13.85	5.36	7.63	1.46	3.3	28.83	21.70	48.01	0.35
二电站干煤棚人工埃采	2020/3/31	4.8	0.00	0.96	37.71	16.70	5.34	9.21	9.26	5.02	15.80	7.04	11.5	21.20	27.86	43.90	0.62

样品名称	采样时间	外在水分 (Mf)/% (质量分数)	粒度 (>13mm)/% (质量分数)	粒度 (10~13mm), 1.00~3.10/% (质量分数)	粒度 (1~3mm), 17.00~25.00/% (质量分数)	粒度 (<0.5mm), 10.80~19.10/% (质量分数)	粒度 (8~10mm), 3.80~7.40/% (质量分数)	粒度 (6~8mm), 8.20~12.00/% (质量分数)	粒度 (4~6mm), 15.80~21.00/% (质量分数)	粒度 (3~4mm), 13.00~15.20/% (质量分数)	粒度 (0.5~1mm), 9.20~14.90/% (质量分数)	水分 (ad)/% (质量分数)	全水分/% (Mt)/% (质量分数)	灰分 (ad)/% (质量分数)	挥发分 (ad)/% (质量分数)	固定碳 (ad)/% (质量分数)	全硫 (ad)/% (质量分数)
二电站干煤棚人工堆采	2020/4/3	5.9	0.00	0.00	34.83	25.32	2.02	5.87	7.48	4.41	20.07	3.84	9.5	20.08	29.38	46.70	0.70
二电站干煤棚人工堆采	2020/4/7	4.9	2.15	1.72	33.11	18.63	8.28	6.37	7.81	3.83	18.10	3.52	8.2	20.76	24.17	51.55	0.62
二电站干煤棚人工堆采	2020/4/10	4.3	0.00	0.00	41.49	22.88	0.00	1.23	8.69	6.57	19.14	4.18	8.3	21.64	26.28	47.90	0.57
二电站干煤棚人工堆采	2020/4/14	5.4	0.00	3.46	27.95	35.22	1.35	2.01	5.53	3.27	21.21	3.96	9.1	20.43	21.91	53.70	0.30
二电站干煤棚人工堆采	2020/4/17	5.1	6.88	3.22	26.98	21.73	7.23	6.63	8.77	3.17	15.39	4.42	9.3	22.59	21.57	51.42	0.32
二电站干煤棚人工堆采	2020/4/21	4.4	1.88	7.56	23.55	26.36	9.41	6.38	6.23	2.95	15.68	3.76	8.0	23.56	23.53	49.15	0.30
二电站干煤棚人工堆采	2020/4/24	3.3	3.24	4.82	27.94	18.50	8.14	6.96	9.10	2.09	19.21	4.02	7.2	19.58	21.72	54.68	0.33
二电站干煤棚人工堆采	2020/4/28	5.1	0.00	6.65	29.00	20.23	7.07	7.77	10.40	4.60	14.28	2.72	7.7	21.46	20.41	55.41	1.36

表 5 飞灰化验分析结果

采样点	样品名称	采样时间	分析类型	等级	飞灰可燃物/%(质量分数)
10#锅炉烟道甲侧	10#锅炉烟道甲侧	2020/3/1	常规	合格	2.5
10#锅炉烟道甲侧	10#锅炉烟道甲侧	2020/3/1	常规	合格	4.4
10#锅炉烟道乙侧	10#锅炉烟道乙侧	2020/3/2	常规	合格	2.4
10#锅炉烟道乙侧	10#锅炉烟道乙侧	2020/3/2	常规	合格	4.2
10#锅炉烟道甲侧	10#锅炉烟道甲侧	2020/3/3	常规	合格	4.2
10#锅炉烟道甲侧	10#锅炉烟道甲侧	2020/3/3	常规	合格	4.0
10#锅炉烟道乙侧	10#锅炉烟道乙侧	2020/3/4	常规	合格	4.0
10#锅炉烟道乙侧	10#锅炉烟道乙侧	2020/3/4	常规	合格	2.6
10#锅炉烟道甲侧	10#锅炉烟道甲侧	2020/3/5	常规	合格	2.6
10#锅炉烟道甲侧	10#锅炉烟道甲侧	2020/3/5	常规	合格	2.6
10#锅炉烟道乙侧	10#锅炉烟道乙侧	2020/3/6	常规	合格	2.8
10#锅炉烟道乙侧	10#锅炉烟道乙侧	2020/3/6	常规	合格	3.5
10#锅炉烟道甲侧	10#锅炉烟道甲侧	2020/3/7	常规	合格	2.0
10#锅炉烟道甲侧	10#锅炉烟道甲侧	2020/3/7	常规	合格	3.6
10#锅炉烟道乙侧	10#锅炉烟道乙侧	2020/3/8	常规	合格	3.7
10#锅炉烟道乙侧	10#锅炉烟道乙侧	2020/3/8	常规	合格	2.4
10#锅炉烟道甲侧	10#锅炉烟道甲侧	2020/3/9	常规	合格	3.7
10#锅炉烟道甲侧	10#锅炉烟道甲侧	2020/3/9	常规	合格	2.4
10#锅炉烟道乙侧	10#锅炉烟道乙侧	2020/3/10	常规	合格	2.6
10#锅炉烟道乙侧	10#锅炉烟道乙侧	2020/3/10	常规	合格	2.6
10#锅炉烟道甲侧	10#锅炉烟道甲侧	2020/3/11	常规	合格	2.6
10#锅炉烟道甲侧	10#锅炉烟道甲侧	2020/3/11	常规	合格	3.7
10#锅炉烟道乙侧	10#锅炉烟道乙侧	2020/3/12	常规	合格	3.7
10#锅炉烟道乙侧	10#锅炉烟道乙侧	2020/3/12	常规	合格	1.4
10#锅炉烟道甲侧	10#锅炉烟道甲侧	2020/3/13	常规	合格	1.3
10#锅炉烟道甲侧	10#锅炉烟道甲侧	2020/3/13	加样	合格	1.4
10#锅炉烟道甲侧	10#锅炉烟道甲侧	2020/3/13	常规	合格	2.8
10#锅炉烟道乙侧	10#锅炉烟道乙侧	2020/3/14	常规	合格	2.6
10#锅炉烟道乙侧	10#锅炉烟道乙侧	2020/3/14	常规	合格	3.9
10#锅炉烟道甲侧	10#锅炉烟道甲侧	2020/3/15	常规	合格	2.0
10#锅炉烟道甲侧	10#锅炉烟道甲侧	2020/3/15	常规	合格	2.0
10#锅炉烟道乙侧	10#锅炉烟道乙侧	2020/3/16	常规	合格	4.1
10#锅炉烟道乙侧	10#锅炉烟道乙侧	2020/3/16	常规	合格	3.0

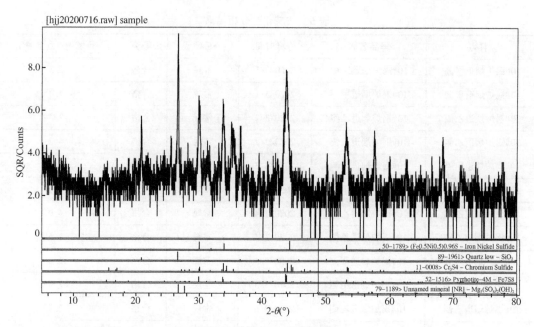

图 7　垢样 XRD 分析结果

元素	重量百分比	原子百分比	净强度	错误/%	Kratio	Z	A	F
C K	7.45	16.78	152.22	16.50	0.0158	1.2017	0.1766	1.0000
O K	25.47	43.04	1887.38	7.94	0.1129	1.1484	0.3859	1.0000
NaK	1.24	1.46	76.38	21.71	0.0038	1.0412	0.2909	1.0006
AlK	1.69	1.69	235.59	8.70	0.0098	1.0189	0.5664	1.0021
SiK	3.14	3.03	499.97	6.27	0.0223	1.0408	0.6807	1.0034
PtM	1.53	0.21	99.87	15.91	0.0129	0.6553	1.1812	1.0900
S K	12.10	10.21	1837.84	3.82	0.1028	1.0184	0.8318	1.0028
K K	0.97	0.67	107.60	11.26	0.0086	0.9629	0.9175	1.0121
CaK	0.26	0.18	24.52	43.88	0.0024	0.9800	0.9422	1.0180
CrK	11.71	6.09	629.59	3.98	0.1072	0.8766	0.9324	1.0528
FeK	33.41	16.18	1156.93	3.43	0.2886	0.8689	0.9863	1.0081
NiK	1.03	0.47	23.30	39.41	0.0088	0.8732	0.9898	1.0146

图 8　垢样能谱分析结果

4　建议措施

（1）控制燃料采购，尽量降低燃料中硫化物和碱性金属盐类的含量。

（2）控制燃料粒度，避免燃烧不充分产生还原性气体。

（3）定期吹扫水冷壁外壁，避免飞灰和腐蚀产物的堆积。

（4）定期开展腐蚀检测，及时处理腐蚀隐患。

作者简介：张海宁（1984—），毕业于河北工业大学，化学工程与工艺专业，学士，现工作于天津石化装备研究院，工程师。通讯地址：天津市滨海新区大港某石化装备研究院，邮编：300270。联系电话：18222101334，E-mail：85175756@ qq. com。

氨法脱硫塔导流锥腐蚀原因分析及对策

刘 杰

（中安联合煤化有限责任公司）

摘 要 介绍了某煤化工企业氨法脱硫塔导流锥环形腔室内的腐蚀问题，通过探讨腐蚀机理、现场腐蚀调查和分析，得出导流锥锥面 2507 双相不锈钢覆层与碳钢塔壁异种钢焊缝腐蚀泄漏和锥面 2507 双相不锈钢覆层搭接焊缝受循环浆液冲刷、热应力等因素而开裂、穿孔泄漏是脱硫循环浆液进入导流锥环形腔室引发腐蚀的主要原因。采用优化防腐蚀策略，增加玻璃纤维布防腐加强层、增加导流锥环形腔室内防腐涂层和强化环形腔室排液等对策，有效减轻了导流锥环形腔室的腐蚀问题。

关键词 氨法脱硫；脱硫塔；导流锥；腐蚀

氨法脱硫以其高效低耗和副产氮肥硫酸铵的巨大优势，在国内热电企业得以广泛应用。但近年来全国各个脱硫装置的运行表明，高浓度硫酸铵浆液腐蚀成为影响各氨法脱硫装置长周期运行的主要问题。

某煤化工企业锅炉装置由 4 台 465t/h 高压煤粉锅炉组成，主要向厂内提供动力蒸汽，配套 4 台氨法脱硫塔用于烟气脱硫，脱硫剂为 99.6% 液氨，脱硫效率不低于 98%，采用一炉一塔设计，其设计参数见表 1。

表 1 脱硫塔设计参数

脱硫塔规格/mm	$\phi9000\times54300\times18/16/14/12/10$	设计压力/MPa(绝)	常压
脱硫塔材质	Q235B 衬玻璃鳞片	设计温度/℃	200
脱硫塔内件材质	2507 双相钢/PP	介质	硫胺、烟气
容积/m³	11527	烟气流量/(m³/h)(标准状态)	448200

烟气进入脱硫塔浓缩段后，经浓缩循环浆液的洗涤、降温至 50~60℃后进入吸收段，烟气自下而上与喷淋液逆流接触进行吸收反应，生成的$(NH_4)_2SO_3$浆液经导流锥导流进入集液盘，经集液盘收集后由连通管进入循环浆液箱，并在循环浆液箱内通入空气氧化生成$(NH_4)_2SO_4$浆液，其主要流程见图 1。

1 导流锥腐蚀问题概况

3#脱硫塔自 2019 年 4 月建成投运后，导流锥环形腔室内即存在严重的腐蚀问题，且历经 3 次停塔检修未能得到彻底解决，严重制约了脱硫塔的安全长周期运行，其他 3 台脱硫塔存在同样问题。

1.1 导流锥结构简介

导流锥用于将自上而下喷淋的循环浆液导流进入集液盘进行收集，是整台脱硫塔吸收段浆液得以循环的关键部位。

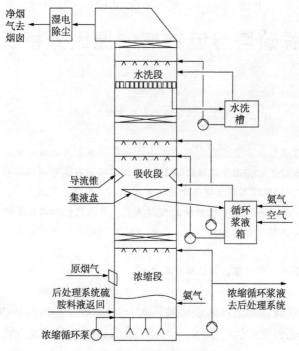

图1　氨法烟气脱硫塔工艺流程简图

导流锥整体呈环形锥状结构，由8件焊接于脱硫塔壁的碳钢材质三角形肋板承重，上下锥面由8mm厚的Q235B碳钢基板覆盖于三角形肋板上形成。导流锥上下锥面上均覆盖2mm厚2507超级双相不锈钢板用于导流循环浆液和烟气。导流锥的三角形肋板还用于承担集液盘及其收集的循环浆液的重量。

三角形肋板、碳钢基板和碳钢塔壁整体形成一个密闭的环形腔室，环形腔室内材质均为无防腐措施的Q235B碳钢材质。其与塔内腐蚀介质的隔绝主要依靠环形锥面上覆盖的2507双相不锈钢板，该2507覆层钢板由多块2507钢板采用搭接焊而成，其与脱硫塔碳钢塔壁间采用A312焊条焊接，属异种钢焊缝。导流锥整体结构见图2。

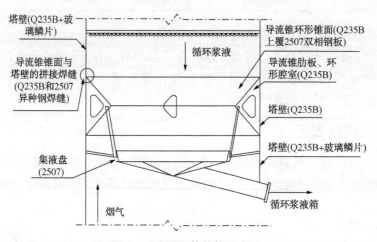

图2　导流锥整体结构示意图

1.2 导流锥腐蚀情况

导流锥环形腔室内自脱硫塔投运后即出现腐蚀，三角形肋板、上下锥面碳钢基板和塔壁均腐蚀严重，见图3。导流锥环形腔室内上下锥面碳钢基板表面呈黄褐色垢物，横向加强肋板与基板部分部位因腐蚀而脱焊，失去加强作用。局部碳钢基板蚀穿，肉眼可见覆于其上的2507覆板。碳钢塔壁表面亦呈黄褐色垢物，局部有明显腐蚀凹坑。8mm厚的碳钢三角形肋板表面呈黄褐色垢物，部分三角形肋板因腐蚀出现分层现象，焊接于三角形肋板上的集液盘2507材质拉腿焊缝存在明显腐蚀情况。

导流锥环形腔室内被肋板分为8个相对独立的腔室，但仅有一个腔室底部安装有$\phi57mm\times3.5mm$排液管，其余腔室内积存有漏入的循环浆液无法及时排出，进一步加剧环形腔室内的腐蚀。

导流锥环形腔室内的腐蚀，使得导流锥自身结构强度下降，存在导流锥自身结构和由其承重的集液盘结构失稳的安全风险。同时，导流锥环形腔室内塔壁的腐蚀，也进一步降低了整台脱硫塔的整体强度。导流锥2507覆板与塔壁处的异种钢焊缝腐蚀而向碳钢塔壁方向扩展，造成该焊缝部位环塔壁一周整体强度下降，存在整塔失稳的安全风险。

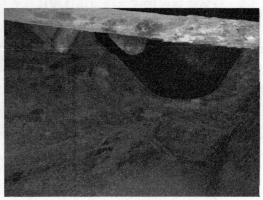

图3　导流锥环形腔室内的腐蚀情况

2　腐蚀原因分析

2.1 腐蚀机理

氨法脱硫环境是多重腐蚀机理并存的复杂腐蚀环境，主要以化学腐蚀、电化学腐蚀和结晶腐蚀为主，包括以下四个方面。

2.1.1　化学腐蚀

烟气中的腐蚀性介质在一定的温度、湿度下和金属材料发生化学反应生成可溶性盐，使设备逐渐被腐蚀。主要机理为：

$$Fe+SO_2+H_2O =\!=\!= FeSO_3+H_2$$
$$Fe+SO_2+O_2 =\!=\!= FeSO_4$$

$FeSO_4$水解生成游离的硫酸：$4FeSO_4+10H_2O+O_2 =\!=\!= 4Fe(OH)_3+4H_2SO_4$，如此循环反复，是腐蚀不断进行下去。

2.1.2　电化学腐蚀

在潮湿的条件下，金属表面直接与烟气介质接触发生化学反应，产生电化学腐蚀，在焊缝处特别容易发生。其要机理为：

$$Fe \longrightarrow Fe^{2+}+2e^-$$
$$Fe^{2+}+8FeO \cdot OH+2e \longrightarrow 3Fe_3O_4+4H_2O$$

2.1.3 结晶腐蚀

在烟气脱硫过程中，由于生成了可溶性的硫酸盐或亚硫酸盐，液相则渗入表面防腐层的毛细孔内，当设备停用时，在自然干燥条件下生成结晶性盐，产生体积膨胀，使防腐材料自身产生内应力而破坏，特别在干湿交替的作用下，腐蚀更加严重。

2.1.4 氯离子腐蚀

研究发现，硫酸铵浆液中的氯离子具有很强的腐蚀性。在氨法脱硫系统中，采用浆液循环喷淋，从而实现二氧化硫的吸收和硫酸铵的浓缩。煤中含有的氯化物燃烧生成的氯离子被浆液吸收，在浆液浓缩过程中，氯离子浓度不断升高。而脱硫系统蒸发补水所使用的中水本身含有大量的氯离子，在浆液浓缩过程中形成腐蚀性很强的酸性氯化物溶液，导致内部金属的强烈腐蚀。且硫酸铵浆液导致的点腐蚀主要集中在不锈钢或合金钢焊缝处。

$$Fe+2HCl \Longrightarrow FeCl_2+H_2$$

2.2 腐蚀原因分析

2.2.1 导流锥覆层钢板与塔壁拼接焊缝防腐蚀能力不足

导流锥覆层为 2507 超级双相不锈钢，与碳钢 Q235B 材质塔壁拼接处使用 A312 焊条焊接，属异种钢焊接。该焊缝原有防腐蚀设计为碳钢塔壁上的玻璃鳞片防腐涂层经焊缝向 2507 覆层钢板表面延伸仅 100mm。由于玻璃鳞片防腐涂层与 2507 超级双相不锈钢板的黏结性能不同于与碳钢塔壁的黏结性能，在热应力、循环浆液冲刷、循环浆液强渗透性和结晶腐蚀综合作用下，拼接焊缝处的玻璃鳞片防腐涂层难以达到预期防腐蚀功效，局部拼接焊缝被腐蚀导致循环浆液进入导流锥环形腔室内，造成环形腔室内无任何防护的碳钢材质被严重腐蚀。

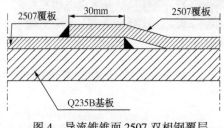

图 4　导流锥锥面 2507 双相钢覆层钢板焊接结构示意图

2.2.2 导流锥锥面 2507 双相钢覆层搭接焊缝强度不足且耐冲刷能力不足

导流锥锥面覆层由多块异型 2507 双相钢板搭接焊而成，钢板厚度 2mm，焊缝采用搭接形式，如图 4 所示。由于锥面覆层钢板厚度仅 2mm，覆层钢板整体强度偏低，而覆层钢板间的搭接焊缝则是强度更为薄弱的部位。在循环浆液冲刷、烟气气流冲刷和热应力的综合作用下，在历次检修中，通过气密试验均发现 2507 双相钢板搭接焊缝局部存在泄漏，泄漏部位焊缝呈细小开裂形貌或冲蚀穿孔，说明该焊缝局部强度不足且焊缝不平滑处的耐浆液冲刷能力不足。该焊缝的局部泄漏，直接导致了循环浆液漏入并腐蚀碳钢基板，进而进入导流锥环形腔室，造成环形腔室内无任何防护的碳钢材质被严重腐蚀。

3　防腐蚀对策

为应对导流锥环形腔室的腐蚀问题，在导流锥整体结构短期内难以改造或材质升级的前提下，优化导流锥的防腐蚀策略成为当前可行的解决对策。

3.1 强化导流锥覆层与塔壁搭接焊缝的防腐蚀措施

导流锥 2507 覆层与碳钢塔壁拼接焊缝属异种钢焊接，是导流锥结构环形腔室防腐蚀的一个难点。在其自身焊接工艺难以改进的前提下，强化该焊缝的自身防腐蚀措施是最为可行和有效的方法。

该焊缝处原有的防腐蚀措施为碳钢塔壁上的玻璃鳞片防腐涂层经搭接焊缝向 2507 覆层钢板表面延伸 100mm，防腐蚀工艺为：两遍底漆+两遍玻璃鳞片+两遍面漆。为进一步加强该焊缝防腐蚀能力，将该防腐工艺改为自搭接焊缝分别向塔壁和 2507 覆层制作宽度为 400mm 的玻璃纤维布防腐加强层。即将搭接焊缝处的防腐工艺修改为：两遍底漆+三遍（乙烯基树脂+玻璃纤维布）加强层+一遍面漆，从而将该处焊缝的防腐蚀涂层强化，增强其耐热应力、冲刷和渗透的能力。

3.2 强化 2507 覆层钢板搭接焊缝的防腐蚀措施

导流锥 2507 钢板覆层由多块异型钢板搭接焊而成，搭接焊缝采用图 4 所示形式，焊材为 E2594。由于 2507 钢板覆层厚度仅为 2mm，该焊缝泄漏问题成为导流锥补强和防腐蚀的另一个难点。

由于该焊缝母材及焊材均为双相钢材质，其耐蚀性满足塔内防腐蚀要求，故该焊缝原始设计并无防腐涂层。但为解决其耐冲刷和强度不足问题，完成该焊缝补焊后增加防腐加强层，即在该焊缝两侧 200mm 宽度范围内打毛 2507 钢板表面，制作防腐工艺为：两遍底漆+三遍（乙烯基树脂+玻璃纤维布）加强层+一遍面漆的防腐加强层，利用防腐加强层隔绝循环浆液的直接冲刷及冲击。

3.3 强化导流锥环形腔室内的防腐蚀措施

由导流锥基板、脱硫塔塔壁和导流锥结构肋板组成的导流锥环形腔室，其内部均为无防腐蚀措施的碳钢材质，原设计构想下应无循环浆液漏入，所以并无任何防腐蚀措施。为防止渗漏入的循环浆液对导流锥环形腔室内的碳钢造成腐蚀，在强化导流锥覆层与塔壁拼接焊缝和 2507 覆层钢板搭接焊缝防腐蚀措施的基础上，对导流锥环形腔室所有表面进行喷砂除锈处理，并增加防腐蚀措施，防腐蚀工艺为：两遍底漆+一遍面漆的防腐蚀涂层。

3.4 强化导流锥环形腔室的排液

在导流锥环形腔室原有仅一处 $\phi57mm \times 3.5mm$ 排液管的基础上，新增 7 处同规格排液管，即保证环形腔室内由导流锥结构肋板分成的 8 个区域均有一处排液管，使的渗漏入导流锥环形腔室内的循环浆液能够及时排出，避免循环浆液在导流锥环形腔室内长期停留造成的腐蚀加剧。

4 处理效果

3#脱硫塔历经 3 次检修，导流锥逐步实施以上防腐蚀措施后，导流锥环形腔室内腐蚀情况得以有效控制，脱硫塔运行周期由投运初期的仅 48d 突破至连续运行 233d，且导流锥环形腔室已成为停塔检修的非关键因素。

但在后续运行中，仍发现导流锥环形腔室排液管存在较大量的排液情况，说明导流锥环形腔室内仍有因腐蚀而漏入的循环浆液，导流锥环形腔室仍存在一定程度的腐蚀，进而说明导流锥 2507 双相不锈钢覆层与脱硫塔塔壁的异种钢拼接焊缝仍存在局部腐蚀泄漏情况。但经检查其他脱硫塔导流锥 2507 双相钢覆层间的搭接焊缝情况，增加该焊缝防腐加强层后泄漏得以有效解决。

5 结语与建议

经过以上分析、处理和验证，得出以下几点结论，可以对氨法脱硫塔导流锥的腐蚀问题处理提供参考：

（1）设计阶段应充分考虑导流锥整体的防腐蚀设计，避免碳钢材质部位腐蚀带来的安全隐患；

（2）玻璃纤维布防腐加强层对导流锥2507双相不锈钢覆层钢板与碳钢塔壁的异种钢焊缝的防腐蚀是有一定效果的，但无法彻底解决该异种钢焊缝在氨法脱硫塔内的腐蚀问题；

（3）玻璃纤维布防腐加强层对导流锥2507双相不锈钢覆层钢板间的搭接焊缝的防腐蚀是有效的；

（4）强化导流锥环形腔室内防腐和排液可有效减缓环形腔室内的腐蚀；

（5）在SAF2507/Q235B爆炸复合板成功应用于氨法脱硫塔的经验上，可考虑将导流锥段的脱硫塔壁更换为SAF2507/Q235B爆炸复合板，以有效攻克导流锥锥面2507双相不锈钢覆层钢板与碳钢塔壁的异种钢焊缝处的腐蚀难题。

参 考 文 献

[1] 张海鹏，张晓蕾，刘建新，等. 氨法脱硫硫酸铵浆液腐蚀及防护对策[J]. 全面腐蚀控制，2019，33（5）：11-16.

[2] 郑卫京，罗永禄，张可矩. 火电厂烟气脱硫装置腐蚀与防护[J]. 电力环境保护，1999，15（2）：23-26.

[3] 曾庭华，杨华，马斌，等. 湿法烟气脱硫系统的安全性及优化[M]. 北京：中国电力出版社，2003.

[4] 刘月生，车建炜，申林艳. 氨法脱硫系统腐蚀问题的研究[J]. 中国电力教育，2005：1-3.

作者简介：刘杰（1988—），毕业于陕西科技大学，学士，现工作于中安联合煤化有限责任公司，副主任，工程师，主要从事煤化工企业设备管理工作。通讯地址：安徽省淮南市潘集区煤化工大道经六路中安联合煤化有限责任公司设备工程部，邮编：232000。联系电话：0554-4328437，E-mail：liujie1.zalh@sinopec.com。

湿法烟气脱硫塔的腐蚀及防护

刘玉英

(中石化集团宁波工程有限公司)

摘　要　湿法烟气脱硫环保技术是我国控制 SO_2 排放的主要手段，脱硫塔所处腐蚀环境复杂且苛刻，塔壁腐蚀穿孔和腐蚀减薄、喷淋管及支撑梁断裂，塔内防腐涂层脱落、脱硫塔共振等时有发生，影响脱硫塔的长周期运行。针对腐蚀现状，从脱硫新技术、防腐新材料、脱硫塔的防振计算、脱硫塔的新结构、技术要求、制造、运行等多方面采取防腐措施。优化后，脱硫塔运行良好，满足长周期运行要求。

关键词　烟气脱硫；设备腐蚀；涂料；防护措施

湿法烟气脱硫环保技术因其压力降小、脱硫和除尘效率高、工艺技术成熟、装置占地面积小、建设周期短、稳定运转周期长、负荷变动影响小、烟气处理能力强等特点，成为我国控制 SO_2 排放的主要手段，得到了广泛应用。而湿法脱硫中装置腐蚀问题一直是烟气脱硫 (FGD) 领域的重大研究课题，直接影响整个脱硫系统的正常稳定运行。

1　湿法烟气脱硫塔

烟气经入口进入脱硫塔底端并向上流动，与脱硫塔内喷淋管组向下喷出的悬浮液滴逆向接触，发生传质与吸收反应，以脱除烟气中的 SO_2。脱硫后的烟气经除雾器除去烟气中夹带的液滴后，通过脱硫塔顶部的烟囱直接排放到大气中。

喷淋管组向下喷出的悬浮液滴可以是氢氧化钠、氢氧化镁、氨水等，根据所喷碱液不同，脱硫技术有钠法、镁法、钙法、氨法等。

脱硫塔常采用"烟塔合一"型结构，下半部直径较大，主要用于脱硫；上半部直径较小，主要用作烟囱，属于自立、高耸结构，是最为经济有效的塔型。脱硫塔从下到上可分为浆液区、洗涤区、除沫区、烟囱区。

2　湿法烟气脱硫塔的腐蚀

进入脱硫塔的烟气中主要含有 SO_2、SO_3、HF、HCl、少量烟尘等，经洗涤后导致塔内含有大量的 SO_4^{2-}、Cl^-、SO_3^{2-}、HSO_3^-、NO_3^{2-}、盐、颗粒物等，且塔内不同区域 pH 值不同、操作温度不同、介质成分不同、冲蚀磨蚀程度不同。烟气/浆液中的腐蚀性组分见表 1。

表 1　烟气/浆液中的腐蚀性组分

设备	pH 值	SO_4^{-2}、HSO^{-3}、SO_3^{-2}/%	Cl^-/(mg/L)	颗粒物浓度/(g/L)
脱硫塔 1	6~8	4.89	370	4.5
脱硫塔 2	6~10	4.06	≤750	3.7
脱硫塔 3	6~8	9.1	430	~5
脱硫塔 4	1~2	5.82	≤750	~5

在脱硫塔内不同区域会发生物理、化学变化。塔底浆液区除含有硫酸盐外，还含有氯化物，它来自脱硫塔的水，以及吸收了含氯化物的煤燃烧所产生的氯化氢。氯化物会由于水的蒸发和浆液循环而浓缩，Cl⁻在脱硫塔浆液中逐渐富集，浓度可达数万 mg/L，形成腐蚀性很强的酸性氯化物溶液。

脱硫塔洗涤区，烟气中的 SO_2、SO_3、HF 或其他有害化学成分与碱性脱硫剂发生反应生成硫酸盐、亚硫酸盐或其他化合物，对塔壁和塔内件产生化学腐蚀、电化学腐蚀、颗粒物冲蚀等。洗涤区塔壁腐蚀见图 1，塔内支撑梁和喷淋管的腐蚀见图 2。

图 1　脱硫塔洗涤区塔壁腐蚀

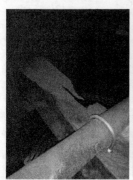

图 2　脱硫塔洗涤区塔内支撑梁和喷淋管的腐蚀

脱硫塔除沫区，在缝隙、焊缝或表面缺陷等特殊结构处，由于缺氧、水解和离子扩散困难等原因的综合作用，造成局部的高酸性环境，在碳钢表面形成原电池，而产生电化学腐蚀。除沫区塔壁腐蚀见图 3。

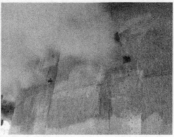

图 3　脱硫塔除沫区塔壁腐蚀

脱硫塔烟囱区，当烟气温度降低至 50~80℃，烟气含水率较高，导致烟囱内壁腐蚀速率也随之增大，硫酸蒸汽凝结到低温金属表面时就会发生低温硫酸腐蚀。同时，这些凝结在低温金属表面上的硫酸液体，还会黏附烟气中的灰尘形成不易清除的积垢，不但使烟气流道不畅甚至堵塞，而且随着金属表面积污垢逐渐增厚，使 SO_2 转化成 SO_3 所需触媒不断强化，SO_3 生成量逐渐上升。硫酸露点腐蚀过程中最重要的因素是 SO_3 的生成，其腐蚀程度依 SO_3 生成量不同而异。特别是在脱硫塔的锥段、烟囱焊缝和接管处，酸性凝液更易聚集和浓缩，使腐蚀加剧。烟囱顶部冷凝水分析见表2。烟囱区塔壁腐蚀见图4。

表2　烟囱顶部冷凝水分析

项　　目	数　　值	项　　目	数　　值
pH 值	2.3	$\rho(Ca^{2+})/(mg \cdot L^{-1})$	4.8
电导/$(ms \cdot cm^{-1})$	3.14	$\rho(Cl^-)/(mg \cdot L^{-1})$	175
$\rho(SO_4^{2-})/(mg \cdot L^{-1})$	43.9	$\rho(可溶物)/(mg \cdot L^{-1})$	700
$\rho(NO_3^-)/(mg \cdot L^{-1})$	118		

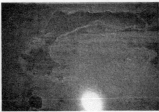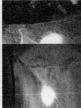

图4　脱硫塔烟囱区塔壁腐蚀

脱硫塔塔壁除选用 S30403、S31603、N08367、254SMO 等复合板制金属塔外，也可采用 Q245R 或 Q345R 内涂玻璃鳞片（FRP）、聚烯烃共聚物（PO）、改性聚脲（PU）、纳米复合涂料等非金属防腐涂料。因受内防腐涂料的组分、配比、喷涂施工、养护时间等影响，有些防腐涂层运行多年后涂层质量良好，有些防腐涂层运行数月后就出现大面积开裂。开裂防腐涂层见图5。

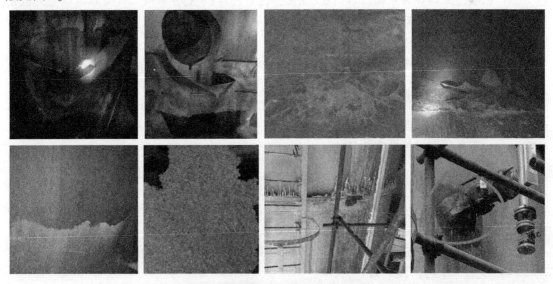

图5　脱硫塔内非金属防腐涂层开裂

脱硫塔因设计压力小、设计温度低，风载荷和地震载荷是其主要载荷，脱硫塔的共振时有发生。脱硫塔的共振不仅会加剧塔的腐蚀疲劳破坏，塔内非金属防腐涂层的龟裂，而且影响脱硫塔的脱硫效果。

脱硫塔因腐蚀破坏的非计划停车，不仅给业主带来较大的经济损失，而且未达标的外排烟气会造成大气 PM2.5、PM10.0 超标，影响空气质量。塔底的腐蚀破坏，会使浆液渗入土壤，使土壤含盐量、重金属等超标。

因此，应从脱硫新工艺、防腐新材料、脱硫塔的防振计算、脱硫塔的新结构、技术要求、制造、运行等多方面采取防腐措施。

3 新工艺、新材料、防振计算、新结构、技术要求、制造、运行

3.1 湿法烟气脱硫塔的新工艺

湿法脱硫比干法脱硫设备腐蚀严重得多，因此，经脱硝后的高温烟气，可经高效除尘器尽可能多地除去烟气中的有害介质。

大部分非金属防腐涂层不耐氧化性，因此，经脱硝后的高温烟气，应在烟道中增加去除氧化性介质成分的物质。

大部分非金属防腐涂层不耐高温，因此，在脱硫塔前应设置除尘激冷塔或在烟气入口处设置多个降温喷嘴，使烟气入口温度降低到非金属防腐涂层适用温度范围内。

3.2 湿法烟气脱硫塔的新材料

金属制脱硫塔，可在脱硫塔腐蚀多发处进行不同材质的挂片试验，找出耐腐蚀、经济性好的材料。烟气入口可采用 C-276+Q345R 复合板、浆液区塔壁可采用 S31603+Q345R 复合板，除沫区塔壁可采用 2205/2507/N08367/254SMO+Q345R 复合板，洗涤区塔壁可采用 S31603/2205/2507/N08367/254SMO+Q345R 复合板。烟囱区塔壁可采用 S31603 以上的耐蚀钢或整体玻璃钢。

内涂非金属防腐涂料脱硫塔，热电厂脱硫塔塔内可涂玻璃鳞片，已有几十年的使用经验，可每年检维修时对玻璃鳞片防腐涂层修补。催化裂化装置的脱硫塔，因需连续运行 4 年以上，可以喷涂聚烯烃共聚物（PO）、改性聚脲（PU）、纳米复合涂料、石墨烯涂料等，但是涂层组分、配比、喷涂施工、养护时间等必须满足涂料相关标准要求。

3.3 湿法烟气脱硫塔的防振计算

脱硫塔脱硫段塔径小于 10m，烟囱段塔径小于 6m，塔高高于 80m，属于自立、高耸结构。脱硫塔设计压力小、设计温度低，风载荷和地震载荷是其主要载荷，风诱发振动是必不可少的计算工作。NB/T 47041《塔式容器》要求，当 $H/D>15$ 且 $H>30m$ 时，除考虑顺风向风载荷外，还应考虑横风向风振，并进行共振判别。塔体越高或高径比越大，风载荷的影响就越大，在一定条件下极易发生共振。

脱硫塔共振危害：

（1）塔内件倾斜，气液传质不均匀，导致脱硫效率下降。

（2）与塔体连接的接管，因塔的摆动过大，连接处受到拉、压、弯、扭的综合作用，易出现泄漏。

（3）塔顶挠度大，会产生较大的附加偏心弯矩，影响设备的使用寿命。

（4）梯子平台上检维修人员不安全。

（5）共振对塔体焊缝和本体产生疲劳影响，进而导致塔体连接焊缝大面积开裂，塔体有倾覆的危险。

在脱硫塔的防振计算中，应保证设计参数输入的准确性。业主应提供精确的基础数据，

包括基本风压值(10m 高度处)、基本雪压、抗震设防烈度、设计基本地震加速度、设计地震分组、场地土类别、地面粗糙度类别等。设计者应按业主提供的设计参数正确输入不能漏项，经验值参数按实际工况取值，特别是阻尼比的取值。

脱硫塔有安装工况、运行工况、压力试验工况。安装过程中：塔内压力为常压，塔内温度为常温，承受 100%风载或 25%风载+100%地震载荷，塔体质量最小。可拆塔内件、保温层、平台梯子、填料等可能还未安装，没有操作介质。操作过程中：塔内压力为操作压力，塔内温度为操作温度，承受 100%风载或 25%风载+100%地震载荷，塔体质量为操作质量。压力试验工况：塔内压力为试验压力，塔内温度为试验温度，承受 30%风载，0%地震载荷，塔体质量较大。

可见，脱硫塔在安装工况：①因没有操作介质、可拆塔内件和梯子平台等，塔体质量最小。②因没有安装保温层等，塔器的平均直径 D 最小，则 H/D 最大。③没有安装梯子平台、填料等，阻尼比小。④没有与其他设备或管廊相连，塔器的振动不受限制。⑤承受 100%风载或 25%风载+100%地震载荷。因此，塔在安装过程中更易发生诱导振动，应重视安装工况的脱硫塔计算。

脱硫塔一般在操作状态下一阶振型阻尼比可取 0.01~0.03，在安装工况下一阶振型阻尼比可取 0.0042~0.0178，还应考虑周围塔器共振时对该塔的耦合作用，可见阻尼比取值对塔器共振计算的影响性。

降低塔高，增加塔的直径是工艺操作所不允许的；通过增加壳体厚度来提高脱硫塔的抗震能力是非常有限的，也是不经济的；采用密度小弹性模量大的材料不仅不经济，而且采购周期长、制造经验少；也不可能通过增加塔内液体、填料、梯子平台等，来增加塔的阻尼。对金属制脱硫塔而言，最经济与最有效的防振措施是在塔顶设置扰流片或阻尼器。对玻璃钢烟囱脱硫塔而言，最经济与最有效的防振措施是设置塔架。

3.4 湿法烟气脱硫塔的新结构

(1) 入口烟道新结构，入口烟道内伸，入口烟道上方塔壁上设置挡液板，入口烟道正对塔壁处设置防冲挡板，见图6。入口烟道新结构避免了烟气在入口附近贴壁流速过快，烟气流道更趋向塔中心，并形成多个回流区，烟气出口区的速度分布也趋于均匀，更有利于烟气脱硫的进行。

(2) 塔底板加强结构，塔底板与预埋在混凝土二次灌浆层中的钢架相焊，见图7。塔底板加强结构可控制塔底板的焊接变形量，防止塔底板起拱，底板与基础之间不会出现空谷等缺陷，对塔底板内防腐涂层质量影响小。大型塔器定位装置见专利ZL 2014 2 0205687.8。

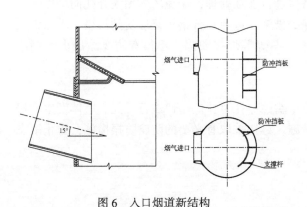

图 6　入口烟道新结构　　　　图 7　塔底板加强结构

（3）塔内支撑梁结构，工字钢+牛腿结构改为方形钢穿塔壁结构，方形钢穿塔壁结构受力更好，易于防腐涂料的喷涂。脱硫塔内塔支撑结构见专利 ZL 2015 2 0554973. X。

（4）增设酸液收集槽或碱液喷淋管，在脱硫段与烟囱段的连接变径段上增设酸液收集槽或碱液喷淋管，对酸液进行收集或中和。这种脱硫塔酸液收集导流结构见专利 ZL 2019 2 0855660. 6。一种烟气脱硫塔内壁的防腐蚀装置见专利 ZL 2018 2 0695426. 7。

（5）脱硫段与烟囱段的连接结构，对脱硫段与烟囱段的塔壁连接处进行加强处理，加强塔体和烟囱连接焊缝的抗横风向载荷和抗腐蚀能力，这种脱硫塔与烟囱连接处防腐结构见专利 ZL 2015 2 0556112. 5。

这种高效烟气除尘脱硫洗涤塔见专利 ZL 2019 2 0856382. 6。

3.5 湿法烟气脱硫塔的技术要求

脱硫塔工作压力<0.1MPa，按 TSG 21—2016 不化类，考虑到在整个装置中的重要性以及保证设备的制造、检验和今后的定期检验，在设计过程中应提出详尽的设计技术要求，除常规技术要求外，还应附加以下技术要求：

（1）本设备不属于 TSG 21—2016《固定式压力容器安全技术监察规程》的适用范围，不进行压力容器化类。但是本设备的制造厂商应持有压力容器制造许可证。

（2）本设备除遵照 GB/T 150 外，还应按照 TSG 21—2016《固定式压力容器安全技术监察规程》中的第 2 章(材料)和第 4 章(制造)中的相关要求。

（3）本设备的定期检验应参照 TSG 21—2016《固定式压力容器安全技术监察规程》中的 I 类压力容器执行。

（4）裙座壳体材料应选用压力容器专用钢板 Q245R、Q345R。提高裙座筒体的对接接头施焊要求与本体相同，并应按 NB/T 47013 进行≥20%UT 检测 II 级合格，100%MT 检测 I 级合格。

（5）塔安装就位后，不允许裸塔状态竖立。应将塔平台、梯子及与塔相连接的主要管线与塔同期安装就位。

（6）塔内有可燃件，在脱硫塔的安装、检维修过程中注意防火。

3.6 湿法烟气脱硫塔的制造

（1）脱硫塔在制造过程中，采取必有的措施控制塔体的直线度和垂直度，多段筒节卧式组装时，不建议采用两支点以及转动式组装方式，建议采用多支点固定支座支撑。

（2）脱硫塔现场制造过程中，因烟气入口段采用 C-276+Q345R 复合板，可能到货较晚，塔体组焊完成后再开烟气入口时应对塔体进行加强处理，避免塔体因大开孔而垮塌。

（3）脱硫塔在制造过程中，采取必需保护措施，避免复合钢板复层受到污染，塔内件施焊应采用小电流多道焊，不得有焊渣、焊瘤、漏焊等焊接缺陷。不得有防腐涂层少涂漏涂现象。

3.7 湿法烟气脱硫塔的运行

脱硫塔运行过程中应加强监测，发生塔壁腐蚀穿孔时，应尽快进行补孔。塔体发生大振幅共振或小振幅摆动频繁时，应采取防振措施。尽快采取有必要的防腐防振措施，防止事态进一步恶化。

4 结语

湿法脱硫塔内腐蚀环境复杂且苛刻，腐蚀穿孔泄漏时有发生，通过脱硫新工艺、防腐新材料、脱硫塔的防振计算、脱硫塔的新结构、技术要求、制造、运行等多方面采取防腐措施，脱硫塔运行良好，满足长周期运行要求。

参 考 文 献

[1] 吕伟. 催化裂化烟气湿法脱硫装置设备腐蚀现状分析及对策[J]. 石油化工腐蚀与防护, 2018(35)：23-28.

[2] 牟义慧. 废碱法烟气脱硫吸收塔和烟囱的腐蚀与防护[J]. 石油化工腐蚀与防护, 2015(32)：59-61.

[3] 杨国义, 王者相, 陈志伟. NB/T 47041—2014《塔式容器》标准释义与算例[M]. 北京：新华出版社, 2014.

作者简介：刘玉英(1979—)，毕业于辽宁石油化工大学，硕士，高级工程师，主要从事烟气脱硫装置设备设计、校核、审核和项目管理工作。通讯地址：浙江省宁波市国家高新区院士路 660 号，邮编：315103。联系电话：0574-87975273，E-mail：liuyy01. snec@ sinopec. com。

管道内涂层技术

赵　巍[1]　刘洪达[1]　张　政[2]　王晓霖[1]　李世瀚[1]

(1. 中国石油化工股份有限公司大连石油化工研究院；2. 荣耀终端有限公司)

摘　要　管道内壁采用内涂层技术不仅可以减少管内腐蚀，还可以降低管内流体的摩擦阻力、增大流体输送量、降低管内清洗频率、减少加压站的使用并降低压缩机功耗，能够产生极大的经济效益。管道内涂层技术发展至今已趋于成熟，能够满足不同距离、不同管径、不同应用场合的需求，其预期目的主要包括增大流体传输效率，提高安全性，以及提高经济效益。本文主要从环氧树脂类涂层、新型复合涂层、化学镀 Ni-P 镀层等几方面系统介绍管道内壁涂层技术，对于相关行业管道内壁防护具有一定的借鉴意义。

关键词　管道；内涂层；腐蚀；复合涂层；化学镀

石油和天然气管道中的固体颗粒侵蚀显著缩短了管道的寿命。为减少石油和天然气运输系统受侵蚀造成的严重环境及经济影响，人们已经展开了大量研究。虽然提出了许多保护管道的方法，但内涂层被证明最为有效。石油和天然气管道施加内涂层的好处是：减缓管线内腐蚀、有助于管内表面的目视检验、改善清管效果。此外，还能够减少维修作业、增加管道及相关设备使用寿命，降低管道投资。

合适的管道内涂层应具备下列特性：一是干线输气管道要求尽量减少机械杂质，以保证气质清洁，同时防止过滤器堵塞，所以内涂层的附着力应相当高，并且在管道施工和输气运行中能长期保持，否则因脱落反而会导致杂质增加；二是天然气管道运行压力高且变化大，这就要求内涂层应具有很好的耐压性能，在突然失压时不起泡、不脱落；三是为避免涂敷施工时损坏外防腐层，内、外涂层的涂敷工序往往是先内后外，这就提出了内涂层能否耐受高温的问题，内涂层必须能耐受比较高的温度而不变化失效；四是内涂层的光滑表面要有足够的硬度和很好的耐磨性，使之经得起气体乃至清管器的冲刷磨蚀；五是输气管道内壁可能常常接触天然气夹带的 H_2S、SO_2 和其他化学物质(如缓蚀剂等)，这就要求内涂层的抗化学性更要优于一般外涂层。为了使管道高效率地工作，新建的天然气长输管道，特别是含酸性气体高，含杂质、污物多的天然气长输管道，要优先考虑内涂层的方案。

目前管道内涂层所用的涂料品种比较多，其中环氧树脂类涂料最为常见，但是该类涂料的表面处理、涂覆和固化等问题，会导致诸如针孔、孔道这类的缺陷，进而使涂层失效，导致基材劣化和涂层剥离。将填料、缓蚀剂、黏附改善剂和改性剂掺入聚合物黏结剂中，可以增强缓蚀性能。通过加入不同量的金属氧化物、金属填料等耐蚀填料从而达到钢表面环氧涂层的保护作用是研究的热点。此外，Wang 等还开发一种新的内涂层技术(化学镀 Ni-P 镀层)，为保护钢管免受腐蚀破坏提供了一种合适的解决方案，具有十分重要的意义。

1　环氧类涂层

美国天然气协会的管道研究委员会通过研究 38 种不同类型的内涂层涂料，得出结论，认为环氧型涂料适合用作输气管道的内涂层。环氧型涂料主要有双组分液态环氧树脂和熔结粉末环氧树脂两大类，其中熔结环氧粉末作为内涂层多用于油、水和天然气管道的内防腐，涂层较厚，而液态环氧类涂料更适用于管道内的薄涂层，其中聚酰胺固化的环氧树脂涂层更具柔韧性和耐水性，且能与金属表面较好的润湿，涂层不易流挂，有较长的使用期和更小的毒性与刺激性。而胺类固化则对溶剂和化学品抵抗力较好，但其易于形成多孔涂膜。

近年来，针对管道涂层在使用过程中遇到的新问题和新要求，各国涂层生产商在传统FBE、3LPE 基础上进行材料改进或研发新型涂层，目前已取得一些具有实际应用价值的成果，并逐渐得到应用。一种是陶氏新型 3LPE 管道防腐涂层，陶氏化学公司（DowChemical）2010 年开发出一种新型 3LPE 涂层材料，与普通 3LPE 涂层相比，其特点在于采用了特有的聚乙烯层和新型黏结剂。新型 3LPE 涂层材料的外层采用高密度聚乙烯，具有极好的抗环境应力开裂（ESCR）和有效的抵御紫外线辐射的能力；胶黏剂采用功能型聚合树脂，具有极强的热稳定性。试验结果表明：该防腐涂层在 80℃ 条件下剥离强度大于 216N/cm；在 110℃ 条件下，胶黏剂老化一年后失效，根据外推法可判断其在 70℃（该防腐涂层在中东地区使用时的环境温度）的使用环境下可以服役至少 50 年，能够有效防止目前 3LPE 防腐层易出现的PE 层黏结失效。第二种是高性能复合涂层系统，3LPE 防腐层在使用中可能出现聚乙烯层与环氧粉末底层的黏结失效问题，从而导致阴极保护电流被屏蔽，加拿大（Brederoshaw）公司开发了新型高效复合防腐层系统（HPCC），为解决该问题提供了新途径。HPCC 基本结构与3LPE 相同，从内到外依次为熔结环氧粉末底层、黏结层、聚乙烯层，这三层结构均采用静电粉末喷涂技术进行涂覆。中间黏结层是胶黏剂和一定浓度 FBE 的混合物，而胶黏剂与聚乙烯的化学结构相似，因此增加了黏结层与环氧粉末底层和聚乙烯层的相容性，使胶黏剂和底层 FBE 及胶黏剂和外层聚乙烯，都能紧密黏结，无毛刺和明显界面层，如同单涂层系统一样不会分层。与 3LPE 涂层相比，HPCC 具有不易失黏、无最小厚度限制、涂覆简单等优点，而与同样作为粉末类涂层的 FBE 涂层相比，HPCC 在流动性、抗冲击、抗老化、抗阴极剥离等方面的性能亦有明显优势。

环氧-二胺网络被广泛用作许多工业应用中的黏合剂或涂料，Roche 对环氧二胺/金属间相的形成进行研究，当前驱体被施加到金属基体上并固化时，在金属基体之间形成了一个具有与本体聚合物完全不同的化学、物理和力学性质的中间相，此外，二胺和金属表面之间的化学反应引起实际黏附的增加。Alam 等合成了新研制的聚氨酯改性聚醚胺树脂，并对其防腐性能进行了评价。

2　新型复合涂层

环氧涂层的主要缺点是由于环氧网络的高交联密度，在涂层表面上产生空穴和缺陷。在环氧涂料中，通常使用不同浓度的金属填料、金属氧化物和盐等抑制剂来达到保护作用。Sabagh 等通过掺入不同浓度（50%、75% 和 100%）的微尺寸钛矿石（$FeTiO_3$），取代所有无机固体，在三维网络中形成高度交联的钛铁矿环氧复合物，改善了由多胺硬化剂固化的环氧涂料配方。采用固相球磨法制备微尺寸钛铁矿颗粒作为聚胺固化环氧填料，用于输气管道的内部涂装。通过透射电镜和扫描电镜观察，证实了超细钛铁矿颗粒的片状外貌（见图 1），通过附着力、弯曲和冲击涂层试验，研究了该薄膜的力学性能，结果表明涂层的缓蚀作用归因于分散的钛铁矿颗粒的片状特征，这些颗粒在环氧中与钢表面平行排列，产生一层堆叠的 XY基矩阵，这种排列通过提供一个保护屏障，对基体形成保护。

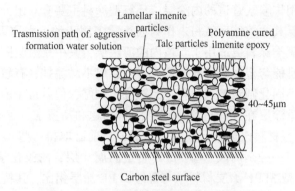

图 1   片状超细钛铁矿颗粒的防腐示意图

Abdou 等系统研究了 $FeTiO_3$/三聚氰胺甲醛环氧复合涂层缓蚀性能及化学耐久性,通过扫描电镜(SEM)和 X 射线能谱(EDX)分析,研究了表面改性的 IMFC 环氧涂层的腐蚀防护性能。在高矿化度地层水溶液中,与未改性的碳钢基体膜进行了比较,研究表明提高了改性环氧复合涂层的缓蚀性能。

3   化学镀 Ni-P 镀层

熔结环氧树脂,聚合物胶黏带和众多复合涂层每种都有其自身的局限性。化学镀 Ni-P 镀层作为一种新的内涂层技术有着十分广阔的应用前景。

化学镀镍磷(Ni-P)镀层是镍离子通过自催化化学反应产生的镍磷合金。自 Brenner 和 Riddell 于 1946 年首次发明化学镀镍以来,由于其优异的耐磨性和耐腐蚀性,化学镀镍已被广泛用于工业上。与电镀镍相比,化学镀可以提供均匀的涂层,具有极好的黏合力、较小的沉积应力和较宽的厚度范围。化学镀镍反应的自催化性质使其适用于复杂形状部件的涂覆。磷的添加通常会增加硬度并改善耐磨性。石油和天然气行业为使用化学镀 Ni-P 涂层提供了巨大的潜在市场。石油和天然气运输系统中的管道通常由 HSLA 钢制成,这些钢易受环境侵蚀,由于在 CO_2 和 H_2S 环境中具有优异的耐腐蚀性,化学镀 Ni-P 涂层可以提供优异的防腐蚀保护。

Liu 等在 Ni-P 涂层中引入 Cu 元素得到 Ni-Cu-P 涂层,对涂层的耐腐蚀性起着重要作用。Cu 元素加速 Ni 的选择性溶解,导致 Ni-Cu-P 涂层表面层中 P 和 Cu 元素的富集,钝化层阻碍 Ni 的溶解和 Ni^{2+} 向本体溶液的扩散,从而提高 Ni-Cu-P 涂层的抗腐蚀性。图 2(a)给出了 Ni-Cu-P、Ni-P 涂层和裸 Cu 基体的极化曲线,结果表明,Ni-Cu-P 镀层的自腐蚀电位最低,裸 Cu 基体具有最高的自腐蚀电位。因此,Ni-Cu-P 和 Ni-P 涂层都可以作为腐蚀电池的牺牲阳极层。同时,当 Ni-P 和 Ni-Cu-P 涂层中存在一些凹坑时,牺牲阳极涂层会降低管道中点蚀的可能性。

图 2(b)为 Ni-Cu-P、Ni-P 涂层和裸 Cu 基体的交流阻抗谱图。单半圆的存在表明,Ni-Cu-P 和 Ni-P 涂层在腐蚀过程主要是电荷转移过程。然而,对于铜基片,额外的 Cu^{2+} 扩散阻抗出现在低频尾部,表明扩散控制步骤逐渐控制了 Cu 的腐蚀过程。因此,Ni-Cu-P 涂层的最大电荷转移电阻进一步证明了随着 Cu 元素在合金中的引入,涂层的耐蚀性得到增强。Cu 的加入会降低 Ni-Cu-P 合金的自由能,这是因为 Cu 的热力学稳定性高于 Ni 合金。图 2(c)中的 DSC 曲线进一步证明了 Cu 的加入可以降低 Ni-Cu-P 合金的自由能,因为 Cu 的热力学稳定性高于 Ni 的热力学稳定性。

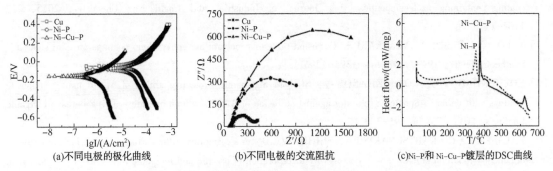

(a)不同电极的极化曲线   (b)不同电极的交流阻抗   (c)Ni-P和Ni-Cu-P镀层的DSC曲线

图 2　不同电极的极化曲线、交流阻抗谱图、DSC 曲线

图 3 给出了 Ni-Cu-P 涂层的防腐蚀机理：图 3(a) Ni-Cu-P 涂层表面在暴露于空气中时容易被氧化。形成的氧化层在初期首先溶解。图 3(b) 随后，Ni-Cu-P 涂层暴露在酸性环境中，镍的选择性溶解被 Cu 加速，Ni^{2+} 的扩散在涂层表面进行。图 3(c) Ni 的优先溶解导致镀层表面 P、Cu 元素的富集。钝化层不仅阻碍了涂层表面与腐蚀性环境的接触，还通过阻止 Ni^{2+} 离子向溶液扩散而降低 Ni 的溶出速率。

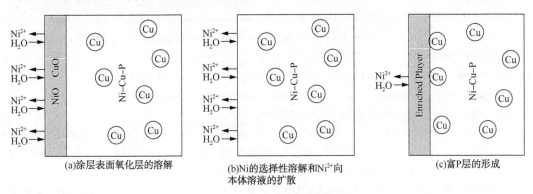

(a)涂层表面氧化层的溶解　　(b)Ni的选择性溶解和Ni^{2+}向　　(c)富P层的形成
　　　　　　　　　　　　　　　本体溶液的扩散

图 3　Ni-Cu-P 涂层防腐模型

管道内涂层作为一种应用于管道内部防护的新技术，不仅能有效抑制管道内壁腐蚀，增加管道运行寿命，提高安全性，而且也能节省成本，增加经济效益。根据管道输送介质类型及实际工况条件，选择合适的内涂层材料，方能达到预期目标。

参 考 文 献

[1] ISLAM M A, ALAM T, FARHAT Z N, et al. Effect of microstructure on the erosion behavior of carbon steel [J]. Wear, 2015, 332-333：1080-1089.

[2] ALAM T, AMINUL ISLAM M, FARHAT Z N. Slurry Erosion of Pipeline Steel：Effect of Velocity and Microstructure[J]. Journal of Tribology, 2015, 138(2).

[3] HARSHA A P, BHASKAR D K. Solid particle erosion behaviour of ferrous and non-ferrous materials and correlation of erosion data with erosion models[J]. Materials & Design, 2008, 29(9)：1745-1754.

[4] AKBARZADEH E, ELSAADAWY E, SHERIK A M, et al. The solid particle erosion of 12 metals using magnetiteerodent[J]. Wear, 2012, 282-283：40-51.

[5] YANG X, ZHU W, LIN Z, et al. Aerodynamic evaluation of an internal epoxy coating in nature gas pipeline [J]. Progress in Organic Coatings, 2005, 54(1)：73-77.

[6] MAHDAVIAN M, NADERI R, PEIGHAMBARI M, et al. Evaluation of cathodic disbondment of epoxy

coating containing azolecompounds [J]. Journal of Industrial and Engineering Chemistry, 2015, 21: 1167-1173.

[7] TALO A, FORSÉN O, YLÄSAARI S. Corrosion protective polyaniline epoxy blend coatings on mild steel[J]. Synthetic Metals, 1999, 102(1): 1394-1395.

[8] KOZHUKHAROV S, KOZHUKHAROV V, SCHEM M, et al. Protective ability of hybrid nano-composite coatings with cerium sulphate as inhibitor against corrosion of AA2024 aluminium alloy[J]. Progress in Organic Coatings, 2012, 73(1): 95-103.

[9] BALASKAS A C, KARTSONAKIS I A, SNIHIROVA D, et al. Improving the corrosion protection properties of organically modified silicate-epoxy coatings by incorporation of organic and inorganic inhibitors[J]. Progress in Organic Coatings, 2011, 72(4): 653-662.

[10] KARTSONAKIS I A, BALASKAS A C, KOUMOULOS E P, et al. Incorporation of ceramic nanocontainers into epoxy coatings for the corrosion protection of hot dip galvanized steel[J]. Corrosion Science, 2012, 57: 30-41.

[11] RAMEZANZADEH B, ATTAR M M, FARZAM M. A study on the anticorrosion performance of the epoxy-polyamide nanocomposites containing ZnO nanoparticles[J]. Progress in Organic Coatings, 2011, 72(3): 410-422.

[12] VAKILI H, RAMEZANZADEH B, AMINI R. The corrosion performance and adhesion properties of the epoxy coating applied on the steel substrates treated by cerium-based conversion coatings[J]. Corrosion Science, 2015, 94: 466-475.

[13] REZAEE N, ATTAR M M, RAMEZANZADEH B. Studying corrosion performance, microstructure and adhesion properties of a room temperature zinc phosphate conversion coating containing Mn^{2+} on mild steel[J]. Surface and Coatings Technology, 2013, 236: 361-367.

[14] PALIMI M J, ROSTAMI M, MAHDAVIAN M, et al. Surface modification of Cr_2O_3 nanoparticles with 3-amino propyl trimethoxy silane(APTMS). Part 1: Studying the mechanical properties of polyurethane/Cr_2O_3 nanocomposites[J]. Progress in Organic Coatings, 2014, 77(11): 1663-1673.

[15] GHAFFARI M, EHSANI M, VANDALVAND M, et al. Studying the effect of micro- and nano-sized ZnO particles on the curing kinetic of epoxy/polyaminoamide system[J]. Progress in Organic Coatings, 2015, 89: 277-283.

[16] RAMEZANZADEH B, ATTAR M M. Studying the corrosion resistance and hydrolytic degradation of an epoxy coating containing ZnO nanoparticles[J]. Materials Chemistry and Physics, 2011, 130(3): 1208-1219.

[17] RODRIGUES D D, BROUGHTON J G. Silane surface modification of boron carbide in epoxy composites[J]. International Journal of Adhesion and Adhesives, 2013, 46: 62-73.

[18] SHARIFI GOLRU S, ATTAR M M, RAMEZANZADEH B. Studying the influence of nano-Al_2O_3 particles on the corrosion performance and hydrolytic degradation resistance of an epoxy/polyamide coating on AA-1050 [J]. Progress in Organic Coatings, 2014, 77(9): 1391-1399.

[19] WANG C, FARHAT Z, JARJOURA G, et al. Indentation and erosion behavior of electroless Ni-P coating on pipeline steel[J]. Wear, 2017, 376-377: 1630-1639.

[20] ROCHE A A, BOUCHET J, BENTADJINE S. Formation of epoxy-diamine/metal interphases[J]. International Journal of Adhesion and Adhesives, 2002, 22(6): 431-441.

[21] ALAM M, SHARMIN E, ASHRAF S M, et al. Newly developed urethane modified polyetheramide-based anticorrosive coatings from a sustainable resource [J]. Progress in Organic Coatings, 2004, 50 (4): 224-230.

[22] AL-SABAGH A M, ABDOU M I, MIGAHED M A, et al. Influence of ilmenite ore particles as pigment on the anticorrosion and mechanical performance properties of polyamine cured epoxy for internal coating of gas

transmission pipelines[J]. Egyptian Journal of Petroleum, 2018, 27(4): 427-436.

[23] ABDOU M I, AYAD M I, DIAB A S M, et al. Studying the corrosion mitigation behavior and chemical durability of FeTiO$_3$/melamine formaldehyde epoxy composite coating for steel internal lining applications[J]. Progress in Organic Coatings, 2019, 133: 325-339.

[24] LIU G, YANG L, WANG L, et al. Corrosion behavior of electroless deposited Ni-Cu-P coating in flue gas condensate[J]. Surface and Coatings Technology, 2010, 204(21): 3382-3386.

作者简介：赵巍(1983—)，毕业于东北林业大学，博士，现工作于中国石化大连石油化工研究院，从事高分子材料合成及腐蚀防护方向的研究工作，高级工程师。通讯地址：辽宁省大连市旅顺口区南开街 96 号，邮编：116045。联系电话：18841367875，E-mail：zhaow.fshy@ sinopec.com。

湿硫化氢环境下小浮头螺栓失效分析和对策

赵 军

(中国石化上海石油化工股份有限公司炼油部)

摘 要 本文介绍了稳定塔顶冷却器小浮头螺栓断裂的基本情况,通过对螺栓的成分分析、金相组织分析、断口微观形貌分析,以及硬度检测等,得出螺栓断裂的主要原因是由于在湿硫化氢腐蚀环境中,螺栓本身较高的硬度使螺栓对硫化物应力腐蚀开裂的敏感性相应增大,腐蚀凹坑部位存在应力集中,产生了应力腐蚀裂纹的起裂,并最终导致了螺栓的断裂。

关键词 螺栓;湿硫化氢腐蚀;应力腐蚀开裂

1 前言

4#炼油 2#延迟焦化装置稳定塔顶冷却器 E-9210C 为钩圈式浮头换热器,型号为 BES1200-4.0-383-6/25-4I,壳程介质为液化气,管程介质为循环水,主要工艺参数见表 1。E-9210C 于 2009 年投用,上一次的检修日期为 2017 年 4 月。2018 年 8 月 24 日对该系统其他设备进行检修,10 月 25 日系统开车,气密试验时发现 E-9210C 管束泄漏,堵管 8 根,同时发现 1 根小浮头螺栓断裂。E-9210C 共计有 M27×335 的小浮头螺栓 44 根,抢修更换新螺栓运行 1 个月后,又有 20 根螺栓发生了断裂,断裂部位既有在两端螺纹处,也有在中部螺杆处(见图 1)。

图 1 E-9210C 断裂的小浮头螺栓

表 1 E-9210C 主要工艺参数

工艺参数	壳 程	管 程
最高工作压力/正常工作压力/MPa	1.45/1.13	0.8/0.4
设计压力/MPa	1.53	1.424
进/出口工作温度/℃	50/40	33/43
设计温度/℃	120	80
介质	液化气	循环水

2 宏观分析

本次取样断裂部位在螺杆中部的螺栓做失效分析,见图 2(a)。整根螺栓表面锈蚀,两侧螺纹部位均有较多的腐蚀垢物覆盖,螺纹凹槽局部被垢物填满,两端螺纹和中间螺柱都存在不同程度的表面腐蚀,见图 2(b)和图 2(c)。

图 3 为螺栓断口的宏观形貌。整个断口基本垂直于螺栓轴向,表面被黑色和棕黄色的腐蚀产物覆盖,断口没有明显的塑性变形,呈脆性断裂特征。裂纹起裂于螺栓表面,呈放射状快速扩展而断裂。放射线的汇集处为裂纹起裂源(见图 3 下部),整个断口中部为裂纹扩展区,上部为最终撕裂区。

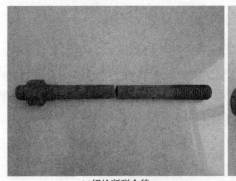

(a)螺栓断裂全貌　　　　　　　　　(b)螺栓一侧螺纹部位

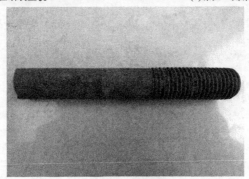

(c)螺栓另一侧螺纹部位

图 2　取样螺栓断裂的宏观形貌

图 3　断口宏观形貌

3　材料化学成分分析

对发生断裂的螺栓材料进行化学成分分析。分析结果表明，本次取样发生断裂的螺栓材料牌号为 35CrMoA(见表 2)。

表 2　螺栓材料化学成分分析　　　　　　　　　　　　　%

	C	Si	Mn	S	P	Cr	Ni	Cu	Mo
本次取样螺栓材料	0.352	0.219	0.541	0.003	0.006	0.911	0.024	0.0296	0.220
35CrMoA	0.32~0.40	0.17~0.37	0.40~0.70	≤0.025	≤0.025	0.80~1.10	≤0.30	≤0.25	0.15~0.25

4 金相组织分析

对断口附近的螺栓材料进行了金相组织分析。

1#金相试样为断口附近横截面,见图4(a);抛光态组织可以看到1条主断面扩展过来的二次裂纹,呈分叉扩展,为典型应力腐蚀裂纹扩展形貌;见图4(b)和图4(c);硝酸酒精溶液侵蚀后组织为回火索氏体+铁素体,为35CrMoA钢的淬火回火组织,见图4(d)。

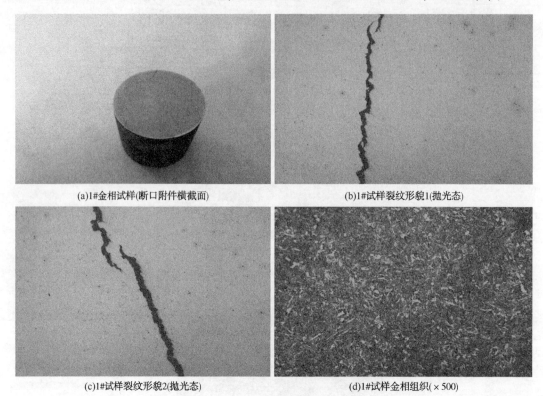

(a)1#金相试样(断口附件横截面)   (b)1#试样裂纹形貌1(抛光态)

(c)1#试样裂纹形貌2(抛光态)   (d)1#试样金相组织(×500)

图4　1#金相试样

2#金相试样为断口附近纵截面,见图5(a);同1#金相试样,抛光态组织可以看到断口处二次裂纹形貌同样为分叉扩展,为典型应力腐蚀裂纹扩展形貌,见图5(b)和图5(c);硝酸酒精溶液侵蚀后组织也为回火索氏体+铁素体。

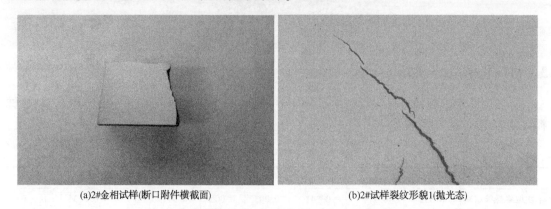

(a)2#金相试样(断口附件横截面)   (b)2#试样裂纹形貌1(抛光态)

图5　2#金相试样

(c)2#试样裂纹形貌2(抛光态)

图5　2#金相试样(续)

材料中夹杂物按照 GB/T 10561—2005《钢中非金属夹杂物含量的测定标准评级图显微检验法》评级，主要为 D 类环状氧化物类夹杂物，2 级，见图6。

(a)1#试样　　　　　　　　　　　　　　　　　　(b)2#试样

图6　夹杂物形貌

5　断口微观形貌分析

分析断口起裂部位的微观形貌，起裂部位受外壁腐蚀坑以及内部夹杂物的双重作用，可见由起裂源处向外扩展的放射状条纹，见图7(a)和图7(b)，同时该区域被大量腐蚀产物所覆盖，见图7(c)和图7(d)。

断口上的二次裂纹及断口扩展区的微观形貌显示断口被大量泥状腐蚀产物所覆盖(见图8)。

断口最终撕裂区的微观形貌同样可以看到大量泥状腐蚀产物，右侧边缘可以看到少量韧窝形貌(见图9)。

对断口起裂区、扩展区和最终撕裂区的腐蚀产物分别进行能谱分析，三个部位腐蚀产物中可引起腐蚀的有害元素硫含量(质量分数)分别为 8.05%、29.88% 和 29.57%，见图10~图11 和表3~表5。硫主要来源于壳程介质液化气中的硫化氢，2017 年 11 月 26 日的液化气成分分析结果显示硫化氢含量为 5.43%(体积分数)，2018 年 12 月 8 日的液化气成分分析结果显示硫化氢含量为 9.49%(体积分数)。

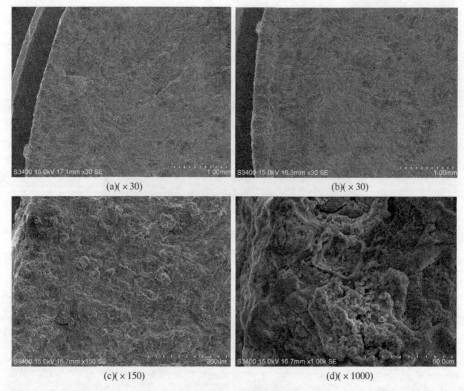

(a)(×30)   (b)(×30)

(c)(×150)   (d)(×1000)

图 7　断口起裂区微观形貌

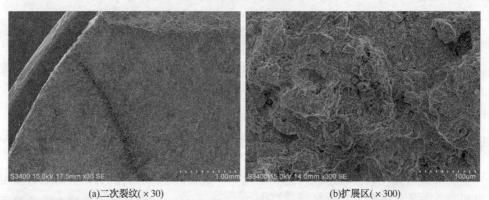

(a)二次裂纹(×30)   (b)扩展区(×300)

图 8　断口二次裂纹和扩展区微观形貌

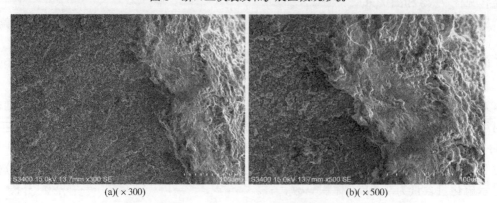

(a)(×300)   (b)(×500)

图 9　断口最终撕裂区微观形貌

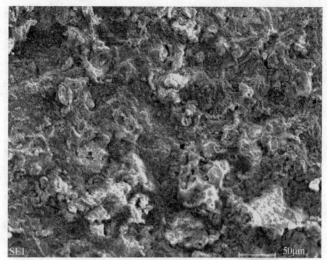

C:\Test\xiao nei\2018\jixie\jiangxiaodong\jxd181221\1-2.spc 21-Dec-2018 09:07:28 LSecs:32

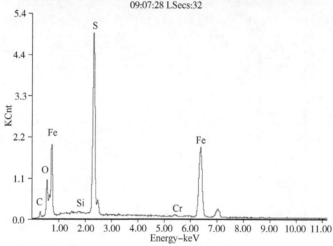

图 10　断口起裂区腐蚀产物元素能谱分析谱图

表 3　断口起裂区腐蚀产物元素分析结果

元　素	Wt/%	At/%	元　素	Wt/%	At/%
CK	05.77	14.27	CrK	00.56	00.32
OK	24.25	44.99	FeK	60.55	32.18
SiK	00.17	00.18	Matrix	Correction	ZAF
SK	08.70	08.05			

表 4　断口扩展区腐蚀产物元素分析结果

元　素	Wt/%	At/%	元　素	Wt/%	At/%
CK	03.71	11.76	CrK	00.89	00.65
OK	05.64	13.42	FeK	64.33	43.89
SiK	00.29	00.40	Matrix	Correction	ZAF
SK	25.15	29.88			

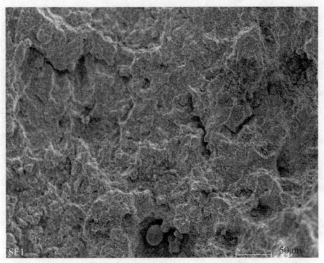

C:\Test\xiao nei\2018\jixie\jiangxiaodong\jxd181221\1–1.spc 21–Dec–2018
09:05:37LSecs:55

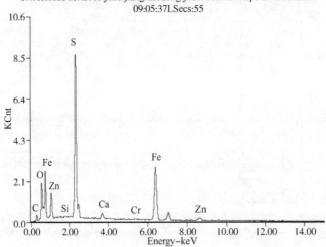

图 11　断口扩展区腐蚀产物元素能谱分析谱图

表 5　断口最终撕裂区腐蚀产物元素分析结果

元　素	Wt/%	At/%	元　素	Wt/%	At/%
CK	03.94	12.27	CrK	00.46	00.33
OK	06.62	15.50	FeK	52.90	35.48
SiK	00.20	00.26	ZnK	09.12	05.22
SK	25.31	29.57	Matrix	Correction	ZAF
CaK	01.46	01.37			

6　硬度检测

在断裂螺栓上靠近断口处取横截面样品，将两端磨平后，按 GB 230—2009，使用洛氏硬度计，测定螺栓的洛氏硬度值。螺栓材料接近外壁部位硬度值在 HRC31（HB295）左右，中间部位硬度值在 HRC28（HB273）左右，均高于 GB/T 3077—1999《合金结构钢》中 35CrMoA 钢供货的硬度要求 HB≤229（HRC21）（钢材退火或高温回火供应状态的布氏硬度）；

最高硬度也高于 HG/T 20613—2009《钢制管法兰用紧固件》标准中表 4.04 的要求（HB234~285）；但是符合 GB/T 3098.1—2000《紧固件机械性能 螺栓、螺钉和螺柱》标准中 8.8 级螺栓硬度值 HRC23~34 范围要求。

7 原因分析

从螺栓断口宏观形貌和微观形貌分析判断，螺栓断裂是脆性断裂，且断面上有裂纹分叉现象，符合应力腐蚀断裂的特征。

由于该螺栓工作时本身承受一定的拉应力，所处的环境介质中含有硫化氢和水存在，也就是处在一定程度的湿硫化氢环境中，加上有适宜的温度（壳程温度 40~50℃），螺栓本身较高的硬度（最高硬度 HRC 大于 30）和强度，使这些螺栓对湿硫化氢应力腐蚀开裂的敏感性相应增大。且螺杆外部腐蚀坑部位存在应力集中，再加上材料中存在夹杂物，因此在齿根部位和腐蚀凹坑处容易产生应力腐蚀裂纹的起裂，并最终导致螺栓的断裂。

另外，在换热器内部不可避免地存在一些流体滞留区，像内浮头处于换热器尾部，此处介质的流动性差，许多杂质会覆盖在金属表面（断裂螺栓的螺纹部位有大量腐蚀垢物堆积覆盖），经过一段时间积累此处介质 pH 值会逐渐降低，当金属表面有缺陷时，容易产生表面腐蚀坑，这些腐蚀坑就形成了应力腐蚀破裂的初始裂纹源。

在 NACE 标准 RP-04-72 和 API 标准 RP-492 标准中规定，湿硫化氢介质中承受载荷的钢件硬度值必须小于 HRC22，才能有效抵抗硫化氢应力腐蚀开裂。从螺栓断口特征、受力状况、工作环境和对螺栓测定的硬度值分析得出本次 E-9210C 小浮头螺栓发生断裂是由硫化氢应力腐蚀开裂造成的。应力腐蚀开裂时间不固定，在特定环境下，材料在几分钟内就可能破裂。

8 结语

（1）发生断裂的螺栓材料牌号为 35CrMoA。

（2）螺栓材料金相组织为回火索氏体+铁素体，为 35CrMoA 钢正常的淬火回火组织，材料中夹杂物按照 GB/T 10561—2005《钢中非金属夹杂物含量的测定标准评级图显微检验法》评级为 D 类 2 级。GB/T 3077—1999《合金结构钢》标准中 6.9 对非金属夹杂物的规定是：根据需方要求，可检验钢的非金属夹杂物，其合格级别由供需双方协议规定；而 HG/T 20613—2009《钢制管法兰用紧固件》和 GB/T 3098.1—2000《紧固件机械性能 螺栓、螺钉和螺柱》标准中对夹杂物没有相关的条款规定。

（3）根据螺栓断口宏观形貌以及微观形貌分析，以及 E-9210C 的工艺介质，可以确认螺栓断裂失效是由于湿硫化氢应力腐蚀开裂造成的，螺栓本身较高的硬度（最高硬度 HRC 大于 30），使这些螺栓对湿硫化氢应力腐蚀开裂的敏感性相应增大，腐蚀凹坑部位存在应力集中，再加上螺栓材料中存在夹杂物，因此在腐蚀凹坑部位产生了应力腐蚀裂纹的起裂，并最终导致了螺栓的断裂。

9 应对措施

（1）在湿硫化氢环境下，承受的预紧力满足使用要求时，可以选取强度、硬度（材质硬度应小于 HRC22）相对较低的金属材料制造螺栓。

（2）增大螺栓直径，降低其所承受的拉应力，并确保所有螺栓受力均匀。

（3）控制螺栓的预紧扭矩。把好安装关，防止预紧力过大，尤其在腐蚀性介质中的设备。

参 考 文 献

[1] 陈彩霞，赵青. 浮头式热交换器浮头管板螺栓断裂原因分析及改进[J]. 石油化工设备，2014，43（S1）：69-72.

[2] 张亚明，藏晗宇，夏邦杰，董爱华. 换热器小浮头螺栓断裂原因分析[J]. 腐蚀科学与防护技术，2008，（03）：220-223.

[3] 丁明生，陆晓峰，丁敲. 塔顶冷却器小浮头螺栓断裂失效分析[J]. 石油化工腐蚀与防护，2006，（06）：44-47.

[4] 杨开春，赵国兵. 换热器小浮头螺栓断裂失效分析[J]. 化工设计，2002，（02）：47-50+2.

作者简介：赵军，设备管理副主任师，现工作于中国石化上海石化股份有限公司，长期从事设备技术管理工作。通讯地址：上海金山区卫八路94号。E-mail：zhaojun2. shsh@ sin-opec. com。

外防腐涂料在混凝土结构中的应用

洪景美

（中国石化上海石油化工股份有限公司涤纶部）

摘　要　石油化工生产企业的钢筋混凝土结构，经多年使用均会出现开裂、疏松、粉化，甚至出现裂缝、孔隙、渗漏现象；这些裂缝和孔隙在循环水、污水及化工大气环境腐蚀下，会导致混凝土内部钢筋锈蚀，铁锈会进一步导致混凝土胀裂，长此以往，将严重影响混凝土设备的安全运行。本文通过分析钢筋混凝土腐蚀破坏的原因，有针对性地选择外防腐涂料，防腐涂装技术是一种应用广泛而简便有效的混凝土结构辅助防腐措施。从而保护混凝土结构的使用寿命。

关键词　混凝土结构；防腐涂料

1　前言

　　钢筋混凝土结构是现代最常见的建筑结构之一，已广泛应用于工业、民用、国防军事设施等建设中，在石油化工生产企业更是常见，如钢筋混凝土框架结构、污水池、冷却塔等等。但是在沿海地带，受海水的影响，大多富含氯离子、硫酸根离子等对钢筋混凝土有害的物质，如何解决滨海环境侵蚀对钢筋混凝土构筑物腐蚀问题，关系到工程的耐久性，目前已经成为结构工程充分考虑混凝土结构腐蚀和性功能劣化的问题，已达到钢筋混凝土结构的可靠、耐用等目的。

2　混凝土结构的腐蚀机理

　　混凝土结构的腐蚀分为混凝土的碳化、氯化物的渗透、冻融破坏、混凝土和钢筋的锈蚀引起混凝土内部钢筋腐蚀最为主要的原因是混凝土的碳化和氯化物的渗透。

2.1　混凝土的碳化

　　混凝土结构材料并不是永固的，自其浇灌成型开始，便开始受到破坏。混凝土碳化是酸性气体 CO_2、SO_x、NO_x、H_2S 及酸雨、酸雾等通过混凝土空隙从外表面逐渐向内部扩散、渗透，与其中的 $Ca(OH)_2$ 反应，产生混凝土的碱度中性化（即碳化）过程。碳化引起混凝土的碱度降低，减弱了对钢筋的保护作用。混凝土中钢筋保持钝化状态的临界碱度是 pH=11.8，当 pH<11.8 时（碱性降低），钢筋表面的钝化层开始破坏、锈蚀。当碳化深度穿透混凝土保护层而达钢筋表面导致锈蚀，使钢筋钝化膜产生体积膨胀 2~6 倍，致使保护层产生开裂；开裂后的混凝土有利于 CO_2、水、O_2 等有害介质进入，加剧碳化和钢筋的锈蚀，最后导致混凝土产生顺筋开裂而破坏。碳化作用道一定程度会增加混凝土的收缩，引起混凝土表面产生拉应力而出现微细裂缝，降低混凝土抗拉、抗折强度及抗渗能力，因此钢筋锈蚀导致混凝土构件的破坏形式有表面裂缝、剥落（局部剥落和层状剥落）、掉角等。

2.2　氯化物的渗透

　　氯离子是一种穿透力极强的腐蚀介质，即使在强碱性环境中，氯离子引起的点蚀腐蚀依然会发生，同时由于水往往会渗透到混凝土里面，这种非存水中含有杂质的电解液，电化学作用导致锈蚀加快。当氯离子渗透到混凝土中的钢筋，钢筋钝化膜被破坏，成为活化态。

美国 ASTM C1002 标准，主要借助直流电场的作用，加速氯离子在混凝土中的迁移运动，通过测定流过混凝土的电量，快速评价混凝土的渗透性。通过的电量越少，混凝土越密实，抗 Cl^- 渗透能力越强。分级标准如下（见表 1）。

表 1　混凝土电量法分级标准

通过的电量/C	混凝土渗透性	通过的电量/C	混凝土渗透性
>4000	高	100~1000	很低
2000~4000	中等	<100	可忽略
1000~2000	低		

3　混凝土结构外防腐涂料

为了抑制混凝土内钢筋腐蚀，提高混凝土结构的耐久性，结合使混凝土及其内部钢筋腐蚀碳化等原因，可以考虑具有封闭型、隔离型、耐腐蚀的外防腐涂料来提高混凝土的结构稳定性。

3.1　封闭型

将黏度很跌的硅烷或水性涂料涂装于已熟化的混凝土表面，靠毛细孔的表面张力作用吸入审阅数毫米的混凝土表层中，明显降低混凝土的吸水性和氯化物的渗透性，达到保护混凝土目的。

3.2　隔离型

在混凝土表面涂装有机涂料，阻隔腐蚀性介质对混凝土表面的侵蚀和渗透。一般作为混凝土表面保护涂料主要有：环氧涂料、氯化橡胶面漆、丙烯酸涂料、聚氨酯涂料等。其中，环氧涂料具有优良的附着力、耐碱性、与其他面漆的良好配套性，优先选择作为混凝土保护涂料体系的底漆和中间漆。混凝土保护涂料的面漆，目前主要有聚氨酯面漆、氯化橡胶面漆、丙烯酸面漆、环氧面漆和氟碳树脂面漆等。

4　混凝土结构外防腐涂料的性能要求

4.1　高性能耐候面漆

在表干区部位环氧封闭漆+环氧云铁漆+丙烯酸聚氨酯面漆的体系以其综合的优异性能在防腐和景观要求较高的场合还会长期应用。上述体系中底涂层环氧漆将逐步向高固体分、无溶剂涂料过渡，而耐候面漆将逐步向耐候性能更加优异的氟碳涂料、聚硅氧烷涂料过渡。

4.2　弹性涂料

相对于钢材，混凝土结构的形变更大，因此 JT/T 695 规定了用于混凝土结构表面的涂料要具有很好的力学性能，以适应混凝土的形变。涂装体系为：环氧树脂或聚氨酯底涂+环氧树脂腻子+柔韧型环氧树脂或柔韧型聚氨酯中涂+柔韧型聚氨酯面涂。正在制订的铁路桥梁混凝土结构防腐面涂层标准，规定了柔性氟碳涂层及其技术指标。

4.3　无溶剂、高固体分环氧涂料

无溶剂环氧涂料是目前应用最广泛的无溶剂防腐涂料品种。无溶剂环氧涂料施工难度大，而采用活性稀释剂和高性能的低黏度固化剂又使成本提高，因此采用高固体分的环氧涂

料(体积固体含量达到80%以上)也是一种可选择的环保方案。一些腐蚀环境恶劣，且难以维修的部位可采用厚膜型环氧涂料，或环氧玻璃鳞片涂料，也可采用环氧涂料+玻璃布的方式进行涂装保护。无溶剂涂料或高固体分厚浆涂料由于黏度太高，渗透性不好，不能直接用于混凝土表面，应配套低黏度、高渗透性底漆，或将这些高黏度涂料稀释后打底。

4.4　乙烯酯玻璃鳞片涂料

市售的乙烯基树脂是由乙烯酯预聚物溶剂于苯乙烯单体(含量通常在35%)构成，而乙烯酯预聚物由环氧树脂与含有乙烯基团的丙烯酸或甲基丙烯酸反应生成的。加入催化剂和固化剂，苯乙烯之间以及苯乙烯和乙烯基树脂之间通过自由基聚聚合反应固化成膜。乙烯酯树脂交联固化会产生体积收缩而产生内应力，通过加入玻璃鳞片可消除部分内应力。乙烯基玻璃鳞片涂料具有很好的耐化学品腐蚀性能以及较高的耐温等级。目前乙烯基玻璃鳞片涂料主要应用在脱硫烟道，在污水池也有少量应用。当前乙烯基玻璃鳞片涂料的实际应用效果并不好，用于脱硫烟道的涂料1~2年内就出现大面积脱落，这主要由涂料的品质和施工工艺决定。玻璃鳞片涂料的品质主要由玻璃鳞片的处理以及在基体树脂中的分散效果所决定。

4.5　聚脲涂料

喷涂聚脲是由异氰酸酯组分(简称A组分)与氨基化合物组分(简称B组分)反应生成的一种弹性体物质。喷涂聚脲弹性体技术(SPUA)与传统聚氨酯弹性体涂料喷涂技术相比有许多优异性能和特点：干燥速度快，施工后几秒钟就会硬化；对湿气不敏感，施工环境适应性强；立面厚膜施工不流挂；具有非常优异的力学性能和耐介质腐蚀性能。应用于混凝土表面的聚脲由于固化速度太快，渗透性不好，直接喷涂与混凝土表面附着力不理想。国内目前主要应用领域为铁路的防水材料，此外在污水池、桥梁、脱硫烟道领域也有应用，但使用效果不理想。

5　炼化企业的混凝土结构常用防腐蚀材料

常用防腐蚀材料分类：传统的防护涂料包括环氧沥青、煤焦油沥青涂料。现阶段使用的高性能涂料还包括高固体分环氧或无溶剂环氧、聚氨酯涂料、环氧玻璃鳞片涂料、乙烯基玻璃鳞片涂料和聚脲涂料。污水包括生活污水和各种工业污水，污水的状况决定腐蚀作用的大小。根据污水腐蚀环境状况，以及混凝土基面状况选择相应的涂料品种及涂层厚度。对于一些腐蚀环境较恶劣的环境，或混凝土易开裂的环境，可采用涂料+玻璃布的体系增强防护效果。

5.1　环氧玻璃钢的应用

污水池铲除旧玻璃钢→砂轮机表面处理→堵漏→混凝土破损部位修复→刷环氧湿固化底漆一道→刮环氧腻子、随即刷环氧封闭底漆一道→环氧树脂衬0.2mm玻纤布三层→涂环氧封闭面漆一道→涂环氧防水、抗老化面漆二道(见图1、图2)。

冷却塔是热电厂的重要组成之一，属大型钢筋混凝土砼构筑物，主要由现浇钢筋混凝土塔体(包括人字柱、环梁、筒壁)、蓄水池和塔内淋水构件组成。对于不见阳光的部位也可采用环氧封闭漆+环氧耐磨漆。而对海水冷却塔等腐蚀环境较恶劣的部位可采用环氧玻璃鳞片涂料、酚醛改性环氧涂料以增强耐介质腐蚀性能和涂层的屏蔽效果。

冷却塔铲除旧防腐层→表面处理→堵漏→涂环氧湿固化底漆1道→环氧砂浆修补混凝土损坏部位→满批环氧腻子2mm→涂环氧封闭底漆1道→贴衬环氧玻璃布三层→层间处理→涂环氧封闭面漆1道→涂环氧防水抗老化面漆2道(见图3~图5)。

图1

图2

图3

图4

图5

5.2 环氧树脂胶优点

(1) 环氧树脂含有多种极性基团和活性很大的环氧基,因而与金属、玻璃、水泥、木材、塑料等多种极性材料,尤其是表面活性高的材料具有很强的黏接力,同时环氧固化物的内聚强度也很大,所以其胶接强度很高。

(2) 环氧树脂固化时基本上无低分子挥发物产生。胶层的体积收缩率小,约 1%~2%,是热固性树脂中固化收缩率最小的品种之一。加入填料后可降到 0.2% 以下。环氧固化物的线胀系数也很小。因此内应力小,对胶接强度影响小。加之环氧固化物的蠕变小,所以胶层的尺寸稳定性好。

（3）环氧树脂、固化剂及改性剂的品种很多，可通过合理而巧妙的配方设计，使胶粘剂具有所需要的工艺性(如快速固化、室温固化、低温固化、水中固化、低黏度、高黏度等)，并具有所要求的使用性能(如耐高温、耐低温、高强度、高柔性、耐老化、导电、导磁、导热等)。

（4）与多种有机物(单体、树脂、橡胶)和无机物(如填料等)具有很好的相容性和反应性，易于进行共聚、交联、共混、填充等改性，以提高胶层的性能。

（5）耐腐蚀性及介电性能好。能耐酸、碱、盐、溶剂等多种介质的腐蚀。体积电阻率 1013~1016Ω·cm，介电强度 16~35kV/mm。

（6）通用型环氧树脂、固化剂及添加剂的产地多、产量大，配制简易，可接触压成型，能大规模应用。

5.3 环氧树脂胶缺点

（1）不增韧时，固化物一般偏脆，抗剥离、抗开裂、抗冲击性能差。

（2）对极性小的材料(如聚乙烯、聚丙烯、氟塑料等)黏接力小。必须先进行表面活化处理。

（3）有些原材料如活性稀释剂、固化剂等有不同程度的毒性和刺激性。设计配方时应尽量避免选用，施工操作时应加强通风和防护。

5.4 碳钛笼混凝土防碳化涂料

碳钛笼混凝土防碳化涂料有着优异的施工性能，对施工温度、湿度要求都比较宽泛，允许带湿施工 (相对湿度 0%~80%)、可在-20~50℃环境温度条件下施工，推荐 5~35℃正常施工。

沉淀池基面处理→喷涂改性丙烯酸酯水性纳米底漆一道→填刮腻子平均厚度 2~3mm，每毫米用量 2.3kg→喷涂肪族聚氨酯水性纳米面漆二道(见图 6~图 8)。

图 6

图 7

图 8

（1）碳钛笼混凝土防碳化涂料的优缺点

碳钛笼混凝土防碳化涂料耐盐雾 1440h 以上，人工老化 3000h 以上，相当于自然环境中耐腐蚀 30 年以上。支持带漆、带湿、带锈施工，表干速度快，适应温度范围广，在诸多环境不利条件下，依然可获得良好的防腐蚀性能。目前缺点是由于碳钛笼混凝土防碳化涂料又是一种特殊涂料，所以和普通的涂料施工工艺也会略有不同，为了保证涂料的最佳性能，施工技术要求较高，必须严格按照厂家提供的施工工艺按步施工。

6　结语及建议

随着我国环保事业的发展，作为炼化企业，一律实行绿色企业的生产标准。钢筋混凝土结构表面用涂料的未来发展趋势也将遵从高性能、绿色环保的原则。同时涂料技术向多元化方向发展以适应不同腐蚀环境、不同防腐部位、甚至人文景观的要求。在不同的腐蚀环境下的混凝土结构的外防腐选材可以从腐蚀的根源找出，并可根据以上略举的案例及分析，科学地选择更适用的外防腐材料。

参　考　文　献

[1] 丁示波，杨群燕. 混凝土结构外防腐涂料防腐机理及应用. [C]//第四届混凝土结构耐久性科技论坛，2005.
[2] 左景伊，左禹. 腐蚀数据与选材手册[M]. 北京：化学工业出版社，1995.

作者简介：洪景美（1973—），工程师，主要从事石油化工工程施工管理。通讯地址：上海石油化工涤纶部 1051 号。E-mail：hongjm. shsh@ sinopec. com。

制氢转化炉转化段集合管加强短接头开裂分析

郭　杰　王进刚

(中国石化塔河炼化有限责任公司)

摘　要　2020年3月制氢炉转化段预热器加强短接头因设计问题导致应力开裂，被迫紧急停工。针对设计缺陷，进行了修改，将加强短接头接管取消，加强短接头与对流管直接进行焊接，避免倒角造成应力集中，将转化段预热器整体更换。

关键词　制氢转化炉；应力开裂；倒角

1　引言

转化炉是制氢装置中转化反应的反应器，属于装置的核心设备(见图1)。这是一种非常特殊的外热式列管反应器，由于转化反应的强吸热及高温等特点，这种反应器被设计成加热炉的形式吗，催化剂装填在一根根炉管内，在炉膛内直接加热，烃类和水蒸气通过炉管呃逆的催化剂床层进行反应。由于工艺介质(烃+水蒸气)在炉管内一边吸热，一边进行着复杂的化学反应，因此其工艺计算比一般加热炉复杂得多。转化预热段主要是对精制后的原料气加热后进入预转化反应器进行下一步反应，转化段操作温度520℃左右。本装置转化炉采用是顶烧炉，这种炉型的燃烧器布置在辐射室顶部，转化管受热形式为单排管受双面辐射，火焰与炉管平行，垂直向下燃烧，烟气下行，从炉膛底部烟道离开辐射室，对流室布置在辐射室旁边。

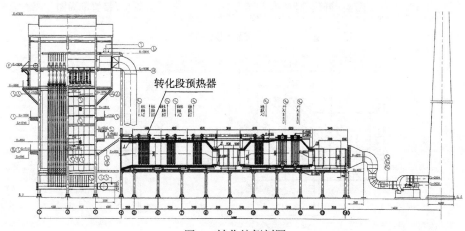

转化段预热器

图1　转化炉侧剖图

2　问题

2020年3月设备点检人员例行巡检时，发现制氢炉对流室转化段预热器有火焰射出(见图2、图3)，立即通知当班运行人员及作业部管理人员。按照应急预案相应，装置开始降量、降温、降压、停工。

图2　泄漏点火焰　　　　　　　　　　　图3　编号33泄漏部位

停工后对现场进行勘察,开裂泄漏位于转化段集合管分支加强短接头接管对焊口上部倒角线处(见图4),开裂以倒角加工线横向延展裂口平整,典型的倒角应力集中开裂,开裂长度达到6cm,占加强短接头周长的近1/4(见图5、图6)。

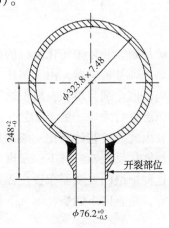

图4　开裂部位　　　　　　　　　　　图5　接管剖面图

加强短接头结构

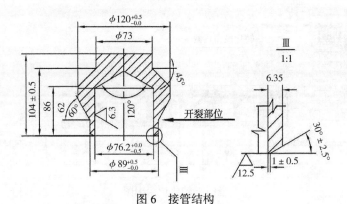

图6　接管结构

3　隐患

预转化段预热段与烟气换热后温度高达560℃,接管一旦断裂大量可燃气体物料泄漏,形成喷射型火焰,不完全燃烧气体在转化炉顶部形成爆炸性混合气体,发生不可控制的爆炸、火灾。

4 集合管参数

转化原料气中主要含有 H_2O、H_2、CO、CO_2、CH_4、N_2 等。原料预热段的操作压力为 2.65MPa，设计压力为 3.25MPa，操作温度为 560~610℃。转化段集合管设计温度为 630℃，材质为 TP347H，强接头的材质为 F347H（见表 1），加强短接头锻件经过固熔处理，接头与集合管焊接后进行了整体稳定化热处理。

表 1　集合管设计参数

编号	名　称	规　格	材料	单位	数量	单重 质量/kg	共计 质量/kg	备注
1	加强接头	锻件	F347H		18	2.1	37.8	ASTM A182
2	无缝钢管	φ323.8×17.48L=4528	TP347H		1		571	ASTM A312M
3	椭圆形封头	EHB323.8×17.48	0Cr18Ni11Nb		1		16.7	参 JB/T 4746—2002

5 检测情况

经计算，当无应力情况时，加强短接头处最大应力位于内部，应力值约为 25.2MPa。此次开裂最大应力位于加强短接头倒角处，应力值约为 90.3MPa。由表 2 可知，开裂加强短接头处最大应力高于 600℃下材料的许用应力，由此可见，炉管受热膨胀后应力集中与倒角处使得管壁外应力大于材料的许用应力，导致炉管开裂。

表 2　许用应力表

温度/℃	25	200	500	600	650
TP347H 许用应力/MPa	138	111	160	89.1	53.9
F347H 许用应力/MPa	138	111	92.4	89.1	53.9

对炉管开裂位置的母材进行金相分析见图 7、图 8。

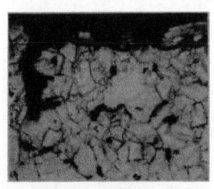 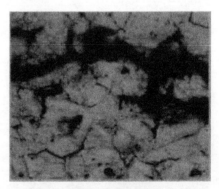

图 7　裂纹局部微观形貌 200×　　　图 8　裂纹局部微观形貌 200×

由上图可知，炉管在开裂过程中，管内高温原料气（温度在 600~630℃）泄漏发生燃烧，高温燃烧对裂缝附近区域母材金相组织产生影响，导致晶粒粗大，碳析出，晶界弱化。

6 施工修复

该制氢炉转化段于 2011 年 10 月发生过加氢短接头开裂，导致制氢装置紧急停工抢修，由于第一次开裂原因分析不完全，对开裂部位接头进行了焊接并投用，未能分析辨识出存在的应力问题，未能消除所存在的风险隐患。2020年3月因设计问题导致应力集中，加强短接头再次发生接管应力开裂被迫紧急停工。针对设计缺陷，进行了修改，将加强短接头接管取消，加强短接头与对流管直接进行焊接，避免倒角造成应力集中，此次检修转化段预热器整体更换（见图9~图12）。

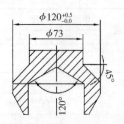
图9 设计修改后加强短接头结构图

图10 新转化段预热器集合管结构

图11 转化段预热器整体更换

图12 现场施工

重沸炉空气预热器露点腐蚀分析

肖长川

（中国石化塔河炼化有限责任公司）

摘 要 某厂汽柴油加氢装置，分馏塔底重沸炉预热回收改造后，装置空气预热器底部，在冬季脱水明显，本文重点分析水产生的合理性和预防措施。

关键词 空气预热器；脱水；防范措施

1 前言

某炼化 110 万 t/a 汽柴油加氢装置由中石化洛阳工程公司设计，于 2004 年 12 月份建成并投产。装置于 2016 年 10 月进行了国 V 柴油升级改造，加热炉（F2102）余热回收方式设计采用顶置空气预热器，自装置建成至 2020 年 3 月前，该余热回收方式运行了 16 年。2020 年 3 月对加热炉进行了余热回收系统升级改造，拆除了顶置的空气预热器，改为落地的扰流子+水热管型的预热器。2021 年 2 月 16 日，对空气预热器底部排水，检查发现排水中有少量浮油，停炉检查发现对流室炉管腐蚀泄漏。

2 原因排查

2.1 泄漏点排查

停炉后开人孔检查发现对流室管排（翅片管 φ152×8×6000 20/翅片厚度 1.2mm）的自北往南数第 5 根处有一处明显泄漏点（见图 1、图 2）。对流室管排每层 8 根，发现第一层自北向南第 2~7 根炉管距东侧端墙 1.72~1.76m 处的翅片均有局部损坏（见图 3），且炉管翅片损坏位置处于加热炉顶部东侧端墙的正下方。对炉管翅片有破损的部位拆掉翅片进行

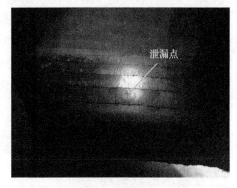

图 1 泄漏点

检查，发现第一层自北向南第 5 根炉管腐蚀穿孔，炉管外部腐蚀部位呈凹陷型，泄漏点直径约 2mm，上口最大处直径 12mm（见图 3）。第 2 根炉管有一深度达 5~6mm 腐蚀坑，第 3、4 根炉管和第二层第 1、7 根炉管上均发现有深度 2~3mm 的腐蚀坑，上述 6 根炉管进行更换。

2.2 直接原因

原加热炉预热器结构设计不合理（见图 7）。该炉原设计采用简单的扰流子预热器，冷空气被鼓风机送至预热器与 300℃ 左右的烟气换热后进入炉膛。该冬季最低气温在零下 25℃ 左右，冷空气（自东向西）直接进入预热器与烟气强烈换热，在预热器的入口端形成低温区，使烟气中的水蒸气、硫酸蒸汽达到露点凝结出水滴，形成的凝结水沿东侧端墙向下滴落在下部的翅片管上，造成了翅片管的露点腐蚀。

图 2　泄漏点　　　　　　　　　　　　　　图 3　泄漏尺寸

3　腐蚀机理分析

低温腐蚀是由于燃油中含有硫，燃烧后形成 SO_2，其中少量 SO_2 进一步氧化生成 SO_3，SO_3 与烟气中的水蒸气结合成为硫酸，含有硫酸蒸汽的烟气露点大为升高。当预热器管壁温度低于露点时，硫酸蒸汽就会在管壁上凝结，并腐蚀管材。

3.1　三氧化硫的生成

二氧化硫和氧分子作用生成的三氧化硫量很有限，但实际锅炉尾部烟气中三氧化硫的含量相当高。烟气露点分为水露点和酸露点。如果烟气中的水蒸气不与其他物质化合，则其凝结温度(露点)仅决定于烟气中水蒸气的分压力，一般为 $35 \sim 60℃$。实际上由于烟气中存在三氧化硫，就会在管壁附近形成硫酸蒸汽，使露点大大高于水的露点。

加热炉燃料气为脱后干气，燃料气平均硫含量小于 $33.7mg/m^3$ 左右，低于"燃料气中总硫含量应不大于 $100×10^{-6}$"的要求；经第三方检测机构 2020 年 6 月为我公司测评的露点温度为 $71℃$。加热炉的操作排烟温度控制在 $110℃$ 以上，高于露点温度。

影响腐蚀速率主要有凝结的酸量、酸露的浓度和金属壁温三个因素。如前所述，当金属壁温低于露点时，烟气中的硫酸蒸汽便会在管壁上凝结。烟气中硫酸蒸汽浓度很低时，凝结下来的酸露浓度却可以很高。随着壁温的下降，酸露浓度将降低，但酸量会逐渐增加。

4　凝结水形成机理

当烟气温度低于水蒸气的露点温度时，烟气中的水蒸气会冷凝下来，水蒸气的露点温度随烟气中水蒸气含量的高低而变，水蒸气分压力越大，表示烟气中的水蒸气量越多。

4.1　凝结水的露点温度测算

根据本装置的燃料组成分析，能产生水的组分有甲烷、氢气、乙烷、乙烯等，依据燃料组分分析计算出理论水蒸气量。

在排烟温度 110℃、0.1MPa 下，根据 $PV=nRT$：

摩尔常数 $= 22.4×(273+110)/273 = 31.4$

根据加热炉运行燃料气消耗量 $720m^3/h$ 和燃料气组分(见表 1)测算出在排烟处，理论可产生水蒸气的体积为：

V 水蒸气 $= 720×(0.57×2+0.21×3+0.12)×31.4/22.4 = 1906m^3/h$

在排烟处水蒸气的分压，实测烟气流量为 $20650m^3/h$：

表 1

	氧气/%	氢气/%	甲烷/%	乙烷/%	乙烯/%	总烃/%	相对密度	硫含量/(mg/m³)
燃料气	0.5	11.72	57.26	20.62	2.61	85.61	0.67	15

P 水蒸气 $= 1906/20650 \times 100 kPa = 9.23 kPa$

根据水蒸气饱和蒸汽压表查的，水蒸气分压大于冷壁温度 27.5℃ 时的 3.17kPa，所以还有数量较多的水蒸气的凝结水产生。

5 预防措施

（1）提高预热器冷壁温度也就是冷风侧温度，可通过增上冷风侧预热设施，将冷壁温度至 45℃ 以上，理论上水蒸气分压不低于饱和蒸气压就不会产生大量凝结水，排烟温度不变，空气提高到 10℃ 便可满足，可以通过增上空气前置预热器的措施，在冬季投用提升空气温度，在夏季可以不投用。

（2）若暂时无法增上前置空气预热器，在冬季最冷 -25℃ 时，需提高提高排烟温度至 145℃，冷壁温度至 45℃，理论上就不会产生凝结水。

所以通过计算可以看出，预热器原设计的烟气和空气侧温度数值相符，装置烟气入口侧温度不足设计的 320℃，预热器设计负荷比实际工况偏大，导致排烟温度低，提高排烟温度是最简单有效的办法，但是加热炉热效率会有所下降，待有条件可以增加空气的预热设备，在冬季投用较少凝结水生成。

（3）降低燃料中的 S 含量，从而提高烟气的露点温度。

（4）日常操作管理中，对于排烟温度的控制，因综合考虑冷壁温度和燃料组分等变化情况，不仅仅是要高于测算的露点温度，冷壁温度的控制至关重要。

参 考 文 献

[1] 李钧, 阎维平, 高宝桐, 等. 电站锅炉烟气酸露点温度的计算[J]. 锅炉技术, 2009, 40(005): 14-17.

[2] 李彦, 武彬. SO_2, SO_3 和 H_2O 对烟气露点温度影响的研究[J]. 环境科学学报, 1997, 17(1): 126-130.

[3] 顾雪梅, 蔡昌忠. 搪瓷管空气预热器的应用. 发电设备. 1671-086X(2003)04-0054-04.

作者简介： 肖长川(1990—)，毕业于新疆大学，学士，现工作于中国石化塔河炼化有限责任公司，设备主管。通讯地址：新疆库车市中国石化塔河炼化有限责任公司，邮编：842000。联系电话：18199090168，E-mail：296937023@qq.com。

热电偶套管开裂原因分析及建议

刘洪波

（中国石化塔河炼化有限公司）

摘　要　文中对某 2#制氢装置制氢原料气管道热电偶套管开裂原因进行了分析，针对开裂原因，分析研究再热裂纹形成的影响因素，提出一些建议以减少类似事故的发生。

关键词　热电偶套管；断裂；原因分析；建议

为判断 2#制氢装置制氢原料气管道热电偶套管开裂原因，针对性地开展分析研究，以确定断裂原因，并针对 2#制氢装置制氢原料气管道热电偶套管开裂原因，提出防止建议，以免类似故障的再次发生，降低事故发生概率。

1　简介

6 月 22 日，2#制氢装置制氢原料气管道热电偶套管发生泄漏，项目组成员到现场开展调研。调研过程中发现，制氢原料气热电偶套管根部焊接熔合区发生开裂，裂纹位于紧邻焊缝部位套管侧的焊接热影响区，裂纹沿焊道的环向，长度为 10mm 左右，如图 1 所示。现场计划临时采用高温密封胶包括后进行包盒子处理。

图 1　2#制氢原料气管道短节开裂部位示意图

管道内介质为制氢原料气，其主要成分为 CH_4[69.1%（质量分数）]、H_2[24.6%（质量分数）]和 CO_2[6.2%（质量分数）]，运行温度约 490℃，裂纹处下部为锻钢 F347H，上部套管为 TP347H。原料气中不含有 H_2S，因而不存在高温 H_2+H_2S 腐蚀，主要腐蚀类型为高温氢腐蚀，而 TP347H 在高温氢环境下具有良好的耐蚀性能。

2　原因分析

从裂纹的产生部位来看，裂纹位于接管紧邻焊缝部位的热影响区，该区域属于高拘束区，容易产生应力集中，此外，TP347H 为 18-8 奥氏体不锈钢，在 490℃的敏化温度区间（400~850℃）服役容易导致境界形成 $Cr_{23}C_6$，这些晶界面上形成的连续片状碳化物导致抗晶间腐蚀性能降低。同时在残余应力的作用下，加速了裂纹的产生。因此，初步推断裂纹产生原因为 TP347 在高温服役条件下产生了再热裂纹。

再热裂纹是指焊接完成后一般需要进行消除应力热处理，以改善焊接热影响区（HAZ）的微观组织和整个焊接接头的力学性能，以防止产生低应力脆性破坏冷裂纹以及应力腐蚀裂纹等缺陷。然而，对于某些含有沉淀强化元素的钢种，在焊后并未发现裂纹存在，而在消除应力处理过程中，反而可能会出现裂纹，这称为消除应力处理裂纹，简称 SR 裂纹。此外，有些钢种在消除应力处理过程中并不会马上产生裂纹，在 500~700℃ 条件下，经过一段时间服役后会产生裂纹。

3 再热裂纹形成的影响因素

再热裂纹主要形成于焊接热影响区的过热粗晶区内，并具有沿晶开裂的特征。再热裂纹形成的影响因素主要包括以下几个方面：

（1）焊缝成型：焊缝成型影响焊接接头应力集中的大小，直接关系到再热裂纹的形成，其主要缺陷包括焊缝与母材过度不圆滑、焊缝的余高、咬边、未熔合和未焊透等。咬边以及根部未焊透等缺陷都是应力集中源，均可能诱发产生再热裂纹。

（2）预热和后热

焊前预热有利于降低接头的残余应力，减少过热区的硬化，形成对裂纹不敏感的显微组织，同时还可减少扩散氢含量，进而降低产生裂纹的可能性。后热可以有效消除焊缝中的扩散氢，从而减少焊缝中残余的空穴，同时可使焊缝晶界中的有害杂质硫、磷等进一步弥散，减小因杂质偏聚而导致再热裂纹形成的概率。

（3）焊接线能量

一般认为，焊接线能量对再热裂纹的影响主要表现在两个方面。一方面，大的线能量有利于降低拘束应力，降低粗晶区的硬度，使晶内析出物增多，减弱焊后消除应力热处理时的析出强化强度，有利于减小再热裂纹形成的倾向。另一方面，大的焊接线能量使 HAZ 过热区的晶粒更加粗大，应考虑线能量对晶粒长大的敏感程度。所以焊接某些对晶粒长大敏感的钢种时，应选择较小的线能量，减小过热区的宽度，细化晶粒；反之，可适当选择较大的焊接线能量。对一些晶粒易长大的钢种来说，电渣焊和埋弧焊对再热裂纹的敏感性比手工电弧焊的大；但对于淬硬倾向较大的钢种，手工电弧焊反而比埋弧焊的裂纹倾向大。

（4）服役温度

TP347H 钢为 18-8 奥氏体不锈钢，钢中含有的 C、Cr 在一定条件下会形成复杂的不稳定间隙碳化物 $Cr_{23}C_6$，由于 $Cr_{23}C_6$ 与 Fe 的亲和力较强，因而容易形成 $Cr_{23}C_6$。当 TP347H 从高温以较快速率降到低温时，会形成过饱和固溶体。研究表明，在敏化处理温度（400~850℃）再加热时，碳化物是不稳定的，要沿晶界优先析出，当温度低于 650℃ 时，晶间的 C 的铬化物在晶界面上形成连续的片状，减弱其抗晶间腐蚀的能力；同时如果管道内存在应力等，将会加速碳的铬化物在晶界的析出，进一步减弱其抗晶间腐蚀能力。

（5）热影响区粗晶区的晶粒大小

焊接热影响区粗晶区的晶粒大小对再热裂纹的形成也有影响。当晶粒尺寸较大时，将降低接头的蠕变塑性，使焊接结构产生再热裂纹的倾向增大；而当晶粒较小时，晶界所占的面积就相对大，在其他条件均相同的情况下，晶界所能承受的蠕变变形量也相对大，形成再热裂纹的倾向就相应变小。

（6）热影响区的硬度

热影响区的硬度虽非评价再热裂纹敏感性的一种可靠方式，但它是焊接接头中预应变水平或位错网络回复程度的一个传统标识。热影响区的硬度越高，接头中预应变水平越高或位错网络回复程度越低，形成再热裂纹的倾向越大。

4 建议

通过对 2#制氢装置制氢原料气管道热电偶套管开裂原因分析后，为了避免类似情况的再次出现，提出以下建议。

4.1 取样分析

如果条件允许，可对裂纹部位取样开展进一步分析。分析项目主要包括：TP347 材质的力学性能检测：确定材质的各项力学性能是否达标；显微组织分析：开展金相检测，观察是否有沿晶碳化物的存在；硬度测定：测定裂纹部位和远离开裂区域的布氏硬度，参照 ASME A213 的要求，确定 TP347H 钢是否满足硬度≤HBW192；微观形貌观察：观察断裂处表面形貌是否为脆性断裂特征。

4.2 焊接操作

为降低 TP347H 产生再热裂纹的概率，主要建议如下：在焊接或焊后热处理阶段应充分预热，尽量减少约束；尽量避免未焊透、未熔合、咬边、焊接裂纹、气孔及夹渣等焊接缺陷；对 TP347 不进行焊后稳定化热处理，但是在焊接过程中采取措施严格控制线能量的输入。

4.3 提高热电偶保护套管的材质

选用具有抗腐蚀能力较强的材质，并严格检查保护套管的内外质量，检查保护套管的焊接质量，避免因焊接工艺选用不当，造成金属晶相组织改变，使焊接接头产生结晶裂纹，降低套管耐腐蚀的性能。

5 结语

以上是对某 2#制氢装置制氢原料气管道热电偶套管开裂原因进行的相关分析，希望可以帮助大家更好的学习，任何热电偶在投入使用时，总会发生一些意想不到的情况，我们要理论结合实际，针对发生的具体情况，提出相应的解决办法，有效控制和减少类似事故的发生。

参 考 文 献

[1] 丁宇奇，戴希明，刘巨保，等.制氢转化炉关键连接部位应力集中与开裂预防方法研究[J].化工机械，2017，44(3)：284-291.

[2] 潘超.制氢装置转化炉下猪尾管开裂失效分析[D].湖北：武汉工程大学，2018.

[3] 王强.制氢装置转化炉炉管短节开裂原因分析[J].石油化工设备，2016，45(增刊1)：48-52.

[4] 肖将楚，张麦仓，彭以超，等.Incoloy800H 合金管材服役过程的开裂机制[J].材料热处理学报，2015，36(4)：121-125.

[5] 任颂赞.炼油制氢装置换热器出口管线开裂原因分析 [J].石油化工技术，2014，30(4).

焦炭塔锥体裂纹原因浅析及处理

宋延达[1] 王雪峰[2]

(中国石化塔河炼化有限责任公司)

摘 要 某炼化企业在停工检修过程中，焦化单元焦炭塔锥体发生一处贯穿裂纹。本文通过宏观/微观形貌观察、材质化学成分检测、金相组织分析等方法，结合焦炭塔运行工况，分析裂纹原因。结果表明：锥体裂纹的形成与原施焊痕迹有关，在施焊痕迹的热影响区产生了再热裂纹。裂纹产生的内因是热影响区的局部晶粒劣化，内部产生了微小裂纹。外因则是应力的作用，在应力的不断作用下，该微小裂纹不断长大延伸，最终形成了长约16cm的贯穿裂纹。通过现场补焊对该裂纹进行了紧急修复，最后从规范焊接工艺和日常操作运行等方面提出了相应的防护措施。

关键词 焦炭塔；裂纹原因；再热裂纹；焊接规范

1 前言

2019年11月2日，某炼化企业对焦化单元焦炭塔T301C进行渗透检测(PT)时，在其下部锥体外部发现一处贯穿裂纹见图1、图2。从锥体外部观察，该裂纹位于裙座下第一道环焊缝下方约80cm，起源于原焊道(锥体外部遗留施焊痕迹)的热影响区，沿水平斜上30°方向扩展，裂纹外部长约16cm，宽约2mm；从锥体内部观察，裂纹浅且短，长约8cm，宽约1mm。

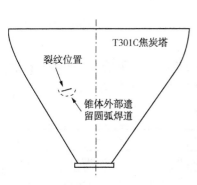

图1 锥体裂纹相对位置示意图
(锥体外部)

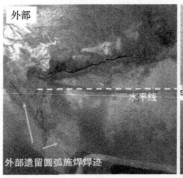
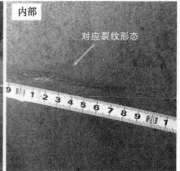

图2 锥体内外部的裂纹表面形态

2 设备运行概况

焦炭塔T301C是焦化反应的主要场所，也是焦化反应生成焦炭的暂时储存器。其设计内径为9m，设计压力为0.35MPa，操作压力为0.17MPa，设计温度505℃，最高工作温度505℃，介质为油气、焦炭，压力容器类别为一类。该塔下部锥体体积1958m³。主体材质采用SA387Gr11CL1+06Cr13复合钢板。上段材质为(封头盖算起)SA387Gr11CL1+06Cr13复合钢板，下段材质为SA387Gr11CL1钢，国内常对应材质是14Cr1MoR。板材交货状态为正火+

回火，回火温度 690℃±14℃，冷却方式为保温缓冷，冷速 50～150℃/h。锥体用板材 SA387Gr11CL1 供货态化学成分复验值和产品技术要求值见表 1，力学性能供货态复验值和技术要求值见表 2。由表 1、表 2 可见，材质各项性能均满足产品技术条件要求。

表 1　SA387Gr11CL1 钢板供货态化学成分技术要求和出厂复验值(成品分析)

	C	Cr	Mo	Ni	Mn	Si	P	S
技术要求值	0.04～0.13	0.94～1.56	0.40～0.70	≤0.20	0.35～0.73	0.44～0.86	≤0.010	≤0.010
出厂复验值	0.10	1.13	0.45	0.13	0.53	0.55	0.006	0.007

表 2　SA387Gr11CL1 钢板供货态力学性能技术要求值和出厂复验值

	抗拉强度 R_m/MPa	下屈服强度 R_{eL}/MPa	断后伸长率 A/%	断面收缩率 Z/%	−30 冲击功/J	高温屈服强度/MPa
技术要求值	415～585	≥240	≥22	≥45	≥54	—
出厂复验值	525	389	29.5	74.5	173～300	305

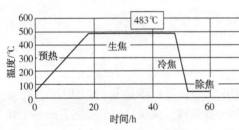

图 3　T301C 焦炭塔一个周期温度变化

该塔于 2010 年开始投用，期间对锥体环焊缝部位进行定期检验，发现内部环焊缝曾出现微小表面裂纹，均通过打磨予以消除。对锥体母材位置(包括该裂纹位置)未进行相关检验。该塔温度在常温至 500℃之间周期循环变化，一个生产周期约 60h，工艺过程主要包括：预热(18h)、生焦(30h)、冷焦(4.5h)、除焦(7.5h)。图 3 是该焦炭塔一个操作周期温度变化。

3　现场检验

3.1　材质成分分析

采用便携式光谱仪对裂纹附近材质进行了主要元素成分分析，结果见表 3。初步分析表明主要合金元素 Cr 含量较低，处于规定下限值附近，其他化学成分基本符合标准要求。

表 3　现场材质化学元素分析结果

	Cr	Mo	Ni	Mn	C	Si	P	S
出厂规定	0.94～1.56	0.40～0.70	≤0.20	0.35～0.73	0.04～0.13	0.44～0.86	≤0.010	≤0.010
现场测量	0.77～0.98	0.67～0.79	0.07～0.37	0.501～0.73	—	—		

3.2　硬度测量

采用里氏硬度计(HL)对外部裂纹附近及遗留焊迹进行硬度测试，经换算得到布氏硬度(HB)，测试结果如图 4 和表 4 所示。硬度检测发现裂纹左下方位置⑤硬度偏低(80～133HB)，位置⑩硬度最高为 216HB，其余部位硬度值为 180HB 左右，所有部位的硬度均低于规定的最高值 220HB。

3.3　现场金相

生产单位为了尽快恢复生产，采取挖补措施对裂纹进行修复及热处理。裂纹修补后，其附近材质组织会发生变化，根据现场实际情况，选取了锥体外表面离裂纹修补区较远的三处典型位置，依次进行了打磨、抛光、侵蚀(4%硝酸酒精)，最后采用便携式金相显微镜进行金相观察。现场金相取样位置示意见图5。三处位置的金相形貌分别见图6、图7。

表4　现场硬度测试结果

位置	硬度值/HB	位置	硬度值/HB	位置	硬度值/HB	位置	硬度值/HB
①	176	⑥	172	⑪	157	⑯	188
②	190	⑦	195	⑫	184	⑰	174
③	180	⑧	184	⑬	178	⑱	186
④	193	⑨	141	⑭	180	⑲	176
⑤	115/80/83/133	⑩	216	⑮	200	⑳	180

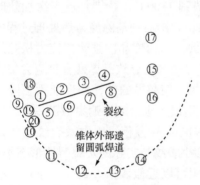
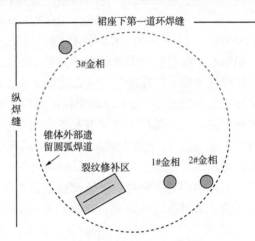

图4　锥体外表面硬度测量位置分布　　　　图5　锥体外表面现场金相取样部位示意图

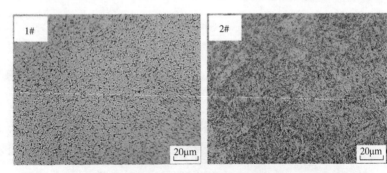

图6　部位1#和部位2#的现场金相形貌(放大500×)

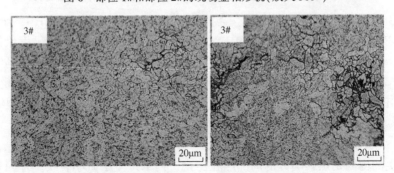

图7　部位3#的现场金相形貌(放大500×)

1#母材位置的组织主要为回火索氏体和少量铁素体。2#位置遗焊迹热影响区，组织为索氏体+铁素体，其中黑白条纹是索氏体，白色是铁素体。3#组织为裂纹侧遗漏焊迹的热影响区，组织为索氏体+铁素体，组织已发生劣化，异常粗大，推测为晶粒在高温下发生了再结晶。白色块状内部为析出的黑色碳化物，这些碳化物会使晶内得到强化。同时，3#组织发现了许多微裂纹。裂纹主要以沿晶裂纹为主，晶粒粗大处裂纹明显增多。

4 原因分析

4.1 裂纹源的萌生

从现场施工痕迹可以发现，锥体裂纹的形成与原施焊痕迹有关，在施焊痕迹的热影响区产生了再热裂纹。再热裂纹产生的判据经验公式见式(1)。

$$\Delta G = Cr + 3.3Mo + 8.1V - 2 > 0 \tag{1}$$

SA387Gr11CL1 材料的 $\Delta G = 0.615 > 0$，属于焊接再热裂纹倾向大的材料。

铬钼钢在焊接过程中焊缝附近的热影响区被加热到1200℃，特别是被多次加热时，该区域的晶粒变得粗大。在冷却时强碳化物来不及析出，在随后的消除应力热处理过程中，该区域又被加热，升温到690℃。碳化物在晶内弥散沉淀，从而使晶内强化，应力松弛的应变集中加载在晶界上。晶粒的异常粗大使承载应力的晶界锐减，导致晶界处容易应力集中，同时材料中 Sn、As、S、P 等杂质元素也会向晶界处聚集，使晶界的塑性变形能力下降。在晶内强度提高和晶界塑性变形能力降低的共同作用下，当残余应力的松弛集中于晶界，实际变形量超过晶界的塑变极限时，就导致裂纹的产生。这也是3#金相组织中微裂纹主要是沿晶裂纹的原因。值得注意的是3#区域金相发现的微观细小裂纹与实际的宏观裂纹形态类似(见图8)，这也证实了3#区域与原裂纹区域修复前的组织可以近似认为一致，即原宏观裂纹是类似的微小裂纹不断聚集长大的结果。

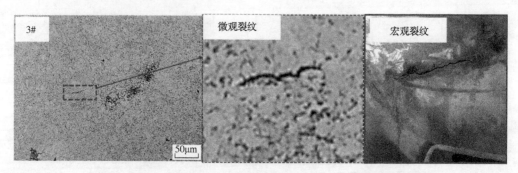

图8　部位3#的微观细小裂纹(金相放大200X)和实际宏观裂纹

对现场3处金相位置测硬度发现，金相1#区域硬度为176HB/181HB，金相2#硬度为168HB/175HB，金相3#区域硬度为149HB/146HB/137HB，3#热影响区硬度最低，3#位置由于晶粒粗大，同时强度韧性下降，在晶界最薄弱部位易出现沿晶微裂纹。现场实际裂纹产生位置与3#位置类似，均处于遗留焊迹的热影响区。该裂纹左下角硬度也处于最低值(115HB/80HB/83HB/133HB)，该位置晶界强度、韧性均较低，这也是实际裂纹起源于此的原因。

4.2 裂纹的扩展与失效

裂纹产生的内因是热影响区的局部晶粒劣化，内部产生了微小裂纹。外因是在应力的不断作用下，该微小裂纹不断长大延伸，最终形成了长约16cm的贯穿裂纹。应力可以从焊接残余应力和膨胀应力两个角度来考虑。

焊接残余应力的消除是通过焊后消应力热处理实现的,材料在被加热过程中,温度升高,晶粒发生回复再结晶,强度下降,当下降到残余应力以下时,材料内部产生松弛蠕变变形,抵消残余应力的作用,当材料的变形难以满足这种变形要求时,就会产生裂纹。由于低熔点化合物、偏析及粗晶区的存在,不能抵抗高温蠕变膨胀变形而产生裂纹失效。

焦炭塔的操作过程是周期性热胀冷缩的疲劳过程,其壁板对接焊缝及其他焊缝热影响区在快速的升温、降温过程中反复承受热交变应力作用,在升温过程中锥体产生膨胀拉应力来抵消一部分焊接过程中产生的压应力,当降温冷却收缩时产生收缩力来抵消部分焊接过程中产生的拉应力,从而使应力峰值降低,当膨胀力与焊接应力叠加后产生高峰值的拉应力,峰值大于材料的强度值时,原来维持不失效的平衡将被打破而产生裂纹,特别是在焊接及热影响区的气孔、夹渣等缺陷区域,现场渗透检测发现壁板不仅焊缝区域存在气孔夹渣等缺陷,甚至局部母材位置也发现气孔(见图9),这些区域应力集中会更明显。应力分布的状态很复杂,跟周围几何形状和是否有接管等拘束有关,特别是二次施工焊接时,新增的焊接应力使原先主拉应力方向发生改变,这也是裂纹斜向上30℃的原因。

表面微裂纹形成后,在生产过程中高温蠕变及热疲劳则加速了裂纹的延伸及长大,使裂纹不断在外表面斜向上及向内,最终导致失效。一方面高温蠕变应力作用下沿缺陷汇集处在外表面斜向上扩展,另一方面锥体上下温度梯度较大时,轴向应力大于环向应力,在轴向应力作用下,表面浅裂纹向内扩展并连接发展成深裂纹,最终形成穿透锥体的贯穿裂纹。此外,锥体若发生轻微鼓胀后,局部的曲率增加,内部的轴向温度梯度变大,焦炭与外壁的相互作用变强,同样会加速裂纹的扩展与失效。

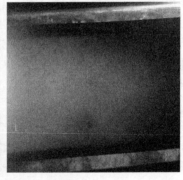

图9　局部母材位置气孔、夹渣

5　现场裂纹处理

(1)裂纹表面打磨处理,PT检测确定裂纹长度及宽度;在裂纹两端开设止裂孔(直径30mm,深度超过裂纹深度);

(2)采用机械加工方式,对裂纹内部进行缺陷清除,清除深度为壁板的一半(20mm);清除内部缺陷打磨金属光泽,进行表明渗透检测,Ⅰ级合格;

(3)对缺陷部位进行补焊,焊前预热温度160~200℃;焊条焊前烘干,烘干温度350~430℃,烘干时间2h;

(4)焊接过程层间温度≤250℃;焊后消氢温度350℃,恒温2h;若焊接过程中因故中断,焊缝坡口及两侧150mm范围内始终不低于预热温度,否则立即进行焊后消氢处理;

（5）内部补焊完成后，焊缝打磨与母材平齐，进行表面渗透检测，Ⅰ级合格；

（6）外部缺陷清除至内部补焊焊缝位置以下5mm，进行100%PT检测，Ⅰ级合格。重复上述（2）~（6）步骤；

（7）对补焊部位进行局部热处理，恒温温度690℃±14℃，恒温2h，400℃以上升温速度55~140℃，400℃以下降温速度55~180℃；

（8）热处理结束后，去除表面氧化皮等杂质，对缺陷部位进行100%RT，Ⅰ级合格。

6 结语及建议

（1）T301C锥体贯穿裂纹起源于外表面原遗留施焊痕迹的热影响区粗晶区，热影响区材质组织劣化、性能下降是裂纹产生的主要原因，材质组织劣化可能是由不当的焊接操作或热处理不当引起的，微裂纹产生后，在生产过程中高温蠕变及热疲劳加速了裂纹的延伸及长大。

（2）硬度检测发现：裂纹附近硬度分布不均，裂纹源左下方硬度偏低（80~130HB），其他部位硬度值180HB左右，符合相关要求。光谱仪初步检测主要合金元素 Cr：0.77%~0.98%（质量分数），Mo：0.67%~0.79%（质量分数），材质基本正常。

（3）现场金相分析表明：母材组织主要为回火索氏体，施焊痕迹右侧热影响组织为索氏体+铁素体，这两处为正常组织；原裂纹类似位置3#组织发生了劣化，组织为索氏体+铁素体，部分铁素体发生再结晶，异常粗大，导致性能下降。

（4）建议严格按照焊接规范施工：焊接过程中尽可能地降低焊接线能量，控制预热层间温度，焊后热处理；按规定温度进行焊前预热（160~250℃）和焊后热处理（690℃±14℃），并适当延长其保温时间，以降低残余应力；中途停焊和焊接结束后须立即进行消氢热处理（350℃×2h）。所有无损检测须在焊后24h后进行，确保焊接部位没有超标缺陷。

（5）建议严格控制操作条件，加强对切焦水质的管理，同时做好焦炭塔锥体的应变和温度监测工作。建议继续利用停炉清焦的临时停机时间对焦炭塔进行检验，观察运行环境对焦炭塔裂纹修复区的影响，对该塔的安全性能做进一步的评估。

参 考 文 献

[1] 杨超. 压力容器用铬钼合金钢SA387Gr.11.CL1组织与性能[J]. 石油化工设备，2014，43(6)：29-31.

[2] 张建华，张洪党，李攀峰，等. 焦炭塔用14Cr1MoR材料焊接工艺分析[J]. 石油化工建设，2009(3).

[3] 尤靖辉，陈国浩，钱金康. 压力容器再热裂纹产生原因及预防措施[J]. 石油和化工设备，2014(11)：52-53.

[4] 韩一纯. 2.25Cr1oM0.25V钢再热裂纹生成机理研究[D]. 安徽：中国科学技术大学，2015.

[5] 刘人怀，宁志华. 焦炭塔鼓胀与开裂变形机理及疲劳断裂寿命预测的研究进展[J]. 压力容器，2007(02)：4-11.

[6] 宁志华. 焦炭塔鼓胀变形与开裂几个问题的研究[D]. 广东：暨南大学，2010.

[7] 马颖，贾桂茹，许伟，等. 延长焦炭塔疲劳寿命的措施及设计技术的进步[J]. 石油化工设备技术，2007(02)：21+25-29.

作者简介：宋延达（1987—），工程师，学士，主要从事石化静设备管理工作。E-mail：songyd.thsh@sinopec.com。

钛纳米聚合物涂料在严酷工况环境下的应用

王 巍

（中国石油大庆石化公司）

摘 要 该文介绍了钛纳米聚合物涂料的特点与特性。对石油化工、电厂中的设备等在严酷工况下的腐蚀，采用一般的特种防腐措施还没有很好的解决的腐蚀问题。而采用钛纳米聚合物涂料对设备等进行防腐蚀应用，使用证明有效地解决了部分设备等腐蚀问题。在石油化工等设备上应用解决了酸性水罐应力腐蚀开裂、冷换设备管束、高温储油罐、加热炉的引风机壳体、氢烃罐内壁、埋地污水管道内壁、加热炉空气预热器热管的腐蚀问题；采用钛纳米涂层代替玻璃鳞片衬里解决了烟囱的湿烟气烟道内壁腐蚀问题。这些问题解决可以为防腐界提供很好的参考依据。

关键词 钛纳米涂料；石油；石化；热电厂；设备；严酷工况；腐蚀；钛纳米涂层；使用

1 钛纳米聚合物涂料的特点、特性与需求

1.1 特点

钛纳米涂料在工业界严酷工况环境下使用解决了金属、非金属的腐蚀，优于现有的特种防腐材料。其主要是钛纳米材料的分子结构决定的。钛纳米聚合物涂料就是将钛超细化达到纳米级，使其表面活性大大提高。同时将有机物双键打开，形成游离键，两者复合到一起产生化学吸附和化学键合，生成钛纳米聚合物，进而生产出钛纳米聚合物涂料。该涂料涂层有如下特点：①抗渗透性强；②抗腐蚀性高；③抗垢性好；④导热性好；⑤耐温性好；⑥耐磨性能好；⑦抗空蚀性能好；⑧耐水性好；⑨优异的抗焊缝腐蚀。

1.2 特性

耐土酸腐蚀，不沾污，高硬度，抗冲刷磨损，不浸润，抗渗透，不沾污，自清洁，导静电等。

所以说，钛纳米聚合物涂料可以很好地解决工业界严酷工况环境下的金属腐蚀问题，是一种很好的防腐涂料。

1.3 需求

针对工业界严酷工况环境下出现的设备腐蚀，采用现有的特种防护方法都没有很好地解决，造成一定数量的腐蚀损失。近几年来采用高耐蚀防腐涂料"钛纳米聚合物涂料"（简称钛纳米涂料）作防护涂层。解决了石油、石油化工、电厂等酸性水罐、氢烃罐、储油罐、球罐、加热炉的引风机设备的内部腐蚀，延长了设备的使用寿命。

2 油气管道内减阻涂料

2.1 概况

国内外资料表明，同等条件下，有内涂层比无内涂层管道可增加输气量 5%～30%，同时还可以减少动力消耗，减少清管次数，内涂层的投资回收期仅为 3 年。

减阻涂料的基本要求：黏结力、渗透性、耐磨性、耐压性、耐热性、化学稳定性和耐腐蚀性及光泽度等。

2.2 目前状况

（1）在用涂料：目前我国使用的减阻涂料为环氧树脂涂料。有以下几个特点：①附着力极好；②优异的耐磨性和耐腐蚀性；③能够承受压力的变化。

（2）存在问题：目前常见的富气型、防腐型减阻耐磨涂料采用的还是环氧体系的涂层还存在一定的问题，如用的液态环氧树脂的分子链相对短，使得涂层的脆性增加，柔韧性降低，尚需要进行改进，具体表现为。

富气型：管道压力变化或临时泄压会造成的涂层脱落，涂层起气泡；减阻涂料的耐磨性还不能满足要求。

防腐型：目前运行中的管道发现局部区域存在管内积液和腐蚀沟槽的现象，对运行中的管线安全造成腐蚀隐患。

所以研发高耐磨型减阻涂料和油气混输型减阻涂料是市场急需的新品种。

2.3 减阻涂层主要性能要求

（1）涂层光滑度高：摩擦系数小，提高输送效率（粗糙度≤10μm）；

（2）良好的防腐蚀性能：抵抗管道内壁腐蚀；

（3）耐磨性强和硬度高：抗冲刷和磨损；

（4）附着性和耐弯曲性强：避免管道在储运、弯管敷设的过程中出现裂纹；

（5）优异的耐压性：承受气体压力的反复变化；

（6）无溶剂：固体含量大于95%。

2.4 钛纳米内减阻防腐阻垢涂层特点

（1）抗渗透性强、抗腐蚀性高：钛纳米聚合物和树脂形成了化学键合和化学吸附，堵塞了填料与树脂间的渗透通道，形成了非常致密的纳米涂层。可以有效阻止水、氧及其他腐蚀介质的取代作用，使其不易发生腐蚀反应，提高了防止化学腐蚀破坏的能力。

（2）抗垢性好：钛纳米聚合物涂层由于微小纳米粒子的填充作用表面光洁度很高，近壁流层薄不利于结垢。涂层具有特殊的磁性，能对污垢粒子整形使其排列整齐，不形成垢分子交错穿插的硬垢。

（3）耐温性好：钛纳米涂层，当温度达到树脂玻璃转化温度时，树脂链接运动由于受钛纳米粒子的化学键合束缚作用，其自由体积空穴不能增大，仍有良好抗渗透性，使腐蚀因子不易透过。可以长期耐250℃以下使用。

（4）耐水性好：钛纳米涂料中的羟基、醚基及氨基等亲水基，与钛纳米发生化学键合或化学吸附，其极性大幅度下将，钛纳米涂层具有疏水性，这样涂层的耐水性大大提高。

3 在石油化工设备上应用

3.1 钛纳米涂料在酸性水罐的应用

3.1.1 设备腐蚀

炼油厂酸性水罐的含硫污水。前期罐内采用环氧性防腐涂层，破坏性很大，使用不到3个月涂层鼓包、涂层变硬、破损。对金属腐蚀的主要部位是靠近焊缝附近出现穿透性裂纹，有的酸性水罐使用不到两年报废。

3.1.2 腐蚀原因分析

酸性水罐主要介质为原料水中 H_2S，还含有 CO_2、CN^-、酚和油等多种介质，pH 值在 $10±0.5$，原料水的温度 $65\sim70℃$。在这样的环境下对碳钢表面焊口及金属母材弯曲处出现应力腐蚀开裂现象。

3.1.3 涂层表面的损坏

酸性水对一般的常温固化的环氧、呋喃、酚醛类的涂层主要破坏是因为酚类小分子易穿透涂层，使有机涂层的分子结构发生溶胀、断裂。另外，在 $65\sim70℃$ 污水中协同作用下，使防腐涂层损坏加速。

3.1.4 材料选择与效果

采用钛纳米涂料对内壁进行防腐。使用 6 年防腐涂层整体性完好，涂层表面有光泽，无起皮、起泡、龟裂、脱落等现象。解决了该罐的应力腐蚀的问题。这问题的解决为石化系统酸性水罐的腐蚀提供了很好的借鉴。

3.2 钛纳米涂层解决了冷换设备管束的腐蚀

石油化工自 70 年代以来，针对冷换设备的腐蚀，在不同的腐蚀环境中，采用不同的防护方法，取得了一些明显的效果和经济效益。但是，冷却器与冷凝器管束外壁油气侧的腐蚀问题到目前没有得到根治。

由于冷却器管束的腐蚀与结垢，多数管束提前报废更新(一般使用寿命 3 年左右)。为了解决冷却器管束外壁腐蚀问题，曾采用 7910 涂料等防腐层，防腐效果均不理想。

3.2.1 碳钢管束腐蚀

在使用中如果换热器管束没有进行防腐，管束存在比较严重的腐蚀与结垢，具体见图 1、图 2。

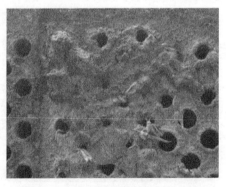

图 1　水冷器管板表面腐蚀结水垢　　　图 2　汽油水冷器管束油气侧的腐蚀

3.2.2 碳钢管束采用其他防腐涂层使用对比

(1) 7910 涂料防腐：管束内外壁采用 7910(环氧氨基涂料)涂料防腐，但是管外壁同样腐蚀严重，具体见图 3、图 4。

(2) 漆酚涂料的使用情况：试用了 3 台，全部用在水冷器上(循环水侧)，通过 1 年的使用，漆膜已经失效，具体见图 5、图 6。

从图可以看出钛纳米涂层很好而漆酚涂层不到 1 年便失去作用。

(3) Ni-P 化学镀：换热器管束整体化学镀，形成镍磷镀层，可起到机械隔离腐蚀介质作用。一般要求厚度在 $60μm$ 以上，很难达到这样的厚度。所以出现 Ni-P 镀管束的产品使用寿命很短的现象，具体见图 7、图 8。

图 3　防腐涂层使用 3 年情况　　　　　图 4　防腐涂层使用 3 年情况

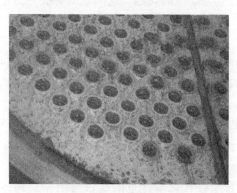 

图 5　漆酚涂料管束　　　　　　　　图 6　钛纳米涂层管束

图 7　管束"Ni-P"镀层　　　　　　　　图 8　局部腐蚀

　　结论：就目前我国在用的换热器管束防腐用料还没有很好的解决油气的腐蚀问题，防结垢的优点还没有显现出来。

3.2.3　钛纳米涂层管束使用及效果

　　（1）使用部位：采用来纳米涂料对适合使用钛纳米防腐涂层的上百台换热设备，防腐面积为 40000m²，管束内外表面防腐涂层厚度在 200～220μm。

　　（2）使用效果：在不同装置不同部位安装了 100 多台管束。对安装在一套常减压、重油一催化的三台钛纳米管束进行抽管检查。证明通过使用延长了管束使用寿命及提高了换热效率。

例如炼油厂常减压的 2 台初顶冷凝器，管束规格为 φ1100×6000，使用 8 年经过 3 次大检修，2007 年只抽出一台。同一台管束不同年限检查，具体见图 9~图 12。

图 9　管束(没清扫)管板使用 3 年

图 10　管束(没清扫)外壁使用 3 年

图 11　(没清扫)管束外壁使用 8 年

图 12　(没清扫)管束管板使用 8 年

从图可以看出，设备打开时没有进行清扫的原始状态。可以看出涂层表面没有结锈垢。

钛纳米防腐涂层解决了油气对碳钢管束的腐蚀。钛纳米管束的应用提高了换热器管束的使用寿命及换热效率。

3.3　储油罐的腐蚀与防护

3.3.1　储油罐腐蚀

储油罐是储运的主要设备之一，对其内壁防腐不好，经过一段时间后金属表面遭到严重腐蚀，使储罐的使用寿命大大缩短。由于金属腐蚀产生了大量的锈蚀产物，污染了油品。这种现象在储存油品的油罐较为普遍。

按行业标准一般要求涂装一次使用 6 年，一般往往达不到设计寿命要求，而采用钛纳米涂层可以使用 10 年以上。

3.3.2　防腐后使用情况

汽油罐中间产品采用钛纳米涂层进行防腐，涂层厚度 220μm 以上。使用 10 年后开罐检查，涂层表面有光泽，无起皮、起泡、龟裂、脱落等现象，见图 13、图 14。防腐涂层表面光泽性与目前在用的防腐材料相比是最好的一种。

是解决石脑油、渣油罐(≥75℃)理想的防腐涂层，一般防腐层耐温效果不好。

特点：涂层表面耐磨、硬度高、韧性好。罐内温度>80℃使用时特点特别突出。

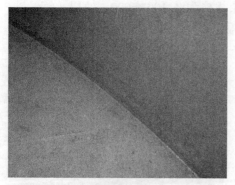
图 13　罐底与罐壁涂层

图 14　罐底涂层

3.4　加热炉空气预热器热管的腐蚀与防护

3.4.1　使用情况

加热炉烟气中含有大量的 SO_2 等气体对热管表面腐蚀、结垢比较厉害，较严重的是烟气露点部位，使用不到一年热管表面的翅片有的已经腐蚀掉。同时热管表面结有大量的结垢物，见图 15、图 16。

图 15　预热器烟气出口换热管结垢

图 16　预热器烟气出口换热管腐蚀

3.4.2　腐蚀结垢原因

热管材质均为 ND 钢，烟气中含有 N_2、O_2、H_2S、HCl、CO_2。结垢物 pH 值 1~2（属强酸物质）及易溶于水的特点，对碳钢的金属表面容易发生露点腐蚀。

凝结在低温受热面上的硫酸液体，还会与气态硫和黏附烟气中灰尘形成不易清除的糊状垢物，增加了热阻，使热管表面温度更低，进一步促使冷凝液的形成，如此循环，垢物越积越多，便构成了电化学的垢下腐蚀。

3.4.3　使用效果

热管使用钛纳米涂层 6 年多，防腐涂层表面有光泽，无起皮、起泡、龟裂、脱落等现象，见图 17、图 18。从图可以看出没有涂层的热管结有垢层，翅片几乎让结垢层堵死，热管的换热效果有较大的下降。

3.5　烟气引机壳体内壁腐蚀与防护

3.5.1　概况

引风机入口是来自烟道出口的烟气，温度为 130℃左右。对引风机壳体及叶轮腐蚀比较厉害。使用不到半年壳体便出现点蚀和大面积减薄，不到一年壳体便报废。见图 19、图 20。

图 17　热管没清洗前状况　　　　　　　　图 18　热管清洗后状况

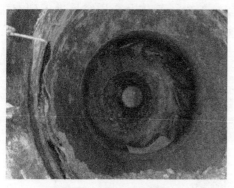

图 19　引风机壳体腐蚀　　　　　　　　图 20　引风机壳体腐蚀穿孔

3.5.2　使用效果

采用钛纳米涂料防护，使用 2 年以后检查，防腐涂层整体性完好，涂层表面有光泽，无起皮、起泡、龟裂、脱落等现象。防腐涂层表面没有任何锈蚀产物附着在表面。

3.6　在轻烃储罐上的应用

3.6.1　设备腐蚀情况

来自生产装置的末凝气（$C_1 \sim C_5$）含有 HCl、H_2S 和水。会造成轻烃罐内壁产生严重腐蚀，腐蚀率达到 $0.5 \sim 1mm/a$。原采用 $300\mu m$ 热喷铝防腐涂层不到 2 年已经腐蚀没有，表面存在产生大量的灰白色铝的锈蚀物。

3.6.2　腐蚀原因分析

虽然在进入这两个罐前进行了脱硫，但是石油气中含硫量在 $0.118\% \sim 2.5\%$，易产生低温 $HCl-H_2S-H_2O$ 的腐蚀。

3.6.3　使用效果

采用钛纳米涂层使用 5 年以后开罐检查，防腐涂层整体性完好，涂层表面有光泽，无起皮、起泡、龟裂、脱落等现象，见图 21、图 22。

另外，该项技术在液态烃球罐内壁进行防腐，解决了球罐内壁湿硫化氢应力腐蚀开裂问题，现已有 10 多座球罐应用该项技术。目前该项技术是综合效益最好的一项技术。

3.7　埋地污水管道的腐蚀与防护

工业污水中的酚类小分子易穿透常温固化的环氧、呋喃、酚醛类的涂层，使有机涂层的分子结构发生溶胀、断裂。

2004年开始使用到2010年使用6年情况,表面涂层情况。

图21 轻烃罐外观 图22 使用6年情况

这就是说，在含有腐蚀介质的水溶液中，较小的分子气体及介质容易进入到有机涂层中，使表面涂层变软、发生鼓泡、涂层硬化、破损失去作用，一般使用 2 年左右会出现问题。

3.7.1 防腐材料选择

埋地金属管道内壁防腐与其他设备防腐相比有其自身的特殊性，就是工程完成后没有可维修性。所以管道内壁防腐必须一次性做好。

管道内壁采用钛纳米涂装体系，对 5km、ϕ820mm 东排污水管道内外壁进行了防腐施工，施工面积 13000m^2，见图 23、图 24。

图23 管道内壁防腐 图24 成品

3.7.2 效果

通过 15 年多使用效果很好，没有发现管线泄漏。

4 在电厂烟气脱硫系统的应用

4.1 在湿烟气烟道中应用

某氯碱工业脱硫塔采用的是氨法脱硫，脱硫后的烟气通过烟道后经过烟囱排入大气。通过氨法脱硫后的烟气湿度较大，平均可以达到 15% 左右。这样的湿烟气对一般的烟道特种防腐涂层破坏力较大，如乙烯基树脂玻璃鳞片涂料、环氧呋喃涂料等使用 1 年便失去作用，见图 49、图 50。烟道内的腐蚀物的结晶体（$(NH_3)_2SO_4$）已经渗入到外壁，影响到墙体的强度。

采用了钛纳米涂料对内壁进行了防腐蚀施工，施工面积约 800m^2，防腐涂层厚度为

300μm，解决了湿烟道的腐蚀问题，见图 25、图 26。通过施工使用寿命可以达到 5 年以上。

图 25　玻化砖及防腐层破损　　　　　图 26　乙烯基树脂玻璃鳞片涂料

图 27　施工现场　　　　　　　　　图 28　施工后效果

5　结语

5.1　管道减阻涂层

钛纳米涂层可以作为油气长输管道的减阻涂层，与现有减阻材料相比具有很好的优势。

5.2　酸性水罐

在酸性水罐上使用，解决了该罐的应力腐蚀问题。这个问题的解决在石化系统中属于领先水平。

5.3　换热器管束

钛纳米管束在炼油装置的油气冷却器上应用，经过 10 年多的使用取得了良好的效果和明显的经济效益。通过使用钛纳米管束有以下几点看法：

（1）钛纳米管束耐蚀性好，抗锈垢性能好。

（2）导热性好，它具有吸热和导热双重功能，其导热系数在金属范围。钛纳米管束比不防腐的管束、7910 涂层管束传热效果好，热效率高，是一种节能的换热管束。

（3）钛纳米管束维护检修方便，减轻了检修工人的劳动强度及检修费用。

（4）解决了 7910（环氧氨基涂料）防腐管束外壁不耐油汽腐蚀的问题。

（5）钛纳米管束的防腐涂层的施工为常温固化，解决了我国管束防腐涂层需高温固化的施工工艺，降低了施工成本。

5.4　储油罐

在储油罐上使用钛纳米聚合物涂料，表面光泽性与我国目前在用的防腐材料相比是最好的一种。特别是解决了渣油罐介质温度高(75℃)，一般防腐层耐温效果不好的问题。使用寿命更长。

5.5 加热炉热管

加热炉空气预热器热管的腐蚀与防护，防腐涂层在烟气中，解决了金属表面腐蚀常规特种防腐涂料耐腐蚀不耐温度和耐温不耐腐蚀的难题。为加热炉烟器预热器的热管防腐蚀找到了一种新方法。

5.6 烟气引风机

在装置引风机壳体上使用，解决了烟气及烟气的露点腐蚀。较好地体现了该涂料不但耐腐蚀，同时可以在温度较高的环境下使用的特点。

5.7 轻烃压力容器

在氢烃罐上使用，较好地解决了在含有 H_2S、HCl 等多种介质的油气中，60℃左右温度下及有一定压力下的腐蚀。为轻烃罐的防腐蚀找到了一种新方法。

5.8 埋地污水管道

埋地污水管道的腐蚀与防护，抗渗透性强、抗腐蚀性高；抗垢性好、耐温性好、耐水性好、耐磨性能好、抗空蚀性能好。

5.9 锅炉烟道

钛纳米涂层对脱硫后的湿烟气烟道防腐可以代替玻化砖及乙烯基玻璃鳞片涂料防腐涂层，提高涂层使用寿命，降低费用。

所以说，钛纳米聚合物涂料在石油化工等设备上使用，可以很好地解决设备腐蚀问题。特别是有些腐蚀问题是目前石化系统不太好解决的问题，该材料可以很好地解决。近二十年的应用证明，该涂料在炼油设备的防腐蚀方面会发挥更大的作用。

参 考 文 献

[1] 薛俊峰. 材料耐蚀性和适用性手册-钛纳米聚合物制备和应用[M]. 知识产权出版社, 2001, 06: 429.

[2] 王巍. 浅谈炼油厂硫磺回收装置酸性水罐的腐蚀与防护[J]. 石油化工设备技术, 2005, 01: 59-61+7.

[3] 王巍. 节能防腐钛纳米聚合物涂料的应用预涂装[J]. 电镀与涂饰, 2009, 11: 54-58.

[4] 王巍. 钛纳米聚合物涂料在储油罐上的应用[J]. 全面腐蚀控制, 2005, 04: 12-14+18.

[5] 王巍, 炼油厂重整装置加热炉空气预热器热管的腐蚀与防护 [M]. 石油化工设备维护检修技术, 2011.

[6] 王巍. 钛纳米聚合物涂料在引风机壳体内壁防腐蚀中应用[J]. 材料保护, 2006, 10: 71-73+5.

[7] 王巍. 钛纳米聚合物防腐涂料在炼油厂轻烃储罐上的应用[J]. 涂料指南, 2005, 02: 30-34.

[8] 王巍, 王智勇. 埋地污水管道的腐蚀与防护[J]. 石油化工设计, 2008, 01: 58-61+16.

[9] 胡佩芳. 锅炉烟气除尘脱硫系统存在的问题与探讨[J]. 铁道劳动安全卫生与环保, 2002, 29 (3): -133.

[10] 卯凌峰, 刘坐镇, 耐高温耐腐蚀酚醛环氧乙烯基酯树脂[J]. 玻璃钢/复合材料, 2012(2): 64-66.

[11] 袁立新. 自干型耐高温防腐涂料的研制[J]. 涂料工业, 2001, 31(10): 14-16.

[12] 王巍, 张驰, 戴海雄. 石墨烯改性钛纳米高合金涂料在烟气脱硫系统的试验与应用[J]. 涂层与防护, 2018, 04: 11-22.

作者简介: 王巍(1955—)，毕业于黑龙江省化工学校，化工机械专业，现工作于中国石油大庆石化公司炼油厂，中国防腐蚀大师，高级工程师。主要从事金属腐蚀与防护研究、防腐蚀设计、设备防腐蚀管理等工作。联系电话: 13845953087, E-mail: wangwei1955@163.com。

高耐候低表面处理金属漆在润滑油储罐防腐蚀应用

王 巍

（中国石油大庆石化公司）

摘 要 对于金属的储罐腐蚀，采用涂料涂层对金属表面防腐蚀是主要方法之一。采用涂料涂装，由于涂料本身要求金属表面处理达到 Sa2.5 级。这样的要求新建的项目可以达到要求。但是大量的二次需要维修的储罐等金属表面很难达到这样的要求。另外，采用机械、人工机械现场表面处理施工不符合环保及防火要求。

本文介绍了一种渗透性的"高耐候低表面处理金属漆"，通过十几年在化工大气的设备、钢结构，特别是石油化工润滑油储罐内外壁使用证明，该漆防腐效果好，使用寿命长。降低了金属表面处理的级别，消除了安全隐患、空气污染。缩短了施工期，施工成本成倍的减少。

"高耐候低表面处理金属漆"已经颠覆了目前常规防腐蚀涂料需要金属表面处理 St3 及 Sa2.5 级的规则，是一个涂料涂装金属表面处理的革命。

关键词 常规涂料；涂装；问题；高性能体系涂料；低表面处理；使用寿命

1 概况

石油化工企业的储油罐是油品储运系统不可缺少的主要设备之一，如果对罐体不防腐，经过一段时间使用后金属表面遭到腐蚀，严重时会腐蚀穿孔。使储罐的使用寿命大为缩短，给企业造成不必要的损失，严重影响了安全生产。

1.1 储油罐外壁腐蚀

金属在大气自然环境条件下的腐蚀称为大气腐蚀。暴露在大气中的金属表面数量很大，所引起的金属损失也很大的。如石油化工厂约有 70% 的金属构件是在大气条件下工作的。大气腐蚀使许多金属结构遭到严重破坏。常见的储油罐外壁、钢结构、钢制平台表等材料均遭到严重的腐蚀。

1.2 储油罐内壁腐蚀

当罐中储存的为润滑油时，虽然润滑油对金属表面不腐蚀或腐蚀很小。但是由于罐中不同部位受使用条件的影响，还是存在对金属表面的腐蚀。当受到罐中金属腐蚀产物的污染时影响产品的质量。这种现象在储存油品的油罐较为普遍。

2 腐蚀原因分析

2.1 储油罐外壁腐蚀

大气环境下的钢结构受阳光、风沙、雨雪、霜露及一年四季的温度和湿度变化作用，其中大气中的氧和水分是造成户外钢铁结构腐蚀的重要因素，易引起电化学腐蚀。

工业气体含有 SO_2、CO_2、NO_2、Cl_2、H_2S 等，这些成分虽然含量很小，但对钢铁的腐蚀危害都是不可忽视的，其中 SO_2 影响最大，Cl_2 可使金属表面钝化膜遭到破坏。这些气体溶于水中呈酸性，形成酸雨，腐蚀金属设施。

大气中含有水蒸气，当水蒸气含量较大或温度降低时，就会在金属表面冷凝而形成一层水膜，特别是在金属表面的低凹处或有固体颗粒积存处更容易形成水膜。这种水膜由于溶解了空气中的气体及其他杂质，故可起到电解液的作用，使金属容易发生化学腐蚀。

因工业大气成分比较复杂，环境温度、湿度有差异，设备及金属结构腐蚀不一样的。在有害杂质的复合作用，使外壁表面腐蚀很厉害。涂刷在金属表面的涂料，如：酚醛漆、醇酸漆等由于风吹日晒，使用一年左右，涂层表面发生粉化、龟裂、脱落，失去作用。而脂肪族丙烯酸聚氨酯也只能使用5年左右。

2.2 内壁腐蚀原因

在实际使用过程中油罐各部位的腐蚀情况是不一样的，具体情况如下：

2.2.1 底板的腐蚀

底板的腐蚀为孔蚀和均匀减薄。一般易发生在底板凹陷的地方，产生机械塑性变形部位和施工中造成伤痕部位，易产生孔蚀和应力腐蚀开裂。这类腐蚀主要是：

(1) 底板存水：在水中受溶解氧、氢离子浓度、氯化物浓度、温度的影响。

(2) 操作因素：如罐底存在沉积物堆积、油泥、铁锈、灰砂等，易造成垢下腐蚀。搅拌状态，由于介质的进出和搅拌造成氧的浓度偏差。

2.2.2 罐壁的腐蚀

罐壁的腐蚀不像底板与顶板那样重，但腐蚀不应忽视，情况如下：

(1) 温度的影响：当罐壁和油品温度下降，油内溶解的水分析出而附在罐壁时，水和水中氧一起与金属发生腐蚀反应。多数为均匀腐蚀，但也同时存在点蚀。

(2) 油与空气交替接触的罐壁：①罐壁，在液面附近容易引起腐蚀，主要是水和储存油品中溶解氧浓度分布不同造成的。由于油罐的倒罐次数较为频繁，液面升降次数较多，这样罐不断交替地暴露在油和空气中，干湿条件不断循环，使得罐壁腐蚀愈加严重。②罐顶，储存油品的罐都存在罐顶腐蚀。腐蚀是随着昼夜气温的变化。罐每天进行一次呼吸(小呼吸)。当温度下降到油气和水汽露点以下时，油和水的液滴就冷凝在罐顶和油面以上的罐壁上。在水汽及大气中的有害杂质作用下，构成了电化学腐蚀条件。

所以说，罐顶内壁暴露在气相部位，一旦锈蚀层形成，在空气气体干湿交替的变化下，金属壁面将会加速腐蚀。

3 腐蚀原因分析

当金属表面存在水分时，因存在锈蚀层，冷凝水与金属有很强的亲和力，基本不存在亲水角，或者说亲水角很小。一有水分就在金属表面扩散开来。便构成了电化学的腐蚀条件。水对金属表面的腐蚀主要为电化学腐蚀，在腐蚀电池中阴极反应主要是氧的还原，阳极反应则是铁的溶解。碳钢在水中发生的腐蚀反应为：

阳极反应： $$2Fe = 2Fe^{+2} + 4e^-$$

阴极反应： $$O_2 + 2H_2O + 4e^- = 4OH^-$$

总反应： $$2Fe + 2H_2O + O_2 = 2Fe(OH)_2 \downarrow$$

在腐蚀时，铁生成氢氧化铁从溶液中沉淀出来。因这种亚铁化合物在含氧的水中是不稳定的，它将进一步氧生成氢氧化铁。

$$2Fe(OH)_2 + 2H_2O + 1/2 O_2 = 2Fe(OH)_3 \downarrow$$

之后，氢氧化铁脱水，生成铁锈。

$$2Fe(OH)_3 \longrightarrow FeOOH \downarrow + H_2O$$

整个反应主要依靠氧的去极化作用,因为在薄的液膜条件下氧的扩散比全浸状态下更容易,金属表面钝化层遭到破坏,产生了金属锈蚀层。金属在垢下腐蚀由于本身电化学腐蚀存在自催化作用,将加速金属的腐蚀。一旦腐蚀层形成,锈垢层就起了水和氧的储槽作用。所以在空间气体干湿交替的变化下,金属壁面加速腐蚀。

所以说,这是罐内壁的腐蚀一般规律。当罐内储存不同的油品,在不同的温度下,所产生的腐蚀情况是不一样的。

4 内外壁防腐材料筛选

4.1 外壁常规防腐涂料

目前储油罐金属表面防腐蚀采用的是常规的防腐蚀涂料。如底漆环氧富锌,面漆丙烯酸聚氨酯漆等。由于防腐蚀材料本身要求金属表面处理,即金属表面防腐施工前对被防腐的金属表面的表面必须严格进行处理,做到钢结构表面没有锈蚀,油污、颜色达到银灰色并且有一定的粗糙度。对钢材表面要求进行喷砂除锈处理,按 GB 8923《涂装前钢材表面锈蚀等级和除锈等表面》中钢材表面达到 Sa2.5 级。这样的涂装的底面处理占整个防腐工程费用比例比较大。

因传统的涂装防腐,由于在施工过程中防腐施工技术不过关,经常造成钢结构过早的腐蚀或破坏。有较大部分使用 3~5 年左右防腐涂层失去作用。

4.2 外壁防腐涂料筛选

从目前我国对于现场涂装的特别是二次涂装的金属表面,金属表面的锈蚀产物等现场处理较难,达不到涂料要求的金属表面级别要求。采用常规的防腐涂装体系达不到质量要求。如果现场采用低表面处理进行涂装,采用什么样的防腐涂料能满足现场要求及使用寿命要求,这是我们防腐蚀工程师希望采用的。

4.2.1 传统金属除锈存在问题

传统除锈防腐工艺:抛丸除锈;喷砂除锈;人工打磨除锈。

(1)投资大:抛丸和喷砂除锈都需要事先购买除锈设备投资大;成本高;设备维护高。

(2)影响环境及环境卫生:在使用抛丸和喷砂除锈的同时会产生大量的灰尘,严重污染环境;影响施工人员的身体健康;灰尘对环境也存在着很大的污染。

(3)人工机械打磨:需要工人手动来完成除锈的工艺,而且这些施工基本都是在室外,对施工人员的劳动强度大大的加大了。

(4)施工时间长:现场金属表面处理的工作量占整个防腐蚀施工工作量的 60%~70%。

4.2.2 高耐候低表面处理金属漆介绍

通过对防腐蚀涂料筛选,认为一种"高耐候低表面处理金属漆(简称金属漆)"能满足现场低表面处理的要求,同时是防腐蚀高耐候的涂料,该材料为底面合一的,颜色分为银白色或银灰色,具体情况如下:

(1)金属漆的原理:原理是它与带锈钢材表面有突出的结合力。金属漆发挥了新型聚合物的特殊功能,它具有极大的渗透性,能透入钢材表面还存锈粒的小孔,直到生锈部位的根源,开始修复物体,在修复过程中,聚合物内的分子吸收周围水分在固化的过程中产生膨胀,从而堵塞了小孔,使封锈漆与生锈物质结合在一起与周围介质隔绝,起到封闭作用。

(2)金锈漆的主要施工特点:①对钢结构除锈要求等级低,只要把金属表面浮锈去掉,直接在带锈钢铁表面涂刷；②省工省时，施工工艺简单；③可根据现场施工环境的温度、湿度对产品进行调整。以达到最好的施工效果。

4.3 润滑油内壁防腐涂料

当我们选用常规的耐油品的内壁防腐蚀涂料时，涂料涂装目前只能要求金属表面处理必须达到 GB 8923 中 Sa2.5 级，否则达不到涂料涂装的要求。另外，这一金属的表面处理方法投资大，工程质量不容易控制，不符合环境保护的要求。

当选用金属漆作为内壁防腐蚀涂料时，金属表面处理就简单多了，只要把金属表面浮灰、浮锈、油脂去掉即可。

5 主要工程业绩

金属漆通过十几年应用，已有二十几万平方米使用在设备及钢结构外表面，通过使用效果很好。

5.1 典型业绩介绍

该产品通过十几年的实际应用及不断地改进，成功地在城市的桥梁钢结构等级工业大气的钢结构及设备内外表面使用，提高了设备的使用寿命。与目前常规的涂料涂装相比降低了投资成本。特别是在石油化工的润滑油储罐的内外壁应用获得了很好的效果。具体如下：

5.1.1 润滑油储罐外壁

大庆引航石油化工有限公司 2009 年 1 月投入使用（涂装 3 道封锈漆，防腐涂层 120μm），到目前为止经过近 12 年的使用，效果很好。表面涂层没有老化、粉化、起皮、鼓泡，仍然有原有的漆膜光泽。具体见图 1~图 4。划痕检查漆膜不脆、表现出有一定韧性见图 4。

图 1　施工前罐体

图 2　施工后效果

图 3　使用 12 年后的效果

图 4　划痕检查

5.1.2 润滑油贮罐内壁上的应用

大庆引航润滑油储油罐由于储罐常年不能都满负荷储油，长时期没有在油里浸泡的部分也会产生锈蚀，从而影响油品质量。金属漆能很好地解决这类难题，保证储油罐在不装满或不使用时产生锈蚀。确保油品储存过程中的纯净度。具体见图5、图6。2005年施工，已经使用12年，效果很好。

图5　防腐涂装前

图6　涂装后

5.1.3 天津领航石油化工有限公司

2017年共施工润滑油罐100~4000m³合计45座，施工面积2万多 m²，涂装2道漆，涂层厚度为60μm 左右，具体见图7~图12。

图7　涂装前

图8　涂装完

图9　涂装前

图10　涂装过程中

图 11　使用 3 年情况图 12　使用 3 年情况

　　薄涂 2 道使用 3 年后，见图片 11、图 12。罐体涂层使用很好，护栏使用的是丙烯酸聚氨酯涂料，但是丙烯酸聚氨酯失效。

5.1.4　江苏长江石油化工有限公司

　　2018 年管廊底部作业空间狭小，无法进行打磨、喷砂除锈，超耐候金属漆可直接涂在锈蚀表面，形成一层非常坚韧的涂层，把粉化的漆膜和锈蚀层牢牢地封闭住。具体见图 13~图 16。有效解决潮气在各种环境条件下对涂层造成腐蚀引患的难题。

图 13　太仓成品油库输油引桥施工前图 14　太仓成品油库输油引桥施工后

图 15　储罐施工过程中图 16　储罐施工结束

6　金属防腐体系涂装方案和效益分析

6.1　涂装方案对比

　　无论是产品性能、还是防腐综合经济效益，高性能防腐体系和传统常规防腐体系相比，都具有无法比拟的优势，下面以户外一般大气环境下钢结构的防腐涂装为例，将两者相比较，其中传统常规体系以聚氨酯配套为例，高性能体系底面合一带锈涂料为例。两类涂料性能比较具体见表1；涂装配套体系见表2；两种方案的防腐施工费用对比见表3；两种方案性价比见表4；两种方案使用条件见表5。

表1　两类涂料性能比较

项目涂料	机械性能	耐化学、工业大气	耐湿热性	耐盐雾性	耐候性	保光保色性	固体含量	市场价/(元/kg)
环氧铁红	优	好	优	优	—	—	中	20~25
环氧富锌底漆	优	好	优	优	—	—	高	25~30
环氧云铁防锈漆	优	好	优	优	—	—	高	18~25
聚氨酯面漆	优	优	优	优	优	优	中	35~45
冷镀锌	优	优	优	优	优	优	高	65~75
高耐候金属漆	优	优	优	优	优	优	中	80~90

表2　涂装配套体系

涂装方案	体系	类别	涂料品种	涂装道数	干膜厚度/μm	理论用量/(g/m²)	防腐年限	维修间隔
方案1	常规体系	底漆	环氧铁红防锈底漆	刷或喷两道	100	250	5	5
		底漆	环氧富锌底漆	刷或喷一道	50	200	6	6
		中涂漆	环氧云铁中涂漆	喷涂一道	100	220		
		面漆	聚氨酯面漆	刷或喷两道	50	250		
方案2	高性能体系	面漆	冷镀锌	刷或喷两道	120	400	10	10
方案3	高性能体系	底漆	超耐候金属漆	刷或喷一道	50	160	10~15	10
		面漆	超耐候金属漆	刷喷涂一道	50	160		
		面漆	超耐候金属漆	刷或喷一道	50	160		

表3　两种方案的防腐施工费用对比

涂装方案	除锈级别	除锈费用[a]/(元/m²)	涂料费[b]/(元/m²)	人工[c]/(元/m²)	合计[d]/(元/m²)
方案1（铁红）	Sa2.5	30	(20×0.25+18×0.22+35×0.250)×1.5=26.55	3×5=15	71.55
方案1（富锌）	Sa2.5	30	(30×0.20+18×0.22+35×0.250)×1.5=28.05	3×5=15	76.05
方案2	Sa2.5	30	(70×0.4)×1.5=42	3×2=6	78
方案3	St0	5	(90×0.14+90×0.14+90×0.14)×1.1=41.58	3×3=9	55.58

[a] 考虑到环氧富锌底漆除锈要求比环氧铁红底漆高，除锈费用也高于铁红漆。

[b] 实际用漆量应考虑一定损耗，所以乘以系数1.5（常规体系）、1.2（高性能体系）。

[c] 考虑到施工遍数，所以方案1人工费高于方案2。

[d] 施工费用也许还包括其他费用，在此处暂不考虑。

表 4 两种方案性价比

涂装方案	防腐年限/年	造价/(元/m²)	每年投资费用/(元/m²)	投资费用对比/(倍数)
方案 1(铁红)	5	71.55	14.31	3.09
方案 1(富锌)	6	76.05	12.66	2.73
方案 2	10	78	7.80	1.68
方案 3	12	55.58	4.63	1.00

表 5 两种方案使用条件

涂装方案	防腐年限/年	使用条件	金属表面处理要求
方案 1(铁红)	5	常温	St3 级
方案 1(富锌)	6	常温	Sa2.5 级
方案 2	10	小于 300℃	手工处理

以上数据可以看出，选用不同品种的防腐涂料进行配套，对金属防腐蚀寿命及经济效益的影响是十分突出的。另外，可以减少维修费用。

6.2 讨论

(1) 常规防腐体系：按照现在的传统认知，涂层寿命受 3 方面因素制约：表面处理，占 60%；涂装施工，占 25%；涂料本身质量，占 15%。金属表面达不到这要求，涂层的使用寿命不会是长效的。

但是对于二次维修的钢结构等金属表面处理达到要求是较难的，是一个难以解决的问题。

所以说，按照常规的防腐蚀技术的方法，金属表面处理阻碍了涂料涂层的使用寿命。

正因为如此，采用长效防腐新技术尤为重要。如果钢结构能够在 15~50 年免维护的话，会给企业将节省大量的维护经费，并大大提高钢结构的安全性与使用寿命。

(2) 高性能体系

通过十几年对金属漆的使用，施工面积已经达到二十几万平方米以上有以下特点：

① 比目前的转化型、稳定型低表面处理涂料性能优越，克服了转化型低表面处理涂料对金属腐蚀的风险和不能单独使用缺点；比稳定型低表面处理涂料(30μm)提高了金属锈蚀的厚度(60μm)。

② 解决了现场难以采用机械、人工机械金属表面的难题。降低了金属表面处理的级别，对金属表面的湿度有一定的容忍程度，可以带湿施工。

③ 防腐蚀涂层耐温性好，最高可以耐 300℃ 以下的温度，可以解决工业界高温管道金属表面的防腐蚀问题。

④ 防腐蚀涂层耐老化好、不失光、耐腐蚀性好。在大气中特别是工业大气中耐酸碱盐有优秀的表现。可以与其他涂料面漆配套使用，也可以做底漆也可做面漆，做到"底面合一"。

⑤ 防腐涂层具有一定的低温柔度，可以在低温高于 −15℃ 下施工，特别是适合东北地区防腐施工。

⑥ 防腐效果可以达到喷砂处理价高性能涂料的效果。

⑦ 解决了石油化工防火防爆的现场要求，采用封锈漆不须喷砂和除锈，可直接涂刷罐

体，高效快捷。

⑧ 封锈漆具有反射阻绝双重隔热保温功能。比常规防腐蚀涂料涂层具有较好的隔热效果，降低了生产成本。

⑨ 防腐蚀涂层使用寿命长与常规的防腐蚀涂料使用寿命相同时，一次性投资可以降低50%以上。

⑩ 采用低表面金属处理，可以解决部分油品的内部腐蚀问题，特别是储罐内壁湿表面空间的电化学腐蚀问题。

总之，通过对金属漆在润滑油储罐等防腐蚀应用证明，防腐蚀涂层防腐效果好，使用寿命长。与相同环境下采用常规防腐涂料涂层需要机械喷砂、人工机械除锈相比效果更好。降低了金属表面处理安全隐患、空气污染。特别是施工成本成倍的减少。做到了采用先进的材料技术把可以避免腐蚀损失进一步降低了。

参 考 文 献

[1] 王巍. EPH 型高耐候外防腐专用涂料的应用[J]. 石油化工设备技术，1998，3：55-58.

[2] 王巍，杨勇. 金属表面除锈不足及弥补方法[J]. 石油化工腐蚀与防护，1998，1.

[3] 潘文杰. 封锈漆—维修用新型防腐蚀涂料[J]. 腐蚀与防护，2005，27(2).

作者简介：王巍(1955—)，毕业于黑龙江省化工学校，化工机械专业，现工作于中国石油大庆石化公司炼油厂，中国防腐蚀大师，高级工程师。主要从事金属腐蚀与防护研究、防腐蚀设计、设备防腐蚀管理等工作。联系电话：13845953087，E-mail：wangwei1955@163.com。

湿式螺旋气柜的腐蚀与防护

赵 磊[1] 王书磊[2]

(1. 中国石化扬子石油化工有限公司贮运厂;2. 中国石化扬子石油化工有限公司设备部)

摘 要 本文分析了火炬气回收装置 3 万 m³ 湿式螺旋导轨式气柜的腐蚀原因,提出了气柜防腐蚀措施,包括涂料防腐、牺牲阳极保护、水质处理等综合腐蚀治理措施。经过后期观察,证明具有明显的防腐蚀效果。

关键词 气柜;腐蚀;防护

1 概述

某石化贮运厂火炬气回收装置的主要存储设备为一台 30000 m³ 螺旋导轨式气柜,主要结构见图 1,由中节、水槽、钟罩组成,结构材质采用 Q-235 钢,于 1998 年 6 月投用。气柜上一次全面防腐为 2001 年,至 2017 年气柜开罐大修已有 16 年之久。因回收的火炬气来自烯烃、芳烃、炼油、塑料等装置,含有的 S 和 H_2S 超标,水槽水质恶化,发黑、发臭,具有腐蚀性。气柜的水槽内壁、中节内外壁原防腐油漆层出现大面积脱落(2017 年打开气柜后发现水槽底板防腐层局部有鼓泡),导轨表面呈脱壳状腐蚀。

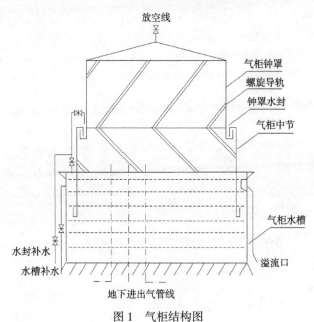

图 1 气柜结构图

2 气柜腐蚀情况检查

2.1 漆膜表面损坏情况

气柜原漆膜采用的环氧厚浆面漆,抗干湿交替和防紫外线老化性能不够理想,使用不到

5 年，表面漆层开始褪色，外壁大面积出现变软起皱；沿导轨两侧的漆层由于与金属表面黏结力不够，水和大气沿漆层边缘渗透，造成漆层鼓包起皮；干湿交替最多的水线部位，出现大面积漆层脱落，水槽底板漆膜也出现斑点式鼓包。

2.2 金属表面腐蚀情况

漆膜在金属表面损坏后，使露出金属表面的部位发生不同程度的腐蚀，具体表现为：中节的外壁呈现局部溃疡状腐蚀，发现多处有腐蚀斑点和凹坑，特别是在水槽附近干湿交替处，腐蚀深度在 1mm 左右；导轨及其两侧显现严重的均匀腐蚀，表面出现较厚（$\delta = 8mm$）的脱落松脆锈层，去除锈层，经测算其腐蚀深度在 3~4mm；开罐后发现，在中节内部仅局部面漆脱落，未发生深度腐蚀；水槽底板发现了许多斑点和溃疡状腐蚀，腐蚀深度在 1mm 左右。

3 腐蚀原因分析

从气柜腐蚀情况分析，中节处钢板腐蚀较重，钟罩顶部钢板腐蚀较轻，说明气相和气液交替处腐蚀情况不同。上游装置排放的火炬气中含有硫化氢，再加上其他化学气体、水中微生物等共同作用，使得气柜各部位产生了不同程度和不同性质的腐蚀。

3.1 中节、水槽内壁及导轨腐蚀分析

由于火炬气中的 H_2S 等腐蚀性气体和上游装置来的杂质不断进入水槽和水封内的水中，使水成为一种腐蚀性较强的电解质溶液。经常出没于水槽水中的中节壁板表面，始终处于干湿交替的工作环境，当水分渗入漆膜与基体之间界面时，上面就覆盖着一层薄薄的液膜（H_2S-O_2-H_2O），形成 H_2S-O_2-H_2O 腐蚀体系。具体机理为：

硫化氢在水中电离：

$$H_2S \longrightarrow H^+ + HS^-, \quad HS^- \longrightarrow H^+ + S^{2-}$$

阳极反应：

$$Fe \longrightarrow Fe^{2+} + 2e^-;$$
$$Fe^{2+} + S^{2-} \longrightarrow FeS;$$
$$Fe^{2+} + HS^- \longrightarrow FeS + H^+ + e^-$$

阴极反应：

$$2H^+ + 2e \longrightarrow 2H + H_2 \uparrow$$

再与空气中的氧反应：

$$FeS + O \longrightarrow FeO + SO_2 \uparrow$$
$$2FeO + O \longrightarrow Fe_2O_3$$

这样最终腐蚀产物为 Fe_2O_3、Fe_3O_4 等，这些腐蚀主要出现在中节、水槽内壁及导轨等。

3.2 水槽底板及中节下水封的腐蚀

由于水槽溢流口在水槽上方，水槽底部的水长期得不到更换，30~40℃的死水在缺氧的情况下，厌气性细菌硫酸盐还原菌就会繁殖起来，它把硫化物还原成 H_2S，增加了 H_2S 在水中的含量，进一步加速金属腐蚀。

3.2.1 水样分析

2016 年 10 月 16 日，取水槽水样分析，结果见表 1。

表1 水槽水样分析

组 分	浓 度	组 分	浓 度
钙硬度(以 $CaCO_3$ 计)	83.00mg/L	电导率	343.00μS/cm
镁硬度(以 $CaCO_3$ 计)	42.00mg/L	浊度	35.00mg/L
Cl^-	38.64mg/L	硫化物(以 H_2S 计)	40.00mg/L
HCO_3^-(以 $CaCO_3$ 计)	239.00mg/L		

3.2.2 Cl⁻对腐蚀的影响

在气柜水槽底板及中节下水封，表面涂层由于长时间浸泡，在针孔或施工缺陷等部位出现局部鼓包、脱落。Cl^- 具有直径小、穿透性强等特点，优先有选择地吸附在涂层缺陷部位，与金属结合成可溶性氯化物，在气柜水槽底板及中节下水封表面形成点蚀核，逐步发展长大，形成孔蚀源。孔蚀处的金属与孔外金属形成大阴极小阳极的微电池，阳极腐蚀电流加大，发生电化学反应，阳极溶解金属产生大量的金属正离子，由于污泥、锈层及点蚀坑造成的闭塞作用，在蚀坑口形成 Cl^- 闭塞原电池，使阴阳离子移动受到限制，造成点蚀坑内阳离子多于阴离子，导致 Cl^- 向坑内移动浓缩酸化，进一步加速腐蚀，使蚀坑逐步加深、扩大。

3.2.3 电导率对腐蚀的影响

根据腐蚀电化学原理，某一腐蚀体系的腐蚀电流等于该体系阴、阳极反应的平衡电位差除以总电阻，即由如下公式计算腐蚀电流：

腐蚀电流=(阴极反应平衡电位−阳极反应平衡电位)/(溶液电阻+阴极极化电阻+阳极电阻)

从该公式可以看出，罐底板沉积水的电导率越大，即沉积水溶液的电阻越小，则该体系的腐蚀电流越大，由此表明罐底板沉积水的高电导率会加剧气柜水槽底板及中节下水封的腐蚀。

3.3 钟罩顶部外壁的腐蚀

由于水槽中挥发出大量 H_2S 气体、水蒸气，加上空气中的氧气，同样形成严重的大面积腐蚀。

4 腐蚀控制措施

由于以上腐蚀因素与环境条件，采取了综合腐蚀控制措施，即进行水质处理，优化涂料防腐工艺，对腐蚀特别严重的水槽底板、侧壁干湿交替部位、导气管外壁等增加了牺牲阳极阴极保护措施。

4.1 水质处理

4.1.1 pH 调节及杀菌

先测试气柜水样的 pH，若水样的 pH 小于 7，则用碱液调节，使水样 pH 大于 7 后，再进行杀菌处理，投加杀菌剂，加入量为 100mg/L。

4.1.2 硫化物处理

根据水中硫化物确定加药量，每 $1×10^{-6}$ 的硫化物投加 $2.5×10^{-6}$ 除硫剂。水中的硫化物去除率大于 90%。投加方法：根据水量计算好投加量一次性加入，2d 后，水质由黑变清，测试清液的硫化物含量。

4.1.3 碳钢的缓蚀处理

在水槽水中定期投加缓蚀剂。加入量为 100mg/L，系统中的碳钢的缓蚀率大于 90%。

4.2 涂料防腐选择

气柜建成时进行了全面喷砂防腐，当时使用的防腐蚀材料为：中节内外壁为环氧厚浆漆，水槽外壁为聚氨酯，但是实际运行发现这两种防腐涂材料存在着在阳光照射和干湿交替的条件下容易老化的致命弱点，导致了气柜外壁涂层变色、起层、脱落。

根据兄弟单位使用经验，我们决定在 2017 年大修中选用环氧富锌漆作为底漆，因为该种涂料含有大量的超细金属锌微粒，这种颗粒彼此相连，金属锌又和金属材紧密接触，若有电解质存在时，就产生许多微电池，可起到保护母材的作用，要求漆膜厚度在 $300 \sim 450 \mu m$；环氧富锌漆具有较好的抗老化性、抗渗透性、耐紫外线和耐酸碱性优良等，是提高涂层寿命的理想材料。

4.3 牺牲阳极阴极保护阳极块

在水槽中腐蚀较重部位和因结构、焊接、安装及各种动负荷形成的应力腐蚀区实施有效的阴极保护，经开罐后实测分析，确定对气柜底板、水槽下侧壁、水槽水线区域以及进出气管线周边焊上共 148 支镁牺牲阳极块（分布见表 2），起到牺牲阳极的电化学保护作用，与防腐涂层保护相结合，实施有效保护。阴极保护电位设定在 $-850 \sim -1500mV$，有效期为 6 年，每块阳极的焊点及所连钢条支架在焊接后 ZF101 环氧胶泥涂刷。

 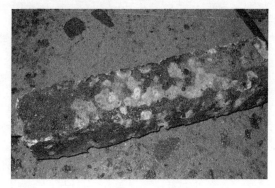

图 2 气柜内部使用环氧富锌底漆   图 3   消耗严重的阳极块

表 2   气柜阴极保护阳极块安装情况

安装部位	规　　格	安装数量
气柜底板	10kg/支 500mm×250mm×100mm	60 支
水槽侧壁	4kg/支 350mm×150mm×75mm	72 支
进出气管	4kg/支 350mm×150mm×75mm	16 支

5 实施效果

2017 年火炬气装置开车运行 1 年后，对气柜检修效果进行检查，气柜防腐涂层光整平滑，漆膜附着良好无破损，水槽水质良好，测试阳极保护块的保护电位，电位值为 $-860 \sim -1298mV$，效果相当明显（设定电位值为 $-850 \sim -1500mV$）。

6 结语

综上所述，钟罩外壁、水槽内壁及导轨腐蚀主要是 $H_2S-O_2-H_2O$ 体系腐蚀引起的；水槽底板及中节下水封的腐蚀主要是 H_2S、大气、细菌腐蚀、水质中 Cl^- 及电导率等因素综合作用引起的。实践经验表明，湿式气柜采取的防腐蚀措施是联合防护，包括涂料防腐+牺牲阳极阴极保护+水质处理等措施，防腐效果明显，使用寿命可达 5~8 年，综合效益好。

参 考 文 献

[1] 丁丕洽. 化工腐蚀与防护[M]. 北京：化学工业出版社，1990.
[2] 化学工业部化工机械研究院. 腐蚀与防护手册[M]. 北京：化学工业出版社，1990.

作者简介：赵磊(1989—)，工程师，毕业于常州大学，油气储运专业。现工作于中国石化扬子石油化工公司贮运厂，从事油气储运设备设施管理工作。

石化管道冲蚀失效与应对措施研究进展

李　睿　王振波　孙治谦　刘志博　武晓波

(中国石油大学(华东))

摘　要　为了满足油气输送的需要,越来越多的管道系统被建立起来。在油气输送过程中,往往夹带着许多固体颗粒,使管道壁面受到冲蚀磨损,导致泄漏事故的发生。随着我国石油化工行业的发展规模越来越大,由冲蚀所带来的问题也日趋严重。本文介绍几种重要的塑性和刚性冲蚀机理,对于试验研究和数值计算两种方法在冲蚀研究当中的运用进行了总结归纳,并阐述了抗冲蚀结构的研究进展。对研究油气输送管道中的冲蚀问题、预测结构中易冲蚀部位以及新型抗冲蚀结构的提出有着一定的参考价值。

关键词　冲蚀;试验;数值模拟;防磨结构;综述

1　研究背景及研究意义

石油化工行业是我国的重要经济支柱,随着石化行业的发展,油田的开发越来越多,但随之而来的安全问题也被广泛关注。2000 年至 2013 年,全球发生了 51 起油气管道事故,给社会带来了重大的人员伤亡和经济损失。2013 年 11 月 22 日上午,山东省青岛经济技术开发区的输油管道原油泄漏并发生爆炸,致使 62 人死亡、136 人受伤,经济损失高达 7.5 亿元。

由于多数油气的开采环境比较复杂,将与少量的砂砾、粉尘等固体颗粒一同运输。管道作为油气输送的重要装置,在含砂介质的长期冲蚀作用下,会存在较高的泄漏失效风险,对人身安全和企业利益带来严重的影响和损失。

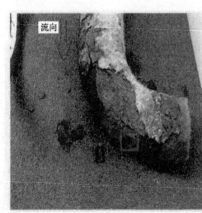

图 1　弯管冲蚀穿孔

根据我国的天然气集输管线失效事故的统计显示,由冲蚀破坏引起的管道失效案例占总失效案例的25%。文斌等通过对四川省天然气管道事故的统计研究,指出事故原因如表1所示,可以看出,腐蚀与冲蚀是引起管道失效的重要因素。

表1 1969—2003年四川地区油气管道失效统计

破坏原因	所占比例/%	破坏原因	所占比例/%
腐蚀与冲蚀	39.5	材料缺陷	10.9
施工缺陷	22.7	地表移动	5.6
外部影响	15.8	其他	5.5

2 冲蚀问题的研究方法

从二十世纪四十年代以来，对于冲蚀问题的研究一直没有中断过，在早期的研究中，主要是运用试验研究的方法，通过总结试验规律，分析试验结果，来对冲蚀现象进行预测和分析。随着计算机技术越来越先进，除了试验研究的方法，数值模拟的方法也逐渐地成为冲蚀问题研究的主流。

2.1 试验研究方法

多相流冲蚀问题的试验研究，主要围绕着流体速度、颗粒速度、颗粒直径、颗粒数量等参数对于各类部件冲蚀速率影响规律展开。国内外的研究学者设计了一系列的冲蚀试验设备，如圆盘式冲蚀试验装置、高速喷射式冲蚀试验装置和管流式冲蚀试验装置等，利用这些试验装置，针对不同工况下各类部件的冲蚀问题，开展了广泛的试验研究。

Tulsa大学的腐蚀与冲蚀研究中心(E/CRC)于1994年通过对碳钢和铝材进行冲蚀试验研究，提出了一种被后续冲蚀研究人员广泛应用的磨损速率预测方程，该模型被称为"Tulsa"模型。

Mclaury通过冲击角度为垂直以及倾斜的颗粒对平面挡板的冲蚀试验，扩大了针对AISI 1018钢的冲蚀磨损预测模型的适用范围，并对铝板的冲蚀磨损速率进行了预测，其中包括了颗粒的形状、颗粒冲击速度和角度、靶材的布氏硬度等影响参数。

Bryan Poulaon研究了颗粒冲击速度、冲击角度、靶材的布氏硬度以及冲蚀时间等因素对于管道冲蚀的影响规律，受试验条件限制，对于各种实际工况下的影响冲蚀速率因素的研究相对较少。

Chong Y. Wong等运用管流式冲蚀试验装置研究了冲击角度对砂粒冲蚀圆柱体影响规律，得出了0°~90°之间不同冲蚀角度下的冲蚀速率。经过CFD计算后，修正了颗粒的冲击角度，峰值数据与实际试验得出的数据之间的误差仅为1%。

屈文涛等使用自建的高速喷射式试验装置，结合失重法对液固两相流中20Cr的抗冲蚀性能开展了试验研究。试验结果显示，当含砂量在25%以下时，颗粒的行为主要是冲击靶材表面，靶材受到的冲蚀磨损比较严重；当含砂量大于25%时，颗粒之间的相互作用加强，对材料表面的冲击减弱，冲蚀磨损逐渐降低。

鲁剑啸首先运用数值分析的方法，模拟了输油管道中90°弯头的冲蚀情况，并指出介质流速、固体颗粒的质量流量、粒径、管径、弯径比均会对冲蚀速率产生影响。并提出介质的流速和颗粒的质量流量对于弯管的冲蚀磨损有较为显著的影响。

曹学文等运用冲蚀试验环道，对于水平弯管中的气液固多相流含砂介质的冲蚀现象开展了研究。研究结果显示，弯管出口外侧的中下部所受到的磨损最为严重，并指出颗粒的直径和数量均会对冲蚀速率产生影响，且粒径的影响更为显著。随着粒径的增大，冲蚀速率先减小后增大，冲蚀所造成的凹坑深度则会越来越大。

王虹富利用水流携砂喷射试验装置来模拟现场工况，对常用于管道的钢材 35CrMo 钢的抗冲蚀特性进行了试验研究。研究结果显示，35CrMo 钢的冲蚀磨损程度与颗粒冲击速度和粒径成正比，冲击角度为 30°时磨损程度最大。并指出，低冲击角度时，颗粒的切削作用对冲蚀起着主导作用；高冲击角度时，颗粒对靶材的冲击变形作用对冲蚀起着主导作用。

综上，自 19 世纪 50 年代至今，国内外的科研工作者对于冲蚀问题开展了广泛的试验研究，经过试验验证，总结出针对不同工况下对不同过流部件的冲蚀机理及规律，具有较高的可信度和实用性。在试验当中，冲蚀测量手段主要包括多层漆指示技术、超声波测厚技术和失重法，但这些方法均存在一定的测量误差，具有明显的局限性，并且冲蚀试验的试验周期一般较长，需要较高的时间成本和经济成本。

2.2 数值计算的方法

目前计算机技术已经十分先进，数值模拟方法的可靠性得到显著提升，并且便于获得精确地冲蚀分布轮廓和冲蚀速率。对于颗粒质量流量较小的情况下，CFD-DPM 方法可以在保证计算精度前提下，提升计算效率，缩短研究周期，被普遍应用于冲蚀问题的研究当中。

运用 CFD 方法来研究冲蚀问题的方法主要包括以下两种。第一种方法是分别计算流体相和颗粒相，将流体看作连续介质，在欧拉坐标系下进行研究，将固体颗粒看作离散相，在拉格朗日坐标系下计算，结合壁面碰撞模型和冲蚀模型来分析颗粒的运动轨迹，但无法考虑颗粒之间的相互碰撞，这种方法适用于颗粒流量较小的情况。第二种方法是将颗粒固相也看作连续相，与流体相均在欧拉坐标系下进行研究，这种方法可以考虑到颗粒致之间的相互作用，提升计算结果的精确性，但需要占用较大的计算资源，适用于颗粒流量较大的情况。

国外对于数计算方法的应用起步较早，在 20 世纪 90 年代，Nesie S 等人就对冲蚀问题进行了数值计算分析，得到了液固两相流冲蚀管道的流动分布，并据此提出了通过改变流体力学参数来减弱冲蚀的方法，若流体介质具有腐蚀性，将大大增加材料的磨损速率。

Dubey 等人将流体介质运用 CFD 方法进行建模，建立了固体颗粒之间及固体颗粒与流体和壁面之间交互作用的 DEM 离散元模型，经过数值计算模拟后，将计算结果与试验结果进行比较后得出，这种 CFD-DEM 的联合预测模型能较好地运用于冲蚀问题的研究。

Mazadak Parsia 等人采用数值计算的方法，研究了两相流弯管中，携砂气流对于管壁的冲蚀问题，通过调整气相速度、颗粒的直径、颗粒的速度以及颗粒的入射角度等参数，研究壁面材料磨损速率的变化。

HuakunWang 等基于数值计算的方法，研究高压条件下液固两相流管道中颗粒的冲蚀问题。结合前人的研究，同时考虑拉伸载荷的作用，分析高压弯管的冲蚀机理，提出了一种新的冲蚀模型。同时，提出了一种考虑冲蚀过程中材料表面疤痕演变对冲蚀速率影响的数值计算方法。

赵新学、金有海等人运用基于 CFD 的壁面磨损预测模型，结合雷诺平均应力模型和离散相模型，对气固两相流旋风分离器中的壁面冲蚀情况进行了数值计算研究。计算结果显示，旋风分离器中主要以局部磨损为主，并指出了容易发生冲蚀的区域。同时，针对不同的结构参数和操作参数，分析了冲蚀磨损情况的变化规律。

金浩哲等人结合 $k-\varepsilon$ 模型和随机轨道模型，对液固两相流冲洗油管道中的冲蚀磨损特性进行了研究，修正了前人的冲蚀磨损模型。经过数值计算，预测出一般工况下管道中的压力、速度、颗粒轨迹和冲蚀速率的分布情况。指出该类管道上典型部件的易冲蚀部位以及曲率半径对冲蚀的影响规律。

李介普运用 RSM 模型和 DPM 模型相结合的方法，对三通管、盲三通管、异径管等特殊管件在液固两相流条件下的冲蚀情况进行研究。指出，垂直支管为入口的三通管与水平支管的相比，冲蚀更加严重；盲三通长径比为 1 时，冲蚀风险最小；异径管的冲蚀速率随变径角度的增大呈先变大后减小的趋势。

彭文山等采用 CFD-DPM 方法结合冲蚀模型和壁面碰撞恢复方程，分析了液固两相流环境中不同管道参数对冲蚀的影响规律。指出管径和弯径比对冲蚀的影响最大，弯管角度的影响最小；并指出弯管参数的改变会使冲蚀最严重的区域发生移动。

2.3 管道抗冲蚀结构研究进展

为降低冲蚀所带来的损失，减少管道泄漏事故的发生频率，相关学者对于如何提升相关结构的抗冲蚀性能做了大量研究，将经过验证的成熟理论应用到工程实际问题当中，取得了许多重要的成果。

在研究早期，壁面材料、防磨涂层和表面改性等方法被广泛采用，但这些方法具有较高的研究成本和制造难度。相对来说，通过结构改进来减轻弯管受到的冲蚀具有更低的成本且便于安装操作。

增加弯管的曲率半径或管径，使流体运动方向变化更加平滑，可以减小颗粒对壁面的冲击角，从而减轻冲蚀，但这种方法增加了管道的几何尺寸，不利于用节省空间。

相关研究指出，用盲三通来代替弯管可以明显减轻管道受到的冲蚀，这主要是因为在盲段区域产生了一个涡旋，对来流颗粒起到了缓冲作用，从而减轻了冲蚀。基于此原理，DUARTE 等在弯管的易冲蚀部位设置了涡流室，通过数值计算发现，该结构使最大冲蚀速率降低了 93%。

在壁面上设置肋条或凹槽是一种重要的防磨方法，通过这种结构改进，可以在近壁面处形成一层保护流场，从而减轻冲蚀。林建忠等人提出一种在靶材表面设置纵向凹槽来减轻冲蚀的方法，他们采用改进过的 k-ε 湍流模型和流固耦合模型，对这种新方法进行了数值计算，结果表明：当凹槽之间的宽度与凹槽宽度相同时，可以明显提升靶材的抗冲蚀性能。Song 等人在固液两相流水平弯管中设置防磨肋条，采用 k-ε 湍流模型和单向耦合方法进行数值计算，计算结果显示，肋板使靶材表面形成滚动流场，颗粒对于靶材表面的冲击频率降低，从而提升抗冲蚀性能。

部分研究人员通过仿生学的角度来获得启发，分析生物体的结构和功能，并将其移植到结构设计当中。吉林大学的张俊秋从仿生学的角度出发，通过对沙漠蝎子背部的耐冲蚀功能进行生物耦合研究，分析出沙漠蝎子所具有的抗冲蚀因素，并提出了凹坑形、凹槽形、圆环形三种抗冲蚀结构，设计了正交冲蚀试验，探讨了粒径、颗粒冲击角度、压力等因素对冲蚀速率的影响。试验结果表明这几种抗冲蚀结构均具有较好的表现，其中圆环形表面的耐冲蚀性能最好。

除了新型的结构设计，还可以调整原有设备的结构参数，通过改变原有流场的分布规律和颗粒的运动轨迹，来减小冲蚀磨损。偶国富等用 Fluent 软件，对煤液化多相流管道的冲蚀磨损分布情况进行了预测，指出管道直径、弯管曲率半径、颗粒形状和粒径对冲蚀的影响最为明显，并提出了一种结构优化方案，在壁面大范围改动的情况下，将某一管道系统的管道走向、曲率半径、管道直径等结构参数进行调整，使最大冲蚀磨损速率降低了 1/2。

3 结语

对于试验研究工作，主要是通过搭建各类冲蚀试验台，还原冲蚀过程的实际工况，最后分析材料壁厚的减薄情况。圆盘式冲蚀试验台、高速喷射式冲蚀试验台和管流式冲蚀试验台的应用比较广泛，其中管流式试验台与实际冲蚀工况最为接近，是将来冲蚀试验研究的趋势。

数值计算方法被广泛应用于冲蚀研究当中。通过利用各种 CFD 软件预测易冲蚀部位，对预防或者减弱冲蚀问题起着重要的指导作用。目前主要的模拟方法是将固体颗粒采用离散相模型，流体介质采用各种湍流模型，并考虑流固耦合作用，这种方法的模拟结果可信度较高。

结构改进方法被普遍应用于抗冲蚀研究当中，方法主要有直接结构改进、仿生学研究、结构参数改进等方法。国内外学者提出了各种抗冲蚀结构的模型，但能应用于实际工程问题当中的并不多，需要进一步研究。

参 考 文 献

[1] 宋光雄, 张晓庆, 常彦衍, 等. 压力设备腐蚀失效案例统计分析[J]. 材料工程, 2004, (02): 6-9.

[2] 魏沁汝, 李杉, 周永淳, 等. 输油管道泄漏事故多米诺效应分析[J]. 石油工业技术监督, 2014, 30 (09): 54-59.

[3] 邹才能, 赵群, 张国生, 等. 能源革命: 从化石能源到新能源[J]. 天然气工业, 2016, 36(01): 1-10.

[4] 文斌. 四川省输气管道安全管理现状及对策研究[D]. 四川: 西南交通大学, 2015.

[5] Shirazi SA, McLaury BS, Shadley JR, et al. Generalization of the API RP14E guideline for erosive services [J]. Journal of Petroleum Technology, 1995, 47(8): 693-698.

[6] McLaury BS. Predicting solid oil field geometries [D]. Tulsa, OK: particle erosion resulting from turbulent fluctuations in The University of Tulsa, 1996.

[7] Brvan Poulaon. Complexities in predicting erosion corrosion[J]. Wear1999, 233-235: 497-504.

[8] Chong Y. Wong, Jie Wu, Amir Zamberi, Chris Solnordal and Lachlan Graham. Sand Erosion Modelling[J]. SPE 132920, 2010.

[9] 屈文涛, 程嘉瑞. 砂比对20Cr钢冲蚀行为研究[J]. 河南科技, 2013(19): 57.

[10] 鲁剑啸. 基于 Ansys Fluent 及正交试验的90°弯管冲蚀影响因素分析[J]. 当代化工, 2019, 48(09): 2102-2106.

[11] 曹学文, 樊茵, 李星標, 等. 段塞流下携砂水平弯管的冲蚀试验[J]. 腐蚀与防护, 2019, 40(04): 245-253.

[12] 王虹富. 高压管汇流固耦合振动特性分析与冲蚀磨损试验研究[D]. 北京: 中国石油大学(北京), 2018.

[13] PARSLOW G I, STEPHENSON D J, STRUTT J E, et al. Investigation of solid particle erosion in components of complex geometry[J]. Wear, 1999, 233-235: 737-745.

[14] 李介普. 石化管道冲蚀磨损的实验及数值模拟研究[D]. 北京: 中国石油大学(北京), 2017.

[15] 胥锟. 水平弯管液固两相流冲蚀规律研究[D]. 山东: 中国石油大学(华东), 2017.

[16] ALGHURABI A, MOHYALDINN M, JUFAR S, et al. CFD numerical simulation of standalone sand screen erosion due to gas-sand flow[J]. Journal of Natural Gas Science and Engineering, 2020.

[17] HAO G, ZHANG C, SUN K, et al. Research on the Influence of the Deflector Angle on the Droplet Trajectory

Based on the CFD Discrete Phase Model[J]. Journal of Physics: Conference Series, 2020, 1600: 012034.

[18] MINGZHI Z, YIMING M, XIAOBO K. Base on DPM model to simulation Sand erosion on PV modules surface[J]. IOP Conference Series: Earth and Environmental Science, 2018, 146: 012036.

[19] Nesie S, Postlethwaite J. Predictive model for localized erosion-corrosion [J]. Corrosion1991, 47(8): 582-589.

[20] Dubey A, Smith R B, Vedapuri D. Erosion prediction in pipeline elbow by coupling Discrete Element Modeling(DEM) with Computational Fluid Dynamics [J]. National Assoc of Corrosion Engineers International, 2014, 1(4): 123-133.

[21] Mazdak P, Madhusuden A, Vedanth S, et al. CFD simulation of sand particle erosion ingas-dominant multiphase flow [J]. Natural Gas Science and Engineering, 2015, 2(2). 1-13.

[22] Huakun Wang, Yang Yu, Jianxing Yu, et al. Numerical simulation of the erosion of pipe bends considering fluid-induced stress and surface scar evolution[J]. Wear, 2019, 440-441.

[23] 赵新学, 金有海, 孟玉青, 等. 旋风分离器壁面磨损的数值分析[J]. 流体机械, 2010, 38(04): 18-22.

[24] 金浩哲, 易玉微, 刘旭, 等. 液固两相流冲洗油管道的冲蚀磨损特性数值模拟及分析[J]. 摩擦学学报, 2016, 36(06): 695-702.

[25] 彭文山, 曹学文. 管道参数对液/固两相流弯管流场及冲蚀影响分析[J]. 中国腐蚀与防护学报, 2016, 36(01): 87-96.

[26] GUO M, LI J, LI K, et al. Carbon nanotube reinforced ablative material for thermal protection system with superior resistance to high-temperature dense particle erosion[J]. Aerospace Science and Technology, 2020, 106: 106234.

[27] BORAWSKI B, TODD J A, SINGH J, et al. The influence of ductile interlayer material on the particle erosion resistance of multilayered TiN based coatings[J]. Wear, 2011, 271(11).

[28] O'FLYNN D J, BINGLEY M S, BRADLEY M S A, et al. A model to predict the solid particle erosion rate of metals and its assessment using heat-treated steels[J]. Wear, 2001, 248(1): 162-177.

[29] MILLS D. Pneumatic Conveying Design Guide(Second Edition). Butterworth-Heinemann. 2004.

[30] 秦伟杰, 张强, 夏成宇, 等. 盲通管与直弯管的内壁液固双相流冲蚀数值模拟初探[J]. 材料保护, 2020, 53(02): 61-66+73.

[31] DUARTE C A R, DE SOUZA F J, DOS SANTOS V F. Mitigating elbow erosion with a vortex chamber[J]. Powder Technology, 2016, 288: 6-25.

[32] 林建忠, 吴法理, 余钊圣. 一种减轻固粒对壁面冲蚀磨损的新方法[J]. 摩擦学学报, 2003(03): 231-235.

[33] 李勇. 气力输送中弯管磨损原因分析及预防措施[J]. 橡胶工业, 2008(11): 680-684.

[34] ZHU H, LI S. Numerical analysis of mitigating elbow erosion with a rib[J]. Powder Technology, 2018, 330: 445-460.

[35] 张俊秋. 耦合仿生抗冲蚀功能表面试验研究与数值模拟[D]. 吉林: 吉林大学, 2011.

[36] 偶国富, 龚宝龙, 李伟正, 等. 煤液化多相流输送管道冲蚀磨损分布预测及分析[J]. 浙江理工大学学报, 2014, 31(05): 247-251.

作者简介: 李睿(1997—), 现就读于中国石油大学(华东), 动力工程专业, 硕士。通讯地址: 山东省青岛市黄岛区长江西路 66 号, 邮编: 266580。联系电话: 17854235997, E-mail: 790957339@ qq. com。

脉冲涡流在常压塔塔顶系统的应用

肖 阳 胡 洋 付士义 刘志梅

(北京安泰信科技有限公司)

摘 要 常顶系统三注处的直管段和空冷入口管线的部分弯头存在腐蚀减薄问题，文章阐述了采用脉冲涡流扫查技术在常顶系统管线的适用性与优点，结合常顶腐蚀机理和脉冲涡流原理，列举了脉冲涡流扫查技术在常顶系统的实际应用案例。通过该技术可明确发现常顶系统管线的减薄区域，快速定位缺陷位置，可轻松实现面扫查，并结合超声波测厚验证，保证了减薄率的准确性。

关键词 脉冲涡流；常压塔；常顶腐蚀；面扫查

1 前言

常压塔塔顶系统的腐蚀速度快、影响因素多、腐蚀类型多样化，仅靠升级材质难以达到防腐蚀的目的；虽然工艺上采用"一脱三注"来配合材料升级以减缓设备的腐蚀产生，但是腐蚀依旧时有发生，典型部位包括塔顶出口弯头、注入管段、空冷/换热器出入口管线等，主要表现为碳钢设备管道的局部壁厚减薄、不锈钢设备管道的应力开裂等。因此，需要通过腐蚀检测预知设备及管道的腐蚀程度和使用寿命，其中脉冲涡流扫查是近几年发展的新型腐蚀检测技术。

脉冲涡流属于无损检测技术，可快速、大面积扫查设备管线的壁厚减薄损伤。该技术适用性高，探头不受设备管道内部介质及操作温度的影响，可在役进行检测，无须停工。对于常顶系统设备管线的局部壁厚损伤，采用脉冲涡流面扫查技术是行之有效的方法，可及时准确诊断常顶系统的腐蚀分布情况，避免局部腐蚀失效的发生。

2 常减压装置常压塔顶系统的腐蚀

常减压蒸馏装置低温部位的腐蚀介质主要来源于原油中的含氯和含硫等化合物遇水形成的酸性介质，分别会引起盐酸腐蚀和湿硫化氢的腐蚀，且对 300 系列不锈钢材质产生氯离子的应力腐蚀开裂。

（1）盐酸腐蚀

原油中含氯盐类水解生成 HCl，溶于液态水后形成盐酸，几乎与所有金属发生反应造成金属腐蚀。在常压塔顶冷冷凝系统中，冷凝水中 Cl⁻ 越多腐蚀越重，尤其在露点部位（即气态水转为液态水的初凝区）腐蚀更强烈。

原油中所含有的 $CaCl_2$ 和 $MgCl_2$ 一般在 200℃ 开始水解，当浓度较高时，在 120℃ 时即开始水解，随温度升高，水解率也提高。在常压炉出口温度 360℃ 左右情况下，$MgCl_2$ 有近 90%，$CaCl_2$ 近 16% 水解。水解反应如下：

$$MgCl_2 + H_2O \longrightarrow Mg(OH)_2 + 2HCl$$
$$CaCl_2 + H_2O \longrightarrow Ca(OH)_2 + 2HCl$$

在常压塔顶冷凝冷却系统随温度降低出现第一滴液态水时，HCl 被液态水吸收生成高浓度的盐酸，对金属造成严重腐蚀。腐蚀反应机理如下：

$$Fe+2HCl \longrightarrow FeCl_2+H_2$$

另外，盐酸还会对金属产生应力腐蚀开裂，特别是对 300 系列奥氏体不锈钢。

（2）湿硫化氢腐蚀

原油中硫化物分解放出 H_2S，在有水状态下与金属反应生成 FeS，可附在金属表面上起保护作用。当有 HCl 存在时，HCl 与 FeS 反应破坏保护层，放出 H_2S，H_2S 与金属反应又形成 FeS，如此形成循环重复，进一步加重腐蚀。H_2S 腐蚀反应如下：

$$Fe+H_2S \longrightarrow FeS+H_2$$

$$FeS+2HCl \longrightarrow FeCl_2+H_2S$$

低温部位的腐蚀发生在常压塔顶部系统的塔顶回流入口处塔板、顶油气管道、空冷器管束入口端及入口管道、冷却器等部位，其中以露点区域的设备及管道最为严重。图 1 为常压塔顶系统的腐蚀回路图。

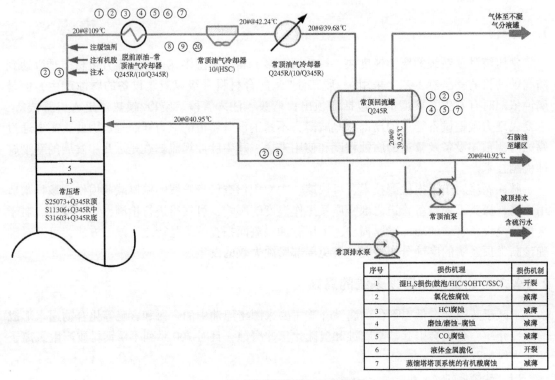

图 1　常压塔顶系统的腐蚀回路图

3　脉冲涡流技术在常压塔塔顶系统的应用

3.1　脉冲涡流技术原理

脉冲涡流面扫查技术是一种由常规涡流检测演化而来的新型电磁检测技术，也被称为瞬态涡流检测技术。其基本原理是在线圈中通入恒定电流或电压，在一定时间内，被测构件中会产生稳定的磁场，当断开输入时，线圈周围会产生电磁场，该电磁场由直接从线圈中耦合出的一次电磁场和构件中感应出的涡流场产生的二次电磁场两部分叠加而成，且后者中包含了构件本身的厚度或缺陷等信息，采取合适的方法和检测元件对二次场进行测量，分析测量信号，即可得到被测构件信息。脉冲涡流面扫查技术原理示意图见图 2。

与传统涡流检测不同，脉冲涡流检测采用方波或阶跃，而不是正弦波激励，接收元件拾取的电磁信号，通常称之为脉冲涡流信号，是以构件为中心的系统脉冲或者阶跃响应。相比于涡流检测方法，脉冲涡流检测方法优势主要体现如下。

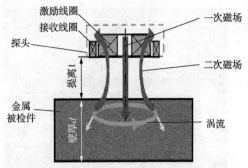

图 2 脉冲涡流面扫查技术原理示意图

（1）脉冲涡流信号频率成分丰富，其中包含的超低频涡流信号能够穿过薄的金属护层和较厚的非金属层，实现被测构件的深处缺陷检测，提取构件较深层次的信息，克服了传统涡流检测中趋肤效应的影响。

（2）与传统涡流传感器比较，脉冲涡流传感器激励线圈激发的磁场幅值大，因此在大提离下仍可得到检测信号；同时脉冲涡流传感器覆盖面积大，能检测大面积的金属腐蚀。

3.2 常顶抽出线减薄案例

常压塔顶抽出第一弯头及第一水平（即三注处）直管段易发生腐蚀现象。图 3（a）和图 3（b）都是经脉冲涡流扫查后发现存在严重减薄现象，经超声波测厚验证后发现减薄率均超过30%，测厚数据见表 1。这两处部位，特别是三注处直管，若是仅采用超声波测厚检测，检测点数需要几百个才有可能会发现减薄的点，但是脉冲涡流仅一次即可通过面扫查快速确定减薄部位，大大提高了效率，降低了漏检的风险。

图 3（a）和图 3（b）分别是不同炼厂的腐蚀案例。

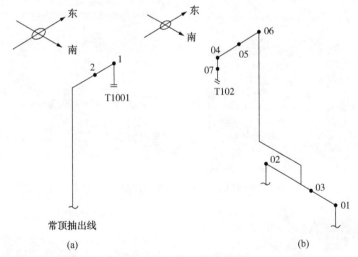

图 3 常顶抽出线单线图

表 1 常顶抽出线检测结果问题汇总

图号	检测点	管线规格	测厚最小值/mm	测厚最大值/mm	减薄率/%
图 3（a）	W01	$DN600×14$	8.76	11.97	37.43
	Z02	$DN600×14$	9.33	14.47	33.36
图 3（b）	W04	$DN600×14$	9.73	11.10	30.50
	Z05	$DN600×14$	8.05	12.51	42.50

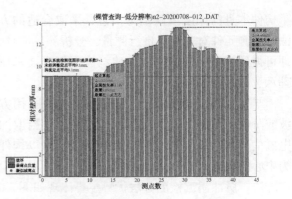

图 4　图 3(a)中 1#弯头现场及涡流扫查图

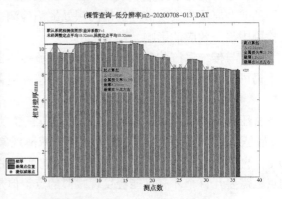

图 5　图 3(a)中三注处直管现场及涡流扫查图

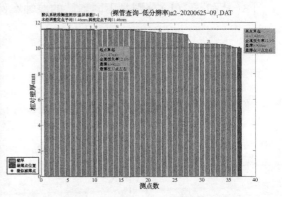

图 6　图 3(b)中 4#弯头现场及涡流扫查图

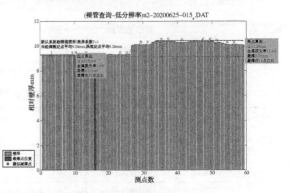

图 7　图 3(b)中 5#三注处直管现场及涡流扫查图

3.3 常顶空冷入口减薄案例

常顶空冷入口管线的弯头容易发生 $HCl+H_2S+H_2O$ 腐蚀及冲刷腐蚀。图 8(a) 和图 8(b) 分别为不同炼厂的空冷入口管线单线图,经脉冲涡流扫查后发现弯头外弯存在减薄现象,其中减薄的部位用红圈进行标注。经现场超声波测厚验证后,发现图 8(a) 中弯头 2#和 7#的减薄率分别为 52%和 32.25%。图 8(b) 中弯头减薄率超过 20%。

表 2 常顶抽出线检测结果问题汇总

图号	检测点	管线规格	测厚最小值/mm	测厚最大值/mm	减薄率/%
图 8(a)	W02	$DN250\times8$	3.84	9.92	52.00
	W07	$DN250\times8$	5.42	10.23	32.25
图 8(b)	W01	$DN150\times7$	5.59	6.50	21.27
	W03	$DN150\times7$	5.65	6.72	20.42
	W05	$DN150\times7$	5.21	6.76	26.62
	W08	$DN150\times7$	5.64	6.01	20.56
	W11	$DN150\times7$	5.55	6.13	21.83
	W12	$DN150\times7$	5.59	6.06	21.27

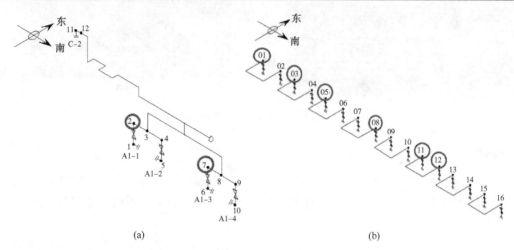

(a)   (b)

图 8 常顶空冷入口单线图

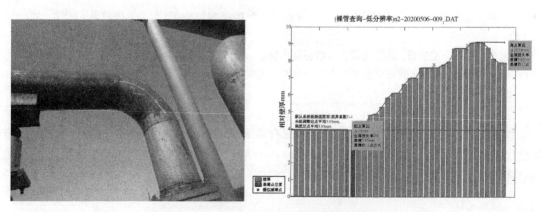

图 9 图 8(a)中 2#弯头现场及涡流扫查图

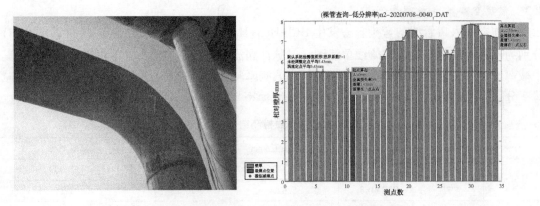

图 10　图 8(a)中 7#弯头现场及涡流扫查图

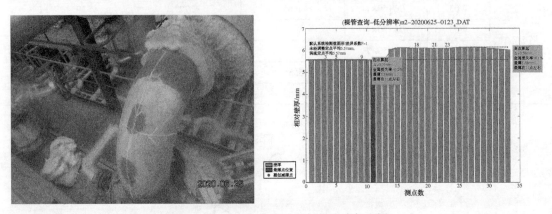

图 11　图 8(b)中 3#弯头现场及涡流扫查图

4　结语

　　大量现场应用表明，脉冲涡流技术在常减压装置塔顶系统设备管线中应用效果良好，可有效发现管线中存在的腐蚀缺陷，实现大面积快速扫查，避免了常规超声波测厚中因点检测而导致漏检的问题。

参 考 文 献

[1] 武新军，黄琛，丁旭，等. 钢腐蚀脉冲涡流检测系统的研制与应用[J]. 无损检测，2010，32(2)：128-130.

[2] 武新军，张卿，沈功田. 脉冲涡流无损检测技术综述[J]. 仪器仪表学报，2016，37(8)：1689-1708.

[3] 李群，李国文，郭娜. 常减压装置加工高硫高酸原油的设备及管道腐蚀对策[J]. 山东化工，2020，49(13)：88-92.

　　作者简介：肖阳(1993—)，毕业于西南石油大学，学士，现工作于北京安泰信科技有限公司技术研发中心，经理助理。通讯地址：山东省青岛市黄岛区华欧北海花园，邮编：266500。联系电话：15854246628，E-mail：a1363124699@163.com。

水冷器循环水结垢腐蚀原因分析及对策

张业堂

(中科(广东)炼化有限公司)

摘　要　通过对浮头式换热器管束循环水侧结垢宏观形态、腐蚀产物、腐蚀特征进行分析，认为换热器循环水侧管束内壁腐蚀为垢下腐蚀。从换热器故障发生和处理过程，查找换热器结垢原因，分析垢下腐蚀机理，提出采用防护涂层技术、控制循环水质量等预防垢下腐蚀措施，总结出新建装置预防换热器结垢腐蚀经验。

关键词　循环水；结垢；垢下腐蚀；对策

1　引言

换热器是石油化工生产装置的重要设备之一，其中的水冷器占有很大比例。水冷器结垢与腐蚀是影响换热器设备安全运行的两大重要因素。结垢会导致换热器热交换效率下降，能耗增加，引发垢下腐蚀的发生。而垢下腐蚀又会导致换热器管束穿孔，发生泄漏，给装置运行带来安全风险和经济损失。

某炼化公司裂解汽油加氢装置二段热分离冷凝器 E-763 管程介质为循环水、壳程介质为 C_6-C_7 烃。从 2020 年 6 月至 2021 年 10 月装置开工期间的短短 5 个月时间，换热器经历了两次故障，其中一次管束结垢腐蚀而导致穿孔泄漏；一次管束结垢堵塞导致换热器换热效率下降，不能满足生产需要而不得不停车检修，给生产造成很大影响。本文采用宏观检查、化学分析等方法对二段热分离冷凝器 E-763 管束的腐蚀泄漏原因进行了分析，并提出了有效的防护措施，以确保装置长周期安全平稳运行。

2　二段热分离冷凝器运行参数及工艺流程

2.1　设备结构及运行参数

二段热分离冷凝器 E-763 为 AFS 型浮头式换热器，换热管规格 $\phi25mm \times 2.5mm \times 6004mm$，管子与管板连接形式为强度焊+贴胀。运行参数见表 1。

表 1　二段热分离冷凝器运行参数

项目	介质	操作温度(进口/出口)	操作压力	材质
壳程	C_6-C_7 烃、H_2、H_2S	103.17℃/37.25℃	2.6MPa	Q345R
管程	循环水	33℃/39.93℃	0.45MPa	10#钢

2.2　工艺流程

二段加氢反应器(R-760)出料在二段进出料换热器(E-760A~D)中与二反进料充分换热后，进入二段热分离罐(V-761)进行汽液分离，气相进入二段热分离冷凝器(E-763)冷却至 43℃后进入二段冷分离罐(V-762)继续气液分离。流图见图 1。

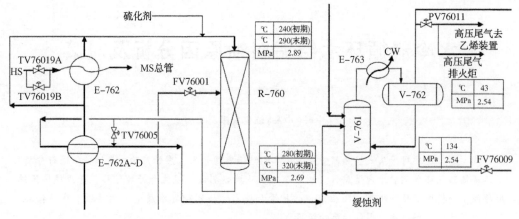

图 1 二段热分离冷凝器相关流程图

3 设备故障过程

3.1 *两次故障处理*

2020 年 7 月 E-763 换热器在装置原始开工前由于循环水质量太差导致管束漏已进行过一次清洗和堵漏。2020 年 11 月装置开工后发现 E-763 换热能力变差,于 2021 年 2 月 22 日进行更换管束处理。

3.1.1 第一次故障处理过程

2020 年 7 月装置开工前进行换热器泄漏检查,关闭循环水进出口管线阀门,壳程充氮气压力,打开循环水导淋发现有气体流出,判断换热器管束有泄漏。拆开换热器管箱,发现管箱和管束结垢严重(见图 2)。

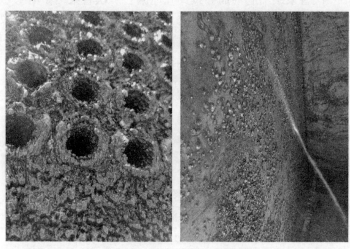

图 2 管束和管箱结垢情况

壳程氮气充压,管程用肥皂水进行查漏,发现一根管泄漏。拆开外头盖和小浮头盖,对管束高压水清洗干净。使用堵头对泄漏管进行堵管处理。

2020 年 8 月 2 日,使用试压工装对换热器按设计要求试压合格后投用循环水。

3.1.2 第二次故障处理过程

装置于 2020 年 9 月 30 日开车,11 月发现换热效果达不到使用要求,换热器介质出口温度 56℃，高报警值为 55℃。对换热器进行检查，循环水进口压力为 0.375MPa，循环水出口压力为 0.125MPa，压差 0.25MPa，而设计允许压差为 0.07MPa；循环水流量 108m³/h，远低于设计值 208m³/h。由此判断换热器循环水管程堵塞。

在循环水进水管增加流量为 200m³/h、扬程 70m 的管道泵，对管程循环水进行加压加量，换热器的堵塞并没有明显效果。

鉴于第一次发现换热器结垢和处理情况，换热器管束已腐蚀严重，再进行高压水清洗不能保证换热器的长周期运行，马上提报管束备件计划，并加上内防腐要求，防止循环水再腐蚀管束。

根据生产安排，2021 年 2 月 21 日装置停车，对 E-763 进行氮气置换，22 日拆换热器管箱、外头盖、小浮头，发现管束跟第一次一样，结垢严重（见图 3）。

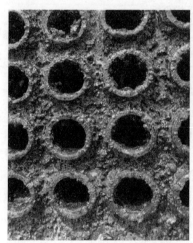

图 3　第二次结垢情况

抽出旧管束，安装新管束，回装管箱和小浮头，管程用 0.6MPa 氮气进行气密不漏，充正常流程循环水检查没发现漏点，管程试漏合格。回装外头盖，壳程充水升压至 3.0MPa 保压 30min，压力稳定没变化，壳程试漏合格。

2021 年 2 月 23 日装置开车，100% 负荷运行，换热器介质出口温度 37.8℃，循环水流量 200m³/h，换热器运行正常。

4　原因分析及对策

4.1　原因分析

4.1.1　结垢现象

从外观看，表面颜色主要以棕褐色为主，夹带黑色，质地坚硬。换热器管板覆盖结垢物，管箱和循环水出入口管内壁结垢分散。用高压水枪把垢清理干净后，发现管束腐蚀凹坑连续分布，管箱凹坑分散分布，深度都在 1.5mm 左右，垢下腐蚀迹象明显（如图 4 所示）。

4.1.2　垢样分析

垢样取下后碎末物颜色为红棕色夹带黑色，气味为焦炭味，且伴有少许铁锈味。对该垢样进行化验分析，结果显示垢样酸不溶物含量为 10.51%，钙含量 0.419%，铁含量 45.433%，说明换热器有腐蚀存在，且腐蚀主要为垢下腐蚀（见表 2）。

图4　结垢及腐蚀凹坑

表2　E-763垢样分析

项　　目	铁含量/%	钙含量/%	酸不溶物/%
E-763垢样	45.433	0.4190	10.51

4.1.3　垢下腐蚀过程分析

该工厂处于刚建成投产阶段，全厂地下循环水管网在一年多前已建成，由于公司地理位置在海边，空气潮湿，缺少保护的循环水管网早已生锈。新建循环水场的循环水夹带着各种微生物、污泥通过已锈蚀的管网送到各使用装置，在使用装置排出的循环水颜色发黄，浊度高，水质长期达不到合格标准。而且E-763换热器用高压水清洗发现清洗水颜色以黑色为主，伴有少量黄褐色，结合垢样分析情况结果，判断循环水中的铁锈、污泥、微生物和携带的黏泥等杂质经过换热器时，在金属表面沉积形成泥垢。

垢下形成了缺氧条件，与非垢下金属表面间形成氧浓差极化电池效应。垢下封闭区金属为阳极，金属发生氧化反应，释放电子，自身被氧化成为高价态的金属离子从金属基本体上溶解到水中，因此阳极反应是铁的溶解。反应如下：

$$Fe \longrightarrow Fe^{2+} + 2e^-$$

封闭区外为阴极，在腐蚀电池中反应主要是氧的还原，得到电子，自身被还原成低价的离子或分子，反应如下：

$$1/2O_2 + 2e \longrightarrow 2OH^-$$

当亚铁离子与氢氧根相遇时，生成氢氧化铁沉淀，反应如下：

$$Fe^{2+} + 2HO^- \longrightarrow Fe(OH)_2$$

氢氧化铁的产生即是腐蚀的开始，金属离子在阳极进入水溶液及其水化的过程，称为阳极过程。水中的溶解氧和氢离子在阴极不断获得电子被还原的过程称为阴极过程。

因此垢下腐蚀通常被称为"电池腐蚀"，这种腐蚀形式破坏性很强，是一种局部腐蚀，引发金属表面发生深孔腐蚀，而周围区域的腐蚀很轻微。由于管道表面的沉积物、失衡的电环境或其他引发机理，所有的腐蚀因子集中作用于管道的某些点。在一些情况下，整个金属表面遍布孔腐蚀，造成金属表面的轮廓不规则，或是非常的粗糙。在其他情况下，孔腐蚀集中发生在管道的某些特定的区域，而管道金属表面的大部分区域仍然像新的一样。

4.2　垢下腐蚀影响

垢下腐蚀的发生，常常伴随着微生物破坏。不考虑内部管道沉积物形成条件的深层原因，锈垢沉积物的出现，表明管道出现了很多不同程度的潜在问题。这种腐蚀现象一旦发生，任何管道系统都将无法避免地受到严重的腐蚀破坏，甚至失效。

在石油化工的生产过程中，冷却器结垢是一种常见的故障，结垢可使设备传热效率下降，设备生产能力降低；增加介质流动的阻力，使输送设备能耗上升。垢层还可引起设备垢下腐蚀，缩短设备的使用寿命；严重时造成设备堵塞，影响装置的平稳生产，甚至导致停工停产。目前，冷却器的结垢主要采用周期性的停工清洗(化学清洗或高压清洗)的方法进行处理。这是一种事后的处理办法，不能解决冷却器运行期间因结垢导致的效率低下与腐蚀问题。

4.3 垢下腐蚀对策

4.3.1 增加防腐涂层

在 E-763 换热器结垢处理过程中，曾经提出和试行过很多解决办法，有增加化学清洗、增加电子超声清垢设备、使用消防水进行反冲洗、增加管道泵加压冲洗等，但是最终选择了比较经济、可靠、安全、彻底的方法，就是更换加有防腐涂层的管束处理方案。

防腐涂层是在换热器表面按一定工艺涂敷厚度 0.18~0.25mm 致密的、表面光滑的疏水性树脂涂层，从而有效地保护金属不受冷却水腐蚀。由于防腐涂层光滑，表面能小，疏水性好，难以滞留污物，不易形成结垢，能有效防止垢下腐蚀。

4.3.2 加强水质管理

严格循环水场的水质管理，优化水质运行指标，降低循环水浊度，为用水装置提供合格的、优质的水源，从根本上杜绝结垢问题。

4.3.3 进行预膜处理

在新建装置正式使用循环水前，对循环水系统管线和设备要进行严格的清洗预膜，检测合格后才能投用。清洗可以把设备上的污垢、油污和黏泥等附着物清洗掉，减少结垢形成物；预膜可以使金属表面附着一层保护膜，防止设备被腐蚀。

4.3.4 保证循环水流速

若循环水经过换热器流速过低，黏泥等污物容易在金属表面停留，最终形成结垢，因此要保证循环水流速不能低于换热器冷却水流速设计值。

4.3.5 定期分析水质

对出装置循环水定期进行化验分析，发现循环水成分组成有变化时及时对可能原因进行排查，及早进行处理和预防，避免造成更大的安全事故。

5 结语

从 E-763 结垢例子看，从投用循环水到出现故障短短半年时间，出现了两次严重结垢情况，给装置生产造成重大影响，可见循环水结垢腐蚀对设备破坏和运行起着举足轻重的作用。在工厂开始建设阶段就必须重视管道清洁和碳钢腐蚀生锈问题，做好地下管道的清洁确认工作，长时间不使用的管道和设备要做好防锈保护。

在循环水投用阶段，需要有专业人员专职进行循环水管理，确保水质合格清洁后才能投用。对循环水管网系统预膜处理，保护设备，减少腐蚀。

换热器设备采购和谈判期间，根据不同材质采用增加防腐涂层等预防换热器结垢腐蚀措施，为后期设备长周期运行提供保障。

参 考 文 献

[1] 李俊俊，刘峰. 换热器管束腐蚀穿孔失效原因分析[N]. 辽宁石油化工大学学报. 2012, 32(3): 54-57.

[2] 乐明聪, 高鹏, 徐庆磊. 循环水换热器腐蚀原因分析及改进措施[J]. 石油化工腐蚀与防护, 2016, 33 (4): 55-58.

[3] 张道君, 潘延君, 张晓刚, 等. 加氢装置二段冷却器管束泄漏原因分析及对策[J]. 石油化工设备, 2016, 45(6): 82-86.

[4] 刘亚洲, 张巍松. 炼厂换热器垢下腐蚀原因分析及预防措施[J]. 化工技术与开发, 2015, 44(8): 45-46.

[5] 张宗棠. 水冷壁垢下腐蚀的泄漏形态演变及处理方案[J]. 发电设备, 2013, 27(5): 343-348.

[6] 廖成实. 水冷壁管垢下腐蚀爆管原因分析及对策[J]. 四川电力技术, 2004, (2): 29-48.

[7] 刘忠友. 水冷器腐蚀及防护措施[J]. 石油化工腐蚀与防护, 2010, 27(2): 39-41.

[8] 陈兵, 樊玉光, 周三平. 水冷器腐蚀失效原因分析[J]. 腐蚀科学与防护技术, 2010, 22(6): 547-550.

作者简介: 张业堂(1978—), 高级工程师, 毕业于广东工业大学, 学士, 现工作于中科(广东)炼化有限公司, 设备工程师, 从事设备管理工作。联系电话: 18125933032, E-mail: zhangyt225.zklh@sinopec.com。

加油站储油罐渗漏原因分析及对策

潘朝发

（中国石化贵州石油分公司）

摘　要　结合中国石化贵州石油分公司加油站储油罐防渗漏措施调研情况，对目前加油站储油罐渗漏现状情况进行阐述，并进行原因分析，提出了从思想重视、严格执法、规范设计、施工以及分批逐步整改等几个方面的对策建议，呼吁加快加油站储油罐防渗漏隐患整治。

关键词　加油站；储油罐渗漏；原因分析；对策

1　加油站储油罐渗漏现状

近年来，汽车加油站因储罐渗漏引发的安全生产和环境保护事故越来越多。2005 年 3 月，浙江温州一加油站地下储油罐渗漏，导致附近下水道连续发生爆炸；2007 年 6 月，湖南长沙县一加油站储油罐发生泄漏事故，导致一次轻度爆炸事故发生并引发大火……2006 年，安监部门在对江苏苏南地区 29 个加油站进行地质雷达泄漏监测时发现，21 个加油站存在不同程度的渗漏；2013 年 10 月，北京西郊轨道工程某区段挖掘过程中，作业人员突然闻到一股浓烈的汽油味，经地质勘探人员对泥土进行图谱检测确定为汽油油品混合物，经检测该作业场中汽油的职业接触值为 6000mg/m，检测结果超过标准值 300mg/m 的 21 倍，检测人员认定造成这种情况的原因为附近储油罐泄漏，油气顺地层漫延所至，工程被迫停了一个多月。

中国科学院对京津冀环境调查表明，目前我国城市地下水里石化渗漏物普遍存在，仅京津唐地区地下水中有机物种类就达 133 种。其中对天津市部分加油站的调查显示，大部分地下水样品中被检出石油烃，检出率为 85%，超标样品占地下水样品总数的 40%。另外，强致癌物多环芳烃检出率为 79%，部分样品中还检出挥发性有机物苯、甲苯、二甲苯等。汽油中有一种添加剂"MTBE"，是致癌物，渗入地下水后很难降解，加油站储油罐渗漏成为地下水最大污染源。

随着新版《中华人民共和国环境保护法》实施，社会对环境问题的关切度提高，预防储油罐渗漏导致水土污染越来越显得更为迫切。

目前，我国拥有加油站 10 万座左右，其中，绝大部分在《全国地下水污染防治规划》（2012 年）颁布之前修建完成，保守估量也有近 40 万个储油罐罐体为单体罐，少部分存在技术标准低、罐体质量低劣等问题。大部分没有设置储油罐防渗漏池，采用双层储油罐等防渗漏新技术的加油站也是凤毛麟角。多数输油管线与储油罐同时设计、施工和投产使用，也未采用双层管线。2014 年 10 月，笔者对中国石化贵州石油分公司在营 834 座加油站进行摸底调查，其中储罐设置防渗漏池的加油站 163 座，占总数近 19.5%，采用双层罐技术的为 0 座，储油罐使用年限超过 30 年以上的加油站 36 座，超过 20 年以上的 88 座，超过 15 年以上的合计 196 座，特别是使用超过 15 年以上的储油罐数量较多，而且发生泄漏的风险较大。

2 原因分析

造成目前这种状况的主要原因有早期储油罐设计、施工标准不高的原因，也有大部分储罐使用年限超期等诸多原因，主要有：

2.1 早期储油罐设计、施工标准不高

我国加油站设计、施工标准经历了《小型石油库及汽车加油站设计规范》(GB 50156—92)、《汽车加油加气站设计与施工规范》(GB 50156—2002)、《汽车加油加气站设计与施工规范》(GB 50156—2002)2006 版以及《汽车加油加气站设计与施工规范》(GB 50156—2012)等发展过程，储油罐也由地上罐逐步改为地埋储罐，对储油罐的材质、施工工艺和防腐要求越来越高，但早期修建的加油站设计、施工标准不高，对加油站防渗漏措施未做严格要求。即使后期设计规范规定了设置防渗池或者采用双层储罐的要求，但由于考虑成本等诸多因素，大部分加油站均未严格按照设计规范要求做，加油站环评把关不严，导致很多加油站设计、施工标准不高。

2.2 设计不规范、施工质量较差

早期修建的加油站，特别是一些收购的社会加油站无正规设计院设计图纸，也无具备石油化工施工资质的施工单位施工，甚至是由一些很小的设计室画出基本的平面图，由当地的小型建筑公司修建而成。加之极少数加油站施工时偷工减料，只用 4mm 厚的钢板，防腐处理也不达标，有的仅刷有防锈漆，有的则是使用无证民工做电焊，基本不做焊缝测试，也留下了不少隐患。后期建设的少部分加油站，虽然设计比较规范，但是施工质量控制较差，部分加油站施工队伍不具备石油化工资质，偷工减料时有发生。2007 年某加油站发生管线破裂渗油，经查阅资料，该站建于 2002 年，经开挖后发现，管沟垫沙填实不符合要求，颗粒太粗，重车在管线之上的地平面碾压，导致管线受到粗颗粒砂石长期磨损而破裂渗油。

2.3 使用寿命超期

一般地埋储油罐设计使用寿命 20 年，由于施工质量、土壤腐蚀环境以及地质情况等诸多因素的影响，实际使用寿命能达到 15 年左右就很不错。20 世纪 90 年代初，美国对其国内 21 万个加油站进行调查，发现其中 40% 有渗漏现象，20 世纪 70 年代以前建设的加油站，几乎都有渗漏。全美国 2001 年已被确认有渗漏问题的地下油罐接近 42 万个。壳牌石油公司对其设在英国的 1100 个加油站调查，发现这些加油站中 1/3 已对当地土壤和地下水造成了污染。类似情形，在捷克、匈牙利、前苏联以及南美洲的一些国家都有发生。中国工程院曾对加油站的储油罐体进行过腐蚀调查，调查显示，目前广泛使用的这种单体罐因深埋地下易腐蚀，其平均寿命只有 8 年。罐体发生渗漏后，又因深埋地下而不易被发现，长期慢性污染环境，危害较大。由于经济利益和效益等驱动，很多加油站未定期清洗、开挖储油罐进行检测，甚至使用超过二三十年。2014 年，某加油站进行油气回收施工改造，在对储油罐进行注水试压过程中发生渗漏，经查阅，该站储油罐使用已接近 40 年，开挖后发现储油罐支架马鞍处裂开一道 20cm 左右的缝口，进行储油罐壁厚度测试，最厚处在 4cm 左右，最薄处只有 2cm。

2.4 对环境污染问题认识不足，未引起足够重视

加油站储油罐渗漏成为地下水最大污染源，近年才逐步引起人们关注。由于我国环境保护管理法律法规以及执法等相关环保管理相对滞后于经济发展，对加油站储油罐渗漏污染环境认识不足，重视不够。无论从大型石油国有企业还是环境监测部门，均未从根本上解决这

个问题，守法、执法意识淡薄，更不用谈民营加油站的环保守法意识。加油站渗漏污染环境事件一般只是作为个别现象来处置，未加深究，社会舆论重视也不够。从环境污染的实际危害来看，储油罐渗漏污染地下水的危害程度不比储油罐排出油气污染空气轻，但与目前环保部门以及各省市、大型石油央企等花大力气治理油气排放污染相比较，储油罐渗漏的污染严重程度仍未引起足够重视，相关管理部门监管滞后。

3 对策与建议

3.1 提高认识，高度重视加油站储油罐渗漏对地下水污染的治理迫切性

近年来随着蔓延全国的雾霾天气对人们工作、生活的影响，空气污染引起了国家层面的高度重视，治理雾霾成了各地甚至国家的政治任务。正是因为有了国家层面的高度重视，各地纷纷开展"碧水蓝天"治理行动。特别是在轻质油品环境污染问题上，更是把主要精力集中在石油库与加油站油气排放问题上，各地区分别出台了油气回收治理相关措施，制定了油气回收治理时间表和问责办法，有力促进了油气回收治理工作的开展。然而，我们在治理地上空气污染的同时却忽略了地下水污染源的治理，头疼医头，脚疼医脚。对影响亿万民众生活饮水健康的加油站储油罐渗漏污染水源的严重性认识不足，全国性规划和治理统筹性不够，力度不强，以至于预防储油罐渗漏这项迫在眉睫的工程，推进却一直步履维艰。储油罐渗漏污染地下水资源治理不能再像空气污染那样等到全国大部分地区都雾霾了才采取措施，而是要未雨绸缪。只有国家相关部门认真开展调研，像重视治理油气排放污染空气那样重视治理加油站储油罐渗漏污染水源问题，出台相关规定和考核问责办法，才能有力推动此项工作的顺利开展，我们才能对得起子孙后代。

3.2 尽快出台加油站储油罐防渗漏国家标准，严格执行国家相关标准，规范设计和施工

在《全国地下水污染防治规划》的基础上，尽快出台加油站储油罐防渗漏强制性国家标准，使加油站设计、施工在防渗漏方面更加具有可操作性、强制性。在加油站防渗漏强制性国家标准未出台之前，加油站设计、施工应严格按照《汽车加油加气站设计与施工规范》（GB 50156—2012）以及环保部门有关加油站采用双层储油罐或设置防渗池的要求，规范设计和施工。考虑技术进步和长远发展，尽量采用双层储油罐和管线技术。与此同时，应完善和落实加油站建设环境影响评价"三同时"，特别是把关加油站储油罐防渗漏设施设计、施工和竣工验收。

3.3 加大环保执法力度，提高环保违法成本

加油站防渗漏措施采用双层储油罐或设置防渗池，都不同程度增加建设投资成本。无论是国有大型企业还是民营企业，出于投资回报和利益驱动等诸多原因，都不愿意在环境保护方面加大投入，以至于明里暗里未严格执行国家有关加油站储油罐防渗漏措施的标准，导致新投产加油站留下环保隐患。环保部门应加大执法检查、监督和处罚力度，对未严格按照相关防渗漏标准建设便投入运营的加油站采取关停整改和罚款的措施，在社会上曝光和通报，提高环保违法成本，从而督促相关企业遵章守法。

3.4 制定规划，逐步分批解决历史遗留问题

面对数量庞大的未采取防渗漏措施的加油站，短期内完成治理不太现实。环保部门应制定相关规划，对未采取防渗漏措施的加油站储油罐，按照使用年限制定整改时间进度表。相关企业依据环保部门的要求，在整改时间内分批、逐步整改。特别是对于加油站改扩建等停产停业施工作业，应将储油罐防渗漏措施一并加以解决，减少多次施工影响加油站正常营

业，规避施工安全风险。对一时未能及时整改但储罐使用年限已久、周围临江临湖、地下水资源丰富等渗漏风险较大的加油站，可以完善罐区比对观测井检漏设施，定期观测，及时发现隐患苗头，避免严重的泄漏事故。

4 结语

加油站储油罐渗漏已经成为地下水最大污染源，成为威胁子孙后代生存环境的现实危害。油品泄漏不仅污染环境，而且容易导致安全问题。很多城市建成区加油站渗漏后的油品极有可能进入城市排水管网，一旦遇到明火即可引起爆炸，危害极大，应引起政府、企业和广大民众的重视。因此，整治和预防加油站储油罐渗漏刻不容缓，越早采取措施越主动，损失越小。目前我国相关环保法律法规和标准已基本具备，希望相关管理部门进一步完善治理规划，出台更详细更严格的强制性标准，尽快推动这项整治工程，消除安全环保隐患，给子孙后代留下一个好的环境。

参 考 文 献

[1] 周迅. 苏南地区加油站地下储油罐渗漏污染研究[D]. 中国地质科学院，2007.

[2] 田杰. 加油站储油罐渗漏成地下水最大污染源[N]. 工人日报，2014-3-1(06).